全国高等农林院校"十二五"规划教材

野生植物资源开发与利用

王振宇　王承南　主编

中国林业出版社

内容简介

本书从野生植物资源开发的意义与原理、食用植物资源、药用植物资源、工业用植物资源、能源植物资源、农用及特种用途植物资源的发掘利用等方面进行了归纳总结和论述。本书打破传统的分类模式，将总论与各论内容有机结合，理论与实际相互渗透，论述严谨，资料翔实，图文并茂。

本书可以作为林学、园艺、食品科学与工程、药用植物等相关专业学生教材，同时也可作为野生植物资源调查、研究等教学、科研、生产、管理等部门人员的参考书和工具书。

图书在版编目（CIP）数据

野生植物资源开发与利用／王振宇，王承南主编. —北京：中国林业出版社，2018.11
（2024.1重印）
ISBN 978-7-5038-7809-1

Ⅰ.①野… Ⅱ.①王…②王… Ⅲ.①野生植物－植物资源－资源开发②野生植物－植物资源－资源利用 Ⅳ.①Q949.9

中国版本图书馆 CIP 数据核字（2015）第 000713 号

中国林业出版社·教育出版分社

策划、责任编辑：肖基浒
电话：83143555　83143561　　　传真：83220109

出版发行	中国林业出版社（100009　北京市西城区德内大街刘海胡同7号） E-mail：jiaocaipublic@163.com　电话：（010）83143500 http：//www.forestry.gov.cn/lycb.html
经　销	新华书店
印　刷	北京中科印刷有限公司
版　次	2018年11月第1版
印　次	2024年1月第2次印刷
开　本	850mm×1168mm　1/16
印　张	24
字　数	570千字
定　价	65.00元

未经许可，不得以任何方式复制或抄袭本书之部分或全部内容。

版权所有　侵权必究

《野生植物资源开发与利用》
编写人员

主　　编　王振宇　王承南
副 主 编　符　群　牟凤娟　吴彩娥
　　　　　　张柏林　景秋菊
编写人员（按姓氏笔画排序）
　　　　　　马凤鸣（沈阳农业大学）
　　　　　　王金玲（东北林业大学）
　　　　　　王承南（中南林业科技大学）
　　　　　　王振宇（哈尔滨工业大学）
　　　　　　文　攀（琼州学院）
　　　　　　刘　荣（东北林业大学）
　　　　　　牟凤娟（西南林业大学）
　　　　　　李德海（东北林业大学）
　　　　　　吴彩娥（南京林业大学）
　　　　　　何业华（华南农业大学）
　　　　　　谷战英（中南林业科技大学）
　　　　　　张建国（浙江农林大学）
　　　　　　张柏林（北京林业大学）
　　　　　　陈　辉（福建农林大学）
　　　　　　赵玉红（东北林业大学）
　　　　　　赵　鑫（东北林业大学）
　　　　　　郭庆启（东北林业大学）
　　　　　　符　群（东北林业大学）
　　　　　　焦　岩（齐齐哈尔大学）
　　　　　　景秋菊（黑龙江省农业科学院园艺分院）

前　言

我国幅员辽阔，自然条件复杂，从北至南包括寒温带（亚寒温带）、温带、亚热带和热带等气候带，在西部还拥有世界上最大的青藏高原高寒气候区域，使我国气候多样，植物种类繁多，野生植物资源极其丰富，我国目前拥有高等植物达3万多种，居世界第3位，其中特有植物种类繁多，17 000余种，如银杉、珙桐、银杏、百山祖冷杉、香果树等均为我国特有的珍稀濒危野生植物。我国有药用植物11 000余种和药用野生动物1500多种，又拥有大量的作物野生种群及其近缘种，是世界上栽培作物的重要起源中心之一，还是世界上著名的花卉之母。野生植物在长期的进化和演变过程中形成了自身特有的不同形态结构及化学和营养物质，如糖类、淀粉、纤维素、维生素、矿物质、油脂、蛋白质和核酸等，除了为人类提供食物外，还提供人体必需的营养物质。现代科学研究表明，野生植物中的一些代谢产物，例如，多酚、黄酮类、生物碱、芳香油、树胶、苷类、甾体类、色素、鞣质等具有特殊的生理功能和药理作用，对促进人体健康和治疗顽固疾病有重要的作用。另外，许多重要的生产资料来源于野生植物资源，随着科技的发展和科研水平的提高，医药、化妆品、农药、环保绿化等行业对野生植物资源需求正日益增多，野生植物资源开发与人类衣、食、住、行关系越来越密切，对促进人类的发展发挥着越来越重要的作用。而在众多的植物种类中，人工栽培植物仅占较少的一部分，大部分为野生植物，而人们对于野生植物资源的利用仅占1%～2%。随着人类社会的发展，特别是在人们"回归自然、返璞归真"的意识增强的今天，现有的栽培植物已不能满足人类生活的需要。因此，对野生植物资源的合理开发和利用显得极其重要。

本书具体编写分工如下：第1章、第2章由王振宇、焦岩、王承南编写；第3章的3.1由牟凤娟编写，3.2由文攀编写，3.3由吴彩娥编写，3.4由郭庆启编写；第4章的4.1、4.2由张柏林、张建国编写，4.3由符群编写，4.4由刘荣、谷战英编写；第5章的5.1由赵鑫编写，5.2、5.3由马凤鸣编写，5.4由何业华编写，5.5由赵玉红编写，5.6由李德海编写；第6章中6.1~6.1.4由赵玉红、陈辉编写，6.1.5、6.1.6由李德海编写，6.2由王金玲编写。

全书共分6章，即绪论、野生植物资源开发利用基本原理、野生食用植物资源、野生药用植物资源、野生工业用植物资源、野生农药植物资源。教材打破传统的分类模式,将总论与各论内容有机结合,理论与实际相互渗透,论述严谨,资料翔实,图文并茂,反映了国际国内野生植物资源开发利用最新研究动态与进展,不失为我国从事野生植物资源开发与利用教学、科研、生产、管理等部门工作人员的教材、参考书和工具书,对指导我国野生植物资源开发与利用、维护生态平衡、改善生态环境、保护生物多样性等方面的作用尤其突出,同时,资源的合理开发利用对保障经济社会全面、协调、可持续发展和提高人们生活水平具有指导作用和现实意义。

编　者

2014. 10

目　录

前言

1　绪　论 …………………………………………………………………………… (1)
　1.1　野生植物资源的概念 ………………………………………………………… (1)
　　　1.1.1　野生植物资源定义 ……………………………………………………… (1)
　　　1.1.2　野生植物资源开发利用与人类的关系 ………………………………… (2)
　1.2　野生植物资源的开发意义 …………………………………………………… (3)
　　　1.2.1　野生植物资源的作用 …………………………………………………… (3)
　　　1.2.2　野生植物资源的基本特征 ……………………………………………… (4)
　　　1.2.3　野生植物资源开发前景 ………………………………………………… (6)
　1.3　野生植物资源开发利用进展 ………………………………………………… (8)
　　　1.3.1　野生植物资源开发利用的提出阶段 …………………………………… (8)
　　　1.3.2　野生植物资源开发的发展 ……………………………………………… (9)
　　　1.3.3　国内外野生植物资源开发利用现状 …………………………………… (11)
　1.4　野生植物资源学的任务 ……………………………………………………… (15)
　　　1.4.1　野生植物资源学的研究内容 …………………………………………… (15)
　　　1.4.2　野生植物资源学发展趋势 ……………………………………………… (17)

2　野生植物资源开发利用基本原理 ……………………………………………… (18)
　2.1　野生植物主要类群及其生物多样性 ………………………………………… (18)
　　　2.1.1　资源植物的一般特点 …………………………………………………… (18)
　　　2.1.2　资源植物的主要类群 …………………………………………………… (23)
　2.2　资源植物代谢产物的多样性 ………………………………………………… (30)
　　　2.2.1　植物代谢产物的活性 …………………………………………………… (30)

2.2.2　植物代谢产物类型及人工调控 …………………………………… (33)
　2.3　资源植物的分布及生态多样性 …………………………………………… (38)
　　　2.3.1　东北区 ………………………………………………………………… (38)
　　　2.3.2　华北区 ………………………………………………………………… (40)
　　　2.3.3　华中区 ………………………………………………………………… (41)
　　　2.3.4　华南区 ………………………………………………………………… (43)
　　　2.3.5　西南区 ………………………………………………………………… (44)
　　　2.3.6　西北区 ………………………………………………………………… (45)
　　　2.3.7　内蒙古区 ……………………………………………………………… (46)
　　　2.3.8　青藏区 ………………………………………………………………… (47)
　2.4　野生植物资源分类系统的建立 …………………………………………… (49)
　　　2.4.1　野生植物资源分类系统建立的目的 ………………………………… (49)
　　　2.4.2　野生植物资源分类系统建立的原则 ………………………………… (49)
　　　2.4.3　野生植物资源的分类 ………………………………………………… (49)
　2.5　野生植物资源系统特征 …………………………………………………… (55)

3　野生食用植物资源 ……………………………………………………………… (58)
　3.1　野生浆果类食用植物资源开发与利用 …………………………………… (58)
　　　3.1.1　野生浆果类食用植物资源的种类及特性 …………………………… (59)
　　　3.1.2　野生浆果类食用植物的化学成分与功能 …………………………… (60)
　　　3.1.3　野生浆果的采收与贮藏 ……………………………………………… (60)
　　　3.1.4　野生浆果饮品加工技术 ……………………………………………… (62)
　　　3.1.5　野生浆果色素提取技术 ……………………………………………… (63)
　　　3.1.6　野生浆果活性物质分离纯化技术 …………………………………… (64)
　　　3.1.7　野生浆果加工副产品综合利用技术 ………………………………… (64)
　　　3.1.8　我国主要野生浆果植物 ……………………………………………… (65)
　　　　　笃斯越橘(65)　越橘(66)　托盘(67)　野草莓(67)　蓝靛果忍冬(68)
　　　　　花楸(69)　山葡萄(69)　软枣猕猴桃(70)　黑醋栗(71)　沙棘(71)
　　　　　刺果茶藨子(72)　稠李(73)　毛樱桃(73)
　3.2　野生坚果类食用植物资源开发与利用 …………………………………… (74)
　　　3.2.1　坚果资源的定义和种类 ……………………………………………… (74)
　　　3.2.2　坚果的食品成分和营养价值 ………………………………………… (74)
　　　3.2.3　野生坚果类食用植物的开发利用途径 ……………………………… (75)
　　　3.2.4　野生坚果的采收与贮藏 ……………………………………………… (76)

3.2.5 野生坚果中油脂的萃取 …………………………………………… (79)
　　　3.2.6 野生坚果中蛋白质的分离 ………………………………………… (83)
　　　3.2.7 野生坚果中淀粉的提取 …………………………………………… (85)
　　　3.2.8 野生坚果的焙烤加工 ……………………………………………… (87)
　　　3.2.9 野生坚果粉体及冲剂制备 ………………………………………… (89)
　　　3.2.10 野生坚果加工副产品的综合利用 ………………………………… (92)
　　　3.2.11 我国主要野生坚果类食用植物 …………………………………… (94)
　　　　　红松(94)　　核桃楸(95)　　榛子(96)　　偃松(97)　　板栗(97)
　　　　　蒙古栎(98)　银杏(99)　　火麻(100)
　3.3 野生根茎类食用植物资源开发与利用 ……………………………………… (101)
　　　3.3.1 野生食用根茎类植物资源的种类及特性 ………………………… (101)
　　　3.3.2 野生食用根茎类植物的开发利用途径 …………………………… (102)
　　　3.3.3 野生根茎植物的采收与贮藏 ……………………………………… (103)
　　　3.3.4 野生根茎类植物的加工 …………………………………………… (104)
　　　3.3.5 我国主要野生根茎类植物 ………………………………………… (105)
　　　　　百合(105)　　桔梗(105)　　党参(106)　　玉竹(107)　　芍药(108)
　　　　　穿龙薯蓣(109)　菊芋(109)　　慈姑(110)　　蕨(111)　　石蒜(111)
　　　　　黄精(112)　　魔芋(113)　　牛蒡(114)
　3.4 山野菜植物资源 ……………………………………………………………… (115)
　　　3.4.1 山野菜植物资源的种类及特性 …………………………………… (115)
　　　3.4.2 山野菜植物的开发利用途径 ……………………………………… (118)
　　　3.4.3 山野菜的采收与贮藏 ……………………………………………… (120)
　　　3.4.4 山野菜类植物的加工 ……………………………………………… (121)
　　　3.4.5 我国主要山野菜植物 ……………………………………………… (122)
　　　　　龙牙菜(122)　　小根蒜(123)　　龙芽楤木(124)　　鸭跖草(125)　　黄花菜
　　　　　(126)　　山莴苣(127)　　地瓜苗(128)　　荚果蕨(129)　　兴安薄荷(130)
　　　　　水芹(131)　　马齿苋(132)　　委陵菜(133)　　龙须菜(134)　　蒲公英(134)
　　　　　地肤(136)　　萹蓄(136)　　老山芹(137)　　打碗花(138)

4 野生药用植物资源 …………………………………………………………… (140)
　4.1 概述 …………………………………………………………………………… (140)
　　　4.1.1 野生药用植物概念 ………………………………………………… (141)
　　　4.1.2 野生药用植物的分类 ……………………………………………… (141)
　4.2 野生药用植物中的化学成分 ………………………………………………… (141)
　　　4.2.1 生物碱 ……………………………………………………………… (142)

4.2.2 多糖 …… (146)
4.2.3 黄酮类化合物 …… (149)
4.2.4 鞣质、酚类、有机酸类 …… (152)
4.2.5 醌类 …… (162)
4.2.6 香豆素、内酯类 …… (166)
4.2.7 皂苷、甾体类 …… (168)
4.2.8 氨基酸、蛋白质 …… (175)

4.3 野生药用植物中活性物质的分离 …… (180)
4.3.1 超声波辅助萃取技术 …… (180)
4.3.2 微波辅助萃取技术 …… (183)
4.3.3 超临界 CO_2 流体萃取技术 …… (185)
4.3.4 高压脉冲电场萃取技术 …… (188)
4.3.5 分子蒸馏技术 …… (190)
4.3.6 膜分离技术 …… (193)
4.3.7 离心分离技术 …… (199)
4.3.8 层析分离技术 …… (202)
4.3.9 连续回流提取浓缩技术 …… (206)

4.4 我国主要野生药用植物资源 …… (207)
4.4.1 解表类药用植物 …… (207)
细辛(207)　麻黄(208)　防风(210)　薄荷(210)　菊花(211)
柴胡(211)　紫苏(212)

4.4.2 清热类药用植物 …… (213)
知母(213)　栀子(213)　云参(214)　黄连(215)　金银忍冬(215)
蒲公英(216)　紫花地丁(216)　白头翁(217)　决明子(218)　夏枯草(218)

4.4.3 泻下类药用植物 …… (219)
大黄(219)　东方泽泻(220)　火麻(麻叶荨麻)(220)　郁李(221)
圆叶牵牛(221)　药用大黄(222)

4.4.4 止咳类药用植物 …… (223)
桔梗(223)　兴安杜鹃(223)　暴马丁香(224)　枇杷(224)　半夏(225)
川贝母(225)　紫菀(227)　马兜铃(227)

4.4.5 止泻类药用植物 …… (228)
龙胆(228)　安徽小檗(229)　委陵菜(229)　黄花蒿(230)　黄柏(230)

4.4.6 安神类药用植物 …… (231)
翼梗五味子(231)　酸枣(232)　何首乌(233)　远志(234)　侧柏(234)

　　　　　缬草(235)
　　4.4.7　祛风湿植物资源 ………………………………………………………………(236)
　　　　　木瓜(236)　　秦艽(237)　　威灵仙(238)　　海风藤(239)　　石藤(239)
　　　　　苍耳(240)
　　4.4.8　活血化瘀类药用植物 …………………………………………………………(241)
　　　　　蜜花豆(241)　　丹参(242)　　川芎(242)　　红花(244)　　益母草(244)
　　　　　牛膝(245)
　　4.4.9　止血类药用植物 ……………………………………………………………(246)
　　　　　三七(246)　　仙鹤草(246)　　地榆(247)　　刺儿菜(248)　　白茅根(248)
　　　　　风轮菜(249)　　侧柏(250)　　白及(250)　　香蒲(252)
　　4.4.10　益补类药用植物 ……………………………………………………………(254)
　　　　　人参(254)　　黄芪(255)　　白术(256)　　当归(256)　　沙参(257)
　　　　　女贞(258)
　　4.4.11　抗癌类药用植物 ……………………………………………………………(261)
　　　　　紫杉(261)　　喜树(261)　　长春花(262)　　茜草(262)　　白花蛇舌草(263)
　　　　　天葵(264)

5　野生工业用途植物资源 …………………………………………………………………(265)
5.1　野生香料植物资源 ……………………………………………………………………(265)
　　5.1.1　野生香料植物资源的种类及特性 ……………………………………………(265)
　　5.1.2　野生香料植物的开发利用途径 ………………………………………………(266)
　　5.1.3　野生香料植物的采收与贮藏 …………………………………………………(267)
　　5.1.4　植物香料化学基础 ……………………………………………………………(267)
　　5.1.5　植物香料的加工方法 …………………………………………………………(271)
　　5.1.6　我国主要野生香料植物资源 …………………………………………………(272)
　　　　　薄荷(272)　　玫瑰(273)　　紫丁香(273)　　白丁香(274)　　香茅(274)
　　　　　八角茴香(274)　　芳樟(275)　　马尾松(275)　　油松(276)　　肉桂(277)
　　　　　山苍子(277)　　藿香(278)　　艾蒿(278)　　黄花蒿(279)　　铃兰(279)
　　　　　香薷(279)　　杜香(280)　　月见草(281)　　兴安杜鹃(281)　　百里香(282)
5.2　野生色素植物资源 ……………………………………………………………………(282)
　　5.2.1　野生色素植物资源的种类及特性 ……………………………………………(282)
　　5.2.2　野生色素植物的开发利用途径 ………………………………………………(284)
　　5.2.3　野生色素植物的采收与贮藏 …………………………………………………(285)
　　5.2.4　植物色素化学基础 ……………………………………………………………(285)
　　5.2.5　植物色素的加工方法 …………………………………………………………(287)

5.2.6　我国主要野生色素植物资源 …………………………………………… (288)
　　　　蓝靛果忍冬(288)　　姜黄(289)　　苏木(289)　　红花(290)　　栀子(290)
　　　　玫瑰茄(291)　　木蓝(291)　　菘蓝(292)　　紫草(292)　　蓼蓝(293)
　　　　茜草(293)　　冻绿(294)
5.3　野生凝胶植物资源 …………………………………………………………… (294)
　　5.3.1　野生凝胶植物资源的种类及特性 ………………………………………… (294)
　　5.3.2　野生凝胶植物的开发利用途径 …………………………………………… (295)
　　5.3.3　野生凝胶植物的采收与贮藏 ……………………………………………… (295)
　　5.3.4　植物凝胶化学基础 ………………………………………………………… (296)
　　5.3.5　植物凝胶的加工方法 ……………………………………………………… (297)
　　5.3.6　我国主要野生凝胶植物资源 ……………………………………………… (297)
　　　　杜仲(297)　　黄蜀葵(298)　　魔芋(298)　　白及(299)　　沙枣(299)
　　　　田菁(300)　　槐树(300)　　葫芦巴(301)　　萝藦(301)　　橡胶树(302)
　　　　四棱树(303)　　矮杞树(303)
5.4　野生树脂植物资源 …………………………………………………………… (304)
　　5.4.1　野生树脂植物资源的种类及特性 ………………………………………… (304)
　　5.4.2　野生树脂植物资源的开发利用途径 ……………………………………… (304)
　　5.4.3　野生树脂的采收与贮藏 …………………………………………………… (305)
　　5.4.4　植物树脂化学基础 ………………………………………………………… (305)
　　5.4.5　植物树脂的加工方法 ……………………………………………………… (306)
　　5.4.6　我国主要野生树脂植物资源 ……………………………………………… (306)
　　　　漆树(306)　　臭冷杉(307)　　狭叶坡垒(307)　　落叶松(308)　　落叶桢楠(308)
　　　　枫香(309)　　马尾松(309)　　红松(309)　　云南松(309)　　紫花络石(310)
5.5　野生能源物质植物资源 ……………………………………………………… (310)
　　5.5.1　野生能源植物资源的种类及特性 ………………………………………… (311)
　　5.5.2　野生能源植物的开发利用途径 …………………………………………… (312)
　　5.5.3　野生能源植物的采收与贮藏 ……………………………………………… (313)
　　5.5.4　野生能源植物化学基础 …………………………………………………… (314)
　　5.5.5　能源植物的加工方法 ……………………………………………………… (316)
　　5.5.6　我国主要野生树脂植物资源 ……………………………………………… (317)
　　　　南蛇藤(317)　　苍耳(317)　　黑壳楠(318)　　麻疯树(318)　　球果芥(318)
　　　　卫矛(319)　　文冠果(319)　　乌桕(320)　　油楠(320)　　油松(321)
　　　　油桐(321)　　油棕(322)　　紫苏(322)
5.6　野生纤维素植物资源 ………………………………………………………… (322)
　　5.6.1　野生纤维植物资源的种类及特性 ………………………………………… (323)

5.6.2　野生纤维植物的开发利用途径 ……………………………………… (325)

　　5.6.3　野生纤维植物的采收与贮藏 ……………………………………… (325)

　　5.6.4　纤维植物化学基础 …………………………………………………… (326)

　　5.6.5　纤维植物的加工方法 ………………………………………………… (327)

　　5.6.6　我国主要野生纤维植物资源 ………………………………………… (333)

　　　　苘麻(333)　　罗布麻(334)　　芨芨草(335)　　大叶章(335)　　小叶章(336)

　　　　龙须草(336)　　胡枝子(337)　　亚麻(337)　　芦苇(338)　　糠椴(338)

　　　　宽叶荨麻(339)　　苎麻(339)

6　野生农药植物资源 ……………………………………………………………… (341)

6.1　野生杀虫植物资源 …………………………………………………………… (341)

　　6.1.1　野生杀虫植物资源的种类及特性 …………………………………… (342)

　　6.1.2　野生杀虫植物的开发利用途径 ……………………………………… (345)

　　6.1.3　野生杀虫植物的采收与贮藏 ………………………………………… (347)

　　6.1.4　植物类杀虫剂的化学基础 …………………………………………… (348)

　　6.1.5　杀虫植物的加工方法 ………………………………………………… (349)

　　6.1.6　我国主要杀虫植物资源 ……………………………………………… (351)

　　　　走马芹(351)　　天南星(351)　　臭椿(352)　　黄花蒿(353)　　苦杉木(353)

　　　　除虫菊(353)　　鱼藤(354)　　皂荚(354)　　枫杨(355)　　藜芦(356)

　　　　黄花杜鹃(356)

6.2　野生除菌植物资源 …………………………………………………………… (357)

　　6.2.1　野生除菌植物资源的种类及特性 …………………………………… (357)

　　6.2.2　野生除菌植物的开发利用途径 ……………………………………… (358)

　　6.2.3　野生除菌植物的采收与贮藏 ………………………………………… (359)

　　6.2.4　植物类除菌剂的化学基础 …………………………………………… (360)

　　6.2.5　除菌植物的加工方法 ………………………………………………… (360)

　　6.2.6　我国主要野生除菌植物资源 ………………………………………… (361)

　　　　秋牡丹(361)　　泽漆(361)　　水蓼(361)　　大戟(362)

参考文献 ……………………………………………………………………………… (363)

绪 论

植物资源是地球上或生物圈一切可利用的植物的总和，是一种可再生的自然资源，是人类生活和生产中不可缺少的物质基础。随着现代工业和科学技术的发展，对植物资源的开发和合理利用对于解决人口、资源、环境等难题起了很重要的作用，并且是促进经济发展的重要保障。我国著名植物学家吴征镒院士把植物资源分为野生植物资源和栽培植物资源两大类，并阐述了其功能性。我国幅员辽阔，气候复杂，地貌类型复杂，并跨多个纬度，因此具有丰富的野生植物种类和野生植物资源储量，但还没有对于野生植物资源进行充分的开发和利用，随着人们对植物资源开发利用的不断深入，人们逐渐认识到野生植物资源的特殊功能和开发价值，对于野生植物资源开发和利用也成为当今研究的热点，研究野生植物资源的开发、利用和保护，掌握野生植物资源的加工利用手段，为促进人类健康、提供优质工业原料、解决能源危机和改善环境有着十分重要的经济和社会意义。

1.1 野生植物资源的概念

1.1.1 野生植物资源定义

自然资源一般是指一切物质资源和自然过程，通常是指在一定技术经济环境条件下对人类有益的资源。植物资

> 本章介绍了野生植物资源的概念，野生植物资源与人类的关系和对人类社会的重要作用及开发意义，野生植物资源开发利用国内外研究现状和未来发展趋势，野生植物资源学的主要任务，野生植物资源学的研究重点和主要研究内容，以及野生植物资源学发展趋势。让大家充分了解野生植物资源对国民经济发展和人们生活的重要作用，为今后充分合理地开发利用野生植物资源提供依据。

源是自然资源的一大类群，植物资源(plant resources)通常是指在目前的社会经济技术条件下人类可以利用与可能利用的植物，包括陆地、海洋、湖泊中的一般各种植物和一些珍稀濒危植物这些生物资源。例如，农作物、森林、草原和草场草地等高等植物以及苔藓和真菌等低等植物，是人类赖以生存的非常主要的可再生资源。我国著名植物学家吴征镒院士把植物资源定义植物资源为"一切可利用植物的总和"，即生物圈中各种植被的总和。包括陆生植物和水生植物两大类。陆生植物分为天然植物资源(如森林资源、草场资源和野生植物资源等)和栽培植物资源(如粮食作物、经济作物及园艺作物资源)。水生植物如各类海藻及水草等。植物资源作为第一生产者，是维持生物圈物质循环和能量流动的基础。

野生植物资源(wild plant resources)为植物资源的一大类，野生植物资源是指可供人类开发利用的野生原料植物，是在一定的时间、空间、人文背景和经济技术条件下，对人类直接或间接有用野生植物的总和。

1.1.2 野生植物资源开发利用与人类的关系

植物与人类关系十分密切。绿色植物通过光合作用，把光能转变成化学能贮藏在光合作用的有机产物中。这些产物如糖类，在植物体内进一步同化为脂类、蛋白质等有机产物，为人类、动物及各种异养生物提供了生命活动所不可缺少的能源，人类日常利用的橡胶、煤炭、石油、天然气等能源物质，也主要由历史上绿色植物的遗体经地质变迁形成的。地球上植物资源在整个自然生命活动中所起的巨大作用是无可替代的，是人类赖以生存的物质基础，是无可争议的第一生产力。

我国野生植物种类非常丰富，拥有高等植物达3万多种，居世界第3位，其中特有植物种类繁多，17 000余种，如银杉、珙桐、银杏、百山祖冷杉、香果树等均为我国特有的珍稀濒危野生植物。我国有药用植物11 000余种和药用野生动物1 500多种，又拥有大量的作物野生种群及其近缘种，是世界上栽培作物的重要起源中心之一，还是世界上著名的花卉之母。野生植物在长期的进化和演变过程中形成了自身特有的不同形态结构及化学和营养物质，如糖类、淀粉、纤维素、维生素、矿物质、油脂、蛋白质和核酸等，除了为人类提供食物外，还提供人体必需的营养物质。另外，现代科学研究表明，野生植物中的一些代谢产物，例如，多酚、黄酮类、生物碱、芳香油、树胶、苷类、甾体类、色素、鞣质等具有特殊的生理功能和药理作用，对促进人体健康和治疗顽固疾病有重要的作用。另外，许多重要的生产资料来源于野生植物资源，随着科技的发展和科研水平的提高，医药、化妆品、农药、环保绿化等行业对野生植物资源需求正日益增多，野生植物资源开发与人类衣、食、住、行关系越来越密切，对促进人类的发展发挥着越来越重要的作用。而在众多的植物种类中，人工栽培植物仅占较小的一部分，大部分为野生植物，而人们对于野生植物资源的利用仅占1%~2%。随着人类社会的发展，现有的栽培植物已不能满足人类生活的需要。因此，对野生植物资源的开发和利用显得极其重要。

1.2 野生植物资源的开发意义

1.2.1 野生植物资源的作用

我国是世界上野生植物资源种类最为丰富的国家之一，有高等植物3万余种，居世界第3位，其中裸子植物250多种，居世界第1位。其中，银杏、银杉、水杉、珙桐等约1.7万~1.8万种高等植物为我国所特有；拥有人参、甘草、肉苁蓉、杜仲、石斛、红豆杉等重要的野生经济植物万余种，药用植物1.1万余种。我国是世界上农业野生植物资源最丰富的国家之一，约有农业野生植物1万种，其中大部分为我国独有；同时，我国也是世界上栽培作物的重要起源中心之一，拥有大量的作物野生种群及其近缘种，如野生稻、野大豆、野苹果等；我国还被称为"花卉之母"，许多著名的观赏花卉，如茶花、杜鹃花、牡丹等，都是引种于我国的野生花卉或用其野生原型培育而成的栽培品种。

野生植物是自然生态系统的重要组成部分，是人类生存和社会发展的重要物质基础，是国家重要的战略资源。野生植物资源作为社会经济发展中一种极为重要的战略资源，不同于矿藏、化石能源等资源，具有生态性、多样性、遗传性和可再生性等特点。这些特点决定了野生植物资源在国民经济和社会发展中具有非常重要的地位、发挥着重要作用。

首先，野生植物作为以森林为主体的陆地生态系统的主要组成部分，在维护生态平衡、改善生态环境方面的作用尤其突出。野生植物在生态系统物质循环和能量流动中发挥着最为重要的基础作用。不同种类的野生植物分别适应森林、湿地、草地、荒漠等不同类型的生态系统，在国土绿化、保持水土、涵养水源、调节气候、防治荒漠化等诸多方面，发挥了不可替代的独特作用。由于野生植物在生态系统中占有主导地位，具有巨大的生态作用，从而确保了生态系统的平衡和稳定，为人与自然的和谐发展提供了最基本的生态保障。

其次，野生植物资源是保障经济社会全面、协调、可持续发展的重要物质基础，在发展经济、满足人民群众物质生活的多样化需求中发挥了巨大作用。由于野生植物具有多样性和可再生性的特点，源源不断地为人类生产生活提供了各种物质资源，从食品、医药、保健品、木材、花卉、能源到工农业原料等生产生活的各个领域，它能够替代其他资源，却不能为其他物质所替代。利用野生植物可再生性的特点，大力培育生物质能源，用生物质能源替代化石能源，这已成为未来能源发展的新方向。例如，黄连木、光皮树的果实出油率分别达40%和33%，绿玉树的乳汁含油量高达70%，利用绿玉树、黄连木、文冠果、光皮树等植物可生产生物柴油。利用野生植物提取的生物柴油和生物乙醇等植物能源作为替代石油的重要选择，将成为推进能源革命的必由之路。当前，生物产业正逐渐成为全球主导产业，而我国也正处于生物产业发展的关键时期。现阶段，就是要大力发展野生植物资源，为我国生物质能源奠定物质基础。

再次，野生植物具有优良的遗传基因，在新产品、新能源开发方面蕴藏着巨大潜力。由于野生植物种类繁多，因而野生植物蕴涵着丰富多样的基因资源，具有巨大的开发潜力。随着生物技术的不断进步，利用野生植物蕴涵的优良基因资源，开发新产品、新能源，对于促进一个国家经济发展和生态环境改善起到越来越巨大的作用。利用野生植物抗旱、抗盐等基因，可以有效地治理和改善生态环境；利用野生植物抗病、高产等基因，能够研制生产新材料、新药品、新食物、新能源，已成为国际科技发展的新方向和新领域。我国"杂交水稻之父"袁隆平院士就是利用在海南三亚发现的貌似杂草的野生稻雄性不育株基因开创了三系杂交水稻育种先河，为解决我国13亿人口的粮食问题作出了巨大贡献；大豆包囊线虫病曾使美国大豆生产遭受了灭顶之灾，然而美国科学家在我国的野生大豆"北京小黑豆"中找到了抗此病的基因，使美国一跃而成为超过中国的大豆生产第一强国；我国猕猴桃资源流失到新西兰后，新西兰经过选育，培育出优质高产的猕猴桃品种，每年为其创汇达3亿美元。这些都说明了在未来社会发展中，往往某种植物基因资源就会关系到一个国家的经济命脉、生态安全。因此，植物基因资源对一个国家一个民族生存和发展有着巨大的影响。

总之，野生植物资源在人类生存过程中发挥的重要作用归纳起来主要包括以下几个方面：

①野生植物资源为人类提供食物来源；
②野生植物资源为医药工业的药物来源；
③野生植物资源为工业提供原材料；
④野生植物资源可开发新型农药；
⑤野生植物资源能保护和改善环境；
⑥野生植物资源能作为筛选优良品种植物的野生物种库。

人类对野生植物资源的开发利用就是变无用为有用、变有害为有益、变低级用途为高级用途、变单一用途为多种用途、变野生为家植、变低产为高产的过程。野生植物资源的开发利用在食品工业、医药工业及化学工业等领域具有广阔的应用前景，其经济效益、社会效益和生态效益是空前的。目前，世界各国已纷纷掀起了向大自然要粮、要菜、要产品的热潮。因此，充分开发利用我国的野生植物资源，无疑具有重要的意义，也是我国当前急需解决的重要问题之一。

1.2.2 野生植物资源的基本特征

野生植物资源是生物资源中的一个重要组成成分，它具有生命现象，即具有生长发育、遗传变异和自我繁衍后代的能力。同时，植物资源有别于其他生物资源在于它具有把无机物和太阳能转化为有机物质和生物能的特性。野生植物资源是指可供人类开发利用的野生原料植物，是在一定的时间、空间、人文背景和经济技术条件下，对人类直接或间接有用野生植物的总和，野生植物资源除了具有一般植物的生物学特征、生态学特征、生理学和遗传学特征外，还具有资源学特征。只有掌握野生植物资源的这些特征，才能深入认识和合理开发利用野生植物资源。从开发利用方面来看，野生植物资源具有以下特性。

(1) 野生植物资源的再生性

野生植物资源的再生性指在自然和人为的条件下，野生植物具有不断地自然更新和人为繁殖的能力，这是植物资源的基本属性。植物为了繁衍后代，在生长发育过程中，形成了有性和无性繁殖的能力，同时也具有遗传和变异的特性。因此，野生植物资源可以为人类提供无穷无尽的植物性产品，由此说明植物是一种可以长期利用的资源。如果利用合理，就可以使有限的资源永续利用，为人类提供无限的原料。

(2) 野生植物资源的可解体性

野生植物资源的可解体性，是指野生植物受自然灾害和人为的破坏而导致某些植物种类减少，以至绝灭的特性，也可称为它的易受威胁性。这是因为每一种植物资源都具有自己独特的遗传基因，存在于该种植物的种群之中，任何植物个体都不能代表其种的基因库。当该种资源受到自然灾害和人为的破坏，或受到不合理的开发利用，过度采挖砍伐，而引起物种的世代顺序的断裂，从而威胁到物种的解体，物种的解体也就是植物资源的解体。野生植物资源受到破坏后，很难得以自然恢复。由此可见，野生植物资源也是有限的，要想使有限的资源得到长期无限地开发利用，就要坚持保护与合理利用相结合。

(3) 野生植物资源分布的区域性

野生植物与环境之间存在着相互矛盾又相互统一的辩证关系，一方面环境可以塑造植物，对植物的形态特征和生物学特征的产生，类型的形成及分布都有深刻的影响，称为环境对植物的生态作用。另一方面植物在同化环境过程中，形成了植物生长发育的内在规律，并以其自身的变异来适应外界条件的变化，称为生态适应。所以说不同生态环境中分布着不同的植物，形成了植物资源的地域性分布。

(4) 野生植物资源用途的多样性

植物种类的多样性和植物功能的多样性，决定了野生植物资源用途的多样性。它是我们对植物资源进行综合开发，多种经营的重要依据。野生植物资源是丰富多彩的，从整体上看，大部分野生植物资源是可供直接利用的各种原料植物，还有一部分是非原料性质的野生植物资源，如用其防风固沙、保持水土、消除污染、保护环境等特殊的生态学功能为人类服务。从每个植物种来看，由于植物体内各器官的结构和功能的不同，往往所积累代谢产物也不尽相同，使得不同器官具有不同用途。例如，松树生产的木材、树脂、松子等，分别具有不同的商品价值，在开发利用时要进行综合利用。

(5) 野生植物资源近缘种化学成分的相似性

从植物遗传物质 DNA 的排列顺序发现，亲缘关系越近，则所含化学成分越相似。在植物资源开发利用过程中，可利用近缘种化学成分相似性原理。在相近种中寻找新的野生资源植物，是一种既省时间又省人力、财力的捷径。

(6) 野生植物资源的分散性

野生植物资源在自然界中的分布，具有分散于其他种群的特性，每类植物资源的各个种，虽然有自己的生长发育规律，要求一定的外界环境条件，但多数的种类多形成单一的优势群落，所以很少见到各种资源植物集中成片生长于一处，多是零星分布于不同的植物群落中。植物资源的这一特性，使植物资源不利于采收和管理，给植物资源开发利用带来一定的困难。

(7) 野生植物资源的复杂性

随着科学技术的发展，越来越多的植物种类发现具有极其重要的作用。从研究角度来看，任何一种植物都有自己遗传潜力的基因，都具有一定的作用，使得植物资源开发越来越复杂。所以对植物进行开发利用的同时，要加强对任何一种植物的保护，如果失去一种植物，就意味着我们会失去一些极有价值的植物种类。

(8) 野生植物资源采收利用的时间性

植物生长发育过程中，不仅形态结构的变化和体积增大重量增加，而且其植物体内的化学成分在不断地变化。不同的植物种类及不同的植物器官在不同时期所积累的代谢产物都不相同，这就决定了植物采收利用的时间性。采收时期服从于经济目的，以获得优质高产的植物原料或产品为目的。

(9) 野生植物资源的可栽培性

野生植物资源可以通过人们引种驯化，使野生变成栽培植物。人们根据植物对环境的生态适应原理，创造与原产地相似的生境，所有野生植物都是可以栽培的。现在的栽培植物，都是野生植物经过人工驯化的。引种驯化工作，可以解决野生植物资源分布零星不易采收的困难，还可以拯救濒危植物，扩大分布区和提高产量。

1.2.3 野生植物资源开发前景

我国野生植物资源十分丰富，开发利用的潜力很大。因为各种植物中所含的化学物质和种类特性不同，其用途也不相同，可供开发和利用的野生植物资源产品前景十分广阔，可进一步利用和开发的野生植物资源分别有以下几个方面。

(1) 纤维植物

纤维植物用途很广，除上面提到过的纺织、造纸和编织外，还用作某些化工产品的原料，如通过纤维水解而制得果糖酸、乙酰丙酸；纤维素的乙酸酯是生产人造羊毛、赛璐珞、电影胶片等的原料；纤维素还能制成植物生长调节剂、落叶剂、羧甲基纤维素、微晶纤维素等。目前已发现具有开发利用价值的纤维植物在 500 种以上。

(2) 淀粉和糖类(包括多糖)植物

我国野生淀粉植物原料达 35×10^8 kg，被利用的有橡子粉、葛根粉、蕨粉等。其次，豆科、睡莲科、菱科植物等的淀粉含量均很高。含糖的野生植物也很多，如蔷薇科、葡萄科、芸香科、桃金娘科、鼠李科、柿科、胡颓子科、杜鹃花科、桑科、无患子科、菊科等。糖类除直接食用外，还是黏合剂、防水涂料及果糖生产的原料。有些多糖具有生物活性，如枸杞多糖等。有些植物花蜜丰富，可作为蜜源植物，如枣、刺槐等。

(3) 油料植物

我国野生油料植物含油量很高的有很多，例如，铁力木种子含油 78.9%，榛子仁为 62%~65%，樟树子 64%，黄连木 56%，胡桃仁 57.9%~70%，华山松子 42.7%，播娘蒿 44% 等。野生油料中可供食用的有 50 余种。从野生植物中寻找化学结构非常特殊的脂肪酸及其含量高的植物的工作是各国研究的热点。例如，从乌桕种子中找到代替可可脂的原料，从霍霍巴种子中找到类似鲸蜡的脂肪油，等等。我国每年可提供野生植物油料约 60×10^4 t。

(4) 蛋白质和氨基酸植物

利用含蛋白质高的植物叶子来生产叶蛋白浓缩物(LPC)的工作，各国都很重视。目前工艺比较成熟的苜蓿、木薯叶等，其产品是有很高价值的食品和饲料添加剂。我国在这方面的工作才刚刚起步。从 500 多种可供饲料用的野生植物中筛选有利用价值的种类潜力很大。

(5) 芳香油植物

前面提到过我国芳香植物极为丰富，而且香料生产也有很大发展。我国的八角、砂仁、木姜子、花椒、吉龙草等均为特产。香料在食品、饮料、糖果、医药、化妆品、烟酒等工业行业不可缺少，有些品种我国目前尚需从国外进口。除了提高我国香精工业生产技术之外，应多从野生芳香油植物中发掘具有我国特色的新型香精香料。

(6) 食用色素和甜味剂植物

食用天然色素主要是植物色素。除了它的安全性外，其中的类胡萝卜素、核黄素、黄酮素、花青苷、醌类等，不仅是人们必需维生素的来源，而且还能抗菌、抗癌、防癌等作用。我国食用色素植物有近20个科100种以上，如苋科、十字花科、豆科、木兰科、鼠李科、茜草科、锦葵科、杜鹃花科、紫草科、菊科、姜科等。甜味剂是指非糖的植物甜味成分。我国特产的罗汉果分离出罗汉果甜素，甜度为蔗糖的300倍，柚皮中的柚皮苷与新陈皮苷为260倍，紫苏含的紫苏醛为200倍，其他还有水槟榔、掌叶悬钩子、多穗柯、假秦艽、白苏等。从野生植物中发现安全、优质、价廉的食用色素和甜味剂，也是野生植物开发利用的重要方面。

(7) 山野菜和野果类植物

我国山野菜和野果植物资源也很丰富，山区人民也有加工利用的丰富经验，但多为批量小，加工技术跟不上，阻碍了山野菜和野果大量上市和成为更多人的美味佳肴。资源量较大的山野菜有：蕨菜、薇菜、东北蹄盖蕨、黄花菜、龙牙木等。已被利用的野果有：刺梨、余甘子、沙棘、野蔷薇、山杏、猕猴桃、山楂等。山野菜和野果的利用只要加工技术跟上去，并加上优质资源管护和发展，均可成为大的产业和获得可观的经济效益。

(8) 鞣料植物

鞣料植物，前面也提到过，资源很丰富。它们经浸提加工出来的浸膏，商品名为栲胶。栲胶除用于制革业外，还用于锅炉除垢及防垢，矿物浮选剂，污水处理剂，涂料，染料，医药，石油钻探以及矿物冶炼，陶瓷制造等行业。鞣料植物有待进一步的合理开发。

(9) 树脂、树胶植物

树脂、树胶是从植物中割取或提炼出来的重要工业原料。松脂是采自松属类植物的一种树脂，可以生产松香、松节油，并经分解后合成多种香料。我国每年生产松脂 50×10^4 t，估计还不到资源潜力的1/10，也是我国出口的大宗产品。生漆是一种含酶树脂，一种优良的涂料。生漆植物资源也很丰富，尤以陕西、湖南、湖北、四川、贵州、云南等地最多。其次我国尚有枫树、苏合香、阿魏等植物可以提取树脂，其产品在香料、医药等工业上都有重要用途。

橡胶及硬橡胶为树胶类产品，我国除引种三叶橡胶树、木薯橡胶树外，野生橡胶植物有夹竹桃科的鹿角藤。硬橡胶植物有杜仲、橡胶草，卫矛属植物也都含有硬橡胶。

此外，我国产的桃胶、黄芪胶为水溶性树胶，主要用作乳化剂、上浆剂、增稠剂、赋形剂，用于印染、墨水、胶水、糖果、医药、化妆品等工业产品中。在豆科植物中发现的半乳甘露聚糖胶，我国已开发出槐豆胶、田菁胶、葫芦巴胶等。树脂、树胶类植物在我国资源也很丰富，但研究尚少，开发潜力很大。

(10) 药用植物

我国的中草药在世界上享有盛誉。很多药材,如人参、甘草、黄芪、三七、当归等不仅在国内广泛应用,而且每年还有大量出口。我国在植物药研究方面也取得很大进展,最近国家提出中药现代化,标志着中药将迈出崭新的一步,并将会有更多的野生植物成为新的药源。

(11) 农药植物

植物性农药的优点在于对人畜均比较安全,很适于果蔬类食用植物上使用。比较著名的有除虫菊、烟草、毒藜、赛藜芦、鱼藤、雷公藤、厚果鸡血藤和鸡血藤等。《中国土农药志》一书曾收载过220种农药植物。其中植物种类较多和比较重要的有蓼科、毛茛科、豆科、芸香科、楝科、大戟科、茄科、菊科、百部科、天南星科等。在目前环境保护问题日益紧迫的情况下,大力寻找和发展植物性农药有着非常重要的意义。

(12) 其他有用植物

主要是一些种类虽少,但在工、农业生产中发挥重要作用的植物。如经济昆虫寄主植物,我国紫胶虫的寄主植物有三叶木豆、牛肋巴、秧青、泡火绳、紫铆树等;五倍子蚜虫寄主植物有提灯藓、盐肤木等;胭脂虫寄主植物有仙人掌等;白蜡虫寄主植物有白蜡树、女贞等。此外,碱蓬可测环境中的汞含量;凤眼莲能快速富集水中的镉类金属,清除酚类;露水草等可提取昆虫蜕皮激素等。

另外,特种经济植物的开发利用更具有广阔的前景。我国野生植物资源开发利用发展到现在,已开始进入更深层次的综合利用,特种经济植物的开发利用是其中的一个重要方面。特种经济植物是指那些有重要经济价值的野生或栽培的植物资源,或某些农副产品及废弃物经深加工后有特殊经济价值的植物资源。开发特种经济植物不是为了获得常规的淀粉、蛋白质、油脂等初级农业产品,而是为了获得植物的次生代谢产物,包括萜类、黄酮、生物碱、香料(包括合成香料中间体)及其他生物活性物质。例如,从贯叶连翘花序中提取可以治疗抑郁症的活性成分金丝桃素;从紫苏籽油中获得α-亚麻酸可抗衰老;从烟草中提取烟碱作生物农药;从蓖麻油中裂解、提取庚醛等,庚醛可合成二氢茉莉酮等多种香料;从桐油中提取桐酸,合成大环内酯型香料等。特种经济植物加工利用的增值幅度远高于一般农产品的加工增值。以贯叶连翘为例,1 t原料的出口价约1 000美元,经粗加工得提取物的价值约5 000美元,再加工成高纯度制剂价值达10万美元。其加工前后的比例为1:5:100。因此,特种经济植物的开发利用,其经济效益和社会效益将是十分显著的。

野生植物资源的开发利用已受到世界范围内的广泛重视,随着科技的发展和科研水平的不断提高,各种野生植物资源中的特殊功能性物质以及未知的新功能不断被发现和利用,所以野生植物资源的充分开发利用将会给人类带来巨大的经济价值和社会效益。

1.3 野生植物资源开发利用进展

1.3.1 野生植物资源开发利用的提出阶段

我国是一个历史悠久的国家,也是最早记载有关人类认识和利用野生植物资源的国家之一。我们的祖先在7000多年前的新石器时代已开始栽培植物,当时采集野生植物已属次要了(黄河流域裴李岗、磁山遗址距今都在7 000多年,半坡遗址距今6 000多年;长江流域河姆渡遗址距今近7 000年)。春秋、战国时期,社会发生大变革,铁器的广泛应用,牛耕逐渐推广,农业生产的发展也进入了一个新的时期。当时出现的"数口之家"的小农经济,以生产谷物为主,种植桑麻为辅,兼营蔬果林木。以野生植物为主要来源的药用植物等也有人专门经营。蔬菜种植业早在6 000~7 000年前就已开始,在4 000~5 000年前就已有了菜园和果园。

我国古代就有许多重要的有关植物或野生植物的典籍书传后代,提出如何对野生植物资源进行开发利用。如宋代周师厚的《洛阳花木记》(1082)是最早的观赏植物专著,记载有观赏植物500多种,并记载了多种种植方法。"本草学"一类的书籍不仅记载了古代利用药用植物的经验,使之流传下来,也记载了很多其他资源植物利用的经验。在2 000多年前,《诗经》中就已经记载了200多种植物,包括纤维、染料、药材等不同用途的野生植物,并涉及大量植物名称、分布、分类、文化和植物生态等方面的知识;汉代的《神农本草经》是我国最早的本草著作;公元六世纪北魏贾思勰编著的《齐民要术》中,对当时农业、林业、果树和野生植物的利用等进行了概括;明代李时珍的《本草纲目》(1578)中记载描述的植物就达1 173种,而且绝大多数为野生植物;清代吴其濬编著的《植物名实图考》和《植物名实图考长编》(1848),记载了野生植物和栽培植物共1 714种。除了这些著名的古代典籍外,还有其他许多有关野生植物资源利用的传统知识论著,如晋代戴凯之的《竹谱》、唐代陆羽的《茶经》、宋代刘蒙的《菊谱》,蔡襄的《荔枝谱》,陈景沂的《全芳备祖》,以及明代王象晋的《群芳谱》和清代陈淏子的《花镜》等。我国古代有关野生植物资源的研究记载都是以应用为目的的,涉及人们日常生活中衣食住行、防病治病、自然环境、民俗等各个方面,这些记载反映了不同时代人们对野生植物资源的认知情况。

1.3.2 野生植物资源开发的发展

19世纪中叶,近代植物学和近代化学自西方传入,中国开始了用近代科学方法研究植物资源工作。从20世纪初至40年代,发展了植物分类学、植物生理学、植物生态学及地植物学,为近代植物学研究奠定了基础。中华人民共和国成立以来,中国植物学有了很大发展,成立了很多研究机构。1958年4月,国务院发布"关于利用和收集我国野生植物原料"的指示以后。各地以植物研究单位和商业部门为主,组织有关大专院校和轻工部门的人员进行大规模的普查和成分分析,初步摸清我国野生植物资源状况。在研究工作的带动下,各地开发利用工作取得很大的经济效益,合成可的松和避孕药物的原料薯蓣资源、提取降血压药物利血平原料的萝芙木资源都曾满足了国内需要,还出口换汇。

自20世纪60年代以来,植物资源的研究在广度和深度上有很大发展,如发现新的抗肿瘤药物喜树碱、三尖杉酯碱、美登木碱、紫杉醇等;抗病毒新药青霉素;以及治疗冠心病药物丹参酮和消炎药物穿心莲等。槐豆胶的生产对于纺织印染工业提供了良好的助剂。

改革开放以来,中国的野生植物资源开发利用工作有了很大的进展。从露水草、野芝麻等植物中提取的蜕皮素用于养蚕业后,对蚕丝生产有显著的增产作用;野生芳香植物山苍子的开发利用,解决了国内对柠檬醛的需要,还出口创汇。

自 20 世纪 80 年代以来,我国野生植物的开发利用有了很大的发展,90 年代不论在程度上,还是在广度上都有较大的发展,取得了显著成绩。例如,我国野果、野菜、天然色素、药用植物、工业和观赏植物资源的开发取得了突出成果。

野果作为营养功能性食品原料而广泛应用于食品工业,成为一种新兴的产业。陕西的沙棘汁、沙棘汽酒、野刺梨饮品,吉林的通化山葡萄酒,黑龙江的黑加仑果汁和黑加仑酒,甘肃的中华猕猴桃酒,河南的山楂系列和酸枣系列食品,贵州的刺梨果汁等均深受消费者欢迎。

野菜由原来的农民自采自食阶段转向农民采集、工厂收购加工、产品销售的阶段。吉林长白县山珍食品厂以刺五加、桔梗、蕨菜等为原料加工出 10 余种野菜罐头,经济效益显著;黑龙江尚志市与日本合资兴建的山野菜加工厂,生产出的保鲜蕨菜、薇菜等菜制品畅销于国内外市场。纤维植物编织工艺品是重要的创汇产品。中国香料工业所用的天然香料品种已达 110 种,其中许多大宗品种由于野生香料植物资源不能满足,而进行了大面积人工栽培。

随着合成色素使用对人类健康造成不利的影响,天然色素尤其是植物性色素以其营养价值高、无毒副作用等优点日益受到人们的青睐。近 20 年来,我国在植物性色素的开发利用方面也取得了一些进展,如从植物红花中提取了红花色素、可可壳中提取了可可色素、大金鸡菊中分离出了大金鸡菊黄色素、越橘果实中提取了宝石红色素等。除此之外,还研究和发现了一些新的食用油脂植物资源,如油瓜、文冠果、破布木和黑沙草等,其加工利用水平也有了很大的提高。我国也对几十种野生甜味剂植物资源进行了研究和开发,已开发出甜度大、口味好、安全实惠、使用方便的植物性甜味剂,如甘草的甘草甜素和甜叶菊中的甜菊普等。

药用植物资源的开发利用进展迅速。我国药用植物的种类和蕴藏量极为丰富,素有"世界药用植物宝库"之称。迄今为止,我国已发现的药用植物有 2 000 余种。我国对药用植物资源的开发利用,成绩显著。尤其是在抗肿瘤和神经药物的研究方面,发现了新的药源、有效成分和利用部位,使药用植物的研究向综合利用方向发展,并找到了一批可替代进口药的国产药物资源,且已大部分投产,形成了支柱产业。如 1989 年,湖北中医药研究院利用雷公藤为原料研制成"雷公藤片",此项成果被转让给当时濒临倒闭的黄石制药厂,使该厂当年生产"雷公藤片"产值达 250 万元。湖南绥宁县中药饮片厂利用本县丰富的绞股蓝资源研制出系列产品,产品销往广东、北京等 10 多个省市,部分产品还进入欧美市场。此外,从喜树植物分离的抗胃癌有效成分喜树碱和 10-羟基喜树碱,从三尖杉、粗榧中分离出抗癌成分三尖杉酯碱和高三尖杉酯碱,对治疗淋巴系统恶性肿瘤有较好的疗效。从广西美登木、蜜花美登木、云南美登木的根、茎、叶、果实中分离出美登素、美登普林和美登布丁 3 种大环生物碱,具有较好的抗癌活性。从洋金花植物中分离出的有效成分东莨菪碱是 M 型胆碱受体的阻滞剂,以洋金花为主药的中药麻醉的研究成功,促进了神经药理学的发展。

工业用植物资源的开发利用。据初步统计,我国鞣科植物达 300 种,其中利用价值高、资源量大的仅有 40 余种。鞣料植物提取的栲胶主要用作制革工业的棵皮剂,另外还可以用作锅炉去垢防垢剂、污水处理剂、涂料及电池电极添加剂等,近 10 年来又用栲胶研制出单宁作为工程防渗加固的化学灌浆材料及新型的铸造辅料等，因此，栲胶是我国和许多国家国民经济不可缺少的一种原料。

我国的树脂、树胶植物资源也比较丰富。开发的主要产品有松脂、生漆、枫脂、络石树脂等，其中以松脂和生漆最为重要。松脂加工成松香和松节油在轻工业上有广泛的用途。生漆是一种很好的涂料，有优良的耐酸性、耐水性、耐油性、耐热性和绝缘性，因而广泛涂刷于房屋、家具、船舶、机械设备上，其防腐性能远远超过其他油漆类，而且漆油光亮持久，有许多独特的特点。树胶由多糖类物质组成，主要种类有桃胶、阿拉伯胶、黄香胶以及半乳甘露聚糖胶等。特别是近十年来在长角豆、瓜儿豆中提取的半乳甘露聚糖胶在食品工业、纺织工业、造纸工业、石油、矿业、冶金、涂料等方面具有更重要的用途，因而被誉为"王牌胶"。我国近几年在引种这两种植物的同时，从田菁、蓖麻、葫芦巴、槐豆胚乳中也发现了这种半乳甘露聚糖胶，且含量高、质量好。田菁胶目前已在石油、造纸等领域得到了应用，并获得了较好的效果。

全世界的橡胶植物约有 2 000 种，广布于热带、亚热带和温带地区。我国除了三叶橡胶树外，还有许多野生或栽培的橡胶植物，如杜仲、橡胶草等。橡胶是重要的工业原料，广泛用于交通运输设备、建筑工程器材、国防设备、医疗卫生器具、电信器材、日常生活用品、文化体育用品和科学研究仪器等各个方面。从目前我国的橡胶植物利用情况来看，自产橡胶还不能满足社会需要，还有待于进一步开发利用。

观赏用植物资源的开发利用。观赏植物资源是指供人类观赏的一类植物资源。观赏植物在我国既有丰富多彩的种类，又有悠久的栽培历史，因而在世界上有"花园之母"的美称。我国在野生观赏植物资源的调查、引种和开发等方面做了大量的工作，如对木兰科、桩?属、杜鹃属植物的专属引种取得了卓有成效的成绩，对宿根草花野生种的开发也取得了丰硕的成果。国家为了保护野生植物资源，分批次确定了国家保护植物，成立了有代表性的一些自然保护区。吉林农业大学曾于 1982 年创办了野生植物资源专业，培养专门人才。

1.3.3 国内外野生植物资源开发利用现状

国内外野生植物资源的利用主要包括作为药用植物、观赏植物、可食用植物以及食用菌等加以利用。除了直接利用之外，新的利用趋势是提取有效成分加以利用或深加工后利用。近期的研究表明，对于野生药用植物，可以提取各种有效成分，并制成药用制剂；或提取有效成分，制成各种杀虫剂等。在观赏植物的利用方面也有许多的应用，特别是对热带、亚热带野生观赏植物的利用，如对野生观赏植物等进行大规模繁育和种苗的商品化生产等。

(1) 我国野生植物资源开发利用现状

我国幅员辽阔，野生植物资源丰富，存在着较大的时空差异性、生活状况差异性及稀缺差异性等特点；而且由于野生植物资源利用方式多样，其价值具有多元性、交叉性及重叠性等，从而使得野生植物资源的价值量化问题变得非常复杂。

经过长期的研究利用及开发实践，目前已知我国具有重要利用价值的野生植物达 2 400 多种，而绝大多数野生植物尚处于未开发或待开发状态。野生植物资源的类型多按植物资源的不同经济用途进行分类的，基本类型包括：药用植物资源、野生淀粉植物资源、糖料植物资源、纤维植物资源、油料植物资源、芳香植物资源、单宁植物资源、蜜源植物资源、肥料植物资源等。也可以根据不同的研究目的继续细分。据有关资料显示，我国药用植物有11 146种，其中在常用药用植物中有80%以上源于野生植物或半野生植物；芳香植物达600余种，其中绝大多数为野生植物；在300多种常见果树中，绝大多数为野生果树；野菜植物达1 000多种，并且营养价值非常高；野生淀粉植物达278种；野生油脂植物有600多种；野生纤维植物有468种；野生鞣料植物有301种；野生农药植物411种；其他的还有野生甜味剂植物资源、野生色素植物、野生化妆品植物、野生皂素植物、野生树脂植物、野生树胶植物和野生抗氧化剂植物等。目前，我国关于野生植物资源的价值研究多集中在某个物种上，如仙人掌的经济价值研究、紫穗槐的经济价值研究、红豆杉的经济价值研究、野葛的经济价值研究等。也有部分学者研究区域野生植物资源价值，但多数都是概况性的，只是集中在野生植物资源的利用方式、种类及开发前景上，较少涉及具体的货币价值概念。

中国目前对野生资源植物的开发利用量只有蕴藏量的5%左右，这些已开发利用的生物资源中不少已成为当地名优特产，为地方经济发展起到了重要的支柱作用。而绝大多数有较高经济价值的资源植物目前仍处在"久居深山人未识"的状态。中国虽在野生植物资源开发利用方面取得了突出成就，但仍存在不少问题，如野生植物开发利用率低，精深加工及综合利用不够，对持续利用重视不够，专门科技人员匮乏，研发经费不足等。

我国野生植物资源中已开发利用的还是极少数，与发达国家相比差距较大，尤其在野生植物的深度加工和综合利用方面水平更低。我国地域广阔，野生植物资源丰富，蕴藏量大，开发利用潜力很大，我们应采取有效措施，加快野生植物开发与利用的速度。在大力开展野生植物开发与利用的同时，应加强植物化学成分的研究，加深对各种野生植物化学成分的了解，进一步为野生植物资源开辟新用途；真正摸清各类野生植物资源的种类、分布、生态环境和蕴藏量等；对全国各地野生植物资源情况有一个更加全面、深入的了解；加速培养野生植物开发与利用的人才；不断改善野生植物开发与利用的装备和设施，搞好深度加工和综合利用；在开发与利用野生植物资源的同时，要注意保持生态平衡，做到有计划、有步骤地开发利用，避免盲目开发利用而造成资源枯竭。

(2) 国外野生植物资源开发利用现状

俄罗斯对植物资源研究非常重视，从20世纪20年代便开始了研究。生长在俄罗斯的高等植物——显花植物、木贼纲、石松纲、真蕨纲植物有2.5万~3万种，还有遍布在森林、沼泽和苔原中的苔藓植物。近年来，俄罗斯更加重视本国野生植物资源开发、利用的研究，并取得很大进展。俄罗斯具有丰富的野果食用植物资源，多汁果（野生苹果、梨等）、浆果（欧洲越橘、悬钩子等）和胡桃属（榛子、胡桃、松子）等产品开发较多，例如，沙棘、蓝莓、猕猴桃、树莓果汁、果脯和果酱等产品的开发。俄罗斯拥有种类众多的药用植物，其中野生种100多种，每年可提供数吨含有制造药物制剂的各种化合物原料，例如，五味子用于军事食品；缬草用于医疗上镇静剂，能增加神经系统的兴奋性，用治多种神经机能失调及失眠症；杜仲皮制成的配剂治疗各种高血压，及制造海底电缆和牙科的填充物。俄罗斯专家最近利用西伯利亚和远东地区的药用植物研制出了抗癌药剂。动物试验表明，这种药剂可以提高肌体对肿瘤的抵抗力，有效抑制癌细胞转移。据悉，该药剂包括岩白菜、黄檗、岩高兰、当归、金盏花、胡枝子、牛蒡、沙棘、大车前、甘草、山黄连和黄芩等18种植物。近年来俄罗斯在药用植物资源研究中主要集中在以下几个方面：对一些地区植物类药材蕴藏量的调查及采收制度的改进，寻找可生产预防和治疗多种疾病(肿瘤、糖尿病、新陈代谢疾病、传染病、心血管疾病、神经系统疾病)新制剂的药用植物，寻找为建立巩固的原料基地而需要引种栽培的药用植物资源。近年来俄罗斯还进行新药用植物的寻找，特别注意寻找含有下列成分的药用植物，如黄酮类、烯萜类、香豆素类、多糖类、胶体化合物，生物碱，挥发油等。仅药用植物研究所在1948—1981年间就开发出122个药用植物制剂。例如，在生物碱方面已从含生物碱的100多种植物中分离出200多个生物碱，研制出30多个生物碱制剂，目前有13个制剂已得到应用。在开发利用药用植物中还特别注意单种植物多种利用。例如，从生产香豆素制剂的植物残渣中，用改变活性较小的化合物的分子结构方法得到了高活性的化合物，用新的提取工艺从一种植物中同时分离出多种生物活性物质。为了得到广谱性活性制剂，还经常使用天然化合物(甾体化合物、木质素等)进行半合成。

　　日本野生植物资源种类较少，但是对野生植物资源的分子基因内含有的化学成分研究较多，对一些天然活性物质的分离纯化和抗癌药物的筛选和开发，取得了很多成果，如救心丹就是一例。日本对植物叶类的性能功效及开发利用研究已遥遥领先同等发达国家，仅用杜仲叶开发的品种就达百余种，价值数百亿日元。为了开发生药资源：日本学者采用生物学和遗传学的手段进行了优良品种选育及栽培移植方面的研究工作，并积累了不少经验。例如，为防止生药及汉方制剂中混入残留农药等不纯物或容易引起副作用的物质，除了采用严格的质检标准外，还从基原野生植物开始严格选材，改良栽培技术，进行不纯物实验等，以确保安全性。他们能将现代农业栽培技术迅速移植到药用植物栽培上，并不断改进，普遍注意在田间操作中使用小型机械精耕细作，注意有效成分的监测追踪，尽量不用化肥和农药，以确保生药质量，很值得借鉴。

　　美国经济比较发达，利用野生植物资源开发食品、化妆品和植物添加剂成分较多。近几年来尤其对抗癌药物和抗艾滋病天然药物的开发尤其重视，美国对植物药的研究主要着重在从植物中提取出新化合物，分离出了很多化合物，也确定了很多化学结构式，且对有效成分的发现贡献不少，但其焦点是放在发现新化合物上，而不是对中草药本身以及对植物药处方进行研究。美国食品和药品管理局(FAD)对药品研发有一套刻板而规范的工作程序或法规。每项法规中又有许多具体、细致和严格的要求。美国市场上最畅销的十几个植物药，在欧洲流行后，证明其疗效与安全性确切，再引进到美国，显著的例子就是银杏、贯叶连翘、大蒜、人参与卡瓦胡椒的应用。美国国立卫生研究院投资2.2亿美元开展替代性医药的研究和培训工作，其中很大一部分将用于对亚洲野生中药植物的研究。据统计，目前美国中医药研究机构有146个，研究内容涉及针灸原理、艾滋病治疗、从野生植物和中草药中提取化学成分及有效成分、中医药信息等，开始注意中医药文献的整理出版工作。如美国国立肿瘤研究所曾筛选过67 500种提取物，共筛选约有4%的提取物有效。美国国立卫生研究院(NHI)是全世界规模最大的医学研究机构，每年从全球25万种野生植物中，取4 000种进行筛选，以开发各种新的天然药物。1999年对草药研究的经费达

750万美金。除医疗机构外，美国的一些大学和医药公司也开始研究中草药的药理、药效。美国著名的斯坦福大学设立了"美国中药科学研究中心"，聚集了一批医药精英，选用最先进仪器设备，专门从事中草药的研究开发。美国的一家制药公司Phytoceutica筹资1亿美元瞄准传统野生中药植物，希望能研制出成为主流处方药的植物药新品。2000年版《美国药典》收载了45种植物药，其中包括提取物、植物油、芳香油等，增加了人参、银杏、大蒜、生姜、锯叶草、缬草、雏菊、金丝桃和儿茶素等天然野生植物品种。美国食品和药品管理局也开始改变了其药品必须是单一化合物的陈旧观念，开始许可含多种天然活性有效成分的天然植物药品的开发。

(3) 我国野生植物资源开发利用存在的问题及今后的发展方向

尽管我国在野生植物资源的开发利用方面取得了一些成果，但与发达国家相比差距较大，还存在不少问题。如野生植物开发利用率低，许多颇具开发利用价值的野生植物仍埋藏在深山老林之中任其自生自灭；对已发现的种类，真正利用起来的还很少；精深加工及综合利用还很不够；对野生植物的后续利用不够重视；从事野生植物资源研究、开发利用的科技人员缺乏，研究经费不足等。针对这种情况，我们应积极采取措施，加快野生植物开发利用的速度，推动国民经济建设。要充分合理地开发利用我国的野生植物资源，实现经济效益、生态效益和社会效益和谐统一的目标，今后应注重从以下几方面发展。

加快专业人才的培养 为了实现科教兴国的战略目标，应加大力度培养专门从事野生植物资源的研究、开发利用的高级人才，成立一些野生植物开发利用研究所或研究室。

摸清野生植物资源家底，增强植物化学成分研究 应进一步对全国各地野生植物资源情况再做一次更加全面、深入的调查，真正摸清各类野生植物资源的种类、分布、生态环境和蕴藏量等。在此基础上再利用现代分析测试手段和方法，对资源的化学成分进行分析，开辟野生植物资源的新用途。

搞好精深加工和综合利用 通过提取、深加工、精制等工业措施，使野生植物资源按市场需要形成名优产品，变当地资源优势为商品优势，增强产品的国际竞争力。在野生植物开发利用中，应遵循"物尽其用，综合开发，经济效益最大化"的原则，实现一物多用，综合开发。这样不仅避免了资源的浪费及其所造成的环境污染，而且还提高了资源的利用率，同时也提高了经济效益。

加强引种驯化研究，建立商品原料基地 自然资源日趋减少是当今世界性的危机，开展引种驯化工作是当前生产上的迫切需要。野生资源植物的引种驯化是通过人工栽培、自然选择和人工选择，使野生植物适应本地自然环境和栽培条件，成为满足生产需要的本地植物。由于野生植物往往分布零星、产量低，要实现集约化的工业生产，必须进行引种驯化，变野生为家植，建立商品原料基地。例如，我国已将人参、罗汉果、砂仁、杜仲、银杏等资源逐渐由野生变家植，列为我国较为重要的特产种植业。

加强保护，永续利用 野生植物资源绝不是取之不尽，用之不竭的。如果合理开发利用并注意保护，则可永续利用，造福后代；反之，如果违背了自然规律，不加保护，乱采滥挖，进行掠夺式开发利用，则必然造成资源枯竭，生态平衡破坏，给人类带来危害，使人类遭受大自然的惩罚。因此，既要充分合理利用野生资源来满足社会生产的需要，又要注意保护植物的再生能力及其存在的生态环境。保护是为了更好地利用，而且是永续利用。

1.4 野生植物资源学的任务

野生植物资源学是一门以植物分类学、植物地理学、植物化学等课程理论为基础的应用性极强的学科，主要介绍我国野生植物资源的分类、特点以及加工利用方法，是农林学科及资源开发利用专业的必修课程之一，在学科交叉的过程中起着桥梁和纽带作用。在培养适应经济建设需求的高素质应用型、开发型、创新型人才和对科研工作者理论指导方面发挥重要作用。

1.4.1 野生植物资源学的研究内容

野生植物资源学研究内容比较广泛，是研究野生植物资源的分类系统、野生植物资源的保护与利用、野生植物资源的综合开发利用。主要采用多学科方法和技术手段研究野生植物资源分类、分布及其特点、开发与利用、有效成分及其性质和用途、调查与评价、保护与管理，以及野生植物资源驯化和栽培等不同研究层次，介绍了植物资源学的基本原理和基本方法；重点介绍了野生食用植物资源、野生药用植物资源、野生工业用途植物资源、野生农用植物资源中几类野生植物资源重要种类的开发利用与保护管理等方面的内容。野生植物资源开发与利用重点介绍野生植物资源的种类及特性、野生植物资源的开发利用途径、野生植物的化学成分与功能、野生植物的加工方法及我国主要的野生植物资源。野生植物资源学的研究重点和主要研究内容包括以下几个方面：

(1) 野生植物资源分类系统的研究

野生植物资源的分类是根据野生植物资源利用方式、服务对象等完善或建立合理的植物资源分类系统。野生植物资源分类系统的研究主要是研究野生植物资源的分类原则、构建研究对象的合理分类系统，这有助于明确研究范畴，深入对研究对象的认识，也是研究野生植物资源学的最基本的理论和方法基础。

(2) 野生植物资源种类和用途的研究

我国野生植物资源丰富，种类繁多，对人类生产和生活有重要作用，而其重要性与人类科技发展和人们对野生植物资源的认识有密切关系。研究其种类、形态、结构和功能特点，研究其用途、采收加工技术和利用方法等对于野生植物资源的开发有重要意义。

(3) 野生植物资源内含化学成分的研究

野生植物中含有多种有用的化学成分，含有很多栽培作物所没有的化学成分，蕴藏着迄今人们仍未得知的许多有用成分。学习和认识这些化学成分对开发利用新植物资源具有理论和指导作用。食用野果、野菜、饲用植物资源需研究其营养成分的含量；色素植物资源需研究其呈色物质的结构；甜味剂植物资源需分离出该植物中的甜味物质；药用植物资源需研究其有效成分；油脂、树脂、树胶和鞣质的利用可作为工业原料；农药植物药学要研究其化学成分对害虫的杀灭、干扰和控制作用。因此，野生植物化学成分的研究和筛选，以及它们的生产、转化、性质、功能和分离纯化技术方法等方面的研究是野生植物资源学研究的重要学习内容。

（4）植物资源引种驯化和栽培繁育研究

野生植物资源的引种驯化对人类意义重大：

增加新的资源种类 某些植物在当地没有分布但十分需要，而且有可能驯化成功，如能成功地开展引种驯化工作，就可以增加该地的资源种类。

良种代替劣种 某些植物生长缓慢，有效成分低，或因病虫害危害严重及其他缺点，经济效益和生态效益差，通过引进优良种类即可克服上述不利因素。

扩大栽培范围 发展商品生产及保护珍稀濒危植物。

发挥植物的优良特性 通过引种可以使某些种或品种在新的地区得到比原产地更好的发展，表现更为突出。例如，橡胶树原产巴西，引种到马来西亚和印度尼西亚后，现在该地区的产胶量占全世界的90%，而巴西不及1%；又如原产中国的猕猴桃，引种到新西兰后，现在其产量占世界第一位。又如我国于1948年从北美开始引种西洋参，1975年才开始有计划大规模的引种工作；"植物青霉素"的穿心莲是从斯里兰卡引进的；价格昂贵的番红花是于1965年和1980年二度引种后在我国推广栽培的。因此，通过野生植物资源的引种驯化的研究工作，可以提高植物资源的利用率，创造出更多的经济价值。

（5）野生植物资源综合开发利用研究

野生植物资源是自然资源的重要组成部分，与人类生活密切相关。如何更好地利用我们身边的、宝贵的植物资源，是当前植物资源学工作者的首要任务之一。研究和开发利用丰富的野生植物资源对不断增加新的工业原料、食品和药品、充实人民生活、保障健康、增加财富和发展农业都具有极其重要的意义。基于野生植物资源的多种用途的特点，为了增强资源的高效利用性，应该对野生植物资源进行综合开发利用。综合利用包括全面利用和多用途利用。每种植物向人类提供的产品都不是单一的，尤其是随着科学的发展，对野生植物资源的开发应向综合、深入方向发展。野生植物在生长发育过程中往往积累多种代谢产物，在开发利用时不应只利用其一部分，将其他部分废弃，而应该综合开发利用，形成多种产品优势，这样既减轻了资源压力又提高了经济效益，变废为宝，提高野生植物资源的利用率。

（6）野生植物资源的保护管理和可持续利用的研究

野生植物资源是可再生资源，通过不断地新陈代谢产生新的个体。但是由于过度地追求经济利益和效益，野生植物资源过度开发，使得野生植物资源的种群更新受到严重影响，使得个体数量不断减少，种群产生衰退，大量的野生植物资源受到不同程度的威胁。面对越来越严重的濒危状况，世界各国政府、学术组织、社会团体和科学家开始了保护生态平衡、保护稀有濒危植物、合理开发利用野生植物资源和保护植物种质多样性的研究，并积极开展本国植物区系的调查，掌握本国植物区系和受威胁状况，列出稀有和濒危植物的清单，并采取有效措施加以保护，保证野生植物资源的可持续更新和循环利用。因此，必须加强野生植物资源的保护管理和可持续开发利用科学的研究，才能保证野生植物资源的可持续性和永久为人类所利用。

综上所述，野生植物资源学是以植物资源为对象，研究其用途、功能、种类、生物学特性、内含有用物质的性质和数量、形成分布、转化规律、合理开发利用途径及有效保护措施的一门科学。由于植物与人类的生产、生活密切相关，因此植物资源学又具有显著的社会经济特征。随着科技的进步和人类对野生植物资源认识的深入，越来越多的野生植物将会成为有重要价值的资源，为人类解决更多的实际问题。因此，野生植物资源学研究的内容将更加广泛，现代的研究方法和手段会用于野生植物资源研究方面，将会取得更多的研究成果。

1.4.2 野生植物资源学发展趋势

野生植物资源学是在人类利用野生植物资源的过程中逐渐形成的。它是一门野生植物资源综合开发利用的科学，植物资源学与植物分类学、植物系统学、植物化学、植物生态学、植物生理学、植物遗传学、植物引种驯化及植物保护生物学、植物资源开发利用等均有密切关系。将多学科知识运用到野生植物资源的开发利用上来，使得野生植物资源学知识更系统，研究内容更全面。近几十年来，因人类对植物资源数量、品种的需求不断增加，并因环境污染，要求生产更多的无公害绿色产品，世界各国均开展了野生资源植物的研究，希望从中发现新的有用的物质，从而促进植物资源学特别是植物资源利用中的生物技术(如遗传工程、细胞工程)的蓬勃发展。

因此，如何通过现代化的科学技术手段，合理开发利用和保护野生植物资源，开发新资源产品，并使野生植物资源能持续利用，是野生植物资源学今后的发展方向和研究的核心内容。

思考题

1. 什么是野生植物资源？
2. 野生植物资源的作用及其开发利用的重要意义？
3. 野生植物资源用途及可开发产品有哪些？
4. 野生植物资源学的研究内容有哪些？

野生植物资源开发利用基本原理

野生植物是大自然带给人类的一笔无比巨大的财富,人类一直享用至今。野生植物中含有许多人工栽培作物所没有的化学成分,蕴藏着迄今人们仍未知道的许多功用成分。这些植物一旦被人们认识和利用,就会变成宝贵财富,为人类造福。我国幅员辽阔,跨温带、亚热带、热带,自然条件复杂。因此,植物种类繁多,仅高等植物就有3万种左右,野生植物资源极其丰富。经过长期的研究和开发利用实践,发现利用价值较高的野生植物就有2 400余种,众多的野生植物尚待开发利用研究和开发利用。充分利用我国丰富的野生植物资源,不断增加新的工业原料、食品和药品,这对增加财富、发展农业、提高人们生活水平等有着重要的作用。

2.1 野生植物主要类群及其生物多样性

2.1.1 资源植物的一般特点

一切有用植物的总和统称资源植物。中国有丰富的野生植物资源,中国植物资源的特点概括起来有以下几点:

(1) 植物种类众多,资源植物丰富

中国植物种类众多,仅维管束植物就有30 000余种,仅次于马来西亚和巴西,居世界第3位。其中有双子叶植物213科238属;单子叶植物82科669属;裸子植物11科

> 本章主要介绍了野生植物资源的特点,资源植物的主要类群及其生物多样性,资源植物代谢产物的种类、生物活性和代谢产物的人工调控方法和原理,资源植物在我们国家的分布及生态多样性,野生植物资源分类原则和分类方法,以及野生植物资源系统特征。通过学习使我们更清楚地了解野生植物资源的功能成分和作用,生理、生态特性和分布规律,掌握了野生植物资源开发利用的原理和基本方法,为更好地开发利用野生植物资源奠定基础。

42属；蕨类和拟蕨类52科204属，共5 640余种。

中国是世界上裸子植物最丰富的国家，加上引种的南山科（Araucariaceae），就包含了世界所有的科，占世界总科数的99.9%；属数占世界总属数的59.6%；种数占世界总种数的28.5%。

中国也是世界上蕨类植物最丰富的国家，含有的科数占世界总科数的80%；属数、总数各占世界总数的46%和22%。

中国还是世界上禾本科、菊科、豆科、兰科植物最丰富的国家之一。其中禾本科含3%亚科250多属2 000多种；菊科207属2 710多种；豆科123属1 180多种；兰科161属1 300多种。

此外，还有54个大科，如蔷薇科、唇形科、杜鹃花科、毛茛科、玄参科等，有100~1 000种，有13个科属数在40以上，26个科属数在10~40。它们大多为重要的资源植物。

中国的各类植物资源都很丰富。根据作者统计，我国重要的纤维植物有50多科155属480多种；淀粉植物有30多科近70属160多种；油脂植物有70科250多属500多种；芳香植物有80多科110多属1250多种；鞣料植物有57科130多属280多种；药用植物有390多科880多属，种类超过8 000种。

（2）区系组成复杂，珍贵植物众多

中国植物区系组成复杂。在种子植物中，属世界广泛分布的植物有51科108属；属热带分布的有168科1467属；属温带分布的77科931属；属古地中海与泛地中海地区分布的7科278属。

中国地史古老，植物区系中含有大量的古老植物科和属，存在许多孑遗植物，如裸子植物中苏铁科、银杏科、麻黄科和买麻藤科，上述各科仅有1属，其中银杏属仅1种，为中国特产。其他如罗汉松科，我国有2属14种，粗榧科有1属9种，我国有7种。除此之外，红豆杉科中的穗花杉属（$Amentotaxus$）、白豆杉属（$Pseudotaxus$）的白豆杉（$P.\ chienii$）和榧属（$Torreya$），均为中国所特产。松科植物中的百山祖冷杉（$Abies\ beshanzuensis$）、银杉（$Cathaya\ argyrophylla$）和金钱松（$Pseudolarix\ amabilis$），杉科中的水杉（$Metasequoia\ glyptostroboides$）、水松（$Glyptostrobus\ pensilis$）、柳杉（$Gryptomeria\ fortunei$）、杉木（$Cunninghamia\ lanceolata$）2种和台湾杉（$Taiwania\ cryptomerioides$）2种等，都是著名的孑遗植物，银杏、水杉、银杉还被称为古代保留下来的"活化石"。被子植物如木兰科，在我国有12属约95种，其中木兰属（$Magnolia$）植物从西南一直分布到东北；还有鹅掌楸（$Liriodendron\ chinense$）是第三代孑遗植物。再如，金缕梅科，在我国有18属70余种，其中双花木属（$Disanthus$）1种；马蹄荷属（$Exbucklandia$）和红花荷属（$Rhodoleia$）产我国南部。其他还有八角茴香科、五味子科、蜡梅科、水青树科、连香树科和莲科等，多数都是残遗的单型属或少型属植物。

又如，桦木科、壳斗科、胡桃科、马尾树科、榆科和杜仲科等科植物中，也含有一些孑遗植物，如马尾树（$Rhoiptelea\ chiliantha$）、喙核桃（$Annamocarya\ sinensis$）、青钱柳（$Cyclocarya\ paliurus$）、糙叶树（$Aphananthe\ aspera$）和杜仲（$Eucommia\ ulmoides$）等，其中不少种还是重要的经济植物。

我国种子植物中含有的单型属和少型属植物多达1141属，其中为中国所特有的有

190多属。中国是世界上公认的12个生物多样性最丰富的国家之一,也是世界上种子植物区系重要发源地区之一。

(3) 森林植被类型多样,木本植物种类丰富

中国现有的森林覆盖率不高(但历史上并非如此),原始森林仅占国土面积14%,属少林国家。但是,如果与同纬度分布的其他国家和地区相比,中国又是森林发育较好的国家。中国的东南半壁因得益于东南暖湿季风的控制,是世界上亚热带常绿阔叶林发育最好的地区。

据考察,在我国太阳总辐射量达到 3 500~6 200 MJ/m^2、年平均气温-2~26 ℃、年降水量达 350~2 400 mm 的地区,均有天然林分布。森林植被类型的多样性高,自南而北、由东到西除分布着系列地带性的植被类型外,山区及个别地段还分布着一些非地带性的类型。

植被中以乔木为主体的自然群落有14个植被型、25个植被亚型和48个群系组。各种植被类型中的气候、地质、土壤环境均不同,生物资源组成各有特点,为我国森林生态系统的多样性发展创造了有利的条件。

中国是世界上木本植物资源最丰富的国家之一,包括乔木和灌木共115科302属8000余种,全世界近95%的木本植物属(特别是温带木本植物)在中国几乎都有代表种分布,构成世界北半球森林的主要树种中,松、杉、柏科植物共有32属396种,我国就有23属130余种,占全部属数的75%和种数的32.9%。

组成我国树林的重要经济树种有1 000多种,其中有不少珍贵优良的材用树种。中国的灌木种类更多,有5 000种以上。

(4) 草地面积大、类型多、牧草资源丰富

中国草地面积大,约占国土面积的41.7%,居世界第二位。草地分布广,类型多种多样。东北部分布有温带半湿润草原、草甸。西北部有温带半干旱草原和荒漠草原,华北有温带半湿润、半干旱灌丛草原,东南部有热带和亚热带温丛草地,西南部多亚热带湿润灌丛草地,青藏高原有高寒草原、草甸和寒荒草原等。草原的群落组成多样,类型极多,构成了不同的草地生态系统和景观,草地生物多样性显著。

根据全国草地资源调查,我国草地饲料用植物种类有246科1 545属近6 400种。其中蕨类植物有40科103属近300种;裸子植物有10科27属88种;被子植物有177科1 391属近6 000种,主要科有禾本科(210属1 028种)、菊科(136属5 322种)、豆科(125属1 157种),其次为莎草科(136属350种)、蔷薇科(40属222种)、藜科(38属183种)、百合科(20属150种)、蓼科(11属135种)、杨柳科(3属116种)。总数超过100种的属有黄芪属(*Astragalus*)(130余种)、薹草属(*Carex*)(184种)、棘豆属(*Oxytropis*)(125种);超过50种或接近50种的属有早熟禾属(*Poa*)(99种)、鹅观草属(*Roegneria*)(90种)、柳属(*Salix*)(84种)、葱属(*Allium*)(85种)、蓼属(*Polygonum*)(73种)、锦鸡儿属(*Caragana*)(72种)、蒿属(*Artemisia*)(68种)、木蓝属(*Indigofera*)(65种)、山蚂蝗属(*Desmodium*)(62种)、风毛菊属(*Saussurea*)(53种)、岩黄芪属(*Hedysarum*)(51种)。组成草地的地理成分,特有种类很多,其中不少是优良牧草。

世界上广为栽培的近80属400多种牧草,在我国都有相应的野生种存在。中国是世界上牧草资源最丰富的国家,牧草开发利用的潜力巨大。

(5) 栽培植物种类繁多,资源丰富

中国是一个古老的农业大国,各类栽培植物(包括种和变种、品种)不少于万种。农作物中粮食作物、油料作物、蔬菜、糖料作物和纤维作物有100余种,饲用植物400~500种,果树近300种,品种丰富。

中国是世界上许多栽培作物的起源地之一。根据统计,世界上栽培的1500余种主要作物中,有近1/5起源于中国,常见的有大豆、绿豆、赤豆、水稻、大麦、莜麦、粟、稷、荞麦、甘蔗、油茶、油桐、茶叶、大白菜、青菜、紫菜苔、芫菁、芥菜、榨菜、水芹、葱、蒜、茭白和莲藕等。

中国是世界上的果树栽培大国,植物分属50多科81属。除少数热带果树外,几乎世界上所有的果树在中国都有栽培;其中隶属于中国原产的果树有50余种,如桃、李、杏、梅、樱桃、枇杷、杨梅、山楂、梨、柿、枣、板栗、榛子、核桃、柑橘、柚、金橘、黄皮、龙眼、荔枝和猕猴桃等,果树品种十分丰富。野生果木资源也很丰富,如蔷薇属(*Rosa*)、悬钩子属(*Rubus*)、乌饭树属(*Vaccinium*)、荚蒾属(*Viburnum*)、蛇葡萄属(*Ampelopsis*)、茶藨子属(*Ribes*)、桑属(*Morus*)、无花果属(*Ficus*)的一些植物,值得开发利用。

中国是世界众多栽培植物的栽培中心或主要地区之一,也是世界上重要的植物种质资源基因库。

(6) 园林花卉资源著称于世

中国是世界上园林花卉植物资源最丰富的国家,种类超过7500种,园林花卉种质资源在国际上位列第一。在世界园林花卉植物中,中国所拥有的种类占世界总数的60%~70%,许多世界名花,或为中国原产,或以我国为分布中心,特产种类很多,栽培历史悠久,因此,中国有"世界花园之母"誉称。茶花属(*Camellia*)在全世界共有220余种,而我国就有190多种,占世界总数的86%;杜鹃花属(*Rhododendron*),全世界有800余种,我国有600余种,占总数的75%;丁香属(*Syringa*),全世界有30种,我国有25种,占总数的83%;含笑属(*Michelia*),全世界有50种,我国有35种,占世界总数的70%;木兰属(*Magnolia*),全世界有90余种,我国产30余种,占总数的33%;溲疏属(*Deutzia*),全世界有50种,我国有40种,占世界总数的53%;蔷薇属(*Rosa*),全世界约有150种,我国有80多种,占总数的53%;芍药属(*Paeonia*),全世界有35种,我国有11种,占世界总数的31%;菊花属(*Dendranthema*),全世界约有40种,我国产35种,占世界总数的70%;兰属(*Cymbidium*),全世界有40余种,我国有25种,占世界总数的63%;报春花属(*Primula*),全世界有300余种,我国有180余种,占总数的60%;翠雀属(*Delphinium*),全世界有190余种,我国有110余种,占世界总数的58%;金莲花属(*Trollius*),全世界有30种,我国产15种,占总数的50%;荚蒾属(*Viburnum*),全世界有200余种,我国有110余种,占55%;百合属(*Lilium*)全世界约有80种,我国产30种,占世界总数的44%。

中国的传统名花如玉兰属(*Magnolia*)、蜡梅属(*Chimonanthus*),为中国特有属;其他像金粟兰属(*Chloranthus*)、南天竹属(*Nandina*)均为东亚特有的单型属,主产我国,其中珠兰(*Chloranthus spicatus*)和南天竹(*Nandina domestica*)为常见栽培种;水仙(*Narcissus* tazetta var. *chinensis*)、玫瑰(*Rasa rugosa*)、牡丹(*Paeonia suffruticosa*)和芍药(*P. lactiflora*)等都是我国的名花。

中国名花经过人工培育出的品种更是众多，如牡丹品种多达470种，菊花品种超过3000种，荷花品种在160种以上，梅花品种在300种以上，其他像月季和凤仙花(*Impatiens balsamina*)等，千姿百态，色彩各异，不胜枚举。

中国的珍稀观赏树木有银杏(*Ginkgo bilaba*)、苏铁(*Cycas revolute*)、水杉(*Metasequoia glyptostroboides*)、银杉(*Cathaya argyrophylla*)、白豆杉(*Pseudotaxus chienii*)、金钱松(*Pseudolarix amabilis*)、梭罗树(*Reevesia pubescens*)和珙桐(*Davidia involucrata*)等，种类很多。

(7) 丰富的药用植物资源

中国药用植物资源十分丰富，民间应用历史悠久。根据最新统计，药用植物在8000种以上，其中收载于药书中的，包括少数低等植物在内共有6000多种，计高等植物4800多种，内含苔藓类40多种，蕨类植物400多种，裸子植物近100种，被子植物4300多种。

在裸子植物中，几乎各科都有药用植物存在，如银杏(*Ginkgo bilaba*)、三尖杉(*Cephalotaxus fortunei*)、粗榧(*Cephalotaxus sinensis*)、红豆杉(*Taxus* spp.)和麻黄(*Ephedra sinica*)等，都是著名的重要药材或药用植物。

在被子植物中，含药用植物的科、属非常多，主要的如毛茛科，我国有39属近700种，其中有30属210多种可供药用；小檗科，我国有11属260多种，其中大部分都可供作药用；罂粟科，我国有19属300多种，大部分可供药用；马鞭草科，我国有21属近180种，其中有14属80种可供药用；桔梗科，我国有17属150多种，已知有11属50多种可供药用；唇形科，我国有99属800余种，供药用的有50属250多种；伞形科，我国有90多属500多种，其中有45属150多种可供药用。单子叶植物像石蒜科，我国有17属44种，几乎全部可作药用；姜科，我国有19属100多种，可供药用的有12属近80种；百合科，我国有60属约560种，大部分都可作药用。

除上述科外，像蔷薇科，我国有53属1 000多种，据不完全统计，有34属180多种可供药用；菊科，我国约有220属2 300多种，其中可供药用的有135属570多种；豆科，我国有172属1 480多种，有112属530多种可供药用；大戟科，我国有60属300多种，其中可供药用的36属130多种；芸香科，有30属170多种，有24属100多种可供药用；夹竹桃科，我国有46属180多种，其中有33属70多种可供药用；还有茜草科，我国有75属450多种，供药用的有39属140多种等。

在药用植物中，我国特产的地道名中药材很多，最著名的有人参(*Panax ginseng*)、当归(*Angelica sinensis*)、黄芪(*Astragalus membranaceus*)、五味子(*Schisandra chinensis*)、甘草(*Glycyrrhiza uralensis*)、木贼麻黄(*Ephedra equisetina*)、三七(*Panax pseudoginseng* var. *notoginseng*)、杜仲(*Eucommia ulmoides*)和大黄(*Rheum officinale*)等，还有不少新近开发的新药材。

(8) 植物资源分布的地区差异大

我国地域辽阔，自然环境差别很大，植物资源的分布不均。

热带、亚热带湿润地区，植物资源丰富。从生物物种的多样性来看，海南、云南热带雨林、季雨林中分布的种类最多。根据作者亲自调查，海南中部原始林单位面积(10 m × 10 m)中的植物种类多达 80~100 种，最多可达 113 种，包括乔木、灌木、草本和附生高等植物在内；在云南西双版纳、思茅和西南部原始森林里，同样面积中有高等植物 60~80 种，最多有 90 多种；亚热带至暖温带混交森林中的种类就简单多了，即便是保存较好的森林，同样面积中的植物种类也不过 20~30 种；温带混交森林中的种类更少，同样面积中的植物种类仅 5~10 种。

我国森林资源主要分布在东部和南部，其中东北部的黑龙江、吉林和西南部的云南、四川、西藏南部的森林面积占全国森林面积的 1/2，森林木材蓄积量占全国的 3/4。

我国的连片草原主要分布在年平均降水量不足 400 mm 的北部和西北部地区；在中部和西南部山区，多为星散分布的次生草地，群落变化很大。

我国资源植物超过一半种类分布在华南和西南地区，其中云南数量最多，名列全国之冠。资源植物丰富的地区有四川、贵州和广西，以及海南、广东、台湾和福建。华中、华东、华北、东北依次居后，西北地区最少。

地区不同，植物资源也各有特点，种类及群体数量变化很大。南方的热带、亚热带植被资源是北方地区所没有的，北方和西北地带的资源也是南方少有的。这种地区性资源差异很明显地反映在农业资源及耕作制度方面。按农业区划，东北大兴安岭向南经过内蒙古高原南侧，连接黄土高原，至于青藏高原的东部成为一线，将我国分为东、西两部分，东部主要为农作区域，西部主要为牧区，东、西部交界地区则为半农、半牧过渡区域。东部地区又可依秦岭—淮河一线划分为南、北两部分，两部分的作物、果木种类有明显差异，耕作制度也不相同。

2.1.2　资源植物的主要类群

植物在长期的演化过程中，出现了形态结构、生活习性等方面的差别，这种缓慢的差别形成了各种各样的植物类别。最原始的植物大约在太古代的 34 亿年前出现，在以后极漫长的时间里，这些最原始植物的一部分经遗传保留下来了；另一部分则逐渐演化成新的植物。随着地质的变迁和时间的推移，新的植物种类不断产生，但也有一部分老的植物由于各种因素消亡了，这样经过不断的遗传、变异和演化就形成了今天地球上这样丰富多样的植物。

根据植物构造的完善程度、形态结构、生活习性、亲缘关系将植物分为高等植物和低等植物两大类。每一大类又可分为若干小类。

低等植物是植物界起源较早，构造简单的一群植物，主要特征是水生或湿生，没有根、茎、叶的分化；生殖器官是单细胞，有性生殖的合子不形成胚直接萌发成新植物体。低等植物可分为藻类、菌类和地衣。

2.1.2.1　低等植物

(1) 藻类植物(Algae)

藻类并不是一个纯一的类群，各分类系统对它的分门也不尽一致，一般分为蓝藻门、眼虫藻门、金藻门、甲藻门、绿藻门、褐藻门、红藻门等。藻类的分类有其特殊性，由于它们均无根、茎、叶等器官的分化，所以它们的分类一般只能根据它们的形态结构、细胞内所含色素、贮藏养料和生殖方式以及生活史等来进行。

藻类植物2万余种，多数生活在淡水和海水中，少部分生活在土壤、树皮、岩石等陆地上。藻类植物体具有多样类型，有单细胞、群体（各细胞形态构造相同，没有分工）和多细胞个体。藻类植物含有多种不同的色素，如叶绿素a、b、c、d，胡萝卜素，叶黄素和其他多种色素，由于叶绿素与其他色素的比例不同，而呈现出不同的颜色。

藻类植物繁殖有无性繁殖和有性繁殖。无性繁殖有营养繁殖和孢子繁殖之分。凡以植物体的片段发育为新个体的为营养繁殖；凡以特化的细胞（孢子）直接发育为新个体的称为孢子繁殖；有性生殖则借配子的结合而进行，也可分为同配、异配和卵式生殖等。同配是指大小、行为相同的两个配子之间的结合；异配是由一个大而游动迟缓的大配子与小而活泼的小配子结合；卵式生殖则是大配子完全失去鞭毛，不再游动，称为卵；小配子行动活泼游向卵而完成结合。一般分为6个门：蓝藻门、眼虫藻门、绿藻门、金藻门、红藻门、褐藻门。

蓝藻门

蓝藻是一类最原始、构造简单的自养植物。植物体为单细胞或群体。

①蓝藻细胞无细胞分化；②细胞内的原生质体分化周质和中央质两部分。中央质内有核质（染色质），其功能相当于细胞核，但其外无核膜分化，故中央部分也称原核，周质内无染色体。③其所含叶绿素、蓝藻素等色素存在于光合片层上；④贮藏的物质是蓝藻淀粉；⑤蓝藻只进行无性繁殖，包括营养繁殖和孢子繁殖，而不具有性繁殖。蓝藻常生于水中或湿地上，大多数细胞外有胶质鞘。

代表性植物：

念珠藻 Nostoc　藻体为一列圆形细胞组成的丝状体，丝状体不分枝，外有公共胶质鞘所包而形成片状。丝状体有异形胞，两异形胞间的藻体可断离母体而进行繁殖，故两异形胞之间的这段藻体称为藻殖段。

颤藻属 Oscillatoria　生于湿地或淡水中，其藻体为一列细胞组成的不分枝丝状体，无胶质鞘，藻体能前后或左右颤动。丝状体中间有少数空的死细胞，有时有胶化膨大的隔离盘，都呈双凹形。通过死细胞和隔离盘将丝状体分成几段，每段称为藻殖段。

蓝藻生长在有机质的水体中，夏秋季节过量繁殖，在水表形成一层有腥味的浮沫，即水华（water bloom），反映水体富营养化，并加剧水质污染，因大量消耗水中的氧，造成鱼虾缺氧死亡。主要成分为颤藻属等。

螺旋藻　螺旋藻含大量的人类必需氨基酸的蛋白质，是人类理想的食品。

绿藻门

绿藻植物的细胞与高等植物相似，具有真核和叶绿体，叶绿体1至多个，形状有杯状、带状等（缺叶绿素b时称载色体），绿藻所含的色素与高等植物相似，也是叶绿素a、叶绿素b以及叶黄素和胡萝卜素，但叶绿素多，因此植物体呈绿色。贮藏的养分为淀粉和油类。淀粉常在叶绿体内的蛋白质（淀粉核）周围积累，蛋白核有1至多个，它是淀粉形成中心。绿藻的细胞壁成分与高等植物也相似，都是由纤维素构成的。由于绿藻在色素的种类、细胞壁成分、贮藏的养分等方面与高等植物相似，因此多数科学家认为高等植物起源于绿藻。

绿藻分布很广，以淡水中最多，约有 7 740 种。绿藻植物体多样，有单细胞（如衣藻），有群体（实球藻），有多细胞（团藻），有丝状体（水绵）等。

代表性植物：

衣藻属 *Chlamydomonas* 衣藻的植物体为单细胞，多呈卵形，细胞被纤维素的细胞壁所包，细胞质中有一大的环状叶绿体，其基部有一较大的蛋白核（淀粉核）。细胞核位于叶绿体凹陷处，细胞前端具两根等长的鞭毛，可运动；前端的一侧还有一红色眼点，具感光作用，鞭毛的基部有两个并列的伸缩泡。衣藻既能无性繁殖又可进行有性生殖。无性生殖时通常失去鞭毛，进行有丝分裂，原生质体分裂为 2，4，8 或 16 个子原生质体团，由母体细胞包裹。以后各子原生质体团产生新的细胞壁和鞭毛，形成游动孢子，随着母细胞壁溶化，游动孢子逸出，形成新的个体。有性生殖多为同配生殖，衣藻进行有性生殖时也是原生质体进行有丝分裂，分裂的次数比无性生殖时多，形成子原生质体团，再进一步发育成大小一样具两鞭毛的配子，配子从母体释放出来后两两相配，形成合子。合子休眠后经减数分裂萌发成 4 个新的衣藻。衣藻属有 100 多种。

实球藻属 *Pandovina* 实球藻一般由 4，8，16，32 个细胞组成一球形植物体，这些细胞的功能相同，每个细胞的形态结构酷似衣藻，称为衣藻型细胞，所有细胞均被共同的胶质包被。实球藻有无性繁殖和有性生殖。有性生殖为异配，无性生殖时各细胞同时产生游动孢子，排成与母体相似的子群体，共同包在母体内，放出后形成新的植物。

团藻属 *Volvox* 植物体为球形体，球体的表面由数百乃至上万个具双鞭毛的细胞构成，中央腔内充满黏液，每个细胞的结构与衣藻相似，各细胞间有原生质丝相连，并有营养细胞和繁殖细胞之分。团藻也有无性繁殖和有性繁殖两种。无性繁殖由繁殖细胞发育成子体，落入母体腔内，母体破裂后，放出子群体。有性生殖为卵式生殖。

水绵属 *Spirogyra* 藻体为筒状细胞连接而成单列不分枝的丝状体。细胞中含 1 至数条带状叶绿体，作螺旋状环绕于原生质体的周围，叶绿体上有 1 列蛋白核，细胞中部有 1 细胞核。水绵的无性繁殖为丝状体的断裂，有性生殖为接合生殖。接合生殖为梯形结合。梯形接合时两条丝状体并列成对，相对处的细胞壁向外突起伸长并接触，相接处细胞壁溶解，形成接合管。此时，细胞原生质体缩成一团，即为配子，一个配子经接合管与另一配子融合，形成合子。合子随丝状体腐解沉入底休眠，经减数分裂后，其中仅一核发育为新的丝状体。

轮藻属 *Chara* 植物体分枝多，无色假根固着于水底，主枝有"节"和"节间"，侧枝的节上又可轮生分枝，称为"叶"。

褐藻门

褐藻是藻类中进化地位较高的类群，生活史有明显的世代交替。植物体由多细胞构成，细胞中有核和多数粒状的色素体，色素体中含叶绿素 a、叶绿素 c 及胡萝卜素和一种特殊的叶黄素即岩藻黄素。由于岩藻黄素掩盖了叶绿素的颜色，所以藻体呈褐色。贮藏产物为多糖类的褐藻淀粉（褐藻糖）和甘露醇。

褐藻多生活在海水中，在温带海洋尤为繁茂。褐藻植物体是藻类中最大的一类，本门的巨藻可达 400 m。

代表性植物：

海带 Laminaria japonica 海带为多年生海藻植物，多分布在北方温度较低的浅海中。其食用部分为孢子体，外形可分为固着器、柄和带片三部分。固着器呈根状，常附着在岩石等物体上，其上为圆柱形的柄，柄上为一长形扁平的带片。在柄和带片的连接处有分生组织，通过它的活动，植物体的长度得以增长。海带的生活史具明显的世代交替。在晚夏或早秋，孢子体带片的两面形成孢子囊，由孢子囊产生游动孢子，孢子离开母体，直接萌发成很小的雌或雄配子体。雄配子体细长，分枝多，枝状细胞形成精子囊，其内产生1个精子。雌配子体粗短，顶细胞发生卵囊，其内产生1个卵。卵在卵囊顶端与精子结合，以后合子萌发成孢子体。

红藻门

代表性植物：

紫菜 Porphyra 植物体含叶绿素 a、d，胡萝卜素和叶黄素。此外，还含有藻红素和藻蓝，由于藻红素占优势，所以藻体呈红色或紫红色。贮藏的产物为红藻淀粉。繁殖方式有营养繁殖、孢子繁殖和有性繁殖，孢子和精子均无鞭毛。红藻的藻体有丝状、片状、树状等，多数由多细胞构成，很少是单细胞。

红藻门约550属3 700多种，大多数海产，仅200余种生于淡水。

甘紫菜(*Porphyra tenera*)为著名的食用植物。

(2) **菌类植物(Fungi)**

现有的菌类植物约有9 000种。植物多不含色素，不能进行光合作用，它们的生活是异养的。菌类不是一个纯一的类群，也是为着方便而设的。它们可分为：

细菌门 细菌门形态上可分为3种基本类型：球菌、杆菌及螺旋菌。

黏菌门 黏菌门是介于动植物之间的一类生物，约有500种。它们的生活史中一般是动物性的，另一段是植物性的。

营养体是一团裸露的原生质体，多核，无叶绿体，能作变形虫或运动，与动物相似。生殖时能产生具纤维素壁的孢子，为植物性状。

真菌门 真菌都有细胞核，多数植物体为细丝组成，每一根丝称为菌丝(hypha)。分枝的菌丝团称为菌丝体(mycelium)。

菌丝有的分隔，有的不分隔。高等植物的菌丝体，常形成各种子实体(sporophore)。

真菌不含色素，不能进行光合作用，生活方式是异养的。一部分为寄生，另一部分为腐生。有的以一种生活方式为主，兼营另外一种生活方式。

生殖方式多种多样，无性生殖极为发达，形成各种各样的孢子。菌丝体的断碎也能繁殖。有性生殖各式各样。真菌的种类很多，约有3 800属，已知道的有70 000种以上，可分为4纲。

①藻菌纲：本纲200多属1 500多种。有水生、陆生或两栖。

特征为：都是分枝的丝状体，常无横隔壁而多核。无性生殖产生游动孢子或孢囊孢子。有性生殖有同配、异配或卵式生殖或接合生殖。

②子囊菌纲：本纲最重要的特征是产生子囊(ascus)，内生子囊孢子(ascospore)。子

囊是两性核结合的场所，结合的核经减数分裂，形成子囊孢子，一般为 8 个。

子实体也称子囊果，周围为菌丝交织而成的包被，即壁。子囊果内排列的子囊层，称为子实层，子囊间的丝称为隔丝。

子囊果有 3 种类型：闭囊壳，子囊果呈球形，无孔口，完全闭合；子囊壳，子囊果呈瓶形，顶端有孔口，这种子囊果常埋于子座中；子囊盘，子囊果呈盘状、杯状、碗状，子实层常露在外。

子囊果的形状为子囊菌纲的重要依据。

常见种类：

酵母菌属 Saccharomyces　植物体为单细胞，卵形，有一大液泡，核小，出芽繁殖。首先在母细胞一端形成小芽，核分裂移入其中一个，也称芽生孢子。长大后脱离母体，形成新酵母菌。能将糖类在无氧条件下分解为二氧化碳和酒精，即发酵。酵母菌与人类生活密切相关。

青霉属 Penicillium　以分生孢子繁殖，菌丝体上生有许多分生孢子梗，梗的先端分枝数次，呈扫帚状，最后的分枝称为小梗。小梗上生有一串分生孢子，青绿色，20 世纪医学上的一大发现的盘尼西林，主要是从黄青霉和点青霉中提取的。

曲霉属 Aspergillus　分生孢子梗顶端膨大成球，不分枝。黄曲霉的产毒株产生黄曲霉素为强致癌物。

麦角属 Claviceps purpurea　属中的麦角菌，子囊壳为瓶状，主要寄生于麦类的子房中，形成黑色坚硬的菌核，状似角，称为麦角。

③担子菌纲：本纲约 2 000 种，重要特征有担子，它是核配的场所，担子上常生有 4 个担孢子。担孢子的子房层也称为担子果，是高等担子菌产生担子和担孢子的一种结构。

担子菌纲常见的植物体有：木耳(Auricularia)、灵芝(Ganoderma)、茯苓(Poria cocos)、香菇(Lentinus edodes)、平菇(Pleurotus ostreatus)和竹荪(Dictyophora indusiata)。

此外，引起农作物的病害有，麦类秆锈菌，小麦散黑穗病菌(Deuteromycetes)。

④半知菌纲：本纲的菌类，在其生活史中，还只知道无性繁殖阶段，有性阶段还不明了。大多为子囊菌的无性阶段，少数为担子菌的无性阶段。如发现其有性阶段，按其有性阶段分类，归入子囊菌纲和担子菌纲。

常见的种类有：稻瘟病菌，可引起水稻的稻瘟病。水稻纹枯病菌，引起纹枯病。棉花炭疽病菌，可引起棉花炭疽病。蚕豆壳二孢病菌，可引起蚕豆褐斑病。

(3) 地衣植物(Lichenes)

地衣是藻类和真菌组合在一起共生的复合有机体。地衣是没有根茎叶分化，结构简单的、多年生的原植体植物。由于藻类和菌类之间长期紧密地结合在一起而成为 1 个单独的固定有机体类群，具有独特的形态、结构、生理和遗传等特征。使其既不同于一般真菌，也不同于一般藻类。它们是植物多年发展演化的结果。因此，把地衣当作一个独立的门看待。本门全世界约 500 多属 25 000 余种。

构成地衣的藻类：主要是蓝藻和绿藻。蓝藻主要是念珠藻属，绿藻主要是共球藻属。

2.1.2.2 高等植物

(1) 苔藓植物 (Bryophyta)

代表性植物：

现有的苔藓植物约有 4 000 种，我国约有 2 100 种。苔藓植物是一类结构比较简单的高等植物。一般生于阴湿地方，是植物从水生到陆生过渡形式的代表。比较低级的种类其植物体为扁平的叶状体；比较高级的种类其植物体有茎、叶的分化，可是还都没有真正的根。吸收水分及无机盐和植物体的功能，由一些表皮细胞突出物形成的假根来完成。它们没有维管束那样真正的输导组织。配子体占优势，孢子体不能离开配子体生活。

地钱 *Marchantia polymorpha* 为苔纲中常见的种类。生于阴湿地。其配子体为叉状分枝的叶状体。

地钱主要以孢芽进行营养繁殖。孢芽生于叶状体背面的孢芽杯内，呈绿色圆片形，内生孢子成熟落地，形成新配子体。

地钱为雌雄异株，分别在雌雄配子体上产生平行有柄的颈卵器托和精子器托。颈卵器托边缘有指状分裂的芒线。二芒线之间有倒悬瓶状的颈卵器。颈卵器有颈和腹，外层有一层细胞构成的外壁，颈中的颈沟细胞排列成一行。腹内有一个大的腹沟细胞，其下为卵细胞。

精子器托盘边缘浅裂，有很多小孔，每一孔腔中各有一精子器。精子器形似羽毛球拍。外有一层细胞组成的壁，中间生有许多具有二条鞭毛的精子。

成熟后的颈卵器其颈沟细胞与腹沟细胞解体，精子借水游入到精卵器中与卵结合形成合子。颈卵器中的合子萌发成胚，成长为孢子体。孢子体基部有基足，伸入配子体中吸收养分。上部球形的孢子束称为孢蒴。孢蒴下有蒴柄，孢蒴中的母细胞经过减数分裂形成孢子，孢蒴中有长形，壁上有螺旋状增厚的弹丝可助孢子的散出。孢子在适宜条件下，萌发成原丝体，进而分别生成雌、雄配子体。

角苔属 *Anthoceros* 孢子体全为叶状体，结构简单，无气孔和气室分化，每细胞仅具 1 或 2~8 个大叶绿体。

葫芦藓 *Funaria hygrometrica* 葫芦藓的叶长舌形，有一条中肋，生于茎的上部。雌雄同株，雄株端的叶较大。中央为橘红色的精子器。精子器长棒状，有短柄，其中有很多螺旋状、只有二鞭毛的精子。

雌枝端的叶集生呈芽状。中有几个有柄的颈卵器，受精后，只有一个形成孢子体。颈卵器随着孢子体的增长而增长。孢子体的柄迅速增长，使颈卵器断裂为上、下两部。上部称为蒴帽。孢子体分为孢蒴、蒴柄、基足 3 部分，孢蒴中的孢子母细胞经减数分裂后形成四分孢子，再形成孢子，孢子萌发形成原丝体，向上生成芽体，再形成只有茎、叶和假根的配子体。

大叶藓 *Rhodobryum ganteum*

茎下部叶褐色鳞片状，顶叶大，绿色，簇生枝顶。

(2) 蕨类植物 (Pteridophyta)

现有的蕨类植物约有 12 000 种，我国约有 2600 种。一般为陆生，有根、茎、叶的分化，并有维管系统，既是高等的孢子植物，又是原始的维管植物。配子体和孢子体皆能独立生活，而且孢子体占优势。我们经常见到的蕨类植物都是孢子体，并有明显的世代交替。配子体产生颈卵器和精子器；孢子体产生孢子囊。

代表植物：贯众，为真蕨纲代表植物。真蕨是现繁茂的蕨类植物，其孢子体发达，叶为大叶型。孢子体只有根、茎、叶的分化。叶为奇数羽状复叶，叶柄基部密生褐色鳞片，具缩短的地下茎，其上生有卷曲状的幼叶和残留子叶柄及不定根。

生长到一定时期，其叶背长许多"孢子囊群"。每一囊群上有"孢子囊群盖"，下生有许多"孢子囊"。孢子囊是椭圆形的，每一孢子囊由柄和囊两部分组成，囊壁由一层细胞所成，有一列细胞(16个细胞)组成的"环带"。环带细胞为三面加厚的细胞，这一列细胞自柄绕到囊顶到另一边，环带与柄之间有几个薄壁大细胞，称为"唇细胞"。

孢子囊发育过程中，产生许多孢子母细胞。孢子母细胞经减数分裂产生许多小孢子，孢子成熟时由唇细胞裂开处散出。孢子在适宜的环境中，萌发成为心脏形的扁平配子体。

配子体构造简单，含叶绿体，能进行光合作用，能独立生活。接触地的一面为腹面，有假根，假根之间生有许多精子器。配子体腹面心形凹陷处生有许多颈卵器，在有水条件下受精，产生合子。合子在颈卵器中发育成胚，而后成长为幼小的孢子体，幼小的孢子体还暂依附配子体。不久配子体死去，或长为独立的孢子体，孢子体能独立生活。

贯众作为蕨类的代表植物，世代交替非常明显。从合子起，染色体是$2n$，便是孢子体世代开始。受精卵在颈卵器中发育成胚，胚发育成幼小的孢子体。孢子体具明显的根、茎、叶能进行独立生活。叶背生孢子囊，孢子囊内的孢子母细胞经减数分裂，产生单倍体n的孢子，便是配子体世代或有性世代的开始。这种孢子萌发长成心脏形的原叶体(配子体)。原叶体上产生精子器和颈卵器，内有精子、卵，精卵结合产生合子，合子萌发形成孢子体。这样从无性世代的孢子体产生有性世代的配子体，又从有性世代的配子体产生无性世代的孢子体，无性世代与有性世代相互更替，称为世代交替。

蕨类植物还存在4个小型叶蕨类，分为石松纲、水韭纲、松叶蕨纲、木贼纲。

(3) 裸子植物(Gymnospermae)

代表性植物：苏铁、银杏、马尾松植物。

裸子植物出现于3亿年前的古生代，现存的裸子植物共有13科70属约7000种。我国有12科39属近300种(栽培的31种)。

裸子植物的形态特征：

种子裸露。种子的出现使胚受到保护以及营养物质的供给，可使植物度过不良环境。植物体大都为高大乔木，常绿。孢子体发达，配子体简化。维管组织比被子植物简单。木质部中只有管胞，而无导管。韧皮部中只有筛胞，而无筛管和伴胞。

绝大多数裸子植物中尚有结构简化的颈卵器。少数种类如苏铁属(*Cycas*)植物和银杏(*Ginkgo biloba*)仍有多数鞭毛的游动精子。

裸子植物可分苏铁纲、松柏纲和买麻藤纲3个纲。

(4) 被子植物(Angiospermae)

被子植物是植物界中发展到最高级、最繁荣和分布最广的植物类群，其主要特征为：

①被子植物最显著的特征是具有真正的花，由花被(花萼、花冠)、雄蕊群和雌蕊群等部分组成。雄蕊是由小孢叶转化而来，分化为花丝和花药两部分。雌蕊是大孢叶的特化

为子房、花柱和柱头，是花中最重要的部分。

②被子植物的胚珠包藏在心皮构成的子房内，经受精作用后，子房形成果实，种子又包被在果皮之内。果实的形成使种子不仅受到特殊保护，免遭外界不良环境的伤害，而且有利于种子的散布。

③被子植物的孢子体(植物体)高度发达，在它们的生活史中占绝对优势，木质部是由导管分子所组成，并伴随有木纤维，使水分运输畅通无阻。

④被子植物的配子体进一步简化。被子植物的配子体达到了最简单的程度。小孢子即单核花粉粒发育成的雄配子体只有2个细胞或者3个细胞。大孢子发育为成熟的雌配子体称为胚囊，胚囊通常只有7个细胞：3个反足细胞、1个中央细胞(包括2个极核)、2个助细胞、1个卵细胞。颈卵器消失。可见，被子植物的雌、雄配子体均无独立生活能力，终生寄生在孢子体上，结构上比裸子植物更加简化。

⑤出现双受精现象和新型胚乳。被子植物生殖时，一个精子与卵结合发育成胚($2n$)，另一个精子与两个极核结合形成三倍体的胚乳($3n$)。所以不仅胚融合了双亲的遗传物质，而且胚乳也具有双亲的特性，这与裸子植物的胚乳直接由雌配子体(n)发育而来不同。

⑥被子植物的生长形式和营养方式具有明显的多样性。被子植物的生长形式有木本的乔木、灌木和藤本，它们又有常绿的和落叶的；而更多的是草本植物，又分多年生、2年生及1年生植物，还有一些短生植物。被子植物大部分可进行光合作用，是自养的，也有寄生和半寄生的、食虫的、腐生的，以及与某些低等植物共生的营养类型。

2.2 资源植物代谢产物的多样性

植物次生代谢产物(secondary metabolites)是由植物次生代谢(secondary metablism)产生的一类细胞生命活动或植物生长发育正常运行的非必需的小分子有机化合物，其产生和分布通常有种属、器官、组织以及生长发育时期的特异性。植物次生代谢产物是植物对环境的一种适应，是在长期进化过程中植物与生物和非生物因素相互作用的结果。在对环境胁迫的适应、植物与植物之间的相互竞争和协同进化、植物对昆虫的危害、草食性动物的采食及病原微生物的侵袭等过程的防御中起着重要作用。次生代谢过程被认为是植物在长期进化中对生态环境适应的结果，它在处理植物与生态环境的关系中充当着重要的角色。许多植物在受到病原微生物的侵染后，产生并大量积累次生代谢产物，以增强自身的免疫力和抵抗力。植物次生代谢途径是高度分支的途径，这些途径在植物体内或细胞中并不全部开放，而是定位于某一器官、组织、细胞或细胞器中并受到独立的调控。植物通过次级代谢途径产生的物质可称为次生代谢产物。植物次生代谢的概念最早于1891年由Kossel明确提出。植物次生物质种类繁多、性质各异，仅已知结构的就有2万种以上。主要类别有苯丙素类、醌类、黄酮类、单宁类、萜类、甾体及苷、生物碱等7大类。

2.2.1 植物代谢产物的活性

植物次生代谢是植物在长期进化中对生态环境适应的结果。其代谢产物具有多种复杂的生物学功能，在提高植物对物理环境的适应性和种间竞争能力、抵御天敌的侵袭，增强抗病性等方面起着重要作用。植物次生代谢物也是人类生活、生产中不可缺少的重要物质，为医药、轻工、化工、食品及农药等工业提供了宝贵的原料。自古以来我们的祖先就利用这些植物次生代谢产物作为染料、香料、杀虫剂、油脂、兴奋剂、麻醉剂等，即使在科学技术高度发展的今天，我们的日常生活也离不开这些次生代谢物。尤其是医药生产，作为天然活性物质的植物次生代谢物，是解决目前世界面临的医药毒副作用大，一些疑难疾病（如癌症、艾滋病等）无法医治等难题的一条重要途径。例如，从萝芙木（*Rauvolfia verticillata*）中分离出的生物碱——利血平，在临床上广泛用作降压药；从菊科植物青蒿（又称黄花蒿）（*Artemisia annua*）中分离出的倍半萜类化合物——青蒿素，是一种高效、速效、低毒抗疟药；从夹竹桃科植物长春花（*Catharanthus roseus*）中分离出的生物碱——长春碱和长春新碱，则是治疗白血病的最好药物之一。尽管化学合成给人类提供了大量不同化合物以满足生活，我们仍然不能有效地制造一些化合物，尤其是一些具有生物活性的天然植物次生代谢产物，它们的活性功能是合成产物无法替代的。植物代谢产物的作用和活性功能主要有以下几个方面。

（1）对植物本身的防御作用

增强植物的抗病性 20 世纪 60 年代发现，许多植物在受到微生物，特别是真菌侵染时会产生并积累一些小分子抗菌物质，用以增强自身的抵抗力，抵御病原菌的入侵。这些次生代谢物则被称为植保素。目前已鉴定的植保素有 200 多种，其中很大一部分来自豆科植物，如大豆根系中的大豆抗毒素（glyceollin）、豌豆豆荚中的豌豆素（pisatin）、大豆豆荚中的菜豆素（phaseollin）等。植保素是受诱导产生的，在植物受感染之前是检测不到的，因此其产生与植物抗病有关。研究还发现，植物在受真菌侵害时会引起木质化作用，形成大量的木质素。木质化的细胞壁不仅有助于抗拒昆虫和动物的采食，还可以抑制真菌及其分泌的酶和毒素对细胞壁的穿透能力，抑制水分和养分向真菌的扩散，达到抑制真菌生长的目的。

抵御天敌的侵袭 植物在防御其天敌如昆虫和植食动物的侵食过程中，次生代谢物作为阻食剂发挥着重要的作用。它可以通过影响动物体内的激素平衡起作用，也可以通过其毒性起作用，还可以通过降低植物的适口性或营养价值而起作用。例如，苜蓿和车轴草等豆科植物中含有降低哺乳动物雌激素活性的物质异黄酮类，它能影响大量摄食这些植物的动物的动情期，抑制其生育力。合成毒性物质也是植物抵御天敌的重要措施，例如，狼草（*Lupinus*）、飞燕草（*Delphinium*）和千里光草（*Senecio*）等都是含有毒生物碱的植物。白车轴草能合成生氰糖苷，水解后释放 HCN，使取食者呼吸抑制而死亡，因而能有效地阻遏其天敌如蜗牛的侵食。参与影响昆虫行为的次生代谢物更为多见。据不完全统计，目前已发现对昆虫生长有抑制、干扰作用的植物次生代谢物有 1 100 余种，这些物质均不同程度对昆虫表现出拒食、驱避、抑制生长发育及直接毒杀作用。例如，单宁酸对苜蓿象甲虫、多酚对果园秋尺蛾、单宁类化合物对棉叶螨、棉蚜和棉铃虫、桑色素对烟芽夜蛾等具有影响发育或抑制生长等效应。某些次生代谢物也往往成为对抗动物侵食的生长屏障，如单宁的涩味极其不易消化，一些植物的苦味、酸味等都降低了其适口性，从而免遭植食性动物的大量侵食。

提高植物种间竞争力 有些植物体内合成的某些次生代谢物通过分泌、挥发或淋溶作用进入环境,对周围其他植物(植株)的生长产生抑制作用,即异株相克现象。例如,黑胡桃树能将生长于邻近或树冠下的番茄和苜蓿毒杀;白叶鼠尾草能抑制雀麦、狐茅等的生长,黄瓜、大豆的某些品系能抑制其周围杂草的生长,等等。群落中的某些种群通过克生作用应对其他种群的竞争或避免与其他种群的竞争,从而维护自己种群的稳定性。

(2) 为人类提供大量的医药和工业原料

尽管对植物次生代谢的研究起步较晚,而人类对其产物利用的历史却十分悠久,可以追溯到远古时代,如用作香料、毒物、防腐剂和兴奋剂等,尤其可贵的是古人积累了许多应用草药治病的经验。随着"人类重返大自然"的呼声日益高涨,人们已认识到:现在是从高等植物的次生代谢物中去寻找、开发新药的新时代。为此,科学工作者正在重新认识民间的传统草药,力图从野生植物中寻找高效、低毒和价廉的药物,希望用以攻克对人类健康和生命危害严重的疾病,如心血管病、癌症、艾滋病等,并在这方面取得了重大进展。例如,下面几种富含有益次生代谢物成分并被广泛应用的重要药用植物。

人参 Panax ginseng 人参是多年生草本植物,喜阴凉、湿润的气候,多生长于昼夜温差小的海拔500~1 100m山地缓坡或斜坡地的针阔混交林或杂木林中。由于根部肥大,形若纺锤,常有分叉,全貌颇似人的头、手、足和四肢,故而称为人参。古代人参的雅称为黄精、地精、神草。人参被人们称为"百草之王",是闻名遐迩的"东北三宝"(人参、貂皮、鹿茸)之一,是驰名中外、老幼皆知的名贵药材。其主要的化学成分有:已发现的人参活性成分主要含多种皂苷类,此外,尚含人参炔醇(Panaxynol)、β-榄香稀(Elemene)等挥发性油类成分,以及单糖(葡萄糖、果糖等)、双糖(蔗糖、麦芽糖等)、三聚糖、低分子肽、多种氨基酸(苏氨酸、β-氨基丁酸、β-氨基异丁酸)、延胡索酸、琥珀酸、马来酸、苹果酸、柠檬酸、酒石酸;还有软脂酸、硬脂酸、亚油酸、胆碱、V_B和V_C,果胶,β-谷甾醇及其葡萄糖苷,以及锰、砷等化合物。但由于人参的化学组成相当复杂,目前仅对人参皂苷有较为深刻的认识。随着对人参研究的不断深入,尤其是大量活性物质的发现,有关人参的生理功能也得到了更加科学、更加深刻地认识。其生理功能主要包括4个方面:①促进学习与记忆功能;②调节机体免疫功能;③抗衰老作用;④对心血管的作用。此外,最新研究结果表明,人参还具有抑制肿瘤、降血糖、强心、治疗肝炎和胃溃疡等生理功能。

红豆杉 Taxus cuspidate 红豆杉的药用价值主要体现在它的提取物,次生代谢衍生物——紫杉醇。紫杉醇的分子结构式为$C_{47}H_{51}NO_{14}$,是萜类环状结构的天然次生代谢物,是目前最有效的天然抗癌药物。根据方唯硕博士的研究成果,紫杉醇最早是从短叶红豆杉的树皮中分离出来的,是治疗转移性卵巢癌和乳腺癌的最好药物之一,同时对肺癌、食道癌也有显著疗效,对肾炎及细小病毒炎症有明显抑制,预计每年世界范围内紫杉醇的需求量可达数百千克。紫杉醇的抗癌机理是:它能与微量蛋白结合,并促进其聚合,抑制癌细胞的有丝分裂,有效阻止癌细胞的增殖。

银杏 Ginkgo biloba. 银杏是我国的古老树种之一,为单科单属单种植物,特产于我国,是著名的"活化石"。主要的次生代谢成分有:①黄酮类化合物,包括黄酮、黄酮醇及其糖苷、双黄酮、原花青素、儿茶素等;②萜类化合物,主要是二萜及倍半萜内酯(白果内酯),这是银杏特有的化合物,是银杏的重要有效成分;③烷基酚和烷基酚酸类,这一成分是银杏的主要毒性成分；④甾体化合物，如谷甾醇、谷甾醇葡萄糖苷、菜油甾醇、22-二氢菜籽甾醇。主要的药理作用有以下几方面：①扩张血管；②降低血清胆固醇；③血小板活化因子的颉颃作用；④神经保护作用；⑤清除自由基作用；⑥抗缺氧作用；⑦改善记忆；⑧抗病毒作用。

红景天 Rhodiola rosea 红景天系红景天科红景天属植物，是一种适于特殊地区开发的环境适应药用植物。主要含有香豆素类、黄酮类和苷类等有效成分，其中红景天素、红景天苷及苷元有明显的抗缺氧、抗疲劳、抗衰老等作用，同时对神经系统、内分泌系统、物质代谢等均有影响。是继人参、刺五加、绞股蓝之后，可供寻找抗衰老、补益强壮，防治神经系统、心血管系统疾病的又一值得重视研究的天然药物。

芦荟 Aloe vera. var. chinensis 芦荟因其味苦如胆，又名象胆，是百合科芦荟属的常绿植物，全国各地均有栽培。其主要的化学成分有：羟基蒽醌类化合物。包括芦荟大黄素、芦荟苦味素和芦荟素A，其他如糖类、氨基酸类、脂类、有机酸和矿物质均较丰富，脂类中包括烷烃、类异戊二烯、烷基醇以及甾醇类等化合物。主要用于抗肿瘤，扑杀机体内癌细胞的正常性细胞。另外，在保护肝脏、抗胃损伤、美容护肤等方面均有重要应用，对治疗心血管疾病，调节机体代谢等均有功效。

总之，通过对植物次生代谢物药用价值的研究和利用，必将为人类解决现代疾病寻到一条安全可靠的途径。值得注意的是，一方面，由于部分植物次生代谢物具有毒性作用，应用时要防止中毒；另一方面，生产过程中，部分次生代谢物的损失量相当大。研究表明，大豆加工工艺造成异黄酮显著损失（$P<0.05$）：浸泡损失为12%，加热损伤为49%，豆腐制作为44%，大豆蛋白分离碱提取为53%。因此，加强改进生产工艺的研究至关重要。

植物次生代谢物在食品工业和化学工业中也得到了广泛的应用，如天然食品色素的提取、天然调味剂及化妆品颜料的选用，无不与次生代谢物有关。

2.2.2 植物代谢产物类型及人工调控

植物是人类赖以生存的食物和药品的重要来源之一，人们已知的3万多种天然产物中有80%来源于高等植物。就药物而言，全美药方中1/4的药品来源于植物。随着人口的增长和对植物药需求的急剧增加，人们对植物资源进行的掠夺性开发，造成许多植物资源日益枯竭。近年来，随着对植物代谢生理、生化及生态适应方面认识的深入，以及分子生物学的渗透，植物次生代谢分子生物学研究发展迅速，利用细胞工程和基因工程大规模生产次生代谢产物具有诱人的前景。因此，通过植物细胞、组织或器官培养以满足人类对植物产品的巨大需求，成为当今植物生物技术领域的研究热点之一。

2.2.2.1 植物代谢产物类型

植物次生代谢产物种类繁多，结构迥异，包括酚类、黄酮类、香豆素、木质素、生物碱、糖苷、萜类、甾类、皂苷、多炔类和有机酸等，一般可根据次生产物的生源途径分为酚类化合物、萜类化合物、含氮有机碱三大类。据报道每一大类的已知化合物都有数千种甚至数万种以上。

(1) 酚类

广义的酚类化合物分为黄酮类、简单酚类和醌类。黄酮类是一大类以苯色酮环为基础，具有 C_6、C_3、CH_6 结构的酚类化合物，其生物合成的前体是苯丙氨酸和马龙基辅酶 A（malonyl CoA）。根据 B 环上的连接位置不同可分为 2-苯基衍生物（黄酮、黄酮醇类）、3-苯基衍生物（异黄酮）和 4-苯基衍生物（新黄酮）。很多黄酮类成分用于心血管疾病的治疗，如槐树槐米中的芦丁用于治疗毛细血管脆性引起的出血症及辅助治疗高血压，许多异黄酮是植保素。简单酚类是含有一个被烃基取代苯环的化合物，某些成分有调节植物生长的作用，有些是植保素的重要成分。醌类化合物是有苯式多环烃碳氢化合物（如萘、蒽等）的芳香二氧化物。醌类的存在是植物呈色的主要原因之一，有些醌类是抗菌、抗癌的主要成分，如胡桃醌和紫草宁。

(2) 萜类化合物

萜类是由异戊二烯单元（5 碳）组成的化合物，通过异戊二烯途径（又称甲羟戊酸途径）。由 2 个，3 个或 4 个异戊二烯单元分别组成产生的单萜、倍半萜和二萜称为低等萜类。单萜和倍半萜是植物挥发油的主要成分，也是香料的主要成分，许多倍半萜和二萜化合物是植保素。一些萜类成分具有重要的药用价值，如倍半萜成分青蒿素是目前治疗疟疾的最佳药物，抗癌药物紫杉醇是二萜类生物碱，存在于裸子植物红豆杉中。植物体内释放的挥发性精油（包括异戊二烯本身）的量是非常惊人的。据测算，每年地球上植物释放出的挥发性物质大约 14×10^8 t，其中大部分为碳氢类萜烯化合物。仅橘皮中就存在着 71 种挥发性的植物精油，其中大部分是单萜，主要是柠檬精油。最知名的一种植物精油是存在于松属（Pinus）植物的松节油，其中含有大量的单萜类化合物。再如，薄荷油中的薄荷醇、薄荷酮都是单萜的衍生物。广泛存在于针叶植物和许多热带被子植物中的树脂、橡胶都属于多萜，目前世界上发现的产胶植物大约 2 000 种。

甾类化合物和三萜的合成前体都是含 30 个碳原子的鲨烯，为高等萜类。甾类化合物由 1 个环戊烷并多氢菲母核和 3 个侧链基本骨架组成，植物体内三萜皂苷元和甾体皂苷元分别与糖类结合形成三萜皂苷，如人参皂苷和薯蓣皂苷等。

(3) 含氮化合物

含氮化合物是一类分子结构中含有氮原子的植物次生代谢物，主要包括生物碱、胺类、非蛋白氨基酸和生氰苷。

生物碱 是植物中广泛存在的一类含氮次生代谢物，分子结构中具有多种含氮杂环，多为药用植物主要有效成分。自然界 20% 左右的维管植物含有生物碱，其中大多数是草本双子叶植物，单子叶植物和裸子植物很少含生物碱。最早发现的生物碱是 1805 年从罂粟中提纯的吗啡（morphine），其他广为人知的生物碱有烟草中的尼古丁（nicotine）、可可豆中的可可碱（theobromine）、咖啡豆和茶叶中的咖啡因（caffeine）等，目前在 4000 余种植物中发现了 3 000 多种生物碱。现已深入研究的有烟草的烟碱、吡咯啶生物碱、毒藜碱，毛茛科的小檗碱，曼陀罗的莨菪碱、东莨菪碱等。它们绝大多数在植物茎中合成，也有少数在根中合成的，如尼古丁。

胺类 是 NH_3 中的氢的不同取代产物，根据取代基数目分为伯、仲、叔和季胺 4 种。现已鉴定结构的约 100 种。在种子植物中分布广泛，常存在于花部，具臭味。

非蛋白氨基酸 即不组成植物蛋白的氨基酸，以游离的形式存在。目前已鉴定结构的达 400 多种，对动物常有毒性，多集中于豆科植物中。由于与蛋白氨基酸类似，易被错误地结合成正常蛋白质，导致蛋白质功能的丧失。

生氰苷 一类由脱羧氨基酸形成的 O-糖苷，它是植物生氰过程中产生 HCN 的前体，其本身无毒性，当含生氰苷的植物被损伤后，则会释放出有毒的氢氰酸(HCN)气体。现已鉴定结构的达 30 种。存在于多种植物内，最常见的有豆科植物、蔷薇科植物等，如苦杏仁苷和亚麻苦苷。

(4) 多炔类、有机酸类等

多炔类主要分布于菊科、伞形科植物。有机酸分布广泛，研究表明有些有机酸如水杨酸、茉莉酸在植物信号传导中起重要作用。

2.2.2.2 植物代谢产物的人工调控

植物次生代谢及其产物在植物与环境互作和整个生命活动中行使着重要的功能：它们可构成植物防御体系的一部分(单宁和棉酚等抗病虫化合物)，参与植物的逆境胁迫反应(如甜菜碱、甘露醇等)。一些次生代谢物(如花青素等)使花瓣产生各种色泽、吸引昆虫传粉，有利于植物繁殖。生长素等次生代谢物可调节植物的生长发育。此外，许多植物次生代谢产物还具有重要经济价值。25% 的临床药物都是直接或间接地来自植物的次生代谢产物。植物次生代谢物还可用于生产染料、杀虫剂、食品的调味剂及香料等。因此，对植物次生代谢进行遗传改良，以培育能够大量合成和积累目标次生代谢物的品种，受到科研工作者越来越多地关注。应用常规育种方法改良植物次生代谢已有成功的经验，富含芥子油苷的花椰菜品种的育成就是一例。芥子油苷被认为有预防癌症的功效，它是作为抗癌变的标识酶即苯酮还原酶的诱导物来起作用的。新育成的杂交种在诱导此酶的能力上提高了 100 倍。然而植物次生代谢物种类繁多，生物合成途径也千差万别，应用常规技术改良植物次生代谢的遗传特性进展缓慢；而植物细胞培养技术、毛状根、冠瘿组织培养技术及转基因植物在生产次生代谢产物的研究方面日趋成熟。

(1) 植物细胞培养技术生产次生代谢产物

植物次生代谢的概念是在 1891 年由 Kosszel 首先明确提出的。植物细胞培养技术源于德国著名植物学家 Haberlandt(1902)提出的细胞全能性学说。植物细胞具备生物合成的全能性，即每个培养细胞保留着完整的遗传信息，能生产所有母体植物中合成的化学物质。与其他的方法相比，应用植物细胞培养技术生产次生代谢产物具有以下优点：①能够保证产物在一个限定的生产系统中连续、均匀生产，不受病虫害、地理和季节等各种环境因素的影响；②可以在生物反应器中进行大规模培养，并通过控制环境条件得到超过整株植物产量的代谢产物；③所获得的产物可从培养体系内直接提取，并快速、高效地回收与利用，简化了分离与纯化的步骤；④有利于细胞筛选、生物转化，合成新的有效成分；⑤有利于研究植物的代谢途径，还可以利用某些基因工程手段探索与创造新的合成路线，得到价值更高的产品；⑥节省大量用于种植原料的农田，以便进行粮食作物的生产。

我国传统药材中 88% 为植物药。植物单个细胞在适宜的环境下可分化发育成植株，并具有整株植物所具有的合成化合物的能力，也即植物细胞具有全能性，这为通过植物组织和细胞培养来获得其药用活性成分提供了有效途径。目前利用细胞培养技术生产药用植物有效成分主要有3种方法：液体悬浮培养、固定化细胞培养和发酵工程技术。液体悬浮培养主要用于生产细胞内的有效成分，利用该方法生产植物来源药物最成功的是紫杉醇和紫草宁色素的生产。紫杉醇是20世纪70年代从短叶红豆杉树皮中提取出来的具有独特抗癌作用的天然产物，被认为是治疗卵巢癌的首选药物，近年不断发现它对其他癌症的治疗作用，是有发展前途的抗癌新药。到目前为止，发现紫杉醇只存在于裸子植物红豆杉科的红豆杉属和澳洲红豆杉属种中。由于红豆杉类植物多属珍稀物种，数量稀少，生长缓慢，紫杉醇的含量又非常低，而全球每年需要紫杉醇200～300 kg，所以靠砍伐提取的方法远不能满足人们对紫杉醇的需要。为了克服这一问题研究人员从各个方面探索解决紫杉醇的来源问题，1991年美国研究人员用75 000生物反应器生产紫杉醇获得成功。紫草宁色素是一组蒽醌类色素，主要是作为染料和在化妆品中生产，还兼有抑菌消炎作用，在国际市场上价格十分昂贵。日本三井石化公司1983年用细胞培养法生产紫草宁色素投入市场，成为药用植物细胞工程产品化和商业化的先例。

我国的细胞培养始于20世纪50年代，在我国研究比较成功的例子是人参，1964年中国科学院上海植物生理研究所的罗士韦研究员首先成功地进行了人参的组织培养，随后我国和其他国家的学者将人参的组织培养过渡到工业化生产。目前人参的10 L体积的大规模培养在我国已实现，对其培养细胞进行化学成分和药理活性比较分析，表明与种植人参无明显差异。

据不完全统计，目前已经从400多种植物中建立了组织和细胞培养物，从中分离出600多种代谢产物，其中40多种化合物在数量上超过或等于原植物。其中代表性的研究成果如：紫草、红豆杉、人参、黄连、毛地黄、长春花、西洋参等细胞培养，但是至今只有少数品种(紫草、人参等)达到了生产规模。

植物细胞培养进行有效成分的生产发展到现在，虽已经取得令人瞩目的成就，然而在植物细胞培养过程中普遍存在的细胞系不稳定、细胞生长缓慢、不耐剪切力及代谢物产量低等问题成为其实现规模化生产的瓶颈。在目前已经研究过的植物中，仅有1/5左右种类的培养物中目的产物的含量接近或超过原植物，多数情况下培养细胞合成某些次生代谢物的能力下降甚至消失。因此，充分利用基因工程的手段，筛选高产细胞系，深入研究特定代谢产物的生物合成途径，对培养条件进行优化，研究和开发适合植物细胞培养的生物反应器是解决这些问题的根本途径。

(2) 毛状根生产次生代谢产物

植物作为天然药物、香料、色素以及农药和工业原料等重要来源，是工业生产中不可或缺的资源。利用生物技术生产植物次生代谢产物主要有两种方式，即植物细胞培养和植物器官培养。利用发根农杆菌感染双子叶植物形成毛状根，是近10年来继细胞培养后又一新的培养系统。发状根的培养对中草药非常重要，因为约1/3的传统中草药是植物的根部，故用发状根的培养生产次生代谢产物前景广阔。目前我国已在长春花、烟草、紫草、绞股蓝、人参、曼陀罗、颠茄、丹参、黄芩、甘草和青蒿等40多种植物材料中建立了毛状根的培养系统。据不完全统计，国内外目前已对23科50余种药用植物进行了毛状根培养的研究，建立了长期的毛状根培养系统和获得了次生代谢产物。由于毛状根具有激素自养、生长迅速、生长周期短等特点；同时又由于它是分化程度很高的器官培养物，代谢通路能够比较完整地表达，尤其是一些特殊的次生代谢产物的高效合成较为稳定，为大量生产提供了有用的手段。

虽然目前对发根农杆菌感染植物诱导毛状根的产生已有较多的报道，转化成功的植物有200多种，但如何使其规模化生产有用的次生代谢产物则报道较少。在过去的30年中，随着毛状根诱导技术的不断成熟，毛状根培养取得了显著的发展，目前需要解决的主要问题是如何进行大规模培养，如何提高次生代谢产物的产量。因此，提高生产效率、降低生产成本是毛状根工业化发展的目标。由于植物次生代谢产物合成代谢路径较为复杂，同一植物产生的次生代谢产物、催化反应的酶种类较多，并且单一因素的改变可能影响其他因素，因此必须从核酸和蛋白等分子水平研究目标产物合成途径以及关键酶，并对培养过程中的调控手段不断加以平衡和研究。虽然发酵培养基本技术、毛状根诱导技术已比较成熟，但在毛状根达到产业化培养前必须克服增殖率不高、产率不稳定、生产成本高等问题。因此，从毛状根单株筛选到全面探索影响毛状根生长及其目标产物合成的各种理化因素仍是需要深化研究的主要工作。

未来的代谢工程将使得毛状根大量表达次生代谢产物成为可能，但由于对代谢途径尚未详细了解以及毛状根的形态和生理特性，应当同步研究传质过程和剪切作用对毛状根的微观影响以及毛状根的响应机制，据此研究和开发新型生物反应器，并在此基础上结合控制技术和计算机在反应器工程中的应用，提高毛状根大规模培养的效率。

(3) 冠瘿组织培养

有些药用植物的活性成分仅仅在叶片和茎轴中合成，利用组织培养或毛状根培养难以产生这类活性成分，而利用冠瘿组织培养物却能达到这一目的。冠瘿组织来源于冠瘿瘤，冠瘿瘤的产生与根癌农杆菌(*Agrobacterium tumefaciens*)有关。它和发根农杆菌是同属的另一种土壤杆菌，也是植物的一种病原菌，根癌农杆菌含有 Ti 质粒、转化后的表现型是冠瘿瘤。用冠瘿组织作为培养系统也具有生长素自养、增殖速度快等特点，也可以像细胞培养一样做悬浮培养。利用冠瘿组织培养物生产活性成分的研究已有一些报道，如用西洋参冠瘿细胞培养人参皂苷。研究结果表明冠瘿组织可以作为生产植物活性成分的培养系统来利用。

随着对植物次生代谢网络的研究和认识的深入，以及分子克隆和遗传转化技术的飞速发展，应用基因工程对植物次生代谢途径的遗传特性进行改造已成为具有广阔应用前景的研究热点领域。植物次生代谢基因工程，是利用基因工程技术对植物次生代谢途径的遗传特性进行改造，进而改变植物次生代谢产物。迄今，已建立的植物次生代谢途径基因修饰的策略主要有，导入单个、多个靶基因(例如编码目标途径限速酶的基因)或一个完整的代谢途径，使宿主植物合成新的目标产物；通过反义 RNA 和 RNA 干涉等技术减少靶基因的表达，从而抑制竞争性代谢途径，改变代谢流向和增加目标产物的含量；对控制多个生物合成基因的转录因子进行修饰，更有效地调控植物次生代谢以提高特定化合物的积累。目前，在基因水平上研究得最清楚的植物次生代谢途径是合成黄酮类及花青素的次生代谢途径。已经鉴定出许多具有重要医药价值的次生代谢物，如吲哚和异喹啉类生物碱等。

(4) 转基因植物生产次生代谢产物

由于分子生物学领域的进展，如今已有可能人工设计新的植物性状用于改良作物的品质和抗性。关键在于用什么方法将外源基因导入植物的基因组，并能得到高效表达。目前已有各种各样的方法，这些方法各有所长，其中用农杆菌做载体将外源基因导入植物基因组的方法比较成熟，以生产医药生物技术产品（如抗体、干扰素、胰岛素等）为目标的转基因动植物的研究最具吸引力。这些产品具有极高的医疗价值，受到广泛重视，这种转基因动植物被称为"新一代制药厂"。现在，医药生物技术产品多半由细胞培养和微生物发酵方法生产，这种方法面临着两个难题：由发酵工程生产的生化药物回收仍有困难，生产成本高；某些蛋白质难以由发酵工艺获得。而用转基因动植物来生产医药生物技术产品有很多优点。它可以在自然状态下表达复杂的天然蛋白质，可以从动物的乳汁、血液中不断获得或从收获的植物体中提取。动物饲养或植物栽培要比细胞培养、微生物发酵容易得多。动植物体就像天然的发酵罐，而且可以传代。用转基因植物生产医药生物技术产品的研究已有相当成功的例子。如 a-柘楼素、血管紧张肽转化酶抑制剂、抗体、细菌和病毒的抗原、脑啡肽、表皮生长因子、促红细胞生成素、生长激素、人血清蛋白、干扰素和水蛭素等。这些实验大多以烟草作为受体植物，目前表达都较低，还很难表现出它们的应用价值，但具有一定的理论意义，为今后的传统药材基因工程研究开创了成功的先例。

近年来，随着分子生物学等相关学科的快速发展，利用基因调控技术从分子水平上对植物细胞的次生代谢进行调控以提高次生产物的含量已成为国内外植物细胞代谢调控研究中一个非常活跃的领域，并被视为是增加代谢强度，提高目的次生代谢产物产量的一条新途径。

2.3 资源植物的分布及生态多样性

我国地域辽阔，地形复杂、气候多样，这种得天独厚的地理条件和气候条件，为各种植物的生长提供了适宜的繁衍环境。我国野生植物资源丰富，种类多且蕴藏量大。据统计我国现有种子植物 25 700 余种，蕨类植物 2 400 余种，苔藓植物 2 100 余种，合计有高等植物 3 万余种，为全世界近 30 万种高等植物的 1/10。其中种子植物与人类关系最为密切，有用植物绝大多数也为种子植物。我国野生植物资源不仅种类多，而且分布也极为广泛。按自然地理分区可分为 8 个区，即东北区、黄土高原区、华北区、西北区、华中区、南方区、云贵高原区和青藏高原区。

2.3.1 东北区

本区包括黑龙江、吉林、辽宁东部和内蒙古大兴安岭地区。本区南、东两面邻近太平洋，西、北两面则与蒙古高原和西伯利亚接壤。大、小兴安岭以人字形崛起在本区北部，东南侧有绵延的长白山，中央为富饶的东北平原，地形上形成一个巨大的向西南方向开口的簸箕形。本区是我国最冷的地区，大部分地区属于寒温带和温带的湿润和半湿润地区。冬季严寒而漫长，夏季从太平洋和亚洲边缘海洋上吹来比较湿热的季风，年平均气温在 -4℃ 左右，1 月平均气温常低于 -20℃。7 月平均气温一般不高于 24℃，极端最低气温

为 -40.0～-30.0℃，有的地方可达-50℃；雨量集中在6、7、8月，年降水量350～700 mm，长白山东南可达1 000 mm，相对湿度70%～80%。海拔高度从东北平原的120 m到长白山白云峰的2 691 m。本区又进一步划分为大兴安岭寒温带针叶林、东北东部山地针阔叶混交林和东北平原森林草原3个副区。

本区气候冷湿，冻土、沼泽广布，森林及草甸、草原植被。土壤在平原上为黑土和黑钙土，山地为暗棕色森林土；在低洼的中西部地区有大面积盐碱土发育。本地区土地肥沃，农业发达，野生植物资源比较丰富，是我国地道植物药材"北药"的基地。主要野生植物资源种类有以下几方面。

(1) 药物植物资源

主要有人参(*Panax ginseng*)、细辛(*Asarum heterotropoides* var. *mandshuricum*)、五味子(*Schisandra chinensis*)、柴胡(*Bupleurum chinense*)、甘草(*Glycyrrhiza*)、黄芪(*Astragalus membranaceus*)、防风(*Saposhnikovia divaricata*)、平贝母(*Fritillaria ussuriensis*)、大叶龙胆(*Gentiana macrophylla*)、三花龙胆(*G. triflora*)、东北龙胆(*G. manshurica*)、草麻黄(*Ephedra sinica*)、天麻(*Gastrodia elata*)、远志(*Polygala tenuifolia*)、黄柏(*Phellodendron amurense*)、紫草(*Lithospermum erythrorhizon*)、木通(*Aristolochia mandshuriensis*)、马兜铃(*A. contorta*)、党参(*Codonopsis pilosula*)、知母(*Anemarhena senticosus*)、藁本(*Ligusticum jeholense*)、刺人参(*Oplopanax elatus*)、刺五加(*Acanthopanax senticosus*)、北苍术(*Atractylodes chinensis*)、关苍术(*A. japonica*)、朝鲜淫羊藿(*Epimedium koreanum*)、穿龙薯蓣(*Dioscorea nipponica*)、返魂草(*Senecio cannabifolius* var. *davuricus*)、紫杉(*Taxus cuspidata*)等。

(2) 果树植物资源

主要有山葡萄(*Vitis amurensis*)、越橘(*Vaccinium* spp.)、笃斯越橘(*Vaccinium uliginosum*)、山楂(*Crataegus pinnatifida*)、山荆子(*Malus baccata*)、秋子梨(*Pyrus ussuriensis*)、红松(*Pinus koraiensis*)、毛榛子(*Corylus mandshurica*)、软枣猕猴桃(*Actinidia arguta*)、狗枣猕猴桃(*A. kolomiktta*)、蓝靛果(*Lonicera caerulea* var. *enulis*)、桑(*Morus alba*)、东方草莓(*Fragaria orientalis*)、东北杏(*Prunus mandshurica*)、西伯利亚杏(*P. sibirica*)、欧李(*P. humilis*)、蓬蘽悬钩子(*Rubus crataegifolius*)、库叶悬钩子(*R. sachalinensis*)等。

(3) 芬香油植物资源

主要有红松(*Pinus koraiensis*)、藿香(*Agastache rugosa*)、野薄荷(*Mentha haplocalyx*)、百里香(*Thymus mongolicus*)、香薷(*Elsholtzia ciliata*)、细叶杜香(*Ledum palusrte*)、宽叶杜香(*L. palustre* var. *dilatatum*)、铃兰(*Convallaria majalis*)、缬草(*Valeriana officinalis*)、香蓼(*Polygonum viscosum*)、青蒿(*Artemisia apiacea*)等。

(4) 色素植物资源

主要有茜草(*Rubia cordifolia*)、紫草(*Lithospermum erythrorhizon*)、越橘(*Vaccinium* spp.)、笃斯越橘(*Vaccinium uliginosum*)、蓝靛果(*Lonicera caerulea* var. *enulis*)、山葡萄(*Vitis amurensis*)等。

(5) 纤维植物资源

主要有芦苇(*Phragmites communis*)、苘麻(*Abutilon theophrasti*)、亚麻(*Linum usitatissimum*)、大叶章(*Calamagrostis langsdorffii*)、糠椴(*Tilia mandshurica*)、胡枝子(*Lespedeza bicolor)、罗布麻(*Apocynum venetum*)、马蔺(*Iris lactea* var. *chinensis*)、旱柳(*Salix matsudana*)等。

(6) 树脂、树胶植物资源

主要有红松(*Pinus koraiensis*)、臭冷杉(*Abies nephrolepis*)、黄花落叶松(*Larix olgensis*)、兴安落叶松(*L. gmelini*)、鱼鳞云杉(*Picea jezoensis*)、红皮云杉(*P. koraiensis*)等。

(7) 农药植物资源

主要有草乌头(*Aconitum kusnezoffii*)、苦参(*Sophora flavescens*)、大叶藜芦(*Veratrum nigrum*)、兴安藜芦(*Veratrum dahuricum*)、瑞香狼毒(*Stellera chamaejasme*)等。

2.3.2 华北区

本区包括辽宁西部、河北省(张家界地区除外)、山西、陕西(北以长城为界，南以秦岭为界)、宁夏南部、甘肃东南部、山东、河南和安徽淮河以北、江苏黄河故道以北、北京和天津。本区有中国第一大平原华北平原，广阔的华北平原，地势低平，一般不超过50 m，华北平原的北缘为冀北山地，西缘以太行山、中条山为界。这些山地通常海拔在600~1 000 m。山东低山丘陵多数在海拔500 m左右，少数山峰超过1 000 m。华北地区具有暖温带气候特征，夏热多雨，冬季晴朗干燥，春季多风沙。年平均气温超过9~16 ℃；1月平均气温 -2~-13 ℃，7月平均气温为22~28 ℃，最低气温为 -30~-20 ℃；降水量一般在400~700 mm，沿海个别地区可达1 000 mm。土壤为棕壤，沿海、河谷和较干燥的地区多为冲积性褐土和盐碱土，山地和丘陵为棕色森林土。本地区又进一步划分为辽东、山东半岛落叶阔叶林、华北平原半旱生落叶阔叶林、晋冀山地半旱生落叶阔叶林草原和黄土高原森林草原干草原4个副区。

本区为半湿润向半干旱过渡植被，农业发达，人类活动影响深刻，是苹果、梨、桃、枣、山楂等暖温带水果的主产区，是我国地道药材"北药"的主产区。主要野生植物资源有以下几个方面。

(1) 药物植物资源

主要有党参(*Codonopsis pilosula*)、黄芪(*Astrtagalus moellendorffii*)、半夏(*Pinellia ternata*)、知母(*Anemarrhena asphodeloides*)、连翘(*Forsythia suspensa*)、宁夏枸杞(*Lycium barbarum*)、枸杞(*L. chinensis*)、穿龙薯蓣(*Discorea nipponica*)、地黄(*Rehmannia glutinosa*)、黄精(*Polygonatum sibiricum*)、草麻黄(*Ephedra sinica*)、柴胡(*Bupleurum* spp.)、藁本(*Ligusticum jeholense*)、远志(*Radix polygalae*)、刺五加(*R. acanthopanacis*)、马兜铃(*Aristolochia debilis*)、北苍术(*Atractylodes chinensis*)、白芷(*Angelica dahurica*)、杏仁(*Amygdalus davidiana*)、防风(*Saposhnikovia divaricata*)、银柴胡(*Stellaria dichotoma* var. *lanceolata*)、甘肃黄芩(*Scutellaria rehderiana*)、大叶龙胆(*Gentiana macrophylla*)、淫羊藿(*Epimedium brevicornum*)等。

(2) 果树植物资源

主要有山葡萄(*Vitis amurensis*)、山里红(*Crataegus pinnatifida*)、山荆子(*Malus baccata*)、红松(*Pinus koraiensis*)、毛榛子(*Corylus mandshurica*)、桑(*Morus alba*)、东方草莓(*Fragaria orientalis*)、东北杏(*Prunus mandshurica*)、西伯利亚杏(*P. sibirica*)、欧李(*P.*

humilis)、悬钩子(*Rubus* spp.)、酸枣(*Ziziphus jujuba* var. *spinosa*)、君迁子(*Diospyros lotus*)等。

(3) 芳香油植物资源

主要有柏木(*Cupressus funebris*)、天女木兰(*Magnolia sieboldii*)、野薄荷(*Mentha haplocalyx*)、百里香(*Thymus mongolicus*)、香薷(*Elsholtzia ciliata*)、缬草(*Valeriana officinalis*)、铃兰(*Convallaria majalis*)、青蒿(*Artemisia apiacea*)、罗勒(*Ocimum basilicum*)、薰衣草(*Lavandula angustifolia*)、枳(*Poncirus trifoliata*)等。

(4) 色素植物资源

主要有茜草(*Rubia cordifolia*)、紫草(*Lithospermum erythrorhizon*)、蓼蓝(*Polygonum tinctorium*)、山葡萄(*Vitis amurensis*)、菘蓝(*Isatis indigotica*)、栀子(*Gardenia jasminoides*)。

(5) 纤维植物资源

主要有芦苇(*Phragmites australis*)、苘麻(*Abutilon theophrasti*)、亚麻(*Linum usitatissimum*)、青檀(*Pteroceltis tatarinowoii*)、构树(*Broussonetia papyrifera*)、胡枝子(*Lespedeza bicolor*)、罗布麻(*Apocynum venetum*)、马蔺(*Iris lactea*)、大叶章(*Deyeuxia langsdorffii*)、旱柳(*Salix matsudana*)等。

(6) 树脂、树胶植物资源

主要有漆树(*Rhus verniciflua*)、华北落叶松(*Larix principis-rupprechtii*)、华山松(*Pinus armandii*)、油松(*P. tabulaeformis*)、黑松(*P. thunbergii*)、皂荚(*Gleditsia sinensis*)、臭椿(*Ailanthus altissima*)、香椿(*Toona sinensis*)、槐(*Sophora japonica*)等。

(7) 农药植物资源

主要有苦参(*Sophora flavescens*)、藜芦(*Veratrum nigrum*)、草乌头(*Aconitum kusnenzoffii*)、泽漆(*Euphorbia helioscopia*)、大戟(*Euphorbia pekinensis*)、瑞香狼毒(*Stellera chamaejasma*)、臭椿(*Ailanthus altissima*)等。

2.3.3 华中区

本区包括安徽淮河以南、江苏黄河故道以南、河南东南小部分地区、浙江、上海、江西、湖南、湖北东部、广西北部、广东北部、福建大部。即指秦岭—淮河一线以南，北回归线以北，云贵高原以东的中国广大亚热带地区。华中区位于副热带高压带的范围，世界上同纬度的其他地区大多为干燥的荒漠，但我国亚热带地区由于季风环流势力强大，行星风系环境系统被改变，形成了温暖湿润气候，冬温夏热，四季分明，冬季气温较低，但不严寒。年平均气温超过 15~22 ℃；1 月平均气温均在 0℃ 以上，7 月平均气温 20~28 ℃，自北向南，自东向西递增，极端最低气温为 -15~-5 ℃；年平均降水量 800~1 600 mm，由东南沿海向西北递减。土壤主要是黄棕壤、黄壤和红壤。黄棕壤分布于本区北部北亚热带地区，红壤和山地红壤分布于长江以南海拔 500~900 m 之间的低山丘陵地区，黄壤则散见于较高山地。本地区进一步划分为北亚热带长江中下游平原混交林、中亚热带长江南岸丘陵盆地常绿林和中亚热带浙闽沿海常绿林 3 个副区。

(1) 药物植物资源

主要有山茱萸(*Cornus officinalis*)、乌药(*Lindera aggregata*)、茯苓(*Poria cocos*)、丹参

(*Salvia miltiorrhiza*)、百部(*Stemona japonica*)、何首乌(*Fallopia multiflora*)、盾叶薯蓣(*Dioscorea zingiberensis*)、厚朴(*Magnolia officinalis*)、吴茱萸(*Evodia rutaecarpa*)、杜仲(*Eucommia ulmoides*)、银杏(*Ginkgo biloba*)、金银花(*Lonicera japomnica*)、肉桂(*Cinnamomum cassia*)、浙贝母(*Fritillaria thunbergii*)、巴戟天(*Morinda officinalis*)、杭白芷(*Angelica dahurica* var. *formosana*)、八角茴香(*Illicium verum*)、明党参(*Changium smyrnioides*)、广防己(*Aristolochia fangchi*)、紫花前胡(*Peucedanum decursivum*)等。

(2) 果树植物资源

主要有杨梅(*Myrica rubra*)、山里红(*Crataeuis pinnatifida*)、金樱子(*Rosa laevigata*)、缫丝花(刺梨)(*R. roxburghii*)、单瓣缫丝花(*R. roxburghii* f. *normalis*)、酸枣(*Ziziphus jujuba* var. *spinosa*)、猕猴桃(*Actinidia* spp.)、华桑(*Morus cathayana*)、鸡桑(*M. australis*)、大花枇杷(*Eriobotrya cavaleriei*)、胡氏悬钩子(*Rubus hui*)、高梁悬钩子(*R. lambertianus*)、掌叶悬钩子(*R. palmatus*)、茅莓悬钩子(*R. parvifolius*)、豆梨(*Pyrus calleryana*)、锥栗(*Castanea henryi*)、木瓜(*Chaenommeles sinensis*)、君迁子(*Diospyros lotus*)、刺葡萄(*Vitis davidii*)等。

(3) 芳香油植物资源

主要有香榧(*Torreya grandis*)、柏木(*Cupressus funebris*)、杉木(*Cunninghamia lanceolata*)、马尾松(*Pinus massoniana*)、广玉兰(*Mgnolia grandiflora*)、玉兰(*M. denudata*)、黄兰(*Michelia champaca*)、细叶香桂(*Cinnamomum chingii*)、黄樟(*C. porrectum*)、枫香树(*Liguidambar formosana*)、芸香(*Ruta graveolens*)、山胡椒(*Lindera glauca*)、紫罗兰(*Matthiola incana*)、灵香草(*Lysimachia foenum-graecum*)、薰衣草(*Lavandula angostifolia*)、罗勒(*Ocimum basilicum*)、茉莉(*Jasminum sambac*)、石香薷(*Mosla chinensis*)、柠檬草(*Cymbopogon citratus*)、香根草(*Vetiveria zizanioides*)等。

(4) 色素植物资源

主要有蓼蓝、菘蓝(*Isatis indigotica*)、苏木(*Caesalpinia sappan*)、木蓝(*Indigofera tinctoria*)、栀子(*Gardenia jasminoides*)、冻绿(*Rhamnus utilis*)、密蒙花(*Buddleja officinalis*)、姜黄(*Curcuma longa*)、茜草(*Rubia cordifolia*)、紫草(*Lithospermum erythrorhizon*)。

(5) 纤维植物资源

主要有青檀(*Pteroceltis iatarinowii*)、构树(*Broussonetia papyrifera*)、山油麻(*Trema dielsiana*)、苎麻(*Boehmeria nivea*)、水麻(*Debregeasia edulis*)、菽麻(*Crotalaria juncea*)、芦竹(*Arundo donax*)、毛竹(*Phyllostachys edulis*)、斑茅(*Saccharum arundinaceum*)、棕榈(*Trachycarpus fortunei*)、芦苇(*Phragmites australis*)等。

(6) 树脂、树胶植物资源

主要有漆树(*Rhus verniciflua*)、马尾松(*Pinus massoniana*)、台湾松(*Pinus taiwanensis*)、落叶桢楠(*Machilus leptophylla*)、刨花楠(*M. pauhoi*)、枫香树(*Liquidambar formosana*)、亮叶冬青(*Ilex viridis*)、田菁(*Sesbania cannabina*)等。

(7) 农药植物资源

主要有锈毛鱼藤(*Derris ferruginea*)、厚果鸡血藤(*Millettia pachycarpa*)、川楝(*Melia toosendan*)、白花除虫菊(*Chrysanthemum cinerariaefolium*)、百部(*Stemona sessilifolia*)、水竹

叶(*Murdannia triquetra*)、无患子(*Sapindus mukorossi*)等。

2.3.4 华南区

本区位于我国的最南部，包括北回归线以南的云南、广西、广东南部、福建福州以南的沿海狭长地带及台湾、海南全部和南海诸岛。本区属终年高温的热带季风气候，湿热多雨。年平均气温21～26℃，1月平均气温在12℃以上，7月平均气温29℃，年温差较小，极端低温一般都在0℃以上，极少数地区冬季有寒流侵袭可能降到0℃以下；年降水量1 600～1 800 mm，部分地区可达2 000 mm以上。地表切割破碎，典型植被为常绿的热带雨林、季雨林和南亚热带季风常绿阔叶林。土壤为砖红壤和砖红化红壤。本区又可进一步分为南亚热带岭南丘陵常绿林，南亚热带、热带台湾岛常绿林和季雨林，琼雷热带雨林季雨林，滇南热带季雨林和南海诸岛热带雨林5个副区。

本区面积虽小，但野生植物资源极为丰富，仅西双版纳就有高等植物3 000～4 000种，海南岛也有高等植物约4 000种。本区是地道药用植物"广药"的主产区。主要野生植物资源有以下几类。

(1) 药用植物资源

主要有海南粗榧(*Cephalotaxus hainanensis*)、槟榔(*Areca cotechu*)、儿茶(*Acacia catechu*)、巴戟天(*Morinda officinalis*)、益智(*Alpinia oxyphylla*)、阳春砂(*Amomum villosum*)、鸦胆子(*Brucea javanica*)、肉桂(*Cinnomomum cassia*)、胡椒(*Piper nigrum*)、龙脑香(*Dryobalanops aromatica*)、萝芙木(*Rauvolfia verticillata*)、美登木(*Maytenus hookeri*)、三七(*Panax pseudo-ginseng*)、海南龙血树(*Dracaena cambodiana*)、广藿香(*Pogostemon cablin*)、鸡血藤蜜花豆(*Spatholobus suberectum*)、白木香(*Aquilaria sinensis*)、鸡纳树(*Cinchona succirubra*)、广豆根(*Sophora tonkinensis*)、八角茴香(*Illicium verum*)、广防己(*Aristolochiae fangchi*)、何首乌(*Polygonum multiflorum*)等。

(2) 果树植物资源

主要有椰子(*Cocos nucifera*)、杧果(*Mangifera indica*)、橄榄(*Canarium album*)、番木瓜(*Carica papaya*)、金樱子(*Rosa laevigata*)、桃金娘(*Rhodomyrtus tomentosus*)、腰果(*Anacardium occidentale*)、五月茶(*Antidesma bunius*)、木奶果(*Baccaurea ramilflora*)、人面子(*Dracontomelon dao*)、杨梅等。

(3) 芳香油植物资源

主要有香榧(*Torreya grandis*)、柏木(*Cupressus funebris*)、杉木(*Cunninghamia lanceolata*)、黄兰(*Michelia champac*)、山鸡椒(*Litsea cubeba*)、夜合花(*Magnolia coco*)、依兰(*Cananga odorata*)、九里香(*Murraya paniculata*)、油楠(*Sindora glabra*)、柠檬草(*Cymbopogon citratus*)、石香薷(*Mosla chinensis*)、香根草(*Vetiveria zizanioides*)等。

(4) 色素植物资源

主要有玫瑰茄(*Hibiscus sabdariffa*)、菘蓝(*Isatis indigotica*)、苏木(*Caesalpinia sappan*)、木蓝(*Indigofera tinctoria*)、栀子(*Gardenia jasminoides*)、冻绿(*Rhamnus utilis*)、密蒙花(*Buddleja officinalis*)、姜黄(*Curcuma longa*)等。

(5) 纤维植物资源

主要有棕榈(*Trachycarpus fortunei*)、木棉(*Bombax malabaricum*)、白藤(*Calamus tetradactylus*)、黑莎草(*Gahnia tristis*)、椒麻、洋麻(*Hibiscus cannabinus*)、斑茅(*Saccharum arundinaceum*)等。

(6) 树脂、树胶植物资源

主要有马尾松(*Pinus massoniana*)、华南五针松(*Pinus kwangtungensis*)、南亚松(*P. latteri*)、糖胶树(*Alstonia scholaris*)、青梅(*Vatica mangachapoi*)、橄榄(*Canarium album*)、腰果(*Anacardium occidentale*)、格木(*Erythrophleum fordii*)、菩提树(*Ficus religiosa*)、刺田菁(*Sesbania bispinosa*)等。

(7) 农药植物资源

主要有锈毛鱼藤(*Derris ferruginea*)、厚果鸡血藤(*Millettia pachycarpa*)、川楝(*Melia toosendan*)、百部(*Stemona sessilifolia*)、陆均松(*Dacrydium pierrei*)、露水草(*Cyanotis arachnoidea*)等。

2.3.5 西南区

本区包括云南、贵州高原北部、广西盆地的北部、四川盆地、陕西南部(秦岭以南)、湖北西部,以及甘肃和河南南部的小部分地区。本区属于我国的第二级阶梯,地势起伏较大,岩溶地貌十分发育,多数地面海拔在1 500~2 000 m,最高可超过5 000 m。气候具有亚热带高原盆地的特点,且受印度洋气流影响,多数地区春温高于秋温,春旱而夏秋多雨。年平均气温为14~16℃,有些地方可高达20~22℃,1月平均气温5~12℃,7月平均气温28~29℃,各月平均气温多在6℃,除极少地区外,月平均气温都未超过22℃。年平均降水量900~1 500 m,绝大部分降在湿季。高原常绿林植被,在四川西部山地有硬叶常绿林分布,垂直变化明显。土壤为红壤、黄壤和黄棕壤。本区又可分为北亚热带秦巴山地混交林、中亚热带四川盆地常绿林、中亚热带贵州高原常绿林和中亚热带云南高原常绿林4个副区。

本区野生植物资源极为丰富,是我国地道植物药材"川药"、"云药"、"贵药"的主产区。主要野生植物资源有以下几类。

(1) 药用植物资源

主要有茯苓(*Poria cocos*)、黄连(*Coptis chinensis*)、冬虫夏草(*Cordyceps sinensis*)、川贝母(*Friitllaria cirrhosa*)、太白贝母(*F. taipaiensis*)、棱砂贝母(*F. delavayi*)、掌叶大黄(*Rheum palmatum*)、厚朴(*Magnolia officinalis*)、肉桂(*Cinnamomum cassia*)、川乌(*Aconitum carmichaeli*)、川芎(*Ligusticum wallichii*)、巴豆(*Croton tiglium*)、麦冬(*Ophiopogon japonicus*)、盐肤木(*Rhus chinensis*)、黄皮树(*Phellodendron chinense*)、滇黄芩(*Schutellaria amoena*)、连翘叶黄芩(*S. hypericifolia*)、枸骨(*Ilex cornuta*)、羌活(*Notopterygium incisium*)、秦艽(*Gentiana macrophylla*)、白及(*Bletilla striata*)、云木香(*Saussurea rutaecarpa*)、雪莲花(*Saussurea* spp.)、绵参(*Eriophyton wallichii*)、天麻(*Gastrodia elata* Blume)、杜仲(*Eucommia ulmoides*)、远志、山茱萸(*Cornus officinalis*)、吴茱萸(*Tetradium ruticarpum*)、丹参(*Salvia miltiorrhiza*)、八角茴香(*Illium verumic*)、何首乌(*Fallopia multiflora*)、盾叶薯

蓣(*Dioscorea zingiberensis*)等。

(2) 果树植物资源

主要有杨梅(*Myrica rubra*)、山里红(*Crataegus pinnatifidae*)、金樱子、酸枣(*Ziziphus jujuba* var. *spinosa*)、沙棘(*Hippophae rhamnoides*)、中华猕猴桃(*Actinidia chinensis*)、鸡桑(*Morus australis*)、茅莓(*Rubus parvifolius*)、蛇莓(*Duchesnea indica*)、君迁子(*Diospyros lotus*)、锥栗(*Castanea henryi*)、刺葡萄(*Vitis davidii*)、五叶草莓(*Fragaria pentaphylla*)、糖茶藨子(*Ribes himalense*)、米饭花(*Vaccinium sprengelii*)、滇龙眼(*Dimocarpus yunnanesis*)、神秘果(*Symsepalum dulcificum*)、人面果(*Garcinia xanthochmus*)等。

(3) 芳香油植物资源

主要有柏木(*Cupressus funebris*)、杉木(*Cunninghamia lanceolata*)、马尾松(*Pinus massoniana*)、白玉兰(*Magnolia denudata*)、香叶子(*Lindera fragrans*)、香面叶(*L. caudata*)、山胡椒(*L. glauca*)、九里香、肉桂(*Cinnamomum cassia*)、云南樟(*C. glanduliferum*)、黄樟(*C. porrectum*)、芸香(*Ruta graveolens*)、灵香草(*Lysimachia foenum*)、薰衣草(*Lavandula angustifolia*)、罗勒(*Ocimum basilicum*)、地檀香(*Gaultheria forrestii*)、甘松(*Nardostactys chinensis*)、茉莉(*Jasminum sambac*)、柠檬草、曲序香茅(*Cymbopogon flexuosus*)、香根草(*Vetiveria zizanioides*)、芸香草(*Cymbopogon distans*)等。

(4) 色素植物资源

主要有蓼蓝(*Polygonum tinctorium*)、菘蓝(*Isatis indigotica*)、苏木(*Caesalpinia sappan*)、木蓝(*Indigofera tinctoria*)、栀子(*Gardenia jasminoides*)、冻绿(*Rhamnus utilis*)、密蒙花(*Buddleja officinalis*)等。

(5) 纤维植物资源

主要有青檀(*Pteroceltis tatarinowii*)、构树(*Broussonetia paperifera*)、山油麻、苎麻(*Boehmeria*)、亚麻(*Linum usitatissimum*)、苘麻、陆地棉(*Gossypium hirsutum*)、芦竹(*Arundo donax*)、毛竹(*Phyllostachys heterocycla*)、斑茅(*Saccharum arundinaceum*)、棕榈(*Trachycarpus fortunei*)等。

(6) 树脂、树胶植物资源

主要有漆树(*Rhus verniciflua*)、清香木(*Pistacia weinmannifolia*)、马尾松(*Pinus massoniana*)、云南松(*P. yunnanensis*)、思茅松(*P. kesiya* var. *langbianensis*)、枫香树(*Liquidambar formosana*)、亮叶冬青(*Ilex nitidissima*)、田菁等。

(7) 农药植物资源

主要有锈毛鱼藤(*Derris ferruginea*)、厚果鸡血藤(*Millettia pachycarpa*)、川楝(*Melia toosendan*)、百部(*Stemona sessilifolia*)、藜芦(*Veratrum nigrum*)、水竹叶(*Murdannia triquetra*)、蓝耳草(*Cyanotis vaga*)等。

2.3.6 西北区

本区包括内蒙古西部、甘肃祁连山以北、新疆大部即昆仑山北部地区。本区属内陆干旱气候,日照较强,内陆流域面积广大,以山地冰川补给为主,典型的荒漠景观,是我国降水量最少、相对湿度最低、蒸发量最大的干旱地区。年降水量一般不足 200 mm,有的地区少于25 mm。本区是我国的第二级阶梯，境内有天山、阿尔泰山、祁连山等高大山体，在4 000 m以上为终年积雪带。本区分为阿拉善高原温带荒漠、准噶尔盆地温带荒漠、阿尔泰山及天山山地草原和针叶林、塔里木盆地暖温带荒漠4个副区。

本区气候干旱，我国两大沙漠塔克拉玛干沙漠和巴丹吉林沙漠位于本区。区内种植垂直分布明显，除荒漠外，还有山地森林、灌丛、草原和高山植物。主要种植种类以藜科、禾本科和菊科为主，伴有豆科、蔷薇科、毛茛科等植物。本区植物资源比较匮乏，主要野生植物资源有以下几类。

(1) 药用植物资源

主要有新疆阿魏(*Ferula sinkiangensis*)、新疆紫草(*Arnebia euchroma*)、沙苁蓉(*Cistanche sinensis*)、盐生肉苁蓉(*C. salsa*)、雪莲(*Saussurea ivvo-lucrata*)、水母雪莲花(*S. medusa*)、唐古特大黄(*Rheum tanguticum*)、唐古特乌头(*Aconitum tanguticum*)、山莨菪(*Anisodus tangutica*)、阿克苏黄芪(*Astrtagalus aksuensis*)、新疆党参(*Codonopsis clematidea*)、伊犁贝母(*Fritillaria pallidiflora*)、甘肃贝母(*F. przewalskii*)、天山贝母(*F. walujewii*)、甘草(*Glycyrrhiza uralensis*)、草麻黄(*Ephedra sinica*)、冬虫夏草(*Cordyceps sinensis*)等。

(2) 果树植物资源

主要有沙棘(*Hippophae rhamnoides*)、沙枣(*Elaeagnus angustifolia*)、越橘(*Vaccinium* spp.)、笃斯越橘(*Vaccinium uliginosum*)、密刺蔷薇(*Rosa spinosissima*)、宽刺蔷薇(*R. platyacantha*)、腺齿蔷薇(*R. albertii*)、阿尔泰山楂(*Crataegus altaica*)、新疆野苹果(*Malus sieversii*)、樱桃李(*Prunus cerasifera*)等。

(3) 芳香油植物资源

主要有栉叶蒿(*Neopallasia pectinata*)、臭蒿(*Artemisia hedinii*)、玲玲香青(*Anaphalis hancockii*)、乳白香青(*A. lactea*)、珠光香青(*A. margaritacea*)等。

(4) 色素植物资源

主要有紫草(*Lithospermum erythrorhizon*)、茜草(*Rubia cordifolia*)、沙棘(*Hippophae rhamnoides*)、越橘(*Vaccinium* spp.)、笃斯越橘(*V. uliginosum*)等。

(5) 纤维植物资源

主要有亚麻(*Linum usitatissimum*)、苘麻(*Abutilon theophrasti*)、罗布麻(*Apocynum venetum*)、大叶白麻(*Poacynm hendersonii*)、芨芨草(*Achnatherum splendens*)等。

(6) 树脂、树胶植物资源

主要有葫芦巴(*Trigonella foenum-graecum*)、沙枣(*Elaeagnus angustifolia*)、香椿(*Toona sinensis*)、油松(*Pinus tabulaeformis*)、云杉(*Picea asperata*)等。

(7) 农药植物资源

主要有苦参(*Sophora flavescens*)、藜芦(*Veratrum nigrum*)、牛膝(*Achyranthes bidentata*)等。

2.3.7 内蒙古区

本区包括内蒙古中部、宁夏北部、山西北部(长城以北)、河北北部(张家口地区)。

本区属温带内陆干旱、半干旱季风气候，年均降水量150~350 mm，自东向西递减，东部边缘可达400 mm左右，北部地区干旱而严寒。整个区域位于内蒙古高原，海拔高度1 000~1 500 m，地势高平，变化单调，是我国的第二级阶梯。草原植被为主，经向地带性明显。土壤为栗钙土和棕钙土。本区分为西辽河流域干草原、内蒙古高原干草原荒漠草原和鄂尔多斯高原干草原荒漠草原3个副区。

本区草原牧业发达，是我国重要的畜牧业基地之一，也是我国地道药材"北药"中适应于干旱环境种类的集中产区之一。野生植物资源主要有以下几类。

(1) 药用植物资源

主要有甘草、草麻黄(*Ephedra sinica*)、防风(*Saposhnikovia divaricata*)、蒙古黄芪(*Astragalus membranaceus* var. *mongholicus*)、宁夏枸杞(*Lycium barbarum*)、党参(*Codonopsis pilosula*)、知母(*Anemarrhena asphodeloides*)、远志(*Radix Polygalae*)、黄芩(*Scutellaria baicalensis*)、肉苁蓉(*Cistanche deserticola*)等。

(2) 果树植物资源

主要有沙棘(*Hippophae rhamnoides*)、沙枣(*Elaeagnus angustifolia*)、山里红(*Crataegus pinnatifida*)、欧李(*Cerasus humilis*)、刺蔷薇(*Rosa acicularia*)、东北杏(*Prunus mandshurica*)、西伯利亚杏(*P. sibirica*)、全缘栒子(*Cotoneaster integerrimus*)、黑果栒子(*C. melanocarpa*)等。

(3) 芳香油植物资源

主要有百里香(*Thymus mongolicus*)、细叶杜香(*Ledum plaustrea*)、宽叶杜香(*L. palustre* var. *dilatatum*)、香青兰(*Dracoecphalum moldavica*)、沙枣(*Elaeagnus angustifolia*)等。

(4) 色素植物资源

主要有紫草(*Lithospermum erythrorhizon*)、茜草(*Rubia cordifolia*)、沙棘(*Hippophae rhamnoides*)等。

(5) 纤维植物资源

主要有亚麻(*Linum usitatissimum*)、苘麻(*Abutilon theophrasti*)、罗布麻(*Apocynum venetum*)、大叶白麻(*Poacynum hendersonii*)、芨芨草(*Achnatherum splendens*)、大叶章(*Deyeuxia langsdorffii*)等。

(6) 树脂、树胶植物资源

主要有沙棘(*Hippophae rhamnoides*)、樟子松(*Pinus sylvcstris* var. *mongolia*)等。

(7) 农药植物资源

主要有苦参(*Sophora flavescens*)、藜芦(*Veratrum nigrum*)、牛膝(*Achyranthes bidentata*)等。

2.3.8 青藏区

本区包括西藏和青海全境、四川的甘孜和阿坝、云南北部的迪庆、甘肃甘南及祁连山以南和新疆昆仑山以南。这里是世界最高的高原，被誉为"世界屋脊"，地球的"第三极"，平均海拔4 000~5 000 m，并有许多耸立于雪域之上的山峰，是我国地势的第三级阶梯。土壤为高山草甸土及高山寒漠土。东南部地势较低，气温温暖湿润，植被类型为针阔叶混交林和寒温性针叶林；西北部地势升高，气候寒冷，年均温-4℃以下，植被为高寒灌丛、高寒草甸、高寒草原、高寒荒漠草原及高寒荒漠等。高原空气稀薄，光照充足，辐射量大，气温低，干湿季分明，干旱及多大风。

本区分为喜马拉雅南翼山地热带、亚热带森林，藏东、川西切割山地针叶林高山草甸，藏南山地灌丛草甸，柴达木盆地及昆仑山山地荒漠，阿里昆仑山山地高寒荒漠草原和荒漠5个副区。

本区气候、地形、植被复杂，加之变化明显，野生植物资源丰富，仅西藏就有维管植物达6144种，是中华民族药"藏药"的发源地。主要野生植物资源有以下几类。

(1) 药用植物资源

主要有红景天(Rhodiola rosea spp.)、崖角藤(Rhaphidophora)、秦艽(Gentiana macrophylla)、黄连(Coptis chinensis)、掌叶大黄(Rheum palmatum)、小大黄(R. pumilum)、中麻黄(Ephedra intermedia)、藏麻黄(E. saxatilis)、蜜花豆血藤(Spatholobus suberectus)、雪莲(Saussurea ivvo-lucrata)、当归(Angelica sinensis)、党参(Codonopsis pilosula)、龙胆(Gentiana scabra)、木瓜(Chaenommeles sinensis)、三角叶薯蓣(Dioscorea deltoidea)、长花党参(Codoopsis thalictrifolia var. mollis)、藏南党参(C. subsimplex)、梭果黄耆(Astragalus ernestii)、西藏木瓜(Chaenomeles tibetica)、大花龙胆(Gentiana szechenyii)、麻花艽(G. straminea)、匙叶甘松(Nardostachys jatamansi)、天麻(Gastrodia elata)、冬虫夏草(Cordyceps sinensis)、贝母(Fritillaria spp.)、绵参(Eriophyton wallichii)等。

(2) 果树植物资源

主要有沙棘(Hippophae rhamnoides)、西藏沙棘(H. thibetana)、缫丝花(Rosa roxburghii)、腺齿蔷薇(R. albertii)、黄果悬钩子(Rubus xanthocarpus)、库叶悬钩子(R. sachalinensis)等。

(3) 芳香油植物资源

主要有百里香(Thymus mongolicus)、栉叶蒿(Neopallasia pectinata)、臭蒿(Artemisia hedinii)、玲玲香青(Anaphalis hancockii)、珠光香青(Anaphalis margaritacea)、匙叶甘松(Nardostachys jatamansi)、松风草(Boenninghausenia albiflora)、素馨(Jasminum grandiflorum)、石香薷(Mosla chinensis)、花椒(Zanthoxylum bungeanum)、胡椒(Piper nigrum)等。

(4) 色素植物资源

主要有紫草(Lithospermum erythrorhizon)、茜草(Rubia cordifolia)、沙棘(Hippophae rhamnoides)等。

(5) 纤维植物资源

主要有水麻(Debregeasia orientalis)、水贮藏麻、紫麻(Oreocnide frutescens)、浪麻(Caragana jubata)、大叶白麻(Poacynum baill)、黄瑞香(Daphne giraldii)、白藤(Calamus tetradactylus)等。

(6) 树脂、树胶植物资源

主要有漆树(Rhus verniciflua)、云南松(Pinus yunnanensis)、华山松(P. armandii)、思茅松(P. kesiya var. langbianensis)、乔松(P. griffithii)、高山松(P. densata)、雪松(Cedrus deodara)等。

(7) 农药植物资源

主要有楝树(*Melia azedarace*)、小刺鱼藤(*Derris microptera*)、粗茎鱼藤(*D. scabricaulis*)、直立百部(*Stemona sessilifolia*)、藜芦(*Veratrum nigrum*)、牛膝(*Achyranthes bidentata*)等。

2.4 野生植物资源分类系统的建立

2.4.1 野生植物资源分类系统建立的目的

野生植物资源是经济建设和人民生活的物质基础，随着经济的发展和社会进步，对野生植物的需求越来越迫切，因此需要我们不断探索和开发新的野生植物资源，促进野生植物资源研究的不断进步。但是，目前对野生植物资源的开发利用还存在一些问题，如开发利用对象单一，利用程度不深，因而造成对植物资源的盲目开发、过度利用，致使野生植物资源迅速减少，生态环境遭到破坏。因此，这就要求对植物资源进行科学的分类，建立野生植物资源分类系统，深入加以研究，使之得到合理开发利用和保护。

对野生植物资源分类系统的建立并进行正确的分类使之系统化、条理化，对野生植物资源科学研究和开发利用具有极其重要的科学价值。同时，对于合理利用和保护及其制定野生植物资源利用和保护的法规都提供了科学依据，也为野生植物资源的生产具有重要的指导作用。

2.4.2 野生植物资源分类系统建立的原则

建立野生植物资源分类系统和其他分类系统一样，通常用等级的方法表示每一种植物资源的系统地位和归属，一般按照如下原则确定野生植物资源分类系统的等级。

①以植物资源被利用植物的特点为第一(高级)分类原则建立分类系统；
②以植物资源的利用大方向作为中级分类原则建立分类系统；
③以植物资源的具体用途作为植物资源分类的基本单位建立分类系统。

2.4.3 野生植物资源的分类

植物资源的分类也是随着不同时期而有所变化的，有的人主张以用途来分类，有的人主张以学科来分类，但多数主张按用途来分类。

2.4.3.1 按用途分类

我国1960年出版的经济植物志，根据当时的需要，分类是以用途为主的，分为8大类，即纤维植物、油料植物、淀粉以及糖类植物、鞣类植物、芳香油植物、药用植物、土农药植物、其他类植物。到20世纪八九十年代，更多地使用植物资源这一概念，各种植物资源手册中的分类增加了不少新的条目，概括起来有如下几种：①油脂植物资源；②药物植物资源；③果树植物资源；④芳香植物资源；⑤纤维植物资源；⑥淀粉植物资源；⑦鞣料、染料植物资源；⑧树脂、树胶植物资源；⑨饮料植物资源；⑩食用野菜植物资源；

⑪观赏绿化植物资源；⑫饲料植物资源；⑬农药植物资源；⑭育种植物资源；⑮色素、维生素、蛋白质植物资源；⑯木材植物资源等。

2.4.3.2 按学科研究方向分类

根据学科研究方向，植物资源分类如下几种：①药用与兽药植物资源；②饲料蛋白质与氨基酸植物资源；③食用、食疗、野菜、食用菌、饮料代用茶、维生素色素、调味剂、甜味剂、蜜源与花粉植物资源；④油脂与脂肪酸植物资源；⑤芳香油植物资源；⑥淀粉植物资源；⑦观赏绿化、抗污染水土保持、固氮植物资源；⑧纤维、造纸、编织植物资源；⑨农药、有毒植物资源；⑩能源植物资源；⑪染料植物资源；⑫水生植物资源；⑬大宗农副产品植物资源；⑭外贸出口植物资源；⑮南物北移植物资源；⑯种质资源与濒危植物资源；⑰人文植物资源等。

2.4.3.3 按植物功能系统分类

根据植物功能系统，植物资源分类如下几种：

(1) 成分功用植物资源型

①饮食用植物资源类：野果植物资源相、色素植物资源相、油脂植物资源相、芳香植物资源相、野菜植物资源相、饲用植物资源相、蜜源植物资源相、甜味剂植物资源相。

②医药用植物资源类：药用植物资源相。

③工业用植物资源类：油脂植物资源相、芳香油植物资源相、淀粉植物资源相、树脂植物资源相、鞣质植物资源相、树胶植物资源相。

④农业用植物资源类：绿肥植物资源相、农药植物资源相。

(2) 株体功用植物资源型

①株体自身功用植物资源类：能源植物资源相、纤维植物资源相、木材植物资源相、寄主植物资源相、种质植物资源相。

②株体效益植物资源类：指示植物资源相、环保植物资源相、绿化观赏植物资源相、防风固沙植物资源相、水土保持植物资源相。

2.4.3.4 吴征镒分类法

以上几种分类方法，其出发点均为如何开发利用，只是看问题的角度和侧重点不同。我国著名植物学家吴征镒先生提出将野生植物资源分为如下 5 大类：

(1) 食用植物资源类

包括淀粉类、蛋白质类、食用油类、维生素类、饮料类、香料色素类、动物饲料类、蜜源植物类。

(2) 药用植物资源类

包括中草药类、化学药原料类、兽药类、植物性农药类。

(3) 工业用植物资源类

包括木材类、纤维类、鞣质类、染料类、芳香油类、植物胶类、树脂类、工业用油脂类、经济昆虫寄主类。

(4) 防护及观赏植物资源类

包括防风固沙类、绿肥类、绿化观赏类、环境监测类。

(5) 种质资源植物资源类

包括用于育种及植物基因工程类。

吴征镒先生的分类方法有些像学科与应用相结合的方法，也是目前许多学者引用的分类方法。但是植物资源开发利用是十分复杂的过程，一种植物资源有多种用途，一种植物原料也可能有多种用途。例如，许多食用油同时也可以用于工业；许多芳香油可以食用，同时也是重要的工业原料。

2.4.3.5 常用分类方法

现将常用的一些植物资源类别做一介绍，它大致分为22个植物资源类型。

(1) 淀粉植物资源

包括食用和工业用淀粉。我国野生植物中蕴藏着大量的淀粉，所产淀粉性能远远超过马铃薯及玉米淀粉，估计我国可产野生植物淀粉 300×10^4 t 以上。很多淀粉植物在国际上受到高度重视。例如，蒙古栎所产的橡子淀粉含量达50%~70%，在日本作为重要的化工原料，每年都从我国大量进口。还有如橡子、榛子、葛根、蕨根等都是淀粉植物的主要种类。除此以外，我国的淀粉植物还有蕨菜（根中含淀粉40%以上）、串地龙、慈菇、百合等，这些植物都含有大量淀粉。

(2) 油脂植物资源

根据多年的点查资料，我国含油率在10%以上的野生油脂植物有1 000多种，其中完全可食用的有50多种，以豆科、菊科、山茶科、十字花科、芸香科、胡桃科、桦木科等科的植物为多。其中有些含有特种脂肪酸，如 γ-亚麻酸等，对人体极具保健价值。中国最主要的油脂植物有：红松、偃松、香榧、竹柏、华山松、核桃楸、榛、檀梨、木瓜、花椒、臭椿、文冠果、油茶、榄仁树、紫荆木、油橄榄、胡麻、油渣果、红花、油棕、月见草、蓖麻、麻风树、香薷、扁核木、沙棘、鼠李等植物。这些植物可广泛应用于工业、医药、保健品等领域中。

(3) 纤维植物资源

纤维植物量大，用途广泛。我国汉代就开始用纤维植物造纸，当时使用的原料主要是竹类和树皮，以后逐渐发展到使用草类纤维和木材纤维。至今瑞香科和桑科中的一些植物的韧皮纤维仍是制造特种纸张和高级文化用纸的最好材料。我国古代的衣料除了蚕丝外，主要为麻类纤维，其中野葛的韧皮纤维用于织布，称之为"葛布"。苎麻也是使用较早的织布原料，在棉花引入栽培之前，曾经使用极为广泛。20世纪发现的罗布麻也是极好的纺织用纤维。椴树科、梧桐科、桑科和亚麻科等的植物纤维可以织纺麻袋和帆布等，也可以用于制绳索。纤维植物除用于造纸、纺织、制绳外，用其编织物品在我国也有很悠久的历史，至今仍占有一定地位，如草帽、草席、竹筐、竹椅、条筐和簸箕等。棕榈科的黄藤、白藤；防己科的青藤都是特色的编织植物。此外，作为填充料、刷子等使用的纤维植物也不少，如木棉纤维就是救生圈、枕芯等的优良填充料。

(4) 药用植物资源

高等植物是人类现用药物的重要资源，天然植物药的应用已有悠久的历史，20世纪下半期由于化学合成药的发展，已大部分取代了植物药。但是仍有相当一部分，由于难以化学合成而仍采用天然化合物。近年来，国际上对植物药的兴趣有所增长，据统计，目前美国和欧盟的处方药中约有25%来源自植物制品。随着科学技术的进步，尤其是各种层析分离技术和波谱分析技术及药效筛选技术的发展，发达国家普遍重视从药用植物中筛选有效的成分，提取分离和制备新药和保健品，特别是对治疗癌症，HIV和心血管疾病的新药十分关注。国外的一些学者也认为"现在是从高等植物，也就是从自然资源中来发现新药的时代"。美国国立癌症研究所(NCI)从1957年起实施植物提取物的抗癌活性评价工作，至今已有3万多种植物，10万多种提取物被评价。紫杉醇的开发成功就是一例，其它如喜树碱及其半合成制品、三尖杉碱、美登素、银杏叶提取物等均来自木本植物。国外越来越多的人也把治疗疾病的希望寄托在天然植物药上。目前对森林药用植物利用主要有以下几种途径：①从森林植物中提取、分离和制备单一有效成分，如从红豆杉树皮和叶中制备抗癌药物紫杉醇，从喜树果和皮中提取喜树碱。②从森林植物中提取制备具有一定有效成分含量的标准提取物。如从银杏叶中制备的含24%黄酮苷和6%银杏内酯的银杏叶提取物，用以治疗脑血管疾病。③从森林植物中提取分离某一化合物，用以半合成有效化合物，如从欧洲红豆杉叶中提取10-去乙酰巴卡亭以合成紫杉醇。

我国药用植物的种类和蕴藏量极为丰富，素有"世界药用植物宝库"之称。我国已发现的药用植物有11 146种，其中绝大多数为野生植物。我国有传统中草药应用经验，中草药在我国人民保健事业中占有重要的位置。我国民间的兽用药大多数来自植物，其中有许多是中药。对于民间的兽用药，也应该很好地加以筛选和整理。我国目前年出口药用植物约4亿美元，但我国在药用植物筛选方面投入与国外相比较少，新药开发较慢。另外，在林产加工、医药、贸易各方面结合也不够。一些新有效成分的发现和开发往往造成资源的破坏或供应不足。目前就林业系统来说，主要从事资源栽培，高有效成分含量的品种筛选及提取物加工。

(5) 芳香植物资源

芳香植物有食用香料植物和工业用香料植物。食用香料植物的一些芳香油也是重要的香料工业原料。我国已发现的芳香植物有400余种。其中硅油、松节油、柏油、山苍子油等的产量已居世界前列。全世界已发现的芳香植物有1 000多种，在国际市场上有名录的天然香料约500种。实际上作为天然香料应用而具有商品价值的约200种。天然精油(芳香油)是芳香植物的根、茎、枝、干、叶或花经水蒸气蒸馏或有机溶剂萃取后所得的挥发性油状液体。有些精油香气好，可以直接用于调配香精。大多数精油含有一些主要成分，可用物理和化学方法分离、提纯，制成单离香料，也可用以进一步合成价值更高的产品。香料植物绝大多数都具有挥发性，以萜烯类化合物为主，并带有令人愉快的气味，可用于食品调配、饮料调配以及化妆品工业的基础原料。提纯后可获得高品位的名贵香料，价值十分可观。比较具有开发价值的香料植物有：薄荷、藿香、天女木兰、香杨、铃兰、暴马丁香、兴安杜鹃、杜香、玫瑰、黄花蒿等香料制品。

(6) 鞣质及染料植物资源

鞣质是有机酚类复杂化合物的总称。鞣质又称单宁，栲胶是它的商品名称，是从含鞣质植物中浸提出来的产品。鞣质广泛分布于植物中，目前已知含鞣质较多的植物有 300 多种，但真正符合经济要求的鞣质植物仅有几十种。生产上常被利用的有：凤尾蕨、落叶松、铁杉、云杉、油松、粗榧、化香树、栓皮、刺栲等栎类，红树科的角果木、秋茄树，蔷薇科的悬钩子、薯科的、豆科的黑荆树等。鞣质本身也是染料和媒染剂。其他可作为染料的植物，常见的有靛蓝、栀子、苏木、茜草等。它们主要用于植物织物的染色，随着合成染料的发展，植物性染料的使用量大大减少。但目前在织物染色行业回归自然的浪潮下，天然植物染料仍有着极其特殊的地位。

(7) 树脂及树胶植物资源

树脂包括松脂、橡胶、漆树等，它们的性质和用途各不相同。松脂是我国马尾松等松树树干流出物，每年产量很大，经提炼后生产脂松香和松节油，主要有云南松、思茅松、南亚松等都是优良的采脂树种。橡胶原产巴西热带雨林，现在世界上栽培，开发利用也只有 200 年的历史，可说是植物资源开发利用的一个典范。生漆的利用在我国有数千年历史，现在虽然为化学漆所代替，但在有些特殊漆中，它们是不可缺少的原料。

树胶也是重要的工业原料。它能从树木中被提取出来，也能从草本植物的种子中获得，现在都称为植物胶。植物胶属于多糖类化合物，水溶性好。我国产的植物胶主要有桃胶类、田菁胶、葫芦巴胶等，在食品化工、石油、冶金等行业均大量使用。

(8) 饮料及野果植物资源

饮料包括以叶类加工产品。其发展趋势是从植物资源中寻找新的天然保健饮料。我国现已发现有开发潜力的野生饮料植物有 80 多种，其中有肺叶茶、苦丁茶、刺李果、沙棘、野蔷薇果、猕猴桃属植物、野山楂、酸枣、山葡萄、君迁子、越橘等。野生果树除少部分果实可直接食用外，一般均需加工后作饮料或食品使用。

(9) 食用色素植物资源

食用色素植物资源在我国民间应用历史悠久，用量也较大。例如，乌饭树、红曲霉、黄姜、染饭花等都是直接被利用的。在合成食用色素被发现对人体有害而被摒弃后，天然食用色素越来越受人们欢迎。胡萝卜素是人们熟知的一类黄色素，现已发现有 400 多种胡萝卜素化合物。除胡萝卜根中含有大量胡萝卜素外，许多植物的果实中也含有。胡萝卜素对人体有益，β-胡萝卜素在人体可转化为维生素 A。其他食用色素目前已开发出许多产品。在我国已投入生产的有越橘红素、玫瑰茄红色素、甜菜红色素、β-胡萝卜素、叶绿素铜钠等，其中越橘红素与 β-胡萝卜素远销国外。在我国东北有十分丰富的色素植物资源，例如，含大量花色苷红色素的越橘、蓝靛果忍冬、笃斯越橘、山葡萄、茜草、甜菜、紫草；含有 β-胡萝卜素的万寿菊及含黄色素的大金鸡菊等。

(10) 甜味剂植物资源

人们通常使用蔗糖作为甜味剂，但过多食用蔗糖可造成龋齿、肥胖、心脏病和糖尿病等病害，而合成的糖精对人体有害，已被许多国家禁用或限制使用，这就促使人们从植物中寻找安全、低能量、优质而廉价的新天然甜味品。我国已从罗汉果、马槟榔、甜茶、白元参、甘草等植物中找到了甜味物质，有的已在食品中应用。

(11) 维生素植物资源

植物的果实含有大量的维生素,其中许多富含 V_C,如余甘子、刺梨、黄蔷薇、沙棘等。有些植物的叶、花中含有大量的维生素 B 族类化合物,如许多野菜中均含有较高的维生素 B 族类成分。各种植物油脂中均含有 V_E。由于 V_C 在人体不能自身合成,必须从食物中获得,因此,V_C 的补充显得更为重要些。

(12) 蛋白质植物资源

植物蛋白,长期以来多从植物的种子,特别是豆科植物的种子中获得。自 20 世纪下半叶以来,叶蛋白引起了人们的极大兴趣。许多野生植物的叶子中含有大量的蛋白质,并已筛选出一些含量高、氨基酸全面的叶蛋白植物种类。目前尚未充分利用起来,主要是提取方法和精制成本没有突破,多停留在研究阶段。但叶蛋白质资源量大,开发利用潜力非常大。

(13) 野菜植物资源

野菜是重要的可食性植物资源,在我国林区山野菜种类多、数量大、再生能力强,而且大多数有较高的营养价值、医疗功效和保健功能,还具有特殊的风味。随着人们保健意识的增强,绿色食品备受青睐,北京、上海、天津、广州、深圳等城市兴起山野菜热,对山野菜的需求与日俱增。目前,我国有关野菜的著作很多,收集的种类达 400 多种,其中有食用菌类、蕨类、木本类、草本类。东北林区现有山野菜种类有:委陵菜、酸模叶蓼、小根蒜、黄花菜、紫花地丁、东风菜、沙参等。有些已经开始大面积栽培,可以常年上市,丰富人们的菜肴。

(14) 饲用植物资源

饲料是发展畜牧业的物质基础。目前我国已发现有开发利用潜力的饲料植物 500 余种。除豆科、禾本科植物外,还有许多植物可用作饲料,如毛茛科、玄参科、伞形科、旋花科、菊科、眼子菜科、浮萍科、茄科、藜科、苋科、十字花科、莎草科等。此外,鱼虾的饵料有螺旋藻、小球藻等;蚕饲料有桑叶、马桑、柞桑(壳斗科)等。

(15) 木材植物资源

植物界每年向人类提供 $10\times10^8 \sim 20\times10^8 m^3$ 的木材。随着森林资源的减少,特别是我国人均资源量少,更应加速营造速生和珍贵的木材树种。我国南方热带、亚热带地区已发掘出一些速生珍贵造林树种,例如,云南石梓、团花、八宝树、望天树、顶果木、阿丁枫、番龙眼、格木等。传统的松、杉类当然也是发展的首选树种。

(16) 能源植物资源

以往许多著作中并未提及能源植物,20 世纪六七十年代,世界能源危机以后才逐渐热门起来。其实能源植物自古以来与人类生活密切相关,薪柴就是植物能源。在现实生活中主要指可替代石油的植物能源,其中首先想到的是植物油脂,如黑皂树油、食品加工的废油等,还有豆科的油楠的树脂可以直接代替石油作为动力燃料,桉类的枝叶蒸馏油也是极好的燃料。由淀粉和糖类转化来的乙醇也是极具开发潜力的植物能源。

(17) 农药植物资源

土农药在我国民间应用已久,常与有毒植物联系在一起。现在要研究的问题是如何提取出高效、易降解、无农药残留的杀虫成分,以代替现有的化学农药。印楝在印度是常见树种，从它的叶、树皮中提取的印楝素是很好的植物杀虫(驱虫)药。烟碱也是很好的杀虫剂。

(18) 观赏绿化植物资源

绿化植物包括各种草、行道树、观赏花卉和盆景等，都是现在生活不可缺少的。我国是花卉的宝库，从南到北，从高山到平原，从寒温带到热带，到处都有优质的观赏植物，如菊花、梅花、兰花、竹、牡丹、芍药、山茶、杜鹃、报春、龙胆、百合、绿绒蒿、马先蒿，以及珙桐、水杉、鹅掌楸、海棠、樱花、台湾杉、棕榈植物等，都是闻名世界的观赏植物。如今欧美各国庭园之中多有源自中国的花卉和竹类。

(19) 育种植物资源

主要用于农作物的品种改良。在果树业中，常以近缘野生种作砧木嫁接优质的果树。这是利用野生种发达根系及抗性强的特性来加强营养果实。野生稻用来改良水稻品种已获得高产。现在，转基因育种技术的发展，更需要从农作物的野生近缘种中选择优良的基因材料。

(20) 蜜源植物资源

蜜源植物指所有气味芳香或能制造花蜜以吸引蜜蜂之显花植物。在东北某些乔木(如椴树、槐树)因具特别芳香的花，而使蜜蜂筑巢其中(以便就近取蜜)，故常被称为蜜源树。根据泌蜜量的高低，分为主要蜜源植物和辅助蜜源植物。①主要蜜源植物：数量多、分布广、花期长、分泌花蜜量多、蜜蜂爱采、能生产商品蜜的植物。例如，刺槐、椴树、胡枝子、荆条、香薷、水苏等，为蜂群周期性转地饲养的主要蜜源。②辅助蜜源植物：种类较多、能分泌少量花蜜和产生少量花粉的植物。例如，桃、梨、苹果、山楂等各种果树，以及瓜类、蔬菜、林木、花卉等。我国已发展的蜜源植物有300多种。它们分布于全国各地，因而养蜂者大多采用游牧方式，利用各地不同的花期来收采花蜜。如何建立天然和人工栽培的蜜源基地，改变游牧方式养蜂仍是一个重要课题。

(21) 经济昆虫寄生植物资源

我国已发现的各种经济昆虫寄生植物有50多种。例如，紫胶虫寄生植物有三叶木豆、牛肋巴、秧青、泡火绳、柴铆树等。五倍子蚜虫寄主植物有提灯藓和盐肤木等。胭脂虫寄主植物为仙人掌。白蜡虫寄主植物有白蜡树、女贞等。

(22) 环境改良植物资源

包括防风固沙、水土保持、沿海滩涂利用、盐碱地改良、改土增肥以及抗污染等作用的植物资源。例如，防风固沙植物有木麻黄、相思树、沙枣、梭梭、柠条、花棒子、沙打旺、沙拐枣等；改土增肥植物有田菁、猪屎豆、紫云英、马桑以及一些固氮植物。另外，碱蓬可监测环境中的汞含量；凤眼莲能快速富集水中的镉并清除酚类物质；大多数林木能吸收二氧化硫。

2.5 野生植物资源系统特征

(1) 地域性特征

野生植物资源的地域性，是由于不同的地理环境，即不同的地理经纬度、气候、温度、湿度、降水量、土质等的差异，从而导致植物的类型不同，分布规律不同。进一步而言，不同植物种的生理适应能力与地质历史时期和现存地理环境的差异，导致不同植物物种和植物群落的垂直分布和水平分布规律。地球从南往北热带、亚热带、温带、寒温带、寒带的分布，依次出现有雨林、季雨林、常绿阔叶林、针阔混交林、针叶林、草原以及灌丛、草地等。由于影响植物资源形成的基本因素是恒定的、有规律的，所以植物资源的形成和分布具有一定规律性。在我国植物资源的分布体现了规律性和不均衡性。我国地貌较为复杂，高山占我国陆地总面积的 1/2，平原占 1/10，其余为低山、盆地、丘陵。我国南北之间纬度相差 49°以上，不同地区在光能、热量上存在很大差异，东半部自北到南可分为寒温带、温带、亚热带和热带，植物资源分布呈规律性变化。因此，植物资源的自然分布具有显著的地域性。有些资源植物在进化过程中形成了对当地气候和地理条件的依赖性和自身的特有品质。例如，"地道药材"就是在一定的地理环境内形成的质量好、疗效高的药用种类，如川黄连、秦归、云木香、广藿香，以及江西乐安和宁冈的绞股蓝药效高于其他地区，还有山东的苹果清脆可口，江西南丰柑橘橘汁甜如蜜，等等。总之，植物分布的地域性对其加工利用具有直接影响，在对野生植物资源开发利用时必须考虑到其地域性特征。

(2) 整体性特征

野生植物资源之间是互相联系、互相制约的统一整体。每种植物都有自己的最佳生态位、生态域，一种植物的生长为其他植物的生长创造了一定的生存条件，同时也依赖于其他植物所创造的生态环境而生存。植物之间的关联度越大，说明一种植物对另一种植物的依赖性就越大。

(3) 潜在性特征

随着科学技术的不断进步，越来越多的野生植物资源被开发出来，但这只占野生植物资源的一小部分，还有很多具有开发利用价值的野生植物资源没有被开发，或者其潜在的利用价值没有被开发出来，例如，药用植物有 5 000 种以上，但用在医药上的仅占很少一部分。从生态效益和社会效益角度看，所有的植物种类都有一定的作用；从科学的角度看，野生植物中不断地被发现新的有用成分和多种功能。特别是每一种植物都有自己遗传潜力的基因，任何一种都具有特定的基因库。所以要充分认识野生植物资源的潜在特性，才能充分有效地开发其功能价值。

(4) 替代性特征

现实生活中，很多食用植物资源是可以相互替代的，但任何植物之间的替代都是相对的、有一定限度的。根据可替代限度不同，可划分为：固定替代、变动替代、完全替代和不能替代 4 种类型。

固定替代　指单位甲种植物可以代替一定比例的乙种植物，以满足某种需要，两种植物比例保持不变，所开发的产品也保持不变。如在果酒酿造工业中，用越橘替代葡萄。

变动替代　指两种植物的替代没有固定比例关系。甲种植物用于替代乙种植物时，随着甲种植物投入量的增加，能替代的乙种植物量随之逐步减少。但当甲种植物增加到一定限度之后，无论再增加多少，也不能使乙种植物的投入量减少到 0，即无论如何增加甲种植物的投入量，也不能将乙种植物完全替代。如在人体必需的三大营养源中（蛋白质、油脂、碳水化合物），无论如何增加淀粉植物食用量，也不能替代油脂植物中成分在人体中的生理功效。

完全替代 是指一种植物可以完全替代另一种植物的功能。

不可替代 指某些植物由于具有特殊功能，其他植物不能替代。每一种植物由于受着特定遗传因素的影响，所以其细胞内代谢途径及产物不同于其他植物。某一特定植物可产生特定的化学物质，是其他植物所不具备的。例如，薄荷中的薄荷脑，也称薄荷醇，分子式为 $C_{10}H_{20}O$，其化学名称为 1-甲基-4-异丙基环己醇，具有特有的强烈薄荷香气和凉爽味道，其特殊气味是任何植物所不能替代的，可应用于食品及制药工业。

(5) 时效性特征

①植物品种、特性不同，其时效性也不同，任何一种植物都有其生命周期，植物体营养物质的合成与代谢都是受季节、时间制约和影响。

②植物资源质量的优劣必然影响产品的命运，产品的竞争实质就是植物原料的竞争、质量的竞争、技术的竞争、科技含量的竞争，竞争过程中时间就是决定因素。

③产品和技术都是有寿命周期的，不同的植物资源也有不同的开发利用寿命周期，处于不同寿命周期的资源其效益大小是不同的。植物的有效成分及营养物质的含量在采收季节相对较高，过期采收就会影响产品的质量。

思考题

1. 中国野生植物资源的一般特点是什么？
2. 野生植物分类方法和分类单位有哪些？
3. 野生植物代谢产物的种类有哪些？如何进行人工调控？
4. 野生植物资源的分类原则是什么？分类方法有哪些？
5. 野生植物资源有哪些系统特征？

3 野生食用植物资源

凡能直接被人类食用，作为食品、饮料、调味品和食用色素的野生植物皆属野生食用植物资源。

我国野生食用植物资源种类繁多，分布较广，特性各异。我国是世界上最重要的果树起源中心之一，野生果树资源极为丰富，共有野生、半野生果树 1 076 种，占果树总量的 84.85%。野生果树分为核果类、仁果类、浆果类、坚果类、柑果类。在野生食用植物中，有许多种类是几种器官均可供食用的，春、夏采茎叶，秋收果实，冬挖根茎。在《中国野生蔬菜图谱》一书中，所分析的 234 种山野菜中，每 100 g 山野菜鲜品含胡萝卜素高于 5 mg 的有 88 种，V_{B2} 含量高于 0.5 mg 的有 87 种，V_C 含量高于 100 mg 的有 80 种，Ca 含量在 200 mg 以上的有 43 种。几乎所有的山野菜都可入药，我国民间就有很多用山野菜治疗常见病的偏方。

3.1 野生浆果类食用植物资源开发与利用

我国是世界果树起源中心之一，果树有 81 科 223 属 1 282 种 161 亚种、变种和变型，其中蔷薇科的种最多，达 434 种，其次是猕猴桃科 63 种、虎耳草科 54 种、山毛榉科 49 种。在属中以悬钩子属最多，达 196 种，其次是猕猴桃属 62 种、栒子属 57 种、茶藨子属 56 种、蔷薇属 40 种、胡颓子属 25 种、葡萄属 23 种、樱桃属 22 种、越橘属 18 种。其中，尚未规模化商品栽培的野生果树（包括引入后逸

> 在野生食用植物资源方面，我国野生果树资源的综合利用率只有 1%，规模开发的野生果树种类尚不足 10%。多数野生果树的果实因富含 V_C、黄酮类物质、超氧化物歧化酶（SOD）等保健或其他药用成分，更适合用于加工保健食品、饮品，有些种类含有色素、芳香油，适合加工食品添加剂，因此需要加强加工产品的研究开发。对于山野菜的开发利用，首先要加强对山野菜营养价值及药用价值的研究，同时更要加强对其安全性的研究，还应对一些珍稀的或民间常用于特殊疗效作用的山野菜作相关深入研究，使其对人类健康作出新的贡献。在完善提高野生食用植物资源现有加工方法和技术的同时，通过技术创新，解决好其深加工及保鲜、贮藏、长途运输等问题。

为野生者）计 73 科 173 属 1 076 种及 81 个亚种、变种和变型，分别占我国果树的 90.12%、75.88% 和 80.18%。

浆果类即食用部分主要为内果皮，果实柔软多汁，种子小而多数。该类包括植物学中的浆果、聚合果、聚花果和其他一些柔软多汁的果实。

3.1.1 野生浆果类食用植物资源的种类及特性

我国地域辽阔，地形地势复杂，野生植物资源种类多，蕴藏量大，分布区域广泛。地理环境复杂，气候多样，不同的野生浆果适应了不同的气候条件，其特性总体表现为纯天然，无污染；风味独特，营养丰富；长期适应环境，抗性强而全面。例如，在黑龙江省的崇山峻岭中，由于昼夜温差大，雨量充沛，独特的生境条件孕育了林中、林缘和低温草地上种类繁多的野生食用浆果资源，有草本、木本、藤本，果实大小不等，红、黄、蓝、紫颜色俱全，天然色素等活性物质含量高，具独特功能。野生浆果的分布表现出了明显的地理环境特性，又如，贵州省浆果类主要包括猕猴桃科、葡萄科、杜鹃花科、柿树科、木通科的植物，具体包括猕猴桃属的紫果猕猴桃、硬猕猴桃，葡萄属的刺葡萄、毛葡萄，越橘属的苍山越橘、乌饭树，柿属的野柿、君迁子，猫儿子属的猫儿子等。

我国主要食用野生浆果种类见表 3-1。

表 3-1 我国主要食用野生浆果种类

科 名	属 名	种 类
蔷薇科	悬钩子属	蓬蘽悬钩子、库页悬钩子
	刺玫属	刺玫蔷薇、大叶蔷薇
	草莓属	东方草莓
	花楸属	花楸
	李属	稠李、毛樱桃
	火棘属	火棘
杜鹃花科	越橘属	笃斯越橘、越橘
虎耳草科	茶藨子属	黑果茶藨、刺果茶藨
猕猴桃科	猕猴桃属	软枣猕猴桃、狗枣猕猴桃
忍冬科	忍冬属	蓝靛果忍冬
葡萄科	葡萄属	山葡萄
木兰科	五味子属	五味子
五加科	五加属	刺五加
胡颓子科	沙棘属	沙棘
小檗科	小檗属	大叶小檗

我国的东北地区主要有笃斯越橘、越橘、蓝靛果、茶藨子、东方草莓、悬钩子、北五味子、黑加仑、刺玫蔷薇、稠李等。华北地区主要有软枣猕猴桃、悬钩子、山葡萄、毛樱桃、山桃、山杏等。华中、华东地区主要有茶藨子、悬钩子、野山楂等。华南地区主要有余甘子、人面子、酸枣等。西南地区主要有悬钩子、越橘、野山楂等。新疆及内蒙古地区

主要有扁桃、樱桃李、沙棘等。青海及西藏地区主要有沙棘、越橘、枸子等。

我国很多地区尤其是少数民族聚居区，药用植物资源开发利用得比较好，食用植物资源相对开发利用较少，对于具有显著生态效益的食用植物资源已经引起很多地区的重视。

3.1.2 野生浆果类食用植物的化学成分与功能

野生浆果类食用植物的化学成分包括有机酸、维生素、矿物质、氨基酸、蛋白质、脂肪酸、可溶性糖、淀粉、果胶类物质等。此外，还有一些活性物质如植物甾醇、熊果酸、齐墩果酸、β-胡萝卜素、多糖、黄酮类、原花青素、花色苷类等。糖类是野生浆果中重要的物质之一，可溶性糖类，如葡萄糖、果糖、蔗糖等，还包括淀粉、果胶类物质及纤维素，是能量贮存物质及构成风味物质、支持物质。在浆果的种子内还有脂类物质，许多浆果种子成为榨油的好原料。有机酸类主要有柠檬酸、苹果酸、酒石酸、草酸等，对浆果加工品的风味有贡献。矿物质包括 K、Ca、Mg、Fe、Zn、Cu、P 等，是人体补充矿物质的有效来源。浆果所含氨基酸有很多都是人体必需氨基酸。很多野生浆果都含有大量的维生素，尤其是 V_C 含量比较高。活性物质如黄酮类、原花青素、花色苷都可以归入多酚类。

多酚类是比较强的抗氧化剂，其功能体现在以下几个方面：其一，对心脑血管有保护作用。多酚能够防止 LDL-胆固醇的氧化，能够防止血小板的凝集；多酚可以调节钼的产生，适量的钼对血管平滑肌的舒张起着决定性的作用。其二，有抗癌功能。多酚物质能抑制致癌物质的生物活性和肿瘤细胞的增殖，并且阻止肿瘤组织中新血管的生成。其三，具有抗炎及抗感染功能。多酚具有抗微生物的活性，它抑制多种细菌、病毒、酵母菌和真菌的生长；最近的研究证明原花青素是最有生物活性的抗黏附多酚，阻止细菌黏附到牙齿表面。其四，具有抗衰老的功能。植物多酚能保护脑细胞，避免细胞凋亡的发生；可以减缓端粒变短的速度；多酚可以促进谷胱甘肽再循环。此外，多酚类物质还有强化免疫系统，调节内分泌功能，抗辐射损伤，抑制酶活性，抗突变等作用。

浆果中的黄酮类物质既是药理因子，又是重要的营养因子，对人体的健康和疾病的预防、治疗具有重要的意义。黄酮类物质具有改善血液循环，预防心脑血管疾病，延缓衰老，预防癌症，促进免疫系统功能，调节内分泌功能，促进组织再生，抗感染，保护视力等功能。

3.1.3 野生浆果的采收与贮藏

野生浆果的采收是加工的开始，采收期与果实品质及加工品质量有着非常密切的关系。采收过早，浆果内部的营养物质含量较低，果实小，着色差，汁少，风味欠佳，影响加工品质及加工期限；采收过晚，浆果组织结构疏松，营养价值下降，影响加工品质，也降低耐贮性。因此，只有适时采收才能满足不同加工品及延长保存期的需要。适时采收就是在适宜的成熟度时采收浆果。采收方法有人工、化学药品及机械采收等。无论哪一种方法采收，都要避免浆果的损伤，如碰伤、挤伤、压伤、指甲伤、剪伤、擦伤及刺伤等，以防止微生物侵蚀，保证浆果质量，提高原料利用率。不要在雨中采收或雨后马上采收。采后避免暴晒。

如托盘的采收时机是在果实呈现特有的红色时，每隔 1~2 d 采收 1 次，后期则每隔

2~3 d 采收。采收时应注意勿折枝条。采下的果实放于木盒中，盒底放一些清洁的树叶，每盒装 1 kg 或 0.5 kg，每 24 盒放入专用箱，可上市销售或就地加工成半成品。

一般情况下，贮存寿命与浆果采收期间及收获后的处理有很大关系。采收后可能会有破损的果实，应及时分选。

鲜浆果需要在 10 ℃ 以下低温贮存运输，果实从枝条温度降至 10 ℃ 以下低温必须经过预冷过程，去除浆果田间热，才能有效防止腐烂。在收获的 12 h 之内预冷（快速去除田间热）是必不可少。预冷的方式主要是真空冷却、冷水冷却、冷风冷却。真空冷却即浆果通过表面水分蒸发散热冷却。此方式冷却速度快，20~30 min 即可完成。冷水冷却即用冷水浸渍或喷淋。此方法与空气冷却相比效率高、速度快，但易引起果实腐烂。冷风冷却即用冷冻机制造冷风冷却果实，迫使冷空气在浆果堆间快速移动实现（风冷）。冷风冷却分为强制冷却和差压冷却。强制冷却即向预冷库内强制通入冷风，但有外包装时冷却速度较慢，为了尽快实现热交换，可在外包装上打孔。差压冷却即在预冷库内所有外包装箱两侧打孔，采用强制冷风将冷空气导入箱内，达到迅速冷却的目的。

预冷之后短时间保存，草莓维持在 10 ℃ 只有迅速冷却到 0 ℃ 时贮存寿命的大约 1/3。在 0 ℃ 和 90%~95% 相对湿度下，草莓的最佳贮藏时间 7~10 d，蓝莓 2~4 周，树莓和黑莓 2~5 d，蔓越橘 2~4 个月。

冻结点最高的为草莓和黑莓 -0.8 ℃，蔓越橘 -0.9 ℃，树莓 -1.1 ℃，蓝莓 -1.3 ℃。随着浆果可溶性固形物含量增高，冻结难度加大。

野生浆果贮藏的最佳方法是深冻，可以完好地保存其营养成分和风味。但目前国内尚无采用。

(1) 冻藏

一般仍用速冻方式达到长期贮藏浆果的目的，速冻贮藏就是指在 20 min 内，果品中心温度从 -1 ℃ 降至 -5 ℃；或在速度上，其冻结速度大于或等于 5~20 cm/h。速冻浆果解冻后，可以最大限度地保留其原有的颜色香味和质地，并且便于贮藏和运输。

果实采收后，经分级、清选，在 -20 ℃ 以下低温速冻。

(2) 冰温保藏

不同浆果拥有各自不同的固有"冻结点"，从零度到这个冻结点的温度区域称作"冰温区"，以此为基本技术的保鲜方法称作冰温保藏。冰温技术有着其他保鲜技术无可比拟的三大效果。其一，它可以使应季食品的口味更加鲜美。其二，利用冰温技术保鲜贮藏食品，在时间和鲜度上比现有冷藏技术要延长保存期数倍以上。之所以能够更好地保鲜，是因食品在冰温状态下呼吸代谢受到抑制，老化过程减缓，细胞活性得到保持，因而比冷藏状态提高保鲜程度 3~5 倍。如果将冰温与冷冻相比较，现在 -18 ℃ 以下的冷冻技术是食品贮藏的主要应用技术，单就保存期而言时间更长，可是存在着因冻结导致食品养分流失味道减退的缺点。其三，冰温贮藏减少有害微生物。在冰温状态下，大肠杆菌、葡萄球菌等有害微生物均无法存活，所以从卫生角度讲，冰温库是食品加工生产的最佳环境。实验证明冰温贮藏的食品其质量更高。

(3) 气调贮藏 (MA)

为有 15%~20% 的 CO_2 和 5%~10% 的 O_2，减少了浆果的包装番茄灰霉病菌（灰霉病)的增长和其他生物造成腐烂。此外,它减少了呼吸和浆果软化率,从而延长采后寿命。

3.1.4 野生浆果饮品加工技术

3.1.4.1 浆果浓缩汁加工技术

浓缩果汁是利用野生浆果为原料,采取物理方法经过挑选、破碎、酶解、低温浓缩、香气回收、巴氏杀菌和无菌灌装等工序而制得。该工艺最大限度地保证原果的风味和营养成分。用于制作各种高、中档果汁饮料及果酒、糖果、果酱等多种食品,也可以作为食品添加剂添加到其他食品中。

工业上果汁浓缩通常采用多级真空浓缩法。

现以蓝莓浓缩汁加工为例。

新鲜蓝莓→挑选→漂洗→带式榨汁→护色灭酶过滤→双效降膜蒸发浓缩→超高温瞬时灭菌(UHT)→无菌大包装→成品

双效降膜蒸发浓缩:在真空条件下低温连续蒸发,Ⅰ效蒸发温度68~72 ℃,Ⅱ效蒸发温度48~52 ℃,物理受热时间为3 min。

多级真空蒸发浓缩因加热导致果汁质量下降,近年来膜浓缩成为研究热点。反渗透浓缩很难以单级系统将果汁浓缩到超过25~30°Bx,因而反渗透可以作为其他浓缩方式的预浓缩步骤,亦即可以采用联合膜分离技术,在反渗透之前先过超滤或微滤,则反渗透后的果汁浓缩倍数会大大提高。

由于薄膜的问世,直接渗透膜浓缩又成为人们关注的热点,需要认真研究的是渗透剂的影响。

3.1.4.2 浆果澄清汁加工技术

浆果澄清汁加工的技术关键是澄清效果。

酶法澄清:是利用果胶酶、淀粉酶等分解果汁中的果胶物质和淀粉达到澄清的目的。

澄清剂澄清:一般使用明胶作澄清剂。明胶可以与果汁中的单宁、果胶和其他成分反应,形成明胶单宁酸盐络合物,随着络合物的凝聚并吸附果汁中其他悬浮颗粒,沉降下来。另外,果胶、纤维素、单宁及多聚糖等胶体粒子带负电荷,酸性介质、明胶带正电荷,明胶分子与胶体粒子相互吸引并凝聚沉淀,使果汁澄清。

超滤澄清:超滤是目前较先进的过滤方法,利用滤膜孔的选择性进行分离,在压力下通过膜筛,把果汁中的微粒悬浮物、胶体及高分子物质与果汁液体分开,使果汁澄清。

离心澄清:离心过滤是利用高速(一般3 000 r/min以上)形成的离心力,将果汁中固液分离,常用于果汁中混浊物或悬浮物的分离。

现以刺葡萄澄清汁加工为例。

原料(刺葡萄)挑选→漂洗→破碎→护色→压榨→粗滤→澄清→调配→装罐→密封→杀菌→保温检验→成品

澄清:离心澄清,粗滤后的刺葡萄果汁用高速离心机在6 000 r/min的转速下离心10 min后取上清液。

3.1.4.3 浆果浊汁加工技术

浆果浊汁加工的技术关键是均质效果。

混浊果汁或果肉果汁生产中，为了使果肉微粒均匀分散于果汁中，防止出现分层和沉淀，必须进行均质处理。均质是将果汁通过均质小孔（$\Phi 0.02 \sim 0.03$ mm）使果肉、果胶等颗粒在高压下（$10 \sim 20$ MPa）下分裂成更加细微的粒子，使果胶充分溶出，增加果汁和果胶的亲和力，减少颗粒和汁液间的密度差，使果汁保持均一稳定。一般采用二级均质。

浊汁的稳定除采用均质手段外，稳定剂的选择也是非常重要的。比较常用的稳定剂有黄原胶、CMC、琼脂及瓜尔豆胶。

现以黑加仑浊汁加工为例。

黑加仑原汁→调配→均质→加热→灌装封口→杀菌→冷却→成品

稳定剂配比，以 0.4 g/kg CMC9、0.8 g/kg 黄原胶和 0.4 g/kg 结冷胶做复配稳定剂。黄原胶具有较好的稳定、增稠、悬浮和乳化性能，并且在酸性介质中稳定；CMC9 为抗盐耐酸型稳定剂，具有增稠、分散、悬浮、黏合、成膜、保护胶体和保护水分等优良性能；结冷胶具有乳化、增稠、透光性好的特性。这 3 种稳定剂配合使用，具有较好的协同增效作用，使黑加仑浊汁的稳定性达到了较理想的效果。

3.1.5 野生浆果色素提取技术

野生浆果色素多数稳定性较差，对热、光、氧及酸碱敏感，因此，在提取过程中及提取后都应注意这些因素变化造成的影响。

（1）溶剂提取法

根据浆果色素的溶解性来确定所用溶剂。水溶性的花色苷类可以用酸性甲醇、酸性乙醇及酸性水溶液直接提取。脂溶性的类胡萝卜素可用丙酮提取。首先用溶剂浸提，对水溶性、醇溶性的花色苷类、黄酮类、脂溶性色素的生产多采用有机溶剂浸提，使色素溶于溶剂中，然后再经过滤、减压浓缩、真空干燥、精制等工艺过程得到最终所要色素。提取色素所用溶剂根据色素的性质进行选择。常用的溶剂有水、酸碱溶液、丙酮、乙醇、石油醚等，此法是最常用的天然色素的提取方法。溶剂提取法虽然工艺简单，但浸提、过滤时间较长，产品得率不高，纯度低，有异味和溶剂残留，提取过程虽然可回收部分溶剂，但溶剂消耗量仍较大。此法更适合于实验研究。

（2）超声波强化提取

利用超声波产生的强烈振动、强烈的空化效应、高加速度和搅拌作用等，可以破坏植物的细胞壁，使溶剂渗透到细胞中，加速有效成分进入溶剂，从而提高色素提取率，缩短提取时间。利用超声波技术提取姜黄素、密蒙花黄色素、花色苷等已有报道。

（3）超临界流体萃取

超临界流体萃取的特点是温度较低且无溶剂残留。因为操作温度低，能较好地保持萃取物的有效成分不被破坏，尤其适用于那些热敏性强、容易被氧化的成分的提取与分离。适于脂溶性浆果色素的提取，夹带剂的使用使萃取率大为提高。应用研究主要有番茄红素、β-胡萝卜素、紫草色素等的提取。超临界 CO_2 提取的刺葡萄籽原花青素产品质量好、纯度高，平均达 89.7%，最高达 92% 以上，明显高于溶剂提取的纯度（43.8%），是一种提取高质量刺葡萄籽原花青素的适宜方法。

(4) 酶法辅助提取

在酶法辅助浆果色素的提取中常用的有纤维素酶及果胶酶，它们能够分解植物组织中的纤维素和果胶，使植物细胞壁分解，色素从植物组织及细胞内释放出来，有助于浆果色素的提取。在实际应用中，既可以用商品酶制剂，也可以将能分泌纤维素酶和果胶酶的微生物与浆果混合发酵，利用微生物产酶来破坏浆果的细胞结构。

3.1.6 野生浆果活性物质分离纯化技术

色谱法是分离、纯化活性物质的重要方法之一。其基本原理利用混合物各组成部分在某一物质中的吸附或溶解性能（分配）的不同，或其他作用性能的差异，使混合物的溶液流经该物质，进行反复的吸附或分配等作用，从而将各组分分开。色谱法可分为柱色谱、纸色谱、薄层色谱、气相色谱和高效液相色谱法等。后几种方法一般用于活性物质的分析检测和含量测定。野生浆果中活性物质的分离纯化技术用得较多是柱色谱法即柱层析及膜分离。

(1) 柱层析

柱层析是目前分离纯化活性物质最常用的方法。浆果中的活性物质如多酚类在用柱层析法分离纯化时，柱填料一般用羟丙基葡聚糖凝胶（Sephadex LH - 20）、大孔吸附树脂、离子交换树脂、聚酰胺等。在进行大量样品的初步纯化时，大孔树脂是最常用到的柱填料。大孔树脂是一类有机高分子聚合物。采用大孔树脂吸附纯化浆果中的活性物质是提高其纯度的有效方法。纯化过程易于控制，并且树脂吸附洗脱后可以反复使用。大孔树脂具有物理化学稳定性高，吸附选择性强，不受无机物存在的影响，再生简便，解析条件温和，使用周期长，易于构成闭路循环，避免了有机溶剂提取分离造成的有机溶剂回收难、损耗大、成本高、易燃易爆、对环境造成污染等缺点，适宜工业化生产。例如，采用中极性大孔树脂对笃斯越橘原花青素进行纯化；采用聚酰胺柱层析纯化浆果中的多酚类物质。

(2) 膜分离

膜分离技术是以高分子膜为代表的一种新型的流体分离单元操作技术，主要有超滤、微滤、纳滤和反渗透等。膜分离工艺都是纯物理的分离，即被分离的组分既不会有热学性的变化，也不会有化学性和生物性的变化；并且它具有能耗低、化学品消耗少、操作方便、不易产生二次污染、可避免组分受热变质和混入杂质等优点，浓缩产品时不发生相变。由于分离过程中不受热，容易保持分离活性物质的功效和风味。因此，膜分离技术在分离纯化活性物质方面有很大的发展前景。

采用超滤及反渗透法分离提取原花青素，可以得到高纯度的原花青素，且冲洗过程中，极性溶剂可以选择性地重新组成，并且循环使用，可以降低溶剂的消耗量。可利用超滤、反渗透和渗透膜蒸馏。

3.1.7 野生浆果加工副产品综合利用技术

野生浆果在加工过程中会产生大量的副产品。其综合利用包括对浆果皮渣及种子进行综合开发和利用。可从果渣中提取生物活性物质及从种子中提油，所得到的物质可用于食品、医药、化工等行业。研究表明沙棘果肉和果皮渣中黄酮类有效成分含量明显高于果汁和籽,所含黄酮约占全果总含量的 69.02%。山葡萄在榨汁及酿酒过程中产生大量的副产物如葡萄籽、葡萄皮等,葡萄籽在葡萄皮渣中大约占 65%。山葡萄籽中含有大量的营养及活性成分,如多酚类物质、白藜芦醇、不饱和脂肪酸、蛋白质、微量元素、维生素等,具有抗氧化、抗血栓、抗动脉硬化、抗胃溃疡、抗癌、抗菌、抗炎等功能。

提取色素、黄酮、果胶、油脂、蛋白质、膳食纤维,提取之后的果渣剩余物生产饲料或肥料。

① 分离果汁后制干或蜜饯。

② 从饼渣中回收色素。

③ 提取熊果酸:高浓度的熊果酸可以提取出来与油或水混合起来作为调味酱、化妆品、牙膏的乳溶剂。

④ 饲料:果肉、种子、果皮都可以作为副产品,加到饲料中加以利用。种子可提油。

由于葡萄籽原花青素具有强抗氧化性,所以,不仅可将其应用于多种保健食品的研究开发,而且可将其作为营养强化剂。以葡萄籽原花青素为原料直接制成的胶囊已成为美国天然植物药十大畅销品种之一。美国的 Pana – life 葡萄籽抗氧化剂、意大利的 OPC'S(葡乐安)、法国的 Pycnoglnol(碧萝芷)等产品目前均已上市。

3.1.8 我国主要野生浆果植物

笃斯越橘 *Vaccinium uliginosum*(图 3-1)

别名甸果、都柿。杜鹃花科越橘属.

【形态】小灌木,株高 18～80cm。树皮紫褐色或带红褐色。叶互生,倒卵形或长卵形,长 1～3 cm,宽 8～15 mm,先端钝或微凹,上面绿色,下面灰绿色。花单生或 2～3 朵,绿白色。雄蕊 8～10。花柱宿存。果实球形或椭圆形,直径约 1 cm,蓝黑色,外挂白霜。花期 6 月,果期 7～8 月。

【分布】分布于长白山区及大小兴安岭地区的沼泽草甸中,黑龙江大兴安岭及小兴安岭北坡山地;吉林、内蒙古东部(大兴安岭)有分布。朝鲜北部、蒙古、俄罗斯、日本、欧洲、北美洲也有分布。

【生态习性】耐水湿,喜光,常生于满覆苔藓的沼泽地(水甸子),或湿润山坡及疏林下,在大兴安岭极普遍,从低海拔可分布至高山矮曲林带,常聚生成片,在小兴安岭则不多见,仅在山谷低湿平坦地,以及溪流两岸有生长。

【化学成分】每 100 g 鲜果中含蛋白质 0.27 g,碳水化合物约 6 g,柠檬酸、苹果酸等有机酸 2.3 g,胡萝卜素 0.25 mg,V_C 高达 53 mg。经国家标准物质检测中心检测,蓝莓浆果中含有 19 种氨基酸,其中含有人体所必需的 8 种氨基酸,而且比例适当。此外,蓝莓浆果中还检测出 V_D、Ca、P、Fe、Zn,尤其还含有抗癌元素——Se,不愧为浆果中的极品,被美国时代杂志评选为"十大最佳营养食品之一"。

【功能用途】果实中含有花色苷类物质为保健食品及药物的原料,具有抗氧化、抗衰老、提高免疫力、减轻视觉疲劳等功效,可用于眼睛及心血管系统等疾病的治疗。果可鲜食,更多的是作为原料用于加工,如用于加工焙烤食品、糕点、罐头、浓糖渍品、奶酪、

图 3-1 笃斯越橘

图 3-2 越橘

（资料来源：黑龙江省植物志）

冰淇淋、婴儿食品、浓缩汁、果汁、酿酒、果酱等。此外，笃斯越橘本身无毒副作用，有很好的药用价值。

越橘 *Vaccinium vitis-idaea*（图 3-2）

别名红豆越橘、红地果、亚格达。杜鹃花科越橘属。

【形态】小灌木，株高 7～15 cm。小枝灰褐色，有白细毛。叶革质，互生，椭圆形，长 1～2 cm，宽 8～10 mm，先端钝或圆形，上面暗绿色，有光泽，下面色浅。总状花序，生于枝的顶端，花序先端微微下垂，有花 2～12 朵；花冠钟形，白色或淡粉色，4 裂，径约 5 mm。雄蕊 8。浆果球形，熟时红色，径 5～7 mm。花期 6～7 月，果期 9 月。

【分布】主要分布于吉林长白山区和黑龙江大小兴安岭等地。分布于黑龙江小兴安岭伊春以北及大兴安岭地区，吉林、内蒙古有分布。朝鲜、蒙古、俄罗斯、日本、欧洲、北美洲也有分布。

【生态习性】常见于针叶林下，喜生于排水良好、湿润适中或稍湿的土壤中。

【化学成分】对越橘阴干果实的测定，每 100 g 果含粗蛋白 5.876 g、粗脂肪 7.55 g、粗纤维 9.411 g、灰分 2.007 g、碳水化合物 26.84 g、V_C 21.942 mg、胡萝卜素 4.425 mg、Ca 428.6 mg，18 种氨基酸，必需氨基酸占 40.44%。越橘花色苷含量每 100 g 鲜果含 147.759 mg。

【功能用途】具有抗氧化、抗菌消炎、止咳、平喘祛痰等功效，还可以诱导癌细胞的死亡。具有改善认知能力、提高记忆力的作用。入药可用于治疗风湿、痛风。果可鲜食、酿酒或加工果酱。

托盘 *Rubus crataegifolius*（图3-3）

在东北，野生的托盘指蓬蘽悬钩子，为蔷薇科悬钩子属。

【形态】落叶灌木，株高1~2(3)m。树皮紫红色或紫色，光滑无毛。枝较粗壮，紫红色，有钩状刺。单叶，互生，宽卵形、长卵形或近圆形，长5~12 cm，宽3.5~8 cm，3~5掌状分裂。花数朵簇生或成短伞房花序，花茎约1.5 cm，白色，花瓣卵形；雄蕊多数；心皮多数；聚合果近球形，茎1 cm，暗红色，有光泽，稍酸甜。花期6月，果期7~9月。

【分布】黑龙江小兴安岭、完达山、张广才岭、老爷岭山区有分布；我国吉林、辽宁、内蒙古、河北、湖南、山西、山东有分布；朝鲜、俄罗斯（东西伯利亚及远东地区）、日本也有分布。

【生态习性】喜光，不耐阴。多生于较干的阳坡灌丛或林缘。植株直立、健壮，根系发达、抗寒，可耐-40℃低温，抗旱，在荒地、路边、瘠薄干旱的山坡上都能正常生长结果。

【化学成分】每100 g鲜果含蛋白质1.1 g、脂肪0.37 g、糖类10.4 g、有机酸0.436 g、V_C 32.16 mg。此外，还含有Fe、P、Ca等矿物质和多种维生素，富含生物活性物质SOD（超氧化物歧化酶）。

【功能用途】因果含水杨酸，可用作发汗药及散热药。果酸甜，可鲜食、制作果酱和糖果或酿酒。还可作为酸奶、冰淇淋、巧克力糖以及糕点等多种食品的添加剂。在医药、化妆品、保健品等方面也有其特殊用途。

野草莓 *Fragaria orientalis*（图3-4）

别名东方草莓，蔷薇科草莓属。

【形态】多年生草本植物，株高5~30 cm。茎被柔毛。三出复叶，倒卵形或菱状卵形，长1~5 cm，宽0.8~3.5 cm上面绿色，散生疏柔毛。花序聚伞状，有花2~5朵，基部苞片淡绿色或具一有柄的小叶，花两性，稀单性，直径1~1.5 cm，萼片卵圆状披针形。花瓣白色，几近圆形，雄蕊18~22，雌蕊多数。聚合果半圆形，成熟后紫红色，宿存，瘦果卵形。花期5~7月，果期7~9月。

【分布】黑龙江爱辉、虎林、饶河、尚志、伊春、依兰、勃利、大兴安岭有分布；我国东北其他地方、华北有分布；朝鲜、蒙古、俄罗斯（远东地区）也有分布。

【生态习性】生于山坡、草原、林缘、路旁、山坡灌丛间。

【化学成分】每100 g鲜果含蛋白质1 g、脂肪0.6 g、糖类10 g、有机酸0.6 g、V_C 30~41 mg、胡萝卜素0.05 mg、硫胺素0.1 mg、核黄素0.1 mg、尼克酸1.5 mg。

【功能用途】生津润肺、健脾和胃、补气益血、凉血解毒。主治肺热咳嗽、咽喉肿痛、小便赤短、贫血、痔疮等症。果实可鲜食或用于加工果酒、果酱。

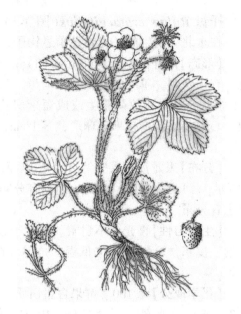

图3-3 托 盘　　　　　　　　图3-4 东方草莓

（资料来源：黑龙江省植物志、中国植物图像库）

蓝靛果忍冬（*Lonicera caerulea* var. *edulis*）（图3-5）

又名蓝靛果、黑瞎子果、山茄子和羊奶子等。忍冬科忍冬属。

【形态】多年生浆果类落叶小灌木，株高1.5 m。多分枝，幼枝被柔毛，红褐色，老枝红棕色。叶长圆状卵形、长圆形、长卵形或倒卵状披针形，长2~7 cm，宽1~2.3 cm，上面疏生短柔毛，有时无毛或仅脉上有毛，稀无毛。花生于叶腋，花更长7~15 mm，下垂，花冠黄白色，常带粉红色或紫色，长10~12 mm，花筒基部膨大呈囊状，裂片5。雄蕊5，花柱比雄蕊长。浆果椭圆形或长圆形，长6~12 mm，暗蓝色，有白粉。花期5~6月，果期8~9月。

【分布】我国广泛分布于长白山区、黑龙江、内蒙古的兴安岭和大青山，以及山东、河北、新疆、甘肃、四川、宁夏等地。分布于黑龙江大兴安岭、小兴安岭林区及以南各林区，吉林、内蒙古、华北各地。朝鲜、日本、俄罗斯东西伯利亚及远东地区也有分布。

【生态习性】常生于林区河岸、山坡、林缘，往往在光线充足的湿地生长比较旺盛。

【化学成分】蓝靛果室内阴干后，每100 g果测得总糖24.34 g、粗蛋白8.749 g、粗脂肪8.630 g、粗纤维8.361 g、灰分4.065 g、V_C 1 593 mg。

【功能用途】含有丰富的花青素、维生素、矿物质、氨基酸等物质，对心脑血管疾病有一定疗效，还可防止血管破裂，降低血压，并有抗病毒、抗癌和改善肝脏的解毒作用等。果入药可清热解毒。蓝靛果忍冬的果汁对耐药金黄葡萄球菌等10种细菌具有明显抑制作用。果可鲜食，加工果酱、饮料及酿酒；可用来提取色素。

图3-5 蓝靛果

（资料来源：东北植物检索表）

图3-6 花　楸

花楸 *Sorbus pohuashanensis*（图3-6）

又名臭山槐、马加木。蔷薇科花楸属。

【形态】落叶小乔木，株高8 m。小枝粗，圆柱形。奇数羽状复叶，连叶柄长12~20 cm，小叶卵状披针形或椭圆状披针形。复伞房花序具多数密集花朵，花白色。雄蕊约20，花柱3。果近球形，直径6~8 mm，红色或橘红色，具宿存闭合萼片。花期5~6月，果期9~10月。

【分布】黑龙江小兴安岭、完达山、张广才岭及老爷岭山区有分布；吉林、辽宁、内蒙古及华北各地有分布。朝鲜（北部）也有分布。

【生态习性】耐阴，耐寒可达-70℃，在黑龙江常生于较高海拔的山地寒温带针叶林（云杉、冷杉林）内，喜湿润土壤。

【化学成分】果中总糖含量为10%~15%、花色苷含量高达1%左右、黄酮类化合物为0.25%~0.35%、多酚类物质总含量高达2.5%~3.5%。此外，还含有多种维生素、矿物质、有机酸、三萜类化合物，富含胡萝卜素。

【功能用途】果入药有止咳、补脾生津之功效。果可入药，也可食用，尤其在初霜以后。

山葡萄 *Vitis amurensis*（图3-7）

又称野葡萄。葡萄科葡萄属。

【形态】藤本植物。枝条粗壮，长达15m以上，幼枝淡紫红色、绿色或黄褐色。叶互生，广卵形，长10~15 cm，宽8~14 cm，不分裂或3~5裂，边缘有粗齿，表面深绿色，背面淡绿色。圆锥花序与叶对生，雌雄异株，花小，多数，黄绿色。雌花序呈圆锥状而分枝，长9~15 cm，雄花序长7~12 cm。浆果球形，黑色或黑蓝色，果小，直径约8 mm。种子2~3粒，呈卵圆形，稍带红色。花期5~6月，果期8~9月。

【分布】主要分布于东南、东北、西北地区，其中吉林、辽宁、黑龙江、广西、云南等地都产野生山葡萄,尤以东北长白山和小兴安岭一带的野生山葡萄产量最为丰富。朝鲜北部及俄罗斯(西伯利亚)地区也有分布。

【生态习性】生于山地林缘地带或林中,常缠绕在灌木或小乔木上。

【化学成分】野生山葡萄籽含油 15.26%、总黄酮 7.40%、低聚原花青素 1.06%;油中不饱和脂肪酸含量为 96.98%,其中亚油酸含量最高,为 78.84%。每 100g 山葡萄皮中白藜芦醇含量 15.9 mg,籽中白藜芦醇含量 3.6 mg。

【功能用途】果入药有清热解毒、祛风除湿,具有祛风湿、利尿、消炎、止血等作用。山葡萄皮和籽中含有白藜芦醇,对心脑血管病有积极的预防和治疗作用。果实可酿酒、提取色素,还是制作酒石酸的重要原料。山葡萄籽可榨油供食用或工业用,油脂中亚油酸含量较高,有降血脂、胆固醇作用,可用于高级化妆品、制药等领域。

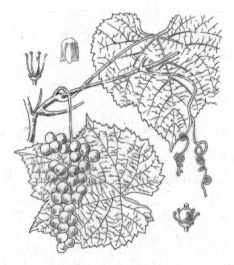

图 3-7 山葡萄

图 3-8 软枣猕猴桃

(资料来源:黑龙江树木志)

软枣猕猴桃 Actinidia arguta(图 3-8)

俗称软枣子、藤梨、藤瓜、猕猴桃梨。猕猴桃科猕猴桃属。

【形态】多年生藤本植物,植株长达 30 m,径粗 10~15 cm,皮淡灰褐色,片裂,小枝螺旋缠绕。叶互生,叶片稍厚,卵圆形,长 6~15 cm,宽 3~10 cm,上面暗绿色,有光泽,下面色淡。聚伞花序腋生,花 3~6 朵,直径 1.2~2 cm,萼片 5,花瓣 5,白色,倒卵圆形。雄蕊多数,花柱丝状,多数。浆果球形至长圆形,长 1.2~3 cm,径长 1.2~2.7 cm,光滑无斑点,两端稍扁平。种子多数。花期 6~7 月,果期 8~9 月。

【分布】产于张广才岭及老爷岭山地。分布于我国东北、山东及华北、西北及长江流域各地。朝鲜、日本、俄罗斯也有分布。

【生态习性】生于阔叶林或针阔叶混交林中。

【化学成分】每 100 g 鲜果水分 77.68 g、蛋白质 3.35 g、脂肪 0.70 g、碳水化合物 19.12 g、灰分 0.27 g、V_C 118.42 mg、总黄酮 16.27 mg。

【功能用途】果实入药可治疗口渴心烦、小便不通。果可食用或加工成果酱、果汁、果脯、罐头、果酒或用于糕点、糖果等的制作。

黑醋栗(黑穗醋栗) *Ribes nigrum* (图3-9)

俗名黑加仑、黑豆果、紫梅、黑茶藨子、草葡萄及兴安茶藨等。虎耳草科茶藨子属。

【形态】多年生落叶小灌木,株高1~1.5(2) m。分枝多,老枝暗灰色或暗褐色,小枝黄褐色。叶掌状3裂或不明显的5裂。总状花序较短,长约2 cm,通常具3~10(20)花,淡黄色或带红色,花瓣卵形;雄蕊5,柱头稍2裂。浆果近球形,未成熟时绿色至褐色,熟后黑紫色,直径9~14mm。花期5~6月;果期7~8月。

【分布】黑龙江呼玛、漠河、塔河等地有分布;我国内蒙古、大兴安岭山区、辽宁有引种。朝鲜、蒙古、俄罗斯(东西伯利亚)、欧洲也有分布。

【生态习性】生于兴安落叶松林下或林缘,喜光,耐寒,喜肥沃土壤。

【化学成分】每100 g鲜果中含水分83~87 g、蛋白质1.4~1.8 g、脂肪0.1~2.0 g、总糖7.0~11.0 g、还原糖3.5~4.1 g、有机酸1.1~3.7 g、V_C 100~400 mg、尼克酸20~90 mg、胡萝卜素2.0~7.5 mg。黑醋栗种子中含有多种不饱和脂肪酸,γ-亚麻酸达12.9%。

【功能用途】抗癌;调节人体酸碱平衡、消除疲劳;保护血管、疏通微循环、预防心脑血管疾病;抗脂肪氧化、清除自由基、延缓衰老;维持皮肤神经健康、减肥;提高免疫;促进儿童发育。除生食外,主要是加工果酱、果酒、果汁等。

图3-9 黑醋栗

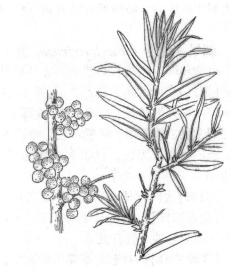

图3-10 沙棘

(资料来源:黑龙江树木志)

沙棘 *Hippophae rhamnoides* (图3-10)

又名醋柳、酸刺、黑刺。胡颓子科沙棘属。

【形态】多年生落叶小乔木或灌木,树高1~5 m,最高可达10 m。枝上有刺、灰褐色，幼枝密被白色或褐色鳞片。单叶互生，线性或线状披针形，长 3~7 cm，宽 0.4~1.2 cm，先端钝尖，全缘，幼叶具银白色鳞片。总状花序，腋生，花单生，先叶开放，单性花，淡黄色，雌雄异株。果实近球形或卵圆形，长 6~8 mm，橙黄色或橘红色，果径 0.5~1 cm。每果有 1 粒种子，褐色，卵圆形，有光泽，长约 4~6 mm。花期 5 月，果期 8~9 月。

【分布】分布很广，欧洲、亚洲均有分布。国内产于山西、河北、内蒙古、甘肃、陕西、青海、宁夏、新疆，以及四川、云南、贵州、西藏、辽宁和黑龙江等 20 个省（自治区）。

【生态习性】具有很强的抗逆性，是喜光、耐寒、耐旱、耐风沙、耐瘠薄及耐盐碱的喜光树种。我国从暖温带到高亚寒带湿润半干旱地区都有分布。

【化学成分】沙棘果肉富含 V_C，每 100 g 沙棘果中 V_C 含量达 800~850 mg。沙棘果实中的 V_E 在植物中居首位，每 100 g 果中含 V_E 15~220 mg，胡萝卜素的含量为 500~800 mg，黄酮含量 400 mg 以上，蛋白质 2.89 g（湿基），总酸 3.86%~4.52%；含 Fe 2.56 mg，Cu 0.04 mg，Zn 0.18 mg，Mn 0.05 mg。果肉中含沙棘油 5%~8%，种子中含沙棘油 10% 左右。

【功能用途】前苏联学者研究发现果实中的活性成分已达 190 多种，油中的活性成分有 106 种。所含生物活性物质，在抗氧化、降血脂、保护心脏、抗辐射、抗癌变、抗过敏、增强机体免疫能力、抗疲劳、耐缺氧、提高应激能力、促进伤口愈合及镇痛方面有独特的疗效。可制成果汁、果酱、果子露、果冻、果酒、果晶等食品。沙棘油可制成多种药物，用于抗辐射、抗疲劳和增强肌体活力。沙棘也可制成沙棘茶和抗癌保健药品，目前已成为制作润肤剂、防晒剂和抗皱霜等多种高档护肤美容化妆品的重要原料。

刺果茶藨子 *Ribes burejense*（图 3-11）

也称刺李、刺梨、刺醋李。虎耳草科茶藨子属。

【形态】落叶灌木，株高 1~1.5 m。枝灰黑色，平滑，幼枝带黄灰色，多刺，密生长短不等的各种细针刺。叶掌状 3~5 深裂，先端突尖，两面及边缘有毛。花两性，单生或 1~2 朵腋生；花瓣 5，淡粉红色。雄蕊 5，花柱单一。浆果圆形，径约 1 cm，成熟前黄绿色，成熟后变紫黑色，具很多带黄色的刺毛或腺毛，萼裂片宿存。花期 5~6 月，果期 7~8 月。

【分布】我国吉林、辽宁及华北各地有分布；朝鲜、俄罗斯（远东地区）也有分布。

【生态习性】自然生长于海拔 800~1 000 m 间的岳桦林下、针叶林中、山坡、林缘、沟谷、河岸等地。性喜光。

【化学成分】据对东北茶藨子的测定，每 100 g 含可溶性糖 3.21 g、有机酸 2.81 g、黄酮 2.16 g、可溶性蛋白质 1.16 g、单宁 0.77 g、V_C 147.84 mg。

【功能用途】果实可入药，味酸，性温，具有解表之功能。水煎服，主治感冒。由于果实含有大量 V_C 等维生素类物质，可提取维生素、食用色素及果胶酶，果实可做成保健食品，具有防治坏血病和多种传染病的作用。可将果实制成茶剂，或干燥浆果泡茶剂，用于治疗感冒，还可增加食欲。浆果可食，但常用来加工果汁、果酱、糖果及酿酒。茶藨子种子含油率高达 16%~21%，可用于榨油。

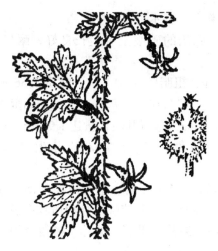

图 3-11　刺果茶藨

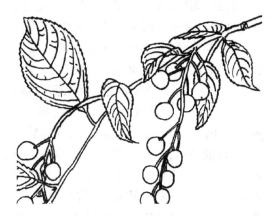

图 3-12　稠李

（资料来源：黑龙江树木志）

稠李 *Prunus padus*（图 3-12）

蔷薇科李属。

【形态】落叶乔木，株高达 13 m。树皮灰褐色或黑褐色。叶椭圆形或倒卵圆形，先端锐尖或突尖。总状花序多花，通常 20 余花，花径 1.5～1.8 cm；花瓣白色，倒卵圆形。雄蕊短于花瓣之半，子房无毛。核果黑色或紫红色，近球形，径约 1 cm。花期 5～6 月，果期 8～9 月。

【分布】我国吉林、辽宁、内蒙古、河北、河南、山西、陕西、甘肃有分布。朝鲜（北部）、蒙古、俄罗斯（东西伯利亚及远东地区）、日本、欧洲也有分布。

【生态习性】喜湿润而排水良好处，生于林内或河岸，较耐阴。

【化学成分】果实含有 33% 的干物质，每 100 g 含糖量 16 g、含果胶量 0.17 g、含类胡萝卜素 10.4 mg，并含有丰富的 V_C。

【功能用途】果入药有治腹泻之功效。果可食或酿酒。

毛樱桃 *Cerasus tomentosa*（图 3-13）

又名山豆子。蔷薇科李属。

【形态】落叶灌木，株高 2～3 m。嫩枝密被绒毛，叶倒卵形至椭圆形，先端急尖或渐尖，基部楔形，边缘具不整齐的锯齿。叶的上面有皱纹，被短柔毛，下面密被长绒毛。花 1～2 朵，先于叶或与叶同时开放。萼筒管状。萼片卵圆形，有锯齿。花瓣白色或粉红色。雄蕊多数。雌蕊子房密被短柔毛。核果，近球形，无沟，有毛或无毛，深红色，近无梗。花期 4～5 月，果期 5～6 月。

【分布】分布于东北、河北、北京、山东、河南、

图 3-13　毛樱桃

（资料来源：黑龙江省植物志）

陕西、甘肃、江苏、四川、云南、西藏等地。朝鲜、蒙古、日本也有分布。

【生态习性】生于林缘。在阳光充足、温暖湿润、肥沃的砂壤土中生长良好。耐旱，适应性强，常生于向阳山坡灌丛中。

【化学成分】每 100 g 含水量 86.1 g、粗纤维 0.46 g、粗脂肪 0.03 g、蛋白质 0.56 g、总糖 8.21 g、果胶 0.86 g、淀粉 0.32 g、总酸 1.22 g、单宁 0.03 g、灰分 0.12 g。胡萝卜素 2.42 mg、V_C 63.50 mg，人体必需氨基酸含量达 956.4 mg，总氨基酸含量达 1 992.5 mg，Ca160.7 mg。毛樱桃籽脂溶性物质中含有 12.53% 的角鲨烯，5.73% 的 γ-生育酚，66.12% 的 γ-谷甾醇，8.91% 的视黄酸甲酯。

【功能用途】补中益气、祛风渗湿、健脾胃、滋肝肾、养阴涩精。主治虚寒气冷、腹泻、遗精、四肢麻木、腰腿疼痛、气短心悸等症。毛樱桃籽中的脂溶性活性物质具有极强的抗氧化作用。果实可鲜食，除生食之外，也可用于加工果酱、果酒、果汁、蜜饯及糖水罐头等。种子可以榨油，供制肥皂等。果仁可入药。

3.2 野生坚果类食用植物资源开发与利用

3.2.1 坚果资源的定义和种类

经济植物学和果树学中"坚果"的概念除植物学的坚果外，还包括其他植物结构。如某些裸子植物较大型、种皮坚硬的种子（如红松、白皮松、华山松）；除去肉质外种皮（如苏铁类、银杏）或假种皮（如榧类）而留下坚硬中种皮的种子。在被子植物，则包括核果的坚硬果核（如胡桃），有些棕榈科的整个果实（如槟榔），整个坚硬种子（如油桐），近年，更有把一些富含淀粉或脂肪、有类似坚果用途的较小型变态营养器官也当成"坚果"，如油莎草的小块茎。坚果的结构可分为坚硬的壳（shell）和仁（kernel）。世界范围内栽培或处于半野生状态的主要坚果作物约有 100 种，其中在国际坚果贸易中占主导地位的坚果包括以下几种：核桃（胡桃）、扁桃、杏仁（中国苦杏仁和甜杏仁）、板栗、榛子、腰果、阿月浑子（开心果）、澳洲坚果（夏威夷果）、巴西坚果等。

3.2.2 坚果的食品成分和营养价值

除板栗外，坚果含有丰富的脂肪、糖类、蛋白质、多种维生素和矿物质以及膳食纤维，以高油著称，因而香甜味美。坚果不仅营养素种类齐全，还含有许多功能性成分如必需脂肪酸、磷脂、微量元素、多酚、黄酮等，且具有健胃、补血、润肺、益肾、补脑、延缓衰老、预防心脑血管疾病等多种功效，早在《本草纲目》中就都有记载，因而被历代医学家和养生学家视为益寿精品。但不同种类坚果以及同一种类不同品种、产地的坚果的化学及营养成分含量差异很大。

以国内外四大坚果为例，对其三大营养素比较。三大营养素中，以脂肪成分含量最高，在 43%~66% 之间，蛋白质约 20%，总糖含量国内与国外数据差异较大，可能与品种、产地有关。几种坚果中，山核桃的含油量最高，腰果含油量最低；蛋白质以杏仁含量最高，山核桃含量最低。坚果蛋白质、脂肪和碳水化合物含量不同，其风味和口感表现不同，脂肪多则油香感强，糖多则油香清淡而甜香。

坚果对人体健康的好处主要表现在以下方面：

清除自由基　研究表明，一些坚果类食物如葵花子具有较强的清除自由基的能力，其作用可与草莓、菠菜清除自由基的能力相比。

降低心脏性猝死率　由于坚果中的某些成分具有抗心律失常的作用，因而在控制了已知的心脏危险因素并做到合理饮食后，吃坚果与降低心源性猝死明显相关。

调节血脂　富含单不饱和脂肪酸的美国大杏仁对高脂血症患者的血脂和载脂蛋白水平有良好的调节作用。

提高视力　研究发现，多吃坚果可以提高视力。现代人的食物日趋软化，进食时咀嚼很少或根本不需要咀嚼，致使面部肌肉力量变弱，睫状肌对眼球晶状体调节功能降低，视力也就容易随之下降。

补脑益智　坚果类食物中含有大量的不饱和脂肪酸，还含有15%～20%的优质蛋白质和十几种重要的氨基酸，这些氨基酸都是构成脑神经细胞的主要成分。坚果中对大脑神经细胞有益的V_{B1}、V_{B2}、V_{B6}、V_E及Ca、P、Fe、Zn等的含量也较高。

3.2.3　野生坚果类食用植物的开发利用途径

3.2.3.1　坚果利用历史

现在坚果产品是世界农产品市场的重要组成部分，其中扁桃、核桃、榛子、腰果、板栗、杏仁、阿月浑子和澳洲坚果构成了世界坚果市场的主体，每年这些坚果的贸易额是相当大的。以扁桃为例，美国是世界上主要的坚果生产和出口国，美国坚果种植面积约占全国果业总面积的27%，约有27 036家农场从事干坚果品生产。2004年，世界阿月浑子的出口总额为9.4亿美元，而世界扁桃出口总值超过18亿美元。

坚果在中国食物系统中出现得似乎更早。从原始文明的采集到农业文明的耕种，坚果一直伴随着中国居民的饮食，尽管它们的地位并不像古代的粟、稷、稻、麦、豆，以及后来的玉米、甘薯和柑橘等水果那样重要。在公元前6000年的半坡文明的遗址中已经发现了贮存的坚果。因此，坚果很早就出现在中国先民的食谱上，包括胡桃、松子和栗子。《诗经》中的佚名作者是优秀的生态学家，在《诗经》中我们可以发现对多种水果和坚果的描述，水果包括梅、桃、李、枣、枸杞，坚果如榛子、栗、松子。

经过世代的积淀，一些坚果成为中国传统文化的象征。例如，栗子、核桃、桂圆、白果、莲子等对国人来说无疑代表了一种无形的文化认同。古人曾赞誉栗子"紫烂山梨红皱枣，总输栗子十分甜。"中药认为，栗子味甘，性温，具有养胃健脾，补肾强筋，活血止血等功效。对于莲子，古人则赋予"君爱莲有花，我爱莲有子"的佳句。祖国医学认为，莲子性甘、平，具有补肾固精、养心明目、收敛镇静、健脾涩肠等功效。总的来说，我国古代对坚果的生产和利用都达到了较高的水平，并形成了中国特色的坚果文化。

3.2.3.2　现代坚果利用的新发展

科技进步使人们对坚果的深度开发成为可能。坚果对人类的贡献已经不仅仅表现在饮食和保健上，坚果在很多方面更有着广泛的用途。

(1) 工业利用价值

扁桃果皮含钾盐,可制作肥料、肥皂和精饲料。果壳可制活性炭,用作石油工业的缓冲物。木材纹理细致,伸缩性小,抗击力强,可用作细木加工用材。树干和果实分泌的树胶,可作纺织品印染和制作胶水的原料。杏仁油的凝固点极低(-20℃),是高级防冻润滑油的基础油。杏的核壳粉碎后可以作为钻井泥浆的添加剂,但更主要用于加工活性炭。榛子油是制作高级化妆品和高级香皂的主要原料。而腰果的壳液可以应用到化学涂料的生产,作为腰果的副产品,它是一种农业可回收资源,是天然苯酚的来源。腰果的壳液还是生产树脂混合物的优秀单体,人们早已将它用于表面涂料。

(2) 果材兼用

坚果树前期可以生产果实,后期可以提供木材。黑核桃树是一种名贵的木材,由于市场的需求而长期维持高昂的价格,这种上等木材一直相当紧缺。银杏木材,纹理优美,加工性好,比重较轻,仅 0.45~0.53 g/cm³,且含有草酸钙结晶,故木材本身就具有防腐作用,是高档家具的优质用材。

(3) 水土保持和生态环境修复

一些坚果树种能忍受严酷的自然环境条件,即使在适宜的条件下和其他农作物相比坚果树也有较强的抗逆性,例如,阿月浑子树在夏季炎热干燥冬季寒冷的地区可以自然生长,对土壤适应性很强,是世界上最抗旱果树和水土保持优良树种之一;扁桃抗寒、耐旱力强(甚至在半沙漠地带也能正常生长结果),根系发达,萌芽力强,可作为干旱地区造林与水土保持的生态树种。在生态环境修复上,不能种庄稼的陡坡或石砾土,只要肥力中等、排水良好,就可以用来种植坚果树。

(4) 观赏价值

核桃楸树干笔直,木材质地坚细;树冠广圆形,枝叶繁茂,树形美观,扁桃花色艳丽,其树姿优美,枝叶繁茂,开花较早,是优良的园林绿化树种和蜜源植物。实际上很多坚果树种是很好的遮阴树,在观赏价值方面,坚果树甚至超过现有的观赏树木。在美国,栽培薄壳山核桃是很普遍的,庭园中种植可遮阴、观赏和结果。不同的栽培品种有不同的生长特点,庭园主人可以按照美化庭园的需要选择最好品种的种植。

3.2.4 野生坚果的采收与贮藏

坚果由于其种类成分和生理特性的差异,选择的贮藏方法和条件也有较大区别。我们以食品加工中开发较多的 2 种坚果——核桃和板栗为例,阐述其贮藏方法。

3.2.4.1 核桃贮藏

(1) 贮藏工艺

在我国的核桃主产区,目前核桃的贮藏还是采用传统方法,其贮藏工艺为:

核桃采收→脱总苞→漂洗→晾晒至干→杀菌处理→袋装贮藏

核桃必须适期采收,最好是完全成熟后采收。采收过早,果皮不易剥离,种仁不饱满,出仁率低,贮藏性差;采收过晚易造成腐烂。

对于不能自然脱去总苞的核桃,传统的脱苞技术是堆沤法,即将采收后的核桃堆在阴凉通风的室内，堆积高度为 50~60 cm，上面覆盖 10 cm 的草帘或秸秆，经 4~6 d 后青皮出现膨胀或绽裂，可用木棍敲击使青皮裂开，坚果脱出。如果核桃已有 50% 的总苞开裂时，可自然脱出，不必堆积。现在多采用乙烯利脱总苞法：用 3 000~5 000 mL/kg 的乙烯利浸蘸(20~40 s)或均匀喷洒带总苞的核桃，然后堆积覆盖 2 d，总苞即可膨胀脱落。

将脱去总苞的核桃清洗干净，在 60~80 倍的漂白粉水溶液中浸泡 8~10 min，当壳面由青红色转为黄白色时即可捞出，用清水反复冲洗干净后，置于阴凉通风处晾至坚果表面变干，再转移到室外摊晒 6~8 d，期间应经常翻动核桃，以防霉变。当核桃晒到仁、壳变成金黄色，隔膜易于折断，内种皮不易和种仁分离，种仁切面色泽一致，平均含水量为 5%~7% 时即可。

为防止核桃生虫，将待贮核桃用 CO_2(150 g/m³)或溴甲烷(170 g/m³)熏蒸 24 h。预贮处理完成后，将核桃装入麻袋或冷藏箱里放在通风、阴凉、背光的室内，底部用木板或砖石支垫，使核桃距地面 40~50 cm。贮藏条件为室温 5℃，空气相对湿度 50%~60%，贮藏期为 18~24 个月。另外，在核桃贮量大且不具备冷库条件时，可采用塑料薄膜帐密封法贮藏。核桃在采收充分干燥后入帐，至翌年 2 月气温回升前封帐，密封时应保持低温。帐内可通入 50% 的 CO_2 或 N_2，以抑制核桃呼吸和霉菌活动，减少损耗，防止霉烂。

(2) 贮藏条件的影响

降低水分的影响 我国的相关标准要求，需要入库贮藏的核桃仁含水量为 6%~8%，与美国相应的要求接近；而法国要求对核桃仁含水量控制在 12% 以下。有研究显示，当核桃仁含水量小于 8% 时，其水分活度一般低于 0.64，在此条件下可抑制大多数微生物的生长繁殖。核桃水分含量越高，脂氧合酶的活性也就越大，脂肪水解产生的游离脂肪酸也越多，氧化哈败就越严重。当核桃仁含水量在 5% 以下时，对贮藏效果的影响已经较小，但干燥并不能完全消除核桃哈败的发生，若含水量过低，反而会增加脂肪哈败的概率，所以核桃仁在贮藏时的含水量最好不低于 3.5%。

短时热处理的影响 酶活性也是影响核桃贮藏品质的因素之一。脂氧合酶(LOX)、多酚氧化酶(PPO)和过氧化物酶(POD)等内源性酶的活性与核桃的贮藏品质有极大关联。脂氧合酶是影响核桃色泽和风味最重要的酶之一；多酚氧化酶的活性增加会加大核桃褐变；而冷害会引起过氧化物酶的活性增加，从而破坏核桃细胞膜系统，加速褐变的发生。酶活性与环境温度有关，热处理技术可以在一定程度上降低内源性酶的活性。有研究表明，以温度 55℃ 的短时热处理核桃 2 min，能显著降低其脂氧合酶的活性，延迟氧化哈败的发生，从而延长核桃的货架期。目前，该方法已经开始用于国际贸易中核桃的贮藏保鲜。

低温能有效抑制核桃的呼吸强度 低温是长期贮藏核桃的重要条件。温度 12~14℃，相对湿度 50%~60% 的环境是贮藏核桃的最佳条件，但普遍认为贮藏温度为 0~2℃ 为最佳。在低温贮藏时，湿度的控制尤为重要；湿度过高，核桃易生霉腐烂；湿度过低，易使核桃仁变干变硬，降低品质。

包装的影响 将烘烤后的核桃或核桃仁采用隔氧包装或充氮包装均可延长其货架期。另外，应控制贮藏室内的 CO_2 浓度，因为核桃可以耐受较高浓度的 CO_2，体积分数为 20%~50% 的 CO_2 能抑制霉菌的生长，从而可防止核桃发霉腐烂。

普通包装难以起到延长贮藏期限的作用。采用特殊工艺研制的专用保鲜袋具有柔软结实、耐老化、防结露、透湿好和防褐变等特点，可以减少核桃的水分散失，保持其新鲜度，并通过其自身的呼吸代谢和薄膜的渗气调节，实现小包装气调贮藏(MA)，达到良好的保鲜效果。

3.2.4.2 板栗贮藏技术

(1) 适时采收

板栗成熟时，栗苞由绿色变为黄褐色并逐渐开裂，栗果由黄色变褐色，完全成熟时栗果会从栗苞内迸出而自然落地，因此，大部分栗苞迸裂即为最佳采收期。板栗采收后，对于未开裂的栗苞，应选择冷凉通风、地势较高的场地集中堆放，堆积厚度以 0.5~0.7 m 为宜，上覆盖稻草，每天洒水 1 次，经 5~7 d 栗苞软化开裂，此时可进行脱粒。从栗苞裂出来的栗果，要摊薄使其冷却散热(俗称为"发汗")2~3 d。

(2) 贮前处理

经过"发汗"的栗果要剔除病虫果、损伤果、未充分成熟的果实及小果、风干果、畸形果。初选后的栗果浸入 1% 食盐水中进行精选，剔除漂浮水面的果实。大量贮藏时，采用 CaS_2 熏蒸杀虫，方法是在 20 ℃以上时，用药 20 mL/m³，以塑料帐密闭熏蒸 20 h，可杀死全部害虫；贮藏板栗较少时也可用热水浸果杀虫，用 50~55 ℃水浸 10~15 min 或 90 ℃水浸 20 s 左右。

抗虫害方法 板栗采后灭虫处理是建立在采前害虫防治基础上的。板栗主要虫害有巢沫蝉、桃蛀螟、栗皮夜蛾和栗实象 4 种。采前多采用乐果乳油、氧化乐果、溴氰菊酯、敌敌畏、敌百虫等农药进行喷雾，注射或树体打孔施药等方法防治，效果较好。采收以后灭虫处理通常采用 CS_2、溴甲烷或磷化铝熏蒸，但因其有较强的毒副作用而限制使用。近年来，灭虫研究主要集中在物理方法和高效低(无)毒灭虫剂方面。如充氮降氧杀虫法，该法将板栗放入塑料薄膜帐内，并在帐内充入氮气以减少氧气浓度，当氧气浓度降至 3%~5% 时，4 d 后全部害虫会因窒息而死亡，但处理时间过长，且降氧密封易造成生理不利的影响。

采后抗病害方法 板栗的腐烂主要是因病原菌吸收果实中的营养物质和水分而迅速繁殖的结果。据调查，主要病菌有青霉菌(*Penicillium* sp.)、镰刀菌(*Fusarium* sp.)、裂褶菌(*Schizophyllum* sp.)、红粉霉菌等。这些病菌一般在采前侵入花或果实中，不发病或少发病，而在采后头一个月迅速发展，因此控制采前侵染将成为板栗贮藏保鲜防烂的关键性措施。用多菌灵、托布津(2000 mL/L)、$KMnO_4$(0.3%)等都是常用防治方法。近年来开展的辐照、涂膜等物理或化学防腐保鲜方法，不但可显著抑制致病菌的发展，还对板栗果实的生理具有调控作用。

辐射处理 研究表明，板栗经辐照处理后，不仅可以明显抑制发芽，还显著抑制了果实的淀粉酶和过氧化氢酶活性，降低了果肉组织的相对电导率，减少了细胞膜的损伤，保持了较高的淀粉含量。辐射处理并非通过调节内源激素的平衡来调节板栗的休眠与萌动发芽的。

热处理 热处理是国内外广泛研究的一种物理保鲜技术，其主要优点是无化学物质残留，安全性高，简便有效。研究表明，52℃热水浸泡15 min，不仅显著抑制板栗果实的发芽，提高淀粉的含量，还极显著抑制淀粉酶和过氧化氢酶活性及相对电导率。

涂膜处理 是近几年来新发展起来的一种保鲜处理方法，主要作用在于防止水分散失和腐烂变质。大量研究发现，涂膜处理板栗果实还可显著降低呼吸强度、总糖损耗、发芽率、可溶性蛋白和淀粉含量，抑制过氧化物酶、淀粉酶和过氧化氢酶活动，但对Vc的损失尚无防止作用。

(3) 贮藏方法

板栗冷藏 冷藏是实现长期贮藏的基本条件。在冷藏的基础上，控制O_2浓度在3%~7%，CO_2浓度2%~6%的气调贮藏或采用塑料薄膜袋的限制性气调贮藏。

湿沙贮藏保鲜法 选择阴凉、无太阳直晒的房间，地上先铺垫一层稻草，草上再铺一层8 cm左右清洁河沙，沙含水量10%~15%，沙上平摊一层栗果，再铺一层5cm厚河沙，沙、栗交互堆放约高1 m，最后覆沙，上盖稻草。过15 d后翻动1次捡去烂果，以后每隔25~30 d后翻动1次，当发现河沙发白、干燥时，可用600倍托布津液喷1次。此法贮藏果实完好率高，不易变质且可促进后熟，一般作种子的板栗用此法。

塑料袋保鲜法 用0.18 mm聚乙烯薄膜制成容积为0.5 m^3的袋，在袋两侧各打2排直径为2 cm的小洞，洞距5 cm，用0.1% $KMnO_4$消毒后每袋装入25 kg栗果，扎紧袋口，放置通风良好、无日晒的房间。贮藏期要常检查，及时剔除烂果，当发现袋内气味异常时及时结束贮藏，上市销售。

湿锯屑保鲜法 选用心弦木屑，含水量30%~35%为好。①木屑贮藏。将选好的栗果与湿木屑以1:1比例混合装箱，上覆盖8~10 cm湿木屑。②室内堆藏。在通风良好的室内，以砖围成1 m×1 m、高0.4 m的方框，内铺5 cm湿木屑，将栗果与湿木屑以1:1比例混装于框内，上面覆盖8~10 cm湿木屑。贮藏期要经常保持在20℃左右，如温度过高、木屑过于干燥可喷500倍托布津，每隔15 d左右翻动1次，并剔除烂果。

3.2.5 野生坚果中油脂的萃取

坚果油是从坚果中压榨出的油，饱和脂肪酸的含量很低，并且充满着多种能抗衰老的物质。例如，杏仁、榛子、核桃楸油中不饱和脂肪酸单体含量高，有助于降低胆固醇，核桃油中饱和脂肪酸多体和ω-3含量高，可以保护心脏；杏仁、榛子油中V_E的含量高，可用于保养皮肤。

目前，植物油脂制备常用的方法有压榨法、水剂法、超临界萃取法和有机溶剂浸提法等。压榨法得率低，含杂质多；水剂法出油率较低、分离较困难；超临界萃取法设备规模较小，成本较高，不易实现工业化生产；有机溶剂浸提法提取率高，含杂少，容易实现大规模生产，应用比较广泛。与普通食用油脂相比，野生坚果油油体清亮，呈淡金黄色，营养价值较高，如山核桃油中单不饱和脂肪酸含量较多，游离脂肪酸含量较少，油脂质量好。

3.2.5.1 油料预处理

大部分野生坚果都具有坚硬的外壳，由于带果壳的坚果比脱去硬壳的种仁更耐贮藏，故一般在加工前带果壳贮藏，若是加工须先进行预处理，甚至有的坚果还含有有毒成分，所以必须进行脱壳脱毒等预处理。例如，在一些药物生产中应用的扁桃中的苦仁型坚果的油呈黄色，并且具有特殊香气，香气的主要成分是苯甲醛，味苦，产生苦味的主要成分是氢氰酸。这种油在水浸解或精炼除去氰化物之前是有毒的，只有氰化物被除去后才可以食用。

腰果形如粗大的豆，果柄比坚果约大 3 倍，淡红色或黄色，可用做饮料、果酱和果冻，其坚果具两层皮（或壳），外壳薄，略有弹性，坚实，表面光滑如玻璃，成熟前橄榄绿，成熟后草莓红色；内壳坚硬如其他坚果。壳间的棕色油接触皮肤可致水疱，可用作润滑油、杀虫剂，并用于塑料生产。腰果仁有浓郁的独特香味，在印度南部，常作为鸡和蔬菜的特色佐料。有些地区把干坚果置柴火上烧烤，外壳裂开后流出油（油迅速燃烧，其烟对眼睛和皮肤有害），通常带壳的腰果被放在一个旋转着的多孔且倾斜的圆柱形烤炉中加热，使壳变脆并收集腰果壳油。

榛子、松子、核桃的壳都很硬，在脱壳前用清水浸泡数小时，浸泡后的种仁在各种形式加工中不易破碎。如果手工脱壳，少量的坚果可用人工槌砸的方法，先浸泡 8~10 h，清水中加入适量的盐水，可起杀菌消毒作用。不要用力过猛，以防止敲碎果仁。核桃楸的脱壳包括其硬壳的破碎和仁壳分离等步骤，要求破壳率高，碎仁少，其中高质量仁率高，即整仁和半仁含量高，仁壳分离彻底。

预处理工艺要点：

清选：剥壳分离后，除去杂质，纯净种仁要求不含种皮等杂质。

漂洗：漂洗除去种仁中残留的杂质，如灰、土等。

浸泡：将籽仁在水中浸泡 1~2 h，以利其蛋白质变性，延长炒料时间，避免发生焦煳现象。

滴干：取出浸泡的籽仁，滴干 30~60 min，以不滴水为准。

炒料：炒料时先用急火，待熟度达 80% 时再用小火；用手捏籽仁酥脆、表面棕黄色即可。

去渣：炒后筛除仁中的焦煳微粒，以免影响蛋白质量。

磨浆：将炒熟的籽仁置于石磨中研磨，粒度越细越好。

3.2.5.2 萃取工艺

野生坚果油的不饱和脂肪酸含量均高于其他植物油且具有坚果的香气。如核桃楸及其代谢的产物是亚麻酸和花生四烯酸，都是人体必需的脂肪酸。现在对利用核桃仁制取核桃油的研究比较多，其方法多为用压榨法或浸提法，虽然很容易获得核桃油，但很容易使核桃渣中蛋白变性，使其中的优质蛋白得不到很好地利用，也增加制油的成本。因此，在油脂提取工艺上的筛选要满足以下条件：不破坏其营养成分，尽量多地保持其特征香气，增加稳定性。近年来，冷榨由于是在低温下进行，油料一般不进行高温预处理。因此，能满足上述要求。冷榨油具有浓郁的坚果香味，尝起来口味清新，常用于沙拉和专业料理。但有些冷榨油货架期短，所以要冷藏，或在贮油窗容器上方充上氮气，然后密封低温冷藏，以防氧化酸败。

利用溶剂法可以将质量较差的坚果籽粒中和压榨后的粕中的油脂提取出来。溶剂法较压榨法出油率高。但是油脂质量差，这种油通常需要经过碱炼、脱色、脱胶和脱臭来进行精炼。精炼油虽然没有了坚果的香气，但更稳定，更适合高温烹饪。

坚果油也可以用超临界 CO_2 萃取的方法得到。这种方法得到的油比溶剂法含有更多生育酚，更稳定，难氧化，但是成本较高。李林强等人用超声波处理华山松子，显著提高了松子油的出油率，远远高于压榨法和浸出法。超声波法提取温度低，加之提取时间短（15 min），有利于保护油脂中不饱和脂肪酸，但必须考虑超声波提取过程中溶剂挥发对松子油中不饱和脂肪酸的氧化问题。

采用水代法制取坚果油，利用坚果仁中非油成分对油与水的亲和力不同，以及油和水之间的比重不同，而将坚果油分离出来。水代法制取坚果油投资少、耗能少、操作容易、出油率高、油的质量好、渣粕利用率高，最关键是无溶剂污染，原有香气保持好，是较好的坚果油制取方法。宋玉卿等用水酶法制取榛子油，提油率为 85.2%，所得榛子油为黄色、澄清透明。水酶法提取榛子油的同时，蛋白质的性能可以得到很好保持。预计随着生物酶价格的不断降低，将来水酶法同时提取榛子油和榛子蛋白将成为可以大规模应用的方法。

3.2.5.3 坚果油脂提取具体工艺方法

现以核桃油的提取为例详述几种提取方法。

核桃油是一种高级食用油，核桃仁的含油量高达 65%～70%，每 100 kg 带壳核桃仁可榨油 25～30 kg。以核桃为原料制油也是核桃深加工的方向之一，目前已采用的核桃制油工艺有 4 类：第一类是采用传统的机械压榨工艺；第二类是采用预榨—浸出工艺；第三类是水剂法提取工艺；第四类是超临界 CO_2 萃取工艺。此外，还有微波法萃取核桃油工艺的研究及核桃油微胶囊技术制备工艺的研究。同时，核桃又属于小宗特种油料，必须根据其特性选择合适的制取方法，在保证核桃油天然品质的同时又避免核桃蛋白的变性。前两者为目前生产中常用的生产工艺，可以满足上述要求，并且操作过程简单、效率高，适合于工业化生产。

（1）机械压榨法

该方法是以核桃果为原料，其工艺如下：

核桃果→剥壳→仁壳分离→榨油→滤油→灌装→产品

操作要点：

①核桃仁的挑选：选果实饱满、无虫、无霉烂变质的核桃仁。

②含壳率：核桃仁的含油量高达 65%～70%，且纤维状物质很少，故机器榨制油很难。根据研究人员用螺旋榨油机制取核桃油的试验，如果不添加其他辅料，榨膛内无法达到榨油所需的压力，核桃饼与核桃油无法分离，一起呈酱状被挤压出来，无法制取核桃油。为了克服这个问题，采用机械压榨法制取核桃油时，在核桃仁中添加部分核桃壳，这样核桃油就比较容易被压榨出来。直接压榨法对压榨物料的含壳率有一定的要求，含壳率低不利于出油。一般要求含壳率在 30%，其出油率在 25%～30%。核桃油经过滤处理后，残留物中的胶体杂质无法去除，也无法再利用。

③设备要求：采用螺旋榨油机可连续化生产，设备配套简单，适合于小型核桃制油厂生产。

④过滤：压榨后的毛油含有较多的杂质，先沉淀待澄清后过滤。

（2）超临界 CO_2 流体萃取法

利用传统压榨法、有机溶剂法获取的核桃油的品质较低，且利用有机溶剂法提取核桃油时有机溶剂容易残留，食用后对健康不利。利用超临界 CO_2 萃取核桃油，可使核桃油得率达到93%，且油中的脂肪酸含量高，其中不饱和脂肪酸含量高达90%以上，且油色泽澄清，不含色素和有机溶剂。可以广泛用于保健食品、医药和化妆品领域。

超临界流体在温度、压力均大于临界点的状态称为超临界状态。相应的流体称为超临界流体（supercritical fluid，SCF）。研究表明，SCP 的分子传递性质具有如下的几个显著特点：密度接近液体密度；黏度扩散系数、导热系数介于气体、液体之间，但更接近气体。由此产生的一个效果则是物质在其中的溶解度远大于在常态下的数值，而且溶解度是随着压力的增加而增加，随着温度的升高而降低。超临界流体萃取（SFE）正是利用了其特殊的传输属性而达到对物质进行分离的目的。当物质溶于 SCF 后，降低系统压力或升高系统都会使溶解度明显降低，从而将溶质与溶剂分离。与传统的溶剂萃取相比，SFE 具有纯度高、收率大、产品优质等特点。与蒸馏法分离技术相比，SFE 则具有处理工艺简单、无溶剂残留等优点。

工艺流程：

核桃仁→分拣去杂→粉碎→萃取

操作要点：

① 核桃仁经过分拣去杂，送入剪切式粉碎机粉碎，粉碎度30目大小即可。物料较细，一方面增加了传质面积，且减少了传质距离与传质阻力，有利于萃取；另一方面，若物料太细，高压下易被压实，增加了传质阻力，则不利于萃取。由于核桃仁含油量高，粉碎过细易被压实而不利于萃取，所以生产上以粉碎度30目左右为宜。

② 把粉碎后的核桃仁装入萃取器中，装好密封后，打开二氧化碳气瓶，并启动二氧化碳泵在超临界状态下萃取5 h。超临界状态为萃取压力30 MPa、萃取温度45 ℃。

③ 超临界流体兼有近气体的黏度、扩散系数和液体的密度，具有很好的传质特性，改变压强和温度可以对物质进行有效的萃取和分离。在核桃油的萃取中，萃取率与萃取压强、温度有关。在较低温度下，随着压强增加，核桃油萃取率逐渐增加，但当压强大于30 MPa 后，萃取率增加较缓慢。在较高温度下，当压强超过30 MPa 时萃取率反而降低。这是因为高压强下二氧化碳的密度较大，可压缩性小，增加的压强对物质溶解度的影响很小所致。同时，高压也会增加设备的投资及操作费用，因此从生产角度考虑，应选择30MPa 进行萃取。

④ 萃取温度是影响超临界 CO_2 密度的一个重要参数。升温一方面增加了物质的扩散系数而利于萃取，另一方面又降低了二氧化碳的密度，使物质溶解度降低而不利于萃取。因此，合适温度的选择取决于密度降低与扩散系数的增加两种竞争效应相持的结果。压强小于或等于30 MPa、温度在45 ℃ 以下时，萃取率随温度的升高而升高；温度在45 ℃ 以上时，萃取率随温度的升高反而下降。这是因为温度大于45 ℃ 时，在高压下超临界二氧化

碳密度大，可压缩性小，升温对密度降低的影响较小，但却明显增大了扩散系数，因而使溶解度增加；低压下，超临界 CO_2 可压缩性大，升温造成的二氧化碳的密度的下降远远大于扩散系数的增加，因而使溶解度下降。综合考虑压强因素，核桃油宜在45℃进行萃取。采用超临界 CO_2 流体萃取技术制取核桃油，萃取出的核桃油质量虽比用上述其他方法制取的核桃油要好，但香气仍存在欠缺，而且如果要实现大规模生产，还需设备的巨大发展和资金的大量投入，因而此项技术距离产业化生产尚有一段较长的路程。

核桃油的抗氧化。核桃油的不饱和脂肪酸含量很高，达90%左右，主要由油酸、亚油酸、亚麻酸组成。由于不饱和脂肪酸的含量高，因而比较容易氧化。为了防止或尽量避免核桃油的氧化，除了减少氧气、光线的影响，创造良好的保存条件外，还可以加入抗氧化剂，抗氧化剂可以与自由基反应，从而中止自动氧化的进程。在油脂中常用的抗氧化剂大都是脂溶性的酚类化合物，如 BHA、BHT、PG、TBHQ 等。在加入抗氧化剂的同时也可以加入柠檬酸、抗坏血酸等酸类物质及一些金属离子的螯合剂，这样可以增强抗氧化剂的使用效果。

3.2.5.4 油脂微胶囊技术

微胶囊化是用特殊的手段将液、固或气体物质包埋在一个微小而封闭的胶囊内的技术。核桃油微胶囊化可显著减少芳香成分的损失，大大降低核桃油中不饱和脂肪酸的氧化程度，使其免受环境中温度、氧气、紫外线等因素的影响，还可改变核桃油的液态为固态，方便了核桃油的贮存、运输和使用，更加适应现代食品工业的需要。

(1) 工艺流程

壁材(海藻酸钠) + 蒸馏水→混合→加热搅拌(60~70℃)→完全熔融 + 芯材(核桃油) + 乳化剂(单甘酯)→ 混合，乳化均匀→锐孔造粒→凝固浴凝固→ 分离 →干燥→成品

(2) 操作要点

壁材海藻酸钠1.5%，芯材核桃油和壁材的最佳比例为3.6:1，乳化剂的最佳浓度为0.2%，乳化温度60~70℃，凝固浴 $CaCl_2$ 浓度为2%。随着油脂微胶囊技术的成熟以及核桃油贮存期的延长，核桃油应逐渐成为核桃深加工的主流方向。

3.2.6 野生坚果中蛋白质的分离

从食物成分表可知，野生坚果中平均含有蛋白质36.0%，脂肪58.8%，碳水化合物72.6%，除此之外，还含有维生素(V_B、V_E 等)、微量元素(P、Ca、Zn、Fe)、膳食纤维等。

野生坚果的脂肪含量高，首先对其进行脱脂是必要的，超临界 CO_2 流体萃取对植物油脂的应用比较广泛成熟，详情可见油脂提取部分。

根据蛋白质的性质，对其提取的方法包括碱溶酸沉法、酸碱以及加热提取等经典方法，还有磷酸缓冲液直接提取法等。稀盐溶液因盐离子与蛋白质部分结合，具有保护蛋白质不易变性的优点，在此基础上，也有研究增加微波、超声波等辅助提取，以增加提取率。

野生坚果蛋白是由多种蛋白质组成复杂蛋白质，碱溶时要避开蛋白多个等电点，这样

才能提高蛋白溶出率,但过高 pH 值会引起蛋白质变性。因此,需要确定蛋白的等电点,并在酸沉时控制 pH 接近等电点时蛋白质沉淀收率最高。

(1) 红松籽蛋白质提取

红松种子中蛋白的总量 13%~20%,由 18 种氨基酸组成,是一种具有生理活性的新型植物蛋白资源。目前,对红松种子蛋白的研究仅限于采用传统的碱提酸溶法提取碱溶蛋白、超声波辅助提取水溶性蛋白。稀盐溶液因盐离子与蛋白质部分结合,具有保护蛋白质不易变性的优点。采取 PBS-NaCl 缓冲液盐溶液提取红松种子仁蛋白。

工艺流程:

红松种子→去壳去红衣→粉碎→索氏脱脂→脱脂红松种子粉→搅拌浸提→过滤→清液→使用 HCl 和 NaOH 调 pH 至等电点→离心分离(4 000 r/min,5 min)→沉淀→冷冻干燥→得到红松种子蛋白质

工艺要点:

在温度 30℃ 水浴环境下,以 0.12 mol/L PBS-NaCl 缓冲液盐溶液提取,按 1:30 的料液比搅拌浸提 150 min,蛋白提取率达到 62.86%。碱溶法提取红松种子蛋白质的最佳工艺参数是以 0.000 5 mol/L NaOH 溶液,按 1:30 料液比,在 45℃ 条件下低速搅拌浸提 60 min,此时蛋白的提取率为 72.07%。从蛋白质提取率的角度考虑,碱溶法优于 PBS-NaCl 缓冲液盐溶法;在碱性条件下,如果控制不好 pH 值,会导致蛋白质变性,所以从蛋白质稳定性和提取率两方面考虑,PBS-NaCl 缓冲液盐溶法优于碱溶法。

(2) 核桃蛋白的提取

核桃蛋白主要由 4 类蛋白质构成,即白蛋白、球蛋白、醇溶蛋白和谷蛋白,核桃蛋白中的醇溶蛋白由独特的氨基酸组成,其中支链氨基酸和中性氨基酸含量较高,是植物蛋白中少有的特色组成,具有极高的开发利用价值。核桃蛋白含有 18 种氨基酸,其中包括 8 种必需氨基酸,且精氨酸、谷氨酸、组氨酸、酪氨酸等含量相对较高。

核桃蛋白的热稳定性较差,pH 值、温度、加热时间均对其有影响。核桃蛋白质溶出率随打浆温度、pH 的变化而变化。核桃的等电点不是一个,而是多个。据报道,核桃蛋白等电点在 pH4.0~5.0,因此控制酸沉 pH 值在 4.0~5.0。

核桃蛋白是一种表面活性剂,它能提高乳状液稳定性,在 0~0.1% 蛋白质范围内,蛋白质乳化能力和乳化稳定性均随蛋白质浓度增加而增大。质量分数 0.5% NaOH 溶液中蛋白质溶解度最高,为 48.36 mg/L,在体积分数 70% 乙醇中溶解度最小,为 3.92 mg/L。

不同热处理方式对核桃蛋白质主要功能特性的研究,结果是干热处理比湿热处理有利。最适宜的工艺条件是干热处理温度为 130℃,处理时间为 25 min,对核桃蛋白质主要功能性质影响最小。

核桃蛋白在 pH5 左右溶解度最小,而在偏离 pH 5 酸性或碱性条件下溶解度较高,核桃蛋白等电点在 pH 5 左右;核桃蛋白质变性温度为 67℃,远低于其他植物蛋白,核桃蛋白质对热较敏感,核桃蛋白质在 55℃ 时的溶解度最大,达到 55%,此后其溶解度随温度升高而降低。

具体操作流程,将脱皮后的原料粉碎,以一定浓度的碱溶液浸提,将其离心除去油层和下层沉淀,将上清液调 pH 至酸性再次离心,将其沉淀干燥后即得到分离蛋白。张红等

报道核桃仁浓度为4%，pH9.0碱溶，pH5.0酸沉条件下，核桃蛋白质得率为70%。

(3) 榛子蛋白质的提取

采用碱提酸沉法。首先将榛子粉加入适量的水，在高速分散均质机中均质2 min（12 000 r/min），进行匀浆化处理后用稀碱(1% NaOH)调pH为碱性，水浴浸提后经分离上清液用稀酸(1% HCl) pH为酸性，再离心分离，取其沉淀物用0.2% NaOH溶解中和，过滤后经喷雾干燥得榛子蛋白粉。

3.2.7 野生坚果中淀粉的提取

随着淀粉及其各种衍生物在食品、药品、化妆品、保健品等行业中应用的增多，淀粉的需求量必将增大。另外，淀粉是人类食物的重要组成部分，也是供给人体热能的主要来源，广泛存在于植物的根、茎、叶、种子等组织中。淀粉主要由直链淀粉(约占20%)和支链淀粉(约占80%)组成。直链淀粉能溶于热水，跟碘作用显现蓝色。支链淀粉不溶于水，但能在水中胀大而润湿，跟碘作用显现紫红色。酸性$CaCl_2$溶液与磨细的含淀粉样品共煮，可使淀粉轻度水解。同时，Ca^{2+}与淀粉分子上的羟基络合，这就使得淀粉分子充分地分散到溶液中，成为淀粉溶液。淀粉在稀酸作用下能发生水解，生成一系列产物，最后得到葡萄糖。

我们生活中常见的坚果有花生、瓜子、杏仁、核桃等。从这些种类的特征我们可以看出坚果是植物的精华部分，一般都营养丰富，含蛋白质、油脂。由于坚果中含有的油脂比较多，所以对于淀粉的提取是一种挑战。

淀粉提取多采用湿法提取，使用的浸泡液主要有水、亚硫酸(亚硫酸盐在这里起3个作用：漂白作用，抑菌作用，使非淀粉物质变软而溶解掉)、酸浆水、柠檬酸和碱液。淀粉提取过程中发生的某些酶反应和微生物反应，都可能影响淀粉的品质。因此，为了减少加工过程中出现的这些反应，提取温度、料液比和pH等条件的控制较为关键。此外，有些工艺还需加入护色剂，进而增加了生产成本。碱提取法会造成环境污染。酸性条件下使淀粉难以浸提，同时也影响淀粉品质。坚果中油脂的含量较高，不利于淀粉的提取。提取过程中可以重复除油脂的步骤，从而增加淀粉产物的纯度。

3.2.7.1 粗淀粉的提取

(1) 提取工艺流程

样品→清水浸泡→粉碎、细磨→过筛→淀粉槽分离→自然晾干→粉碎过筛→成品

①称取一定量大的坚果样品加入3~5倍的水，于室温下浸泡1~2 d，直至全部浸泡膨胀为止，磨碎。

②过100目筛，静置沉降10 h左右，除去上层液体，铲去上面的浆物，将下层淀粉再过200目筛。

③然后用事先准备好的浸泡液浸泡数次，每次8 h。

④弃去浸泡液后，若要求较好的外观，可加入4%~6%的30% H_2O_2漂白，pH 10~11，45℃搅拌反应4~6 h，澄清后弃去上层液体。

⑤再用1 mol/L的HCl中和至pH5~6，澄清，除去上面的清液，在45℃下干燥，粉碎

过100目筛,备用。

(2) 粗淀粉的去杂

①称取粗淀粉成品:称取样品细粉(淀粉含量最好是在80%左右),置于离心管内。

②脱脂:加乙醚数毫升到离心管内,用细玻棒充分搅拌,然后离心。倾出上清液并收集以备回收乙醚。重复脱脂数次,以去除大部分油脂、色素等(因油脂的存在会使以后淀粉溶液的过滤困难)。

③抑制酶活性:加含有HgCl的乙醇溶液到离心管内,充分搅拌,然后离心,倾去上清液,得到残余物。

④脱糖:加80%乙醇到离心管中,充分搅拌以洗涤残余物(每次都用同一玻棒),离心,倾去下清液。重复洗涤数次以去除可溶性糖分。

⑤淀粉的真空干燥:干燥温度最好是在50℃以下,防止淀粉的烧焦和黏壁,以减少淀粉的损失。

(3) 影响淀粉提取效率的因素

影响淀粉的提取效率的因素主要有以下几方面:浸泡时间,浸泡温度,浸泡液种类的选择和浸泡液的浓度,坚果本身的成分,洗涤次数和每次洗涤用水量。实验室实验中一般是用正交实验来确定最佳的浸泡时间、浸泡温度、浸泡液的浓度和洗涤次数。其中,洗涤次数对淀粉的产率影响很大。

淀粉的提取过程中常用的浸泡液有氨水、水、NaOH、Na_2CO_3、$Ca(OH)_2$。碱性环境能够提高淀粉的提取率。由于碱性溶液对蛋白质分子的次级键特别是氢键有破坏作用,并使某些极性基团发生解离,使蛋白质分子的表面带有相同的电荷,从而对蛋白质分子有增溶作用,增溶作用的结果进一步促进了淀粉和蛋白质的分离,减少了淀粉中蛋白质的质量分数。碱性环境的存在也使得纤维渣变得相对蓬松。所有这些因素作用的结果使筛分效率大为提高,也使淀粉更易于沉淀。碱性环境对于调高淀粉的品质也有不可低估的作用,碱性条件对微生物的活动及多酚氧化酶的活性起到相当大的抑制作用,并可使原料中含有的色素存留于浆水中,从而避免淀粉分子的降解,也使淀粉的白度增高。

在淀粉的提取过程中由于细胞的破碎,胞内酶会对淀粉的颜色产生不良影响,发生酶促褐变。为了增加淀粉的白度,可以在提取的过程中添加Vc,可以起到一定的抗褐变,效果比较好,Na_2SO_4也能增加淀粉的白度。

淀粉质量指标有:粗蛋白质(%)、粗脂肪(%)、粗灰分(%)、SO_2(mg/kg)、白度(%),工业淀粉的质量要求并不高,因此得到的工业淀粉中尚含有少量的蛋白质、脂肪和矿物质等,这对于一般食用和工业用途来说已无大碍。要得到精制的淀粉需要进行更深一步的提炼,但在提炼的过程中会造成淀粉的很大损失,同时会增加成本投入。

3.2.7.2 常见坚果中淀粉的提取工艺

现以板栗为例介绍坚果中淀粉的提取工艺。

板栗是一种营养价值和药用价值都很高的干果,具有极大的开发潜力,淀粉是板栗的主要成分,含量达400~600 g/kg,板栗淀粉特性对板栗加工制品的品质及加工工艺有很重要的影响。

(1) 板栗淀粉提取工艺

新鲜板栗→去壳去皮→切片切粒→浸泡→磨碎→过筛→脱水→去蛋白、脂质→干燥

(2) 工艺要点

①浸泡：将板栗碎粒浸泡在浓度为一定浓度的亚硫酸溶液中，在 40 ℃ 的温度下浸泡一定时间，水洗至中性。

②磨碎：将浸泡好的板栗果仁碎粒用胶体磨粗磨一次，精磨一定时间，然后收集。

③过筛：板栗粉乳浆过 200 目筛，去除纤维杂质。

④脱水：转速 3 000 r/min，离心时间 15 min，弃去上层液，反复 3 次。

⑤去蛋白：将离心后的湿板栗淀粉（水分约 45%）加入到 0.2% NaOH 溶液中，搅拌成均匀的悬浮液后，放在恒温振荡器中，一定转速下，水浴温度为 35 ℃，浸泡 2 h，反复离心去除杂质，用蒸馏水多次洗涤至中性。

⑥去脂：用乙醚洗涤 3 次，静置，撇掉上层液，加 85% 乙醇洗去残留如醚，水洗至中性。

⑦干燥：在 40 ℃ 下干燥 20 h 以上，粉碎，过筛，得最终淀粉产品。

3.2.7.3 淀粉提取的新技术

最近几年发展起来的应用物理方法提取淀粉，这种方法在大米淀粉的提取过程中已经得到了应用，但在坚果的淀粉提取的应用还很少见。采用高压均质法（high pressure homogenization）主要原理如下：

用一台微型流化机提供的极高压力，依靠物理方法，将淀粉蛋白质团块破开。处理后的原料会产生许多细小、独立的淀粉颗粒和蛋白质颗粒，均匀地散布在稀薄的基质中。然后采用传统的基于密度的分离方法将淀粉和蛋白质组分分开。这种工艺方法可使蛋白质免受破坏，得到的蛋白质有较高的完整性和功能性，不会由于调整 pH 值和洗涤而降低品质。同时减少有毒物质的加入，食用起来更加安全可靠。

随着人们对淀粉使用量的增加和质量要求提高，淀粉提取方面的相关技术将会不断得到改进，与淀粉提取相关的食品机械也会不断出现。对坚果中的淀粉提取技术也需进一步地改进，以提高坚果中淀粉的提取率。

3.2.8 野生坚果的焙烤加工

坚果是植物的精华部分，一般都营养丰富，含蛋白质、油脂、矿物质、维生素较高，对人体生长发育，增强体质，预防疾病有极好的功效。人们对坚果的需求量在不断上升，坚果的加工方式也不断多样化，以满足人们对坚果的不同需求。

果仁是坚果的主要可食部分。将坚果加工成果仁的工艺过程一般可分为：原料处理（拣选、洗涤、干燥、分级等）、去壳、干燥、脱皮、分级、包装等工序。去壳是主要的工序，可用手工或机械方法；也可先用热油处理（如腰果用 205 ℃ ± 5 ℃ 的热油处理较好），然后用压力或离心等方法去壳。干燥在于使果仁的含水量达到产品要求（一般在 3%~5%），并且容易脱皮。干燥温度宜在 60 ℃ 以下。干燥好的坚果仁按色泽、大小和形态进行分级，然后用马口铁罐或食用级塑料包装。因坚果仁含油量高，宜采用真空充气包

装,即抽出包装中的空气,充入 CO_2 或 N_2。

将坚果整粒(一般选用颗粒较小的)加调味料炒制,可制成香、脆、味美的营养食品。其工艺过程一般为:原料预处理(拣选、洗涤、干燥、分级等)→初炒→过筛→浸调味液、沥干、复炒、冷却、包装密封。初步有加砂炒(如榛子、松子、香榧子等)或加粗盐炒(如山核桃、核桃等)。下面介绍一些典型坚果的加工工艺。

3.2.8.1 澳洲坚果仁的加工

澳洲坚果被认为是世界上最好的桌上坚果之一。它的含油量高,果仁营养丰富,单果含油量70%左右,蛋白质9%,含有人体必需的8种氨基酸,还富含矿物质和维生素。怎样保持坚果加工过程中的营养价值的最少损失成为加工的关键。

澳洲坚果具有较高的食用价值,有"干果皇后"之美称。澳洲坚果的种仁(可食用部分)可作为开胃果品,常用作烹调食品、小吃或制作果仁夹心巧克力糕点、冰淇淋饮品等的配料。以澳洲坚果为主、辅原料的食品种类达200种以上,如澳洲坚果蛋糕、澳洲坚果仁罐头、澳洲坚果仁牛奶巧克力、澳洲坚果糖果、澳洲坚果面包等。

澳洲坚果收获后,要及时进行加工处理,每一加工工序的质量控制特别是干燥工序的控制对果仁的质量和坚果的贮藏影响极大。

澳洲坚果的加工工艺流程:带荚的成熟坚果→立即脱果荚→带壳果自然晾干、筒仓干燥→贮存、坚果分级→脱壳→水浮选(一级仁)→离心脱水→果仁干燥→果仁分级→果仁焙烤→捡烂果、变色果,杀菌→真空充氮包装。

3.2.8.2 板栗的焙烤加工

针对板栗资源丰富、品质优良、加工品种单一的现状,根据市场需求,依靠和利用科学手段、先进技术,开发板栗加工产品,提高板栗的经济价值是目前亟待解决的环节。现介绍几种板栗加工产品的生产工艺。

(1) 风味板栗

板栗预处理:选料→分级→去杂→清洗。

砂子预处理:砂子→洗净→过80目筛→炒热变黑备用。

风味配料:桂花、丁香、八角、甘草、食盐,按比例混合。

待细砂预热后,放入炒锅或滚筒,炒2~3 min,加上色配料:饴糖、菜油或棕榈油,投入板栗(温度设置高、中、低档)、过筛、检验、包装。关键技术是炒制过程中的温度程序控制。

(2) 酥脆营养板栗脆片

工艺流程:选料→去壳漂烫→脱皮→切碎→护色液浸煮→加调料→拌匀→压片→成型→油炸→成品检验→包装(与适量苹果、香蕉脆片搭配)→成品。

技术关键是护色和油炸温度、时间设置。护色液:0.25% $Na_2HS_2O_5$、0.1%柠檬酸、1% Vc;配料:栗粉(大于50%)、玉米淀粉、$CaCl_2$、食用油、麦芽糊精、香料。

(3) 五香板栗

工艺流程:板栗→预处理→挑选分级→蒸煮处理→烘烤→抽真空→包装→杀菌处理→

成品。

蒸煮液配方为八角茴香 80 g、桂皮 50 g、丁香 15 g、花椒黏 15 g、甘草 20 g、食盐 400 g、白糖 250 g、水 10 kg。将煮制好的栗果用清水冲洗掉表面粘附的调味液,于 120 ℃ 条件下烘烤 1.5~2 h,栗果水分下降至 30% 时,涩皮与果肉分离,食用时容易剥落,且果肉不碎,干湿度适中。包装好后,入沸水中杀菌 30 min。

3.2.8.3 焙烤裹衣坚果仁加工方法

焙烤裹衣坚果仁的加工步骤:首先是制备糖浆和裹衣粉(膨松粉),称取定量的坚果仁加入裹衣机内,先加入一层糖浆,后加入一层膨松粉,并用热风干燥,待裹衣坚果仁表面呈干燥状,再裹上一层;将裹衣完好的坚果仁置于焙烤机(炉),至裹衣坚果仁表面呈棕黄色为宜,焙烤炉以旋转炉为好;让焙烤好的裹衣坚果仁冷却至室温,应及时包装防止吸潮,真空充氮包装,以利贮存。

3.2.8.4 榛子的加工

榛子可以生食,其味清香宜人;榛仁还可加工制成具有多种风味的食品。但若炒食,其质地酥脆,香味更浓。现介绍其砂炒方法。

榛子备干净的细河砂,将其过孔径为 2.5~3 mm 的细筛。同时备好体积比为 1:1 的榛子与砂子。先将砂子入锅内炒至发烫,然后把榛子倒入锅中,和砂子一起用文火炒,中间要不停地翻动,使榛子受热均匀。约炒 7~10 min,品尝榛仁,脆香而无糊味,即可迅速出锅。后筛除砂子,并把出锅的榛子用水漂洗,以除去浮土,再入锅复炒至干。用此法炒制的榛子外表干净,色泽与原来相比变化不大,榛仁酥脆香味更浓。炒制前后,榛子质量不变。

3.2.9 野生坚果粉体及冲剂制备

我国是野生坚果生产大国,野生坚果有很高的营养价值和经济效益,但是新鲜果仁含水分较高,新陈代谢旺盛,不耐贮运,每年因其霉烂、生虫等造成的损失达总产量的 20%~30%,造成了坚果资源的严重浪费。将新鲜果仁加工成粉体或冲剂,作为速食产品或其他产品的原料,可以达到长期保存、方便加工的作用。不仅解决了资源浪费问题,且提高了野生坚果的附加值,市场前景更为广阔。

3.2.9.1 坚果粉体及冲剂的制备

主要工艺流程介绍如下:

鲜野生坚果→脱壳去皮→浸泡修整→预煮→漂洗→打浆→酶解→调配→均质→喷雾干燥→包装

工艺要点:

①浸泡:去皮后的坚果仁应立即投入护色液中浸泡,并将有锈斑的部位修去。护色液为柠檬酸溶液。

②预煮:采用蒸锅将坚果仁在沸水或护色液中预煮,100 ℃ 下维持 30~40 min,充分

熟化。

③漂洗：将预煮后的坚果仁用 50~60 ℃ 的清水漂洗 3 次。

④打浆：加入一定量的水，用组织捣碎机打碎呈匀浆，以破坏坚果仁的组织结构，使淀粉酶能与果仁淀粉充分接触，以利于酶解反应。坚果仁：水 = 1:2.5，在胶体磨中磨浆。

⑤酶解：在坚果浆中加入淀粉酶，在 60~65 ℃ 下反应 30 min，然后升温至 98~100 ℃，保持 5 min 灭酶。

⑥均质：压力为 40 MPa，均质。

⑦干燥：采用喷雾干燥方法获得坚果熟粉。入口温度小于 200 ℃，出口温度小于 80 ℃。也可利用微波干燥和热风干燥相结合的方法，热风干燥时间长，生产效率低，但产品质量好；微波干燥时间短，但产品质量差，易出现焦煳。单一的干燥方法不能满足生产效率高、产品质量好的要求，将热风和微波联合起来符合工业化的生产要求，先用低功率微波干燥 10 min，使其含水率降到 30% 左右，再用 50 ℃ 热风干燥 4 h，既可缩短干燥时间，提高生产效率，又可保证粉体质量。

3.2.9.2 产品质量标准

感官指标：色泽乳白色至淡黄色，色泽均匀一致；滋味及气味具有野生坚果熟粉应有的滋味和气味，无异味；组织形态松散、均匀的细粉状；杂质不允许存在。

理化指标：水分 ≤ 8%，碘呈色度 ≥ 1，全部通过 80 目筛。

卫生指标：细菌总数　<　3×10^4 个/g；

　　　　　大肠菌群　≤　30 个/g；

　　　　　致病菌　　不得检出；

　　　　　SO_2 残留　≤　20 mg/kg。

野生坚果粉体可以用来制作风味糕点、布丁、宫廷点心、冰淇淋、饮料等。

3.2.9.3 加工实例

(1) 板栗粉加工

板栗粉是板栗加工制品中的一种，现多以干法加工板栗生粉。在板栗熟粉加工过程中，存在受热时间长，温度高，褐变严重的问题，所以对产品色泽的控制是板栗熟粉加工中需要解决的一个关键问题。

加工板栗熟粉的工艺流程：

鲜板栗→去皮、去红衣→护色→预煮→漂洗→打浆→离心沉淀→干燥→粉碎→包装

工艺要点：

①原料的护色：板栗极易发生褐变，因此去壳去衣后的板栗仁应立即投入护色液中，在室温下浸泡 30 min，并将有锈斑的部位修去。护色液是由 0.3% V_C + 0.7% 柠檬酸 + 0.3% 植酸 + 1% 氯化钠 + 蒸馏水配制而成，其最佳 pH 范围为 2.8~3.0。

②原料的预煮：将护色后的板栗仁放在护色液中预煮，采用不同的预煮方式，并使之充分熟化。对预煮后的板栗色泽采用感官评价的方法评定。

③干燥：将离心后的下层栗泥平铺在不锈钢托盘中，放入干燥箱中干燥，以确保制得

的板栗熟粉的水分含量小于8%。

(2) 速溶板栗粉的加工

工艺流程：

挑选板栗→脱壳去衣→切片→热烫→护色→漂洗→打浆→糊化→酶解→调配→均质→喷雾干燥→过筛→真空包装

工艺要点：

①浸泡：去皮后的栗仁应立即投入护色液中浸泡，并将有锈斑的部位修去。护色液为1.4 g/L 柠檬酸，5 g/L NaCl，0.2 g/L EDTA-Na_2，0.3 g/L Vc，浸泡20~30 min。

②打浆：栗仁:水(g:mL) = 1:]3，用打浆机打成浆液，再过胶体磨，磨2次。

③酶解：在栗浆中加入中温α-淀粉酶进行酶解。采用低活性的液化酶，对淀粉的作用在较为温和的条件下进行，液化液可随水分子一起进入到淀粉的网囊中，逐渐切断一些枝条，使淀粉网囊松开，提高了直链淀粉的比例。而支链淀粉则随着酶解的进行，枝条的不断被剪断，比例逐步下降。这样既保持了淀粉的原有风味，又降低了黏稠度，提高了水溶性和流动性。

④栗浆调配：调配使产品具有好的稳定性和口感。稳定剂的加入不仅使栗浆具有好的稳定性，有利于后续喷雾干燥的进行，而且最终产品为板栗粉，经开水冲调后也具有良好的稳定性。经风味调味确定最佳配比是料水比为1:6，白砂糖添加量为6%，柠檬酸为0.04%。

⑤均质：第一次低压均质压力为25 MPa，第二次高压均质压力为40 MPa。

⑥干燥：采用喷雾干燥方法获得板栗粉。50 ℃预先保温30 min，蠕动泵流速400 mL/h，入口温度185 ℃，出口温度80 ℃。

⑦稳定剂：添加稳定剂可使速溶板栗粉稳定均匀、不分层。复合稳定剂的稳定效果比单一稳定剂的稳定效果好。稳定剂可以复配如海藻酸钠、CMC、卵磷脂和单苷脂。

(3) 核桃油茶粉的制备

以超临界萃取分离核桃油酶解出的核桃蛋白经过酶解后添加糊精为壁材，酥油为芯材，采用包埋和喷雾干燥生产核桃风味酥油茶，产品以酥油风味为主，兼有核桃香味，营养价值高，保质期大大延长，具有很高的商业价值。

工艺流程：

水相：蛋白水解液 + 稳定剂 + 酪蛋白，控温70~80 ℃加热1 h 使其完全溶解；

油相：核桃油 + 酥油 + 单双甘酯 + 蔗糖酯，控温70~80 ℃加热30 min 使其完全溶解。

水相 + 糊精→搅拌溶解→加入油相→混合→均质→喷雾干燥

工艺要点：

采用二流体压力喷雾干燥器乳化液喷雾干燥的最佳操作条件为：进风温度190 ℃，出风温度90 ℃，进料量为25 mL/min，气流压力为0.1 MPa。乳化均质时的均质压力为40 MPa。工艺设计中选定蛋白与糊精比为1:3，此时产品包埋率为88.2%，其他营养理化性质也符合设计要求。此时生产出产品以酥油风味为主，兼有核桃香味，营养价值高，具有很好的生产及商业价值。

(4) 核桃粉的制备

核桃榨油所留下的核桃粕含有大量的蛋白质、多种微量元素和不饱和脂肪酸,具有很高的营养价值,但由于核桃粕含油量较高,在空气中易氧化形成不良气味,难以保存。将核桃粕加工制成核桃粉,可以充分提高核桃仁原料的附加值及其营养资源的利用率,具有显著的经济效益。

工艺流程:

脱脂核桃粕粉碎→乳化剂稳定剂 + 水调配→均质→喷雾干燥→成品

工艺要点:

① 采用不同的均质压力,将均质后的核桃浆液放入 100 mL 具塞量筒内,静置 20 h,根据公式计算该核桃浆液的稳定系数:稳定系数 = 未分层体积/总体积。

② 将均质好的核桃浆液(浓度25%)进行离心喷雾干燥,离心喷雾头采用压缩空气传动,喷雾盘直径 50 mm,其转速为 25 000 r/min,在此条件下制得核桃粉。

③ 确定蔗糖脂肪酸酯作为合适的乳化剂,其添加量为 4%(m/v);稳定剂为 β-环糊精,其添加量为 1.4%(m/v)。

3.2.10 野生坚果加工副产品的综合利用

(1) 红松松子壳色素

目前关于红松松子壳色素的研究很少。从红松松子废弃物中提取天然色素,并对其理化性质进行研究,红松松子壳色素能够成为一种新的天然食品添加剂资源,可添加或用于食品、药物或化妆品,或作为具有某些生物活性的新资源。在其产生经济效益的同时减少环境污染。

工艺流程:

红松松子壳→除杂→干燥→粉碎过 40 目筛→浸提→中和→离心→收集上清液

工艺要点:

按色素常规提取方法,将粉碎后的红松松子壳与浓度为 2% 的 NaOH 水溶液按 1:4($m:v$, g:mL),于恒温 30 ℃水浴加热浸提 2 h,按以上操作反复浸提 3 次,将每次的提取液合并,用浓度为 1.0 mol/L 盐酸进行中和,离心,取上清液供试。

此法提取的红松松子壳色素经鉴定为黄酮类物质,具有较好的稳定性,是一种优良的色素资源,可添加或用于食品、药物或化妆品等方面。从红松松子壳中提取色素是开发利用红松松子壳的又一新途径,是潜在的天然着色剂和理想色素来源。

(2) 核桃楸叶提取物

核桃楸叶经风干粉碎后,用 95% 乙醇浸提 3 次,合并滤液,减压浓缩滤液得乙醇提取物浸膏,浸膏占原料的质量分数 12%。乙醇浸膏经水悬浮后,分别用石油醚、氯仿和乙酸乙酯等溶剂萃取,分别得到石油醚、氯仿和乙酸乙酯萃取相浸膏,乙酸乙酯萃取相浸膏占乙醇浸膏的质量分数为 7.5%。

核桃楸叶乙醇提取物乙酸乙酯萃取相的主要活性成分为 GC 含量较高的 5-羟基-1,4-萘醌(胡桃醌)、D-阿洛糖、5,8-二羟基-1,4-萘醌、1,5-萘二酚、2,3-二氢苯并呋喃、7-甲氧基-1-四氢萘酮、1-萘酚、8-羟基-2-甲氧基-1,4-萘醌和 4-甲基-2,6-二羟基喹啉等。

抑菌活性试验研究结果表明，核桃楸叶乙醇提取物及其乙酸乙酯萃取相对杨树叶枯病和樟子松枯梢病有抑菌活性，核桃楸叶乙醇提取物及其乙酸乙酯萃取相对杨树叶枯病菌的最低抑菌质量浓度(MIC)为3.12 g/L，对樟子松枯梢病菌的MIC为6.25 g/L。

(3) 核桃楸叶片中总黄酮

黄酮类化合物又称生物类黄酮(bioflavo-noids)，是植物界分布最为广泛的一大类次生物质，目前已知的黄酮类化合物单体已有8 000多种。黄酮类化合物在生理学、医学和营养学上都有较高的应用价值，其具有广泛的生理和药理活性，包括抗病毒、抗癌、抗氧化、抗炎、抗衰老等。

总黄酮的制备：核桃楸粉末加入70%的乙醇溶液，同时放入超声清洗机中进行超声20 min。对溶液进行过滤，弃滤渣，加入5%的$NaNO_2$溶液，混合，静置，再加入10%的$Al(NO_3)_3$溶液，混合，放置；再加5%的NaOH溶液，加95%乙醇，混合后静置。

(4) 板栗壳色素

板栗，壳斗科栗属落叶乔木。我国有极其丰富的板栗资源，产量占全世界板栗产量的60%以上。近年来，板栗果肉的深加工越来越受到关注，但由此产生的板栗壳则未被充分、合理利用，所以从板栗壳中提取色素不仅有利于提高板栗的综合利用价值，也是获取天然色素的重要途径。

以板栗壳为原料，乙醇溶液为提取剂，在微波条件下提取板栗壳棕色素的最佳工艺条件为：浸提温度75 ℃，微波辐照时间13 min，乙醇溶液体积分数40%，料液比1∶20(m∶v, g∶mL)。在此条件下板栗壳棕色素的得率为7.02%，提取时间明显低于常规法3 h。板栗壳棕色素对光照、温度、氧化剂及还原剂的稳定性很好；对酸、碱来说，酸性条件下板栗壳棕色素的颜色变浅，碱性条件下色素的颜色加深，但变化幅度不是很大，比较稳定。

(5) 板栗壳活性炭的制备

工艺流程：

板栗壳→粉碎→浸锌→炭化→活化→漂洗→干燥→破碎→活性炭

工艺要点：

制备合适孔隙结构、吸附性能好的活性炭，活化是重要环节。技术关键是活化温度与锌屑比，温度相同，锌屑比不同的产物吸附性能随活化时间和锌屑比增加而增加，当锌屑比超过2∶1后，亚甲蓝吸附值增加缓慢。锌屑比相同，活性炭吸附值随活化温度和时间的增加而增，但变化幅度小于锌屑比。活化温度和时间是保证$ZnCl_2$完成反应的必要条件。

在活化时的湿热气氛中，$ZnCl_2$催化羟基脱除。使氢和氧形成水蒸气形式排出，冲刷堵塞的闭孔，形成发达的多孔性产品。同时，抑制含碳挥发物的形成，提高了活性炭产率。但活化温度过高和作用时间太长，则活化过分，$ZnCl_2$氧化作用增强，使微孔和过渡孔扩大为大孔，此时活性炭的孔隙率虽然增加，但内表面积减少，吸附能力反而降低。由于碳在高温下的氧化作用，故而导致活性炭产率减少。最佳活化条件为锌屑比2∶1，活化温度550 ℃，活化时间45 min，活化料在液固比3∶1、pH2的盐酸溶液中搅拌脱锌漂洗30 min，过滤后固体由NaOH水溶液(pH11)中和游离酸，再用85 ℃热水洗涤。

(6) 蒙古栎叶片多酚的提取

蒙古栎为壳斗科、栎属多年生乔木，属于我国北方地区大量分布的树种，但是蒙古栎资源利用率却不高，往往仅对其树干进行加工利用，而对其叶片则作为初级燃料烧掉或弃之不用。目前研究表明蒙古栎叶片富含酚类等抗氧化物质，具有较大的生态学意义和实际应用价值。

采用超声提取法对蒙古栎叶片多酚以多酚质量与清除 ABTS 自由基能力为双响应因子进行提取，最佳超声提取条件为：乙醇体积分数 28.62%，提取时间 30.90 min，液料比 19.96(mL:g)，提取次数为 3 次。2.0 g 蒙古栎叶片原料中多酚含量为 84.88 mg，ABTS 自由基清除能力为 0.79 mo/g。对分离的蒙古栎叶片多酚采用 DPPH 体系对其体外抗氧化活性进行验证，清除 DPPH 自由基的 EC50 值为 223 mg/L，高于 BHA、BHT、V_C 和 V_E 等 4 种合成抗氧化剂。采用超声波辅助提取法优化后的提取工艺提取效果好，其提取物抗氧化性能较强。

3.2.11 我国主要野生坚果类食用植物

红松 Pinus koraiensis（图 3-14）

松科松属。

【形态】常绿针叶乔木。幼树树皮灰红褐色，皮沟不深，近平滑，鳞状开裂，内皮浅驼色，裂缝呈红褐色，大树树干上部常分杈。心边材浅驼色带黄白，常见青皮；心材黄褐色微带肉红，故有红松之称。枝近平展，树冠圆锥形，冬芽淡红褐色，圆柱状卵形。针叶 5 针一束，长 6~12 cm，粗硬，树脂道 3 个，叶鞘早落，球果圆锥状卵形，长 9~14 cm，径 6~8 cm，种子大，倒卵状三角形。花期 6 月，球果翌年 9~10 月成熟。

【分布】红松是名贵而又稀有的树种，在我国只分布在东北的长白山到小兴安岭一带，全世界一半以上的红松资源分布在这里。国外也只分布在日本、朝鲜和俄罗斯的部分区域。

【生态习性】喜光，随树龄增长需光量逐渐增大。要求温和凉爽的气候，土壤 pH5.5~6.5 酸性土，在山坡地带生长好。红松生长缓慢，树龄很长，400 年的红松正为壮年，一般红松可活六七百年。

【化学成分】松子是红松树的果实，又称海松子。松子含脂肪、蛋白质、碳水化合物等。每 100 g 松子肉中，含蛋白质 16.7 g、脂肪 63.5 g、碳水化合物 9.8 g，以及矿物质 Ca 78 mg、P 236 mg、Fe 6.7 mg 和不饱和脂肪酸等营养物质。

【功能用途】松子既是重要的中药，久

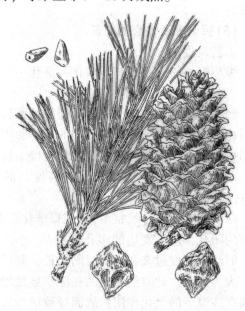

图 3-14 红松

（资料来源：黑龙江树木志）

食健身心，滋润皮肤，延年益寿。明朝李时珍对松子的药用曾给予很高的评价，在《本草纲目》中写道："海松子，释名新罗松子，气味甘小无毒；主治骨节风，头眩、去死肌、变白、散水气、润五脏、逐风痹寒气，虚羸少气补不足，肥五脏，散诸风、湿肠胃，久服身轻，延年不老。"可食用，可做糖果、糕点辅料，还可代植物油食用。松子油，除可食用外，还是干漆、皮革工业的重要原料。松子皮可制造染料、活性炭等。

核桃楸 *Juglans mandshurica*（图3-15）

又名胡桃楸、楸子或山核桃。胡桃科胡桃属。胡桃属约20种，分布于北温带，中国有5种1变种。

【形态】落叶乔木，具柔腺毛。顶芽大，有黄褐色毛。奇数羽状复叶，互生，长可达80 cm；叶柄长5~9 cm，短椭圆形至长椭圆形，6~17 cm，宽2~7 cm，先端渐尖，基部歪斜或截形，边缘具细锯齿，表面深绿色，初生稀疏短柔行，后仅中脉有毛，背面色淡，贴生短柔毛及星状毛。花单性，雌雄同株；雄柔荑花序腋生，下垂，先叶开放，长9~20 cm；雄花具短柄，有1枚苞片及1~2枚小苞片，花被状，花被片3~4，常有雄蕊12，稀13或14；雌花序穗状，顶生，直立，有雌花4~10朵，花被片4，披针形或线状披针形，被柔毛，苞片及小苞片合绕子房外壁，子房子位，柱头2裂，鲜红色。核果球形或卵形，顶端尖，不易开裂，密被腺质短柔毛；果核坚硬，表面有8条纵棱，各棱之间有不规则的皱曲及凹穴；内果皮壁内有多枚不规则的空隙，隔膜内也有2空隙。花期4~5月，果期8~9月。

【分布】在中国主要分布于小兴安岭、完达山脉、长白山区及辽宁东部，多散生于海拔300~800 m的沟谷两岸及山麓，与其他树种组成混交林。大兴安岭林区东南部及河北、河南、山西、甘肃等地也有少量分布。俄罗斯远东地区、朝鲜北部也有分布。

【生态习性】为喜光、喜湿润生境的喜光树种，根系发达。适生于腐殖质深厚、湿润、排水良好的谷地或山坡下腹。土壤多为灰化棕色森林土，pH 5~6.5。常生于海拔400~1 000 m的中、下部山坡和向阳的沟谷。多与其他树种等组成针阔混交林或落叶阔叶混交林。

【化学成分】核桃楸果，别名马核桃、马核果、楸马核果、山核桃。果仁含油脂40%~50%、蛋白质15%~20%、糖1%~1.5%及V_C，青果皮中含有胡桃醌（juglone）等。

叶含挥发油、树胶、鞣质、没食子酸、氢化核桃叶酮。核桃楸枝皮和根皮中含有醌类及其苷类化合物，如胡桃醌、1,4-萘醌、3,3′-双胡桃醌和3,6′-双胡桃醌；黄

图3-15 核桃楸
（资料来源：黑龙江树木志）

酮及黄酮醇类化合物,如槲皮素、异槲皮素、杨梅苷、槲皮苷等;脂肪醇类;鞣质类和二芳基庚酸类化合物等。核桃楸叶中含的化合物主要有脂肪醇类化合物,如十九烷醇、二十八烷醇、2-β 谷甾醇;醌类,如胡桃醌、3-甲氧基-7-甲基胡桃醌和有机酸类(如琥珀酸)等。一些学者从核桃楸的叶中分离得到二芳基庚酮糖、二芳基庚酸、三羟基吡喃甲酯、倍半萜烯和萘醌等,其中大部分成分对人的癌细胞有抑制作用。

【功能用途】种仁含油量高,食用或榨油,为强壮剂,治慢性气管炎、哮喘等症;内果皮及树皮富含单宁;核桃壳可制活性炭。

果仁所含的主要成分是不饱和脂肪酸,如亚麻酸、亚油酸等,可以防止血管硬化,有效预防高血压、冠心病。其含有丰富的 Zn、Mn 等矿物质,可以促进大脑发育,辅助治疗神经衰弱,并能延缓记忆力衰退。核桃楸果仁还含有丰富的 V_E,具有抗衰老抑肿瘤功能,还可抗结石。

榛子 *Corylus heterophylla*(图3-16)

又名山板栗、尖栗、棰子等。

【形态】果形似栗子,外壳坚硬,果仁肥白而圆,有香气,因营养丰富被称为"坚果之王",榛子属于野生灌木。榛树的果实分平榛、毛榛两种。平榛扁圆形,皮厚外表光滑,果仁香甜;毛榛为锥圆形,皮薄有细微茸毛,果仁甘醇而香。

【分布】我国小兴安岭盛产榛子,但其产量却不多,由于其野生在深山老林中,采集难度大。另外也和气候有关,小兴安岭的"倒春寒"很严重,榛子树一开花,如"倒春寒"来了,就会把花冻了,因此无法结果,所以显得特别珍贵。

图 3-16 榛 子
(资料来源:东北木本植物图志)

【生态习性】不同种类的榛子,对温度要求不一。欧榛喜温暖湿润的气候,适宜平均气温 13~15℃,绝对最低气温 -10℃,极端最高气温 38℃地区。榛子坚果成熟期与种类,品种及气候条件有密切关系。一般从雌花授粉到坚果成熟需 147~176 d。

【化学成分】榛子的营养价值很高,所含脂肪为不饱和脂肪酸,并富含 P、Fe、K 等矿物质,以及 V_A、V_{B1}、V_{B2}、烟酸,榛子中含有人体所需的 8 种氨基酸,其含量远远高于核桃;榛子中 Ca、P、Fe 含量也高于其他坚果。

【功能用途】常食有明目健脑之功效,有益脾胃,补血气,宽肠明目的作用。可治食欲不振,肌体消瘦,体倦乏力,体虚眼花等症。还有杀虫,治小儿疳积作用。

榛子本身富含油脂,其中 V_E 含量高达 36%,易为人体所吸收,对体弱、病后虚赢、易饥饿的人都有很好的补养作用。能有效地润泽肌肤,延缓衰老,防治血管硬化。榛子里包着抗癌化学成分紫杉酚,它是红豆杉醇中的活跃成分,这种药可以预防和治疗卵巢癌和乳腺癌以及其他一些癌症，可延长病人的生命期。

偃松 *Pinus pumila*（图 3-17）

【形态】树高 1~6 m。分枝很多，丛生，大枝伏卧状，长约 10 m，主干伏在地面生长，末端斜而向上。针状叶。雄花黄色，雌花紫色，淡黄色，叶五针一束。紫红色的球形花蕊相映生辉，再现偃松两性同株的特性。球果紫褐色，种子略呈卵形。

【分布】适宜的生长地区为东北寒温带针叶林区及温带针阔叶混交林区。

【生态习性】阴生，喜阴湿环境。

【化学成分】种仁含油 51.2%。折光率 (17.4℃) 1.482 2，皂化值 191~193，碘值 146~161，酸值 1.8~2.3。油的脂肪酸组成为棕榈酸和硬脂酸 5.1%、油酸 17.5%、亚油酸 71.8%、亚麻油酸 5.6%。100 g 松仁中含脂肪 65.20 g、蛋白质 17.25 g、碳水化合物 8.1 g、灰分 1.9 g、V_A 1 202.76 IU 国际单位、V_E 170.42 IU 国际单位、V_B 0.076 2 mg、V_C 0.402 0 mg、Zn 6.14 mg、Ca 1.48 mg、P 550 mg、Cu 0.946 mg、Mn 31.3 mg 等。

【功能用途】可用作为地被植物，常用于岩石园。树形奇特，具有观赏价值，是枝叶繁茂的观赏树种。

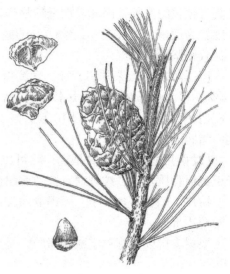

图 3-17　偃　松
（资料来源：东北植物检索表）

板栗 *Castanea mollissima*（图 3-18）

别名栗子、毛栗。与桃、杏、李、枣并称"五果"。

【形态】栗是山毛榉科栗属中的乔木或灌木总称，大约有 7~9 种，原生于北半球温带地区，其中主要栽培种植的是中国迁西板栗，还有欧洲栗和日本栗。大部分种类栗树都是 20~40 m 高的落叶乔木，只有少数是灌木。各种栗树都结可以食用的坚果，单叶，椭圆或长椭圆状，长 10~30 cm，宽 4~10 cm，边缘有刺毛状齿。雌雄同株，雄花为直立柔荑花序，雌花单独或数朵生于总苞内。坚果包藏在密生尖刺地总苞内，总苞直径为 5~11 cm，一个总苞内有 1~7 个坚果。坚果紫褐色，被黄褐色茸毛，或近光滑，果肉淡黄。

图 3-18　板　栗
（资料来源：中国植物图像库）

【分布】中国的板栗品种大体可分北方栗和南方栗两大类：北方栗坚果较小，果肉糯性，适于炒食；南方栗坚果较大，果肉偏粳性，适宜于菜用。树体强健。根系发达，有菌根共生。较抗旱，耐瘠薄。

【生态习性】喜光，对气候土壤条件的适应范围较为广泛。其适宜的年平均气温为 10.5~21.8℃，温度过高，冬眠不足，生长发育不良；气温过低则易遭受冻害。板栗既喜欢墒情潮湿的土壤，但又怕雨涝的影响，如果雨量过多，土壤长期积水，极易影响根系尤其是菌根的生长。因此，在低洼易涝地区不宜发展栗园，宜于山地栽培。板栗对土壤酸碱度较为敏感，适宜在 pH 值 5~6 的微酸性土壤上生长。多行实生播种，也可嫁接繁殖。木材致密坚硬、耐湿。

【化学成分】板栗甘甜芳香，含淀粉 51%~60%、蛋白质 5.7%~10.7%、脂肪 2%~7.4%、糖、粗纤维、胡萝卜素、V_A、V_B、V_C，以及 Ca、P、K 等矿物质，可供人体吸收和利用的养分高达 98%。以 10 粒计算，热量为 854 J，脂肪含量则少于 1 g，是有壳类果实中脂肪含量最低的。

【功能用途】板栗全身是宝，除可以加工制作栗干、栗粉、栗浆、糕点等食品外，由于板栗树材质坚硬，纹理通直，防腐耐湿，也是制造军工、车船、家具等的良好材料；枝叶、树皮、刺苞富含单宁，可提取栲胶；花是很好的蜜源。板栗各部分均可入药，具有良好的药用价值。

栗树皮可以提炼单宁酸和栲胶，是皮革工业的重要原料。树叶可以饲养柞蚕。

蒙古栎 *Quercus mongolica*

也称柞树。壳斗科栎属。

【形态】落叶乔木，树高可达 30 m，胸径达 60 cm。树冠卵圆形。树皮暗灰色，深纵裂，小枝粗壮，栗褐色，无毛，幼枝具棱。叶常集生枝端，倒卵形或倒卵状长椭圆形，长 7~20 cm，先端短钝或短凸尖，基部窄圆或近耳形，叶缘具深波状缺刻，具 7~10 对圆钝齿或粗齿，幼时沿叶脉有毛，后渐脱落，仅背面脉上有毛，侧脉 8~15 对；叶柄短，仅 0.2~0.5 cm，疏生绒毛。花单性同株，雄花序为下垂柔荑花序，长 5~7 cm，轴近无毛；雌花序长约 1 cm，有花 4~5 朵，但只有 1~2 朵花结果。总苞杯状，苞果 1/3~1/2，壁厚；苞鳞三角状卵形，背部呈半球形瘤状突起，密被灰白色短绒毛；坚果单生，卵形或长卵形，长 2~2.3 cm，径 1.3~1.8 cm，无毛。

【分布】主要分布于东北、内蒙古、西北等地，华北也有分布；朝鲜、日本、蒙古及俄罗斯均有分布。垂直分布在大、小兴安岭为海拔 200~800 m，河北为 800~2 000 m。

【生态习性】喜光、耐寒、能抗 -50 ℃，喜凉爽气候；耐干旱、耐瘠薄、喜中性至酸性土壤。耐火烧、根系发达、不耐盐碱。喜温凉气候和中性至酸性土壤，通常生于向阳干燥山坡。蒙古栎的根很深，主根发达，但不耐移植。

【化学成分】叶中含有木栓酮、β-香树脂醇、正十八醇、β-谷甾醇、胡萝卜苷和没食子酸。叶中含粗蛋白 13.3%、粗脂肪 4.9%、粗灰分 5.2%、粗纤维 17.1%，以及 Ca 0.92%、P 0.19%；氨基酸总量占粗蛋白的 79.0%；其果实橡子中含蛋白质 8.52%、脂肪 4.56%、粗纤维 9.73%，还含有 18 种氨基酸，其中人体必需氨基酸占总氨基酸的

43.7%，而且矿物质含量较高，尤其是 K、Na、Ca、Mg。此外，果实中单宁含量较高，约 7.24%。

【功能用途】蒙古栎是营造防风林、水源涵养林及防火林的优良树种，孤植、丛植或与其他树木混交成林均甚适宜。还可以进行人工培植。

银杏 *Ginkgo biloba*（图 3-19）

【形态】落叶大乔木，胸径可达 4m，幼树树皮近平滑，浅灰色，大树之皮灰褐色，不规则纵裂，有长枝与生长缓慢的距状短枝。叶互生，在长枝上辐射状散生，在短枝上 3~5 枚成簇生状，有细长的叶柄，扇形，两面淡绿色，在宽阔的顶缘多少具缺刻或 2 裂，宽 5~8(15)cm，具多数叉状并歹帕细脉。雌雄异株，稀同株，球花单生于短枝的叶腋；雄球花成柔荑花序状，雄蕊多数，各有 2 花药；雌球花有长梗，梗端常分两叉（稀 3~5 叉），叉端生 1 具有盘状珠托的胚珠，常 1 个胚珠发育成种子。

种子核果状，具长梗，下垂，椭圆形、长圆状倒卵形、卵圆形或近球形，长 2.5~3.5 cm，直径 1.5~2 cm；假种皮肉质，被白粉，成熟时淡黄色或橙黄色；种皮骨质，白色，常具 2（稀 3）纵棱；内种皮膜质。

图 3-19 银 杏
（资料来源：中国高等植物图鉴）

【分布】主要分布于山东、江苏、四川、河北、湖北和河南等地。银杏的垂直分布，也由于所在地区纬度和地貌的不同，分布的海拔高度也不完全一样。总的来说，银杏的垂直分布的跨度比较大，在海拔数米至数十米的东部平原到 3000m 左右的西南山区均发现有生长得较好的银杏古树。影响银杏自然分布的因素除纬度和海拔外，地形和土壤也是很重要的因子，如土壤含水量、含盐量、日照、极端气温等均直接限制着银杏的发展。从气候因子来看，垂直分布主要集中在年平均气温 8~20℃，极端最低气温不低于 -20℃ 的海拔范围内，这是符合银杏的生态习性的。

【生态习性】寿命长，我国有 3 000 年以上的古树。适于生长在水热条件比较优越的亚热带季风区。土壤为黄壤或黄棕壤，pH5~6。初期生长较慢，萌蘖性强。雌株一般 20 年左右开始结实，500 年生的大树仍能正常结实。一般 3 月下旬至 4 月上旬萌动展叶，4 月上旬至中旬开花，9 月下旬至 10 月上旬种子成熟，10 月下旬至 11 月落叶。

【化学成分】种子含有氢氰酸、组氨酸、蛋白质等。每 100 g 白果含蛋白质 6.4 g，脂肪 2.4 g，碳水化合物 36 g，粗纤维 1.2 g，蔗糖 52 g，还原糖 1.1 g，Ca 10 mg，P 218 mg，Fe 1 mg，胡萝卜素 320 μg，核黄素 50 μg，以及白果醇、白果酚、白果酸等多种成分。

【功能用途】银杏兼具生态、药食及经济价值。银杏树体高大，树干通直，姿态优美，春夏翠绿，深秋金黄，是理想的园林绿化、行道树种。可用于园林绿化、行道、公路、田间林网、防风林带的理想栽培树种。白果中含有的白果酸、白果酚，经实验证明有抑菌和杀菌作用；银杏叶中含有莽草酸、白果双黄酮、异白果双黄酮、甾醇等，近年来用于治疗高血压及冠心病、心绞痛、脑血管痉挛、血清胆固醇过高等病症都有一定效果。银杏叶中提取物可以"捍卫心脏，保护大脑"。已知其化学成分的银杏叶化学提取物多达160余种。主要有黄酮类、萜类、酚类、生物碱、聚异戊烯、奎宁酸、亚油酸、莽草酸、抗坏血酸、α-己烯醛、白果醇、白果酮等。

白果的药用主要体现在医药、农药和兽药3个方面。银杏树干通直，木材是制乐器、家具的高级材料。银杏木材质具光泽、纹理直、结构细、易加工、不翘裂、耐腐性强、易着漆、掘钉力小，并有特殊的药香味，抗蛀性强。银杏木除可制作雕刻匾及木鱼等工艺品，也可制作成立橱、书桌等高级家具。银杏木具共鸣性、导音性和富弹性，是制作乐器的理想材料。可制作测绘器具、笔杆等文化用品，也是制作棋盘、棋子、体育器材、印章及小工艺品的上等木料。在工业生产上，银木最适宜制作X线机滤线板、纺织印染滚、机模及脱胎漆器的木模、胶合板、砧板等。

火麻 Cannabis sativa（图3-20）

【形态】1年生草本植物，高1～3 m。茎直立，表面有纵沟，密被短柔毛，皮层富纤维，基部木质化。掌状叶互生或下部对生，全裂，裂片3～11枚，披针形至条状披针形，两端渐尖，边缘具粗锯齿，上面深绿色，有粗毛，下面密被灰白色毡毛；叶柄长4～15 cm，被短绵毛；托叶小，离生，披针形。花单性，雌雄异株；雄花序为疏散的圆锥花序，顶生或腋生；雄花具花被片5，雄蕊5，花丝细长，花药大；雌花簇生于叶腋，绿黄色，每朵花外面有一卵形苞片，花被小膜质，雌蕊1；子房圆球形，花柱呈二歧。瘦果卵圆形，长4～5 mm，质硬，灰褐色，有细网状纹，为宿存的黄褐色苞片所包裹。花期5～6月，果期7～8月。

干燥果实呈扁卵圆形，长4～5 mm，直径3～4 mm。表面光滑，灰绿色或灰黄色，有微细的白色、棕色或黑色花纹，两侧各有1条浅色棱线。一端钝尖，另一端有一果柄脱落的圆形凹点。外果皮极薄，内果皮坚脆。绿色种皮常黏附在内果皮上，不易分离。胚乳灰白色。

【分布】原产锡金、不丹、印度和中亚细亚，现各国均有野生或栽培。我国各地也有栽培或野生。现今野生资源已经很少，仅在新疆、云南和山东还有少量分布；种植规模较大的有安徽、云南、甘肃、黑龙江、内蒙古、广西、山西、四川、河南等地；宁夏、陕西、河北、湖北、湖南、山东等地有零星种植；东部沿海地区几乎没有。

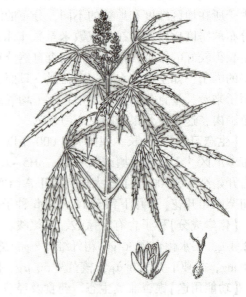

图3-20 火麻
（资料来源：中国高等植物图鉴）

【生态习性】在中国大部分地区有栽培,喜温暖湿润气候,对土壤要求不严,以土层深厚、疏松肥沃、排水良好的砂质土壤或黏质土壤为宜。

【化学成分】去壳火麻仁含蛋白质34.6%、脂肪46.5%、碳水化合物11.6%。火麻仁的最重要特征是它同时提供人体膳食中必需的脂肪酸(EFAs)、α-亚麻酸。

火麻仁食品含有很低的胆固醇含量,以及很高的可降低胆固醇的植物甾醇含量438 mg/100g。火麻仁油含有所有油中平均最高的单不饱和和多不饱和脂肪酸,平均达89%。它是目前世界上唯一能溶于水的植物油。多不饱和亚油酸(一种ω-6脂肪酸)在火麻油中的含量是55.6 g/100 g,α-亚麻酸(一种多不饱和ω-3脂肪酸)含量是17.2 g/100 g,这2种脂肪酸的比值是3.38,非常接近世界卫生组织(WHO)推荐的瑞典和日本人膳食的平均比值4.0。

麻仁蛋白质为人类提供一种比例非常均衡的10种必需氨基酸组合。火麻仁蛋白质的一个突出的方面是精氨酸(123mg/g 蛋白质)和组氨酸(27 mg/g 蛋白质)的高含量,2种都对儿童期的生长非常重要,以及合成必需的酶所需要的含硫氨基酸——胱氨酸(16 mg/g 蛋白质)。火麻仁蛋白质也含相对高水平的对骨骼肌代谢非常重要的支链氨基酸。

去壳火麻仁的糖含量是2%,其碳水化合物有6%是以纤维的形式存在。火麻仁粉的纤维含量40%,是所有制粉类粮食当中最高的。除了含有人类必需的多种营养素外,火麻仁食品含有高含量的以α-、β-、γ-、δ-生育酚和α-生育三烯酚形式的抗氧化剂(92.1 mg/100g)。另外,火麻仁含有种类很广的其他维生素和矿物质。

【功能用途】果实中医称"大麻仁"或"火麻仁"入药,性平,味甘,润肠,主治大便燥结。火麻仁含有丰富的蛋白质、不饱和脂肪酸、卵磷脂、亚麻酸、维生素及Ca、Fe、矿物质等人体所必需的微量元素。食之有润肠胃、滋阴补肾、助消化、明目保肝、祛病延寿之功效,且对老人便秘、高血压和高胆固醇等疾病有特殊的疗效。火麻是唯一能够溶解于水的油料,是广西巴马人长期食用得以健康长寿的重要原因之一。果实富含碳水化合物,是构成机体的重要物质;储存和提供热能,维持大脑功能必需的能源,调节脂肪代谢,提供膳食纤维,节约蛋白质,解毒;增强肠道功能。适宜患有脚气肿痛;体虚早衰;心阴不足,心悸不安,血虚津伤,月经不调,肠燥便秘等症状的人群食用。更适用于老人、产后和热性病后血亏津液少的肠燥、大便秘结等症。

茎皮纤维长而坚韧,可用以织麻布或纺线,制绳索,编织渔网和造纸;种子榨油,含油量30%,可供做油漆、涂料等,油渣可作饲料。

3.3　野生根茎类食用植物资源开发与利用

根茎类是地下茎的总称,包括根状茎、块茎、球茎及鳞茎等。

3.3.1　野生食用根茎类植物资源的种类及特性

3.3.1.1　野生食用根茎类植物资源的种类

野生食用根茎类植物资源同其他类植物资源一样,分类因标准不同而异。

(1) 按植物的分类学属性分类

野生根茎类植物资源涉及科属比较集中，如百合科百合属的百合，黄精属的黄精；桔梗科桔梗属的桔梗，党参属的党参；菊科向日葵属的菊芋，牛蒡属的牛蒡；天南星科魔芋属的魔芋；泽泻科慈姑属的慈姑；薯蓣科薯蓣属的穿龙薯蓣；豆科葛属的野葛等。

(2) 按植物食用部位分类

野生食用植物（主要指野菜类）由于涉及的植物科、属、种太多，通常按食用部位和器官进行分类，根茎（地下）类是其中的一类，又细分成食用其块根、根茎、鳞茎3类，如魔芋食用部位为块茎，玉竹食用部位为根状茎，百合食用部位为鳞片状地下茎等。

3.3.1.2 野生食用根茎类植物资源的特性

(1) 资源丰富

野生食用根茎类植物在野菜中所占比例大，资源丰富，储量大，分布广，由于气象因子的影响和野生根茎类本身的生物学特性，采集时间随分布海拔升高而由春季至夏秋季，有的地区冬季也有野生根茎类可采集。

(2) 营养价值高

野生根茎类植物富含蛋白质、维生素、胡萝卜素及人体不可缺少的微量元素 Mg、Zn、Ge 等，无农药污染，具有保健作用，具独特的食疗作用。近年在国际、国内市场上都深受消费者欢迎，在各种调配粉剂中，大部分来自野生根茎类植物。

(3) 淀粉含量高

野生食用根茎类植物一大特点是淀粉含量较高，百合、黄精等淀粉含量为55%~70%，大大超过薯类淀粉含量。蕨、葛的淀粉含量也在20%以上，相当于薯类淀粉含量，且上述野生植物淀粉售价为普通淀粉的2~3倍，很有开发价值。作为珍贵的淀粉植物资源，一些完全处在野生状态，一些已有驯化栽培，开发价值很大。

3.3.2 野生食用根茎类植物的开发利用途径

(1) 作为特殊的淀粉资源进行开发利用

如百合淀粉溶解度和膨润力较马铃薯淀粉与玉米淀粉大；穿龙薯蓣淀粉颗粒明显小于木薯和马铃薯的淀粉颗粒尺寸，其糊化温度也较高。不同野生食用根茎类的淀粉所表现出的不同特性为其作为特殊的淀粉资源的开发利用奠定了基础。

(2) 新活性成分的探索

进行重要根茎类的营养成分和开发利用价值的研究，寻找新的活性成分，开发出具有食疗保健作用的食用产品，既可以很好地利用野生根茎类提供的特殊活性成分，又可以提高产品的附加值。

(3) 提高综合利用率

在深加工工艺技术上重点突破，综合利用。根据不同野生根茎类的特点，研究出科学的加工工艺，改进加工技术，进行综合加工和深加工，开发出种类丰富的各类产品，实现野生根茎类资源开发利用的规模化、产业化、现代化、多样化、精品化。

(4) 开发食品加工以外的利用途径

野生根茎类除食用外，还具有其他方面的利用价值。例如，菊芋块茎味甜适口，是佐餐佳品；块茎中菊糖含量较高，菊糖水解后的果糖，用于医药及制作糖果、糕点等；块茎还是制淀粉和酒精的工业原料；菊芋地上部茎叶和地下部块茎营养丰富，茎叶蛋白质含量与串叶松香草（一种优质高产优良草种）相当，牛、羊、猪、兔、鸡、鸭均喜食，是优良的家畜饲料。

(5) 资源的可持续发展

开发与资源保护并重，进行珍稀特有种类的驯化和人工栽培的研究。从生态学、生理学的角度弄清有极高开发利用价值根茎类的生活史，通过山地生态保护、生态恢复，经过合理规划，可形成规模生产、可持续生产，使其成为生产基地，既有利于保持其野生状态，又可避免人类的栽培措施导致环境的再度污染。

3.3.3 野生根茎植物的采收与贮藏

3.3.3.1 野生根茎类植物的采收

野生根茎类植物可食部分为根或地下茎，因此，根及地下茎要发育充分，根或地下茎生长充实，有效成分积累较高，若作为繁殖器官，应具备了繁殖新个体的能力，而且其外观上（如大小、形态）都已达到要求才可以采收。

例如，玉竹的收获季节一般以9月上旬为宜，此时玉竹中干物质积累较高。当环境温度较低时，玉竹地上部枯萎较早，在此种情况下应将采收时间提前。而东北地区玉竹的适宜采收期为8月底至9月初。在这期间采收的玉竹折干率和多糖含量比较高，质量较好。收获时先把地上茎割去，然后从前往后退着挖，这样可以减少地下茎损伤。挖出后要及时留下种根茎，去掉泥土和剩下的地上茎，分枝可以不连在一起，但要尽可能使每根玉竹条保持最大长度和降低弯曲度。

党参一般在栽后2~3年的8月中旬至9月上旬采挖。先清除地表杂物，然后抢晴天土墒适宜时采挖，挖党参时勿折断或伤皮，一旦误折应用线将断处扎起，以免浆汁流出，挖出根后先去掉残茎，抖去泥土，符合商品质量要求的均运回加工。新鲜党参以根条较长，直径1 cm以上、无支根、尾根少、浆气足、无损伤者为佳。

3.3.3.2 野生根茎类植物的贮藏

野生根茎类植物的贮藏手段多种多样，有一直沿用的大量产品使用的堆藏，也有采用相对先进的气调贮藏、辐照保藏等。

如百合的砂土层积法便属于大量产品的堆藏。贮前先在室内摊晒1 d，然后选择一阴凉场所，用0.3% $KMnO_4$或甲醛熏蒸1次，再在地点铺上清土或河沙，1层鲜茎1层砂土，摆放覆土厚度7~8 cm，周围用木板挡好，高度不需超过1 m，1个月检查1次，不宜过多翻动。发现霉变及时清除。可以在阴凉的地下室或室外的坑窖，也可以利用防空洞，堆内温度以6~11 ℃为宜。

采收后的党参经过干制，成型后分级包装。可采用辐照贮藏，剂量4~8 kGy的 ^{60}Co-γ 射线辐照党参并辅以聚酯聚乙烯复合薄膜封口包装，常温下贮藏期可延长1年以上；气调贮藏，即充氮气、二氧化碳以降低氧浓度，使库内氮气保持98%或二氧化碳保持45%以上，抑制呼吸，使害虫窒息死亡，达到安全贮藏之目的。此外，低温冷藏，即在10℃以下贮藏，是一种比较理想而且安全有效的贮藏方法，此方法除防虫霉外，还可缓解党参陈化。

3.3.4 野生根茎类植物的加工

野生根茎类植物与其他可食植物资源一样，加工品种类很多，这里择要例举。

3.3.4.1 糖水百合罐头的加工

工艺流程：鲜百合→清洗→护色→预煮→漂洗→装罐→排气→杀菌→冷却→成品

工艺要点：

①护色：清洗后的百合置于由0.25%柠檬酸、0.1% $CaCl_2$、0.2%明矾和0.1%抗坏血酸组成的护色液中，室温浸泡2 h。

②预煮：置于0.2%柠檬酸、0.1% $NaHSO_3$ 混合液中，在95℃保持5 min，以杀灭过氧化物酶。

③漂洗：在流动清水中漂洗，时间不少于30 min，以除去残留 SO_2 及杂物。漂洗后捞出沥干水分。

④灌注液配制：先化糖，当糖全部溶化后，再加入0.1%～0.2%的柠檬酸，调整糖水的pH4.5。用3层纱布滤去杂质，得到浓度为35%～37%的糖液备用。

⑤杀菌：100℃，30 min。

⑥冷却：10 min内，分段冷却至37℃。

3.3.4.2 低糖桔梗脯的加工

工艺流程：鲜桔梗→去皮→切片→浸泡→漂洗→漂烫→漂洗→煮制→干燥→包装→辐射杀菌→成品

工艺要点：

①浸泡：0.5% $CaCl_2$ +0.1% $NaHSO_3$ 溶液。

②漂烫：80～90℃，15 min。

③漂洗：冷水漂5 min。

④煮制：蔗糖35%，柠檬酸0.3%，食盐2%，环状糊精0.1%，沸腾煮制75 min。

⑤干燥：60～65℃，4～6 h。

⑥杀菌：辐射，小于1 kGy。

3.3.4.3 菊芋中菊糖的提取分离

(1) 粗菊粉的制备

新鲜菊芋洗净，纵切，沸水中烫5 min灭活多酚氧化酶。取出冷却后切丝，于80℃电热恒温鼓风干燥箱中干燥7 h；部分干丝用组织粉碎机粉碎，过40目筛得到粗菊粉。

(2) 菊糖的提取

称取30 g粗菊芋粉置于1 000 mL的圆底烧瓶中，加入450 mL的蒸馏水，置于电热恒温水浴锅中，80 ℃浸提 90 min。

（3）菊糖的纯化

石灰乳除杂，向菊糖浸提液中加入 pH 值为 11 的石灰乳，80 ℃保温 1 h，抽滤后离心，8000 r/min 离心 10 min。Sevag 试剂除蛋白。活性炭脱色。醇沉。干燥后得纯度为 92.60%的菊糖。

3.3.4.4　中国石蒜中淀粉的提取

石蒜属植物的鳞茎含有淀粉 40%，可用于加工生产浆糊和浆沙、建筑涂料及做铸造纱芯黏合剂等多种工业用途，也可试制酒精。

准确称取一定量的已粉碎过筛后的中国石蒜粉末，用乙醇浸泡后过滤得沉淀；用 0.01 mol/L 的 NaOH 作为浸提液浸提，pH9.0，料液比 1:4，浸提时间 6 h，沉降时间 4 h；过滤后用 1% NaCl 清洗，蒸馏水洗 3~4 次至上清液无色，过滤后静置分层，60 ℃烘干即得成品。提取率超过 80%。

3.3.5　我国主要野生根茎类植物

百合 *Lilium brownii*（图 3-21）

又名山百合、药百合、野百合、喇叭筒、岩百合等。百合科百合属。商品百合为百合科植物卷丹、百合或细叶百合的干燥肉质鳞叶。

【形态】多年生草本植物，株高 70~150 cm。鳞茎球形，淡白色，先端常开放如莲座状，由多数肉质肥厚、卵匙形的鳞片聚合而成，下部着生须根。茎直立，圆柱形，常有紫色斑点，无毛，绿色。叶互生，无柄，披针形至椭圆状披针形，全缘，叶脉弧形。花大、白色、漏斗形，单生于茎顶；蒴果长卵圆形，具钝棱。种子多数，卵形，扁平。花期 5~8 月，果期 8~10 月。

【分布】主产于湖南、四川、河南、山东、河北、安徽、江苏、福建、甘肃、浙江等地。

【生态习性】生于山坡、草丛、沟边、地边、村旁或疏林下。百合喜温暖湿润环境，稍冷凉地区也能生长。能耐干旱，怕炎热酷暑，怕涝。对土壤要求土层深厚，疏松肥沃，排水良好的夹砂土或腐殖土。在有遮荫或半阴半阳、微酸性土质的地块上生长良好。

【化学成分】有较高的营养价值，含有蛋白质 21.29%、脂肪 12.43%、还原糖 11.47%、淀粉 1.61%，每 100 g 含 V_B 1.443 mg、V_C 21.2 mg。此外，还含有生物碱、皂苷、磷脂、氨基酸、多糖等活性成分和大量微量元素。

【功能用途】入药，有清肺润燥、滋阴清热、利湿消积、宁心安神、理脾健胃、促进血液循环、增强机体免疫力等多种功效，鳞茎供食用或药用。

桔梗 *Platycodon grandiflorus*（图 3-22）

别名道拉基、铃铛花、地参、和尚帽子根、包袱花根。桔梗科桔梗属。

【形态】多年生草本植物，全株有白色乳汁。主根纺锤形，长 10~15 cm，几无侧根；外皮浅黄色，易剥离。茎直立，高约 30~120 cm，光滑无毛，通常不分枝或上部稍分枝。茎上部叶互生，中下部叶对生或轮生，无柄或有短柄。叶片卵形或卵状披针形，边缘有不

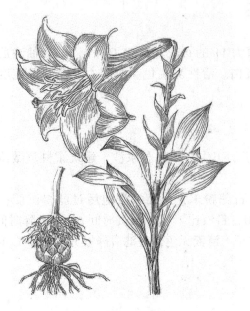
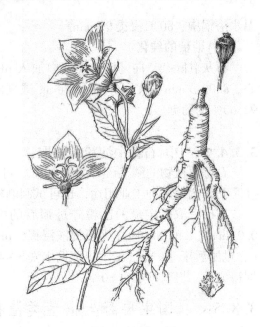

图 3-21 百合　　　　　　图 3-22 桔梗

（资料来源：中国植物图像库）

规则尖锯齿，下面被白粉。花单生或数朵集成疏生总状花序。花萼钟状，顶端 5 裂。花冠阔钟状，蓝色、蓝紫色或有白色，顶端 5 裂片，三角形。雄蕊 5 枚，花丝短，基部变宽，密生细毛。雌蕊子房下位，5 室，柱头 5 裂，反卷，密生白毛。蒴果，倒卵圆形，成熟时顶部 5 瓣裂。种子多数，卵形，黑褐色。花期 7~10 月，果期 8~11 月。

【分布】野生桔梗主要产于内蒙古、吉林、黑龙江、辽宁、安徽、河北、贵州等地。桔梗为耐干旱的植物，多生长在砂石质的向阳山坡、草地、稀疏灌丛及林缘。

【生态习性】生长于海拔 200~1 500 m 的林区、半山区和丘陵地带的山坡、草地、林缘和灌木丛等处。桔梗常在的群落有稀疏的蒙古栎林、槲栎林、榛灌丛、中华绣线菊灌丛和连翘灌丛等。喜温，喜光，耐寒，怕积水，忌大风。适宜生长的温度范围为 10~20 ℃，最适温度为 20 ℃，能忍受 -20 ℃ 低温。在土壤深厚、疏松肥沃、排水良好的砂质壤土中植株生长良好。土壤水分过多或积水易引起根部腐烂。

【化学成分】每 100 g 鲜桔梗中含蛋白质 3.5 g、脂肪 1.2 g、碳水化合物 18.2 g、Ca 260 mg、P 40 mg、Fe 13 mg、胡萝卜素 2.2 mg、V_C 10 mg、硫胺素 0.45 mg、核黄素 0.44 mg、膳食纤维 3.2 g。

【功能用途】有效成分有皂苷、甾体、多糖、植物固醇、萜类等，具有抗炎、止咳、化痰、抗溃疡、扩张血管、降血压、解热镇痛、镇静、降血糖、促进胆酸分泌、抗过敏等功能，根可做菜或入药。

党参 Codonopsis pilosula（图 3-23）

桔梗科党参属。

【形态】多年生草质藤本植物。根常肥大肉质，具乳汁，呈纺锤状圆柱形，较少分枝或中部以下略有分枝，长15~30 cm，直径1~3 cm，表面黄色。茎缠绕，长1~2 m，直径2~3 mm，有多数分枝。叶在主茎及侧枝上的互生，在小枝上的近于对生，叶片卵形或窄卵形，长1~6.5 cm，宽1~5 cm，先端钝或微尖，基部近于心形，上面绿色，下面灰绿色，两面疏或密被贴伏的长硬毛或柔毛，边缘具波形钝锯齿，分枝上的叶片渐趋狭窄，叶基部圆形或楔形。花单生于枝端，与叶柄互生或近于对生，有梗；花萼5裂，裂片宽披针形或狭长圆形，顶端钝或微尖；花冠钟状，长1.8~2.3 cm，直径1.8~2.5 cm，黄绿色，内面有紫斑，先端5裂，裂片正三角形；雄蕊5，花丝基部稍扩大，子房半下位，花柱短，柱头有白色刺毛。蒴果圆锥形；种子多数，细小，卵形，棕黄色。

【分布】主要分布于华北、东北及河南、陕西、甘肃、青海、四川等地。野生党参垂直分布于海拔1 200~3 100 m，多在海拔1 400~2 100 m的半阴半阳或阴坡，坡度在15°~20°的地带。

【生态习性】喜温和、凉爽气候，怕热，较耐寒，一般在8~30℃能正常生长。

【化学成分】党参的化学成分有甾醇类、糖类、苷类、生物碱及含氮成分，挥发性成分，萜类、氨基酸、矿物质等。

【功能用途】有补气、益血、生津功能，可食用或入药。

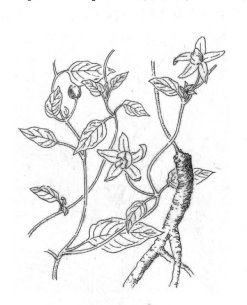

图3-23 党 参

图3-24 玉 竹

（资料来源：中国植物图像库、中国高等植物图鉴）

玉竹 *Polygonatum odoratum*（图3-24）

百合科黄精属。玉竹的根茎又名萎蕤、葳蕤、尾参、玉参，药食兼用。

【形态】多年生草本植物，株高30~60 cm。地下根状茎横生，圆柱形，肥厚，肉质，有结节，密生多数须根。地上茎单一，上部稍斜，具纵棱，光滑无毛。叶互生，叶片椭圆，长5~12 cm，宽3~6 cm，先端钝尖，基部楔形，全缘，上面绿色，下面粉绿色。花1~3朵或4朵簇生于叶腋，花梗俯垂，绿白色；花被筒状，顶端6裂，裂片卵圆形，雄蕊6,着生于花被筒中部;子房上位。浆果球形,成熟时蓝黑色。花期4~6月,果期7~9月。

【分布】分布于湖南、湖北、安徽、黑龙江、吉林、陕西、山西、河北、宁夏、四川、江西、浙江、广东等地。

【生态习性】生于林下、林缘、灌丛或山野阴湿处。玉竹生长适应性较强,一般平均气温在9~13℃时,从根茎出苗,18~22℃时现蕾开花,19~25℃时地下根茎增粗,为干物质积累盛期,气温下降至20℃以下时,果实成熟,地上部分生长减缓。对土壤要求不甚严格,主要以黄色、微酸性砂质壤土,土层深厚,肥沃疏松,排水良好,向阳坡地为宜。水分对玉竹生长较为重要,一般全月平均降水在150~200 mm时地下根茎发育最旺,降水量在25~50 mm以下时,生长缓慢。

【化学成分】多糖是玉竹的主要有效成分,一种黏多糖已被从玉竹的根茎中分离出来,另外,还分离出4种玉竹聚果糖,甾体、皂苷、生物碱、蛋白质、鞣质、淀粉、黏液质和二肽成分等都是玉竹的有效成分。不同产地玉竹多糖含量在20.39%~33.16%,皂苷类化合物含量在0.09%~0.28%,黄酮类化合物含量在0.05%~0.09%,总氨基酸含量11.22%~12.20%。

【功能用途】有养阴润肺、生津止渴之功效。具有降血糖作用,抗肿瘤作用,可改善心肌功能,降压作用,增强机体免疫力。食用或入药。

芍药 *Paeonia lactiflora*(图3-25)

芍药科芍药属。野生芍药亦称赤芍。

【形态】多年生草本植物。根粗壮,黑褐色,常为圆柱形。茎无毛,基部有鳞片,上部略分枝。叶互生,茎下部的叶为二回三出复叶,上部的叶为三出复叶,小叶狭卵形、椭圆形或披针形,先端渐尖,基部楔形或偏斜,边缘有白色骨质细齿,叶的两面无毛,叶柄较长。花单生于茎顶和叶腋,每个花茎生花2~5朵;花大型;花萼4片,宽卵形或近圆形;花冠9~13瓣,倒卵形,白色,有时基部有深紫色斑,也有红色、粉红色等类型;雄蕊多数,花丝和花药黄色,花盘浅杯状,包裹雌蕊心皮的基部,顶端裂片钝圆;雌蕊心皮35个,分离,无毛。蓇葖果,卵形,顶端具钩状向外弯的喙。种子圆形,黑色。花期5~6月,果期9月。

【分布】分布于甘肃、陕西、山西、河北、内蒙古及东北等地。

【生态习性】生于山坡、山谷灌丛或高草丛中。

图 3-25 芍 药

(资料来源:黑龙江省植物志、中国植物图像库)

【化学成分】主要成分有芍药苷、芍药内酯苷。

【功能性质】根入药可清热凉血，散瘀止痛的功能。用于温毒发斑，吐血衄血，目赤肿痛，肝郁胁痛，经闭痛经，癥瘕腹痛，跌扑损伤，痈肿疮疡。具有很好的抗肿瘤作用。观赏及药用。

穿龙薯蓣 *Dioscorea nipponica*（图3-26）

又名穿地龙、串地龙、穿山龙、穿龙骨。薯蓣科薯蓣属。我国特有的薯蓣属植物中，以盾叶薯蓣、穿龙薯蓣的品质较好，薯蓣皂苷元含量较高。

【形态】多年生缠绕草质藤本植物，株长2~3 m。根状茎横走，呈稍弯曲的圆柱形，长可达60 cm以上，表面棕色，折断面白色，具黏液。茎细长，略带紫色，光滑无毛，具缠绕性。叶对生，或三叶轮生，有长柄，叶片心形或箭头形，全缘。穗状花序，开小白花，单性花，雌雄异株，雄花序直立，雌花序下垂。叶腋间常生有珠芽。蒴果，具三棱翅状。花期7~8月，果期9~10月。

【分布】分布于黑龙江、辽宁、吉林、内蒙古、河北、河南、山东、山西、陕西、宁夏、青海、安徽、浙江、江苏、江西、四川等地。朝鲜、日本和俄罗斯（远东地区）也有分布。

【生态习性】野生于山腰的河谷两侧半阴半阳的山坡灌丛中或沟边、稀疏杂木林内或林缘。对土壤要求不严，以肥沃、疏松的砂质壤土生

图3-26 穿龙薯蓣
（资料来源：中国高等植物图鉴）

长较好，其次是壤土和砂壤土，适应性强，耐寒耐旱，适宜生长温度为12~15 ℃，多分布于海拔100~1 700 m，集中分布于海拔300~900 m。

【化学成分】地下茎营养丰富，富含碳水化合物、糖类、多种氨基酸、矿物质以及维生素等，根状茎含薯蓣皂苷。

【功能用途】入药有舒筋活血、祛风止痛的功能。薯蓣皂苷具有多种药理作用，如抗高胆固醇血症，抗肿瘤作用，免疫调节作用，抗真菌作用，抗艾滋病作用，防治心血管疾病，保护胃黏膜等。根状茎用来泡酒或水煎后服用。山药、参薯，以及黄独、五叶薯和日本薯蓣等都是常供食用的种类。其中山药更是绿色保健食品之王，风味独特，口感好，用山药熬制营养粥，制作糕点小吃，烹制菜肴都深受群众喜爱；山药还可制成果酱、罐头、营养保健品等。我国薯蓣属植物中可供工业生产利用的约有10种。

菊芋 *Helianthus tuberosus*（图3-27）

也称洋姜、鬼子姜、姜不辣。菊科向日葵属。

【形态】多年生草本植物。植株高大，高可达1~3 m。地下有块茎和纤维状根。地上

茎直立，有短硬毛或刚毛，茎上部有分枝。下部叶对生，上部叶互生。叶片卵形或卵状椭圆形，较大，先端锐尖或渐尖，基部宽楔形或圆形，有时微呈心形，边缘有粗锯齿，具离基三出脉。叶的上面被短硬毛，下面叶脉上有短硬毛。茎上部的叶片长椭圆形至宽披针形，先端渐尖，基部宽楔形。叶柄具狭翅。头状花序较大，少数或多数，单生于枝端。总苞片多层，披针形，先端长渐尖，背面及边缘被硬毛。托片长圆形，上端有不等的3浅裂，有长毛。头状花序的边花为舌状花，12~20朵，椭圆形，黄色。中部的管状花也呈黄色。瘦果楔形，有柔毛，上端还有2~4个有毛的锥状扁芒。花、果期8~10月。

【分布】分布于全国各地。

【生态习性】除酸性土壤及盐碱地外，其他土壤都可生长。秋季能忍受 $-5 \sim -4\ ℃$ 的低温。在气温18~22 ℃和光照12 h条件下，有利于块茎的形成。

【化学成分】菊芋块茎水分含量79.8%、碳水化合物16.6%、蛋白质1.0%、膳食纤维16.6%、矿物质2.8%。碳水化合物中78%是菊糖。

【功能用途】菊芋块茎性平，味甘，无毒，利水祛湿。对血糖有双向调节作用。菊粉能减少肝脏毒素，在肠道中生成抗癌的有机酸，促进B族维生素的合成和Ca、Fe等元素的吸收利用，防止骨质疏松，提高人体免疫功能。块茎可食，可用来制酒精、淀粉，加工饲料。经分离后可得菊粉、低聚果糖、高果糖浆。

图3-27 菊 芋

图3-28 慈 姑

（资料来源：中国高等植物图鉴、东北植物检索表）

慈姑 *Sagittaria trifolia* var. *sinensis*（图3-28）

又名剪刀草、燕尾草等。泽泻科慈姑属。

【形态】多年生草本植物，据《本草纲目》载："慈姑，一根岁生十二子，如慈姑之乳诸子，故以名之。"原产中国。植株高约1 m。叶戟形，长25~40 cm，宽10~20 cm，为根出叶，具长柄。短缩茎，秋季从各叶腋间向地下四面斜下方抽生匍匐茎，长40～60 cm，粗1 cm，每株10多枝。顶端着生膨大的球茎，高3～5 cm，横径3～4 cm，呈球形或卵形，具2～3环节。顶芽尖嘴状。成长植株从叶腋抽生花梗1～2枝。花茎长15～45 cm，总状花序或圆锥花序有花3～5轮，每轮有花3～5朵，下轮的为雌花，上轮的为雄花而有较细长的柄；苞片短，短尖或钝；花径约1.8 cm；萼片3，卵形，钝；花瓣3，白色，基部常紫色，近圆形；雄蕊多数；心皮多数，聚集于花托上。总状花序，雌雄异花。花萼、花瓣各3枚，雄蕊多数，雌花心皮多数，集成球形。瘦果。

【分布】产于东北、华北、西北、华东、华南及四川、贵州、云南等地，除西藏等少数地区未见到标本外，几乎全国各地均有分布。

【生态习性】性喜温暖，用顶芽繁殖。气温15℃时萌芽生根；栽插期和茎叶生长期适温为白天25℃，夜间15℃；球茎形成期适温为10～20℃。昼夜温差大，日照良好，有利球茎发育。生于湖泊、池塘、沼泽、沟渠、水田等水域。

【化学成分】含淀粉、蛋白质和多种维生素，富含K、P、Zn等微量元素，对人体机能有调节促进作用。

【功能性质】球茎富含碳水化合物（约25.7%）和蛋白质（5.6%），可煮食或加工制片、制粉等。另外，慈姑还具有益菌消炎的作用。中医认为慈姑性平、味甘，生津润肺，补中益气，所以慈姑不但营养价值丰富，还能够败火消炎，辅助治疗痨伤咳喘。

蕨 *Pteridium aquilinum* ssp. *latiusculum*（图3-29）

又名如意菜。为水龙骨目蕨科蕨属的一种。蕨属过去一直隶属于凤尾蕨科，1974年秦仁昌根据其根状茎横走，被毛无鳞片，孢子囊群盖具有真、假两层盖，以及中柱体和染色体基数的不同，连同曲轴蕨属（*Paesia*）另立为蕨科。

【形态】根状茎粗壮，长而横走，密被褐棕色茸毛。叶片阔三角形，三回羽状或四回羽裂。孢子囊群生小脉顶端的联结脉上，沿叶缘分布成线形，囊群盖两层，内层为真盖，发育或退化，外层为假盖，由变质的叶边反卷而成，本种生活力强，常成片生长成为难以清除的杂草。

【分布】广布于世界温带及暖温带。

【生态习性】生长在向阳荒坡。

【化学成分】根茎含淀粉40%左右、粗纤维30%、还原糖约4.5%。

【功能用途】其根状茎富含淀粉，可供食用或酿酒，纤维可制绳索，拳卷的幼叶，可加工食用制成菜干，名"蕨菜"。蕨菜除采自本种外，还有紫萁、菜蕨、荚果蕨等。

石蒜 *Lycoris radiata*（图3-30）

别名龙爪花、红花石蒜、山乌毒。石蒜科石蒜属。

【形态】多年生草本植物。鳞茎广椭圆形，长4～5 cm，直径2.5～4 cm，上端有长约3 cm的叶基，基部生多数白色须根；表面由2～3层黑棕色干枯膜质鳞片包被，内部有10多层白色富黏性的肉质鳞片，生于短缩的鳞茎盘上，中心有黄白色的芽。气特异，味极苦。叶线形，于花期后自基部抽出，5～6片，叶冬季抽出，夏季枯萎。花丝8～9月抽出，

图 3-29　蕨　　　　　　　　　　图 3-30　石　蒜
(资料来源：中国植物图像库、中国高等植物图鉴)

高 30~60 cm，着花 4~12 朵，呈伞形花序顶生；花鲜红色，筒部很短，长约 5~6 mm，裂片呈狭倒披针形，向外翻卷。子房下位，花后不结实。多年生草本，喜生于林缘、河岸阴湿处。叶带状，深绿色带白霜粉。花葶在夏秋间叶枯死后抽出，实心，高达 30 cm，伞形花序具数朵花；花红色，长约 4 cm，花被筒很短，喉部具鳞片，有 6 枚裂片；裂片倒狭披针形，边缘皱缩，展开而反卷；雄蕊和雌蕊远伸出花被裂片之外。

【分布】分布于山东、河南、安徽、江苏、浙江、江西、福建、湖北、湖南、广东、广西、陕西、四川、贵州、云南。野生于阴湿山坡和溪沟边的石缝处；庭园也有栽培。日本也有分布。

【生态习性】野生品种生长于阴森潮湿地，其着生地为红壤，因此耐寒性强，喜阴，能忍受的极限高温为日平均气温 24℃；喜湿润，也耐干旱，习惯于偏酸性土壤，以疏松、肥沃的腐殖质土最好。夏季有休眠习性。

【功能用途】鳞茎含淀粉，可提取植物胶代替阿拉伯胶。全草含石蒜碱、加兰他敏等用于制药的原料，有祛痰、催吐、消肿止痛、利尿等效，但有大毒，宜慎用。含石蒜碱(lycorine)、加兰他敏(galanthamine)、石蒜胺碱(lycora-mine)等，可引致呕吐、痉挛等症状，故可用石蒜治食物中毒者，催吐用。对中枢神经系统有明显影响，可用于镇静、抑制药物代谢及抗癌作用。

黄精 *Polygonatum sibiricum*（图 3-31）

又名老虎姜、鸡头参。百合科黄精属。根据原植物和药材性状的差异，黄精可分为姜形黄精、鸡头黄精和大黄精 3 种。姜形黄精的原植物多花黄精，鸡头黄精的原植物为黄精，而大黄精(又名碟形黄精)的原植物为滇黄精。三者中以姜形黄精质量最佳。

【形态】多年生草本植物，根茎横生，肥大肉质，黄白色，略呈扁圆形。有数个茎痕，茎痕处较粗大，最粗处直径可达2.5 cm，生少数须根。茎直立，圆柱形，单一，高50～80 cm，光滑无毛。叶无柄；通常4～5枚轮生；叶片线状披针形至线形，长7～11 cm，宽5～12 mm，先端渐尖并卷曲，上面绿色，下面淡绿色。花腋生，下垂，花梗长1.5～2 cm，先端2歧，着生花2朵；苞片小，远较花梗短；花被筒状，长8～13 mm，白色，先端6齿裂，带绿白色；雄蕊6，着生于花被除数管的中部，花丝光滑；雌蕊1，与雄蕊等长，子房上位，柱头上有白色毛。浆果球形，直径7～10 mm，成熟时黑色。花期5～6月，果期6～7月。

【分布】黄精主产于河北、内蒙古、陕西等地。多花黄精主产于贵州、湖南、云南、安徽、浙江等地。滇黄精主产于贵州、广西、云南等地。

【生态习性】黄精喜阴湿气候条件，具有喜阴、耐寒、怕干旱的特性，在干燥地区生长不良，在湿润荫蔽的环境下植株生长良好。在土层较深厚、疏松肥沃、排水和保水性能较好的壤土中生长良好；在贫瘠干旱及黏重的地块不适宜植株生长。

【化学成分】黄精根茎含烟酸、黏液质、醌类，并含黄精多糖甲、乙、丙；黄精低聚糖甲、乙、丙。多糖甲、乙、丙均由葡萄糖、甘露糖、半乳糖醛酸结合而成；低聚糖甲、乙、丙均由葡萄糖和果糖结合而成。黄精的根状茎含甾体皂苷，已分离出2个呋甾烯醇型皂苷和2个螺甾烯醇型皂苷。

【功能性质】具有抗病原微生物、降血糖、抗疲劳作用、抗氧化作用、延缓衰老作用、止血作用、抗病毒作用。

图 3-31 黄 精

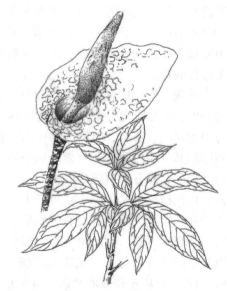

图 3-32 魔 芋

（资料来源：中国植物志、中国植物图像库）

魔芋 *Amorphophallus riviei*（图 3-32）

又名魔芋、鬼芋、鬼头、花莲杆、蛇六谷等。天南星科魔芋属。

【形态】多年生草本植物。球茎是茎的短缩变态组织，球茎中的葡萄甘聚糖是魔芋的经济成分。小球茎和根状茎是魔芋的种芋，根为弦状不定根，并在上面发生须根及根毛。魔芋根数量少，具嫩、脆的特点、特别容易受伤。魔芋植株有种芋顶芽长出，约5月中下旬，鳞片较早出土。随后复叶出土，逐渐长大并展开。魔芋出土及展叶时需氮肥壮叶。种芋一般一年只长一片复叶，魔芋花为佛焰花序，由花葶、花序和佛焰苞组成。魔芋花的颜色有白、绿、红或紫色，形状和色泽变异大、艳丽夺目。魔芋地下块茎扁圆形，宛如大个儿荸荠，直径可达25 cm以上，营养十分丰富。

【分布】主要产于东半球热带、亚热带，中国为原产地之一，四川、湖北、云南、贵州、陕西、广东、广西、台湾等地山区均有分布。魔芋种类很多，据统计全世界有260多个品种，中国有记载的19种，其中8种为中国特有。

【生态习性】魔芋生长需要一些特殊、苛刻的自然条件，例如，海拔在600 m以上，阳光、雨水充足，气候不宜太热太冷，对土质等都有一定的要求。专家有这样的说法"喜温怕高温，喜湿怕水渍，喜风怕强风，不耐长途运输，甚至对肥料要求都很严格"。特殊的生存条件，决定了许多地方无法更好地生长魔芋。

【化学成分】含淀粉35%、蛋白质3%，以及多种维生素和K、P、Se等矿物质元素，还含有人类所需要的魔芋多糖，即葡萄甘露聚糖达45%以上，并具有低热量、低脂肪和高纤维素的特点。

【功能用途】地下块茎可加工成魔芋粉供食用，并可制成魔芋豆腐、魔芋挂面、魔芋面包、魔芋肉片、果汁魔芋丝等多种食品。魔芋食品不仅味道鲜美，口感宜人，而且有减肥健身、治病抗癌等功效，所以近年来风靡全球，并被人们誉为"魔力食品""神奇食品""健康食品"等。但魔芋全株有毒，以块茎为最，中毒后舌、喉灼热，痒痛，肿大，民间用醋加姜汁少许，内服或含漱可以解救。因此，魔芋食用前必须经磨粉、蒸煮、漂洗等加工过程脱毒。

首先，魔芋中含量最大的葡萄甘露聚糖具有强大的膨胀力，有超过任何一种植物胶的黏韧度，既可填充胃肠，消除饥饿感，又因所含热量微乎其微，故可控制体重，达到减肥健美的目的；其二，有降脂的作用。科学家认为，魔芋中含有一些化学物质，能降低血清胆固醇和甘油三酯，可有效地减轻高血压和心血管疾病；其三，魔芋中含有一种凝胶样的化学物质，具有防癌抗癌的神奇魔力。只要将成熟的魔芋经过简单提取分离，制成魔芋精粉，再把精粉加水加热，就可产生魔芋凝胶。这种凝胶被人食用后，能形成半透明膜衣，附着在肠壁上，阻碍各种有害物质，特别是致癌物质的吸收，所以魔芋又被称为"防癌魔衣"；其四，魔芋能使小肠酶分泌增加，加快清除肠壁上沉积物，使其尽快排出体外。所以魔芋既能开胃化食，又能清除肠道垃圾；其五，魔芋还含有对人体有利的果胶、生物碱、17种氨基酸和微量元素，对于现代富贵病也具有明显的疗效。另外，魔芋还含有一种天然的抗菌素，以魔芋精粉为主要原料，配上其他原料制成食品后，魔芋能在食品表面形成抗菌膜，可防治细菌侵袭，延长贮存时间，起到保鲜防菌的作用。

牛蒡 *Arctium lappa*（图3-33）

别名山牛蒡、蒡翁菜、牛菜、牛子、大力子等。菊科牛蒡属。

【形态】2年生草本植物，株高1~2 m。茎直立，带紫色，上部多分枝。基生叶丛生，大形，有长柄；茎生叶广卵形或心形，长 40 ~ 50 cm，宽 30 ~ 40 cm，边缘微波状或有细齿，基部心形，下面密被白短柔毛。头状花序多数，排成伞房状；总苞球形，总苞片披针形，先端具短钩；花淡红色，全为管状。瘦果椭圆形，具棱，灰褐色，冠毛短刚毛状。花期 6 ~ 7 月，果期 7 ~ 8 月。

【分布】全国各地普遍分布。

【生态习性】生于山坡、山谷、林缘、林中、灌木丛中、河边潮湿地、村庄路旁或荒地，海拔 750 ~ 3 500 m。

【化学成分】肉质根含有丰富的营养价值。每 100 g 鲜菜中含水分约 87 g、蛋白质 4.1 ~ 4.7 g、碳水化合物 3.0 ~ 3.5 g、脂肪 0.1 g、纤维素 1.3 ~ 1.5 g；胡萝卜素高达

图 3-33　牛　蒡
（资料来源：东北植物检索表）

390 mg，比胡萝卜高 280 倍，V_C 1.9 mg；在矿物质元素中含 Ca 240 mg、P 106 mg、Fe 7.6 mg，并含有其他多种营养素。

根含有人体必需的各种氨基酸，且含量较高，尤其是具有特殊药理作用的氨基酸含量高，如具有健脑作用的天门冬氨酸占总氨基酸的 25% ~ 28%、精氨酸占 18% ~ 20%，且含有 Ca、Mg、Fe、Mn、Zn 等人体必需的大量元素和微量元素；其多酚类物质具有抗癌、抗突变的作用，因而具有很高的营养价值和较广泛的药理活性。

茎叶含挥发油、鞣质、黏液质、咖啡酸、绿原酸、异绿原酸等。果实含牛蒡苷脂肪油、甾醇、硫胺素、牛蒡酚等多种化学成分，其中脂肪油占 25% ~ 30%，碘值为 138.83，可作工业用油。

【功能用途】肉质根细嫩香脆。可炒食、煮食、生食或加工成饮料。牛蒡的纤维可以促进大肠蠕动，帮助排便，降低体内胆固醇、减少毒素、废物在体内积存，达到预防中风和防治胃癌、子宫癌的功效。西医认为它除了具有利尿、消积、祛痰止泄等药理作用外，有明显的降血糖、降血脂、降血压、补肾壮阳、润肠通便和抑制癌细胞滋生、扩散及移弃水中重金属的作用，是非常理想的天然保健食品。药理实验表明，牛蒡苷有扩张血管、降低血压、抗菌的作用，能治疗热感冒、咽喉肿痛、流行性腮腺炎等多种疾病及抗老年痴呆。

3.4　山野菜植物资源

3.4.1　山野菜植物资源的种类及特性

地球上除了被人们驯化引种的蔬菜外，还有种类丰富的可食的山野菜植物，其中绝大多数是一些草本植物，它们也是植物资源的组成部分之一，即山野菜植物资源。从人类的

祖先采食山野菜到吃家种蔬菜，而后又回到喜食山野菜，可以说经历了几千年的历史。当今随着人民生活水平的不断提高，已由温饱型向营养型、功能型转化，在饮食方面不仅要求无污染，而且追求营养、口感、风味、功能等，而山野菜则以更高的身价重新引起人们的重视，以山野菜代替家植蔬菜，是未来发展的一种趋势。

3.4.1.1 山野菜植物资源的种类

构成山野菜资源的植物在分类群、生活类型、生长环境、分布、可食部位及食用方法等方面均有显著的多样性特征。常用的有以下几种分类方式。

(1) 按植物的分类学属性分类

以构成山野菜资源的植物物种的分类学属性来分类。最常用的分类阶层为科(family)和属(genus)。例如，菊科山野菜就是在植物分类学上隶属于菊科的可作蔬菜食用的野生植物，如蒲公英、刺儿菜、苣荬菜、柳叶蒿等；葱属山野菜就是隶属于葱属的可作蔬菜食用的种类，如山韭、野韭等。这种分类方法的优点是野生蔬菜植物不同分类群在生理、形态、遗传和亲缘关系上比较明确、系统性强，便于对具体的某一科、属山野菜进行综合及系统的研究和分析评价。

(2) 按植物的生活型分类

按照山野菜资源的生活型的不同，可分为木本山野菜和草本山野菜。木本山野菜还可以继续分为乔木山野菜和灌木山野菜，而草本山野菜可分为1年生和2年生草本山野菜及多年生草本山野菜。

(3) 按植物的食用部位分类

根据采集食用部位的不同，以植物器官为主线进行分类。这种分类方法在栽培蔬菜的分类上应用较多，也是国内对山野菜分类经常采用的方法，非常实用，尤其是在不同种类的相同或相近食用部位采取类似的采集、加工和贮存技术等方面有重要的意义。在维管束植物范围内，把山野菜可分为以下7类。

①苗菜类：包括幼苗或嫩芽阶段可作山野菜的种类，一般在幼苗出土长出数片基叶后连根采挖，如车前草、蒲公英、白蒿、糖芥、草木犀、刺儿菜、银线草、瓦松等。有的也可在植株未开花前采挖，如面条菜、沙参苗等。

②芽菜类：一般指木本植物的芽的部分可作山野菜的种类，采摘幼嫩的叶柄或拳卷的幼叶，如蕨菜、薇菜、刺五加、刺榆、胡枝子、五味子等。

③茎叶菜类：在植物生长的不同阶段，其幼嫩状态的嫩叶、嫩茎或嫩茎叶部分可作蔬菜的种类，多在植株充分生长、枝叶茂盛时，从用手能掐断处采摘嫩茎叶，如扫帚苗、田葛缕子、齿果酸模、柳叶蒿、马齿苋等。

④根菜类：包括根及地下变态器官部分可作蔬菜的种类，多在早春或深秋采挖，如牛黄根、桔梗、地笋、野山药等。有的也可在春末至秋采挖，如玉竹、黄精等。

⑤花菜类：包括花和花序部分可作蔬菜的种类，多在花蕾刚开放或含苞待放时采摘，如刺槐花、蜡梅花、柿花、葛花、山丹等。

⑥果菜类：包括果实部分可作山野菜的种类。多数应在果实成熟或将近成熟时采摘，如酸枣、越橘、山葡萄等；有的则应在果实幼嫩时采摘，如榆钱等。

⑦蕨菜类：包括蕨类植物，如问荆、多齿蹄盖蕨和荚果蕨等。

在以可食部位为依据的分类中，同一种植物同时可以归入两个或更多的类型中，如黄精的幼苗和根状茎可作蔬菜，可归入苗菜类和地下器官类；牛蒡的嫩苗、嫩茎叶、肉质根可作蔬菜，可同时归入苗菜类、嫩茎叶类和地下器官类之中；山韭的花序、嫩茎叶、嫩苗可作蔬菜，可同时归入苗菜类、嫩茎叶和花菜类之中。

3.4.1.2 山野菜植物资源的特性

山野菜的种类繁多，风味各异，老嫩软硬，苦辣甜酸，或柔滑，或粗糙，或脆而嫩，或艮而坚；从口感、咬头、色调、质地、香型、味道等不同侧面、不同角度分析，可谓多彩多姿，千差万别。就是说每个品种都有自己独特的"个性"，这些不同的"个性"会使人产生不同的情趣，给人以不同的享受，山野菜这种特性，是家种蔬菜无论如何也代替不了的。

(1) 种类多、分布广

我国地域辽阔，山野菜资源丰富，种类繁多，分布广泛。常被采食的山野菜多达100多种，原料易得，四季均有，且蕴藏量大，开发利用价值高。如能科学地开发利用山野菜植物资源，将旧时荒年和穷人填肚充饥的山野菜，变为今日登上宴席和餐桌上可调剂口味的特色菜品，不仅可以增加蔬菜的花色品种，填补淡缺，而且对于增加营养源，调整国民食物结构，适应市场的需求等方面均有一定的作用。

(2) 为天然无公害的蔬菜

采食山野菜是古代学者养生保健的一个重要的举措，广大人民食用山野菜的历史悠久。早在3 000年前的《诗经》中就有描述人们采集野菜的诗句，历代涉及山野菜的著作也很多，如《千金食治》《食疗本草》《救荒本草》……这些都说明了几千年来山野菜一直是我国劳动人民的主要菜食之一；当今"回归自然"已成为世界医学的大趋势，山野菜是大自然产物的精华，由于其生长在深山、林边、树丛、道旁、岸边等，自生自长，没有农药、化肥、城市污水及工矿废水的污染，是当之无愧的无公害"绿色食品"。

随着商品经济的发展和人们膳食结构的改变，人们的消费观念正在发生巨大的变化，现今人类食肉过多，肥胖患者增多，伴随而来的心脑血管疾病等正成为人类生命的头号杀手。经常食用山野菜能降低胆固醇，自然减肥，增加自身营养，减小患病的危险。天然的、营养丰富的、具有保健功能的食品越来越深受人们的欢迎，天然无公害的山野菜食品必将受到青睐，山野菜的开发率将大大提高。

(3) 营养价值高

山野菜是在自然状态下生长的，往往比栽培蔬菜更富有营养元素，见表3-2。山野菜富含糖、蛋白质、胡萝卜素等多种维生素，以及矿物质和纤维素等。例如，酸模叶蓼、堇菜、牻牛儿苗、鸭儿芹、荠菜、歪头菜等数十种山野菜的胡萝卜素含量比胡萝卜还高；朝天萎陵、小白酒菜、旋花茄菜等几十种野菜的核黄素含量高于人工栽培的芹菜和花菜；扁蓄菜、野花菜、珍珠菜、铁刀木菜的V_C含量比辣椒、番茄的高出数倍。因此，多食山野菜可以补充人体特殊营养需要，有利于健康长寿。

表 3-2 人工栽培蔬菜与山野菜营养成分比较   每 100g 可食部分

蔬菜种类		胡萝卜素(mg)	V_{B2}(mg)	V_C(mg)
人工栽培蔬菜	大葱	0.8~1.30	0.04~0.09	8~33
	韭菜	1.1~3.20	0.07~0.35	7~56
	芹菜	0.04~0.11	0.04~0.18	6~14
山野菜	硬皮葱	3.32	0.19	72.0
	野韭菜	2.80	0.12	57.0
	山韭菜	0.93	0.32	82.0
	水芹	1.03	0.07	46.0
	异叶回芹	6.17	0.57	72.0
	鸭儿芹	7.30	0.18	65.0

资料来源：山野菜保鲜贮藏与加工。

(4) 具有独特的野味

山野菜与栽培蔬菜相比，总具有一股截然不同的野味和清香。在山野菜中，酸、咸、苦、辛、甘等五味俱全，赤、青、黄、白、黑等五色均有。用于鲜食、炒食、做馅、做汤、做粥、腌渍等，味道鲜美，清香宜口，别具风味。用山野菜制作的菜肴很多，味道鲜美的山野菜，一定会使食用者食欲大增。

(5) 具有医疗功效

几乎所有的山野菜均可入药，对一些疾病具有疗效。例如，马齿苋对痢疾杆菌、大肠杆菌等有较强的抑制作用，被称作为"天然抗生素"。马齿苋全草含大量去甲肾上腺素和多种钾盐，还含有生物碱、香豆精类、黄酮类、强心苷和蒽酮苷，具有清热解毒，散血消肿之功效。

葛以葛花、葛根、葛藤茎、葛叶、入药。葛花有解酒、醒胃之功效。葛根含有葛根素、葛根素木糖苷、大豆苷、大豆苷元等异黄酮成分，有增加脑及冠脉血流量、解痉作用，对高血压、动脉硬化病人改善脑循环有特效。

绞股蓝在国外被称为"福音草"，国内称为"南方人参"。从绞股蓝中已提取到 80 余种绞股蓝皂苷，其总苷含量是人参的 3 倍。绞股蓝具有抗高血脂、抗动脉粥样硬化、抗血栓形成、抗衰老、抗消化性溃疡等作用。对肺癌、肝癌、子宫颈癌、黑色素瘤等癌细胞的增殖有明显的抑制作用。

随着环境的污染，癌症的发病率也越来越高，山野菜比家种蔬菜抗癌作用明显，回归自然采食山野菜，可收到抗癌治癌的效果。山野菜属于碱性食品，因此常食碱性的山野菜，可以有效地保持人体的健康。我国山野菜资源丰富，可利用这些丰富的山野菜资源，食用或加工成为保健性食品，造福于人类。

3.4.2 山野菜植物的开发利用途径

我国疆土辽阔，全国各地自然条件差异很大，山野菜种类繁多，质量好，而且分布广泛，开发利用价值极高。但目前我国山野菜资源尚未被充分合理地利用，大量的山野菜资源仍在"沉睡"或被"践踏",使其年复一年地自生自灭,不能变为财富。因此,充分挖掘天然野生资源,势在必行。

山野菜资源的开发利用,可充分发挥现有森林资源的优势,丰富蔬菜市场,满足人们物质生活的需要,促进林业经济的发展。根据我国当前生产基础薄弱、资金缺乏的情况,开发利用时应选择经济收入高、市场需求量大、投资少、见效快的途径。

(1) 合理开发、保护资源

在700多种山野菜中,86%是野生种,采收野生种只需付出劳力,立即见效。采收时应考虑到人们的食用习惯和国内外市场的需求,避免盲目生产。例如,蕨菜、薇菜、刺龙牙、食用真菌类等在日本和东南亚诸国需求量大,应大力开发,满足供应,并且各地应以食用习惯进行采收,供应市场。

把山野菜的开发利用列入国家产业开发项目,建立起科学有效的宏观调控体系;在有条件的地区建立山野菜的自然保护区,进行轮休养护,保护珍稀和濒危品种;加大对山野菜的研究和开发力度,提高资源利用率,使之成为中国具有特色的农产品,更快地走向世界。同时,采集山野菜,要做好宣传、组织和收购工作,防止误采、误食有毒植物,防止掠夺性采集,破坏自然资源。

(2) 提高产量、科学规划

我国现有栽培的山野菜,普遍存在着老林多良种少、经营管理粗放、产量低而不稳等问题,如对竹笋、香椿等进行良种选育、中耕除草、施肥和病虫害防治等,以提高产量。立足实际,着眼长远,进行科学规划。在科学规划的基础上,各地根据自己的资源优势,确定生产基地的规模。在建设生产基地的基础上,使山野菜的科研孵化中心、加工包装、贮藏销售等功能日臻完善。对于市场需求量大、出口创汇份额高的山野菜品种,要实行物种驯化,建设一批人工栽培基地。在山野菜的人工栽培过程中,要严格执行《绿色食品产地环境条件》《绿色食品肥料使用准则》《绿色食品农药使用准则》等相关标准,注意保持山野菜"有机"、"绿色"的本来面目。

(3) 扩大栽培种类

山野菜只依靠采收野生资源已不能满足需要,进行人工栽培是必然的趋势。栽培种类应具备营养丰富、产量高、需求量大等条件。对一个地区来说,栽培种类宜少而精,建立商品基地,进行适度规模的集约经营等。

(4) 开展加工利用、延长产业链、提高附加值

开发山野菜资源,一是直接供应市场,二是进行加工,以解决长期贮存、长途运输和长期供应问题。因此,应重点开展以下几点工作:①保鲜技术研究工作,以克服传统的菜干、盐渍和酱菜的不足;②综合加工技术的研究工作,对山野菜进行深加工和综合利用,达到物尽其用,使山野菜产业立于不败之地。

应用高新技术,加工生产集医疗、保健、营养为一体的山野菜产品。国内外一些高科技的山野菜加工企业,已经开始对山野菜的饮料饮剂、片剂粉剂、火腿面点、酱菜、保健美容等新产品进行研发,值得借鉴。在山野菜的深加工过程中,要注意逐渐形成"品牌+基地+加工+市场"的运营模式,要坚持"绿色食品"的生产标准,要尽量减少山野菜中的维生素、微量元素含量的损失。

(5) 树立品牌意识、积极开拓市场

中国一些具有区域特色的山野菜，在国内国际市场上已有名气。各地在山野菜的开发利用过程中，要注重充分利用当地资源，充分发挥区域特色经济的优势，打造品牌，提高市场竞争力，逐渐形成规模化生产、产业化经营的局面。

进入21世纪以来，随着人民生活水平的提高，广大消费者对蔬菜产品的需求正在由数量消费向质量消费过渡，山野菜正在逐渐走向百姓餐桌，需求的品种和数量逐渐增多。因此，山野菜的开发利用已经进入一个新阶段。山野菜是中国宝贵的种质资源，其种类和蕴量极为丰富。在山野菜的开发利用过程中，要综合运用植物学、生态学、栽培学、食品加工学、营养学、经营管理学等系统科学，加强基础理论研究，充分运用高新技术，注重资源保护和市场开拓，使山野菜的开发利用产业越做越强。

3.4.3　山野菜的采收与贮藏

3.4.3.1　山野菜的采收

山野菜中食用部位最多的是幼嫩的茎、叶乃至全株，或有的食其块状的根、茎。若个人采食，并无严格要求，若要转化成商品出售，则须注意适时采收，一般采收原则为：山野菜要在鲜嫩时采收，东北地区一般都在早春（5、6月）开始采；采收时注意不要把嫩柄折断，嫩叶头碰碎，以保持菜体形状；注意清除杂质、杂草、泥土及老化叶，以保证成品质量；要注意保护，在采运中严禁挤、踩、压，还要防止日晒，以避免揉条、老化。另外，有的山野菜，其食用部分是芽（如刺老牙），应在早春其芽发育到一定阶段采收，不能过早或过晚，采收时还应注意去净越冬黄叶及其他杂物，以保证产品质量。

3.4.3.2　山野菜的贮藏

目前，国内外应用于山野菜的保鲜贮藏方法很多，可归纳为以下5种方式：

(1) 常温保鲜贮藏

在常温情况下，采取遮荫、降温、防寒等措施，将温、湿度控制在一定范围内，起到降低山野菜呼吸作用和减少微生物活动的一种临时贮藏方法。常温保鲜贮藏又分为堆藏、沟藏、架藏、窖藏、人防洞贮藏、通风库鲜藏等。

(2) 低温保鲜贮藏

低温保鲜贮藏（即冷藏）是利用冷藏设施，使山野菜在具有高度隔热效能的贮藏场所内，通过降温措施保持适宜低温条件下进行贮藏的一种方式。降温的方法主要是利用冰或机械制冷，冷藏可以不受自然条件的限制，可在气温较高的季节以至周年进行贮藏，是现代山野菜贮藏的主要形式，主要方法有冰冷贮藏、机械冷库贮藏、速冻鲜藏（使野菜30 min内有80%水分结冰处于 -18 ℃，达到长期贮藏的目的）。

(3) 气调保鲜贮藏

通过人为改变贮藏环境中气体成分的贮藏方法，称为气调保鲜贮藏，简称CA贮藏。其原理主要是通过降低空气中氧气浓度和适当增加二氧化碳气体的浓度来达到保鲜的目的。因此，气调保鲜贮藏要求气调库要具有良好的保温性、气密性、气体调节和检测系统。

(4) 物理鲜藏

物理鲜藏指利用辐射处理和电磁处理方法产生杀虫、杀菌、防霉、调节生理生化作用达到保鲜的目的。

(5) 盐渍保鲜贮藏

指利用一定浓度的食盐水浸泡山野菜，达到不腐烂变质从而保鲜的目的。盐渍菜的用盐量一般为15%~20%，高含盐量有利于盐渍菜的保存，但对山野菜细胞破坏也较大，对品质有影响，同时对人的身体健康也不利。现在有低盐化(含盐量小于5%)盐渍保鲜方法，但低盐化保鲜要利用渗透压、有机酸、植物抗菌素、防腐剂、加热灭菌等手段处理山野菜。

3.4.4 山野菜类植物的加工

目前已开发出的山野菜食品种类主要有保鲜菜、野菜干、野菜罐头、野菜汁、腌渍品等，其中加工生产的野菜主要有蕨菜、薇菜、龙须菜、发菜、山竹笋、山芹菜、折耳根、蒲公英等。有的在国际市场上很受欢迎，曾出口日本、韩国、欧洲、东南亚等地很受欢迎，需求量不断增加。

山野菜加工的主要方法有脱水干制、真空冷冻干燥、制罐、盐渍、汁饮料加工等。

(1) 脱水干制

脱水干制是指从新鲜山野菜中脱去一部分水分，又尽量保存其原有风味的一种加工方法。干制后的山野菜水分大部分被脱掉，相对地增加了内容物的浓度，提高了渗透压或降低了水分活度，能有效地抑制微生物活动和山野菜本身酶的活性，产品因此得以保存。

(2) 山野菜真空冷冻干燥

在真空状态下，利用升华原理，使预先冻结的物料中的水分不经过冰的融化，直接以冰态升华为水蒸气而被除去，从而使物料干燥，称为真空冷冻干燥。此项技术被认为是生产高品质脱水食品的最好加工方法，优点是保持食品组织结构，营养成分和风味物质基本不变；外观不干裂、不收缩，能维持食品原有的外形和色泽；产品无表面硬化，组织呈多孔海绵状，浸泡即可复原；质量轻，耐贮藏；在避光和抽真空充氮包装时，常温下可保持2年左右。缺点是投资成本高，需要一整套高真空设备和低温制冷设备。该加工方法主要用于加工蘑菇、香菇、小香葱、豌豆、芦笋、胡萝卜、大蒜、生姜等，大部分销往国外。

(3) 山野菜制罐

将野菜进行预处理后装罐，经排气、密封、杀菌等措施，制成罐头，可长期保存。能较好地保持山野菜的风味和营养价值，可直接食用，便于携带，是较先进的加工方法。

(4) 山野菜汁饮料加工

山野菜汁饮料是一种低热量的食品，可帮助消化，促进食欲，含有较多的维生素和矿物质，营养价值较高，因此，山野菜汁饮料越来越受人们的重视。山野菜制汁是选用山野菜的可食部分，如根茎、叶、果实等，经洗净、压榨而取其汁液。一般可分为天然山野菜汁和山野菜汁饮料2种。

天然山野菜汁就是新鲜山野菜榨出的不稀释、不浓缩、不发酵的纯净野菜汁。山野菜饮料是含山野菜榨出汁或浆液量在20%以上，加糖液、柠檬酸或V_c调至适合的糖酸比可以直接饮用的稀释野菜汁。山野菜汁按状态可分为不浓缩汁、浓缩汁、加糖汁、野菜汁粉、带肉野菜汁。不浓缩汁即天然山野菜汁，浓缩山野菜汁是用原汁经浓缩而成；加糖菜汁用原汁或浓缩汁加糖、酸调整其总含糖量达60%以上，总酸0.9%~1.5%，成品含原汁不低于30%；山野菜汁粉用浓缩汁进一步脱水而成，含水量4%~6%；带肉山野菜汁，原料经打浆、磨细、加适量糖水、柠檬酸调整，经排气、装罐、杀菌而成，要求糖度13%以上，磨细的肉质含量20%以上。山野菜汁的主要成分包括可溶性纤维素、有机酸、维生素、芳香物质、色素、含氮物质、矿物质、酶类、水分等，所以最接近新鲜山野菜的营养成分，营养价值高，人体易吸收。

目前，科技人员不断研究山野菜的开发利用技术，使山野菜食品的开发利用技术水平明显提高，较先进的工艺如冷冻、真空、干燥、远红外线烘干等，逐步应用于山野菜贮藏、加工。利用现代食品科学技术开发出各种各样的山野菜产品，才能达到既满足市场需求又保护山野菜资源的目的。

3.4.5 我国主要山野菜植物

龙牙菜 Agrimonia pilosa（图3-34）

别名龙牙草、仙鹤草、金顶龙芽、地仙草等。蔷薇科龙牙草属。

图3-34 龙牙菜
（资料来源：中国植物图像库）

【形态】多年生草本植物。根多呈现出块茎形状，周围长出许多侧根，根茎较短，基部常有1至数个地下芽。茎高30~120 cm，通常有小叶3~4对，向上减少至3小叶，叶柄被稀疏柔毛或短柔毛；小叶片无柄或有短柄，长1.5~5 cm，宽1~2.5 cm，顶端急尖至圆钝，稀渐尖，基部楔形至宽楔形，边缘有急尖到圆钝锯齿，上面被疏柔毛，下面通常脉上伏生疏柔毛，稀脱落几无毛，有显著腺点；托叶草质，绿色，稀卵形，顶端急尖或渐尖，边缘有尖锐锯齿或裂片，稀全缘，茎下部托叶有时卵状披针形，常全缘。花序穗状总状顶生，分枝或不分枝，花序轴被柔毛，花梗长1~5 mm，被柔毛；苞片通常深3裂，小苞片对生，卵形，全缘或边缘分裂；花直径6~9 mm；萼片5，三角卵形；花瓣黄色，长圆形；雄蕊5~8~15枚；花柱2，丝状，柱头头状。果实倒卵圆锥形，外面有10条肋，被疏柔毛，顶端有数层钩刺，幼时直立，成熟时靠合，连钩刺长7~8mm。花果期5~12月。

【分布】我国南北各地均出产，主产于浙江、江苏、湖北等地。欧洲中部以及俄罗斯、蒙古、朝鲜、日本和越南北部均有分布。

【生态习性】常生于荒地、溪边、路旁、草地、灌丛、林缘及疏林下，海拔100~3 800 m。

【化学成分】每100 g鲜茎叶含水分74.02 g、粗蛋白4.40 g、粗脂肪0.97 g、无氮浸出物14.37 g、Ca 970 mg、P 134 mg、胡萝卜素7.06 mg、VB_2 0.63 mg、V_C 157 mg；每克干品含K 20.5 mg、Mg 4.15 mg、Na 0.73 mg、Ca 12.8 mg、P 3.30 mg、Mn 28 μg、Zn 30 μg、Fe 170 μg、Cu 11 μg。此外，全草还含有仙鹤草素、仙鹤草内酯、木犀草黄素-7-β-D-葡萄糖苷、芹素-7-β-D-葡萄糖苷、挥发油等。

【功能用途】龙芽草性味苦、涩、平，有收敛止血、消炎止痛之作用，可治疗呕血、咯血、尿血、便血、创伤出血、功能性子宫出血、胃肠炎、赤白痢疾等症。其药液对金黄色葡萄球菌、大肠杆菌、绿脓杆菌、福氏痢疾杆菌、伤寒杆菌均有抑制作用。龙芽草有很强的抗癌作用，其全草的水溶性成分对小鼠肉瘤S-180、小鼠路易斯肺癌LL-14、黑色素瘤B-22、B-16等有较强的抑制作用。龙芽草既可杀伤癌细胞，又有利于正常细胞。

具有止血、健胃之功效，并能提高人体防病抗病能力，强身健体。龙芽草是中医常用的止血良药，广泛用于各种出血性疾病。早春时节采其嫩茎叶，开水焯过后，用清水漂洗数次，除去苦涩味后炒食。

小根蒜 *Allium macrostemon*（图3-35）

别名薤白、团葱。百合科葱属。

【形态】多年生草本植物。鳞茎近球状，粗0.7~1.5 cm，基部常具小鳞茎，蜡茎外皮带黑色，纸质或膜质。叶8~6枚，半圆柱形，中空，上面具沟槽，比花葶短。花葶圆柱状，高30~70 cm，1/4~1/3被叶鞘，总苞2裂，比花序短；伞形花序半球状至球状，具多而密集的花，或间具珠芽改有时全为珠芽，小花梗近等长，比花被片长3~5倍，花淡紫色或淡红色，花被片矩圆状卵形至矩圆状披针形，长4~5.5 mm，宽1.2~2 mm。内轮的常较狭，花丝等长，在基部合生并与花被片贴生，分离部分的基部呈狭三角形扩大，向上收狭成锥形，内轮的基部约为外轮基部宽的1.5倍；子房近球状，腹缝线基部具有帘的凹陷蜜穴；花柱伸出花被外。花、果期5~7月。

【分布】除新疆、青海外，全国各地均产。俄罗斯、朝鲜和日本也有分布。

【生态习性】生于海拔500 m以下的山坡、丘陵、山谷或草地上，极少数地区(云南和西藏)在海拔3000 m的山坡上也有。

【化学成分】每100 g小根蒜鲜品中含水分68.0 g、碳水化合物26.0 g、蛋白质3.4 g、脂肪0.4 g、纤维0.9 g、灰分1.1 g、Ca 100.0 mg、P 53.0 mg、Fe 0.6 mg、

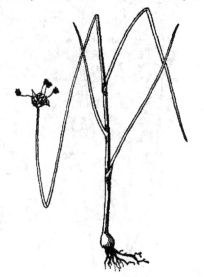

图3-35 小根蒜
(资料来源：中国植物图像库)

胡萝卜素0.09 mg、Vpp 1.0 mg、V_{B1} 0.08 mg、VB_2 0.14 mg、V_C 36.0 mg、尼克酸1.0 mg以及Mg、Zn、Cu等。同时，每100 g小根蒜鲜品中含17种氨基酸的总量约为7 019.53 mg，游离氨基酸788.13 mg，必需氨基酸分别占总氨基酸和游离氨基酸的28.5%和18.30%。

其中以谷氨酸和精氨酸含量最高。

【功能用途】中医学认为薤白性温、味辛苦、无毒，具理气宽胸，通阳散结之功效，可治疗胸痹、心痛彻背、肠炎等症，其临床治疗范围大体上相当于治疗现代医学中的冠心病、心绞痛、心肌梗塞、心律失常、心肌炎、动脉粥样硬化等病症。在药理作用研究方面，发现薤白有抑止血栓形成和动脉粥样硬化，抑止血小板聚集，抗氧化，平喘，镇痛和耐缺氧等作用。薤白还可以抑制某些细菌的生长繁殖，在中医临床应用上，具有健脾益气、活血化瘀、祛痰降浊之功效。

薤白为小根蒜的地下鳞茎，含蒜氨酸、甲基蒜氨酸、大蒜糖等药用物质，在医学上是一种常用中药，具有重要的医疗保健价值。薤白白净透明、皮软肉糯、脆嫩无渣、香气浓郁，自古被视为席上佐餐佳品。小根蒜作为一种野生蔬菜，可以加工成多种食材。制成保鲜菜，在早春或深秋季节上市，可以丰富蔬菜品种，缓解市场供需矛盾；把小根蒜脱水干制，可以保持周年供应，方便食用。小根蒜具有类似大蒜、葱的特征风味，可用于制作系列新型调味品，如风味酱、蒜粉、蒜泥等。小根蒜具有可食性和安全性，且具有良好的抑菌能力，符合作为食品防腐剂源的要求。将小根蒜制成食品防腐剂，加入或喷淋到食品表面，能起到良好的防腐保鲜作用。

龙牙楤木 *Aralia elata*（图3-36）

别名刺嫩芽、刺龙牙、刺老鸦、辽东楤木。五加科楤木属。

图3-36 龙牙楤木
（资料来源：中国植物图像库）

【形态】灌木或小乔木，树高1.5~6 m。树皮灰色；小枝灰棕色，疏生多数细刺；刺长1~3 mm，基部膨大；嫩枝上常有长达1.5 cm的细长直刺。叶为二回或三回羽状复叶，长40~80 cm；叶柄长20~40 cm，无毛；托叶和叶柄基部合生，边缘有纤毛；叶轴和羽片轴基部通常有短刺；羽片有小叶7~11，基部有小叶1对；小叶片薄纸质或膜质，阔卵形、卵形至椭圆状卵形，长5~15 cm，宽2.5~8 cm，先端渐尖，基部圆形至心形，边缘疏生锯齿，有时为粗大齿牙或细锯齿，稀为波状，侧脉6~8对，两面明显；小叶柄长3~5 mm，稀长达1.2 cm，顶生小叶柄长达3 cm。圆锥花序长30~45 cm，伞房状；主轴短，长2~5 cm，分枝在主轴顶端指状排列，密生灰色短柔毛；伞形花序直径1~1.5 cm，有花多数或少数；花梗长6~7 mm，均密生短柔毛；苞片和小苞片披针形，膜质，边缘有纤毛，前者长5 mm，后者长2 mm；花黄白色；萼无毛，长1.5 mm；花瓣5，长1.5 mm，卵状三角形，开花时反曲；果实球形，黑色，直径4 mm，有5棱。花期6~8月，果期9~10月。

【分布】分布于黑龙江北部（黑龙江）、东北部（伊春、饶河）、南部（平山），吉林中部以东(蛟河、漫江、安图)和辽宁东北部(鸡冠山)。朝鲜、俄罗斯(西伯利亚地区)和日本也有分布。

【生态习性】 喜偏酸性土壤,生长在海拔 250~1 000 m 处沟旁。多生长在山地针阔混交林下、林间空地、林缘、灌丛或火烧迹地及采伐迹地上,多见于山地阳坡。

【化学成分】 龙牙楤木的营养成分蕴含在未完全展叶的嫩芽中,每 100 g 鲜品中含蛋白质 5.4 g、脂肪 0.2 g、纤维 1.6 g、糖 4.0 g、V_C 12 mg、VB_1 0.19 mg、VB_2 0.26 mg、V_P 3.2 mg、Ca 20 mg、P 150 mg、Fe 1.1 mg、Na 1 mg、K 590 mg。其根茎叶中均含有皂苷,植株总皂苷含量为 20.40%,是人参的 2.5 倍;而且根中还含有醛类物质、生物碱及挥发油;幼叶中含有矢车菊素-3-木糖基半乳糖苷及挥发油。

【功能用途】 刺嫩芽不仅是一种美味山野菜,还具有较高的药用价值。其根皮含楤木皂苷 A、B、C,楤木皂苷 C 为齐墩果酸、葡萄糖、葡萄糖醛酸、半乳糖及木糖形成的苷,齐墩果酸有消炎、利尿、强心、免疫和防癌等作用;还含有生物碱、胆碱、香豆精、挥发油、鞣质、豆甾醇及 β-谷甾醇等。有补气安神,强精滋肾,健胃,利水,祛风除湿,活血止痛的功效;主治神经衰弱、风湿性关节炎、肝炎、胃炎、肾炎水肿、糖尿病、肾虚阳痿等症。根含三萜烯糖苷,具有增进心肌张力,兴奋和强壮心脏的作用。叶含皂苷,其苷元是常春藤皂苷元。药理试验表明,刺嫩芽与人参相似,具有"适应原"样作用。根皮的醇浸液人长期服用,可增进体力、智力活动的效能。叶或根的酊剂可降压,根皮的水浸液有轻泻作用,对中枢神经系统有兴奋作用。

刺嫩芽味道鲜美,风味独特,是目前国内外市场上最受欢迎的特优山野菜,是我国出口创汇的主要山野菜品种之一。日本人把它称为"天下第一"的山珍。每年 5~6 月采摘 4~18 cm 长的刺嫩芽食用。将采收的刺嫩芽放在开水中焯 5~10 min,捞出放入凉水中浸泡 1~2 h,捞出沥干水即可蘸酱、凉拌、炝拌、炒或挂面糊油炸吃,也可以腌制成咸菜或酱菜食用,还可以速冻或加工成罐头。以刺嫩芽为主要原料的饮料,其成品多数出口到日本、韩国、美国、加拿大、马来西亚等国家。刺嫩芽种子含油量达 30% 以上,可供制作肥皂等,其皮与根部可入药。刺嫩芽在医药、保健和食品等领域具有广阔的发展前景。

鸭跖草 *Commelina communis*(图 3-37)

鸭跖草科鸭跖草属。

【形态】 1 年生草本植物。鸭跖草茎匍匐生根,多分枝,长可达 1m,下部无毛,上部被短毛。叶披针形至卵状披针形,长 3~9 cm,宽 1.5~2 cm。总苞片佛焰苞状,有 1.5~4 cm 的柄,与叶对生,折叠状,展开后为心形,顶端短急尖,基部心形,长 1.2~2.5 cm,边缘常有硬毛;聚伞花序,下面一枝仅有花 1 朵,具长 8 mm 的梗。不孕,上面一枝具花 3~4 朵,具短梗。花梗花期长仅 3 mm,果期弯曲,长不过 6 mm,

图 3-37 鸭跖草

(资料来源:中国植物图像库)

萼片膜质。长约5 mm，内面2枚常靠近或合生；花瓣深蓝色，内面2枚具爪，长近1 cm。蒴果椭圆形，长5~7 mm，2片裂，有种子4颗。种子长2~3 mm，棕黄色，一端平截、腹面平，有不规则窝孔。

【分布】产于云南、四川及甘肃以东的南北各地。越南、朝鲜、日本、俄罗斯远东地区以及北美也有分布。

【生态习性】喜阴湿处，适应性广。多生于田埂、路旁、山坡、林阴湿处，常见于湿地。

【化学成分】每100 g嫩苗含水分90 g、蛋白质2.2 g、脂肪0.4 g、碳水化合物5 g、粗纤维0.8 g、Ca 150 mg、P 59 mg、Fe 5.2 mg、胡萝卜素3.96 mg、VB_1 0.1 mg、VB_2 0.27 mg、V_{PP} 1 mg、V_C 28 mg。每克干品含Ca 15.8 mg、P 2.1 mg、Fe 108 μg。

【功能用途】《本草纲目》中就有主治寒热痃症、痰饮疔肿、小儿丹毒、发热狂痫、身面气肿、痈疽等症的记载；《滇南本草》记载，鸭跖草具有补养气血，疗妇人白带、红崩，生新血，止尿血，鼻衄血，血淋的作用；《本草推陈》记述对血吸虫病急性感染发热，大量用之，又用于急性传染性热病，发热，神昏，心脏衰竭等功能。药理研究表明，鸭跖草具有抑菌、抗镇痛以及抗高血糖等功能。

采鸭跖草的嫩芽或芽尖，开水烫后炒食或做汤。也可晒干制成干菜，想食时再用温水泡开或炒或做汤均可。采食嫩茎叶部分，味甘淡，微寒，功用清热解毒。临床上可用于治疗盆腔炎、尿路感染、前列腺炎等症，鸭跖草还可用于治疗麦粒肿、小儿上呼吸道感染高热、急性扁桃体炎、急性病毒性肝炎、丹毒、毒蛇咬伤、流行性腮腺炎。近年来，有许多人也将鸭跖草用于食疗药膳，调节人体气血，效果较好。

黄花菜 *Hemerocallis citrina*（图3-38）

别名金针菜、柠檬萱草。百合科萱草属。

【形态】植株一般较高大。根近肉质，中下部常有纺锤状膨大。叶7~20枚，长50~130 cm，宽6~25 cm。花葶长短不一，一般稍长于叶，基部三棱形，有分枝；苞片披针形，下面的长可达3~10 cm，自下向上渐短，宽3~6 mm；花梗较短，通常长不到1 cm；花多朵，量多可达100朵以上，花被淡黄色，有时在花蕾时顶端带黑紫色，花被管长3~5 cm，花被裂片长7~12 cm，内三片宽2~3 cm。蒴果钝三棱状椭圆形，长3~5 cm。种子20多个，黑色，有棱，从开花到种子成熟约40~60 d。花果期5~9月。

【分布】产于秦岭以南各地（包括甘肃和陕西的南部）以及河北、山西和山东。我国栽培黄花菜有悠久的历史，我国的主要产区有甘肃庆阳、

图3-38 黄花菜
（资料来源：中国植物图像库）

湖南邵阳、河南淮阳、陕西大荔、江苏宿迁、云南下关和山西大同等地。

【生态习性】生于海拔2 000 m以下的山坡、山谷、荒地或林缘。黄花菜对土壤适应性强，在平原疏松土壤中生长旺盛，怕水涝，对光照适应性强。

【化学成分】每100 g鲜重含水分62.8 g、碳水化合物11.6 g、蛋白质2.9 g、脂肪2.5 g、粗纤维素1.5 g、Ca 73 mg、P 69 mg、Fe 1.117 mg、硫胺素0.19 g、核黄素0.13 mg、尼克酸1.1 mg、维生素33 mg。

【功能用途】味甘、性平，可清热解毒，凉血止血，消肿，安神明目。根具有消炎消肿、利尿止痛的作用。

黄花菜是重要的经济作物，它的花经过蒸、晒，加工成干菜，即金针菜或黄花菜，远销国内外，是很受欢迎的食品。黄花菜的根可以酿酒，叶可以造纸和编织草垫；花葶干后可以做纸煤和燃料。但鲜花不宜多食，特别是花药，因含有多种生物碱，会引起腹泻等中毒现象。

山莴苣 *Lagedium sibiricum*（图3-39）

别名北山莴苣、山苦菜、鸭子食等。菊科山莴苣属。

【形态】多年生草本植物，高50~130 cm。根垂直直伸。茎直立，通常单生，常淡红紫色，上部伞房状或伞房圆锥状花序分枝，全部茎枝光滑无毛。中下部茎叶披针形、长披针形或长椭圆状披针形，长10~26 cm，宽2~3 cm，顶端渐尖，基部收窄，无柄、心形、心状耳形或箭头状半抱茎。极少边缘缺刻状或羽状浅裂，向上的叶渐小，与中下部茎叶同形。全部叶两面光滑无毛。头状花序含舌状小花约20枚，多数在茎枝顶端排成伞房花序或伞房圆锥花序，果期长1.1 cm，总苞片3~4层，通常淡紫红色，中外层三角形、三角状卵形，长1~4 mm，宽约1 mm，顶端急尖，内层长披针形，长1.1 cm，宽1.5~2 mm，顶端长渐尖，全部苞片外面无毛，舌状小花蓝色或蓝紫色。瘦果长椭圆形或椭圆形，褐色或橄榄色，压扁，长约4 mm，宽约1 mm，中部有4~7条线

图3-39　山莴苣
（资料来源：中国植物图像库）

形或线状椭圆形的不等粗的小肋。顶端短收窄，果颈长约1 mm，边缘加宽加厚成厚翅。冠毛白色，2层，冠毛刚毛纤细，锯齿状，不脱落。花果期7~9月。

【分布】分布于黑龙江、吉林、辽宁、内蒙古（呼伦贝尔盟、哲里木盟、昭乌达盟、锡林郭勒盟、大青山）、河北、山西、陕西、甘肃、青海、新疆。欧洲、俄罗斯（欧洲部分、西伯利亚、远东地区）及日本、蒙古也有分布。

【生态习性】生于林缘、林下，草甸，河岸，湖地水湿地，海拔380 m以上。

【化学成分】每100 g鲜重含水分90 g、碳水化合物5 g、蛋白质2.2 g、脂肪0.4 g、粗纤维素0.8 g、Ca 150 mg、P 59 mg、Fe 5.2 mg、胡萝卜素3.96 mg、硫胺素0.10 g、核黄

素 0.27 mg、尼克酸 1.0 mg、V_C 28 mg。

【功能用途】主要用于清热解毒，活血祛瘀。可用于阑尾炎，扁桃体炎，子宫颈炎，产后瘀血作痛、崩漏、痔疮下血；外用治疮疖肿毒。

于春、夏季节采集嫩苗、嫩叶，开水烫后换冷水浸出苦味，凉拌或做汤。山莴苣还含有β-香树脂醇、蒲公英甾醇、汁蔓尼醇、豆甾醇、β-谷甾醇等。其茎、叶、根均能入药。其根呈块状，卵圆形，肉质，称为白龙头，春夏挖其块根，晒干，性微苦，具有清热解毒、活血化瘀、去黄疸、调静脉、利五脏的功效。山莴苣的茎、叶煎服，可以解热；粉末涂搽，可除去疣瘤。

地瓜苗 *Lycopus lucidus*（图 3-40）

别名提娄、地参等。唇形科地笋属。

【形态】多年生草本植物，株高 0.6~1.7 m。根茎横走，具节，节上密生须根，先端肥大呈圆柱形，此时于节上具鳞叶及少数须根，或侧生有肥大的具鳞叶的地下枝。茎直立，通常不分枝，四棱形，绿色。常于节上多少带紫红色。叶具极短柄或近无柄，长圆状披针形。通常长 4~8 cm，宽 1.5~2.5 cm，边缘具锐尖粗牙齿状锯齿、两面或上面具光泽，亮绿色，两面均无毛，侧脉 6~7 对。轮伞花序无梗，轮廓圆球形，花时径 1.2~1.5 cm，多花密集；小苞片卵圆形至披针形，先端刺尖，位于外方者超过花萼，长达 5 mm，边缘均具小纤毛。花萼钟形，长 3 mm，两面无毛，萼齿 5，披针状三角形，长 2 mm，具刺尖头，边缘具小缘毛。花冠白色，长 5 mm，外面在

图 3-40　地瓜苗
（资料来源：中国植物图像库）

冠檐上具腺点，内面在喉部具白色短柔毛，冠筒长约 3 mm。雄蕊仅前对能育，超出于花冠，先端略下弯，花丝丝状，无毛，花药卵圆形，2 室，室略叉开。花柱伸出花冠，先端相等 2 浅裂，裂片线形。花盘平顶。小坚果倒卵圆状四边形，基部略狭，长 1.6 mm，宽 1.2 mm，褐色，边缘加厚，背面平。腹面具棱，有腺点。花期 6~9 月，果期 8~11 月。

【分布】产于黑龙江、吉林、辽宁、河北、陕西、四川、贵州、云南；俄罗斯、日本也有。

【生态习性】生于沼泽地、水边、沟边等潮湿处，海拔 320~2 100 m。

【化学成分】每 100 g 鲜重含水分 79 g、碳水化合物 9 g、蛋白质 4.3 g、脂肪 0.7 g、粗纤维素 4.7 g、Ca 297 mg、P 63 mg、Fe 4.4 mg、胡萝卜素 6.33 mg、硫胺素 0.04 g、核黄素 0.25 mg、尼克酸 1.4 mg、维生素 7 mg。

【功能用途】地上部分夏、秋采收干燥后作为常用中草药（可与长白山人参相媲美）。具有活血、益气、利尿、降血脂、通九窍、利关节、养气血等功效。地下部分干燥后入药，功能与天然冬虫夏草相当。食用地瓜苗有防治肝癌、胃癌、肺癌、妇科病、口臭、骨

折、身面浮肿、痈肿等作用，开发价值极高。食用地下茎、幼苗、嫩茎叶。一般春、夏季可采摘嫩茎叶凉拌、炒食、做汤。其无论是素炒或与肉类炒食，均清香可口，也可用调料凉拌，口感俱佳。一般晚秋以后采挖出的地下膨大的洁白色匍匐茎（因形状、口味如小型地瓜，故名地瓜苗），鲜食或炒食，或做酱菜等，口味堪称野菜珍品。

荚果蕨 Matteuccia struthiopteris（图3-41）

别名黄瓜香。球子蕨科荚果蕨属。

【形态】株高达90 cm。根状茎直立，连同叶柄基部有密披针形鳞片。叶簇生，二型，有柄；不育叶片矩圆倒披针形，长45~90 cm，宽14~25 cm，叶轴和羽轴偶有棕色柔毛，下部10多对羽片向下逐渐缩短成小耳形，中部羽片宽1.2~2 cm；裂片边缘浅波状或顶端具圆齿。侧脉单一。能育叶较短，挺立，有粗硬而较长的柄，一回羽状，纸质，羽片向下反卷成有节的荚果状，包被囊群。孢子囊群圆形，生于侧脉分枝的中部，成熟时汇合成条形；囊群盖膜质，白色，成熟时破裂消失。

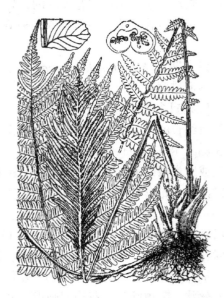

图3-41 荚果蕨
（资料来源：中国植物图像库）

【分布】产于黑龙江（小兴安岭、带岭、乌敏河、阿城、穆棱、尚志、伊春）、吉林（长白山、安图、抚松、靖宇、漫江、延边）、辽宁（千山、临江、岫岩）、内蒙古（宁城）、河北（小五台山、涞源、内丘、兴隆、围场）、山西（灵空山）、河南（卢氏、西峡、栾川）、湖北西部、陕西（南五台山、太白山、蓝田、宁陕、奕城）、甘肃（康县、文县）、四川（城口、雷波）、新疆（阿尔泰）、西藏（察隅、波密、察瓦龙）。也广布于日本、朝鲜、俄罗斯、北美洲及欧洲。

【生态习性】分布于我国的东北、华北和陕西、湖北、四川、云南和西藏等地的针阔混交林下，生于山谷林下或河岸湿地，海拔80~3 000 m。

【化学成分】早春时节的拳卷幼叶，每100 g鲜品中含VB_2 0.47 mg、V_C 118 mg、胡萝卜素5.71 mg。每100 g干品含粗脂肪5.26 g、蛋白质32.53 g、总氨基酸含量17.16 g（其中人体必需的氨基酸占总氨基酸的35.78%），微量元素的含量也很丰富，Ca 3.64 mg，P 11.41 mg，Fe 489.0 μg，Mn 47.45 μg，Cu 31.0 μg，Zn 120.6 μg，Sr 18.70 μg。

【功能用途】全草入药，可治感冒发热、痢疾、风湿、头昏失眠等症。其根茎入药称"贯众"，且含坡那甾酮A、蜕皮甾酮、蝶甾酮等成分，有清热解毒、止血、杀虫之功效，可用于防治流行性感冒、痢疾等病，医治吐血、衄血、便血、血痢、崩漏等症，以及预防流行性乙型脑炎、麻疹，治疗热毒疮疡、痄腮等，还可用来驱除绦虫、蛔虫、钩虫和蛲虫。

荚果蕨的卷曲未展的嫩叶可以食用，又称为"广东菜"，是百姓喜食的山野菜。东北地区在每年的5、6月份采集其嫩叶,可直接炒食,味道清香、脆嫩;也可用开水焯后,用凉水冲洗再炒食或腌渍食用。将采回的嫩荚果蕨成批腌渍后,置于瓷缸或木缸中,可长期贮存,供冬天蔬菜淡季时食用,也可外销,成为林区居民致富的一种手段。冬季还可采其干叶,磨成湿粉,与面粉掺在一起蒸,为主食,过去曾是林区百姓赖以渡过饥荒的一种办法,现在则可作为别有风味的点心食用。荚果蕨植株形状优美,作为阴生观赏植物,十分适于我国北部地区作盆栽观赏,可作为居室盆栽或室外背阴地栽培的观赏植物。其叶片纸质、较厚,还可用作切花配叶的良好素材。无论是室内盆栽还是用作插花,均可散发出自然的黄瓜清香,怡人心脾,令人神清气爽。

兴安薄荷 *Mentha dahurica*(图3-42)

唇形科薄荷属。

【形态】多年生草本植物。茎直立,高30~60 cm。单一,稀有分枝,基部各节有纤细须根及细长的地下枝,沿棱上被倒向微柔毛,淡绿色,有时带紫色。叶片卵形或长圆形,长3 cm,宽1.3 cm。先端锐尖或钝,基部宽楔形至近圆形,通常沿脉上被微柔毛,余部无毛或疏生微柔毛,下面淡绿色,脉上披微柔毛,余部具腺点;叶柄长7~10 mm,扁平,被微柔毛。轮伞花序5~13花,具长2~10 mm的梗。通常茎顶2个轮伞花序聚集成头状花序;小苞片线形,上弯,被微柔毛;花梗长1~3 mm。花萼管状钟形,长2.5 mm。外面沿脉上被微柔毛,内面无毛,10~13脉,萼齿5,宽三角形,长0.5 mm,具微尖头,果时花萼宽钟形。花冠浅红或粉紫色,长5 mm,外面无毛,自基部向上逐渐扩大,裂片长1 mm,圆形,先端钝,上裂片明显2浅裂。雄蕊4,前对较长,等于或稍伸出花冠,花丝丝状,略被须毛,花药卵圆形,紫色。花柱丝状,长约5 mm,先端扁平,相等2浅裂,裂片钻形。花盘平顶。子房褐色,无毛。花期7~8月。

【分布】产于黑龙江、吉林、内蒙古东北。俄罗斯远东地区、日本北部也有。

【生态习性】生于草甸上,海拔650 m。

【化学成分】每100 g鲜重含水分91.5 g、蛋白质2.2 g、Ca 520 mg、P 13 mg、Fe 1.7 mg、胡萝卜素0.93 mg、硫胺素0.05 g、V_C 24.5 mg。

【功能用途】含挥发油,主要成分为薄荷醇、薄荷酮、乙酸薄荷酯、莰烯、柠檬烯等。内服少量有兴奋作用,因能刺激中枢神经,间接传导于末梢神经,使皮肤毛细血管扩张,促进汗腺分泌,故有发汗解热作用。外用能使黏膜血管收缩,感觉神经麻痹而产生清凉、止痛、止痒的作用。薄荷油在体外具有很强的杀灭阴道滴虫的作用,又能制止肠内异常发酵,有制腐作用。薄荷精油还有解痉作用,对呼吸道炎症有治疗作用。薄荷味辛、凉,具有疏风、散热、解毒等功效。

图3-42 兴安薄荷

(资料来源:中国植物图像库)

可治疗外感风热、头痛、目赤、咽喉肿痛、食滞气胀、口疮、牙痛、疮疖、瘾疹。

于春、夏季采摘，开水烫后凉拌、炒食、炸食或作清凉调料，也可加入面粉蒸食，或晒制成干菜等。含有薄荷酮、挥发油，具有香味，并提取薄荷油用于食品工业。

水芹 *Oenanthe javanica*（图3-43）

别名水芹菜、野芹菜。伞形科水芹属。

【形态】多年生草本植物，株高15~80 cm。茎直立或基部匍匐。基生叶有柄，柄长达10 cm，基部有叶鞘，叶片轮廓三角形，末回裂片卵形至菱状披针形，长2~5 cm，宽1~2 cm，边缘有锯齿或圆齿状锯齿，茎上部叶无柄，裂片和基生叶的裂片相似，较小。复伞形花序顶生，花序梗长2~16 cm；无总苞，长1~3 cm，直立和展开，小总苞片2~8，线形，长约2~4 mm，小伞形花序有花20余朵。花柄长2~4 mm，萼齿线状披针形，长与花柱基相等，花瓣白色，长1 mm，宽0.7 mm，有一长而内折的小舌片；花柱基圆锥形，花柱直立或两侧分开，长2 mm。果实近于四角状椭圆形或筒状长圆形，长2.5~3 mm，宽2 mm，

图3-43 水芹

（资料来源：中国植物图像库）

侧棱较背棱和中棱隆起，木栓质，分生果横剖面近于五边状的半圆形。花期6~7月，果期8~9月。

【分布】几遍全国大地，农舍附近常见栽培。朝鲜、日本、俄罗斯、印度、印度尼西亚也有分布。

【生态习性】生于低湿地或浅水沟边。

【化学成分】每100 g嫩茎叶含蛋白质2.5 g、脂肪0.6 g、碳水化合物4 g、粗纤维3.8 g、胡萝卜素4.2 mg、V_C 47 mg、VB_2 0.33 mg、尼克酸1.1 mg、Ca 154 mg、P 9.8 mg、Fe 23.3 mg。其营养十分丰富，含Fe量为普通蔬菜的10~30倍，胡萝卜素、V_C、V_{B_2}含量远高于一般栽培蔬菜。

【功能用途】全草含水芹素，并含有挥发油，内服有兴奋中枢神经、升高血压、促进呼吸、提高心肌兴奋性、加强血液循环的作用，并有促进胃液分泌、增进食欲及祛痰之作用。传统医学认为水芹味甘、性平，可清热平肝、利大小便、行瘀止带。研究表明，水芹食用器官中含有较多的膳食纤维和黄酮类物质，可刺激胃肠蠕动，防止便秘，还能预防结肠癌、肺癌、降血压、降血糖等。另外，挥发油局部外搽，有扩张血管、促进循环、提高渗透性的作用。

水芹一向为中、日的传统山野菜，春萌甚早，日本列为"春七草"之首。从春到秋采摘嫩苗与嫩茎叶，炒食或用开水烫后，凉水漂洗后凉拌，风味很好，可凉拌、做馅，也可盐渍，根还可腌制酱菜。需要注意与毒芹（*Cicuta virosa*）的区别，否则易中毒致死。

马齿苋 Portulaca oleracea（图 3-44）

别名马蛇子菜、马齿菜等。马齿苋科马齿苋属。

【形态】1 年生草本植物，全株无毛。茎平卧或斜倚，伏地铺散。多分枝，圆柱形，长 10～15 cm，淡绿色或带暗红色。叶互生，有时近对生，叶片扁平，肥厚似马齿状，长 1～3 cm，宽 0.6～1.5 cm，顶端圆钝或平截，基部楔形，全缘，上面暗绿色，下面淡绿色或带暗红色，中脉微隆起；叶柄粗短。花无梗，直径 4～5 mm，常 3～5 朵簇生枝端，午时盛开；苞片 2～6，叶状，膜质；萼片 2，对生，绿色，盔形，左右压扁，长约 4 mm，顶端急尖，背部具龙骨状凸起，基部合生；花瓣 5，黄色，倒卵形，长 3～5 mm，顶端微凹，基部合生；雄蕊通常 8，或更多，长约 12 mm，花药黄色；子房无毛，花柱比雄蕊稍长，柱头 4～6 裂，线形。蒴果卵球形，长约 5 mm；种子细小，多数，偏斜球形，黑褐色，有光泽。直径不及 1mm，具小疣状凸起。花期 5～8 月，果期 6～9 月。

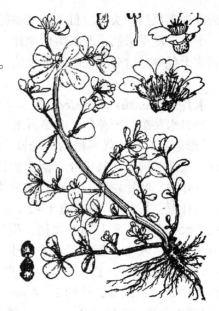

图 3-44　马齿苋
（资料来源：中国植物图像库）

【分布】除高寒地区外，各地均有分布；亚洲温带以及欧洲和热带广泛分布。

【生态习性】性喜向阳肥沃的土壤，耐旱也耐涝，生活力强，生于菜园、农田、路旁，为田间常见杂草。

【化学成分】每 100 g 鲜嫩茎叶含水分 92 g、蛋白质 2.3 g、脂肪 0.5 g、碳水化合物 3 g、粗纤维 0.7 g、灰分 1.3 g、胡萝卜素 2.23 mg、VB_1 0.03 mg、VB_2 0.11 mg、V_{PP} 0.7 mg、V_C 23 mg、V_E 12.2 mg（含量是菠菜的 6 倍多）、Ca 85 mg、P 56 mg、Fe 1.5 mg、α-亚麻酸 300～400 mg（含量是菠菜的 10 倍）。每克干品含 K 44.8 mg、Ca 10.7 mg、Mg 14.57 mg、P 4.43 mg、Na 21.77 mg、Fe 548 μg、Mn 40 μg、Zn 72 μg、Cu 21 μg。马齿苋含有生物碱、香豆精类、黄酮类、强心苷和蒽醌类，并含有 KNO_3、K_2SO_4 及其他钾盐。

【功能用途】《本草正义》记载：马齿苋味酸、性寒，全草可入药，具有泻热解毒、散血消肿、除湿止痢、利尿润肺、止渴生津之功效。主治细菌性痢疾、妇女赤白带下、产后虚汗、毒虫咬伤、痢疾、痈疮肿毒、小便不通、白喉、久咳、蛲虫、子宫出血、痔疮出血、乳疮、肺结核等，也是干癣药及诸恶疮之贴布剂。现代医学证明马齿苋具有抗菌作用，对痢疾杆菌有杀菌作用，对伤寒杆菌、大肠杆菌和金黄色葡萄球菌有一定的抑制作用；可治疗急慢性痢疾、结肠炎、百日咳、肾结石、手足癣、阑尾炎、肺结核、糖尿病等。还有解热、消炎、利尿等功效，治细菌性痢疾，急性关节炎、肛门炎以及睾丸炎。

病虫危害极少的马齿苋可以作为绿色蔬菜直接食用，如将幼嫩茎叶洗净后炒食，微酸开胃，能帮助消化；也可将幼嫩部分洗净后用开水烫漂捞出凉拌或作为馅料；也可将马齿苋做成脱水真空包装蔬菜以及加工成马齿苋脯、马齿苋口香糖、马齿苋冰淇淋等食品。通过浓缩马齿苋原汁制成保健饮料,如马齿苋苹果复合澄清饮料、马齿苋叶茶等。过去马齿苋的药用主要是通过煎服或者捣碎外敷有单味或配以其他草药的,主要用于细菌性痢疾、腹泻、或者皮肤病等。随着现代制药技术的发展,已经逐步开发出马齿苋水提取剂注射液、马齿苋片等剂型。马齿苋营养丰富,粗纤维含量少,适口性好,消化利用率高,是畜禽的优质饲料。马齿苋生喂、熟喂、青贮、晒干或发酵后饲喂,畜禽均喜食。许多研究表明马齿苋制成饲料,饲养猪、牛、兔、鸡等畜禽,可明显促进生长且减少发病。

委陵菜 *Potentilla chinensis*(图 3-45)

别名白草、生血丹、萎陵菜等。蔷薇科委陵菜属。

【形态】多年生草本植物。根粗壮,圆柱形,稍木质化。花茎直立或上升,高 20~70 cm,被稀疏短柔毛及白色绢状长柔毛。基生叶为羽状复叶,有小叶 5~15 对,间隔 0.5~0.8 cm,连叶柄长 4~25 cm,叶柄被短柔毛及绢状长柔毛;小叶片对生或互生,上部小叶较长,向下逐渐减小,无柄,长圆形、倒卵形或长圆披针形,长 1~5 cm,宽 0.5~1.5 cm,边缘羽状中裂,裂片三角卵形、三角状披针形或长圆披针形,顶端急尖或圆钝,边缘向下反卷,上面绿色,被短柔毛或脱落几无毛,中脉下陷,下面被白色绒毛,沿脉被白色绢状长柔毛,茎生叶与基生叶相似;基生叶托叶近膜质,褐色,外面被白色绢状长柔毛,茎生叶托叶草质,绿色,边缘锐裂。伞房状聚伞花序,花梗长 0.5~1.5 cm,基部有披针形苞片,外面密被短柔毛;花直径通常 0.8~1 cm。萼片三角卵形,顶端急尖,副萼片带形或披针形,顶端尖,比萼片短约 1 倍且狭窄,外面被短柔毛及少数绢状柔毛;花瓣黄色,宽倒卵形;花柱近顶生,基部微扩大,稍有乳头或不明显,柱头扩大。瘦果卵球形,深褐色,有明显皱纹。花、果期 4~10 月。

【分布】产于黑龙江、吉林、辽宁、内蒙古、河北、山西、陕西、甘肃、山东、河南、江苏、安徽、江西、湖北、湖南、台湾、广东、广西、四川、贵州、云南、西藏。俄罗斯远东地区、日本、朝鲜均有分布。

【生态习性】生于山坡草地、沟谷、林缘、灌丛或疏林下,海拔 400~3 200 m。委陵菜适应性强,对环境要求不严格。

【化学成分】每 100 g 鲜品含粗蛋白 9.18 g、粗脂肪 4.03 g、粗纤维 21.89 g、粗灰分 7.25 g、胡萝卜素 4.88 mg、V_{B_2} 0.74 mg、V_C 34 mg。每千

图 3-45 委陵菜
(资料来源:中国植物图像库)

克干品含 K 25.8 mg、Ca 12.1 mg、Mg 4.01 mg、P 5.46 mg、Na 0.37 mg、Fe 170 μg、Mn 42 μg、Zn 64 μg、Cu 11 μg。每 100 g 块根含蛋白质 12.6 g、脂肪 1.4 g、碳水化合物 7.3 g、粗纤维 3.2 g、灰分 3.0 g、Ca 123 mg、P 334 mg、Fe 24.4 mg、V_{B_1} 0.06 mg、尼克酸 3.3 mg;根含鞣质 9%、糖及淀粉 10.46%~20.55%。

【功能用途】味苦、性平，具清热、解毒、利湿、止血之功效。内服可治疗阿米巴痢疾、细菌性痢疾、肠炎、风湿性关节炎、咽喉炎、百日咳、吐血、便血、尿血、子宫功能性出血等。外用可治疗外伤出血、痈疖肿毒、疥疮等。

春季采嫩苗，夏、秋季采全草，洗净鲜用。全草也可晒干备用。据《救荒本草》记载："其叶味苦、微辣，采苗叶炸熟，水浸淘净，油盐调食。"4~6月间采嫩幼苗，沸水焯1~2 min，换清水浸泡后，除去苦味，炒食。4~6月间或8~10月间挖取块根，生食、煮食或磨面掺入主食。

龙须菜 *Asparagus schoberioides*（图3-46）

别名雉隐天冬。百合科天门冬属。

【形态】草本植物，株高可达1 m。根稍肉质，粗2~3 mm。茎上部与分枝具纵棱，有时有极狭的翅。叶状枝通常每3~4枚成簇，条形，镰刀状，基部近锐三棱形，上部扁平，长1~4 cm，宽0.7~1 mm；叶鳞片状，基部无刺。花每2~4朵腋生，单性，雌雄异株，黄绿色；花梗很短，长约0.5~1 mm；雄花；花被片6，长2~2.5 mm；雄蕊稍短于花被片；花丝长约1.5 mm，不贴生于花被片上；花药卵圆形，长约0.5 mm；雌花与雄花大小相似，具6枚退化雄蕊。浆果球形，直径约6 mm，成熟时红色，通常具1~2颗种子。花期5~6月，果期8~9月。

图3-46 龙须菜
（资料来源：中国植物图像库）

【分布】分布于黑龙江、吉林、辽宁、河北、河南（西部）、山东、山西、陕西（中南部）、甘肃（东南部）。朝鲜、日本、俄罗斯也有。

【生态习性】生于林下或草坡上，海拔400~2 300 m。根状茎和根在河南作中药白前使用。

【化学成分】每100 g鲜品含蛋白质4.6 g、胡萝卜素7.35 g、V_{B_2} 0.253 g、V_{PP} 1.2 mg、V_C 64 mg。

【功能用途】全草入中药，味苦、甘，性凉，具清热利尿、止血、止咳的功能。春采伸出尚未展叶的幼芽或柔芽顶梢，及时吃，可做炒菜或做汤或凉拌菜。在日本被誉为"山菜之王"，风味之美无与伦比。

蒲公英 *Taraxacum mongolicum*（图3-47）

别名黄花地丁、婆婆丁、灯笼草等。菊科蒲公英属。

【形态】多年生草本植物。茎圆柱状，黑褐色，粗壮。叶倒卵状披针形、倒披针形或长圆状披针形，长4~20 cm，宽1~5 cm，先端钝或急尖，边缘有时具波状齿或羽状深裂，有时倒向羽状深裂或大头羽状深裂，顶端裂片较大，三角形或三角状戟形，全缘或具齿，每侧裂片3~5片，裂片三角形或三角状披针形，通常具齿，平展或倒向，裂片间常夹生小齿，基部渐狭成叶柄，叶柄及主脉常带红紫色，疏被蛛丝状白色柔毛或几无毛。花莛 1 至数个，与叶等长或稍长，高 10～25 cm，上部紫红色，密被蛛丝状白色长柔毛；头状花序直径约 30～40 mm，总苞钟状，长 12～14 mm，淡绿色；总苞片 2～3 层，外层总苞片卵状披针形或披针形，长 8～10 mm，宽 1～2 mm，边缘宽膜质，基部淡绿色，上部紫红色，先端增厚或具小到中等的角状突起；内层总苞片线状披针形，长 10～16 mm，宽 2～3 mm，先端紫红色，具小角状突起；舌状花黄色，舌片长约 8mm，宽约 1.5 mm，边缘花舌片背面具紫红色条纹，花药和柱头暗绿色。瘦果倒卵状披针形，暗褐色，长约 4～5 mm，宽约 1～1.5 mm，上部具小刺，下部具成行排列的小瘤，顶端逐渐收缩为长约 1 mm 的圆锥至圆柱形喙基，喙长 6～10 mm，纤细；冠毛白色，长约 6 mm。花期 4～9 月，果期 5～10 月。

图 3-47　蒲公英

（资料来源：中国植物图像库）

【分布】产于黑龙江、吉林、辽宁、内蒙古、河北、山西、陕西、甘肃、青海、山东、江苏、安徽、浙江、福建北部、台湾、河南、湖北、湖南、广东北部、四川、贵州、云南等地。朝鲜、蒙古、俄罗斯也有分布。

【生态习性】广泛生于中、低海拔地区的山坡草地、路边、田野、河滩。

【化学成分】每 100 g 含水分 88.07 g、糖类 3.33 g、粗脂肪 0.68 g、蛋白质 2.48 g、粗灰分 1.38 g、粗纤维 1.69 g、K 326.35 mg、Mg 217.21 mg、Cu 0.18 mg、Mn 0.59 mg、Ca 148.73 mg、P 37.80 mg、Fe 4.87 mg、Zn 0.68 mg、Se 17.00 μg、V_C 33.57 mg、V_E 2.57 mg、胡萝卜素 1.23 mg。每 100 g 含天冬氨酸 0.20 g、谷氨酸 0.25 g、半胱氨酸 0.04 g、异亮氨酸 0.12 g、苯丙氨酸 0.25 g、组氨酸 0.04 g、苏氨酸 0.10 g、甘氨酸 0.11 g、缬氨酸 0.11 g、亮氨酸 0.18 g、赖氨酸 0.10 g、精氨酸 0.10 g、丝氨酸 0.09 g、丙氨酸 0.13 g、蛋氨酸 0.05 g、酪氨酸 0.08 g、脯氨酸 0.09 g、氨 0.04 g，氨基酸总量为 2.12 g。

另外，还含有甾醇、天冬醇胺、胆碱、葡萄糖苷、菊糖、果胶、叶黄素、蝴蝶梅黄素等。

【功能用途】蒲公英被称为中药八大金刚之一。中医学认为蒲公英性寒，味甘、平，是解热凉血之药，有清肺、补脾、和胃之功效。《本草纲目》记载："蒲公英解食毒，散滞气，化热毒，消恶肿……乌须发，壮筋骨。"《本草经疏》记载："各经之火，见蒲公英而尽伏"；"蒲公英，至贱而有大功，惜世人不知用之"。蒲公英最主要的功效是治疗疮疖痈肿，对病毒性感冒、肝炎有奇效。可治疗急性乳腺炎、感冒发烧、急性扁桃体炎、急性支气管炎、肾炎、肝炎、胆囊炎、尿路感染等多种疾病。同时，蒲公英还有利胆保肝的作用，有助于降低转氨酶，抑制和杀灭癌细胞，具有一定的抗肺癌作用。

蒲公英为传统山菜，又是保健食品，有清热解毒、消炎健胃之功效。早春至夏初均可采食，多为直接蘸酱吃，亦可做各种凉拌菜，或做汤，或炖菜和渍酱菜，其淡淡的苦味给人以清爽气息和田园春意。

地肤 *Kochia scoparia*（图 3-48）

别名扫帚草、扫帚菜、绿帚。藜科地肤属。

【形态】1 年生草本植物，高 50～100 cm。茎直立，多分枝。分枝斜上，淡绿色或浅红色，生短柔毛。叶互生，披针形或条状披针形，长 2～5 cm，宽 3～7 mm，两面生短柔毛。花两性或雌性，通常单生或 2 个生于叶腋，集成稀疏的穗状花序；花被片 5，基部合生，果期自背部生三角状横突起或翅；雄蕊 5；花柱极短，柱头 2，线形。胞果扁球形，包于花被内；种子横生，扁平。花期 6～9 月，果期 7～10 月。

【分布】分布几遍全国。朝鲜、日本、蒙古、俄罗斯西伯利亚和中亚地区、印度、欧洲也有。

【生态习性】多生于宅旁隙地、园圃边和荒废田间。

图 3-48 地肤
（资料来源：中国植物图像库）

【化学成分】每 100 g 鲜茎叶含抗坏血酸 39.0 mg、尼克酸 1.6 g、蛋白质 5.2 g、脂肪 0.8 g、糖类 8.0 g、粗纤维 2.0 g、灰分 4.6 g、胡萝卜素 5.12 g、V_{B_1} 0.15 g、V_{B_2} 0.31 g、V_C 39.0 g。

【功能用途】果于秋季采收，采后晒干备用。果实性寒、味甘，利小便，清湿热。地肤子为地肤的种子，含有 V_A 类物质和皂苷，对医治膀胱炎、尿道炎有一定疗效。春、夏季采嫩茎叶，称地肤苗，具有清热解毒，利尿通淋，养心安神的药效。地肤的苗、叶和幼茎均可食，可蒸食、炒食、凉拌、做汤等。在烹饪界称作凤尾、青须。制作出的菜点，新颖多姿、味美适口，深受大众之欢迎。

萹蓄 *Polygonum aviculare*（图 3-49）

别名扁竹、竹叶草。蓼科蓼属。

【形态】1 年生草本植物，高 10～40 cm。茎平卧或上升，自基部分枝，有棱角。叶有极短柄或近无柄；叶片狭椭圆形或披针形，长 1.5～3 cm，宽 5～10 mm，顶端钝或急尖，基部楔形，全缘；托叶鞘膜质，下部褐色，上部白色透明，有不明显脉纹。花腋生，1～5 朵簇生叶腋，遍布于全植株；花梗细而短，顶部有关节；花被 5 深裂，裂片椭圆形，绿色，边缘白色或淡红色；雄蕊 8；花柱 3。瘦果卵形，有 3 棱，黑色或褐色，生不明显小点，无光泽。花期 5～7 月，果期 6～8 月。

【分布】全国各地都产。欧、亚、美三洲温带

图 3-49 萹 蓄
（资料来源：中国植物图像库）

地区也有分布。

【生态习性】为常见的野草，生于田野、荒地和水边湿地。

【化学成分】每 100 g 嫩叶含蛋白质 6.0 g、脂肪 0.5 g、碳水化合物 10.0 g、胡萝卜素 9.55 mg、V_C 158.0 mg、V_{B_2} 0.58 mg、Ca 50.0 mg、P 47.0 mg。全草含萹蓄苷、槲皮素-3-阿拉伯糖苷，另含微量大黄素、少量鞣质及蜡等。

【功能用途】萹蓄性味苦、甘，夏季采全草，洗净，阴干，切碎生用，含萹蓄苷、槲皮苷、氧化蒽酮等，有消炎抗菌作用，对金黄色葡萄球菌、弗氏痢疾杆菌、伤寒杆菌及皮肤霉菌有抑制作用。可治霍乱、黄疸、尿路结石、痢疾、蛔虫、胆道蛔虫、蛲虫、钩虫等病。外用可治疗皮肤湿疹、阴道滴虫、阴道瘙痒等症。萹蓄的食用部位是嫩茎叶，于 2～7 月采摘嫩茎叶炒食或切碎与面粉混合蒸食。亦可做成干菜。

老山芹 *Heracleum moellendorffii*（图 3-50）

别名土当归、山芹菜等。伞形科牛防风属。

【形态】多年生草本植物。根状茎平卧，有地下匍匐枝，具膜质、卵形的鳞片，颈部有多数纤维状根，雌雄异株。雄株花茎在花后高 10～30 cm。不分裂，被密或疏褐色短柔毛，基部径达 7～10 mm。基生叶具长柄，叶片圆形或肾状圆形，长宽 15～30 cm。不分裂，边缘有细齿。基部深心形，上面绿色幼时被卷柔毛，下面被蛛丝状毛，后脱毛，纸质。苞叶长圆形或卵状长圆形，长 3～8 cm，钝而具平行脉，薄质，紧贴花葶。头状花序多数，在上端密集成密伞房状，有同形小花；总苞筒状，长 6 mm，宽 7～8 mm，基部有披针形苞片；总苞片 2 层近等长，狭长圆形，顶端圆钝，无毛；全部小花管状，两性，不结实；花冠白色，长 7～7.5 mm，管部长 4.5 mm，花药基部钝，有宽长圆形的附片；花柱棒状增粗近

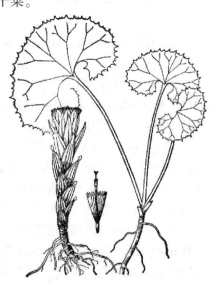

图 3-50 老山芹
（资料来源：中国高等植物图鉴）

上端具小环，顶端锥状二浅裂。雌性花葶 15～20 cm，有密苞片，在花后常伸长，高近 70 cm；密伞房状花序，花后排成总状，稀下部有分枝；头状花序具异形小花；雌花多数，花冠丝状，长 6.5 mm，顶端斜截形；花柱明显伸出花冠，顶端头状，二浅裂，被乳头状毛。瘦果圆柱形，长 3.5 mm，无毛；冠毛白色，长约 12 mm，细糙毛状。花期 4～5 月，果期 6 月。

【分布】产于江西、安徽、江苏、山东、福建、湖北、四川和陕西。朝鲜、日本及俄罗斯远东地区也有分布。

【生态习性】生于溪流边、草地或灌丛中，常有栽培。

【化学成分】每 100 g 含 V_A 106.53 mg、核黄素 0.10 mg、异亮氨酸 96.0 mg、亮氨酸 194.9 mg、赖氨酸 105.9 mg、蛋氨酸 11.0 mg、苯丙氨酸 119.9 mg、酪氨酸 88.4 mg、苏氨酸 106.1 mg、缬氨酸 118.2 mg、精氨酸 119.8 mg、组氨酸 45.0 mg、丙氨酸 131.4 mg、脯氨酸 82.8 mg、天门冬氨酸 181.2 mg、谷氨酸 225.4 mg、甘氨酸 125.9 mg、丝氨酸

109.2 mg、K 4373.794 mg、Zn 4.960 mg、Cd 7.99 mg 等。

【功能用途】全株可入药，味甘辛、性凉，具有退热解毒、清洁血液、降低血糖、降压的功效。老山芹含有丰富的营养，其所含丰富的膳食纤维，不但可以帮助胃肠蠕动，清理肠道垃圾还可以降血脂、降血压、降血糖。药食兼用，能够扶正固本，强壮身体具有抗疲劳、抗辐射、减肥益智等功能；对风湿、类风湿、高血糖、高血脂、高血压、心脑血管及癌症化疗、化疗后的康复具有显著的食疗效果。老山芹被称为山野菜中的"绿色黄金"。

老山芹营养丰富，除含蛋白质、脂肪、糖等物质外，还富含 V_C，是一般蔬菜的几十倍。翠绿多汁，清爽可口，是色、香、味俱佳的山野菜。冷水发泡后，可炝可拌，可与肉骨同煮食，亦可剁碎做馅。它的根部可以作药材药用，于夏、秋采收，晒干备用。食用时于 5～6 月采摘 10cm 的嫩芽、去叶，其加工方法与黄瓜香相同。

打碗花 *Calystegia hederacea*（图 3-51）

别名小旋花、兔耳草等。旋花科打碗花属。

【形态】1 年生草本植物。全身不被毛，植株通常矮小，高 8～30 cm。常自基部分枝，具细长白色的根。茎细，平卧，有细棱，基部叶片长圆形，长 2～3 cm，宽 1～2.5 cm，顶端圆，基部戟形，上部叶片 3 裂，中裂片长圆形或长圆状披针形，侧裂片近三角形，全缘或 2～3 裂，叶片基部心形或戟形，叶柄长 1～5 cm，花腋生，1 朵，花梗长于叶柄，有细棱；苞片宽卵形，长 0.8～1.6 cm，顶端钝或锐尖至渐尖，萼片长圆形，长 0.6～1 cm，顶端钝，具小短尖头，内萼片稍短；花冠淡紫色或淡红色，钟状，长 2～4 cm，冠檐近截形或微裂；雄蕊近等长，花丝基部扩大，贴生花冠管基部，被小鳞毛，子房无毛，柱头 2 裂，裂片长圆形，扁平。蒴果卵球形，长约 1 cm，宿存萼片与之近等长或稍短。种子黑褐色，长 4～5 mm，表面有小疣。

图 3-51 打碗花

（资料来源：中国高等植物图鉴）

【分布】全国各地均有分布。东非的埃塞俄比亚，亚洲南部、东部以至马来西亚也有分布。

【生态习性】从平原至高海拔地方都有生长，为农田、荒地、路旁常见的杂草。

【化学成分】每 100 g 可食部分含蛋白质 0.2 g、脂肪 0.5 g、碳水化合物 5.0 g、粗纤维 3.1 g、Ca 422 mg、P 40 mg、Fe 10 mg、胡萝卜素 5.28 mg、V_{B_1} 0.02 mg、V_{B_2} 0.59 mg、尼克酸 2.0 mg、V_C 54 mg，其根含 17% 的淀粉。打碗花嫩茎、叶含 Ca、Fe、V_{B_2}、胡萝卜素都居野菜之前列，比家种蔬菜为高。

【功能用途】根状茎：健脾益气，利尿，调经，止带；用于脾虚消化不良，月经不调，白带，乳汁稀少。花：止痛；外用治牙痛。

打碗花属目前多被视为杂草，但其根茎或全草可药用，而且分布广泛，资源量大，在我国有悠久的药用历史。

思考题

1. 野生浆果中的活性物质有哪些？举一例说明其提取工艺。
2. 举例说明坚果冲剂的加工。
3. 举出3种常见的野生根茎类植物，并说明其利用价值。
4. 试说明山野菜具有的特性。
5. 开发利用野生食用植物资源应注意哪些问题？

野生药用植物资源

4.1 概述

世界已知植物有 270 000 余种。我国地域辽阔，从寒温带直到热带，地形复杂，气候多样，是世界上植物生物多样性最丰富的国家之一，全国已知植物约有 25 700 种，其中很多植物具有药用价值。20 世纪 80 年代，我国曾经进行过全面系统的资源调查，发现我国的药用植物资源种类包括 383 科 2 309 属 11 146 种，其中藻、菌、地衣类低等植物有 459 种，苔藓、蕨类、种子植物类高等植物有 10 687 种。在这些药用植物中，临床常用的植物药材有 700 多种，其中 300 多种以人工栽培为主，传统中药材的 80% 为野生资源。

中国是药用植物资源最丰富的国家之一，对药用植物的发现使用和栽培，有着悠久的历史。中国古代有关史料中曾有"伏羲尝百药"、"神农尝百草，一日而遇七十毒"等记载。虽都属于传说，但说明药用植物的发现和利用，是古代人类通过长期的生活和生产实践逐渐积累经验和知识的结果。到春秋战国时，已有关于药用植物的文字记载。《诗经》和《山海经》中记录了 50 余种药用植物。1973 年长沙马王堆 3 号汉墓出土的帛书中整理出来的《五十二病方》，是中国现存秦汉时代最古的医方，其中记载的植物类药有 115 种。汉代张骞出使西域后，外国的药用植物如红花、安

> 我国药用植物资源的开发利用历史悠久，已发现的 3 万多种高等植物中，可入药的植物达到 11000 多种，其种类及数量均居世界首位，为我国研制新的天然药物奠定了良好的资源基础。
>
> 本章详细分析了野生药用植物的化学成分的结构构成、生理功能、理化性质、鉴别方法，针对国内外研究现状，选取了八种先进的活性物质工业制备技术进行阐述，并列举了可入药的植物类别及应用状况。

石榴、核桃、大蒜等也相继传到中国。历代学者专门记载药物的书籍称为"本草"。约成书于秦汉之际的中国，现存最早的药学专著《神农本草经》，记载药物 365 种，其中植物类药就有 252 种。此后，著名的本草书籍有梁代陶弘景的《本草经集注》、唐代苏敬等的《新修本草》、宋代唐慎微的《经史证类备急本草》以及明代李时珍的《本草纲目》等。其中《经史证类备急本草》，收集宋代以前的各家本草加以整理总结，收载植物类药达 1 100 余种，有不少现已遗失的本草资料赖此得以保存。到明代，《本草纲目》收载的植物类药已达 1 200 多种。

药用植物在医药中占有重要地位，国际组织"植物生命"保护组织曾发布报告显示，目前全世界 50 000 余种药用植物中约有 15 000 种濒临灭绝。在印度、肯尼亚、尼泊尔、坦桑尼亚和乌干达等国都有物种消失的报告。商业过度采掘对药用植物的危害最大。此外，污染、物种入侵以及生活环境遭到破坏等也导致此类植物灭绝。因此，野生药用植物资源的保护和开发问题利用已引起全世界范围的关注。

4.1.1 野生药用植物概念

野生药用植物是指医学上用于防病、治病的野生植物，其植株的全部或一部分供药用或作为制药工业的原料。

野生药用植物学是一门以植物界中具有医疗保健类植物为对象，利用植物中的形态构造及分类知识来研究药用植物的形态、组织、生理功能、分类、鉴定、资源开发和合理利用的学科。

4.1.2 野生药用植物的分类

野生药用植物在不同学科按照其各自不同的研究方向和目的有不同的分类方式。

药用植物学按植物系统分类，主要可反映药用植物的亲缘关系，以利形态解剖和成分等方面的研究。

中药鉴定学、药用植物栽培学常按药用部分分类，分为根、根茎、皮、叶、花、果实、种子、全草等类，便于药材特征的鉴别和其栽培特点的掌握。

医学上一般按药物性能和药理作用分类，中医学按药物性能分为解表药、清热药、祛风湿药、理气药、补虚药等类别；现代医学常按药理作用分为镇静药、镇痛药、强心药、抗癌药等。

药用植物资源（medicinal plant resources）按其主要化学成分可分为：生物碱类植物资源、多糖类植物资源、苷类植物资源、黄酮类植物资源、有机酸类植物资源、醌类植物资源、酚类植物资源、甾醇植物资源、氨基酸和蛋白质类植物资源等。在野生药用植物资源的研究中，应用药用植物资源的分类方法，应更为科学和方便。

4.2 野生药用植物中的化学成分

植物的化学成分较复杂，有些成分是植物所共有的，如纤维素、蛋白质、油脂、淀粉、糖类、色素等；有些成分仅是某些植物所特有的，如生物碱类、多糖、黄酮类化合物、鞣质、酚类、有机酸等。

各类化学成分均具有一定的特性，一般可由药材的外观、色、嗅、味等作为初步检查判断的手段之一。例如，药材样品折断后，断面有油点或挤压后有油迹者，多含油脂或挥发油；有粉层的多含淀粉、糖类；嗅之有特殊气味者，大多含有挥发油、香豆精、内酯；有甜者多含糖类；味苦者大多含生物碱、苷类、苦味质；味酸者含有有机酸；味涩者多含有鞣质，等等。以下将分述野生植物的几个重要的化学活性成分。

4.2.1 生物碱

4.2.1.1 概述

生物碱(alkaloid)是存在于自然界(主要为植物，但有的也存在于动物)中的一类含氮的碱性有机化合物，又类似碱的性质，所以过去又称为赝碱。

生物碱在植物中的分布较广，绝大多数生物碱分布在高等植物，其中双子叶植物类的豆科、茄科、防己科、罂粟科和小檗科等科属含生物碱较多；极少数生物碱分布于低等植物中；同科同属植物可能含相同结构类型的生物碱，同科同属中的生物碱也大多属于同一结构类型；一种植物体内多有数种或数十种生物碱共存，由于同一植物中的生物碱往往来自于同一个前体，它们的结构也往往类似。生物碱常以有机酸盐、无机酸盐、游离状态、酯、苷等多种形式存在。

生物碱在植物中的含量高低不一，如金鸡纳树皮中含生物碱高达 3% 以上，而长春花中的长春新碱含量仅为 0.000 1%，美登木中的美登素更是只含 0.000 02%。

生物碱有几千种，由不同的氨基酸或其衍生物合成而来，是次级代谢物之一，有一些结构式还没有完全确定。它们结构比较复杂，可分为 59 种类型。随着新的生物碱的发现，分类也将随之而更新。

由于生物碱的种类很多，各具有不同的结构式(图 4-1)，因此彼此间的性质会有所差异。但生物碱均为含氮的有机化合物，在其生物合成的途径中氨基酸是起始物，主要有鸟氨酸、赖氨酸、苯丙氨酸、组氨酸、色氨酸等，主要经历两种反应类型：环合反应和碳—氮键的裂解，所以总有些性质相似。

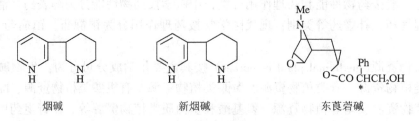

图 4-1 几种生物碱的结构

也有少数生物碱例外。例如，麻黄碱是有机胺衍生物，氮原子不在环内；咖啡因虽为含氮的杂环衍生物，但碱性非常弱，或基本上没有碱性；秋水仙碱几乎完全没有碱性，氮原子也不在环内等。由于它们均来源于植物的含氮有机化合物，而又有明显的生物活性，故仍包括在生物碱的范围内。

大多数生物碱是结晶形固体；有些是非结晶形粉末；还有少数在常温时为液体，如烟碱(nicotine)、毒芹碱(coniine)等。一般为无色，只有少数带有颜色，例如，小檗碱(berberine)、木兰花碱(magnoflorine)、蛇根碱(serpentine)等均为黄色。

不论生物碱本身或其盐类，多具苦味，有些味极苦而辛辣，还有些刺激唇舌的焦灼感。

大多呈碱性反应，但也有呈中性反应的，如秋水仙碱；也有呈酸性反应的，如茶碱和可可豆碱；也有呈两性反应的，如吗啡(morphine)和槟榔碱(arecaadine)。

大多数生物碱均几乎不溶或难溶于水，能溶于氯仿、乙醚、酒精、丙酮、苯等有机溶剂，也能溶于稀酸的水溶液而成盐类。生物碱的盐类大多溶于水。但也有不少例外，例如，麻黄碱(ephedrine)可溶于水，也能溶于有机溶剂。又如，烟碱、麦角新碱(ergonovine)等在水中也有较大的溶解度。生物碱与酸可以形成盐，呈无色结晶状，少数为液体。

在常压时绝大多数生物碱均无挥发性。直接加热先熔融，然后被分解；也可能熔融的同时分解，只有在高度真空下才能因加热而有升华现象。但也有些例外，如麻黄碱，在常压下也有挥发性；咖啡因在常压时加热至180℃以上，即升华而不分解。生物碱大都用于医药治疗及研究，少数品种用于分析或作为对比样品。生物碱一般性质较稳定，在贮存上除避光外，不需特殊贮存保管。

大多数生物碱含有不对称碳原子，有一定的旋光性和吸收光谱。多数呈左旋光性。只有少数生物碱，分子中没有不对称碳原子，如那碎因(narceine)则无旋光性。还有少数生物碱，如烟碱、北美黄连碱(hydrastine)等在中性溶液中呈左旋性，在酸性溶液中则变为右旋性。生物碱的旋光性受多种因素的影响，如溶剂、pH值、生物碱存在状态等。同时生物碱的旋光性影响其生理活性，通常左旋体的生理活性强于右旋体。

由于生物碱大多数有复杂的环状结构，氮素多包含在环内，有显著的生物活性，因此，生物碱是中草药中重要的有效成分之一。例如，从文殊兰植物中分离的石蒜碱，由于其结构类似于吗啡、可卡因，所以具有很好的镇痛作用；又因为石蒜碱可抑制霉菌中肽键的合成，从而它抑制细胞蛋白质、DNA合成；研究显示石蒜碱还具有抗菌、抗病毒、抗肿瘤、抗过敏等作用。总之，较多的有关生物碱生理作用的研究证实，生物碱是有待进一步开发的重要医用植物资源。

4.2.1.2 生物碱分类

按照生物碱的基本结构，分为60类左右。

常见的类型主要包括：①吡啶类，主要有喹喏里西啶类(苦参所含生物碱，如苦参碱)；②吡咯烷类(古豆碱、千里光碱、野百合碱)；③莨菪烷类(洋金花所含生物碱，如莨菪碱)；④异喹啉类(小檗碱、吗啡、粉防己碱)、吲哚类(利血平、长春新碱、麦角新碱)、莨菪烷类(阿托品、东莨菪碱)、咪唑类(毛果芸香碱)、喹唑酮类(常山碱)、嘌呤类(咖啡碱、茶碱)、甾体类(茄碱、浙贝母碱、澳洲茄碱)、二萜类(乌头碱、飞燕草碱)、有机胺类(麻黄所含生物碱，如麻黄碱、伪麻黄碱、益母草碱、秋水仙碱)和其他类(加兰他敏、雷公藤碱)。

按生物碱的物理状态分为：①液体生物碱，如烟碱、槟榔碱、毒藜碱；②具挥发性的生物碱，如麻黄碱、伪麻黄碱；③具升华性的生物碱，如咖啡因；④具甜味的生物碱，如甜菜碱；⑤有颜色的生物碱，如小檗碱、蛇根碱、小檗红碱。

(1) 苦参生物碱的结构类型、理化性质

结构类型 苦参所含生物碱主要有苦参碱和氧化苦参碱。此外，还含有羟基苦参碱、N-甲基金雀花碱、安那吉碱、巴普叶碱和去氢苦参碱（苦参烯碱）等。这些生物碱都属于喹喏里西啶类衍生物。除 N-甲基金雀花碱外，均由 2 个哌啶环共用 1 个氮原子耦合而成。分子中均有 2 个氮原子，一个是叔胺氮，一个是酰胺氮。

理化性质

碱性：苦参中所含生物碱均有 2 个氮原子。一个为叔胺氮（N-1），呈碱性；另一个为酰胺氮（N-16），几乎不显碱性，所以它们只相当于一元碱。苦参碱和氧化苦参碱的碱性比较强。

溶解性：苦参碱的溶解性比较特殊，不同于一般的叔胺碱，它既可溶于水，又能溶于氯仿、乙醚等亲脂性溶剂。氧化苦参碱是苦参碱的氮氧化物，具半极性配位键，其亲水性比苦参碱更强，易溶于水，难溶于乙醚，但可溶于氯仿。

极性：苦参生物碱的极性大小顺序是：氧化苦参碱＞羟基苦参碱＞苦参碱。

(2) 麻黄生物碱的结构类型、理化性质

结构类型 麻黄中含有多种生物碱，以麻黄碱和伪麻黄碱为主，其次是甲基麻黄碱、甲基伪麻黄碱和去甲基麻黄碱、去甲基伪麻黄碱。麻黄生物碱分子中的氮原子均在侧链上，属于有机胺类生物碱。麻黄碱和伪麻黄碱属仲胺衍生物，且互为立体异构体，它们的结构区别在于 C_1 的构型不同。

理化性质

挥发性：麻黄碱和伪麻黄碱的相对分子质量较小，具有挥发性。

碱性：麻黄碱和伪麻黄碱为仲胺生物碱，碱性较强。由于伪麻黄碱的共轭酸与 C_2—OH 形成分子内氢键，稳定性大于麻黄碱，所以伪麻黄碱的碱性强于麻黄碱。

溶解性：由于麻黄碱和伪麻黄碱的相对分子质量较小，其溶解性与一般生物碱不完全相同，既可溶于水，又可溶于氯仿。麻黄碱和伪麻黄碱形成盐以后的溶解性能不完全相同，如草酸麻黄碱难溶于水，而草酸伪麻黄碱易溶于水；盐酸麻黄碱不溶于氯仿，而盐酸伪麻黄碱可溶于氯仿。

鉴别反应 麻黄碱和伪麻黄碱不能与大数生物碱沉淀试剂发生反应，但可用下述反应鉴别：

二硫化碳—硫酸铜反应：属于仲胺的麻黄碱和伪麻黄碱产生棕色沉淀；属于叔胺的甲基麻黄碱、甲基伪麻黄碱和属于伯胺的去甲基麻黄碱、去甲基伪麻黄碱不反应。

铜络盐反应：麻黄碱和伪麻黄碱的水溶液加硫酸铜、NaOH，溶液呈蓝紫色。

(3) 其他生物碱的结构类型、理化性质

托烷类（硫酸阿托品和氢溴酸山莨菪碱） 阿托品和山莨菪碱是由托烷衍生的醇（莨菪醇）和莨菪酸缩合而成，具有酯结构。分子结构中，氮原子位于五元酯环上，故碱性也较强，易与酸成盐。

喹啉类（硫酸奎宁和硫酸奎尼丁） 奎宁和奎尼丁为喹啉衍生物，其结构分为喹啉环和喹啉碱2个部分，各含1个氮原子，喹啉环含芳香族氮，碱性较弱；喹啉碱微脂环氮，碱性强。

异喹啉类(盐酸吗啡和磷酸可待因) 吗啡分子中含有酚羟基和叔胺基团，故属两性化合物，但碱性略强；可待因分子中无酚羟基，仅存在叔胺基团，碱性较吗啡强。

吲哚类(硝酸士的宁和利血平) 硝酸士的宁和利血平分子中含有2个碱性强弱不同的氮原子，N_1处于脂肪族碳链上，碱性较N_2强，故士的宁碱基与1分子硝酸成盐。

黄嘌呤类(咖啡因和茶碱) 咖啡因和茶碱分子结构中含有4个氮原子，但受邻位羰基电子的影响，碱性弱，不易与酸结合成盐，其游离碱即供药用。

4.2.1.3 鉴别试验

一般应用生物碱的特征反应，进行鉴别。

(1) 双缩脲反应系芳香环侧链具有氨基醇结构的特征反应

盐酸麻黄碱和伪麻黄碱在碱性溶液中与硫酸铜反应，Cu^{2+}与仲胺基形成紫堇色配位化合物，加入乙醚后，无水铜配位化合物及其有2个结晶水的铜配位化合物进入醚层，呈紫红色，具有4个结晶水的铜配位化合物则溶于水层呈蓝色。

(2) Vitali反应系托烷生物碱的特征反应

硫酸阿托品和氢溴酸山莨菪碱等托烷类药物均显莨菪酸结构反应，与发烟硝酸共热，即得黄色的三硝基(或二硝基)衍生物，冷后，加醇制KOH少许，即显深紫色。

(3) 绿奎宁反应特征

绿奎宁反应系含氧喹啉(喹啉环上含氧)衍生物的特征反应。硫酸奎宁和硫酸奎尼丁都显绿奎宁反应，在药物微酸性水溶液中，滴加微过量的溴水或氯水，再加过量的氨水溶液，即显翠绿色。

(4) Marquis反应系吗啡生物碱的特征反应

取得盐酸吗啡，加甲醛试液，即显紫堇色。灵敏度为0.05 μg。5. Frohde反应系吗啡生物碱的特征反应。

盐酸吗啡加钼硫酸试液0.5 mL，即显紫色，继变为蓝色，最后变为棕绿色。灵敏度为0.05 μg。

(5) 官能团反应系吲哚生物碱的特征反应

利血平结构中吲哚环上的β位氢原子较活泼，能与芳醛缩合显色。利血平与香草醛试液反应，显玫瑰红色。利血平加对–二氨基苯甲醛、冰醋酸与硫酸，显绿色；再加冰醋酸，转变为红色。

(6) 紫脲酸反应系黄嘌呤类生物碱的特征反应

咖啡因和茶碱中加盐酸与$KClO_3$，在水浴上蒸干，遇氨气即生成四甲基紫脲酸铵，显紫色，加NaOH试液，紫色即消失。

(7) 还原反应系盐酸吗啡与磷酸可待因的区分反应

吗啡具弱还原性。吗啡水溶液加稀铁氰化钾试液，吗啡被氧化生成伪吗啡，而铁氰化钾被还原为亚铁氰化钾，再与试液中的三氯化铁反应生成普鲁士蓝。可待因无还原性，不能还原铁氰化钾，故此反应为吗啡与磷酸可待因的区分反应。

4.2.1.4 特殊杂质检验

生物碱中特殊杂质检验，主要利用以下方法：

(1) 利用药物和杂质在物理性质上的差异

如利血平生产或贮存过程中，光照和有氧存在下均易氧化变质，氧化产物发出荧光。因此规定：供试品置紫外光灯(365nm)下检视，不得显明显荧光。

硫酸奎宁制备过程中可能存在"其他金鸡纳碱"。利用吸附性质的差异，采用硅胶 G 薄层进行检查。

(2) 利用药物和杂质和化学性质上的差异

①**沉淀反应** 产生沉淀硫酸阿托品制备过程中可能带入(如莨菪碱、颠茄碱)杂质，因此需要检查"其他生物碱"。利用其他生物碱碱性弱于阿托品的性质，取供试品的盐酸水溶液，加入氨试液，立即游离，发生浑浊。因此规定：0.25 g 药物中不得发生浑浊。

②**颜色反应** 例如，盐酸吗啡中阿扑吗啡的检查；盐酸吗啡中罂粟碱的检查；磷酸可待因中吗啡的检查。

4.2.1.5 生物碱的测定

在测定生物碱之前，需要对生物碱进行前处理，然后滴定。

①将有机溶剂蒸干，于残渣中加定量过量的酸滴定液使溶解，再用碱滴定液回滴剩余的酸；若生物碱易挥发或分解，应在蒸至近干时，先加入酸滴定液"固定"生物碱，再继续加热除去残余的有机溶剂，放冷后完成滴定。

②将有机溶剂蒸干，于残渣中加少量中性乙醇使溶解，用酸滴定液直接滴定。

③不蒸去有机溶剂，而直接于其中加定量过量的酸滴定液，振摇，将生物碱转提入酸液中，分出酸液置另一锥形瓶中，有机溶剂层再用水分次振摇提取，合并水提取液和酸液，最后用碱滴定液回滴定。

测定条件的选择能使生物碱游离的碱化试剂有氨水、Na_2CO_3、$NaHCO_3$、$NaOH$、$Ca(OH)_2$ 和氧化镁等。但强碱不适用于下列生物碱类药物的游离：①含酯结构的药物，如阿托品和利血平等，与强碱接触，易引起分解；②含酚结构的药物，如吗啡，可与强碱形成酚盐而溶于水，难以被有机溶剂提取；③含脂肪性共存物的药物，当有脂肪性物质与生物碱共存时，碱化后易发生乳化，使提取不完全。

4.2.2 多糖

4.2.2.1 概述

多糖(polysaccharide)是由 10 个以上单糖通过糖苷键连接而成的线性或分支的聚合糖高分子碳水化合物，可用通式 $(C_6H_{10}O_5)_n$ 表示。

多糖相对分子质量从几万到几千万。结构单位之间以苷键相连，常见的苷键有 α-1,4 苷键、β-1,4 苷键和 α-1,6 苷键。结构单位可以连成直链，也可以形成支链，直链一般以 α-1,4 苷键(如淀粉)和 β-1,4 苷键(如纤维素)连成；支链中链与链的连接点常是 α-1,6-苷键。

多糖不是一种纯粹的化学物质，而是聚合程度不同的物质的混合物。多糖类一般不溶于水，无甜味，不能形成结晶，无还原性和变旋现象。多糖也是糖苷，可以水解，在水解过程中，往往产生一系列的中间产物，最终完全水解得到单糖。

多糖在自然界分布极广，亦很重要。野生药用植物多糖由于来源广泛，不同种的植物多糖的分子构成及相对分子质量各不相同。

植物体内大分子的碳水化合物按功能分为两大类：一类是具有生物活性和保健功能的，相对分子质量聚合度较低的多糖部分，也是食品行业通常所指的多糖；另一类是相对分子质量较高的碳水化合物，如纤维素、淀粉、菊糖等，是植物细胞结构的主要组分和葡萄糖的贮存形式。在食品工业上所指的多糖，一般不包括分子量较高的碳水化合物。

4.2.2.2 植物多糖的功能

植物多糖具有多种生物活性和保健功能，包括免疫调节、抗肿瘤、抗辐射、抗菌、抗病毒、抗寄生虫、抗感染、抗氧化、抗疲劳、抗突变、抗风湿、抗凝血、抗菌消炎、降血脂、降血压、降血糖、延缓衰老及防治心脑血管疾病等多种生理药理作用。

(1) 免疫调节功能

多糖的免疫调节作用主要是通过激活巨噬细胞、T 和 B 淋巴细胞、网状内皮系统、补体和促进干扰素、白细胞介素生成来完成的。具有此类活性的植物多糖有：竹叶多糖、绞股蓝多糖、无花果多糖、中华猕猴桃多糖、白术多糖、防风多糖、地黄多糖、枸杞多糖、杜仲多糖、女贞子多糖等。

目前研究认为植物多糖主要是通过增强机体的免疫功能来达到杀伤肿瘤细胞的目的，即抗癌作用经过宿主中介作用，增强机体的非特异性和特异性免疫作用，而非直接杀死肿瘤细胞，同时也与多糖影响细胞生化代谢、抑制肿瘤细胞周期和抑制肿瘤组织中 SOD 活性有明显的关系。枸杞多糖能增强抗癌免疫监视系统的功能；海带多糖对荷瘤 H22 小鼠有明显的抑制作用，其抑瘤率高达 43.5%；其他多糖如枸杞多糖、黄芪多糖、竹叶多糖等也均有抗肿瘤作用。

(2) 降血糖、降血脂作用

茶叶多糖、魔芋多糖既能降血糖又能降血脂。另外，具有降血糖作用的还有番石榴多糖、乌头多糖、知母多糖、苍术多糖、山药多糖、麻黄多糖、刺五加多糖、紫草多糖、桑白皮多糖、黄芪多糖等。

(3) 抗辐射作用

动物实验显示，黄芪多糖、人参多糖、当归多糖、柴胡多糖等能保护小鼠免受辐射损伤。其机理一般是认为多糖通过强化造血系统和活化吞噬细胞的作用来提高机体对辐射的耐受性。

(4) 对细菌与病毒的抑制

许多多糖对细菌和病毒有抑制作用，如艾滋病毒、单纯疱疹病毒、流感病毒、囊状胃炎病毒等。实验证明，银杏胞外多糖与银杏叶多糖可显著抑制致炎剂引起小鼠耳肿胀和毛细血管通透性增加，表明它们具有抗炎作用；紫基多糖不仅能抑制如金黄色葡萄球菌等革兰氏阳性菌，对革兰氏阴性菌如藤黄八叠球菌也有抑制作用。大多数多糖的抗病毒机制是抑制病毒对细胞的吸附，这可能是多糖大分子物理性或化学性竞争病毒与细胞的结合位点有关。

大多数多糖的抗病毒机制是抑制病毒对细胞的吸附。Nakano Masa hi 从美洲山核桃树的坚果、杜仲以及豆科植物中提取出一种抗氧化酸性多糖，它不仅能抑制艾滋病病毒等逆转录酶病毒的复制，而且能起到免疫调节作用，在某种程度上可替代传统的价格昂贵且副作用较大的抗病毒药物。

(5) 延缓衰老

正常情况，机体内自由基的产生和消失处于动态平衡状态下，但机体衰老时，自由基产生的量比较多，同时机体清除自由基的能力却降低了，过剩的自由基对机体组织进行攻击，机体的功能发生紊乱与障碍，而呈现衰老的症状。有研究显示，油柑多糖能影响自由基的活性，其活性的大小与多糖的量有关。枸杞多糖的抗衰老作用更为突出，对机体多种生理、生化功能的促进与调节作用更为全面。另外，何首乌、人参、黄芪、女贞的多糖都有一定程度的抗衰老作用。

(6) 保肝护肝作用

有研究表明，北五味子粗多糖有保肝作用，能降低小鼠的肝损伤；枸杞多糖可降低肝组织丙二醛的含量，这两种多糖都能提高肝糖原含量，从而提高机体的能量储备，有利于抵抗有害物质对肝脏的损害。

Kanou Kokuki 等从丹参中分离出的丹参多糖能够抑制尿蛋白的分泌，缓解肝肾疾病症状，可制成口服或肌注制剂，减少由于长期服用双嘧达莫等类固醇或血小板抑制剂造成的不良反应。

(7) 抗凝血、抗血栓

茶叶多糖也具有抗凝血、抗血栓作用。日本专利报道，从丹参中分离出丹参多糖能够抑制尿蛋白的分泌，减缓肝肾疾病症状，可制成口服或肌注制剂，减少由于长期服用双嘧达莫等类固醇或血小板抑制剂造成的不良反应。

HondaYasuki 等从西洋樱草属(*Polyanthus*)植物中获得一种具有良好的保湿、抗皱等作用的酸性杂多糖。Sawai Yasuko 等从石菖蒲的根茎中分离得到的多糖可抑制黑色素的产生，具有抗炎、抗氧化作用，可用于黑变病的治疗，且具有良好的保湿作用，故又可作为化妆品的有效成分。

(8) 其他用途

Oka Shuichi 等从紫苏(*Perilla frutescens*)中分离得到的多糖具有抗变态反应作用。

Sakata Shigenobu 等通过对多种单糖、多糖及其衍生化糖类(如醛糖、黏多糖、多糖酶解后的糖)进行发酵或提取，得到一类稳定、安全的试剂，它可减少典型的有害物(如二氧化苞、氰基化合物、多氯联苯等)对环境和人体的侵害，是极有意义的环保试剂。

Watanabe Sa J 用一种以吸附多糖(如淀粉)的羟磷灰石作载体的培养基质培养造骨细胞。此载体的特点在于不用加入血清、细胞生长因子等物质就可刺激造骨细胞生长因子受体，而且它可避免在培养某种造骨细胞时，由于血清种类的特异性而必须筛选最适血清所耗费的大量人力、财力，因而此项发明的问世大大地降低了造骨细胞的培养费用，具有极高的经济价值和社会价值。

4.2.2.3 植物多糖的应用前景

植物多糖广泛的生物活性已逐渐被人们认知,其独特活性和来源的天然性在保障人体健康应用中具有很大潜力。随着对多糖生物活性的研究深入,多糖的生物活性机理,功效因子会更加明确,它的应用领域也将会更加拓宽。然而,由于多糖本身结构比较复杂,种类繁多,其结构测定和分离纯化有很大的难度;有些多糖在天然植物中的含量低且不易分离,以及多糖的药理作用与诸多因素有关,给多糖的研究和应用带来许多挑战。这需要相关行业的人士共同应对。

4.2.3 黄酮类化合物

4.2.3.1 概述

黄酮类化合物(flavonoids)是一类存在于自然界的、具有2-苯基色原酮(flavone)结构的化合物。它们分子中有一个酮式羰基,天然黄酮类化合物母核上常含有羟基、甲氧基、烃氧基、异戊烯氧基等取代基。由于这些助色团的存在,使该类化合物多显黄色。又由于分子中 γ-吡酮环上的氧原子能与强酸成盐而表现为弱碱性,因此曾称为黄碱素类化合物。

黄酮类化合物在植物界分布很广,黄酮类化合物除少数游离外,大多与糖结合成苷。糖基多连在 C_8 或 C_6 位置上,连接的糖有单糖(葡萄糖、半乳糖、鼠李糖等)、二糖(槐糖、龙胆二糖、芸香糖等)、三糖(龙胆三糖、槐三糖等)与酰化糖(2-乙酰葡萄糖、吗啡酰葡萄糖等)。

天然黄酮类化合物除大多数为O-苷外,还发现有C-苷(如葛根素)存在。

黄酮类化合物在植物体内的形成,是由葡萄糖分布经过莽草酸途径和乙酸—丙二酸途径生成羟基桂皮酸和3个分子的乙酸,然后合成查尔酮,再衍变为各类黄酮类化合物。

黄酮类化合物多为结晶性固体,少数为无定型粉末。绝大多数植物体内都含有黄酮类化合物,它在植物的生长、发育、开花、结果以及抗菌防病等方面起着重要的作用。

4.2.3.2 结构类型

最早的黄酮类化合物主要是指母核为2-苯基色原酮的一类化合物,现在则泛指两个苯环(A环与B环)通过中央三碳相互联结而成的一系列化合物。根据三碳键(C_3)结构的氧化程度和B环的连接位置等特点,黄酮类化合物可分为下列几类:黄酮和黄酮醇;黄烷酮(又称二氢黄酮)和黄烷酮醇(又称二氢黄酮醇);异黄酮;异黄烷酮(又称二氢异黄酮);查耳酮;二氢查耳酮;橙酮(又称澳咔);黄烷和黄烷醇;黄烷二醇(3,4)(又称白花色苷元)。

(1) 黄酮类(flavone)及二氢黄酮类(dihydroflavone)

黄酮类广泛分布于被子植物中,以芸香科、菊科、玄参科、伞形科、苦苣苔科及豆科植物中存在较多;二氢黄酮类分布较普遍,尤其在被子植物的蔷薇科、芸香科、姜科、菊科、杜鹃花科和豆科中分布较多。黄酮类代表化合物黄芩素(baicalein)、黄芩苷(baicalin);二氢黄酮类代表化合物陈皮素(hhesperetin)、甘草苷(liquiritin)。

(2) 黄酮醇类(flavonol)及二氢黄酮醇类(dihydroflavonol)

黄酮醇类较广泛地分布于双子叶植物,特别是一些木本植物的花和叶中,以山柰酚和槲皮素最为常见;二氢黄酮醇类存在于裸子植物、单子叶植物姜科的少数植物中,在双子叶植物中分布较普遍,在豆科、蔷薇科植物中也较多。

黄酮醇类代表化合物槲皮素(quercetin)、芦丁(rutin);二氢黄酮醇类代表化合物水飞蓟素(silybin)、异水飞蓟素(silydianin)。

(3) 异黄酮类(isoflavone)和二氢异黄酮类(dihydroisoflavone)

异黄酮类主要分布在被子植物中,豆科中占到70%左右,其余分布在桑科、鸢尾科中;异黄酮类代表化合物大豆素(daidzein)、葛根素(purerarin)。二氢异黄酮类代表化合物鱼藤酮(rotenone)。

(4) 查尔酮类(chalcone)

大多分布在菊科、豆科、苦苣苔科植物中,在玄参科、败酱科植物中也有发现。查尔酮类代表化合物异甘草素(isoliquiritigenin)、补骨脂乙素(corylifolinin)。

(5) 花色素类(anthocyanidins)

花色素类是使植物的花、果、叶、茎等呈现蓝、紫、红等颜色的化学成分,广泛分布于被子植物中。花色素类代表化合物飞燕草素(delphinidin)、矢车菊素(cyanidin)。

(6) 橙酮类(aurones)

橙酮类定位与其他黄酮类化合物不同,在中药中比较少见,多存在于玄参科、菊科、苦苣苔科及单子叶植物莎草科中。橙酮类代表化合物金鱼草素(aureusidin)。

(7) 黄烷类(flavanes)

黄烷-3-醇的衍生物称为儿茶素类,在植物中分布较广,主要存在于含鞣质的木本植物中。黄烷-3,4-二醇衍生物被称为无色花色素类,在植物界的分布也很广,其中在含鞣质的木本植物和蕨类植物中存在较多。该类化合物常因分子聚合而具有鞣质的性质。黄烷类代表化合物儿茶素(catchin)。

(8) 双黄酮类(biflavone)

双黄酮类较集中地分布于除松科以外的裸子植物中,如银杏科、松科、杉科;蕨类植物中的卷柏属植物中也有分布。双黄酮类代表化合物银杏素(ginkgetin)、异银杏素(isoginkgetin)。

(9) 其他

苯骈色原酮为一种特殊类型的黄酮类化合物,常存在于龙胆科、藤黄科植物中,在百合科植物中也有分布。呋喃色原酮类和苯色原酮类在植物界中分布较少,如凯刺种子和果实中得到的凯林(khellin)属于呋喃色原酮类化合物。

4.2.3.3 理化性质

黄酮苷元一般难溶或不溶于水,易溶于甲醇、乙醇、乙酸乙酯、乙醚等有机溶剂,易溶于稀碱液。黄酮类化合物的羟基糖苷化后,水溶性相应加大,而在有机溶剂中的溶解度相应减少。黄酮苷一般易溶于水、甲醇、乙醇、乙酸乙酯、吡啶等溶剂,难溶于乙醚、三氯甲烷、苯等有机溶剂。黄酮类化合物因分子中多有酚羟基而呈酸性,故可溶于碱性水溶

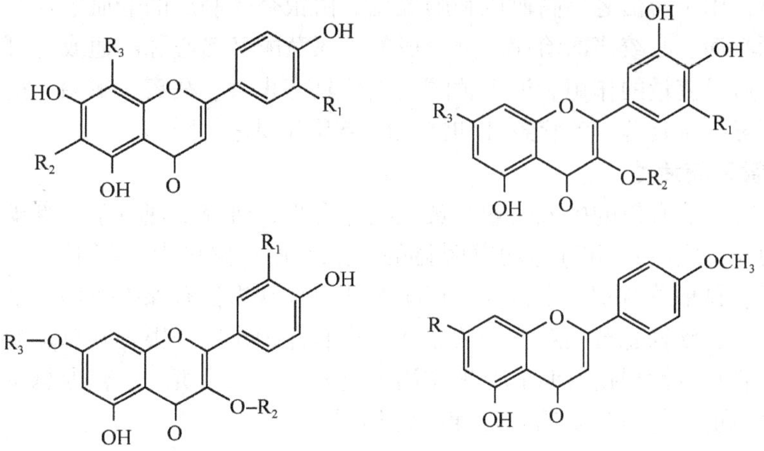

图4-2 酸模属植物中的黄酮类化合物

液、吡啶、甲酰胺及二甲基甲酰胺中。

黄酮类化合物的颜色与分子中存在的交叉共轭体系及助色团(—OH、—CH$_3$)等的类型、数目及取代位置有关。一般来说，黄酮、黄酮醇及其苷类多呈灰黄至黄色，查尔酮为黄色至橙黄色，而二氢黄酮、二氢黄酮醇、异黄酮类等因不存在共轭体系或共轭很少，故不显色。花色素及其苷元的颜色，因 pH 的不同而变，一般呈红色(pH < 7)、紫色(7 < 8.5)、蓝色(pH > 8.5)等颜色。

有些黄酮类化合物在紫外光(254 nm 或 365 nm)下呈不同颜色的荧光，氨蒸气或 Na$_2$CO$_3$ 溶液处理后荧光更为明显。多数黄酮类化合物可与铝盐、镁盐、铅盐或锆盐生成有色的络合物。

(1) 盐酸—镁粉还原反应

取药材粉末少许与试管中，用乙醇或甲醇数毫升温浸提取，取提取液加镁粉少许振摇，滴加几滴浓盐酸，1～2min 内即出现颜色。多少黄酮醇、二氢黄酮及二氢黄酮醇类显红—紫红色，黄酮类显橙色，异黄酮及查尔酮类无变化。

其他还原反应还有：盐酸—锌粉反应，黄酮、黄酮醇类常不显色，只有二氢黄酮醇类可被锌粉还原呈深红色；钠—汞齐反应，黄酮类成分可产生黄、橙、红等色；四氢硼钠（钾）反应，仅二氢黄酮醇类可被四氢硼钠还原呈红色，其他黄酮类不反应。

(2) 金属盐类试剂络合反应

黄酮类成分和铝盐、镁盐、铅盐、锆盐等试剂反应，生成有色的络合物，可供某些类型黄酮的鉴别。产生络合作用的条件是黄酮类成分必须具备下列条件之一，如 5-羟基、3-羟基或邻二羟基。根据有色络合物的最大吸收波长，可进行定量测定。常用的试剂有三氯化铝、醋酸铅、醋酸镁与二氯氧化锆等试剂。

4.2.3.4 药理活性

黄酮类化合物分布广泛，具有多种生物活性。黄酮类化合物中有药用价值的化合物很多，如槐米中的芦丁和陈皮中的陈皮苷，能降低血管的脆性，及改善血管的通透性、降低血脂和胆固醇，用于防治老年高血压和脑溢血。由银杏叶制成的舒血宁片含有黄酮和双黄酮类，用于冠心病、心绞痛的治疗。全合成的乙氧黄酮又名心脉舒通或立可定，有扩张冠状血管、增加冠脉流量的作用。许多黄酮类成分具有止咳、祛痰、平喘、抗菌的活性，具有护肝、解肝毒、抗真菌、治疗急性和慢性肝炎及肝硬化。

(1) 心血管系统活性

不少治疗冠心病有效的中成药均含黄酮类化合物，研究发现芦丁、槲皮素、葛根素以及人工合成的立可定(recordil)等均有明显的扩冠作用；槲皮素、芦丁、金丝桃苷、葛根素、灯盏花素、葛根总黄酮、银杏叶总黄酮对缺血性脑损伤有保护作用；金丝桃苷、水飞蓟素、木犀草素、沙棘总黄酮对心肌缺血性损伤有保护作用；银杏叶总黄酮、葛根素、大豆苷元等对心肌缺氧性损伤有明显保护作用。此外，沙棘总黄酮、苦参总黄酮、甘草黄酮(主要为甘草素和异甘草素)具有抗心律失常作用。

(2) 抗菌及抗病毒活性

木犀草素、黄芩苷、黄芩素等均有一定的抗菌作用；槲皮素、二氢槲皮素、桑色素、山柰酚等具有抗病毒作用；从菊花、獐牙菜中分离得到的黄酮单体对 HIV 病毒有较强抑制作用，大豆苷元、染料木素、鸡豆黄素 A 对 HIV 病毒也有一定抑制作用。

(3) 抗肿瘤活性

黄酮类化合物的抗肿瘤机制多种多样，如槲皮素的抗肿瘤活性与其抗氧化作用、抑制相关酶的活性、降低肿瘤细胞耐药性、诱导肿瘤细胞凋亡及雌激素样作用等有关；水飞蓟素的抗肿瘤活性与其抗氧化作用、抑制相关酶活性、诱导细胞周期阻滞等有关。

(4) 抗氧化自由基活性

大多数黄酮类化合物均有较强的抗氧化自由基作用，而黄酮类化合物的一些药理活性也往往与其抗氧化自由基相关。

(5) 抗炎、镇痛活性

芦丁、羟基芦丁、二氢槲皮素等对角叉菜胶、5-HT 及 PGE 诱发的大鼠足爪水肿、甲醛引起的关节炎及棉球肉芽肿等均有明显抑制作用；金荞麦中的双聚原矢车菊苷元有抗炎、解热、祛痰等作用；金丝桃苷、芦丁、槲皮素及银杏叶总黄酮等有良好的镇痛作用。

(6) 保肝活性

水飞蓟素对中毒性肝损伤、急慢性肝炎、肝硬化等有良好的治疗作用；淫羊藿黄酮、黄芩素、黄芩苷能抑制肝组织脂质过氧化、提高肝脏 SOD 活性、减少肝组织脂褐素形成，对肝脏有保护作用；甘草黄酮可保护乙醇所致肝细胞超微结构的损伤等。

(7) 其他

此外，大量研究表明黄酮类化合物还具有降压、降血脂、抗衰老、提高机体免疫力、泻下、镇咳、祛痰、解痉及抗变态等药理活性。

4.2.4 鞣质、酚类、有机酸类

4.2.4.1 鞣质

(1) 概述

鞣质(tannins)，又称单宁，是存在于植物体内的一类结构比较复杂的多元酚类化合物。鞣质能与蛋白质结合形成不溶于水的沉淀，故可用来鞣皮，即与兽皮中的蛋白质相结合，使皮成为致密、柔韧、难于透水且不易腐败的革，因此称为鞣质。

鞣质为黄色或棕黄色无定形松散粉末；在空气中颜色逐渐变深；有强吸湿性；不溶于乙醚、苯、氯仿，易溶于水、乙醇、丙酮；水溶液味涩；在210～215℃分解。

鞣质广泛存在于植物界，存在于多种树木（如橡树和漆树）的树皮和果实中，也是这些树木受昆虫侵袭而生成的虫瘿中的主要成分，含量达50%～70%。约70%以上的生药中含有鞣质类化合物，尤以在裸子植物及双子叶植物的杨柳科、山毛榉科、蓼科、蔷薇科、豆科、桃金娘科和茜草科中为多。鞣质存在于植物的皮、木、叶、根、果实等部位，树皮中尤为常见，某些虫瘿（galls）中含量特别多，如五倍子所含鞣质的量可高达70%以上。在正常生活的细胞中，鞣质仅存在于液泡中，不与原生质接触，大多呈游离状态存在，部分与其他物质（如生物碱类）结合而存在。

鞣质具收敛性，内服可用于治疗胃肠道出血，溃疡和水泻等症；外用于创伤、灼伤，可使创伤后渗出物中蛋白质凝固，形成痂膜，可减少分泌和防止感染，鞣质能使创面的微血管收缩，有局部止血作用。鞣质能凝固微生物体内的原生质，故有抑菌作用，有些鞣质具抗病毒作用，如贯众能抑制多种流感病毒。鞣质可用作生物碱及某些重金属中毒时的解毒剂。鞣质具较强的还原性，可清除生物体内的超氧自由基，延缓衰老。此外，鞣质还有抗变态反应、抗炎、驱虫、降血压等作用。

人类对鞣质的应用可追溯到5000年以前。据《素问·至真要大论》记载：散者收之，是立法的依据。老年、久病、元气不固引起的自汗盗汗、泻痢不止、滑精遗尿，应用固涩收敛滑脱、遏制气血津液的耗散，该种治疗方法叫固涩法。现代研究表明固涩类药物都含有丰富的鞣质成分。多年来，鞣质成分在医药领域被认为仅有收敛及蛋白质凝固作用，临床上用于各种止血，止泻及抗菌抗病毒。近十年来，由于新技术、新方法的应用，人们对植物中鞣质的研究取得重大进展，除发现其有抗菌、抗炎、止血药理活性外，还发现具有抗突变、抗脂质过氧化、清除自由基、抗肿瘤与抗艾滋病等多种药理活性。尤其在抗肿瘤治疗中显示出了诱人的前景。

(2) 分类

根据鞣质的化学结构可分为两大类：可水解鞣质和缩合鞣质。

可水解鞣质(hydrolysable tannins) 可水解鞣质是一类由酚酸及其衍生物与葡萄糖或多元醇通过苷键或酯键而形成的化合物。因此，可被酸、碱、酶（如鞣酶 tannase、苦杏仁酶 emulsin 等）催化水解，依水解后所得酚酸类的不同，又可分为没食子酸鞣质（gallotannin）和逆没食子酸鞣质，含这类鞣质的生药有五味子、没食子、柯子、石榴皮、大黄、桉叶、丁香等。

缩合鞣质(condensed tannins) 这是一类由儿茶素（catechin）或其衍生物棓儿茶素（gallocatechin）等黄烷-3-醇（flavan-3-ol）化合物以碳—碳键聚合而形成的化合物。通常三聚体以上才具有鞣质的性质。由于结构中无苷键与酯键，故不能被酸、碱水解。缩合鞣质的水溶液在空气中久置能进一步缩合，形成不溶于水的红棕色沉淀，称为鞣红（phlobaphene）。当与酸、碱共热时，鞣红的形成更为迅速，如切开的生梨、苹果等久置会变红棕色，茶水久置形成红棕色沉淀等。含缩合鞣质的生药更广泛，如儿茶、茶叶、虎杖、桂

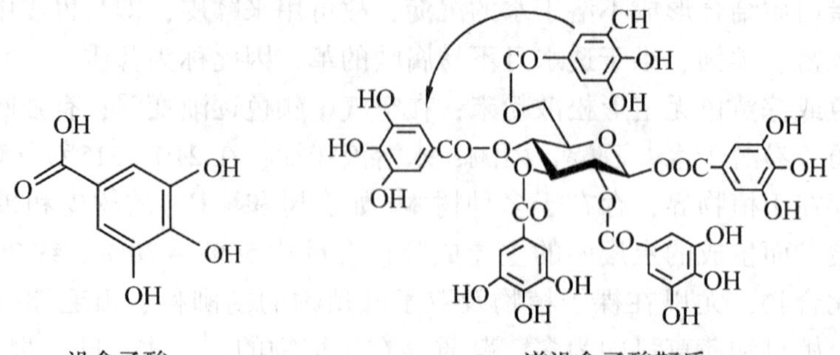

图 4-3　没食子酸及逆没食子酸鞣质结构式

皮、四季青、桉叶、钩藤、金鸡纳皮、绵马、槟榔等。

(3) 鞣质的理化通性

①鞣质大多为无定形粉末，仅少数为晶体。味涩，具收敛性，易潮解，较难提纯。鞣质的相对分子质量通常为500~3 000，具较多的酚羟基，特别有邻位酚羟基易被氧化，难以得到无色单体，多为杏黄色、棕色或褐色。

②鞣质可与蛋白质（如明胶溶液）结合生成沉淀，此性质在工业上用于鞣革。鞣质与蛋白质的沉淀反应在一定条件下是可逆的，当此沉淀与丙酮回流，鞣质可溶于丙酮而与蛋白质分离。

③鞣质具较强的极性，可溶于水、乙醇和甲醇，形成胶体溶液，可溶于乙酸乙酯和丙酮，不溶于石油醚、乙醚、氯仿与苯。

④鞣质分子中有邻位酚羟基，故可与多种金属离子络合。鞣质的水溶液遇 Fe^{3+} 产生蓝（黑）色或绿（黑色）色或沉淀，故在煎煮和制备生药制剂时，应避免铁器接触。鞣质水溶液遇重金属盐（如醋酸铅、醋酸铜、重铬酸钾等），生物碱或碱土金属氢氧化物[如 $Ca(OH)_2$]都会产生沉淀，此性质可用于鞣质的提取、分离、定性、定量或除去鞣质。

⑤鞣质为强还原剂，可使 $KMnO_4$ 褪色，鞣质极易被氧化，特别在碱性条件下氧化更快。

(4) 鞣质的提取

用于提取鞣质的最好的原料是刚刚采摘的原料，未变质的气干原料也可应用。采摘的新鲜原料宜立即浸提，也可以用冷冻或浸泡在丙酮中的方法贮存。

浸提用溶剂应该是对鞣质优良的溶解能力，不与鞣质发生化学反应，浸出杂质少，易于分离的。此外，还低毒、安全、经济、易得。水是鞣质的良好溶剂，有作者采用含 Na_2SO_3、$NaHSO_3$ 的水溶液提取石榴皮中的鞣质。有机溶剂和水的复合体系（有机溶剂占50%~70%）使用更为普遍，可选的有机溶剂有乙醇、甲醇、丙醇、丙酮、乙酸乙酯、乙醚等。丙酮—水体系对鞣质溶解能力最强，能够打开鞣质—蛋白质的连接键，减压蒸发易除去丙酮是目前使用最普遍的溶剂体系。

鞣质粗提物中含有大量的糖、蛋白质、脂类等杂质，加上鞣质本身是许多结构和理化性质十分接近的混合物，需进一步分离纯化。通常采用有机溶剂分步萃取的方法进行初步纯化，甲醇能使水解鞣质中的缩酚酸键发生醇解，乙酸乙酯能够溶解多种水解鞣质及低聚的缩合鞣质，乙醚只溶解相对分子质量小的多元酚。初步分离还可以采取皮粉法、醋酸铅沉淀法、氯化钠盐析法、渗析法、超滤法和结晶法等。柱色谱是目前制备纯鞣质及有关化合物的最主要方法，可选用的固定相有硅胶、纤维素、聚酰胺、聚苯乙烯凝胶、聚乙烯凝胶、葡聚糖凝胶等，其中又以葡聚糖凝胶 Sephadex LH-20 最为常用。

浸渍法 将植物粗粉装入有盖的容器中，加入合适的溶剂（一般为水或乙醇），在室温或加热情况下浸泡一定时间（1 日至数日），使其中所含成分溶出，过滤，残渣再另加新溶剂，重复提取 2 次。合并提取液，浓缩后得提取物。此法简单易行，对含有多量淀粉、树胶、黏液质、果胶等成分的植物材料很适宜。缺点是提取率不高，用水作溶剂时若浸泡时间长，物料易发霉变质，必须加入防腐剂。

渗滤法 渗滤法是将植物粉末装在渗滤器中（图 4-4），自上添加新溶剂，自下收集提取液。植物材料粉碎要求适度，不宜太细或太粗。太粗会影响提取效率，太细则易结块而阻塞溶剂流通。另外，还要考虑植物粉末的润胀和填料压力等。与浸渍法相比，渗滤法可使植物材料与新溶剂或有效成分含量低的溶液接触，具有一定的浓度差，提高了提取率，提取效果优于浸渍法。该法的缺点是溶剂用量较大，操作过程较长。

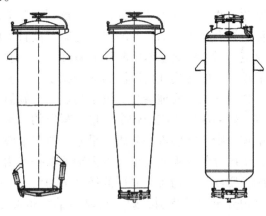

图 4-4 渗滤罐

煎煮法 将植物材料放在砂罐或搪瓷器皿中，加入适量的水，加热煮沸，将有效成分提取出来。这是中国最早使用且现在仍在使用的传统浸出方法。此法既简便，又能溶出植物材料中的大部分成分。缺点是对含挥发性成分及有效成分遇热易破坏的植物材料不宜用此法。

回流提取法 用有机溶剂进行加热提取时，需要采用回流加热装置，以免溶剂挥发损失。此法较冷浸法提取率高，但对受热易破坏的成分，不宜采用此法。

连续回流法 为了弥补回流提取法中要进行反复过滤、需要溶剂量大的不足，可采用连续回流提取法。连续回流的装置，实验室常用索氏提取器。由于溶剂可反复被气化、冷凝，使被提取物与溶剂之间一直保持着相当大的浓度差，提取效率高，溶剂用量少。缺点是提取液受热时间较长，对受热易分解的成分不宜采用此法。

超声波提取法 超声波振荡是能的一种形式，它可以在气态、液态或固态介质中传播。将植物材料和提取溶剂放入超声波发生器中，在超声波的作用下，原料细胞部分被破坏，有效成分可很容易地扩散到提取液中，加上超声波振荡也可使原料颗粒不停运动，并使浸提温度升高，有利于扩散，提高浸提效率。

利用超声场强化浸取和萃取过程是超声化学领域中极具潜力的发展方向。传统的提取方法是针对某种目标成分选取正确的溶剂，同时采用加热或搅拌。较高的温度有利于目标成分的浸出，但温度过高又会使有效成分受热分解或改变结构和性质。如果在提取过程中引入超声波，就可以在较低的温度下大大促进溶剂提浸、萃取天然成分的过程。研究表明，超声波作用可以改变反应物的质量传输机制，破坏细胞的细胞壁，使细胞内含物更易释放。超声波形成的微流效应也是其提高提取过程效率的一个重要原因。

组织破碎提取法 动物组织、植物肉质种子、柔嫩的叶芽等多采用组织破碎提取法。不同实验规模、不同实验材料和实验要求，使用的破碎方法和条件也不同。

(5) 检验方法

化学方法 鞣质一般可用三氯化铁反应、溴水反应、乙酸铅反应、香草醛—浓硫酸反应、二甲氨基苯甲醛反应、甲醛浓盐酸–硫酸铁铵反应等反应检识。如果三氯化铁反应无色提示无鞣质或有单取代酚羟基的缩合鞣质；三氯化铁反应显蓝色一般为具邻三酚羟基化合物，可分为水解鞣质和没食子儿茶酸缩合鞣质；三氯化铁反应显深绿色，一般具邻二酚羟基化合物，可分为邻二酚羟基的黄酮和儿茶素类缩合鞣质。如果溴水反应有黄或橙红色沉淀为缩合鞣质。如果乙酸铅反应有沉淀且沉淀溶于乙酸的为缩合鞣质。如果香草醛浓硫酸反应与对二甲氨基苯甲醛反应呈红色，说明存在儿茶素类缩合鞣质。如果甲醛浓盐酸—硫酸铁铵反应有樱红色沉淀为缩合鞣质。

物理方法 物理参数的测定熔点、比旋值。进一步的分析一般用薄层层析法、纸层析法等。薄层层析法应用较多，检测鞣质的分解产物没食子酸的重现性好，灵敏度高，斑点集中较清晰。纸层析法分离效果差，斑点重叠不集中，拖尾现象严重。近来也可用高效液相色谱区分各种鞣质类型，可识别植物提取物中的鞣质是普通的鞣质还是咖啡酰鞣质，类黄酮鞣质或其他物质。需用的样品量和紫外法差不多，在研究植物中鞣质和其有关的多酚化合物分布情况特别有效。在鞣质的结构测定中，1H-NMR、13C-NMR 是两种重要的工具，它们相辅相成，可提供有关分子中氢及碳原子的类型、数目、相互连接方式及周围化学环境等，在确定有机化合物分子的平面及立体结构中发挥着巨大的威力。

(6) 生理活性

鞣质具有与蛋白质发生结合使之沉淀的性质，称为收敛性。鞣质传统的药理活性大部分都可归因于收敛性，但目前的研究证明鞣质还具有更广泛的药理活性，这些活性还与鞣质的抗氧化性和与金属离子络合等其他性质相关，主要有：

抑菌 药典中记载的富含鞣质的中草药有多种，传统中医常常认为这些草药具有"清热解毒、逐癖通经、收敛止血、利尿通淋"等功效。随着近年来植物化学和现代分析技术的迅速发展，使鞣质的生理活性和化学成分研究成为天然产物领域的热点之一。使得传统中药的功效从分子水平得到确认。例如，甜茶的抗过敏作用经分析与其特有成分鞣花鞣质聚合物有关，与聚合度成正比；长期饮用绿茶和食用果蔬可有效降低癌症和肿瘤发病率也与鞣质有关等。鞣质因其能凝固微生物体内的原生质，以及对多种酶的作用，对多种细菌、真菌、酵母菌都有明显的抑制能力，抑制机理针对种类不同的微生物有所不同，但不影响动物体细胞的生长，如对霍乱菌、金黄色葡萄球菌、大肠杆菌等常见致病菌，某些鞣质能起到很强的抑制作用。鞣质可作胃炎和溃疡药物成分，抑制幽门螺旋菌的生长。睡蓬松因其所含水解鞣质的杀菌能力，可治喉炎、白带、眼部感染。熊果的乙醇提取物在 pH 值高至 5.2 时仍保持抑菌能力，其中主要为缩合鞣质起作用。抑菌作用可能从一个角度说明了鞣质"清热解毒、利尿通淋"的原因。

鞣质，尤其是丹皮、熊果、老鹤草中的水解类鞣质，茶叶、槟榔中的缩合鞣质具有很强的抗龋功能，其作用主要通过抑制链球菌的生长及其在牙齿表面的吸附。从各种鞣质的结构和抗龋性分析可得出：鞣质与酶作用是选择性结合，并且在低浓度下促进酶活性而在高浓度下抑制。

抗病毒 鞣质抗病毒的性质与其抑菌性有一定相似之处。病毒结构简单（蛋白质外壳内含核酸），对鞣质尤其敏感。贯众治疗感冒，中药石榴皮治疗生殖器疱疹都与其鞣质抗病毒有关。目前鞣质的抗艾滋病研究令人关注。低相对分子质量的水解鞣质，尤其鞣花鞣质二聚物（如马桑因、仙鹤草素）可作口服剂用来抑制艾滋病。继花叶鞣质具有较好的抗炎镇痛作用，能显著抑制二甲苯所致的小鼠耳壳肿胀和蛋清所致大鼠足趾肿胀，能显著延长酒石酸锑钾所致小鼠扭体发生潜伏期。众多的试验结果表明鞣花鞣质抗病毒活性最显著，而且二聚体比单体强很多，这说明鞣质的抗病毒活性与收敛性相关。

抗脂质过氧化 虎杖、肉桂、杜仲等所含鞣质可抑制脂质过氧化而保护肝肾。葡萄籽可显著降低高胆固醇饮食大鼠的血清。主要成分为葡萄籽提取物中的原花色素的一个制品经动物实验确认具有减轻氧化性应激、抑制动脉硬化、胃溃疡、白内障等效果，最近的临床实验又确认其有抑制运动氧化应激产生的活性氧效果。槟榔鞣质对高血压大鼠口服静注均可降低血压，但并不影响正常大鼠血压。柿子鞣质、大黄鞣质无降压功效，但可减少导致脑出血、脑梗死的可能性。

肿瘤癌变 鞣质作为多元酚类化合物，具有很强的抗氧化作用其抗癌机理有些就是与其抗氧化作用相关。病毒也是导致肿瘤的原因之一，Kakiuchi等研究多种鞣质成分对鸟成髓细胞性白血病病毒中逆转录酶的抑制活性，结果表明逆没食子鞣质和没食子鞣质单元体抑制活性较差，而二聚逆没食子鞣质的抑制性较强。这种抑制可因模板引物（聚腺苷酸—寡胸腺嘧啶核酸）或酶的加入而发生逆转，从而提示这种抑制是由鞣质与它们二者的相互作用所致。越来越多的研究也表明大环二聚体鞣质的抗肿瘤活性较强，并且大部分不是单纯的细胞毒作用，而是具有选择性，对正常细胞影响较小。对DNA拓扑异构酶-Ⅱ的抑制作用也是鞣质类化合物的抗肿瘤机制之一。

药用植物中鞣质的研究在天然药物化学中已成为一个非常活跃的领域，其在医药行业的抗肿瘤治疗中也显示出相当诱人的前景。在可水解鞣质的研究方面取得了引人注目的成就，确定了许多可水解鞣质的结构，并发现了不少新的生物活性。这些成就的取得为进一步深入广泛开展鞣质类化合物的研究工作展示了光明的前景，利用得天独厚的几千年的临床应用经验，充分运用现代科学技术，结合传统的医疗实践经验，开辟这一古老而年轻的领域的研究工作，就一定能使药用鞣质的研究工作大放异彩，使鞣质类化合物在医药方面发挥更大的作用。

4.2.4.2 酚类化合物

(1) 概述

酚类化合物（phenolic compound）是指芳香烃中苯环上的氢原子被羟基取代所生成的化合物，是芳香烃的含羟基衍生物。根据其分子所含的羟基数目可分为一元酚和多元酚，酚类化合物具有独特功能活性。

植物多酚（plant polyphenol），又称植物单宁（vegetable tannins），是多羟基酚类化合物

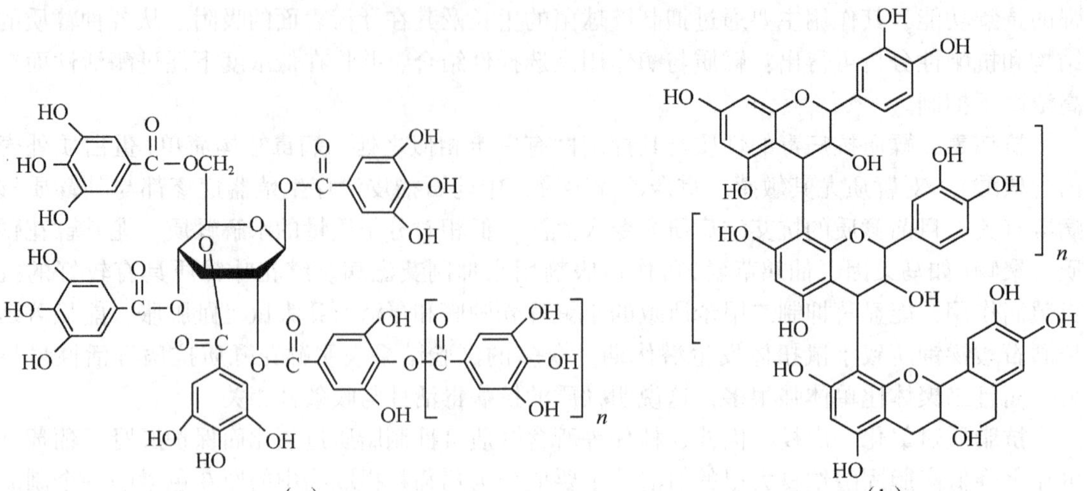

图 4-5 水解单宁和缩合单宁的典型结构
(a) 典型水解类单宁 (b) 典型缩合类植物单宁

的总称,是一类广泛存在于植物体内的多元酚化合物,是植物体内的重要代谢产物。

酚类化合物根据其挥发性可分挥发性酚和不挥发性酚。植物体内所含的酚称内源性酚,其余则称外源性酚。酚类化合物都具有特殊的芳香气味,均呈弱酸性,在环境中易被氧化。

植物多酚在维管植物中的含量仅次于纤维素、半纤维素和木质素,广泛存在于植物的皮、根、叶、果中,含量可达20%。例如,植物单宁是植物的次生代谢产物,属于天然有机化合物,在自然界中的储量非常丰富。

植物多酚参与植物生长繁殖过程,为植物带来五彩缤纷的颜色,赋予植物酸、甜、苦、涩的味道,有助于植物防御病原、害虫等危害,如植物中存在的儿茶酚、单宁酸等酚类物质,对昆虫等生物有抑制或毒害作用。另外,植物多酚还具有抗肿瘤、抗氧化、抗动脉硬化、防治冠心病与中风等心脑血管疾病,以及抗菌等多种生理功能。

(2) 生物活性

植物多酚的酚羟基数目多,相对分子质量较大,分布较宽,酚羟基中的邻位酚羟基极易氧化,且对活性氧等自由基有较强的捕捉能力,使植物多酚具有很强的抗氧化性和清除自由基的能力。

氧化损伤是导致许多慢性病,如心血管病、癌症和衰老的重要原因。多酚的抗氧化功能可以对这些慢性病起到预防作用。

可可豆中的多酚是很强的抗氧化剂。它可以抑制LDL胆固醇氧化。巧克力中的多酚还可以延长人体内其他抗氧化剂(如V_E、V_C)的作用时间,并可以促进血管舒张,降低炎症反应和血凝块形成,从而起到预防心血管病的作用。玛雅人和阿兹特克人把可可豆当作食物和传统药品用来治疗发热、咽痛、哮喘、心悸和发炎等病症。

多酚除了具有抗氧化作用外,以色列的研究人员发现在进食高脂食物的同时摄入多酚可以减轻高脂食物对人体健康的威胁。

尽管多酚广泛存在于植物性食物中,但是它在不同食物中的含量和结构有很大差异。而且,植物中多酚的含量受诸多因素影响,如成熟程度,品种、加工过程及贮存条件等。

植物多酚来源广泛,种类丰富,与人类生活息息相关。目前,人们已经从茶叶、苹果、葡萄、枣、柑橘、石榴皮、香蕉皮等原料中提取出多种酚类物质,应用于医疗、食品、日化等各个领域。现代提取技术的应用以及现代与传统技术的结合,将大大提高多酚类物质的提取效率和纯度,为多酚类物质提供了广阔的应用前景。

抗氧化能力　现代医学研究证明,很多疾病如组织器官老化等都与自由基的过剩有一定关系,植物多酚具有较强的清除自由基的作用,比 V_E 还要强。例如,黄酮类槲皮素的抗氧化值是 V_E 的 4 倍。其能够阻止活性氧引起的生物大分子(如 DNA、脂类、蛋白质)的氧化损伤,且对由自由基诱发的生物大分子损伤起到保护作用。

预防心血管病发生的能力　P. Knekt 等报道了多酚物质能抑制血小板的聚集和粘连,可以抑制脂新陈代谢中的酶作用,并能诱导血管等的血管舒张,从而可以防止中风、抗血栓病、治疗糖尿病及动脉粥状硬化等疾病的发生。Shoenfeld 等报道摄入多酚类物质可加强免疫细胞功能,起到消炎作用,从而减少心血管疾病的发生。Hertog 等也曾报道植物多酚能预防冠心病和心血管疾病。Ying Chenjiang 利用 Western blot 法对牛颈动脉内皮细胞进行体外实验,发现茶多酚能有效抑制内皮细胞功能紊乱,并能抑制心血管疾病的发展。Matsumoto 等报道植物多酚具有低甾醇血效应,该效应可预防心血管疾病,并有效治疗冠心病,调节血压,降低血脂等作用。此外,J. A. Ross 等还报道了植物多酚的消炎作用;《天然药物化学》也记载多酚类物质有抗病毒作用。

抗癌作用　大量的流行病学研究及动物试验都证明多酚类物质可以阻止和抑制癌症发病。多酚的抗肿瘤作用是多方面的,可以对癌变的不同阶段进行抑制,同时它也是有效的抗诱变剂,能减少诱变剂的致癌作用,提高染色体精确修复能力,进而提高体细胞的免疫力,抑制肿瘤细胞的生长。Huang Frraro 等研究发现,绿茶对肝癌、肺癌、皮肤癌、小肠癌、结肠癌、乳腺癌和食道癌等多种癌症有预防作用。有统计资料显示,日本国内绿茶消费较多的地区,胃癌发病率较低。Agarwal 等用 25、50、75 g/mL 葡萄籽提取物 PA(GsP)处理体外培养的人乳腺癌 MDA-MB468 细胞 1~3 d,细胞增殖抑制率达 90%~100%,具有量效关系。

抑菌消炎、抗病毒作用　植物多酚对多种细菌、真菌、酵母菌都有明显的抑制作用,而且在一定的抑制浓度下不影响动植物体细胞的正常生长。例如,茶多酚可作为胃炎和溃疡药物成分,抑制幽门螺旋菌的生长;钝化的柿子单宁可以抑制破伤风杆菌、白喉菌、葡萄球菌等病菌的生长。Li 等对朝鲜蓟叶氯仿、醋酸乙酯和正丁醇提取物的抗微生物活性的研究表明:正丁醇提取物对 7 个杆菌及 4 个酵母菌抗菌活性最强。从正丁醇提取物的可溶性部分中能分离出 8 种酚类成分,其中绿原酸、奎尼酸-1,5-双咖啡酸酯、木犀草素-7-芸香糖苷以及菜蓟糖苷的抗微生物活性相对较高。目前,多酚抑菌性的另一个实例,是其用于预防龋齿。丹皮、熊果中的水解类单宁,茶叶、槟榔中的缩合单宁,苹果多酚等都有很强的抗龋功能。植物多酚抗病毒的性质与抑菌性有一定相似之处。在抗艾滋病的研究方面,低相对分子质量的水解单宁,尤其是二聚鞣花单宁,可做成口服剂来抑制艾滋病,延长潜伏期;仙鹤草素在浓度为 1~10 g/mL 时能最有效地抑制 AIDS 病毒 HIV 的生长。

(3) 多酚类物质的提取

多酚类化合物的提取分离方法多种多样。经典的提取方法主要是有机溶剂提取法,这种提取方法不需要特殊的仪器,应用较为普遍,但存在着产品安全性低、耗时长、提取率低等缺点。随着科学的进步,一些以先进仪器为基础的新型提取方法,以其高效、节能、环保等优点,得到越来越广泛的应用。

超声波提取 天然植物有效成分大多存在于细胞壁中,细胞壁是植物细胞有效成分提取的主要障碍。超声波提取技术是使细胞壁形成微小孔洞,使胞外溶剂容易进入细胞内,溶解并释放出胞内物质。

微波技术应用于茶叶多酚类物质的提取具有短时、高效、节能等优点。周志等人确定了最佳浸提条件为:1:60 目茶末用料液比(w/v)1:20,时间 3 min,微波解冻档浸提 2 次,再 50 ℃水浴浸提 1 次(10 min),茶多酚浸出率可达 90% 以上。

微波提取 微波提取技术是利用微波能来提高提取率的一种新技术。微波提取过程中,微波辐射导致植物细胞内的极性物质吸收微波能,产生大量热量,使细胞内温度迅速上升,液态水汽化产生的压力将细胞膜和细胞壁冲破,形成微小的孔洞;进一步加热,导致细胞内部和细胞壁水分减少,细胞收缩,表面出现裂纹。孔洞和裂纹的存在使胞外溶剂容易进入细胞内,溶解并释放出胞内产物。酒花中多酚物质主要存在于酒花的前叶片及蛇麻腺中,占干重的 2% ~ 4%。多酚类物质与啤酒质量密切相关,其含量对于啤酒的非生物稳定性、口味、泡沫、色泽等都有重要的影响。

生物酶解提取 该技术是根据酶反应具有高度专一性的特点,选择相应的酶,水解或降解细胞壁组成成分:纤维素、半纤维素和果胶,从而破坏细胞壁结构,使细胞内的成分溶解、混悬或胶溶于溶剂中,达到提取目的。王晓等人应用此项技术对山楂总黄酮的提取进行了研究,结果表明,与传统工艺相比,酶法提取条件温和,提取物显色稳定性和重复性好且提取率高。在对红花黄色素酶法提取的研究中,采用纤维素酶法提取工艺,在提取温度为 50 ℃,提取介质 pH4.4,纤维素酶与红花的配料比为 1:80 的条件下,其提取率与传统水浸提取工艺相比,提高了 9.4% ~ 13.35%。

超临界流体萃取技术 该技术是指以超临界流体(supercritical fluid,SF)作为萃取剂,利用其兼有液体和气体双重性质的特点,通过控制温度和压力进行选择性萃取和分离的新技术。目前常用的萃取剂为二氧化碳。在甘草黄酮类物质的提取研究中,利用超临界 CO_2 方法,在萃取压力 30 MPa、萃取温度 50 ℃、原料与夹带剂(85%乙醇)比 15 g/mL、CO_2 流量为 10 kg/h、分离压力为 5.5 MPa、分离温度 40 ℃ 的条件下,得到的甘草黄酮类物质与其他方法相比较具有很明显的优势。

膜技术提取 膜技术是以选择性透过膜为分离介质,原料中的不同组分有选择地透过膜,从而达到提取分离的目的。夏涛用平板超滤设备对乌龙茶汁进行澄清处理,结果表明,截留相对分子质量为 70 000 Da 的膜最理想,可去除茶汁中 76.1% 的蛋白质、85.1% 的果胶和 67.4% 的可溶性淀粉,而茶多酚损失在 10% 以内。该法优点是常温下不破坏茶多酚,工艺简单,不污染环境;缺点是过滤速度慢,产品纯度低,膜价格高。

植物多酚具有较强的抗氧化作用,以及抑菌、抗癌、抗老化和抑制胆固醇上升等功效,开发植物多酚保健食品,摄取一定量的植物多酚,能够有效地预防和抑制疾病的发生。

植物多酚的生理活性与其结构密切相关,化学结构包括其立体构象严格限制了其生物活性的强弱。通过化学修饰的方法有效改变植物多酚现有结构弱点,增强其稳定性和生物学活性,增大其实用价值有重要意义。

4.2.4.3 有机酸类

(1) 概述

有机酸类(organic acids)是分子结构中含有羧基(—COOH)的化合物。在中草药的叶、根,特别是果实中广泛分布,如乌梅、五味子、覆盆子等。常见植物中的有机酸有脂肪族的一元、二元、多元羧酸,如酒石酸、草酸、苹果酸、柠檬酸、抗坏血酸等,也有芳香族有机酸[如苯甲酸、水杨酸、咖啡酸(caffeic acid)]等。除少数以游离状态存在外,一般都与 K、Na、Ca 等结合成盐,有些与生物碱类结合成盐。脂肪酸多与甘油结合成酯或与高级醇结合成蜡。有的有机酸是挥发油与树脂的组成成分。

有机酸多溶于水或乙醇呈显著的酸性反应,难溶于其他有机溶剂。有挥发性或无。在有机酸的水溶液中加入 $CaCl_2$ 或醋酸铅或 $Ba(OH)_2$ 溶液时,能生成水不溶的钙盐、铅盐或钡盐的沉淀。如需除去中草药提取液中的有机酸常可用这些方法。

一般认为脂肪族有机酸无特殊生物活性,但有些有机酸如酒石酸、柠檬酸作药用。有报告认为苹果酸、柠檬酸、酒石酸、抗坏血酸等综合作用于中枢神经。咖啡酸的衍生物有一定的生物活性,如绿原酸(chlorogenic acid)为许多中草药的有效成分,有抗菌、利胆、升高白血球等作用。

我国天然有机酸资源丰富,在野生植物中已经发现了较多种类和数量的有机酸类成分,越来越多的研究证明,野生植物中的有机酸类成分具有广泛的生物活性。例如,油酸具有抗癌作用,丁二酸具有止咳平喘的作用,原儿茶酸具有抑菌作用,大青叶中的邻氨基苯甲酸等有机酸具有抗内毒素、抗炎、抗氧化等作用,阿魏酸可用于心血管和血液系统疾病的治疗等。有机酸组分与含量是果实品质风味的重要组成因素。

通常有机酸在果实生长过程中积累,在成熟过程中作为糖酵解、三羧酸循环(TCA环)等呼吸基质,以及糖原异生作用基质而被消耗。

(2) 有机酸分类

①依据有机酸分子碳架来源不同,果实有机酸可分成 3 大类:

脂肪族羧酸:按分子中所含羧基个数可分为 一羧酸如甲酸、乙酸、乙醇酸、乙醛酸等;二羧酸如草酸、苹果酸、琥珀酸、富马酸、草酰乙酸、酒石酸等;三羧酸如柠檬酸、异柠檬酸等。

糖衍生的有机酸:如葡萄糖醛酸、半乳糖醛酸等。

酚酸类物质(含苯环羧酸):如水杨酸、奎尼酸、莽草酸、绿原酸等。有机酸组分与含量的差异使不同类型果实各具独特的风味。

②果实中有机酸组分很多,但大多数果实通常以 1 种或 2 种有机酸为主,其他仅以少量或微量存在。按照成熟果实中所积累的主要有机酸,大体可将果实分为苹果酸型、柠檬酸型和酒石酸型 3 大果实类型。

果酸型果实:如苹果、枇杷、梨、桃、李、香蕉等成熟果实中以苹果酸为主。枇杷果实中苹果酸含量可占整个枇杷果实中有机酸含量的56%~92%。

柠檬酸型果实：如柑橘、菠萝、杧果、草莓等，成熟果实中以柠檬酸为主要有机酸。柑橘类果实中除柠檬酸外，还含有苹果酸、丙二酸、草酸、富马酸、琥珀酸等有机酸。不同柑橘品种果实有机酸组分与含量有较大差异。

酒石酸型果实：以山葡萄代表，果实中主要为酒石酸，其次是苹果酸，二者占总酸量的90%以上。此外，还含有少量琥珀酸、柠檬酸等有机酸。

(3) 果实发育过程中有机酸的变化

大多数果实，如枇杷、葡萄、苹果、菠萝等，在果实生长发育过程中有机酸含量逐渐增高，生长停止转入成熟阶段，有机酸含量下降。枇杷果实生长发育过程中有机酸含量增加，采收前急剧下降。

果实生长发育过程中，各有机酸组分含量变化较大。如山葡萄果实坐果后，琥珀酸含量最丰富，随着果实成熟而迅速下降。

(4) 有机酸类成分的提取、分离及纯化

中药中有机酸类成分的提取、分离及纯化方法的选择主要是根据其结构和性质的不同而确定，常用方法有以下几种。

有机溶剂提取法 由于游离的有机酸（相对分子质量小的除外）易溶于有机溶剂而难溶于水，有机酸盐则易溶于水而难溶于有机溶剂，所以一般可先酸化使有机酸游离，然后选用合适的有机溶剂提取。此法操作简单，费时少，可谓有机酸成分的经典提取方法，但应用此法得到的大多为有机酸粗品，想要更深入地分析，还需配合其他方法进一步分离提纯。

水或碱直接提取法 有机酸在植物中成盐或者呈游离态时，可用水或者稀碱水（如1% $NaHCO_3$）直接提取，提取液酸化后蜥出沉淀，或用适量的溶剂提取出。例如，甘草中甘草酸的提取，需注意的是，多羟基酸或者多元酸极性较大，而较易溶于水。因此，水提液必须用食盐饱和后才能用有机溶剂提取。此外，也可利用生成二价金属盐（如铅盐、钡盐、钙盐等）的沉淀进行分离，然后再分解沉淀物，使有机酸游离出来。

离子交换法 有机酸在水或稀碱水中呈离解状态，因此可采用离子交换树脂提取。

4.2.5 醌类

4.2.5.1 概述

醌类化合物（quinonoids，quinones）包括醌类或容易转化为具有醌类性质的化合物，以及在生物合成方面与醌类有密切联系的化合物。

醌类化合物广泛存在于自然界，源于植物的醌类主要集中于紫草科、茜草科、紫葳科、蓼科、胡桃科、鼠李科、紫金牛科、百合科。

醌类化合物的生物合成通过乙酰—丙二酸（acetate-malonate）、莽草酸—琥珀酰苯甲酸（shikimic acid-succinoyl benzoic acid）、芳香氨基酸等多种途径实现。

4.2.5.2 醌类的分类

天然醌类化合物主要包括苯醌、萘醌、蒽醌、菲醌类化合物，母核上多具酚羟基、甲氧基、甲基、异戊烯基和脂肪侧链以及稠合氧杂环等，少数连有氯原子。

醌类化合物从结构上分主要有苯醌、萘醌、菲醌、蒽醌4类。

(1) 苯醌类 (benzoquinones)

可分为邻苯醌和对苯醌两大类(图4-6)。紫金牛科、杜鹃花科、鹿蹄草科是富含苯醌类的植物类群。如紫金牛科植物(*Maesa lanceolata*)果实中的杜茎山醌(maesanin)，牡丹科植物(*Miconia lepidota*)叶中的细胞毒性成分2-甲氧基-6-庚基-1,4-苯醌。

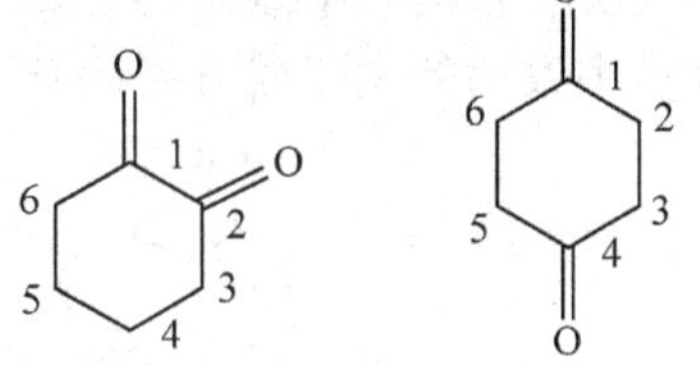

又如，白花酸藤(*Embelia ribes*)果实的驱虫有效成分信筒子醌(embellin)，新疆紫草(*Arnebeia euchroma*)根中的单萜苯醌(arnebinone)，中药连翘(*Forsythia suspensa*)果实中的连翘苷A、B(forsythenside A、B)。

图4-6 苯醌类结构图

(2) 萘醌类 (naphthoquinones)

许多萘醌类化合物具有明显的生物活性(图4-7)。如从中药紫草及软紫草中分得的一系列紫草素及异紫草素衍生物，具有止血、抗炎、抗菌、抗病毒及抗癌作用，与其清热凉血的药性相符，可认为这些萘醌化合物为紫草的有效成分。萘醌类是广泛存在于自然界的重要天然色素，主要包括蒽醌及其二聚体、蒽酚、氧化蒽酚、蒽酮及蒽酮的二聚体等，其中蒽醌又可分为大黄素型和茜草素型两类。

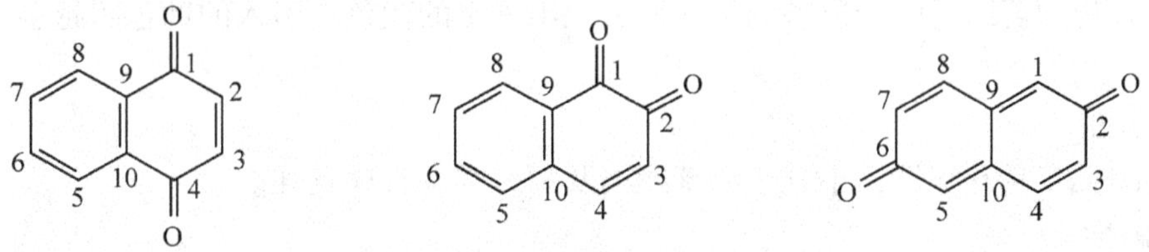

a-(1,4)萘醌　　β-(1,2)萘醌　　amphi-(2,6)萘醌

图4-7 萘醌类结构图

萘醌类天然产物主要包括简单萘醌、呋喃萘醌、异呋喃萘醌、二萘醌、萘基萘醌、三萘醌、芘醌。其生理活性分别为：具抗肿瘤活性、抗氧化作用、有明显抗白血病细胞株活性；抗瘙痒、具较强的抗HIV活性、对恶性肿瘤细胞和艾滋病病毒具有抑制作用。

(3) 菲醌类 (phenanthraquinones)

天然菲醌类衍生物包括邻醌及对醌2种类型(图4-8)。分类学上，菲醌类是唇形科鼠尾草属(*Salvia*)植物特征性成分。例如，丹参醌存在于丹参(*Salvia miltiorrhiza*)中。

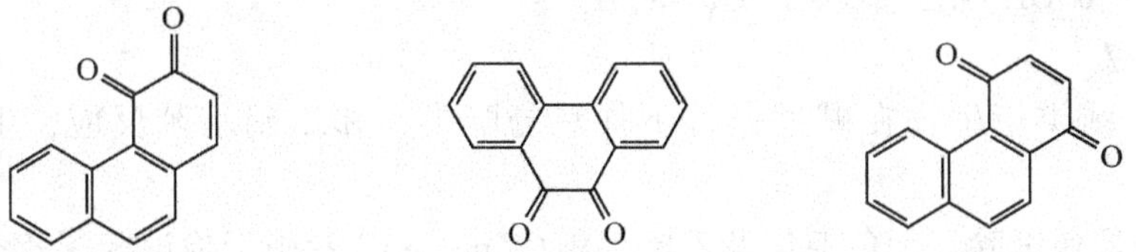

邻菲醌(Ⅰ)　　邻菲醌(Ⅱ)　　对菲醌

图4-8 菲醌类结构图

(4) 蒽醌类

包括蒽酮类衍生物及其不同程度的还原物，如氧化蒽酚、蒽酚、蒽酮及二蒽酮类等。如中药大黄、番泻叶中致泻的主要成分番泻苷 A、B、C、D 等皆为二蒽酮类衍生物。

大黄中致泻的主要成分番泻苷 A，就是因其在肠内转变为大黄酸蒽酮而发挥作用的。

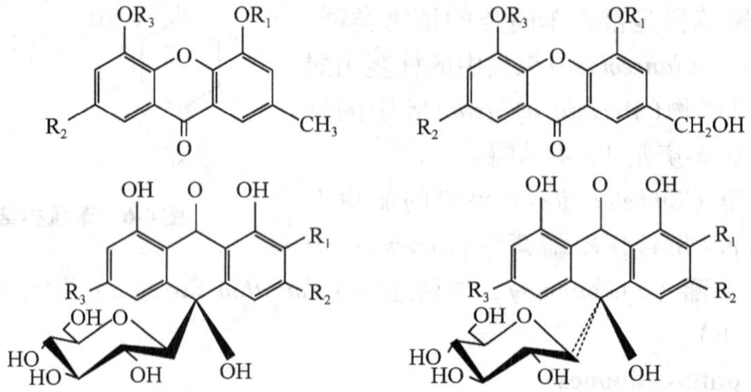

图 4-9 毛脉酸模（*Rumex gmelini*）分离的蒽酮类化合物

4.2.5.3 理化性质

(1) 性状

醌类化合物随着助色团酚羟基的引入而表现出一定的颜色。引入的助色团越多，颜色则越深。

(2) 升华性

游离的醌类多具升华性，小分子的苯醌类及萘醌类具有挥发性。

(3) 溶解性

游离醌类多溶于有机溶剂，微溶或不溶于水。而醌类成苷后，极性增大。

(4) 酸碱性

醌类化合物多具有酚羟基，所以有一定的酸性。蒽醌类衍生物酸性强弱的排列顺序为：含 COOH > 含 2 个以上 β-OH > 含 1 个 β-OH > 含 2 个以上 α-OH > 含 1 个 α-OH。在分离工作中，常采取碱梯度萃取法来分离蒽醌类化合物。用碱性不同的水溶液（5% $NaHCO_3$ 溶液、5% Na_2CO_3 溶液、1% NaOH 溶液、5% NaOH 溶液）依次提取，其结果为酸性较强的化合物（含 COOH 或 2 个 β-OH）被 $NaHCO_3$ 提出；酸性较弱的化合物（含 1 个 β-OH）被 Na_2CO_3 提出；酸性更弱的化合物（含 2 个或多个 α-OH）只能被 1% NaOH 提出；酸性最弱的化合物（含 1 个 α-OH）则只能溶于 5% NaOH。

(5) 显色反应

Feigl 反应 醌类衍生物在碱性条件下加热与醛类、邻二硝基苯反应，生成紫色化合物。

无色亚甲蓝显色试验 无色亚甲蓝乙醇溶液（1 mg/mL）专用于检识苯醌及萘醌。样品在白色背景下呈现出蓝色斑点，可与蒽醌类区别。

Borntrager's 反应 在碱性溶液中，羟基醌类颜色改变并加深，多呈橙、红、紫红及蓝色,如羟基蒽醌类化合物遇碱显红至紫红色,称为 Borntrager's 反应。蒽酚、蒽酮、二蒽酮类化合物需氧化形成羟基蒽醌后才能呈色,其机理是形成了共轭体系。

Kesting-Craven 反应 当苯醌及萘醌类化合物的醌环上有未被取代的位置时,在碱性条件下与含活性次甲基试剂(如乙酰乙酸酯、丙二酸酯)反应,呈蓝绿色或蓝紫色。蒽醌类化合物因不含有未取代的醌环,故不发生该反应,可用于与苯醌及萘醌类化合物区别。

与金属离子的反应 蒽醌类化合物如具有 α-酚羟基或邻二酚羟基,则可与 Pb^{2+}、Mg^{2+} 等金属离子形成络合物。与 Pb^{2+} 形成的络合物在一定 pH 条件下能沉淀析出,与 Mg^{2+} 形成的络合物具有一定的颜色,可用于鉴别。如果母核上只有 1 个 α-OH 或 1 个 β-OH,或 2 个—OH 不在同环上,则显橙黄至橙色;如已有 1 个 α-OH,并另有 1 个—OH 在邻位则显蓝至蓝紫色,若在间位则显橙红至红色,在对位则显紫红至紫色。

4.2.5.4 提取与分离

(1) 有机溶剂提取法

碱提—酸沉法:适用于含酚羟基的醌类。

(2) 水蒸气蒸馏法

(3) 其他方法

超临界流体萃取、超声波提取法等。

(4) 几种常见醌类的分离方法

蒽醌苷类和游离蒽醌衍生物的分离 蒽醌苷类与游离蒽醌衍生物的溶解性不一样,前者易溶于水,而后者则易溶于有机溶剂(如氯仿)等,因而常用与水不混溶的有机溶剂萃取或回流提取蒽醌粗提物,可将两者分开。

游离蒽醌衍生物的分离 一般采用溶剂分步结晶法、pH 梯度萃取法和色谱法。pH 梯度萃取法是最常用的手段。柱色谱法常用的吸附剂有硅胶、磷酸氢钙、聚酰胺,一般不用氧化铝,以免发生不可逆的化学吸附。

蒽醌苷类的分离 蒽醌苷类水溶性较强,需要结合吸附及分配柱色谱进行分离,常用载体有聚酰胺、硅胶及葡聚糖凝胶。

4.2.5.5 结构测定

(1) 红外光谱法(IR)

蒽醌的羰基频率 饱和直链酮型羰基的典型伸缩频率为 $1\,715\ cm^{-1}$,由于蒽醌羰基的 α、β 位存在共轭系统,故未取代蒽醌伸缩频率为 $1\,675\ cm^{-1}$。当蒽醌环上有取代基时,羰基的伸缩频率及吸收强度都改变。一般吸电子基团使频率变高,波数增加,供电子基团使频率变低,波数减少。

羟基蒽醌的羟基频率 α-OH 因与 C═O 缔合,其吸收频率移至 $3\,150\ cm^{-1}$ 以下,多与不饱和 C—H 的伸缩振动频率重叠;β-OH 振动频率较 α-OH 高,在 $3\,600 \sim 3\,150\ cm^{-1}$ 区间,若只有 1 个 β-OH,则大多数在 $3\,300 \sim 3\,390\ cm^{-1}$ 之间有 1 个吸收峰,若在 $3\,600 \sim 3\,150\ cm^{-1}$ 之间有几个峰,表明蒽醌母核可能有多个 β-OH。1,8-二羟基蒽醌和 1-羟基蒽醌具有 2 个羰基峰,其中 1,8-二羟基蒽醌的 2 个羰基峰相差大于 $40\ cm^{-1}$,1-羟基蒽醌的 2 个羰基峰相差小于 40 cm^{-1}。其他类型的羟基蒽醌均为 1 个羰基峰。

(2) 质谱法

蒽醌类衍生物的质谱特征是分子离子峰为基峰，游离醌依次脱去两分子 CO，得到 M-CO 及 M-2CO 的强峰以及它们的双电荷峰。

4.2.5.6 含醌类化合物的药用植物

(1) 大黄

大黄具有泄热通肠、凉血解毒、逐瘀通经的功效。现已从大黄中分离得到蒽醌、二蒽酮、芪、苯丁酮、单宁、萘色酮等不同种类的 80 多种化合物，大体上可分为蒽醌类、多糖类与鞣质类。其中蒽醌类及其衍生物含量为 3%～5%，分为游离型与结合型。游离型包括大黄酸、大黄素、土大黄素、芦荟大黄素、大黄素甲醚、大黄酚、异大黄素等，结合型主要包括蒽醌苷和双蒽酮苷。双蒽酮苷中有番泻苷 A、B、C、D、E、F。其中 A 与 B、C 与 D、E 与 F 互为内消旋体，A、C、E 的 10—10' 位为反式，B、D、F 为顺式。大黄中的蒽醌衍生物一般以结合状态为多。新鲜大黄在贮存过程中蒽酚或蒽酮可逐渐氧化为蒽醌。

(2) 丹参

丹参含有多种菲醌衍生物，其中丹参醌ⅡA、丹参醌ⅡB、隐丹参醌、丹参酸甲酯、羟基丹参醌等为邻醌类衍生物，丹参新醌甲、丹参新醌乙、丹参新醌丙为对醌类化合物。丹参具有活血化瘀、养心安神、解毒凉血、消肿止痛等功效。

(3) 紫草

紫草主要含有紫草素、异紫草素等成分，结构属于萘醌类，为紫草的有效成分，具有止血、抗炎、抗菌、抗病毒及抗癌作用。

主要成分为萘醌类色素，包括乙酰紫草素、欧紫草素、紫草素、β，β-二甲基丙烯酰紫草素、β，β-二甲基丙烯酰欧紫草素、去氧紫根素等。

(4) 虎杖

主要含有蒽醌类化合物，如大黄酸、大黄素、大黄素甲醚、大黄酚及其糖苷等。虎杖具有显著的抗病毒、消炎功效，并可以保护心肌，防止血栓形成，改善微循环等作用。

4.2.6 香豆素、内酯类

4.2.6.1 香豆素(coumarin)

(1) 概述

香豆素，又称双呋喃环和氧杂萘邻酮。香豆素是一个重要的香料，天然存在于黑香豆、香蛇鞭菊、野香荚兰、兰花中。香豆素的衍生物有些存在于自然界，有些则可通过合成方法制得；有的游离存在，有的与葡萄糖结合在一起，其中不少具有重要经济价值，例如双香豆素，过去由甜苜蓿植物腐败析出，现在可用人工合成，用作抗凝血剂。

香豆素(图 4-10)具有苯骈 α-吡喃酮结构。可看成顺邻羟基桂皮酸失水而成的内酯类化合物。环上有羟基、烷氧基、苯基、异戊烯基等取代。一般在 7 位具有含氧官能团。

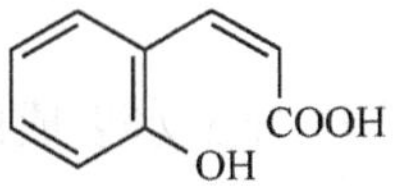

顺邻羟基桂皮酸 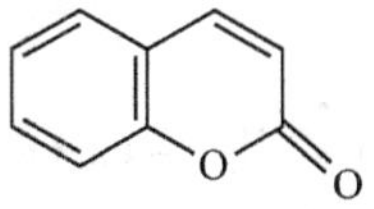　　　苯骈α-吡喃酮 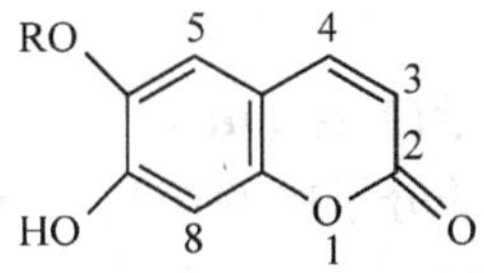　　　7-位取代基的香豆素

图 4-10　香豆素结构图

(2) 理化指标

①香豆素的分子式为 $C_9H_6O_2$，相对分子质量：146.15 Da，外观呈白色晶体状，熔点：69℃，沸点：297～299 ℃。香豆素溶于乙醇、氯仿、乙醚，不溶于水，较易溶于热水。

②显色反应：

异羟肟酸铁反应　碱性条件下，香豆素内酯可开环，与盐酸羟肟缩合成异羟肟酸，然后在酸性条件下与 Fe^{3+} 络合呈红色。

三氯化铁反应　含有酚羟基的香豆素可与三氯化铁试剂产生颜色反应。

GIBBS 反应　2,6-二氯(溴)苯醌氯亚胺，在弱碱性条件下可与酚羟基对位的活泼氢缩合成蓝色化合物。

EMERSON 反应　氨基安替比林和铁氰化钾，可与酚羟基对位活泼氢生成红色缩合物。

GIBBS 反应和 EMERSON 反应都要求香豆素分子中必须有游离的酚羟基，且酚羟基对位没有取代基时才呈阳性反应。

(3) 香豆素的制备方法

香豆素是利用 Perkin W 反应制取的。水杨醛和乙酸酐在乙酸钠的作用下，一步反应就得到香豆素，它是香豆酸的内酯。要注意这个内酯是由顺型香豆酸得到的，一般在 Perkin W 反应中，产物中 2 个大的基团($HOC_6H—$，$—COOH$)总是处于反式的，但是反式不能产生内酯，因此环内酯的形成可能是促使产生顺型异构体的一个原因，事实上此反应中也得到少量反式香豆酸，不能形成内酯。

(4) 香豆素类药物

香豆素类药物是一类口服抗凝药物。它们的共同结构是 4-羟基香豆素。同时，双香豆素还可以用于对付鼠害。当初人们在牧场牲畜因抗凝作用导致内出血致死的过程中发现的双香豆素，意识到了这一类物质的抗凝作用，之后对香豆素类药物进行了研究和合成，从而为医学界提供了另一种重要的凝血药物。

常见的香豆素类药物有双香豆素(dicoumarol)、华法林(warfarin，苄丙酮香豆素)和醋硝香豆素(acenocoumarol，新抗凝)。

香豆素类药物的作用是抑制凝血因子在肝脏中的合成。香豆素类药物与 V_K 的结构相似。香豆素类药物在肝脏与 V_K 环氧化物还原酶结合，抑制 V_K 由环氧化物向氢醌型转化，V_K 的循环被抑制，因此，认为香豆素类药物是 V_K 颉颃剂，或者是竞争性抑制剂(参见酶)。含有谷氨酸残基的凝血因子 Ⅱ、Ⅶ、Ⅸ、Ⅹ 的羧化作用被抑制，而其前体是没有凝血活性的，因此凝血过程受到抑制，但它对已形成的凝血因子无效。

4.2.6.2 内酯(latctone)

内酯是羧酸分子中的羟基(—OH)和羧基(—COOH)脱去1分子水生成的环状结构的酯，常见的内酯为 $x=2$、3 或 4，分别称为 β-、γ-或 δ-内酯。

低级(环较小)内酯为具有香味的液体，易溶于水、乙醇及乙醚。性质与开链羧酸酯相似，与水(酸或碱存在下)、醇或氨反应，生成相应的羟基酸、羟基酸酯或羟基酰胺。β-内酯通常由乙烯酮与醛、酮反应制取 γ-或 δ-内酯可由 γ-或 δ-卤代酸制取。一些从天然物中分离得到的大环内酯具有生物活性。例如，γ-羟基丁酸 $HOCH_2CH_2CH_2COOH$ 能脱水而成 γ-丁酸内酯或称 1,4-丁内酯，与苛性钾作用即成 γ-羟基丁酸钾 $HOCH_2CH_2CH_2COOH$。用作香料的香豆素是一种重要的芳香族内酯。

4.2.7 皂苷、甾体类

4.2.7.1 皂苷(saponin)

(1) 概述

皂苷，又称碱皂体、皂素、皂苷、皂角苷或皂草苷。"皂苷"一词由英文名 saponin 意译而来，英文名则源于拉丁语的 sapo，意为肥皂，是苷元为三萜或螺旋甾烷类化合物的一类糖苷。

皂苷主要分布于陆地高等植物中，也少量存在于海星和海参等海洋生物中。种类繁多，组成复杂。许多中草药如人参、远志、桔梗、甘草、知母和柴胡等的主要有效成分都含有皂苷。有些皂苷还具有抗菌的活性或解热、镇静、抗癌等有价值的生物活性。

根据皂苷水解后生成皂苷元的结构，可分为三萜皂苷(triterpenoidal saponins)与甾体皂苷(steroidal saponins)两大类。组成皂苷的糖常见的有葡萄糖、半乳糖、鼠李糖、阿拉伯糖、木糖及葡萄糖醛酸、半乳糖醛酸等，常与皂苷元 C_3 位的—OH 连接成苷。

大多数皂苷为白色或乳白色无定形粉末，富吸湿性，能溶于水、稀乙醇、甲醇、不溶于乙醚、氯仿、苯等有机溶剂。皂苷的水溶液遇醋酸铅或碱式醋酸铅试剂可产生沉淀。皂苷有去污作用，味辛辣，能刺激黏膜，尤其对鼻黏膜为甚，吸入鼻内可打喷嚏，口服后能促进呼吸道和消化道的分泌，所以常用作祛痰药。皂苷与血液接触后能破坏红细胞，产生溶血现象，因此含皂苷的中草药不能用于注射，特别是静脉注射。皂苷溶血作用的大小随其种类不同而异，其溶血的最低浓度称为该皂苷的溶血指数(haemolytic index)，利用溶血指数可以测定中草药中皂苷的含量，但结果较粗略，口服皂苷不会产生溶血现象，可能因皂苷在胃、肠中被水解所致。皂苷多能与一些大分子醇或酚类如胆甾醇等结合生成分子化合物，此类分子化合物经过一定方法处理后可使其结合状态破坏而将皂苷重新析出，故此性质可用于皂苷的提取分离。

苷元为螺旋甾烷类(C-27 甾体化合物)的皂苷称为甾体皂苷，主要存在于薯蓣科、百合科和玄参科等。分子中不含羧基，呈中性。燕麦皂苷 D 和薯蓣皂苷为常见的甾体皂苷。

苷元为三萜类的皂苷称为三萜皂苷(图 4-11)，主要存在于五加科、豆科、远志科及葫芦科等，其种类比甾体皂苷多，分布也更为广泛。大部分三萜皂苷呈酸性，少数呈中性。

齐墩果烷型　　　　　乌苏烷型　　　　　羽扇豆烷型

图 4-11　3 种类型的三萜皂苷元的结构

皂苷根据苷元连接糖链数目的不同，可分为单糖链皂苷、双糖链皂苷及三糖链皂苷。在一些皂苷的糖链上，还通过酯键连有其他基团。

皂苷的化学结构中，由于苷元具有不同程度的亲脂性，糖链具有较强的亲水性，使皂苷成为一种表面活性剂，水溶液振摇后能产生持久性的肥皂样泡沫。一些富含皂苷的植物提取物被用于制造乳化剂、洗洁剂和发泡剂等。

(2) 皂苷的理化性质

皂苷的物理性质　皂苷是苷类的一种。能形成水溶液或胶体溶液并能形成肥皂状泡沫的植物糖苷统称。是由皂苷元和糖、糖醛酸或其他有机酸组成的。根据已知皂苷元的分子结构，可以将皂苷分为两大类：一类为甾体皂苷，另一类为三萜皂苷。皂苷多为白色或乳白色无定形粉末，少数为晶体，味苦而辛辣，对黏膜有刺激性。皂苷一般可溶于水、甲醇和稀乙醇，易溶于热水、热甲醇及热乙醇，不溶于乙醚、氯仿及苯。皂苷是很强的表面活性剂，即使高度稀释也能形成皂液。皂苷对心脏有刺激作用，又是很强的溶血剂。

皂苷的化学性质　一类较复杂的苷类化合物，与水混合振摇时可生成持久性的似肥皂泡沫状物。在植物界分布很广，许多中药如人参、三七、知母、远志、甘草、桔梗、柴胡等都含有皂苷；中国从前用皂荚洗衣服，就是由于其中含有皂苷类化合物。皂苷由皂苷配基与糖、糖醛酸或其他有机酸组成。组成皂苷的糖常见的有 D-葡萄糖、L-鼠李糖、D-半乳糖、L-阿拉伯糖、L-木糖。常见的糖醛酸有葡萄糖醛酸、半乳糖醛酸，这些糖或糖醛酸往往先结合成低聚糖糖链，然后与皂苷配基分子中 C_3—OH 相缩合，或由两个糖链分别与皂苷配基分子中 2 个不同位置上的 OH 相缩合，皂苷配基分子中的—COOH 也可能与糖连接，形成酯苷键。

(3) 皂苷的分类

皂苷按皂苷配基的结构分为两类：

甾族皂苷 (steroidal saponins)　其皂苷配基是甾体衍生物，多由 27 个碳原子所组成（如薯蓣皂苷），不具羧基，故又称中性皂苷。在碱性溶液中形成较稳定的泡沫，能被碱式醋酸铅试剂沉淀。本类皂苷主要存在于薯蓣科、百合科植物中，如各种薯蓣、七叶一枝花、土茯苓、知母、麦冬等。甾式皂苷因可作为合成甾体激素的原料而有重要意义，其苷元基本骨架为螺旋甾烷 (spirostane)。

三萜皂苷 (triterpenoidal saponins)　其皂苷配基是三萜的衍生物，大多由 30 个碳原子组成。大多数在苷元上带有羧基，故又称酸性皂苷。在酸性溶液中形成较稳定的泡沫，能被醋酸铅试剂沉淀。本类皂苷在植物界分布较广，尤以石竹科、桔梗科、五加科、豆科等为多。桔梗、南沙参、党参、人参、三七、瞿麦、甘草、远志、紫菀、地榆等许多中草药都含有本类皂苷。其苷元有五环三萜与四环三萜2种，五环三萜又可分为β-爱留米脂醇型（β-Amyrin）、α-爱留米脂醇型等多种类型。四环三萜又可分为羊毛脂醇型（Lanosterol）等多种类型。这类皂苷多存在于五加科和伞形科等植物中。

甾式皂苷（Steroid saponins） 分为螺旋甾烷类、呋喃甾烷类和呋喃螺旋甾烷类。

（4）皂苷的显色反应

最常用的显色鉴定反应为Liebermann-Burchard反应，即在试管中将少量样品溶于乙酸酐，再沿试管壁加入浓硫酸，如两层交界面呈紫红色则为阳性反应。

（5）皂苷的生物活性

一些皂苷对细胞膜具有破坏作用，表现出毒鱼、灭螺、溶血、杀精及细胞毒等活性。皂苷能溶血是因为多数皂苷能与胆固醇结合生成水不溶性的分子复合物。皂苷的生物活性与其所连接的糖链数目和苷元的结构都有关，例如，人参总皂苷没有溶血的现象，但分离后其中以人参萜三醇及齐墩果酸为苷元的人参皂苷有显著的溶血作用，而以人参二醇为苷元的人参皂苷则有抗溶血作用。有许多含皂苷类成分的中药如远志、桔梗等有祛痰止咳的功效；有些皂苷还具有抗菌的活性或解热、镇静、抗癌等有价值的生物活性。个别皂苷有特殊的生理活性，如人参皂苷能增进DNA和蛋白质的生物合成，提高机体的免疫能力。甘草酸具有促进肾上腺皮质激素的作用，并有止咳和治疗胃溃疡病的功效。

总结起来，大致有以下作用：

①双向调节免疫作用；

②抗缺氧和抗疲劳作用；

③抗低温应激作用；

④抗脂质氧化作用；

⑤对中枢神经系统的作用；

⑥抗致突变作用；

⑦对肾有调节作用，补肾。

例如，人参皂苷是人参的主要成分，目前通过科学、先进的工艺技术分离和精制出的人参皂苷，命名为Ro、Ra1、Ra2、Rb1、Rb2、Rb3、Rc、Rd、Rf、Rg1、Rg2、Rg3、Rh1、Rh2、I、K、O-glaco，皆由苷元和糖组成，除Ro的苷元是齐墩果酸外，其他的是原人参二醇和原人参三醇。

人参皂苷中的部分单体皂苷如Rb1、Rb2、Rd、Rc、Re、Rg1、Rg2、Rh1等可不同程度地减少体内自由基含量。人参皂苷可延缓神经细胞衰老并降低老年发生的记忆损伤，且具有稳定膜结构和增加蛋白质合成作用，可以提高老年人记忆能力。

人参中单体皂苷Rg1和Rb1是人参中益智作用的主要成分。药理实验表明，人参皂苷Rg1和Rb1均可促进幼鼠身体发育，并易化小鼠成年后跳台法和避暗法记忆获得过程，用突触定量技术发现Rb1和Rg1可明显增加小鼠海马CA3区细胞突触数目。这是人参皂苷促进学习和记忆的组织形态学基础。人参皂苷的益智作用和它的提高神经系统功能有关。人参皂苷除具有上述抗衰老、抗疲劳、增强记忆力等作用外，还具有活化皮肤细胞、增强皮肤弹性、减少皱纹等作用。可提升人体免疫力，并抑制癌细胞成长的人参皂苷Rd

能保护细胞膜和防止细胞老化，扩张血管，降低血压和血糖，提高肝细胞蛋白质和 DNA 合成，显著抑制宫颈癌细胞生长的人参皂苷 Re，导致人上火的皂苷 Ro。

(6) 皂苷的分离提取

分段沉淀法 原料用乙醇或甲醇提取，然后回收溶剂，于水溶液中加入乙醚萃取，脂溶性杂质则转溶于乙醚溶剂中，与皂苷分离。然后，用水饱和的丁醇为溶剂继续对水溶液进行两相萃取，则皂苷转溶于丁醇，一些亲水性强的杂质如糖类仍留于水中，与皂苷分离。收集丁醇溶液，减压蒸干，得粗制的总皂苷。

碱提酸沉法 酸性皂苷常采用此法。如甘草酸易溶于碱水，再加酸酸化使其又析出沉淀。

胆甾醇沉淀法 甾体皂苷与胆甾醇可生成难溶性分子复合物，据此分离。

① 凡有 3β-OH，A/B 环反式稠合（5α-H）或 $\Delta\delta$ 的平展结构的甾醇，如 β-谷甾醇、豆甾醇、胆甾醇和麦角甾醇等，与甾体皂苷形成的分子复合物的溶度积最小。

② 凡有 3α-OH，或 3β-OH 经酯化或成苷的甾醇，不能与甾体皂苷生成难溶性的分子复合物。

③ 三萜皂苷不能与甾醇形成稳定的分子复合物，据此可实现甾体皂苷和三萜皂苷的分离。

铅盐沉淀法 该法可用以分离酸性皂苷和中性皂苷。

色谱分离法

• 分离方法

吸附色谱法：常用的吸附剂是硅胶、氧化铝和反相硅胶，洗脱剂一般采用混合溶剂。例如分离混合甾体皂苷元的方法，先将样品溶于含 2% 氯仿的苯中，上柱后用此溶剂洗出单羟基皂苷元，再用含 20% 氯仿的苯洗出单羟基且具酮基的皂苷元，最后用含 10% 甲醇的苯洗出双羟基的皂苷元。

分配色谱法：由于皂苷极性较大，可采用分配色谱法进行分离。一般用低活性的氧化铝或硅胶作吸附剂，用不同比例的氯仿—甲醇—水或其他极性较大的有机溶剂进行梯度洗脱。

高效液相色谱法：一般使用反相色谱法，以乙腈—水或甲醇—水为流动相分离和纯化皂苷可得到良好的效果。也可将极性较大的皂苷做成衍生物后用正相柱进行分离。

液滴逆流色谱法

• 光谱特征

A. 对于甾体皂苷（steroidal saponins）

紫外光谱：与硫酸反应后可在 270~275 nm 范围出现最大吸收峰。凡含 C-12 羰基的甾体皂苷元均有 350 nm 的最大吸收峰。

红外光谱：可用于区别 C-25 的立体异构体。25D 系甾体皂苷有 866~863 cm^{-1}、899~894 cm^{-1}、920~951 cm^{-1} 及 982 cm^{-1} 4 条谱带，其中 899~894 cm^{-1} 处的吸收较 920~915 cm^{-1} 处的强 2 倍，25L 系甾体皂苷在 857~852 cm^{-1}、899~894 cm^{-1}、920~915 cm^{-1} 及 986 cm^{-1} 处也有吸收，其中 920~915 cm^{-1} 处的吸收较 899~894 cm^{-1} 处强 3~4 倍。

质谱：甾体皂苷元的质谱中均出现一个很强的 m/z139 的基峰和中等强度的 m/z115

碎片峰，以及一个很弱的m/z126的辅助离子峰。

NMR 谱：螺旋甾烷醇类皂苷元的 C-22 信号大多数情况下出现在 δ109.5 处。

B. 对于三萜皂苷(triterpenoidal saponins)

质谱：对于具有(12 的三萜皂苷，分子中因具有环乙烯结构，容易发生 RDA 裂解，根据生成的碎片离子峰可以确定 A、B 环及 D、E 环上的取代基性质、数目、位置等。

NMR 谱：五环三萜齐墩果烷型(β-香树脂醇型)含有 6 个 SP3 杂化季碳原子，13CNMR 谱中有 6 个季碳信号，乌索烷型(α-香树脂醇型)13CNMR 谱中有 5 个季碳信号。羽扇豆烷型 13CNMR 谱中有异丙基信号。

(7) 皂苷的定性反应

①取 0.59 药材粉末，加水 5mL，煮沸浸出，过滤，浸出液放试管中激烈振摇，能产生持久(15min 以上不消失)蜂窝状泡沫。

②取药材粉末 1g 加水数 ml 煮沸，过滤得水浸液，取 1mL，加 2% 血球悬浮液 5mL 及生理盐水 5mL 摇匀，如放置 5min 后溶液变透明(溶血)，表明可能有皂苷存在。

③Libermann–Buehard 反应：药材粉末 1g，加 5~10mL70% 乙醇热浸、浸出液蒸干，浓硫酸-醋酐试剂 1~2 滴，颜色由黄—红—紫—蓝表示可能有三萜皂苷，如继续变为绿色示可能有甾式皂苷存在。

(8) 皂苷的定量方法

可用重量法、比色法或溶血指数法测定。溶血指数法较方便，但其结果受条件(如试管大小、溶液 pH 值、温度、血液种类等)影响较大，故不够精确。简述方法如下：

①0.5% 药材浸出液的配制。药材粉末以等渗磷酸盐缓冲液(或生理盐水)精确配制成 0.5% 浓度。

②溶血指数的测定。取直径、长短一致的 9 支小试管，分别精确吸入 0.1 mL、0.2 mL、0.3 mL、…、0.9 mL 中草药浸出液，精确加缓冲液补足体积为 1 mL，各试管中再各精确加 1 mL 2% 血球悬浮液，各管摇匀后由可以产生完全溶血的中草药最低浓度来计算溶血指数。

③皂苷含量的测定。用标准皂苷(最好是同一药中提出的纯皂苷)配成适当浓度的溶液，同上法测定溶血指数，从标准皂苷与中草药浸出液的溶血指数计算中草药中皂苷的百分含量。

4.2.7.2 甾体

(1) 概述

甾体类化合物又称为类固醇类化合物，结构上的共同特征是含有具 A、B、C、D 4 个稠合环的甾核，也称甾环，上有 3 个侧链：C-10、C-13 位的 2 个角甲基和 C-17 位的 8~10 个碳的烃链，这样在母核上的三个侧链像"巛"字，"甾"字十分形象地表示了这类化合物的基本碳架。甾体化合物的分子中都含有一个由 4 个环组成的骨架称作环戊烷并多氢菲。

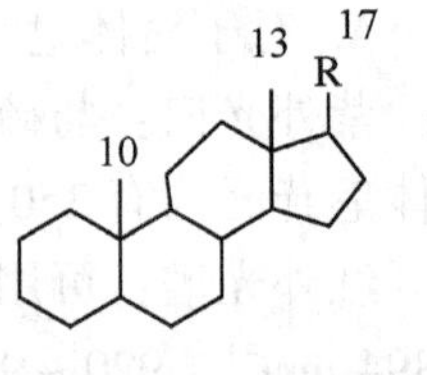

图 4-12 环戊烷并多氢菲

甾体类化合物在动植物生命过程中起重要作用，被称为"生命的钥匙"。目前用于治疗的甾体药物超过 150 种，正在进行安全性或临床研究的超过 50 种：V_D 族、强心苷类、穿龙薯蓣、C-27 甾体皂苷类化合物、肾上腺皮质激素、可的松、氢化可的松等。

甾体类化合物能够活化染色体(控制转录)、传递信息、调控性别，也能调控中枢神经系统的活动。

自然界的甾体都是右旋的，而人工合成的左旋体或消旋体没有生理活性。根据侧链结构，甾体又划分为多种类型。从生源上讲，甾体与三萜类似，在生物体内也是由鲨烯以不同方式环化而成，即通过甲羟戊酸途径衍生而来

(2) 甾体种类

胆固醇是最早发现的甾体，胆结石几乎完全是由胆固醇构成，胆固醇由此而得名。胆固醇主要存在于动物的血液、脂肪、脑髓及神经组织中。许多动物激素都属于固醇类，如性激素中的孕甾酮、睾丸甾酮、雌二醇及肾上腺激素中的皮质甾酮等。

C-27 甾体皂苷类化合物　甾体皂苷(steroidal saponins)是 C-27 甾体化合物与糖链结合的皂苷，在植物中广泛分布，已发现 10 000 多个，在百合科、薯蓣科、龙舌兰科、菝葜科植物中较普遍，许多常用中药如知母、麦冬、穿龙薯蓣、七叶一枝花、薤白等都含有大量的甾体皂苷。甾体皂苷的主要用途是作为合成甾体激素及其相关药物的原料。

薯蓣皂苷(dioscin)在薯蓣属植物根茎中含量最高，苷元为合成避孕药、其他甾体激素药的原料

洋菝葜皂苷(parillin)存在于百合科洋菝葜(*Smilax aristolochiaefolia*)根中。

重楼苷存在于百合科重楼属植物五指莲重楼(*Paris axialis*)、海南重楼(*P. dumniana*)、滇重楼(*P. polyphylla* var. *yunnanensis*)中，有止血活性。

强心苷类化合物　强心苷(cardiac glycosides)由具有甾核的强心苷元(cardiac aglycones)与糖缩合而成的甾体苷类，主要存在于百合科、萝藦科、十字花科、卫矛科、豆科、桑科、毛茛科、梧桐科、大戟科、玄参科、夹竹桃科等十几个科几百种植物中，特别以玄参科、夹竹桃科植物最普遍

强心苷具强心作用，是治疗心力衰竭的重要药物。

强心苷甾体母核 17 位的侧链 R 是一个不饱和内酯环，依其结构将苷元分为甲型强心苷元(五环内酯)和乙型强心苷元(六环内酯)。强心苷中的糖均与苷元的 3-OH 成苷，可多至 5 个糖单元，以直链连接。除葡萄糖、鼠李糖、6-去氧糖、6-去氧糖甲醚和五碳糖外，还有强心苷多特有的 2,6-二去氧糖、2,6-二去氧糖甲醚。

其他甾体化合物　C-21 甾体化合物，主要分布于萝藦科、夹竹桃科、玄参科、毛茛科植物，萝藦科鹅绒藤属(*Cynanchum*)、牛奶菜属(*Marsdenia*)和萝藦属(*Metaplexis*)中分布更为普遍

蜕皮激素(ecdysterone，β-ecdysone，A)，即蜕皮甾酮属于昆虫生长代谢调节激素。蜕皮激素广泛存在于植物界中(包括蕨类)，如中药牛膝、露水草、桑叶等，且一般含量较高，露水草中高达 2% 以上

醉茄内酯类(withanolides)是具有高度氧化的 C-28 麦角甾烷骨架的甾体内酯，只存在于茄科，主要集中在叶片，含量一般占干重的 0.001%~0.5%。具有多种药理活性，如抗微生物、抗病毒以及用于免疫调节剂和蜕皮激素颉颃剂。

在母核环上的 C_{10} 和 C_{13} 上常连有甲基，称为角甲基，在 C_{17} 上连有烃基。在基本结构上连有烃基。在基本结构上还连有羟基、羧基、双键等官能团，其数量和位置各异，构成了各种不同类型的甾体化合物。

甾体化合物的命名，常采用俗名，如胆固醇、黄体酮、睾丸酮等。较重要的甾体化合物有：胆固醇、7-脱氢胆固醇与麦角固醇、胆酸、甾体激素等。胆固醇是因最初由胆结石中得到的一种固体醇而得名。胆固醇存在于人和动物的血液、脊髓及脑中。正常人血液中含胆固醇 2.82~5.95 mmol/L，如果人体内的胆固醇代谢发生障碍或饮食摄取胆固醇量太多时，就会从血液中沉淀析出，引起结石或血管硬化。

7-脱氢胆固醇结构与胆固醇所不同的是 C_7~C_8 之间为双键，它存于人体皮肤中，经紫外线照射，B 环打开，转变为 V_{D_3}。其结构特点是：C_3 上有 1 个羟基，C_5~C_6 上有 1 个双键，C_{17} 上有 1 个八碳原子的烃基。结构式如图 4-13 所示。

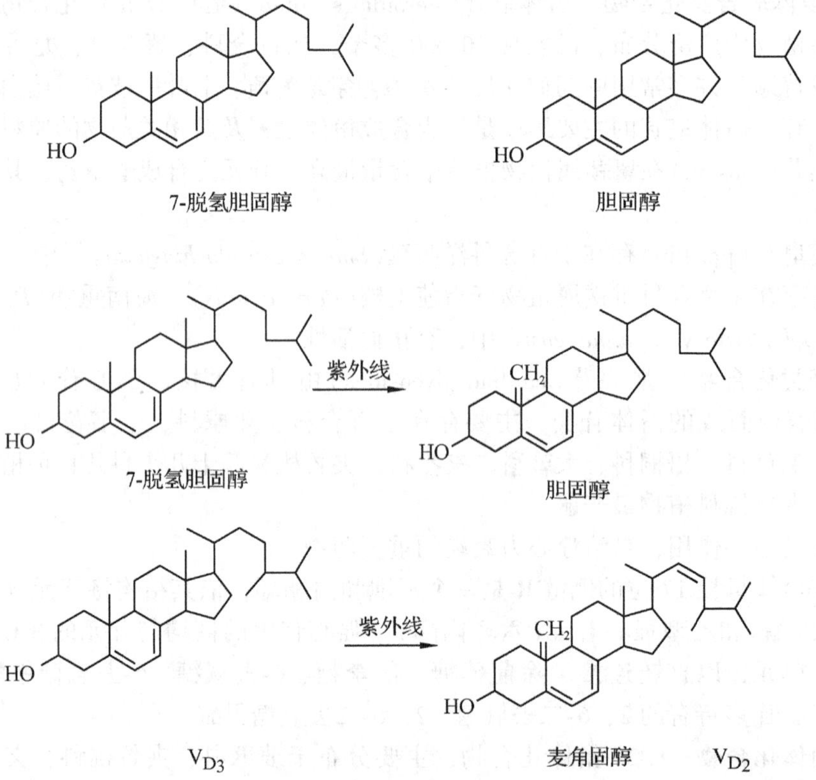

图 4-13 部分甾体化合物结构

麦角固醇是一种植物甾醇。存在于麦角（霉菌）中，酵母中含量较多。其结构与 7-脱氢胆固醇相似，在 C-17 所连的烃基上多了一个双键和一个甲基，在紫外线照射下，B 环也能打开，生成 V_{D_2} 甾体激素类；

甾体激素包括性激素和肾上腺皮质激素。性激素包括：雌激素、雄激素和孕激素；雄激素如睾丸素、甲睾酮、丙酸睾酮。雌激素有：甾体雌激素、孕激素和甾体避孕药。肾上腺皮质激素又包括糖代谢皮质激素和盐代谢皮质激素。

4.2.8 氨基酸、蛋白质

4.2.8.1 氨基酸(amino acid)

(1) 概述

氨基酸是含有氨基和羧基的一类有机化合物的通称，是生物功能大分子蛋白质的基本组成单位，是构成动物营养所需蛋白质的基本物质。氨基酸赋予蛋白质特定的分子结构形态，使它的分子具有生化活性。

氨基酸广义上是指既含有一个碱性氨基又含有一个酸性羧基的有机化合物。但一般的氨基酸，则是指构成蛋白质的结构单位。在生物界中，构成天然蛋白质的氨基酸具有其特定的结构特点，根据氨基和羧基的位置，有 α-氨基酸和 β-氨基酸等类型。氨基连在 α-碳上的为 α-氨基酸，天然氨基酸均为 α-氨基酸。α-氨基酸是肽和蛋白质的构件分子，参与蛋白质合成的常见的是 20 种 L-α-氨基酸。除 α-氨基酸外，细胞还含有其他氨基酸。氨基酸是构成生命大厦的基本砖石之一。

氨基酸是指含有氨基的羧酸。生物体内的各种蛋白质都是由 20 种基本氨基酸构成的。除脯氨酸是一种 α-亚氨基酸外，其余的都是 α-氨基酸，其结构通式如下图(R 基为可变基团)。

$$NH_2-\underset{\underset{H}{|}}{\overset{\overset{R}{|}}{C}}-COOH$$

除甘氨酸外，其他蛋白质氨基酸的 α-碳原子均为不对称碳原子(即与 α-碳原子键合的 4 个取代基各不相同)，因此氨基酸可以有立体异构体，即可以有不同的构型(D-型与 L-型 2 种构型)。

(2) 氨基酸的分类

20 种氨基酸在结构上的差别取决于侧链基团 R 的不同。通常根据 R 基团的化学结构或性质将 20 种氨基酸进行分类如下。

① **根据侧链基团的极性**

非极性氨基酸(疏水氨基酸)：有 8 种，即丙氨酸(Ala)、缬氨酸(Val)、亮氨酸(Leu)、异亮氨酸(Ile)、脯氨酸(Pro)、苯丙氨酸(Phe)、色氨酸(Trp)和蛋氨酸(Met)。

极性氨基酸(亲水氨基酸)：a. 极性不带电荷 7 种：甘氨酸(Gly)、丝氨酸(Ser)、苏氨酸(Thr)、半胱氨酸(Cys)、酪氨酸(Tyr)、天冬酰胺(Asn)和谷氨酰胺(Gln)。b. 极性带正电荷的氨基酸(碱性氨基酸)3 种：赖氨酸(Lys)、精氨酸(Arg)、组氨酸(His)。c. 极性带负电荷的氨基酸(酸性氨基酸)2 种：天冬氨酸(Asp)和谷氨酸(Glu)。

② **根据氨基酸分子的化学结构**

脂肪族氨基酸：丙氨酸、缬氨酸、亮氨酸、异亮氨酸、蛋氨酸、天冬氨酸、谷氨酸、赖氨酸、精氨酸、甘氨酸、丝氨酸、苏氨酸、半胱氨酸、天冬酰胺、谷氨酰胺。

芳香族氨基酸：苯丙氨酸、酪氨酸。

杂环族氨基酸：组氨酸、色氨酸。

杂环亚氨基酸：脯氨酸。

③从营养学的角度

必需氨基酸(essential amino acid)：指人体(或其他脊椎动物)不能合成或合成速度远不适应机体的需要，必须由食物蛋白供给，这些氨基酸称为必需氨基酸。成人必需氨基酸的需要量约为蛋白质需要量的20%~37%，共有10种。

各种必需氨基酸作用分别为：赖氨酸促进大脑发育，是肝及胆的组成成分，能促进脂肪代谢，调节松果腺、乳腺、黄体及卵巢，防止细胞退化；色氨酸促进胃液及胰液的产生；苯丙氨酸参与消除肾及膀胱功能的损耗；蛋氨酸(甲硫氨酸)参与组成血红蛋白、组织与血清，有促进脾脏、胰脏及淋巴的功能；苏氨酸有转变某些氨基酸达到平衡的功能；异亮氨酸参与胸腺、脾脏及脑下腺的调节以及代谢；脑下腺属总司令部作用于甲状腺、性腺；亮氨酸作用平衡异亮氨酸；缬氨酸作用于黄体、乳腺及卵巢；精氨酸与脱氧胆酸制成的复合制剂(明诺芬)是主治梅毒、病毒性黄疸等病的有效药物；组氨酸人体虽能够合成精氨酸和组氨酸，但通常不能满足正常的需要，因此，又被称为半必需氨基酸。

非必需氨基酸(nonessential amino acid)：指人体(或其他脊椎动物)自身能由简单的前体合成，不需要从食物中获得的氨基酸。例如，甘氨酸、丙氨酸等氨基酸。

(3) 氨基酸的理化性质

一般性质 无色晶体，熔点极高，一般在200 ℃以上。不同的氨基酸其味不同，有的无味，有的味甜，有的味苦，谷氨酸的单钠盐有鲜味，是味精的主要成分。各种氨基酸在水中的溶解度差别很大，并能溶解于稀酸或稀碱中，但不能溶于有机溶剂。通常酒精能把氨基酸从其溶液中沉淀析出。

紫外吸收性质 氨基酸的一个重要光学性质是对光有吸收作用。20种Pr-AA在可见光区域均无光吸收，在远紫外区(<220 nm)均有光吸收，在紫外区(近紫外区)(220~300 nm)只有3种氨酸有光吸收能力，这3种氨基酸是苯丙氨酸、酪氨酸、色氨酸，因为它们的R基含有苯环共轭双键系统。苯丙氨酸最大光吸收在259 nm、酪氨酸在278 nm、色氨酸在279 nm，蛋白质一般都含有这3种氨酸残基，所以其最大光吸收大约在280 nm波长处，因此能利用分光光度法很方便地测定蛋白质的含量。分光光度法测定蛋白质含量的依据是朗伯—比尔定律。在280 nm波长处蛋白质溶液吸光值与其浓度成正比。

酸碱性质 氨基酸在水溶液或结晶内基本上均以兼性离子或偶极离子的形式存在。所谓两性离子是指在同一个氨基酸分子上带有能释放出质子的NH_3正离子和能接受质子的COO^-负离子，因此氨基酸是两性电解质。

氨基酸的等电点。氨基酸的带电状况取决于所处环境的pH值，改变pH值可以使氨基酸带正电荷或负电荷，也可使它处于正负电荷数相等，即净电荷为零的两性离子状态。使氨基酸所带正负电荷数相等，即净电荷为零时的溶液pH值称为该氨基酸的等电点。

氨基酸的解离。解离原则：先解离α-COOH，随后其他—COOH；然后解离α-NH_3^+，随后其他—NH_3，总之羧基解离度大于氨基，α-C上基团大于非α-C上同一基团的解离度。等电点的计算：首先写出解离方程，两性离子左右两端的表观解离常数的对数的算术平均值。一般pI值等于两个相近pK值之和的一半。例如，天冬氨酸、赖氨酸。

(4) 基本反应及检测

茚三酮反应(ninhydrin reaction) 茚三酮在弱酸环境加热，与 α-氨基酸反应，反应液呈现紫色可用来检验 α-氨基(脯氨酸、羟脯氨酸为黄色)。

坂口反应(sakaguchi reaction) α-萘酚 + 碱性次溴酸钠，如反应液呈现红色可检验胍基，精氨酸有此反应。

米隆反应 又称米伦氏反应。$HgNO_3 + HNO_3$ 加热反应，如反应液呈现红色可检验酚基，酪氨酸有此反应，未加热则为白色。

Folin-Ciocalteau 反应(酚试剂反应) 磷钨酸—磷钼酸反应液呈现蓝色，可用来检验酚基，酪氨酸有此反应。

黄蛋白反应 浓硝酸煮沸呈现黄色可用来检验苯环，酪氨酸、苯丙氨酸、色氨酸有此反应。

Hopkin-Cole 反应(乙醛酸反应) 加入乙醛酸混合后徐徐加入浓硫酸，乙醛与浓硫酸接触面处产生紫红色环，可用来检验吲哚基，色氨酸有此反应。

Ehrlich 反应 P-二甲氨基苯甲醛 + 浓盐酸，反应液呈现蓝色，可用来检验吲哚基，色氨酸有此反应。

硝普盐试验 $Na_2(NO)Fe(CN)_2 \cdot 2H_2O$ + 稀氨水反应液呈现红色，可用来检验巯基，半胱氨酸有此反应。

(5) 氨基酸的生理功能和代谢途径

氨基酸生理功能 蛋白质的基本单位是氨基酸，氨基酸是生命代谢的物质基础。如果人体缺乏任何一种必需氨基酸，就可导致生理功能异常，影响机体代谢的正常进行，最后导致疾病。同样，如果人体内缺乏某些非必需氨基酸，会产生机体代谢障碍。精氨酸和瓜氨酸对形成尿素十分重要；胱氨酸摄入不足就会引起胰岛素减少，血糖升高。又如，创伤后胱氨酸和精氨酸的需要量大增，如缺乏，即使热能充足仍不能顺利合成蛋白质。

氨基酸在人体中有以下作用：a. 合成组织蛋白质；b. 变成酸、激素、抗体、肌酸等含氨物质；c. 转变为碳水化合物和脂肪；d. 氧化成二氧化碳和水及尿素，产生能量。

因此，氨基酸在人体中的存在，不仅提供了合成蛋白质的重要原料，而且对于促进生长，进行正常代谢、维持生命提供了物质基础。如果人体缺乏或减少其中某一种，人体的正常生命代谢就会受到障碍，甚至导致各种疾病的发生或生命活动终止。由此可见，氨基酸在人体生命活动中显得多么重要。

氨基酸含量比较丰富的食物有鱼类(墨鱼、章鱼、鳝鱼、泥鳅、海参)、蚕蛹、鸡肉、冻豆腐、紫菜等。另外，像豆类、豆类食品、花生、杏仁等含的氨基酸也比较多。

蜂王浆中含有 20 多种氨基酸。除蛋白氨酸、缬氨酸、异亮氨酸、赖氨酸、苏氨酸、色氨酸、苯丙氨酸等人体本身不能合成、又必需的氨基酸外，还含有丰富的丙氨酸、谷氨酸、天门冬氨酸、甘氨酸、胱氨酸、脯氨酸、酪氨酸、丝氨酸等。科学家分析了蜂王浆(蜂王浆食品)中 29 种游离氨基酸及其衍生物，脯氨酸含量最高，占总氨基酸含量的 58%。

氨基酸参与代谢的具体途径 主要有以下几条：

- 脱氨基作用

脱氨作用主要在肝脏中进行，包括以下几种过程：

氧化脱氨基：第一步，脱氢，生成亚胺；第二步，水解，生成的 H_2O_2 有毒，在过氧化氢酶催化下，生成 H_2O 和 O_2，解除对细胞的毒害。

非氧化脱氨基作用：还原脱氨基（严格无氧条件下）；脱氨基；水脱氨基；脱巯基脱氨基；氧化—还原脱氨基，两个氨基酸互相发生氧化还原反应，生成有机酸、酮酸、氨；脱酰胺基作用。

转氨基作用：转氨作用是氨基酸脱氨的重要方式，除 Gly、Lys、Thr、Pro 外，大部分氨基酸都能参与转氨基作用。α-氨基酸和 α-酮酸之间发生氨基转移作用，结果是原来的氨基酸生成相应的酮酸，而原来的酮酸生成相应的氨基酸。

联合脱氨基：单靠转氨基作用不能最终脱掉氨基，单靠氧化脱氨基作用也不能满足机体脱氨基的需要。机体借助联合脱氨基作用可以迅速脱去氨基：以谷氨酸脱氢酶为中心的联合脱氨基作用；氨基酸的 α-氨基先转到 α-酮戊二酸上，生成相应的 α-酮酸和谷氨酸，然后在 L-谷氨酸脱氨酶催化下，脱氨基生成 α-酮戊二酸，并释放出氨；通过嘌呤核苷酸循环的联合脱氨基作用，骨骼肌、心肌、肝脏、脑都是以嘌呤核苷酸循环的方式为主。

- 脱羧作用

生物体内大部分氨基酸可进行脱羧作用，生成相应的一级胺。氨基酸脱羧酶专一性很强，每一种氨基酸都有一种脱羧酶，辅酶都是磷酸吡哆醛。氨基酸脱羧反应广泛存在于动、植物和微生物中，有些产物具有重要生理功能，如脑组织中 L-谷氨酸脱羧生成 γ-氨基丁酸，是重要的神经介质。组氨酸脱羧生成组胺（又称组织胺），有降低血压的作用。Tyr 脱羧生成酪胺，有升高血压的作用。但大多数胺类对动物有毒，体内有胺氧化酶，能将胺氧化为醛和氨。

综上所述，氨基酸在人体中的存在，不仅提供了合成蛋白质的重要原料，而且对于促进生长，进行正常代谢、维持生命提供了物质基础。如果人体缺乏或减少其中某一种，人体的正常生命代谢就会受到障碍，甚至导致各种疾病的发生或生命活动终止。

4.2.8.2 肽

(1) 肽(peptide)

肽指两个或两个以上氨基通过肽键共价连接形成的聚合物，是氨基酸通过肽键相连的化合物。蛋白质不完全水解的产物也是肽。肽按其组成的氨基酸数目为 2 个、3 个和 4 个等不同而分别称为二肽、三肽和四肽等，一般含 10 个以下氨基酸组成的称寡肽(oligopeptide)，由 10 个以上氨基酸组成的称多肽(polypeptide)，它们都简称为肽。肽链中的氨基酸已不是游离的氨基酸分子，因为其氨基和羧基在生成肽键中都被结合掉了，因此多肽和蛋白质分子中的氨基酸均称为氨基酸残基(amino acid residue)。

(2) 肽键(peptide bond)

肽键即一个氨基酸的羧基与另一个氨基酸的氨基缩合，除去一分子水形成的酰胺键。

多肽有开链肽和环状肽。在人体内主要是开链肽。开链肽具有一个游离的氨基末端和一个游离的羧基末端，分别保留有游离的 α-氨基和 α-羧基，故又称为多肽链的 N 端（氨基端）和 C 端（羧基端），书写时一般将 N 端写在分子的左边，并用(H)表示，并以此开始对多肽分子中的氨基酸残基依次编号，而将肽链的 C 端写在分子的右边，并用(OH)来表示。目前已有约 200 000 种多肽和蛋白质分子中的肽段的氨基酸组成和排列顺序被测定了出来，其中不少是与医学关系密切的多肽，分别具有重要的生理功能或药理作用。

(3) 肽的生理功能

多肽在体内具有广泛的分布与重要的生理功能。其中，谷胱甘肽在红细胞中含量丰富，具有保护细胞膜结构及使细胞内酶蛋白处于还原、活性状态的功能。而在各种多肽中，谷胱甘肽的结构比较特殊，分子中谷氨酸是以其 γ-羧基与半胱氨酸的 α-氨基脱水缩合生成肽键的，且它在细胞中可进行可逆的氧化还原反应，因此有还原型与氧化型两种谷胱甘肽。

近年来一些具有强大生物活性的多肽分子不断地被发现与鉴定，它们大多具有重要的生理功能或药理作用，又如，一些"脑肽"与机体的学习记忆、睡眠、食欲和行为都有密切关系，这增加了人们对多肽重要性的认识，多肽也已成为生物化学中引人瞩目的研究领域之一。

多肽和蛋白质的区别，一方面是多肽中氨基酸残基数较蛋白质少，一般少于 50 个，而蛋白质大多由 100 个以上氨基酸残基组成，但它们之间在数量上也没有严格的分界线，除相对分子质量外，现在还认为多肽一般没有严密并相对稳定的空间结构，即其空间结构比较易变具有可塑性，而蛋白质分子则具有相对严密、比较稳定的空间结构，这也是蛋白质发挥生理功能的基础，因此一般将胰岛素划归为蛋白质。但有的书中称胰岛素为多肽，因其相对分子质量较小。但多肽和蛋白质都是氨基酸的多聚缩合物，而多肽也是蛋白质不完全水解的产物。

4.2.8.3 植物蛋白

植物蛋白是蛋白质的一种，来源是从植物里提取的，营养与动物蛋白相仿，但是更易于消化。

植物蛋白是主要来源于米面类、豆类，但是米面类和豆类的蛋白质营养价值不同。米面类来源的蛋白质中缺少赖氨酸（一种必需氨基酸），因此其氨基酸评分较低，仅为 0.3 ~ 0.5，这类蛋白质被人体吸收和利用的程度也会差些。

植物性食品的蛋白质，如谷类、豆类、坚果类等常食用的食物蛋白及叶蛋白、单细胞蛋白等。含植物蛋白最丰富的是大豆。大豆蛋白肉是以优质大豆为原料，通过加热、挤压、喷噪等工艺过程把大豆蛋白粉制成大小、形状不同的瘦肉片状植物蛋白，所以被称为蛋白肉，由于其蛋白质的含量远远高于一般动物肉类，而且食感、结构、色泽、韧性均与动物肉近似。据测定其蛋白质的含量为猪、牛瘦肉蛋白质的 2 ~ 3 倍，经卫生部门鉴定，大豆蛋白无毒无害，是一种绿色、安全、保健食品。由于其含脂低，为高血压、冠心病、糖尿病人的理想食品，凉拌、烧、炒皆宜，味道鲜美可口，长期食用可增强体质，有益于身体健康。

从营养学上说，植物蛋白大致分为两类：一是完全蛋白质，如大豆蛋白质；二是不完全蛋白质，绝大多数的植物蛋白质属于此类。植物蛋白为素食者饮食中主要的蛋白质来源，可用以制成形、味、口感等与相应动物食品相似的仿肉制品。素食者专食不完全蛋白质，会发生营养缺乏症，必须兼食大豆蛋白质。

植物蛋白与动物蛋白的摄取量应当基本持平,各为一半。通常,植物蛋白相对于动物蛋白来说含量较多,取材来源广泛,日常摄入量大;而且在加工生产的过程中,成本和工艺相对容易和廉价。但植物蛋白的种类和组成与人体的要求有一定差距,如植物蛋白中缺乏免疫球蛋白,谷类中则相对缺乏赖氨酸,等等。同时,植物蛋白的吸收要比动物蛋白的吸收相对来说要困难一些,植物蛋白质因外周有纤维薄膜的包裹,而难以被消化。所以,如何进行植物蛋白的改性,更多地开发和利用植物蛋白资源将是我们长期的任务。

4.3 野生药用植物中活性物质的分离

野生植物中蕴含着丰富的生物活性物质资源,其药用功能及药食两用性已被越来越多的研究所证实。伴随新技术应用和研究的深入,在崇尚回归自然的理念之下,这些有效成分的提取分离与应用获得了前所未有的关注和发展,目前已在世界范围内掀起天然产物成分分离的热潮。

所谓分离即是将各目标组分相互分开的过程,我国传统的中医药学开辟了古老的植物活性成分分离技术,伴随着社会的发展延续至今。发展药用植物活性成分科学,需要建立科学的方法,更要具备先进的提取手段。随着精细化工、生物技术、材料科学的发展,新理论、新材料、新设备的诞生,诸多精密、准确、先进的分离方法已应用于活性物质的分离研究,如分子蒸馏技术、超临界萃取技术、激光技术、电子技术等,本节以适用于药用植物中活性物质分离的诸方法分别阐述并举例说明。

4.3.1 超声波辅助萃取技术

4.3.1.1 原理及特点

超声波技术是20世纪发展起来的高新技术,是声学研究的重要组成部分,超声波是频率大于20 kHz,必须在能量载体中才能传播的弹性机械振动波,具有频率高、方向性好、穿透力强、能量集中的特点。超声波技术的应用,一类是利用较弱的超声来实现信息采集与处理,如雷达、声呐、探伤、检测等;另一类是利用较强的超声能量来改变物质组织结构、状态或加速这些变化的过程。

近年来,超声波辅助萃取技术(ultrasound-assisted extraction,UAE)开始成熟地应用于天然产物成分萃取分离领域,现普遍认为其理论基础是通过压电换能器产生快速机械振动波即超声波,超声波辐射压强产生强烈的机械力学作用、空化作用、热学作用等多重效应。空化作用产生的强大剪切力使植物细胞壁破裂,内容物得以释放,机械力学作用和热学作用进一步强化了溶出成分的扩散,物质分子运动频率和速度增大,溶液穿透力增加,目标提取物溶出速度和溶出次数提高,从而提高分离效率。

超声波辅助萃取技术适用于药物成分的萃取,相对于传统的水煮醇沉萃取方法,它有着诸多优势,主要有以下特点:

①萃取条件温和。已知植物中药物成分非常复杂,多为热敏性物质,易水解、氧化或变性,高温的提取工艺不但对其活性产生影响,而且难于完整获得较低沸点的成分,提取率较低,萃取范围有限。超声波辅助萃取的工作温度一般为60 ℃以下,而多数药物成分

在65 ℃内基本没有受到破坏，温和的萃取条件对于植物药用成分的提取分离具有极大的优越性。

②萃取效率高。超声波萃取用时短，20~40 min即可获得最佳提取率，仅为水煮醇沉法用时的1/3，甚至更短，而萃取量是传统方法的2倍以上。

③萃取得率高。诸多对比研究表明，采用超声波辅助萃取技术比传统萃取方法其得率可提高20%~50%，原料量和溶剂量大大减少。

④萃取成本低。萃取原料投入少，萃取过程时间短，萃取成品杂质少，易于纯化，能源消耗低，设备投资少，因此，超声辅助萃取技术成本低，具有较高的经济效益。

⑤应用具有广谱性。超声波辅助萃取用于多种天然植物成分萃取，如生物碱、蒽醌类、萜类化合物、甾体类化合物、黄酮化合物、糖类化合物、挥发油等物质的萃取。

⑥有一定的杀菌作用。声波具有一定的杀菌作用，萃取液不易变质。

4.3.1.2 超声波萃取工艺及设备

(1) 超声波辅助萃取工艺流程

原料经过前处理，破碎至一定细度，与萃取溶剂加入萃取容器中，然后在萃取容器中用超声波处理，短时间内完成破壁、分散、溶解的过程，经过分离，结合其他操作单元得到目标产物的成品。

不同萃取对象有着不同萃取工艺流程，图4-14为超声波辅助萃取的基本流程。

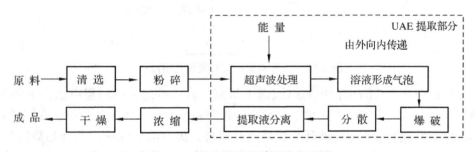

图4-14 超声波辅助萃取基本流程

(2) 超声波辅助萃取设备类型

超声波萃取设备主体结构为超声波发生器，分为3种类型，即机械式超声波系统、磁致伸缩振荡器和电致伸缩振荡器。机械式超声波发生装置发生的超声频率一般比较低，通常为20~30 kHz，磁致伸缩振荡器发生的超声频率可达到20~100 kHz，电致伸缩振荡器发生的超声频率很高，通常在100 kHz以上。

目前应用较多的超声波设备有清洗式（即槽式）超声波反应器和探头式（即浸入式）超声换能器。清洗式反应器中声场分布较为均匀，声强小，无法引起强烈的空化效应；探头式反应器发射声强较大，能够引起强烈的空化效应，但辐射面小，空化活跃范围也较小，远离辐射面的位置声压较低，这样就导致空化效应弱，甚至不发生空化效应，因此容器内超声波作用有效空间的减小，制约了其强化提取效应。

4.3.1.3 超声波萃取技术在药用植物成分分离中的应用

与传统萃取方法相比，超声波辅助萃取技术具有明显的优势，目前已应用于诸多药用植物成分的提取。

(1) 黄酮类化合物的提取

夏道宗等人对高良姜总黄酮进行了超声波辅助萃取工艺研究。原料为药食两用的姜科植物高良姜，将其清理并干燥后，粉碎至60目，采用50%乙醇为萃取溶剂，浸泡1 h后，进行超声萃取，超声时间45 min，料液比1:20，最高得率达到48.17 mg/g。

张尊听等人对野葛根异黄酮成分做了超声萃取研究。原料采用野葛，其主要有效成分为葛根素等异黄酮类化合物，原料真空干燥处理后粉碎。以甲醇为萃取溶剂，如图4-15所示进行3次超声萃取30 min。萃取物经HPTLC定性分析，采用超声波辅助萃取技术不影响葛根异黄酮活性成分的化学结构，经定量测定，葛根异黄提取率为20.60%，质量分数为50.03%。

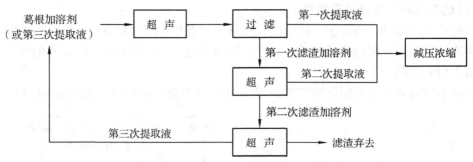

图4-15 超声辅助萃取野葛根黄酮流程

宋伟对银杏叶中黄酮化合物的提取做了研究，分别对比了不同超声条件下的黄酮产率。结果显示，在同样的超声频率下，较高的超声强度有利于黄酮的萃取；在同样超声频率下，黄酮产量随着超声时间的延长而呈上升趋势，提取前20 min，上升趋势最为明显，之后上升缓慢；在相同的超声强度下，采用双频超声萃取率要明显高于单频超声萃取率。电镜扫描结果证实，加热提取叶片表面基本未受到破坏，而超声萃取有效破坏了叶片表面结构，从而强化了黄酮类化合物的释放速度。

(2) 酚类物质的提取

汤鹤华对杭白菊酚类物质进行了超声波辅助萃取和100 ℃水煮法的对比研究，结果表明，同样以水为提取溶剂，料水比为1:40(m/m)，采用水煮法提取，总多酚在提取进行到5 min，浓度达到1.3 mg/g后，即无明显增加，而采用超声波频率100 kHz，温度80 ℃，萃取时间30 min，总多酚提取率为9.9%，单宁提取率为1.54%，为水煮法的22倍。

(3) 多糖类物质的提取

王博对茯苓菌核多糖进行了超声波辅助萃取并与传统水煮提取方法进行了比较。实验条件均采用料水比为1:60(m/m)，超声波频率40 kHz，温度80 ℃，萃取时间25 min。电镜扫描结果显示，超声萃取处理可以使多数茯苓核细胞上出现不同程度裂痕，有的细胞达到完全崩溃，多数胞间层也被破坏；傅立叶红光谱分析结果显示，两种方法提取的多糖具有相同的单糖组成;原子力显微镜扫描分析显示水煮提取法的多糖呈现网状结构,而超声波萃取的多糖是以长短不一的棒状结构存在。说明超声波辅助提取法不会改变多糖基本组成及结构,但会对多糖网状结构造成破坏,促使其大分子链降解为小分子片段。

(4) 蒽醌类化合物的提取

芦荟中含有蒽醌类化合物,对其进行超声波辅助萃取工艺研究,以70%乙醇为溶剂,料液比1:25,超声波功率300 W,萃取时间10 min,重复3次,合并滤液后以水解40 min。在此工艺下提取,提取率可达6.41 mg/g。

(5) 萜类、内酯类物质提取

青蒿中的青蒿素是一种有过氧基团的倍半萜内酯药物成分,是目前最有效的抗疟疾药物之一,价格昂贵。传统提取是在50 ℃条件下用石油醚、汽油冷浸或搅拌提取,提取率在60%左右,提取时间24~28 h。采用超声波辅助萃取法可以将提取时间缩短至20 min,而提取率达到90%以上,提取成本大大降低。

(6) 生物碱提取

苁蓉中提取甜菜碱时,采用超声波辅助提取20 min 即可达到常规浸提法24 h 和100 ℃回流6h 的提取率值。

沙生槐中提取总生物碱时,室温超声提取30 min,提取2次,提取率即超过85%,比每次常温浸提4~6 h,提取3次的提取率高,也比渗滤24 h 的提取率高;如果以氯仿为提取剂,超声提取7次,比常规连续提取1周效果好。

4.3.2 微波辅助萃取技术

4.3.2.1 原理及特点

微波是频率介于300 MHz 和300 GHz 之间的电磁波。K. Genzler 等人在1986 年用微波从土壤、种子、饲料、食物中提取了各类化合物,他们用微波加热样品和溶剂,水浴冷却,取得了最佳萃取回收率,从此开创了微波辅助萃取技术(microwave-assisted extraction,MAE)应用的光明前景。

微波辅助萃取技术的产生基于之前的微波消解技术,如同超声波萃取技术一样,微波辅助萃取也是利用外场介入来强化提取效果的一种萃取方法。在微波场中,目标提取物在微波电磁场中快速转向并定向排列,从而产生撕裂和相互摩擦,引起发热,保证了能量的快速传递和充分利用,易于溶出和释放。被提取物质从基体或体系中分离,进入到介电常数较小、微波吸收能力相对差的溶剂中。

微波辅助萃取具有以下特点:

① 由于在微波场中,基体物质或溶剂体系中的某些组分吸收微波能力的差异,微波辅助萃取物具有高选择性。

② 萃取效率高。微波场中的极性分子短时产生大量热量,极性分子高速运动,加速了萃取溶剂对样品的渗透,萃取时间可减少50%以上,且结果重现性好。

③ 微波辅助萃取设备简单,试剂用量小,整体造价和运行成本低。

④ 适用范围广,可用于挥发油、皂苷、多糖类、生物碱、黄酮类等多种植物药用活性成分的提取。

⑤微波加热可能使局部温度过高,从而大大地影响了天然成分的活性。

⑥微波存在辐射,对人体健康会产生不良影响,在使用过程中应注意辐射防护。

4.3.2.2 微波辅助萃取工艺及设备

(1) 微波辅助萃取工艺流程

原料经过清选后,破碎为2~10mm颗粒,与溶剂混合加入密闭的微波提取容器中,提取后的混合物一般经过分离,根据不同需要浓缩或干燥至成品,如图4-16所示。

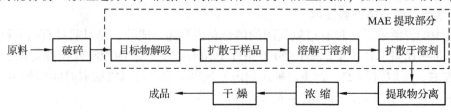

图4-16 微波辅助萃取基本流程

(2) 微波辅助萃取设备类型

微波辅助萃取设备按工作方式分两类:一类为微波萃取罐,可分批处理物料;另一类为连续微波萃取线,可以连续方式工作。根据萃取罐的类型还可分为密闭式微波萃取装置和开罐式微波萃取装置。微波萃取设备使用的微波源频率一般为2 450 MHz和915 MHz两大系列。

微波辅助萃取设备的开发以加拿大、美国和意大利为代表。由加拿大环境保护部和加拿大CWT-TRAN公司于联合开发了微波辅助萃取系统MAP(microwave assisted process),现已广泛应用于中草药、化妆品、土壤分析等领域。美国CEM公司经过多年研究,开发了新一代微波辅助萃取系统,该系统采用了能量最小化技术,有效防止了萃取物的分解,提高了萃取回收率和重现性,经美国加利福尼亚州环境保护局对其认证后,批准作为唯一标准萃取仪器,微波辅助萃取技术被美国环境保护局认定为标准方法,应用于挥发性有机物和半挥发性有机物的萃取。意大利的Milestone公司开发的微波辅助萃取系统具有内置磁扰流器的先进双磁近代管实验站,光纤自动控温、控压、控时装置,可实现快速萃取多个样品功能,智能化程度极高。

4.3.2.3 微波辅助萃取技术在药用植物成分分离中的应用

天然植物药用成分往往包埋于表皮保护下的细胞或液泡内,微波作用下,导致胞内极性物质,特别是水分子吸收微波能,产生大量热量,水分子气化产生的压力将细胞膜及细胞壁冲破,热量使得胞内及胞壁水分减少,细胞收缩出现裂纹及孔洞,使得胞内物易于溶出,泡外液进入。因此,微波辅助萃取效果是否得到发挥应用,很大程度上取决于被提取物质是否存在于富含水分的部位。

(1) 萜类物质的提取

灵芝为药食两用性真菌,富含多种活性物质,灵芝三萜是其中重要的基础药效成分。灵芝子实体质地坚硬,结构致密,三萜物质含量低,传统提取方法提取率低。黄霄云等采用微波提取法研究了灵芝三萜类化合物的提取工艺，并对比了超声萃取、回流法及浸提法的提取效果。结果显示，以95%乙醇为提取溶剂，提取温度75℃，功率850 W，液料比33 mL/g，处理时间17 min，在此条件下灵芝三萜提取率为93%，而超声法为72%，回流法为86%，浸提法为63%。

(2) 黄酮类物质的提取

枳椇子自古为一种解酒良药，素有"千杯不醉枳椇子"之说。现代药理学研究表明，枳椇子中的总二氢黄酮类成分，在人体分解酒精过程中，能作用于肝化激酶系统，加速乙醛在体内转化为乙酸的速度，提高醉酒物质的清除率。周兰姜对枳椇子总黄酮的微波提取工艺做了研究，采用微波功率300 W，50%乙醇，10倍溶剂量添加，微波作用时间20 min，在此工艺条件下，提取液中总黄酮含量为1.44%，与回流法提取枳椇子黄酮效果接近，但时间大为缩短。

丹参具有活血通经，祛瘀止痛，清心除烦，凉血消痈之功效，其中丹参酮为其重要的药效成分。吴立蓉等对丹参酮微波提取工艺进行了研究，在微波功率480 W，以乙醇为溶剂，料液比1:30，微波辐射时间10 min，丹参酮提取率可达39.87 mg/10 g，而传统的乙醇回流提取法提取率为36.42%，用时60 min，需提取3次。

百合的鳞茎具药食两用性，富含蛋白质、脂类、生物碱、黄酮类化合物等。许丽璇对微波提取百合总黄酮的提取工艺做了研究，结果表明，以80%乙醇为提取溶剂，微波功率620 W，固液比1:20(m/v)，提取时间4 min，提取率可达6.78%。而采用超声波循环提取法在相同时间内提取率为5.83%，索氏提取法的提取时间为150 min，提取率为4.13%。可见微波辅助法萃取百合中黄酮物质极具优势。

孙丽芳等对微波辅助提取芦苇叶类黄酮的工艺做了研究，并对比了不同提取方法的提取效果。以70%乙醇为溶剂，采用料液比1:30，微波功率600 W，在此条件下，提取时间13 min，类黄酮得率为1.46%。超声波辅助提取时间50 min，得率为1.47%；酶解辅助提取时间140 min，得率为1.24%；热水浴乙醇提取时间80 min，得率为1.31%；热水浴提取时间98 min，得率为1.46。可见，在得率接近时的几种提取方法中，微波辅助提取法的用时最短。

(3) 酚类化合物的提取

天麻含天麻素、甾醇、有机酸等多种成分，天麻素是酚类物质，为天麻及其制剂质量的考察指标。余兰等对微波提取天麻素的研究发现，以70%甲醇为提取溶剂，固液比1:20，微波功率400 W，温度60℃，提取时间9 min的工艺条件下，提取率为1.608%。若按2005版《中国药典》中以乙醇为溶剂，加热回流3 h，其提取率为0.703%。比照结果可知，微波萃取时间比回流法由3 h缩短至9 min，提取率却提高了2.29倍。

4.3.3 超临界CO_2流体萃取技术

4.3.3.1 原理及特点

超临界流体萃取技术近二三十年发展起来的一种新型分离技术。1970年，德国的Zosel率先采用该技术从咖啡豆中提取咖啡因，从此开始了超临界流体萃取技术(supercritical fluid extraction, SFE)的应用研究。

超临界流体萃取法是利用超临界状态下的流体为萃取剂,从液体或固体中萃取某些目标成分并进行分离的方法。CO_2因其本身具有无毒、无腐蚀、临界条件适中的特点,成为超临界流体萃取法最为常用的超临界流体(SF)。在超临界状态下,超临界流体具有很好的流动性和渗透性,将超临界流体与待分离物质相接触,使其有选择性地把极性大小、沸点高低和相对分子质量大小的成分依次萃取出来,然后借助减压、升温的方法使超临界流体变成普通气体,被萃取物质得以析出,达到分离提纯的目的,因此,超临界流体萃取过程是由萃取和分离两个过程组成。

与传统分离技术相比,超临界流体萃取法有如下特点。
①工艺流程简单,萃取效率高。无溶剂残留问题,产品质量好,无环境污染。
②操作温度较低,有效防止了热敏性物质氧化及逸散,可保留其活性,且能把高沸点、低挥发度、易热解的物质分离出来。
③溶剂无污染,可回收利用,物料无相变过程,节省能源。
④需在高压下操作,设备与工艺要求较高,一次性投资较大。
⑤适于亲脂性、相对分子质量较小的物质萃取。
⑥设备成本高且工程技术要求高。

4.3.3.2 超临界CO_2流体萃取工艺及设备

(1) 超临界CO_2流体萃取工艺流程

常规超临界CO_2流体萃取流程如图4-17所示,CO_2由钢瓶流出后,经过滤后增压,再流入预热器6使温度达到设定值,之后由底部通入装有提取原料的萃取器7中进行萃取。萃取器顶部流出的流体进入分离器1,经减压升温,萃取物被分离出来,流体进入分离器2,进一步减压分离出未完全分离出来的萃取物。当提取目标物为极性物质(如黄酮、生物碱等)时,由于非极性的超临界CO_2流体体现出较弱的溶解能力,因此常添加不同极性的夹带剂11来调节超临界CO_2流体的极性,提高目标萃取物在CO_2流体中的溶解度。

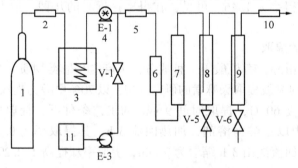

图 4-17 超临界CO_2流体萃取流程

超临界CO_2流体萃取包括溶质由原料转移至CO_2流体的萃取过程、溶质与CO_2流体的分离过程及不同溶质间的分离过程。根据分离方法的不同,可以把超临界萃取流程分为:等温变压法、等压变温法和吸附萃取法。

等温变压萃取法 是指等温条件下,萃取相减压,膨胀,溶质分离,溶剂CO_2经压缩机加压后再回到萃取槽,溶质经分离器分离从底部取出,如此循环,从而得到被分离的萃取物。该过程易于操作,应用较为广泛,但能耗高。

等压变温萃取法 是指等压条件下,萃取相加热升温,溶质分离,溶剂 CO_2 经冷却后回到萃取槽。过程只需用循环泵操作即可,压缩功率较少,但需要使用加热蒸汽和冷却水。

吸附萃取法 是指萃取相中的溶质由分离槽中的吸附剂吸附,溶剂 CO_2 再回到萃取槽中。吸附萃取法适用于萃取除去杂质的情况,萃取器中留下的剩余物则为提纯产品。

(2) 超临界 CO_2 流体萃取设备类型

超临界 CO_2 流体萃取系统由压缩机、高压泵、换热设备、萃取釜、分离釜、加料器、贮罐等设备组成,主要部件为萃取釜,它必须耐高压、耐腐蚀、密封可靠、操作安全。超临界 CO_2 流体萃取系统按照工作方式可分为间歇式萃取系统、半连续式萃取系统、连续式萃取系统。目前多数萃取釜是间歇式静态装置,进出物料需要打开顶盖。为了提高工作效率,生产中多采用两个或两个以上的萃取釜交替操作,物料的装卸则采用半连续式,将物料装入吊篮放入萃取釜中,吊篮外部有密封部件以保证二氧化碳流体会流经物料,吊篮上下有过滤板可使二氧化碳流体通过,其中的物料却不会被流体带出。

4.3.3.3 超临界萃取技术在药用植物成分分离中的应用

从研究范围来看,超临界 CO_2 流体萃取技术已经应用到挥发油、黄酮、生物碱等多种成分提取分离中,但就其优势来讲,由于 CO_2 的非极性和低相对分子质量特点,该技术适宜提取非极性、低相对分子质量成分,而对许多强极性、大相对分子质量的成分很难进行有效的提取,即使加入夹带剂来提高提取效果,优势仍不明显。

(1) 挥发油的提取

超临界 CO_2 流体是非极性物质,非常适合提取亲脂性物质,植物中挥发油成分极性较小,在超临界流体中有良好的溶解性能,且大多数挥发油由于性质不稳定,用常规的水蒸气蒸馏易造成油的分解或氧化,且得率低,超临界技术可以克服以上问题。已报道的研究结果有月见草种子中的月见草油,杏仁中的杏仁油,姜黄中姜黄油,薄荷中的薄荷醇,以及当归、柴胡、川芎、木香、白芷的挥发油。

史克莉等对莪术中的莪术醇、莪术二酮、榄香烯等莪术油成分进行了超临界 CO_2 流体萃取及水蒸气蒸馏提取的对比实验。在 3 种不同萃取条件下,共获得 32 种挥发油成分,多于水提法提取的成分种类。在萃取温度 35 ℃,萃取压力 15 MPa 条件下,获得萃取化合物组分总含量为 82.02%,而水提法可达到 79.18% 和 77.66%。对比结果表明,超临界 CO_2 流体萃取技术的应用具有省时、高效、纯度高的优点。

武星等采用超临界 CO_2 流体萃取和水蒸馏提取法分别对东北刺人参中的挥发性成分做了分析。采用萃取 36 MPa,温度 40 ℃ 条件,萃取 7 h,得到醛类、烯醛类和烯醇类物质,总含量为 80.58%,水提法得到醛类、酯类、萜类物质,总含量 23.60%。超临界萃取刺人参挥发物成分效率高,但两种方法得到的萃取物种类差异较大,相同提取物为辛醛、斯巴醇和(E)-2-癸烯醛。

(2) 黄酮类物质的提取

已报道的有银杏叶有效成分银杏黄酮和内酯的分离，贯叶连翘、蛇床子、黄芩、明党参、苦参、北冬虫夏草、葛根、金银花、侧柏叶、雪莲、甘草中的黄酮化合物提取，相比溶剂法流程短，得率高，提取物的纯度高。

黄酮类化合物传统提取方法有醇提取、碱水或碱醇提取、热水提取等。粗产物根据极性差异、酸性强弱、分子大小和特殊结构等性质选择适宜的分离方法，如系统溶剂法、pH 值梯度萃取法等，这些方法都存在有效成分损失大、提取率低、环境污染大的缺点。采用超临界 CO_2 流体萃取法可以有效提取黄酮类物质，但在提取极性较大的黄酮类物质时，需要选择甲醇或乙醇作为夹带剂，否则难以取得理想的萃取效果。

(3) 生物碱的提取

生物碱往往在天然植物体内与植物酸性成分结合成盐存在，如酒石酸、苹果酸等，仅有少数碱性极弱的生物碱以游离态存在，或以酯或苷的形式存在。基于生物碱的上述化学性质及其存在特点，采用超临界常规提取技术很难将其有效萃取出来。因此，可以在提取之前用氨水等碱性剂碱化，使之转化成为游离碱，或使用夹带剂，增强萃取能力的方法。已有报道，延胡索中的延胡索乙素，金银花中的东莨菪碱，光菇子中的秋水仙碱等，均已采用超临界 CO_2 流体萃取技术得以萃取。

超临界 CO_2 流体萃取技术目前尚不是有效萃取生物碱的有效方法，但基于其可大大减少酸、碱试剂用量且具有较高提取效率，对其做进一步深入研究仍有意义。

(4) 醌类及其衍生物的提取

醌类及其衍生物包括苯醌、萘醌、菲醌等，极性较大。在应用超临界 CO_2 流体萃取技术时一般压力较大，且需要加入适当的夹带剂。实验证实，在乙醇为夹带剂的条件下，萃取物的质量远优于乙醇提取工艺；与石油醚溶剂法相比，萃取率高；与超声波提取法比较，两种方法无显著差异。已有研究证实的提取物有紫草中的紫草素，首乌中的大黄酸和大黄素。

(5) 香豆素和木脂素的提取

香豆素苷和木脂素因其极性大而无法有效提取。游离的香豆素和木脂素是亲脂的，超临界 CO_2 流体萃取技术可以提取，对于极性较强的目标物可加入夹带剂，以增加溶解度。对于以苷形式存在的成分，则几乎不能以超临界 CO_2 流体萃取技术取得。已报道的成功提取有厚朴中的厚朴酚，川芎中的川芎内酯，桑白皮中的桑白素，五味子中五味子甲素、乙素等。

(6) 皂苷及多糖的提取

由于皂苷及多糖的极性较大，用超临界 CO_2 流体技术无法萃取出来，也应使用夹带剂，必要时可考虑梯度超临界 CO_2 萃取。有报道使用夹带剂的超临界 CO_2 流体技术提取灵芝皂苷及灵芝多糖及人参皂苷。

4.3.4 高压脉冲电场萃取技术

4.3.4.1 原理及特点

高压脉冲电场处理技术(pulsed electrec field，PEF)是对两极间的流态物质反复施加高电压的短脉冲(20~80 kV/cm)进行处理的过程,被公认为国际上研究最热门、最先进的灭菌技术之一。其作用机理目前尚未明确,研究较多的是 T. Song(1991)提出的细胞膜穿孔效应,即在电脉冲作用下,细胞膜脂双层上形成瞬时微孔,这种不可逆的破损使细胞膜的通透性和膜电导瞬时增大,正常情况下不易通过细胞膜的亲水分子、病毒颗粒、DNA、蛋白质等能通过细胞膜进出细胞,细胞因此而失活。

高压脉冲电场对于细胞膜和细胞壁的破坏作用使得破壁后的胞内物高效溶出,因此可以用于天然产物成分提取。植物中药用成分多为生理活性化合物,离开机体容易变性、破坏,提取应在较低温度和洁净环境下进行,脉冲电场作用条件是室温或接近室温,处理时间短(小于1 s),满足提取要求。

高压脉冲电场萃取技术具备以下特点:
①破壁萃取,用时短,提取效率高。
②萃取条件温和,有利于保护功能性物质活性。
③高压脉冲电场具备杀菌功能,萃取的同时保证了洁净的提取环境。
④设备简单,投资少,运行成本低。
⑤电极接触界面上产生电弧,液体中可能会产生某些化学物质。

4.3.4.2 高压脉冲电场萃取工艺及设备

(1)高压脉冲电场萃取工艺流程

待萃取原料溶于溶剂并进入萃取室,高压脉冲会产生热量,萃取后需经过冷却处理,回到缓冲容器,再送回萃取室循环处理,为保证萃取温度的恒定,可在缓冲容器和萃取室间设计换热器,流程如图4-18所示。

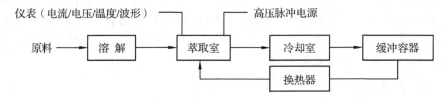

图4-18 高压脉冲电场萃取工艺流程

(2)高压脉冲电场萃取设备类型

一套高压脉冲处理系统的基本构成是高压脉冲电源和萃取室。

高压电源的产生一种方式可以从普通直流电电源产生,即从现行的(60 Hz)交流电转化成高电压交流电能,然后将其整流成为高电压直流电;另一种方式是用电容器充电电源,即用高频率的交流电输入,然后提供一个重复速度高于直流电源的指令充电。

高压脉冲电场设备根据工作方式分为静态处理方式及连续处理方式。静态处理室影响因素少,适合实验初期研究分析相关因素参数;缺点是处理样品空间有限,扩大容积的同时要大幅提高电压、增强电场强度,对高压脉冲发生器指标要求也大幅提高,因此只适宜研究型应用,产业化应用受限。动态处理室可对物料连续化处理,在一定范围内可调整流速、极板间距及作用时间,适用于萃取条件成熟的产业化需求。

4.3.4.3 高压脉冲电场萃取在药用植物成分分离中的应用

高压脉冲电场技术在天然产物成分萃取中的应用研究刚刚兴起，目前多见于食品成分的提取，药物成分的提取鲜有报道。

(1) 多糖的提取

殷涌光等对桦褐孔菌多糖的进行高压脉冲电场提取研究。采用电场强度 30 kV/cm，脉冲数为 6，液料比为 1:12，pH 值为 10 时，提取 12 μs，桦褐孔菌多糖的提取率达到 49.8%，是热碱提取法的 1.67 倍，是微波辅助提取法的 1.12 倍，多糖的纯度是超声辅助提取法的 1.40 倍。

王再幸等对黄芪多糖的提取做了研究。采用电场强度 10 kV/cm，脉冲数为 6，料液比 1:14，在此条件下得到的黄芪多糖纯度为 0.623%（占生药的质量分数），并发现，此提取条件可得到大量提取物，若以黄芪多糖为目标提取物，适宜采用提取条件为：电场强度 20 kV/cm，脉冲数为 6，料液比 1:14。

(2) 三萜类化合物的提取

王婷对桦褐孔菌三萜类化合物进行了高压脉冲电场提取研究。采用电场强度 60 kV/cm，脉冲数为 10，料液比为 1:16 的提取条件，三萜类化合物的提取率达到 57.21%。并对比了几种不同方法的提取率，结论为超声波辅助提取法 > 高压脉冲电场法 > 微波辅助提取法 > 乙醇静置浸提法，超声法和脉冲电场法的提取率相差 0.81%，但高压脉冲电场法的提取时间是超声法提取时间的 $1/10^8$ 倍，因此，高压脉冲电场法是桦褐孔菌三萜类化合物提取的最佳途径。

(3) 皂苷的提取

赵景辉等采用高压脉冲电场萃取了人参皂苷，工艺条件为电场强度 15 kV/cm，脉冲数为 10，料液比为 1:12 条件下，人参皂苷 Rg1 的提取率最佳；工艺条件为电场强度 15 kV/cm，脉冲数为 12，料液比为 1:12 条件下，人参皂苷 Re 的提取率最佳。人参皂苷总含量为 0.381%（占生药的质量分数）。

4.3.5 分子蒸馏技术

4.3.5.1 原理及特点

分子蒸馏技术（molecular distillation）始于 20 世纪 20 年代，一般认为 Bronsted 和 Hevesy 在 1922 年率先设计了世界上第一套真正的实验用分子蒸馏装置，用于汞同位素分离的研究，20 世纪后期，分子蒸馏技术得到进一步的发展和完善，其应用范围也越来越广泛。随着人们"回归自然"思潮的兴起，分子蒸馏技术以其高效、优质、条件温和等特性被应用在天然产物的提纯中。

分子蒸馏技术是利用不同物质分子运动自由程的差别，对含有不同物质的物料在液—液状态下进行分离的技术。混合液中不同组成的分子有效直径和分子自由程不同，轻分子的平均自由程大，重分子的平均自由程小，设置加热板和冷凝板，两者之间的间距要小于轻分子的分子运动平均自由程而大于重分子的分子运动平均自由程。轻分子能够到达冷凝板且不断被冷凝，促使混合液中轻分子不断逸出；而重分子不能达到冷凝板又返回到蒸发面,从而实现分离(如图4-19所示)。

分子蒸馏有如下特点:

①操作温度低,受热时间短。混合液的分离是依据分子运动平均自由程的差异实现的,轻分子一旦从液相中逸出,就可以实现分离,并非达到沸腾状态,因此分子蒸馏是在远离沸点的条件下进行操作的。分子蒸馏的实际操作温度比常规真空蒸馏低50~100℃。

②真空度高。依据分子蒸馏原理,要获得足够大的平均自由程,必须通过降低压强来实现。而且分子蒸馏装置与常规真空蒸馏装置内部结构不同,压降极小,可以获得高真空度,一般将操作压力≤0.013 Pa的蒸馏过程称为分子蒸馏,将操作压力0.013~1.33 Pa的蒸馏过程称为准分子蒸馏。

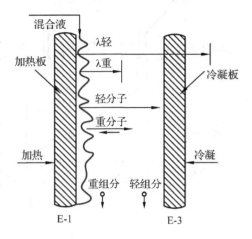

图4-19 分子蒸馏原理示意

③分离效率高。常用来分离常规蒸馏难以分离的物质,可有效脱除低分子物质、重分子物质及脱除混合物中的杂质,但组分分子的平均自由程相近时,分离效果差。

④分离过程为物理分离过程,充分保护被分离物质活性与品质。真空条件的分离,对脱色及脱溶也有利。

⑤分子蒸馏设备结构复杂,附属设备多,制造技术要求高,一次性投资较大。

4.3.5.2 分子蒸馏技术的设备及工艺过程

分子蒸馏装置包括分子蒸馏器、进料系统、脱气系统、加热系统、冷却系统和控制系统,分子蒸馏器是其核心部分。分子蒸馏装置可分4种设备类型:静止式、降膜式、刮膜式和离心式(如图4-20所示)。

静止式蒸馏装置是最早出现的一种简单的分子蒸馏设备。其工艺过程为加热器直接加热于蒸发室内的蒸馏料液,冷凝器悬于料液上方,在高真空条件下,料液分子由液态表面逸散至冷凝器表面被冷凝成液滴,由集馏漏斗收集至集馏罐。该设备由于液膜厚,分离效率低,且物料被持续加热,易发生变化。

降膜式蒸馏装置也属早期设备形式。其工艺过程为物料由上端料口进入,在重力作用下,沿蒸发表面形成连续液膜,并在短时内被加热。轻分子从蒸发面逸出飞至冷凝面并凝结为液滴收集,重分子从重组分口流出。该设备分离效果优于静止式,但在重力作用下,液膜均匀度不理想,且流动的液膜呈层流状态,不利于传热,因此,有效的蒸发面积小,降低了蒸馏效率。

刮膜式蒸馏装置是目前应用最广的一种分子蒸馏形式,在降膜式的基础上,加入了刮板设计,刮板将液膜刮成均匀状态并连续更新,传质效率提高,蒸馏效率也得到了提高。

离心式蒸馏装置是依靠离心转盘将料液形成薄而均匀的液膜,受热的轻分子散逸至顶端冷凝器上,凝结为液滴,于下端馏分口收集;未被蒸馏的重分子由残液口回收。

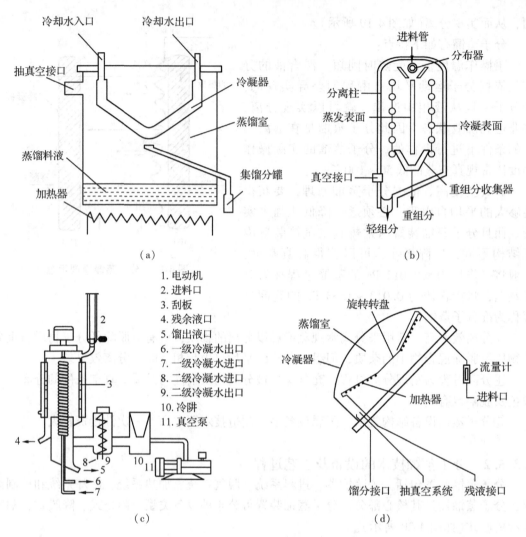

图 4-20 分子蒸馏设备类型
(a)静止式 (b)降膜式 (c)刮膜式 (d)离心式

4.3.5.3 分子蒸馏技术在药用植物成分分离中的应用

分子蒸馏技术在药用植物成分分离中显著的作用在于对其中挥发油类物质的提取分离。

周本杰等采用分子蒸馏技术对川芎超临界 CO_2 萃取物进行了提取分离研究,在蒸馏温度 130 ℃,蒸馏压力 0.8~1.0 kPa,进料速率 1.8~2.0 mL/min 条件下蒸馏 7 h,将提取物成分与超临界萃取物成分做比较,挥发油中的 2,3-丁二醇、α-蒎酸、桉烯等成分含量明显提高,分别从 0.11%、0.33%、0.11% 提高到 0.76%、0.16%、0.5%。

王鹏等对连翘的超临界 CO_2 流体萃取物进行了提取分离研究,一次蒸馏条件为蒸馏压力为 100 Pa,蒸馏温度为 100 ℃,提取物主要成分是 87.61% 萜品醇-4 和 12.39% α-萜品醇;二次蒸馏压力 5Pa、蒸馏温度为 200 ℃,提取物主要成分是 54.46% β-蒎烯和

26.40%萜品醇-4。

韩亚明等对肉桂油进行了分子蒸馏技术的研究。以水蒸气蒸馏法提取制备的肉桂油为研究对象,进行三级蒸馏,一级条件是:蒸馏温度40 ℃,压力(10±5) Pa,刮膜转速270~290 r/min,物料流量2d/s,冷却水温度6 ℃,得到的馏余物进行二级蒸馏,蒸馏温度50 ℃,其他条件不变,得到的馏余物进行三级蒸馏,蒸馏温度60 ℃,其他条件不变。得到高品质肉桂油收率为73.88%(质量分数)。

同样采用三级分子蒸馏法,在温度40~60 ℃、压力8~10 Pa条件处理下,使广藿香原油中高沸点的有效成分广藿香酮、广藿香醇含量由30%提高到80%,与低沸点组分实现了分离。

袁雨婕等对超临界CO_2流体萃取后的厚朴油进行了分子蒸馏分离,研究条件:刮膜式分子蒸馏仪器,蒸馏温度140 ℃,真空度4 Pa,进料速率2.0 mL/min,产物经GC-MS法和HPLC法分析,鉴定出28种成分,其中5种成分是首次从厚朴中鉴定出来。

目前分子蒸馏应用于挥发油分离的研究居多,且效果显著。其他物质的分离研究鲜有报道。有研究者对酯类物质的分离提取进行了研究,如银杏叶内酯的提取分离,银杏内酯对循环系统、神经系统、消化系统等均有药理作用。银杏叶含有5种内酯,结构极其相似,传统分离方法难以将其分离,采用分子蒸馏技术可以实现银杏类胡萝卜素、甾醇类化合物、聚戊烯醇类成分分离,银杏甾醇得率为0.03%~0.08%,纯度高于95%。还有研究者采用超临界CO_2流体萃取和分子蒸馏联用的方法提取姜黄油的同时也得到姜黄素成分,两者得率分别为5.49%和93.6%。

4.3.6 膜分离技术

4.3.6.1 原理及特点

膜分离技术(membrane separations)是当今在国际社会公认的最有发展前途的分离技术。19世纪中叶,Dutteucei应用天然膜制成了第一个膜渗透器,并成功进行了糖蜜和盐类成分的分离,开创了膜技术在分离化学成分的纪元。而膜技术的应用阶段则开始于20世纪50年代,发展到现在,膜技术已经成熟地应用于生物工程、环境工程、化工工程等诸多领域,进入膜技术的深化阶段。

膜分离过程是以选择性透过膜为分离介质,当膜两侧存在某种推动力(压力差、浓度差、电位差等)时,原料侧组分选择性地透过膜,以达到分离、分级、纯化和浓缩的目的。

与其他分离法相比,膜分离具有以下显著特点:

①分离过程无相变,能耗低。

②常温操作,适于热敏性物质分离。

③分离对象广谱,对于含有蛋白质、糖类等有机大分子、盐类小分子及病毒、细菌的特殊溶液体系的分离非常有效。

④膜分离具有选择性,因而能有选择地透过某些物质而阻挡另一些物质的透过。分离颗粒小至纳米级,分离系数高,是高效分离过程。

⑤膜系统由膜单元元件构成分级分段的系统,可根据需要灵活设计膜系统,实现高效

的工业化、连续化生产。

4.3.6.2 膜分离技术的工艺及设备

(1) 膜分离工艺流程

膜分离技术用于植物成分提取的一般性工艺流程如图 4-21 所示。

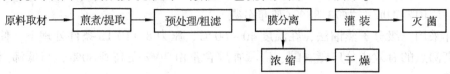

图 4-21 膜分离一般工艺流程

植物成分煎煮物或粗提物多含有固体颗粒或相对分子质量大的杂质，由于膜分离存在不可逆污染的问题，因此膜处理之前必须经过相应的预处理，如离心、絮凝沉淀等，且进膜前往往设计微滤单元，除去细菌、胶体、黏性胶质等物质。

工业化膜系统由膜单元元件排列组合而成，因此可依据回收率、产物要求等因素灵活设计系统构成，典型的膜系统工艺设计形式有：

①一级一段连续式。膜透过液与浓缩液被连续引出系统，回收率低，较少工业化。

②一级一段循环式。部分浓缩液返回到进料储槽与原料液混合后，再次进行膜分离。

③一级多段连续式。一段浓缩液进入二段进料液，依此类推，各段的透过水连续排出，这种方式回收率高，浓缩液量减少，浓缩液溶质浓度较高。

④一级多段循环式。二段透过液返回一段作进料液，浓缩液经多段分离后，浓度得到很大提高，因此多用于浓缩为目的的分离。

⑤多级多段设计。第一级透过水作为下一级进料液，依此类推，最后一级水引出系统；浓缩液从当前级向前一级返回，与前一级进料液进行混合，再进行分离。多级多段式也有连续式和循环式两种方式。多级多段设计既提高了回收率，又提高了透过水水质，因此，是产业化推荐的设计模式。

(2) 膜的分类

膜有很多种分类方法，根据膜材质可分为固体膜和液体膜；根据膜材料来源分为天然膜和合成膜，合成膜又分无机膜和有机膜；根据膜的结构可分为对称膜、非对称膜和复合膜；根据膜的形状可分为平板膜、卷式膜、管式膜和中空纤维膜；根据膜的功能分为微滤、超滤、纳滤、反渗透、电渗析、气体分离、渗透蒸发、乳化液膜，具体见表 4-1。

表 4-1 应用膜分类

名称	分离对象	截留组分	分离目的	推动力	分离示意简图
微滤 (MF)	液体/气体	0.02~10 μm 粒子	大量溶液或气体中粒子脱除	压差 <100 kPa	

续表

名称	分离对象	截留组分	分离目的	推动力	分离示意简图
超滤（UF）	溶液	0.005~0.1 μm 溶质	大量溶剂与其中少量较大分子溶质分离	压差 100~1 000 kPa	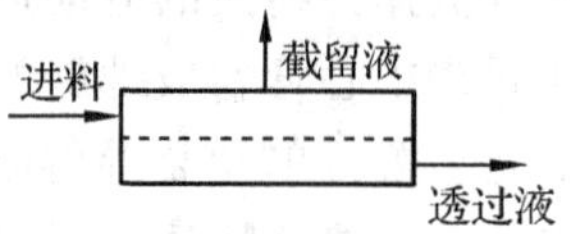
纳滤（NF）	溶液	200 kDa~1 nm 溶质	大量溶剂与其中少量较小分子溶质分离	压差 500~1 500 kPa	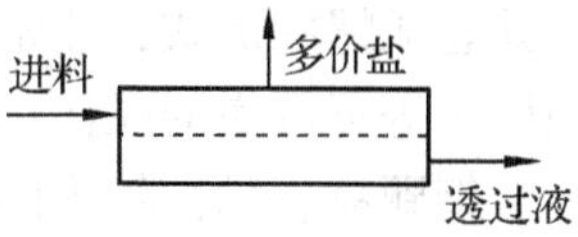
反渗透（RO）	溶液	0.1~1 nm 溶质	只透过溶剂	压差 1 000~10 000 kPa	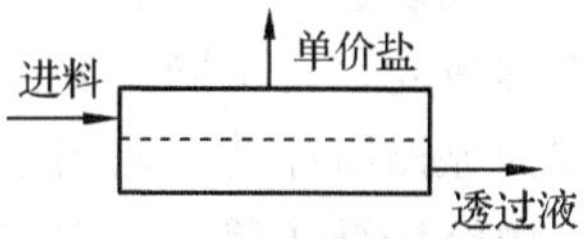
电渗析（ED）	溶液	离子	溶液中小离子组分脱除、分级	电位差	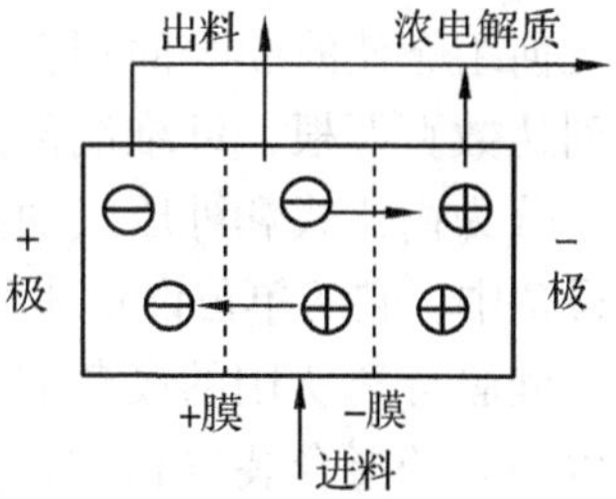
气体分离（GS）	气体	气体中较大组分	气体混合物分离/特殊组分脱除	压差 1 000~10 000 kPa/分压差	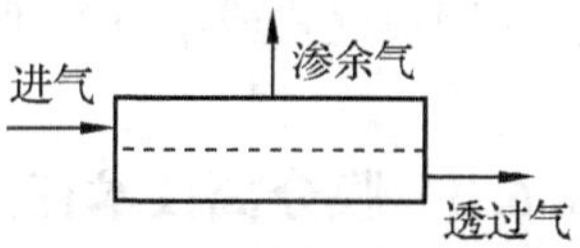
渗透蒸发（PVAP）	挥发性液体	溶解度小的组分	液体混合物组分分离	蒸汽分压差	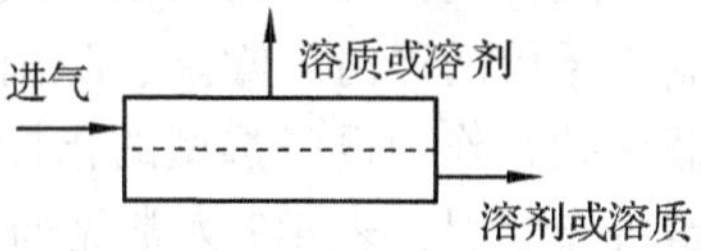
乳化液膜（ELM）	液体/气体	液膜中难溶解组分	液体或气体混合物组分分离	浓度差/pH 差	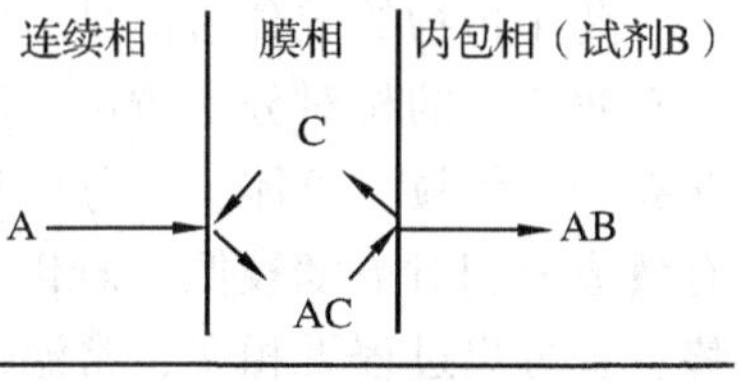

(3) 膜分离设备类型

由于膜的形状和分离功能各具特点，设备也有多种类型。常见的膜分离设备类型分为以下4种。

板框式膜装置 在尺寸相同的片状膜组之间，相间地插入隔板，形成浓缩液和透过液两种液流的流道。这种结构适用于电渗析器，使得膜组件可置于均匀的电场中，板框式装置也可应用于膜两侧流体静压差较小的超滤，相比螺旋卷式超滤装置，由于板框式膜可拆卸清洗，常用于黏性蛋白等易造成膜污染的分离对象。

螺旋卷式装置 两张膜间夹有多孔隔板，形成渗透液流动的空间，两张膜对应的三条边粘着密合，成信封状，开口边与用作渗透液引出管的多孔中心管接合。再在上面加一张多孔隔板作为料液的流动通道，料液通道与中心管接合边及螺卷外端边封死，各膜层与隔板共同绕中心管卷成螺旋卷式膜元件。多个螺旋膜元件串联好装入耐压的管状外壳中，构成单元装置，单元装置再以并联或串联的形式构成不同级、段的膜系统。操作时料液沿轴向流动，可渗透物透过膜进入渗透液空间，沿螺旋通道集于中心管引出。该设备的膜由于压紧并卷成螺旋形式，非常节省空间，分离效率很高，应用广泛。但液体流道窄，易造成浓差极化等不可逆的膜污染。螺旋卷式膜适用于超滤、纳滤、反渗透和气体分离，不能处理含微细颗粒、黏性较大的液体。

管式装置 膜呈管状，并以多孔管支撑，构成类似于管壳式换热器的设备。按进料端在管程或壳程的不同，分为内压式和外压式，多孔管分别支撑于膜的外侧或内侧。内压式的膜面显然易冲洗，适用于微滤和超滤。

中空纤维式装置 中空纤维膜组件是不对称（非均向）的自身支撑的滤膜。中空纤维的几何组态使滤膜表面积在最小的空间得到最大分离效率。中空纤维直径约 0.1~1mm，并列达数百万根，纤维端部用环氧树脂密封，构成管板，封装在压力容器中。同管式膜一样，分为内压式和外压式两种滤膜形式。可承受较高的压差而不需要支撑件，在各种膜分离设备中，它的单位设备体积内容纳的膜面积最大。中空纤维式适用于反渗透和气体分离。

液膜分离所用的设备取决于液膜的类型。采用乳化液膜时，以通用的萃取设备为主，辅以制乳的混合装置和破乳的分离装置；采用支撑液膜时，根据支撑材料（微孔膜）的构型，采用板框式或中空纤维式结构。

4.3.6.3 膜分离技术在药用植物成分分离中的应用

膜分离技术在药用植物成分领域的应用始于 20 世纪 70 年代末，该领域的应用为提取制剂系统的澄清、除杂、除菌、浓缩、有效成分分离提取和有机溶液回收。膜分离技术以截留孔径作为设备选型的指标之一，其应用的局限性在于必须预先掌握分离对象的分子质量分布状况，表 4-2 为常见药物成分的相对分子质量。

药用植物的成分通常是组成复杂的，相对分子质量分布从几十到几百万道尔顿，而其中有效成分的相对分子质量一般较小，仅几百至几千道尔顿，传统煎煮工艺取得的往往是含有悬浮颗粒、胶体、大分子物质、不溶性纤维素和可溶性成分组成的混合液，而小分子有效成分相对浓度较低，难以充分发挥药效。膜分离技术对于小分子物质的分离具有优势，且分离过程无相变、常温操作，特别适合生物活性物质的分离、纯化和浓缩，使得药用植物中不同相对分子质量的组分用于不同的治疗目的，达到药物资源的综合利用。研究报道中采用超滤法分离提取的药用植物成分有刺参黏多糖、白术多糖、银杏黄酮、麻黄碱、青蒿素、五味子酯、垂盆草苷、天花粉蛋白、甜菊苷、人参皂苷等近百种，产业化应用技术也日益成熟，在 2000 年之前，超滤技术应用于药物成分分离的专利技术申请每年不超过 4 项，而 2000—2009 年间，企业、科研单位、大专院校申请专利的数量陡然升高，已发展到当初的十倍以上，可见膜分离技术应用于药物成分分离的研究关注度及应用有效性是值得认可的。

表 4-2　常见药物成分的相对分子质量

成　分	相对分子质量	成　分	相对分子质量
蛋白质/酶	5 000~500 000	喜树碱	348
黄芩苷	446	芦　丁	664
薯蓣皂苷	413	多　糖	5 000~500 000
川芎嗪	136	天麻素	286
丹参酮	276	梓　醇	362
补骨脂素	186	青蒿素	282
柴胡皂苷	780	乌头碱	646
麦芽碱	165	苦参碱	248
咖啡碱	194	可可豆碱	180
茶　碱	180	麻黄碱	165
大叶菜酸	156	熊果酸	457
胆　酸	409	甘草酸	413~882
单　糖	200~400	阿魏酸	194
树脂、果胶	15 000~300 000	胡萝卜苷	577
淀　粉	50 000~500 000	可溶性淀粉	50 000
大黄酸	284	大黄酚	254
百果酸	346	氨基酸	75~211
麦芽糖	360	葡萄糖	198
蔗　糖	342	菊　糖	5 000~7 000
鞣　酸	1 700	无机离子	10~100

将膜技术与凝胶柱层析、化学试剂法等联用，在多糖、生物碱、黄酮、苷类、蛋白质的分离提取中应用前景较好。

(1) 多糖的提取

采用超滤膜技术对多糖进行脱盐、分级和浓缩，收率高、无试剂残留，极少破坏多糖活性。

灵芝多糖是一类非特异免疫增强剂，研究发现，它具有抗肿瘤、抗病毒、抗氧化、解毒、活血化瘀等生理作用，在医药领域应用广泛，传统工艺采用水提液薄膜浓缩法、冻干法等提取，生产周期长，工艺复杂，成本高，影响了灵芝资源的有效利用。灵芝子实体和灵芝发酵液的多糖相对分子质量分别是 38 000 Da 和 29 000 Da，有研究者采用截留相对分子质量为 20 000 Da 的中空纤维超滤膜，结合药用灵芝发酵工艺，分离灵芝多糖，将发酵液中多糖浓缩近 10 倍。

大黄多糖是多靶点、多途径的传统消化道用药。多糖组分分离多采用凝胶柱分离，但成本较高。采用超滤系统分级分离，可获得不同相对分子质量的组分，经聚丙酰胺凝胶电泳检测，所得组分与柱层析法分离的组分无显著差异，但截留相对分子质量范围更准确，这一特点非常适合工业化推广。

黄芪多糖具有增强免疫、提高应激能力、双向调节血糖、保护心血管疾病的作用。采用截留相对分子质量 60 000 Da 的聚砜中空纤维超滤膜超滤黄芪水煮液，比传统的水煮醇沉法提取率高 20%。

白术多糖有抗氧化、降血糖、抑肿瘤，促进免疫器官生长发育等作用。周家容等人采用截留相对分子质量 6 000 Da、10 000 Da、30 000 Da、100 000 Da 的超滤膜对白术水提多糖分离工艺进行了研究，得到 5 个组分，纯度最高达 90.14%，最低为 79.2%，说明超滤分离白术多糖是行之有效的手段。

人参为扶正固本的名贵中药材。祝新德等采用截留相对分子质量为 10 000 Da 的中空纤维超滤膜处理提取过皂苷的人参残渣，得到人参多糖，且提取效率较高；苏彦玲等采用截留相对分子质量 60 000 ~ 70 000 Da 的醋酸纤维超滤膜处理生脉饮，发现超滤法对人参总皂苷和总多糖的相对分子质量较大部分有截留和吸附，效果好于传统水煮醇沉法。

(2) 生物碱的提取分离

天然麻黄素的提取工艺是苯提后减压蒸馏，活性炭脱色，采用膜法处理，可同时解决三个工艺问题，一次麻黄碱收率可达 98.1%，色素去除率达到 96.7%，产品的品质得到提高，成本降低。

有研究者对不同截留分子质量的膜组件纯化制备夏天无总碱，以与总碱中原阿片碱相关的各种指标考察了压力、温度、料液浓度及体积流量等参数对分离效果的影响，结果表明，选择截留相对分子质量 6 000 ~ 10 000 Da 的聚砜膜具有较好的分离效果，超滤制品有效成分保留率较高，杂质去除更多，极大发送了产品依从性和安全性。

鲁传华采用改性的聚乙烯醇膜从麻黄和黄连水提液中分离纯化生物碱，提取时间 <8 h，两种水提液经膜分离后的溶液几乎为纯净的麻黄碱和黄连总生物碱，产率较传统水醇法高。

马朝阳用中空纤维超滤膜从苦豆子盐酸提取物中纯化生物碱，采用截留相对分子质量为 6 000 Da 的聚砜膜超滤膜，总生物碱回收率为 93.5%，同时去除 87.3% 蛋白质和 64.7% 的固形物，总生物碱的纯度为 52.3%。

(3) 其他应用

根茎类植物成分提取液可以用孔径为 0.2 μm 的无机陶瓷膜微滤，其澄清除杂作用与醇沉法接近，用陶瓷微滤膜与大孔树脂联用精制苦参水提液，总黄酮吸附率与除杂率均优于醇沉大孔树脂法。

采用超滤技术从黄芩中提取黄芩苷，经过一次超滤，即可使黄芩苷半成品满足注射剂的要求，并可缩短生产周期 1 ~ 2 倍，比常规方法产率由 4.87% 提高到 7.34%，产品颜色变浅，纯度由 80.78% 提高到 92.68%。

有研究者采用中空纤维膜对中药水提液成分进行分离研究，从益母草、甘草和白芍等水溶液中分离盐酸水苏碱、甘草酸及芍药苷，以截留相对分子质量为 20 000 Da 的膜分离的杂质去除率为 40% 左右。

采用超薄型板式超滤器和截留相对分子质量为 10 000 Da 的醋酸纤维超滤膜处理甜叶菊提取液，可除去蛋白质、色素、多糖等杂质，较好地解决了生产中出现的沉淀问题，提高了甜菊糖苷的收率和质量。

此外，也有研究者用液膜法从黄柏皮中提取黄连素，也具有实际意义。

采用单一形式的膜及单一规格的膜往往得不到最佳的分离效果和分离效率，因此，超滤与微滤、纳滤、反渗透、电渗析等多种性能的膜进一步联用，是膜分离应用于成分分离的发展趋势。

4.3.7 离心分离技术

4.3.7.1 离心分离原理及特点

离心分离技术(centrifugal)利用悬浮粒子与周围溶液间存在密度差的原理，实现分离的过程。离心力场可产生比重力高几千甚至几十万倍的离心力，因此，溶液中不易除去的悬浮固体颗粒可以用离心分离技术得以分离。

离心分离的特点：

①离心作用力可产生重力场下难以实现的强大分离动力，因此比传统的沉降法、过滤法具备更高的分离效率。

②分离过程不引入其他物质。

③属物理分离法，对目标物的形态和活性无影响。

④用途广泛，与其他提取分离方法共用，是实验室及生产中常用的分离手段。

⑤处理量大，易实现产业化。

4.3.7.2 离心分离工艺过程及设备类型

(1) 离心分离工艺过程

离心分离的过程一般有离心过滤、离心沉降和离心分离3种。

离心过滤过程常用来分离固体量较多，粒子较大的固液混合物。离心过滤分三个阶段：第一阶段是固体颗粒借助离心力的作用沉积到转鼓内壁上，形成滤渣层，滤液借离心力作用穿过转鼓孔洞滤出；第二阶段是滤渣层在离心力的作用下被压紧，并将其中所含滤液压挤出去；第三阶段是滤渣层空隙中液体在离心力作用下，继续被排出，使滤渣进一步脱除液相。

离心沉降可用来分离含有微小固体颗粒的悬浮液，分离过程分为两个阶段：第一阶段是固体颗粒借助离心力的作用沉积到转鼓内壁上；第二阶段是沉降在转鼓壁的颗粒层，在离心力作用下被压紧。当悬浮液中含固量较多时，沉降的颗粒大量堆积，渣层很快增厚，因此需要连续排渣，当悬浮液中含固量较少时，可以看作单个颗粒在离心力作用下的自由沉降，渣层成长慢，后者又称离心澄清过程。

离心分离过程是用来分离由重度不同的液体所形成的乳浊液，在离心力作用下液体按质量差别分层，然后分别引出。

(2) 离心机设备类型

离心机根据分离过程分为过滤式和沉降式；根据分离效果分为普通离心、高速离心和超高速离心。常见离心机设备如下：

①三足式离心机：三足离心机是最古老的离心机，有过滤和沉降两种形式，绝大多数是过滤式。离心机的转鼓罩面钻有很多小孔，内侧有一层或多层大孔金属滤网，作为转鼓

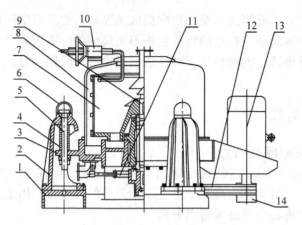

图 4-22 三足式过滤离心机示意

1. 三角底座　2. 机脚　3. 大盘　4. 机脚压簧　5. 吊杆　6. 机脚罩　7. 转鼓总成
8. 机壳　9. 主轴部件　10. 出液管　11. 制动部件　12. 三角胶带　13. 电机　14. 离合器

中滤袋的支撑。悬浮液由上部导入转鼓时，滤液通过罩面流出，而颗粒被截留在滤布上（图 4-22）。

②上悬式离心机：上悬式离心机属过滤型离心机，离心机主轴垂直悬挂于机架上，主轴上端装在轴承套内的轴承中，转鼓装于主轴下端，因此，主轴支承点远高于回转机件的重心，这样的支承结构使离心机回转件具备自动对中的特性。当装料不均时，主轴与转鼓能自动调整吸收振动。

③卧式刮刀卸料离心机：简称刮刀离心机，有过滤和沉降两种类型，应用中多数为过滤型离心机。刮刀离心机设计了刮刀系统，由液压活塞控制升降，可以在离心机连续工作的状态时，由刮刀将滤渣刮下卸出。

④螺旋卸料沉降离心机：如图 4-23 所示，转鼓内有同心安装的输料螺旋，转鼓与输料螺旋同向旋转，但两者间有差速，悬浮液经中心加料管进入转鼓，悬浮液中大部分固体颗粒在离心力作用下沉降到转鼓内壁并被输料螺旋推至排料口，澄清液体则由转鼓另一端溢流口排除。螺旋卸料离心机可以实现固相浓度较大时的有效分离。

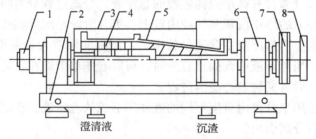

图 4-23 螺旋卸料沉降离心机示意

⑤碟片式分离机：碟片分离机是沉降离心分离的一种类型，用于分离难分离的物料。转鼓装在立轴上端，通过传动装置由电动机驱动而高速旋转，转鼓内有一组碟片依次套叠，碟片间留有很小间隙。如图 4-24 所示，悬浮液由上端进料管加入至转鼓，流经碟片

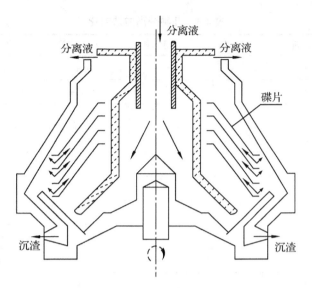

图 4-24　碟片式离心机示意

间隙时，固体颗粒(或液滴)在离心力作用下沉降到碟片上，形成沉渣层(或液层)。沉渣沿碟片表面滑动而脱离碟片并积聚在转鼓内直径最大处，分离后的液体从出液口排出转鼓，聚集于转鼓内的沉渣间歇人工清除或连续机械排渣。

⑥管式分离机：管式分离机是应用很广的沉降式高速离心分离设备，分为澄清型和分离型两种。澄清型用于含固量少的悬浮液澄清，悬浮液由转鼓下部进入转鼓，由下往上流动过程中，固体颗粒沉积在转鼓内壁，清液由转鼓上部溢流排出；分离型用于乳浊液分离，乳浊液在离心力作用下分成重液和轻液两液层，分别排出，如图 4-25 所示。

管式分离机的转鼓为管状，结构简单。优点是转速可高达 60 000 r/min，分离因数 180 000 g，可分离其他沉降离心机无法分离的难分离物料，能获得极纯的液相和高密度固相，被称为高速离心机。适用于分离固体颗

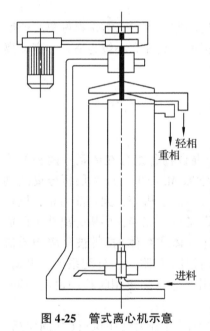

图 4-25　管式离心机示意

粒直径 0.01~100 μm，固相浓度 <1%，两相密度差 >10 g/m³ 的悬浮液或乳浊液，如蛋白质、多糖。管式离心机的缺点是间歇操作，转鼓空间小，需要频繁停机清除沉渣。

4.3.7.3　离心分离技术在药用植物成分分离中的应用

离心分离技术常与其他提取分离技术配合使用，如化学沉降后的两相分离、浸提后的两相分离、萃取后的两相分离等。表 4-3 为几种分离方法适用对象与效果的对比，显示出离心分离技术对于蛋白质、多糖及核酸有方法优势，而对于小分子物质则效果不明显。

表 4-3 几种分离方法对比

分离对象	薄层层析	柱层析	透析	离子交换	电泳	高速离心
氨基酸	++	—	—	+++	++	—
多肽	++	—	+	++	++	—
蛋白质	—	—	+++	+	+++	+++
核酸	+	—	++	+	+	+++
单糖和双糖	++	+	—	+	+	—
多糖和寡糖	—	+	+++	—	—	++
脂肪酸	++	+	—	—	—	—
磷脂	++	+	—	—	—	—
萜类	—	—	—	—	+	—
固醇和类固醇	++	++	—	—	—	—

注：— 表示不适宜； + 表示适宜及适宜程度。

对于离心方法的选择，由于所分离的颗粒大小与密度相差较大，只需选择好离心速度和时间，就可以达到分离效果。针对植物中有效成分的提取，高速离心较为适宜。高速离心包括差速离心、密度梯度离心和等密度梯度离心。

4.3.8 层析分离技术

4.3.8.1 层析分离原理及特点

层析分离(chromatography)又称为色谱分离，是基于混合物各组分在体系中两相的物理化学性能差异而进行分离方法。国际公认俄罗斯植物学家 M. C. Tsweet 为层析分离法创始人，而后衍生出离子交换层析、薄层层析、纸层析、气—液层析等，到目前为止，层析分离技术仍处于不断发展中，操作方法不断突破，层析设备日益完善，层析分离技术已成为重要的分离技术之一。层析分离原理是由一种流动相(气体或液体)携带被分离物质流经固定相(固体或液体)，由于待分离物质中各组分理化性质(吸附力、分配系数、电荷、相对分子质量、亲和力等)的差异，使得在流动相的作用下通过固定相时移动速度不同，从而使被分离物中各组分实现分离。

层析分离有几种分类方法，按流动相和固定相性质不同可分为气相层析(气固层析、气液层析)和液相层析(液固层析、液液层析)。

按吸附剂使用形式可分为柱层析、纸层析和薄层层析。柱层析是将固定相(硅胶、氧化铝、$CaCO_3$、淀粉、纤维素、离子交换树脂、活性炭等)装入圆柱形玻璃管中，加样后，以相应的溶剂进行洗脱的分离系统。纸层析是利用滤纸作为固定相支持物的层析分离系统。薄层层析是将固定相与支持物制成薄板或薄片，流动相流经该薄层固定相而将样品分离的层析系统。

按吸附作用原理可分为吸附层析、分配层析、凝胶层析、离子交换层析、亲和层析及亲和层析衍生出的金属螯合层析和疏水层析等，见表4-4。

表 4-4　各类层析分离原理与载体

分 类	分离原理	基质或载体	适用分离对象
吸附层析	物理、化学吸附	硅胶、氧化铝、硅酸镁、大孔树脂等	脂溶性、中等相对分子质量成分
分配层析	溶剂相中的溶解效应	纤维素、硅藻土、硅胶等	生物碱、苷类、糖类、有机酸、脂肪酸、甾类
凝胶层析	分子筛效应的排阻效应	Sepharose、sephadex、sephacryl	多糖、黄酮、生物碱、有机酸、香豆素等
离子交换层析	离子基团的交换反应	离子交换树脂、纤维素、葡聚糖等	生物碱、氨基酸、糖类、核苷酸、酸、酚等
亲和层析	分离物与配体间有特殊亲和力	带配基的 Sepharose、sephadex 等	蛋白质、多肽、核酸、多糖等
金属螯合层析	分离物残基与金属离子亲和力	连接金属离子的 Sepharose、sephadex	蛋白质、氨基酸
疏水层析	疏水作用	带疏水配基的凝胶、硅胶、树脂等	蛋白质类大分子
反相层析	疏溶理论	Sepharose、sephadex	蛋白质、生物碱、多糖、黄酮、苷类等

层析分离技术具有如下特点：

①具高效能。层析分离的相当于物质在流动相和固定相间进行的反复吸附和分配的过程，因此即使分配系数接近的组分，也可在短时间内实现有效地分离。

②具高选择性。层析分离的高选择性表现在可分离性质非常相近的组分，如异构体和同位素的分离。

③应用范围广。层析分离技术种类繁多，可分离对象包括糖类、有机酸类、氨基酸、核苷酸、生物碱、挥发油等几乎所有化合物以及生物活性大分子的分离。

4.3.8.2　层析技术在药用植物成分分离中的应用

植物成分存在的复杂性和多样性使其分离提取具有难度，层析技术高效而广谱的技术特点在植物成分的分离和鉴定中具备独特优势，目前层析技术与电子学、光学、计算机技术共同发挥作用，推动了天然产物的开发和利用的发展。层析方法种类繁多，应用中一般选择规律是，对于非极性的成分多考虑氧化铝或硅胶吸附层析，极性较大则采用分配层析或弱吸附剂吸附层析，对于酸性两性成分可用离子交换层析，也可采用吸附层析及分配层析。例如，皂苷类一般采用分配层析或硅胶吸附层析；芳香油、甾体、萜类（结合成苷的除外）、萜类内酯首选氧化铝层析；黄酮类、鞣质等多酚类化合物，聚酰胺有独到的分离效果；有机酸、氨基酸一般选择离子交换层析或分配层析；生物碱采用氧化铝层析或分配层析较为有利。总之，应针对不同的植物成分应选择适宜的层析手段。

(1) 吸附层析的应用

吸附层析的吸附剂有很多种，常用的有硅胶、氧化铝、活性炭、聚酰胺等。硅胶呈微酸性，适用于分离酸性和中性物质，如有机酸、氨基酸、甾体等；氧化铝按照制备方法的不同，分别呈碱性、酸性和中性，碱性氧化铝适宜分离碱性和中性化合物，酸性氧化铝则适宜分离氨基酸等酸性化合物，中性氧化铝适用于分离生物碱、挥发油、萜类、甾体及酸、碱条件下不稳定的苷类、酯类及内酯化合物，凡在酸、碱性氧化铝中可以分离的化合物，也同样能在中性氧化铝中得以分离，因此，中性氧化铝为用途广泛的吸附剂；活性炭常用于水溶性物质的分离，如氨基酸、糖类及苷类；聚酰胺分子内存在酰胺基和羰基，可与酚、酸、硝基化合物、醌类形成氢键，因此聚酰胺常用于分离黄酮类、酸类、醌类和硝基化合物。

洋艾经石油醚和乙醚提取后，将提取物上氧化铝吸附柱，以石油醚、苯洗脱，洗脱出的油和洋艾内酯再通过氧化铝柱层析，得到熔点不同的酮基内酯。

中国科学院过程工程研究所对麻黄生物碱的分离提取做了研究，采用树脂吸附层析法，以 0.08 mol/L 草酸洗脱，回收率达到 99.3%，纯度达到 91.2%，而传统的二甲苯萃取麻黄碱法的回收率为 84%，纯度为 75%。

蔡杨柳对虎杖中的白藜芦醇多酚化合物提取进行了研究，将大孔树脂吸附后的白藜芦醇粗品上硅胶层析柱，以三氯甲烷与甲醇为 15:1(v/v) 为洗脱液，收集洗脱液，以活性炭脱色，硅藻土抽滤，减压浓缩得到富集物，纯度达到 99.8%，经结构鉴定为反式白藜芦醇。

(2) 分配层析的应用

根据固定相和流动相的相对极性，分配层析分为两类：一类是正相分配层析，其固定相多采用强极性溶剂，如水、缓冲液等。流动相则用氯仿、乙酸乙酯、丁醇等弱极性有机溶剂。常用于分离水溶性或极性较大的成分，如生物碱、苷类、糖类、有机酸等化合物；另一类是反相分配层析，两相极性与正相分配层析相反，固定相采用石蜡油等，流动相用水或甲醇等强极性溶剂，用于分离脂溶性化合物，如高级脂肪酸、油脂、游离甾体等。

毛地黄总苷中异羟基洋地黄毒苷元的分离采用了分配层析的方法。100 倍样品量的 80~100 目硅胶，乙酸乙酯湿法装柱，径高比 1:20 以上。毛地黄总苷与 1~2 倍硅胶磨匀上柱，以乙酸乙酯(含 0.5% 甲醇)洗脱，分部收集，流分做硅胶 G 薄层层析，R_f 值相同的合并，以甲醇结晶，得到洋地黄毒苷、羟洋地黄毒苷、异羟洋地黄毒苷共三种单体。

(3) 凝胶层析的应用

凝胶是有机物制成的一种不带电荷的、具有三维空间多孔网状结构的分子筛，经吸液膨胀后装入层析柱中，加样后，以溶剂洗脱，直径小于孔径的样品分子可进入凝胶内部，直径大的分子则沿凝胶颗粒间隙流过，首先被洗脱出来，随着洗脱剂的不断流经，小分子又可以从凝胶内部可逆地扩散出来，柱内保留时间长，被后洗脱出来，从而实现了大小分子的分离。

多糖的分离是根据多糖分子大小及形状不同达到分离目的，葡聚糖凝胶已用于多种直链多糖及支链多糖的分离。对于相对分子质量较大的多糖，选择葡聚糖凝胶 Sephadex G-100、Sephadex G-150、Sephadex G-200，若质地软，可考虑选择填料基材为纤维素的 Cellufine GCl-2000，机械强度好，相对分子质量范围宽，适合于多糖分离。

应用于皂苷的分离，采用葡聚糖凝胶，可分离纯度达到 96.2% 人参皂苷，得率为 58.6%。

(4) 离子交换层析的应用

用离子交换剂(在惰性载体上引入带有电荷的活性基团)作固定相,与流动相中离子发生可逆性离子交换反应而进行分离的方法。常用的离子交换剂有离子交换树脂、离子交换纤维素和离子交换凝胶。

多糖分离多采用阴离子交换柱层析法,其分离机理不仅是离子交换,而是吸附与解吸过程,因此适合分离各种酸性、中性多糖及黏多糖。应用的阴离子交换剂有 DEAE-纤维素(DEAE-Cellulose)、DEAE-葡聚糖(DEAE-Sephadex)及 DEAE-琼脂糖(DEAE-Sepharose)3 种。其中,DEAE-纤维素具有开放性骨架,多糖可以自由进入载体中并迅速进行扩散,应用最为广泛。

蛋白质的分离与纯化常用离子交换层析法,例如,采用 DEAE-Sepharose 离子交换柱对石蒜的硫酸铵沉淀粗提物进行分离纯化,进样速度 2 mL/min,洗脱液为 pH 7.6,0.5 mol/L 的 Tris-HCl,洗脱速度 5 mL/min,可直接分离出活性流分。

(5) 亲和层析的应用

固定相载体表面偶联具有特殊亲和作用的配基,这些配基可以与流动相中的溶质分子发生可逆的特异性结合作用,将偶联配基的固定相装入层析柱中,待分离的混合液通过层析柱时,与配基具有亲和能力的组分就会被吸附而滞留在层析柱中,未被亲和吸附的组分直接流出,从而实现组分分离。

亲和层析因其具备简便、快捷、专一和高效的特点,近几十年来广泛应用于生物分子及组织分离和纯化,特别是蛋白质的分离。

陈祥胜对蓖麻子中的蓖麻毒蛋白分离提取做了研究,以琼脂糖凝胶为载体,D-半乳糖为特异性配基,采用亲和层析法纯化蓖麻毒蛋白粗提液,上样速度 0.25 mL/min,以 0.2 mol/L 的 D-半乳糖 pH 5.0 Hac-NaAc 缓冲液为洗脱剂,制备的蓖麻毒蛋白以高效液相色谱法测定纯度时得到单峰。

(6) 高效液相色谱的应用

高效液相色谱是目前应用普遍,效果堪佳的一种分离技术。在液相层析中,采用很细的高效固定相,使用高压泵输送流动相,完成有机物的分离或分析过程。

一枝蒿中含有黄酮类、倍半萜类、氨基酸类、多糖类、挥发油等多种物质,酮酸是主要有效成分之一。中国科学院新疆理化技术研究所对一枝蒿全草进行乙醇回流提取,以醋酸乙酯萃取后,上 100~200 目硅胶柱,石油醚(沸程 30~60 ℃)-醋酸乙酯为洗脱剂洗脱得到酮酸粗品。然后采用高效液相色谱对其分离提纯,条件为:YMC-Pack ODS-A 柱 (250 mm×4.6 mm,5 μm);检测波长:245 nm;流动相:甲醇-0.2%甲酸 65:35(v/v);体积流量:8.0 mL/min。在此条件下制备的酮酸纯品质量分数大于 98%。

福建三尖杉中具有抗癌功效的生物碱三尖杉碱,该树种为国家野生植物保护品种,资源匮乏,落后的分离检测技术是制约三尖杉植物得以高效利用的重要因素。复旦大学采用高效液相分离技术对其生物碱进行了分离与鉴定研究,制备条件为:Kromasil KR100-5 C_{18} 半制备柱(10 mm×250 mm,5 μm);流动相为 0.02 mol/L 乙酸铵溶液甲醇 65:35(v/v),并用氨水调节 pH8.5,流速 5.0 mL/min;检测波长:284 nm,进样量 600 μL。在此条件下进行分离,纯度低的组分浓缩后再分离,得到两种纯品,归一法纯度分别为 99%

和96%。

4.3.9 连续回流提取浓缩技术

4.3.9.1 原理及特点

连续回流提取浓缩是结合了索氏提取原理、渗漉提取原理、回流提取法、真空浓缩原理设计而成的一种节能高效提取技术,近年来广泛应用于中草药制备及植物成分提取领域。采用少量有机溶剂(如乙醇、甲醇、丙酮等)对目标物进行连续回流提取,提取物经真空浓缩,溶剂得以回收利用,是同时实现三种功能的动态提取过程。

传统工艺一般采用多次提取后浓缩,而本工艺将浓缩和提取两道工序集中在一套设备内同时进行,一次性直接获得提取浓缩物,缩短了工艺,连续回流浓缩提取装置具备以下特点:

①全封闭式提取、回流、浓缩结构,比传统的单独提取、浓缩法可节省能源0.3~0.5倍,提取率提高10%以上。

②提取条件温和。水提一般在50~100℃,醇提在40~80℃,避免了带压或高温常压的传统提取方法,保护了有效成分的活性,减少了无效成分糊精、胶质等物质的产生,提取成分质量明显提高,生产时间缩短1/3以上。

③回流设计使得投料量增加30%~60%,溶剂用量减少50%~60%,只需一次性投入原料量6~8倍的溶剂。

④适用于水提或有机溶液提取,常用乙醇及甲醇,集中了传统药物提取方法中的醇沉、渗漉、浸提功能。

⑤设备结构紧凑,操作方法简洁,占地面积节省了50%。

4.3.9.2 连续回流提取浓缩设备及工作流程

如图4-26所示,热回流提取浓缩设备由提取机组及浓缩机组两部分构成。

热回流提取浓缩设备的工作过程是,根据提取物的不同,设定提取工艺进行回流提取,提取液连续从提取器底部抽入浓缩器进行浓缩,回流提取中产生的气化溶剂可通过冷凝器冷凝后,回到提取器中重复提取,浓缩过程产生的二次蒸汽通过冷凝器冷凝后进入冷凝液储罐,破掉储罐内的真空,溶液也回流到提取罐内,为成分的提取不断补充新溶剂,由于热回流的新溶剂的不断补充,使药材与溶剂始终保持较高的浓度和梯度,热的冷凝液从上而下不断通过原料层,起了动态提取渗滤作用,加快了药材中的溶质快速溶出,使提取更为完全,溶剂的梯度差加大了提取动力,缩短了提取时间。

4.3.9.3 连续回流提取浓缩技术在药用植物成分分离中的应用

回流提取浓缩技术在黄酮类化合物提取中应用较多。黄酮类化合物是药用植物的主要成分,具有清除氧自由基、抑制脂质过氧化、增强免疫力、抗病毒以及促进细胞增殖的作用。黄酮的实验室提取工艺多采用甲醇索氏法,而鉴于工业化要求及安全因素要求,采用乙醇作为溶剂具有不可替代的优势。目前,已工业化的有黄芪黄酮、沙棘渣黄酮、甘草渣黄酮、补骨脂总黄酮、银杏总黄酮、葛根黄酮、竹叶黄酮等几十种黄酮的提取。

回流提取浓缩工艺也应用于其他宜采用醇提、水提的成分提取，如大黄蒽醌、绿原酸、黄芪皂苷等。热回流提取浓缩技术已广泛应用于中药厂、保健食品厂、科研院校、中医药研究机构，例如，贵州渝生制药公司将其用于对田七、丹参、苦丁茶等单味中药的成分提取，经实践证明，提取率与收膏率较传统制备方法提高了10.6%~12.5%，乙醇节约了65%以上。

热回流提取浓缩技术的广泛应用，促进了该技术的进一步更新发展。目前，在单提取单浓缩的机组

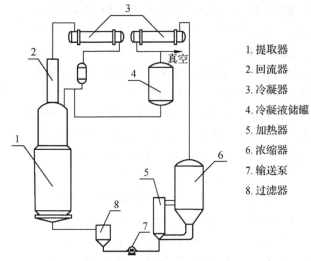

图4-26 热回流提取浓缩设备

1. 提取器
2. 回流器
3. 冷凝器
4. 冷凝液储罐
5. 加热器
6. 浓缩器
7. 输送泵
8. 过滤器

配置基础之上，又试制成功了双提取罐外循环形式、双效热回流浓缩形式等效率更高的新型热回流提取浓缩机组。双提取罐外循环形式是采取双罐同时投料，双向可逆串联提取，经过对甘草、黄芩、白芍3种中药的提取对比实验，采用同样的投料量和溶剂量，双提取罐的回流浓缩机组比常规单罐的回流浓缩机组有效成分提取率分别提高了28%、32%和12%以上，而提取时间均缩短了2~3 h。双效热回流浓缩形式是配备两只浓缩器，工作过程中，双效浓缩器可作为两只独立的单效并联使用缩短工作时间，换批投料时，提取罐中物料可先转移至两只浓缩器浓缩，提取罐进行清洗再投料或预热，提取罐内物料达到工艺温度时，物料从双效转移到其中一只单效进行浓缩，另一只单效进行热回流，单效工作结束时再并做双效使用。

4.4 我国主要野生药用植物资源

我国野生药用植物资源的发掘利用历史已有几千年，药用植物资源是天然药物生产的主要物质基础。据统计，我国现有药用植物110 000余种，80%为野生药材，只有不到20%的品种被人工培植。

4.4.1 解表类药用植物

细辛 *Asarum sieboldii*（图4-27）
【形态】
北细辛：多年生草本，高10~30 cm。根茎横走，生有多数细长的根。叶2~3片，心形或肾状心形，长宽均8~12 cm，先端钝或短尖，叶柄长约15 cm。花单生于叶腋，接近地面；花被筒壶状，紫色，顶端3裂，裂片向外反卷；雄蕊12，花丝与花药等长；子房半下位，花柱6。蒴果肉质，半球形。花期5月，果期6月。

华细辛：根茎较长，节间短。叶1~2片，心形，长7~14 cm，宽6~12 cm，端锐

尖，质稍薄，两面疏生短柔毛；叶柄长 10～15cm。花被顶裂片平展而不反卷；花丝长于花药。蒴果近球形。

汉城细辛：酷似华细辛。叶片较厚，叶下面通常密生较长的毛；叶柄有毛。

【分布】北细辛分布于东北，有栽培；华细辛分布于陕西、湖北、山东、河南、四川等地；汉城细辛分布于辽宁、吉林两省东南部山区，有少量栽培。

【生态习性】生于山坡林下或灌丛间阴湿处。

【化学成分】细辛中含挥发油类。北细辛全草含挥发油2.5%，油中主要成分含量为甲基丁香酚51.6%、黄樟醚12.03%、细辛醚0.57%、榄香素0.57%，还含优香芹酮、爱草醚、蒎烯、莰烯、桉油精等。华细辛全草含挥发油2.6%，油中含甲基丁香酚42.4%、细辛醚9.34%、榄香素0.42%，尚含α-侧柏烯、月桂烯、松油醇、黄樟醚、肉豆蔻醚和芳樟醇、柠檬烯等。汉城细辛全草含挥发油1%，主成分为甲基丁香酚71.82%、榄香素0.71%、黄樟醚0.34%、细辛醚0.17%，还含卡枯醇。

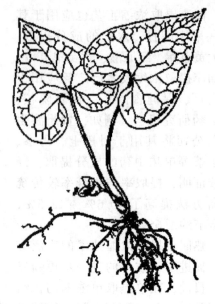

图 4-27 细辛
（资料来源：中国植物图像库）

细辛中还含有生物碱类，dl-去甲基乌药碱(dl-demethylcoclaurine，higenamine)，以及木脂素类北细辛含左旋细辛脂素(l-asarinin)0.3%～1.6%、左旋芝麻脂素(l-sesamin)0.1%～0.2%，华细辛含芝麻脂素(sesamin)。

细辛中的辛味物质有北细辛含派立托胺(pellitorine)、细辛酰胺(2E，4E，8Z，10E-N-isobutyl-2，4，8，10-dodecatetraenamide)。

华细辛中还含有 N-异丁基十四碳四烯酰胺(N-isobutyldodecatetraenamide)、甾醇类化合物等。

【功能用途】性温，味辛，属辛温解表药。散风祛寒、通窍止痛、温肺祛痰。用于风寒感冒、鼻塞头痛、风湿痹痛。痰饮喘咳。用量1～3g。外用治牙痛，煎水含漱。

麻黄 *Ephedra sinica*（图 4-28）

【形态】

草麻黄：草本状矮小灌木，高20～40 cm。木质茎匍匐；草质茎直立，小枝对生或轮生，节明显，节间长2～6 cm，直径1～2 mm。叶膜质鞘状，下部约1/2合生，裂片2，三角状披针形，先端渐尖，常向外反卷。雌雄异株，雄球花3～5聚成复穗状，顶生；雌球花阔卵形，常单生枝顶，成熟时呈红色浆果状。种子常两枚、卵形。花期5月，种子成熟期7月。

中麻黄：小灌木，高40～80 cm。木质茎直立或斜上生长，基部多分枝；草质茎对生或轮生常被白粉，节间长3～6 cm，直径2～3 mm，鳞叶下部约1/3合生，裂片3(稀2)，三角形或三角状披针形，先端尖锐，雄球花数个簇生于节上，雌球花 3 个轮生或 2 个对生于节上，种子通常 3 粒（稀 2）。

木贼麻黄：小灌木，高 70～100 cm，木质茎直立或斜上生长，上部多分枝；草质茎对生或轮生，分枝多，节间长 1.5～3 cm，直径 1～1.5 mm，常被白粉。鳞叶下部约 2/3 合生，裂片 2，钝三角形，不反卷。雄花序多单生或 3～4 个集生于节上；雌球花成对或单生于节上，种子通常 1 粒（稀 2 粒）。

【分布】草麻黄分布于东北、华北、西北地区；中麻黄分布于东北、华北、西北大部；木贼麻黄分布于华北、西北大部及四川。

【生态习性】草麻黄生于河滩、草原、沙丘，成片丛生；中麻黄生长于干旱荒漠，多砂石的山地或草地；木贼麻黄生于干旱砂砾地带。

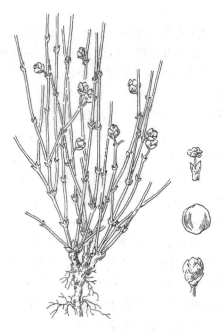

图 4-28　草麻黄

（资料来源：中国植物图像库）

【化学成分】麻黄中含多种有机胺类生物碱。草麻黄总生物碱含量约 1.3%，中麻黄约 1.1%，木贼麻黄约 1.7%。主要的活性成分为 l-麻黄碱（l-ephedrine），在草麻黄和木贼麻黄中的含量约占总碱的 80% 以上，而中麻黄约占 30%～40%，其次为 d-伪麻黄碱（d-pseudo-ephedrine），微量的 l-N-甲基麻黄碱（l-N-methyl-ephedrine）、d-N-甲基伪麻黄碱（d-N-methylpseudoephedrine）、l-去甲基麻黄碱（l-norephedrine）、d-去甲基伪麻黄碱（d-norpseudo-ephedrine）、麻黄次碱（ephedine）等。此外，还含有苄基甲胺（benzyl-methylarnine）、3,4-二甲基-5-苯基哦唑烷（3,4-dimethyl-5-phenyloxazolidine）、2,3,4-三甲基-5-苯基哦唑烷（2,3,4-trimethylvl-5-phenyloxalidine）。

麻黄中含有黄酮类物质，从草麻黄和木贼麻黄中分离到白飞燕草苷元（leucodelphinidine）及 3-O-β-D-葡萄糖基-5,7,4′-三羟基-8-甲基黄酮苷（3-O-β-D-glucopyranosyl-5,7,4-trihydroxy-8-methoxyflavone）。从草麻黄中还得到 5,7,4′-三羟基黄酮（apigenin）、5,7,4′-三羟基黄酮-5-鼠李糖苷（apigenin-5-rhamnoside）、麦黄酮（tricin）、山萘酚及其 3-鼠李糖苷等。

麻黄中还含有挥发性成分，从草麻黄的挥发油中鉴定 38 种成分，包括 2,3,5,6-四甲基吡嗪、l-α-萜品烯醇（l-α-terpineol）、β-萜品烯醇（β-terpineol）、萜品烯醇-4、月桂烯（myrcene）、二氢葛缕醇（dihydrocarveol）等。

麻黄中有机酸类，草麻黄中有对羟基苯甲酸、肉桂酸、对香豆酸、香草酸、原儿茶酸，木贼麻黄中含有草酸、柠檬酸、延胡索酸等。

【功能用途】性温，味辛、微苦。能发汗解表、宣肺平喘、利尿消肿。用于风寒感冒、胸闷喘咳、支气管哮喘、支气管炎、水肿。用量 1.5～9 g。主要用作提取麻黄碱的原料。

防风 *Saposhnikovia divaricata*（图 4-29）

又名山芹菜、白毛草。伞形科防风属。

【形态】多年生草本植物，株高 30~80 cm，全体无毛。根粗壮，茎基密生褐色纤维状的叶柄残基。茎单生，2 歧分枝。基生叶三角状卵形，长 7~19 cm，2~3 回羽状分裂，最终裂片条形至披针形，全缘；叶柄长 2~6.5 cm；顶生叶简化，具扩展叶鞘，复伞形花序，顶生；伞梗 5~9，不等长；总苞片缺如；小伞形花序有花 4~9 朵，小总苞片 4~5，披针形；萼齿短三角形，较显著；花瓣 5，白色，倒卵形，凹头，向内卷；子房下位，2 室，花柱 2，花柱基部圆锥形。双悬果卵形，幼嫩时具疣状突起，成熟时裂开成 2 分果，悬挂在二果柄的顶端，分果有棱。花期 8~9 月，果期 9~10 月。

图 4-29 竹叶防风
（资料来源：中国植物图像库）

【分布】分布于东北、内蒙古、河北、山东、河南、陕西、山西、湖南等地。

【生态习性】野生于丘陵地带山坡草丛中，或田边、路旁，高山中、下部。

【化学成分】含挥发油、甘露醇、苦味苷等。

【功能用途】祛风解表，用于风寒感冒，常配荆芥；配黄芪、白术（"玉屏风散"），用于体虚自汗。祛风湿止痛，用于风湿痛。祛风解痉，用于破伤风。用量 3~10g。

薄荷 *Mentha canadensis*（图 4-30）

【形态】多年生草本，株高 10~80 cm，全株有香气，根状茎匍匐。茎直立或基部外倾，方柱形，有对生分枝，茎上有倒向微柔毛和腺鳞。叶对生，叶片卵形或长圆形，先端稍尖，基部楔形，边缘具细锯齿，两面有疏柔毛及黄色腺鳞。轮伞花序腋生，萼钟形，5 齿，外被柔毛和腺鳞；花冠淡紫色或白色，4 裂，上裂片顶端 2 裂，花冠喉部被柔毛；雄蕊 4，前对较长，均挺出花冠外；小坚果长卵圆形，长 0.9 mm，宽 0.6 mm，黄褐色，具小腺窝。花期 7~10 月，果期 9~11 月。

【分布】分布于全国各地，以栽培为主。

【生态习性】野生于水旁潮湿地。

【化学成分】含挥发油（薄荷油）约 1%~3%。

图 4-30 薄 荷
（资料来源：东北植物检索表）

油中含 l-薄荷醇(薄荷脑 l-methol)约占 65%～90%、l-薄荷酮(l-menthone)约占 5%～6%、乙酸葵酯(decylacetate)、乙酸薄荷酯(menthylacetate)及苯甲酸甲酯等 0.65%～1.45%。还含有 α-蒎烯、戊醇-3-β-蒎烯及微量桉叶素、α-桉油醇等。叶中还含苏氨酸、丙氨酸、谷氨酸、天冬酰胺等多种游离氨基酸。

【功能用途】味辛散，性凉。有疏散风热、清利咽喉、透疹等功能。用于感冒风热、头痛、目赤、咽喉红肿疼痛、皮肤瘙痒、麻疹透发不畅。用量 3～9 g。后下，不宜久煎。

菊花 *Chrysanthemum morifolium*（图 4-31）

别名黄花、寿客、金英、黄华、秋菊、陶菊。菊科菊属。

【形态】多年生草本植物。花序呈扁球形、不规则球形或稍压扁、直径 1.5～3 cm，杭菊直径 2.5～4 cm，总苞由 3～4 层苞片组成，外围数层舌状花，类白色或有黄色(杭菊)，中央为管状花，在亳菊、滁菊中多为舌状花所隐藏；气清香，味甘、微苦。

【分布】分布于安徽(滁菊、亳菊)、浙江(杭菊)、河南(怀菊)。

【生态习性】为多年生草植物。喜凉爽、较耐寒，生长适温 18～21 ℃，地下根茎耐旱，最忌积涝，喜地势高、土层深厚、富含腐殖质、疏松肥沃、排水良好的壤土。

【化学成分】花中含挥发油约 0.2%，主要含菊酮(chrysanthenone)、龙脑、龙脑乙酸酯，并含有嘌呤、胆碱。水苏碱(stachydrine)、刺槐苷(acaciin)、木犀草素-7-葡萄糖苷、大波斯菊苷(cosmosiin)、香叶木素-7-葡萄糖苷(diosmetin-7-glucoside)，另含菊苷(chrysanthemin) A、B 及菊花萜二醇(chrysandiol)。

图 4-31 菊 花
(资料来源：中国植物图像库)

【功能用途】性微寒，味甘、苦；能发散风热、平肝明目；用于感冒发热、头痛、目赤、眼目昏花、上呼吸道感染、高血压症、冠心病等；用量 4.5～9 g。

柴胡 *Bupleurum chinensis*（图 4-32）

别名茈胡、北柴胡、硬柴胡。伞形科柴胡属多年生草本植物。

【形态】

柴胡：株高 40～70 cm。主根较粗，坚硬，常有分枝。茎丛生或单生，实心，上部多分枝，略呈"之"字形弯曲。基生叶倒披针形或长狭椭圆形，早枯；中部叶倒披针形或宽条状披针形，长 3～11 cm，宽 0.6～1.6 cm，有平行脉 7～9 条，下面具粉霜。复伞形花序多数，总花梗细长，水平伸出，总苞片无或 2～3，狭披针形，伞幅 3～8；小总苞片 5，披针形，小伞梗 5～10，花鲜黄色，双悬果长卵形至椭圆形，棱狭翅状。花期 7～9 月，果期 9～10 月。

狭叶柴胡：主根较发达，常不分枝，棕红色或红褐色，茎基部常被棕红色或黑棕色纤维状的叶柄残基；叶线形或线状披针形，长7~17 cm，宽2~6 mm，有平行脉5~7条；复伞形花序多数，成疏松圆锥花序；总苞片1~3，条形，伞幅5~13，小总苞片4~6，花梗6~15；双悬果果棱粗而钝。

【分布】分布于东北、华北、西北、华东等地区。

【生态习性】生于干燥草原田野上。

【化学成分】柴胡中含有皂苷类物质。北柴胡中含柴胡皂苷a、b、c、d，尚含3′-O-乙酰基柴胡皂苷a、6′-O-乙酰基柴胡皂苷a、柴胡皂苷e、23-O-乙酰基柴胡皂苷乙、6′-O-乙酰基柴胡皂苷b_4、柴胡皂苷f。狭叶柴胡含有柴胡皂苷a、b、c、d及6′-O-乙酰基柴胡皂苷a、6′-O-乙酰基柴胡皂苷d。

图4-32 柴 胡
（资料来源：中国植物图像库）

柴胡中含有挥发油成分，如月桂烯、柠檬烯、α-甲基环戊酮、(+)香芹酮等30余种。狭叶柴胡挥发油含有1-特丁基-茴香醚、2,4-癸二烯醛、β-蒎烯和对聚伞花素等47种成分。

柴胡中含有α-菠菜甾醇、Δ^{22}-豆甾醇、Δ^{7}-豆甾烯醇等甾醇类物质。

此外，柴胡中还含有脂肪酸类，主要有棕榈酸、硬脂酸、油酸、亚麻仁酸等，以及多糖类，平均相对分子质量为63 000 Da的柴胡多糖，为果胶性多糖。

【功能用途】性微寒，味苦。能和解退热，疏肝解郁，升阳截疟；用于感冒发热，寒热往来，疟疾，肝气郁结，两胁胀痛及妇女乳房结块、月经不调等。用量3~9 g。

紫苏 *Perilla frutescens*（图4-33）
唇形科紫苏属。

【形态】1年生草本植物，株高60~180 cm。有特异芳香，茎四棱形，紫色、绿紫色或绿色，有长柔毛，以茎节部较密。叶片多皱缩卷曲、破碎，完整者展平后呈卵圆形，先端长尖或急尖，基部圆形或宽楔形，边缘具圆锯齿。两面紫色或上表面绿色，下表面紫色，疏生灰白色

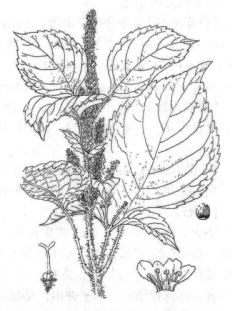

图4-33 紫 苏
（资料来源：中国植物图像库）

毛，百多数凹点状的腺鳞；叶柄紫色或紫绿色，质脆。带嫩枝者，枝紫绿色，断面中部有髓，气清香，味微辛。花期8～11月，果期8～12月。

【分布】原产中国和泰国，主要分布在东南亚各国，我国华北、华中、华南、西南及台湾都有野生和栽培种。日本栽培普遍。

【生态习性】生于草甸、林缘、林下、路旁、田埂、水渠边。

【化学成分】主要含挥发油（紫苏油），约有0.5%，油中主要成分为紫苏醛（l-perilla-dehyde）、紫苏醇（perillacohol）、二氢紫苏醇等。另外，还含黄酮及其苷类化合物，紫苏苷、7-咖啡酰芹黄素、槲黄素、黄芩素及两种氰苷。

【功能用途】性温、味辛。解表散寒、行气和胃；用于风寒感冒、咳嗽呕恶、妊娠呕吐、鱼蟹中毒。用量4.5～9 g。

4.4.2 清热类药用植物

知母 Anemarrhena asphodeloides（图4-34）

【形态】毛知母为不去外皮晒干的根茎，呈扁圆形长条，略弯曲，长3～15 cm，直径0.8～1.5 cm，表面黄棕色至棕色，一端残留淡黄色叶基（习称"金包头"），上方有一纵沟，下方隆起而较皱缩，有圆点状凹陷或突起的根痕，质硬，断面黄白色，气微，味甜、微苦，带黏性。知母肉为除去外皮晒干的根茎，表面黄白色，有扭曲的纵沟，上方可见细密轮状叶痕，下方可见多数不规则散在的根痕。

【分布】主要分布于内蒙古、河北、山西、黑龙江、吉林、辽宁；陕西、甘肃、宁夏、河南、山东也有分布。

【生态习性】多野生于海拔200～1 000 m的向阳山坡、地边、草原和杂草丛中。土壤多为褐土及腐殖质壤土。

图4-34 知 母
（资料来源：中国植物图像库）

【化学成分】根茎含甾体皂苷约6%，主要为知母皂苷（timosaponin）A-Ⅰ、A-Ⅱ、A-Ⅳ、B-Ⅰ、B-Ⅱ，由菝皂苷元（sarsasapogenin）、马尔可皂苷元（markogenin）、新吉托皂苷元（sideogitogenin）与葡萄糖和半乳糖结合而成。并含杜果苷和异杜果苷。还含4种知母多糖，分别为知母聚糖A、B、C、D（anemarnA，B，C，D）等成分。

【功能用途】性寒，味苦、甘。清热泻火，生津润燥；用于外感热病，高热烦渴，肺热燥咳，骨蒸潮热，内热消渴，肠燥便秘。用量6～12 g。

栀子 Gardenia jasminoides（图4-35）

【形态】常绿灌木。单叶对生或3叶轮生，叶片倒卵形，革质，翠绿有光泽。花白色，极芳香。浆果长卵圆形或椭圆形，表面红黄色或棕红色，具6条翅状纵棱，棱间常有1条明显的纵脉纹；顶端残存萼片，基部稍尖，有残留果梗；果皮薄而脆，略有光泽；内表面色较浅，有光泽，具2~3条隆起的假隔膜。种子多数，扁卵圆形，集结成团，表面密具细小疣状突起。气微，味微酸而苦。

【分布】分布于浙江、江西、福建、湖北、湖南、四川、贵州，陕西南部等地。全国大部分地区有栽培。

【生态习性】喜湿润、温暖、光照充足且通风良好的环境，但忌强光暴晒。宜种植在疏松肥沃、排水良好的酸性土壤。

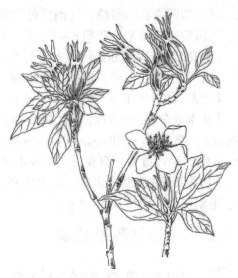

图4-35 栀 子
（资料来源：中国植物图像库）

【化学成分】含环烯醚萜苷类：栀子苷（京尼平苷 geniposide）约6%，羟异栀子苷（gardenoside）、山栀苷（shanzhiside）、京尼平-1-β-龙胆双糖苷（genipin-l-β-gentiobiosiden）、栀子新苷（gardoside）、鸡矢藤苷甲酯（scandosidemethylester）、京尼平苷酸（geniposidic acid）、栀子黄素（gardenin）以及 D-甘露醇、β-谷甾醇、二十九烷、藏红花素（crocin）、藏红花酸（crocetin）、熊果酸、胆碱等。京尼平苷等成分在加热条件下遇氨基酸显红色至蓝色，并产生蓝色沉淀，栀子接触皮肤变蓝色，即由此成分所致。

【功能用途】性寒、味苦。清热、泻火、凉血解毒；用于热病心烦、黄疸尿毒、血淋涩痛、血热吐衄、目赤肿痛、火毒疮疡；外治扭挫伤痛。焦栀子凉血止血；用于血热吐衄，尿血崩漏。用量6~9 g。外用生品适量，研末调敷。

云参 *Codonopsis pilosula* var. *volubilis*（图4-36）
又称臭参。

【形态】多年生草本植物，株高约30 cm。直根较粗壮，甚长，侧根较多，淡黄色。茎细弱，直立或匍匐。叶互生，倒披针形或线状披针形，长约2 cm，先端短尖，边缘有疏生浅锯齿，基部延长，两面疏生细毛，无柄。花单生枝顶，淡蓝色；花梗细长；花萼5裂，裂片披针形，直立；花冠蓝色，钟形，深5裂；雄蕊5，花丝近基部膨大，花药长椭圆形；雌蕊1，子房下位，倒圆锥形，3室，胚珠多数，花柱细长，柱头3裂。蒴果，倒圆锥形，长约7 mm，基部狭窄成果柄，成熟时草黄色，由顶端萼齿间开裂。种子多数，细小，长椭圆形，黑褐色，有光泽。花期3~4月，果期5月。

图4-36 云 参
（资料来源：中国植物图像库）

【分布】分布于华东和湖北、湖南、四川、贵州、云南、广东、广西等地。

【生态习性】生于路边、石坎、沙地或石缝间。

【化学成分】根中含三匝化合物：羽扇烯酮(lu-penone)。另外含甾醇、β-谷甾醇(β-sitosterol)、β-谷甾醇苷(β-sitos-terol glucoside)、甲基-9,12-十八碳二烯酸酯(methyl-9,12-oc-tadecadienoate)、蔗糖(sucrose)和葡萄糖(glucose)，还含有丰富的 V_B 和微量元素。

【功能用途】味甘，微苦，性平。具有补中益气，补阴益血，通经活络之功效。主治脾胃虚弱，食少便溏，肺虚久咳，咯血，体虚易感风寒，病后虚弱，血虚萎黄，失眠多梦，腰痛，跌打损伤，风湿麻木等病征。

黄连 Coptis chinensis（图4-37）

【形态】多年生草本，株高 15~35 cm。根茎直立，多分枝，黄褐色。叶茎生，叶片坚纸质，三角形，3全裂，中央裂片具细柄，卵状菱形，羽状深裂，边缘锐锯齿，侧生裂片不等二深裂。花亭1~2，聚伞花序顶生；花3~8，总苞片通常3，披针形，羽状深裂；小苞片圆形，稍小；萼片5，窄卵形；花瓣黄绿色，线形或线状披针形，长约为萼片的1/2，中央有密槽；雄蕊多数；心皮8~12，离生，具短柄，菁葖果6~12，长6~8 mm，具细柄。花期2~4月，果期3~6月。

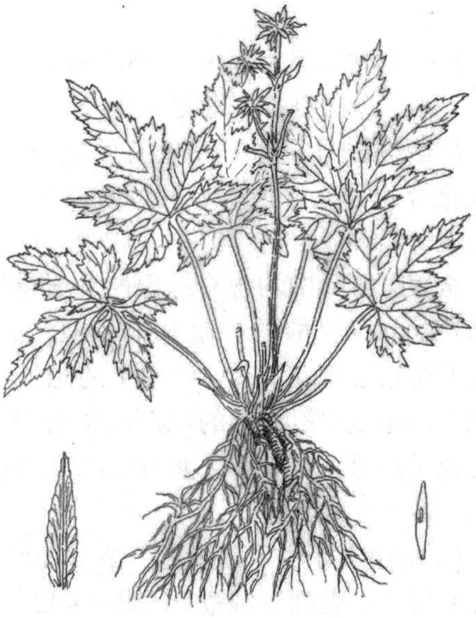

【分布】分布于四川、湖北、湖南、陕西、贵州。

【生态习性】喜冷凉、湿润、荫蔽，忌高温、干旱。生于高寒山地阴湿处。土壤多为富含腐殖质的黄壤、山地红壤、棕壤、暗棕壤等。

图 4-37 黄 连
（资料来源：中国植物图像库）

【化学成分】含异喹啉类生物碱小檗碱(berberine) 5%~8%、黄连碱(coptisine)、甲基黄连碱(worenine)、掌叶防己碱(palmatine)、药根碱(jatrorrhizine)、表小檗碱(epiberberine)、木兰花碱(magnoflorine)。另含阿魏酸(ferulic acid)等。须根含小檗碱5%，叶含小檗碱1.4%~2.9%。

【功能用途】性寒、味苦。能清热燥湿、泻心火，解热毒。用于急性细菌性及阿米巴性痢疾、急性胃肠炎、胃热呕吐反酸、烦热神昏、失眠、目赤肿痛、吐血衄血、痈肿疔疮、烧烫伤。用量3~10 g，外用适量，研末调敷或作成散剂、软膏、滴眼剂。

金银忍冬 Lonicera maakii（图4-38）

【形态】落叶灌木，树高2~6 m。小枝开展，幼枝有柔毛，髓心中空。叶圆形或椭圆状卵形，长1~8 cm，宽2.5~4.5 cm，顶端急渐尖，基部楔形至圆形，两面疏生柔毛。花序总梗较叶柄短，有腺毛；苞片线形，长约3 mm，小苞片2个合生；花腋生；萼筒钟状，中部以上齿裂；萼齿紫红色；花冠白色带紫红色，质变黄色，芳香，花冠长约 2 cm，内外都有柔毛；雄蕊与花冠裂片等长，花丝着生于花冠喉部；子房离生或基部稍合生。果实暗红色，球形，直径 5~6 mm。花期 4~5 月，果期 9~10 月。

【分布】分布于华北、华东、华中及陕西、甘肃、四川、云南北部。朝鲜、日本及俄罗斯也有分布。

【生态习性】生于海拔 1 000 m 以下的山坡、谷地、溪边林缘和灌草丛中。

【化学成分】金银忍冬的有效成分为总黄酮类化合物和绿原酸、异绿原酸，总黄酮和绿原酸的含量高于金银花。另外，野生和栽培的金银忍冬叶中均含有绿原酸和异绿原酸，其总黄酮和绿原酸的含量基本相似，而且测定表明金银忍冬花、枝、叶、果的总黄酮含量，依次为叶＞果＞花＞枝。利用双波长薄层扫描法测定金银忍冬中的绿原酸类含量为 2.06%~3.40%。金银忍冬果实中非环烯醚萜苷类化学成分。金银忍冬叶中的黄酮类为 6-羟基穗花杉双黄酮、5，7，4′-三羟基黄酮、4，5，7-三羟黄烷酮。

图 4-38　金银忍冬
（资料来源：黑龙江树木志）

【功能用途】性寒，味甘、淡。祛风、清热、解毒用于感冒、咳嗽、咽喉肿痛、目赤肿痛、肺痈、乳痈、湿疮。用量 9~15 g。

蒲公英 *Taraxacum mongolicum*

【形态】见 3.4.5

【分布】见 3.4.5

【生态习性】见 3.4.5

【化学成分】全草含蒲公英甾醇、蒲公英萜醇（taraxerol）、蒲公英素（taraxacin）、β-谷甾醇、豆甾醇、黄酮类、皂苷、挥发油、咖啡酸、胆碱等。

【功能用途】性寒，味苦、甘。能清热解毒、消肿散结；用于乳痈、疔疮肿毒、上呼吸道感染、扁桃体炎、目赤、湿热黄疸。用量 9~15 g。外用鲜品适量捣烂或煎汁熏洗患处。

紫花地丁 *Viola philippica*（图 4-39）

【形态】多年生草本，植物株高 7~14 cm。无地上茎，地下茎很短，主根较粗。叶基生，狭披针形或卵状披针形，边缘具圆齿，叶柄具狭翅，托叶钻状三角形，有睫毛。花有卡柄，萼片卵状披针形，花瓣紫堇色，距细管状，直或稍上弯。花期 4~5 月。

【分布】分布于东北、华北等地的田埂、路旁和圃地中。

【生态习性】性强健，喜半阴的环境和湿润的土壤，但在阳光下和较干燥的地方也能生长，耐寒、耐旱，对土壤要求不严，在华北地区能自播繁衍，在半阴条件下表现出较强的竞争性，除羊胡子草外，其他草本植物很难侵入。在阳光下可与许多低矮的草本植物共生。

【化学成分】全草含苷类、黄酮类、蜡（蜡酸及不饱和酸等酯类）。花中亦含蜡，蜡中含饱和酸（主要为蜡酸）34.9，不饱和酸5.8%，醇类10.3%，烃约47%。根含淀粉约37%，并有生物碱、黄酮。预试全草含大量黏液质，并含有弱的溶血作用的物质。尚从全草中分得软脂酸、对羟基苯甲酸、反式对羟基桂皮酸、丁二酸、二十酰对羟基苯乙胺和阿福豆苷（afzelin）和山柰酚-3-O-鼠李糖苷。

【功能用途】性寒、味微苦，清热解毒，凉血消肿。主治黄疸、痢疾、乳腺炎、目赤肿痛、咽炎；外敷治跌打损伤、痈肿、毒蛇咬伤等。

图 4-39 紫花地丁
（资料来源：中国植物图像库）

白头翁 *Anemone chinensis*（图4-40）

【形态】宿根草本植物，株高10~40cm，通常20~30cm。根圆锥形，有纵纹，全株密被白色长柔毛。基生叶4~5片，三全裂，有时为三出复叶。花单朵顶生，径约3~4cm，萼片花瓣状，6片排成2轮，蓝紫色，外被白色柔毛；雄蕊多数，鲜黄色。瘦果，密集成头状，花柱宿存，银丝状，形似白头老翁，故得名白头翁或老公花。花期3~5月。

【分布】华北、江苏、东北等地均有分布。

【生态习性】多野生，也可作花卉或药用植物栽培。性喜凉爽气候，耐寒，要求向阳、排水良好的砂质壤土。

图 4-40 白头翁
（资料来源：中国植物志）

【化学成分】白头翁根含白头翁皂苷（pulchinenoside）A、B、C、D，3-O-α-L-吡喃鼠李糖-(1→2)-α-L-吡喃阿拉伯糖-3β，23-二羟基-Δ20(29)-羽扇豆烯-28-酸〔3-O-α-L-rhamnopyranosyl-(1→2)α-L-arabinopyranosyl-3β，23-dihydroxylupΔ-20(29)-en-28-oicacid〕，白头翁皂苷（pulchinenoside）A3、B4，皂苷（saponin）1、2，白桦脂酸-3-O-α-L 阿拉伯吡喃糖苷（betulinicacid 3-O-α-L-arabinopyranoside），白桦脂酸（betulinic acid），3-氧代白桦脂酸（3-

oxobetulinic acid)，胡萝卜苷（daucosterol），白头翁素（anemonin），原白头翁素（protoanemonin）。

朝鲜白头翁根含威灵仙表二糖皂苷（CP3a），威灵仙二糖皂苷（CP2），皂苷Ⅱ及皂苷Ⅲ。

钟萼白头翁根含白头翁苷（pulsatiloside）A、B、C、D，牡丹草苷（leontosidel）A、B、D，驴蹄草苷（calcoside）D，威岩仙皂苷（cauloside）D、F。

【功能用途】性寒、味苦。清热解毒，凉血止痢。用于热毒血痢、阴痒带下、阿米巴痢疾。

决明子 *Cassia mimosoides*（图4-41）

【形态】种子呈菱方形，一端平截，另一端斜尖，长3~7 mm，宽2~4 mm，表面棕绿色或暗棕色，平滑，有光泽，种脐位于尖端处，背腹面各有1条棕色棱线，棱线两侧各有1条斜向对称的线形凹纹；小决明种子短圆形，长3~5 mm，宽2~3 mm，棱线两侧有浅黄棕色带；质坚硬；气微、味微苦。

【分布】全国大部分地区有分布。

【生态习性】野生于山坡、河边，或栽培。

【化学成分】主要含蒽醌衍生物大黄酚、大黄素、芦荟大黄素、大黄酸、大黄素甲醚、钝新素（obtusin）、钝叶素（obtusifolin）及其苷类。小决明种子尚含红镰霉素（rubrofusarin）、去甲红镰霉素（norubrofusarin）、红镰霉素-6-β-龙胆二糖苷（rubrofusarin -6-β-肛 nuoblo 山 dcgentiobioside）及决明子内酯（toralactone）。

图4-41 决明子
（资料来源：中国植物图像库）

【功能用途】性微寒，味甘、苦、咸。清肝益肾，清热明目，通便；用于急性结膜炎、视网膜炎、慢性便秘、高血压症，并有降低血脂作用。用量9~15 g。

夏枯草 *Prunella vulgaris*（图4-42）

【形态】多年生草本。茎方形，基部匍匐，高约30 cm，全株密生细毛。叶对生；近基部的叶有柄，上部叶无柄；叶片椭圆状披针形，全缘，或略有锯齿。轮伞花序顶生，呈穗状；苞片肾形，基部截形或略呈心形，顶端突成长尾状渐尖形，背面有粗毛；花萼唇形，前方有粗毛，后方光滑，上唇长椭圆形，3裂，两侧扩展成半披针形，下唇2裂，裂片三角形，先端渐尖；花冠紫色或白色，唇形，下部管状，上唇作风帽状，2裂，下唇平展，3裂；雄蕊4，2强，花丝顶端分叉，其中一端着生花药；子房4裂，花柱丝状。小坚果褐色，长椭圆形，具3棱。花期5~6月，果期6~7月。

【分布】全国大部分地区均有分布。

【生态习性】生于荒地、路旁及山坡草丛中。

【化学成分】含夏枯草苷(prunellin)，苷元为熊果酸，并含游离的熊果酸、齐墩果酸、芸香苷、金丝桃苷、飞燕草苷元(dolphinidin)和矢车菊苷元(cyanidin)的花色苷、咖啡酸、d-樟脑、d-茴香酮。另据报道用GC-MS联用方法，测出夏枯草挥发油含量为17.16%，并分离出14种成分。

【功能用途】性寒，味辛、苦。清肝明目、散结消肿；用于目赤肿痛、头痛眩晕、瘰瘤、乳痈肿痛。用量9~15 g。

4.4.3 泻下类药用植物

大黄 Rheum palmatum（图4-43）

【形态】多年生高大草本，根茎粗壮。茎直立，高2 m左右，中空，光滑无毛。基生叶大，有粗壮的肉质长柄，约与叶片等长；叶片宽心形或近圆形，径达40 cm以上，3~7掌状深裂，每裂片常再羽状分裂，上面流生乳头状小突起，下面有柔毛；茎生叶较小，有短柄；托叶鞘筒状，密生短柔毛。花序大圆锥状，顶生；花梗纤细，中下部有关节。花紫红色或带红紫色；花被片6，长约1.5 mm，成2轮；雄蕊9；花柱3。瘦果有3棱，沿棱生翅，顶端微凹陷，基部近心形，暗褐色。花期6~7月，果期7~8月。

【分布】分布于陕西、甘肃东南部、青海、四川西部、云南西北部及西藏东部。

【生态习性】生于山地林缘或草坡，野生或栽培。

【化学成分】含蒽醌类化合物2%~5%，其中游离蒽醌衍生物占总蒽醌类的10%~20%，包括大黄酸(rhein)、大黄素(emodin)、大黄酚(chrysophanol)、芦荟大黄素(aloe-emodin)、大黄素甲醚(physcion)以及它们的8-单糖苷；大黄酸、芦荟大黄素及大黄酚的双糖苷。其中大黄酸的苷类为主要泻下成分。

双蒽酮类番泻苷(sennoside)A~F。其中番泻苷A泻下作用最强。

鞣质类化合物有没食子酰葡萄糖、d-儿茶素、没食子酸、大黄四聚素(tetrann)等。大黄四聚苯经水解，得没食子酸、肉桂酸及大黄明(rheosmin)。

图4-42 夏枯草
（资料来源：中国高等植物图鉴）

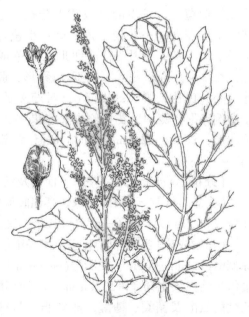

图4-43 大　黄
（资料来源：中国植物志）

芪类化合物3,5,4′-三羟基芪-4′-葡萄糖苷(3,5,4′-trihydroxystilbene-4′-glucoside),另外,各种土大黄中含有大量的土大黄苷(rhaponticin)。

萘类化合物 torachrysone8- glucoside, 6-hydroxymusizin 及其 6′-O-oxalate。

除此以外,还含有林德莱因(lindleyin)成分。

【功能用途】性寒、味苦。能泻热通肠、凉血解毒、祛瘀血。用于实热便秘、食积停滞、血瘀经闭、急性阑尾炎、急性传染性肝炎、急性结膜炎、痈肿疔疮、衄血。用量3~12g。外用治烧烫伤、化脓性皮肤病、痈肿疮疡。

东方泽泻 *Alisma orientale*(图4-44)

【形态】多年生沼生植物,株高50~100 cm。地下有块茎,球形,直径可达4.5 cm,外皮褐色,密生多数须根。叶根生;叶柄长达50 cm,基部扩延成叶鞘状,宽5~20 mm;叶片宽椭圆形至卵形,长5~18 cm,宽2~10 cm,先端急尖或短尖,基部广楔形、圆形或稍心形,全缘,两面光滑;叶脉5~7条。花茎由叶丛中抽出,长10~100 cm,花序通常有3~5轮分枝,分枝下有披针形或线形苞片,轮生的分枝常再分枝,组成圆锥状复伞形花序,小花梗长短不等;小苞片披针形至线形,尖锐;萼片3,广卵形,绿色或稍带紫色,长2~3 mm,宿存;花瓣倒卵形,膜质,较萼片小,白色,脱落;雄蕊6;雌蕊多数,离生;子房倒卵形,侧扁,花柱侧生。瘦果多数,扁平,

图 4-44 泽 泻
(资料来源:中国植物志)

倒卵形,长1.5~2 mm,宽约1 mm,背部有两浅沟,褐色,花柱宿存。花期6~8月,果期7~9月。

【分布】分布于东北、华东、西南及河北、新疆、河南等地。

【生态习性】生于沼泽边缘。喜温暖湿润的气候,幼苗喜荫蔽,成株喜阳光,怕寒冷,在海拔800 m以下地区一般都可栽培。宜选阳光充足,腐殖质丰富,而稍带黏性的土壤。

【化学成分】含多种四环三萜酮醇衍生物泽泻醇A、B、C(alisolA,B,C)及其乙酸酯;棕榈酸(palmitic acid)、硬脂酸(stearic acid)、油酸(oleic acid)、亚麻酸(linoleic acid);少量倍半萜类氧化物泽泻醇(alismol)和泽泻醇氧化物(alismaxide);L-天门冬酰胺,丙氨酸,乙酰丙氨酸及糖类、糠醛、卵磷脂、胆碱及30多种微量元素,其中包括:Ge、Se、P、Cu等。

【功能用途】性寒、味甘。利尿、清湿热;用于小便不利、尿路感染、水肿、眩晕、高脂血症。用量6~9g。

火麻(麻叶荨麻) *Urtica cannabina*(见图3-20)

【形态】见3.2.11

【分布】见 3.2.11
【生态习性】见 3.2.11
【化学成分】见 3.2.11
【功能用途】味淡，性凉，驱虫，用于蛔虫症。

郁李 *Prunus japonica*（图 4-45）

【形态】落叶灌木，树高约 2 m。小枝纤细而柔，冬芽极小，灰褐色，幼时黄褐色，干皮褐色，老枝有剥裂，无毛。叶卵形或宽卵形，少有披针形卵形，长 4~7 cm，宽 2~4 cm，先端长尾状，基部圆形，边缘有锐重锯齿，无毛，或下面沿叶脉生短柔毛，叶柄长 2~3 mm，生稀疏柔毛；托叶条形，边缘具腺齿，早落。花与叶同时开放，2~3 朵，花梗长 5~12 mm，无毛；花直径约 2 cm；萼筒筒状，无毛，裂片卵形，花后反折；花瓣粉红色或近白色，倒卵形；雄蕊多数，离生，比花瓣短；心皮 1，无毛，花柱约与雄蕊等长或稍长。核果近球形，无沟，直径约 1 cm，暗红色，光滑而有光泽。

【分布】分布于辽宁、内蒙古、河北、河南、山西、山东、江苏、浙江、福建、湖北、广东等地。

【生态习性】生长在向阳山坡、路旁或小灌木丛中。

【化学成分】郁李种子含苦杏仁苷、脂肪油 58.3%~74.2%、挥发性有机酸、粗蛋白质、纤维素、淀粉、油酸。又含皂苷 0.96% 及植物甾醇、V_{B_1}，茎皮含鞣质 6.3%、纤维素 24.94%。

【功能用途】具有润燥滑肠，下气行滞，利水消肿的功效。用于肠燥便秘，气滞便难，癖气宿食，水肿腹水，脚气肿满，小便不利。

图 4-45 郁 李
（资料来源：黑龙江树木志）

圆叶牵牛 *Pharbitis purpurea*（图 4-46）

【形态】1 年生缠绕草本，全株密被白色长毛。叶互生，阔心形，全缘；叶柄与总花梗近等长。花序有花 1~3 朵；萼片 5 深裂，裂片卵状披针形，长约 1 cm，先端尾尖；花冠白色、

图 4-46 圆叶牵牛
（资料来源：中国植物图像库）

蓝紫色或紫红色，漏斗状，长 5~8 cm；雄蕊 5；子房 3 室。蒴果球形。种子 5~6 粒，卵形，黑色或淡黄白色。花期 6~9 月，果期 7~10 月。

【分布】全国各地均有分布。

【生态习性】生于山野灌丛中、村边、路旁；多栽培。

【化学成分】含牵牛子苷（pharbitin）、牵牛子酸 C、D（pharbitic acid C, D）、顺芷酸（tiglic acid）、尼里酸（nilic acid）等。

【功能用途】泻水通便，消痰涤饮，杀虫攻积。用于水肿胀满，二便不通，痰饮积聚，气逆喘咳，虫积腹痛，蛔虫、绦虫病。

药用大黄 *Rheum officinale*（图 4-47）

【形态】多年生草本植物，株高可达 1 m 以上。根茎肥厚，表面黄褐色。茎粗壮，直立，具细纵沟纹，无毛，通常不分枝，中空。基生叶有长柄；叶片卵形至卵状圆形，长 10~13 cm，先端钝，基部心形，边缘波状，下面稍有毛；茎生叶较小，具短柄或几无柄，托叶鞘长卵形，暗褐色，抱茎。圆锥花序顶生，花小，多数，白绿色；苞小，肉质，内有花 3~5 朵；花梗中部以下有一关节；花被 6 片，卵形，2 轮，外轮 3 片较厚而小；雄蕊 9，子房三角状卵形，花柱 3。瘦果具 3 棱，有翅，基部心形，具宿存花被。花期夏季。

【分布】分布于河北、山西、内蒙古等地。

【生态习性】生于山坡、石隙、草原。

【化学成分】含有蒽类衍生物、芪类化合物、鞣质类、有机酸类、挥发油类等。

图 4-47 药用大黄

（资料来源：中国植物图像库）

蒽类衍生物：①游离蒽醌衍生物，如芦荟大黄素（aloe emodin）、土大黄素（chrysaron）、大黄酚（chrysophanol）、大黄素（emodin）、异大黄素（isoernodin）、虫漆酸 D（laccaic acid D）、大黄素甲醚（physcion）、大黄酸（rhein）。②结合蒽醌化合物，有大黄酸、芦荟大黄素、大黄酚的单和双葡萄糖苷；大黄素、大黄素甲醚的单糖苷；蒽酚和蒽酮化合物：大黄二蒽酮（rheidin）、掌叶二蒽酮（palmidin）以及与糖结合的苷，如番泻苷（sennoside）A、B、C、D、E、F 等。

芪类化合物：土大黄苷（rhaponticin）、3,5,4'-三羟基芪烯-4'-O-β-D-(6'-O-没食子酰)葡萄糖苷（3,5,4'-trihydroxystilbene-4'-O-β-D-(6'-O-gallayl)-glucoside）、3,5,4'-三羟基芪烯-4'-O-β-D-吡喃葡萄糖苷（3,5,4'-trihydroxy stilbene-4'-O-β-D-glucopyranoside）。

萘衍生物：torachrysone-8-O-β-D-glucopyranoside、torachrysone-8-(6'-oxaly)-glucoside 及决明松（torachryson）。

鞣质类：没食子酰葡萄糖、d-儿茶素、没食子酸、大黄四聚素（tetrann）等。大黄四聚苯经水解，得没食子酸、肉桂酸及大黄明（rheosmin）。此外，含有树脂，还含有有机酸，如苹果酸、琥珀酸、草酸、乳酸、桂皮酸、异丁烯二酸、柠檬酸、延胡索酸等。大黄中还含有挥发油、脂肪酸及植物甾醇等。最近从大黄中分得新泻下成分大黄酸苷(rheinosides) A、B、C、D，经鉴定，A和B为一对差向异构体，结构为8-O-β-D-葡萄糖基-10-羟基-10-C-β-D-葡萄糖基大黄酸-9-蒽酮；C和D为另一差向异构体，结构为8-O-β-D-葡萄糖基-10-C-β-D-葡萄糖基大黄酸-9-蒽酮。大黄中还含有多种无机元素：K、Ca、Mg、La、Cu、Zn、Mn、Fe、Pb、Co、Ni、Ti、Pt、Hg、Ge等，其中以Fe、Mn、Zn含量较高，Cu、Pb、Co、Ni含量较低。

【功能用途】具有攻积滞、清湿热、泻火、凉血、祛瘀、解毒功效。

4.4.4 止咳类药用植物

桔梗 *Platycodon grandiflorus*（见图3-22）

【形态】见3.3.5

【分布】见3.3.5

【生态习性】见3.3.5

【化学成分】根中含有三萜皂苷类约2%，主要有桔梗皂苷(platycodoside) A、C、D(主)、D_2，泡c嘎拉辛(polygalacin) D、D_2等10余种，水解后分得的皂苷元有桔梗皂苷元(platycodigenin)以及少量远志酸(polygalacic acid) A、B、C，尚分得前皂苷元，为次级苷，是桔梗皂苷元3-O-β-D-葡萄糖苷。

甾醇类化合物约0.03%，主要有α-菠菜甾醇、α-菠菜甾醇-β-D-葡萄糖苷、桦皮醇(betulin)等。

另外，还含菊糖(inulin)、桔梗糖(platicodinin，由10分子果糖聚合而成)等。

【功能用途】功效性平，味苦、辛。宣肺，利咽，祛痰，排脓。用于咳嗽痰多，胸闷不畅，咽喉肿痛，支气管炎，肺脓疡，胸膜炎。用量3~9 g。

兴安杜鹃 *Rhododendron dauricum*（图4-48）

【形态】半常绿灌木，树高1~2 m，多分枝。叶互生，近革质，椭圆形至卵状椭圆形，长1.5~3.5 cm，全缘。花1~4朵生枝顶。花冠漏斗状，红紫色，直径2.5~3.5 cm。蒴果圆柱形。花期5~6月，果期7~8月。

【分布】分布于黑龙江、吉林和内蒙古东部、辽宁东部山区及大、小兴安岭。

【生态习性】喜光，耐半阴，喜冷凉湿润气候，喜酸性土，忌高温干旱。

【化学成分】含有挥发油、杜鹃醇、熊果酸等化学成分。杜鹃花中含有黄酮类物质、香豆精、三萜类、有机酸、氨基酸等多种成分。

【功能用途】干燥的叶具有止咳、祛痰、清肺

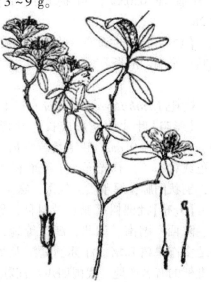

图4-48 兴安杜鹃

(资料来源：中国植物图像库)

作用，主治急、慢性气管炎、咳嗽、感冒头痛；根可治肠炎、痢疾；花可祛风湿、和血、调经等。

暴马丁香 *Syringa reticulata*（图4-49）

【形态】落叶大灌木，树高达10m。树皮紫灰色或紫灰黑色，粗糙，具细裂纹，常不开裂。枝条带紫色，有光泽，皮孔灰白色，常2~4个横向连接。单叶对生，叶片多卵形或广卵形，厚纸质至革质，长5~10 cm，宽3~5.5 cm，先端突尖或短渐尖，基部通常圆形，上面绿色，下面淡绿色，两面无毛，全缘；叶柄长1~2.2 cm，无毛。圆锥花序大而稀疏，长10~15 cm，常侧生；花白色，较小，花萼、花冠4裂。蒴果长圆形，先端钝，长1.5~2 cm，宽5~8 mm，外具疣状突起，2室，每室具2枚种子；种子周围有翅。花期6月，果期9月。

图4-49 暴马丁香

（资料来源：中国植物图像库）

【分布】主要分布在小兴安岭以南各山区，大兴安岭只有零星分布；此外，我国吉林、辽宁、华北、西北、华中有分布。朝鲜、俄罗斯的远东地区、日本也有分布。

【生态习性】中生树种；喜温暖湿润气候，耐严寒，对土壤要求不严，喜湿润的冲积土。常生于海拔300~1 200 m山地针阔叶混交林内、林缘、路边、河岸及河谷灌丛中。

【化学成分】树皮含有紫丁香苷，叶含单宁19.50%，树含单宁5.72%，花为蜜源，并含芳香油0.05%，可提取；种子含脂肪油28.6%。

【功能用途】性微寒，味苦。具有清肺祛痰、止咳、平喘、消炎、利尿功能。

枇杷 *Eriobotrya japonica*（图4-50）

【形态】叶片倒卵形或长椭圆形，长12~30 cm，宽4~9 cm，叶缘具疏锯齿，上表面灰绿色或黄棕色，有光泽，下表面密被黄棕色柔毛，羽状网脉，厚革质。气微，味微苦。

【分布】枇杷树属亚热带树种，原产我国四川、陕西、湖南、湖北、浙江等地，长江以南各地多作果树栽培，江苏洞庭湖及福建云霄都是枇杷的有名产地。我国四川、江苏(大丰枇杷基地)、湖北、福建有野生，现全国各地都有栽培。

图4-50 枇 杷

（资料来源：中国植物志）

【生态习性】常栽种于村边、平地或坡地。

【化学成分】含苦杏仁苷、皂苷、熊果酸、齐墩果酸、V_{B_1}、V_C 等；鲜叶含挥发油 0.04%~0.1%，主成分为反式苦橙油醇（transnerolidol）、反-反式麝子油醇（tras-transe-farnesol）等。

【功能用途】性微寒，味苦。能止咳化痰，降气和胃；用于肺热咳嗽、支气管炎、胃热呕吐。用量 4.5~9 g。

半夏 *Pinellia ternata*（图 4-51）

【形态】多年生草本植物，高 15~30 cm。块茎近球形，直径 1~2 cm。叶从块茎抽出，常 1~2 枚；叶柄长 10~20 cm，基部着生珠芽；幼苗常为单叶，卵状心形，2~3 年后老叶为 3 全裂，裂片长椭圆形至披针形，长 5~17 cm；中间裂片较大，全缘，羽片网脉，质柔薄。花单性同株，为肉穗花序，花序梗比叶柄长，佛焰苞绿色，下部细管状，不张开；雌花生于花序基部，淡绿色；雄花生于上端，花序顶端的附属器青紫色，伸于佛焰苞外呈鼠尾状。浆果卵状椭圆形，绿色。花期 5~7 月，果期 8~9 月。

图 4-51 半 夏
（资料来源：中国植物志）

【分布】全国大部分地区均有分布。

【生态习性】生于山坡草地、田边、河边及树林下。

【化学成分】半夏中的生物碱类有盐酸麻黄碱（0.002%）、烟碱及胆碱等；从半夏中分离得到天门冬氨酸、谷氨酸、精氨酸、β-氨基丁酸与 γ-氨基丁酸、鸟氨酸、瓜氨酸等氨基酸类，γ-氨基丁酸有临时性降压作用，临床用于降血压有效；半夏中含有的酚酸类有尿黑酸及其葡萄糖苷，为半夏的刺激性物质。从半夏中还分离出一种结晶性的蛋白质——半夏蛋白 I，有报道认为半夏蛋白有堕胎作用，是抑制早期妊娠的有效成分之一。

半夏中还含有挥发油类，从中鉴定出 65 个化合物，主要为 3-乙酰氨基-5-甲基异无唑、丁基乙烯基醚、2-氯丙烯酸甲酯及茴香脑等。后者可促进骨髓中粒细胞成熟，提前向周围血液释放，适用于因肿瘤化疗或放疗引起的白细胞减少以及其他原因所致的白细胞减少。另外，半夏中还含有脂类、18 种微量元素。

【功能用途】性温，味辛，有毒；能祛痰、镇咳、止呕、消肿。用于咳嗽痰多，慢性支气管炎、神经性呕吐、妊娠呕吐或其他各种原因的恶心呕吐、眩晕等症。用量 3-9 g。生品外敷治痈肿。

川贝母 *Fritillaria cirrbosa*（图 4-52）

【形态】

卷叶贝母：多年生草本，植株高 20~45 cm。鳞茎卵圆形，茎最下部 2 叶对生，狭长矩圆形至宽条形，先端钝，长4~6 cm，宽0.4~1.2 cm，其余3~5枚轮生或对生，稀互生，狭披针状条形，渐尖，顶端常反卷，长6~10 cm，宽0.3~0.6 cm，最上部具3枚轮生的叶状苞片，条形，长5~9 cm，宽0.2~0.4 cm，先端反卷。单花顶生、俯垂、钟状，花被片6，绿黄色至黄色，具紫色方格斑纹，基部上方具内陷的密腺窝，在背面明显突出；雄蕊长为花被片的1/2，花丝平滑；柱头3深裂。蒴果棱上有宽1~1.5 mm窄翅。花期5~7月，果期8~10月。

暗紫贝母：鳞茎球状圆锥形；叶对生或互生，叶状苞片1，先端均不反卷；花被片暗紫色，略有黄褐色方格斑纹，蜜腺窝不显著；花丝具乳突；柱头3浅裂；蒴果棱上翅宽约1 mm。花期6月，果期8月。

甘肃贝母：通常最下面两叶片对生，向上渐互生，先端不卷曲或微卷；花被片黄色，有紫色或黑紫色斑点，蜜腺窝不明显；花丝有乳突；柱头3浅裂；蒴果棱上翅宽约1 mm。花期6~7月，果期8月。

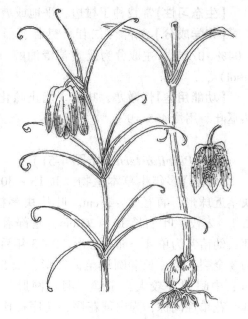

图4-52 川贝母
（资料来源：中国植物志）

梭砂贝母：鳞茎长卵圆形；叶互生，上部2枚叶状苞片近对生，叶片卵形至卵状披针形，先端钝，基部抱茎，长3~6 cm，宽1.5~2 cm；叶状苞片长约2 cm，宽约0.7 cm；单花顶生，宽钟状，略俯垂，花被片6，绿黄色，具深色平行脉纹和紫红色斑点；柱头3浅裂。花期6~7月，果期8~9月。

【分布】卷叶贝母分布于西藏、青海、四川、云南等。暗紫贝母分布于四川松潘等地。甘肃贝母分布于甘肃、青海、四川等地。梭砂贝母分布于西藏、四川、云南等地。

【生态习性】卷叶贝母生于3 000~4 000 m山坡草丛或小灌木丛中。暗紫贝母生于3 000~4 000 m山坡草丛。甘肃贝母生于2 000 m以上的山坡草丛中。梭砂贝母生于3 000~4 000 m的流沙滩。

【化学成分】川贝母商品药材含多种甾体生物碱。从卷叶贝母中分得西贝碱（sipeimine）、松贝碱甲（songpeimine）、松贝碱乙（songpeinone）、川贝碱（fritimine）、青贝碱（chinpeimine）等成分。暗紫贝母含西贝碱、梭砂贝母碱乙（delavinone）、去氢川贝碱（chuanpeinone）、松贝碱甲、松贝碱乙、松贝辛（songpeisine）等生物碱成分。梭砂贝母含西贝碱、梭砂贝母碱甲（delavine）、梭砂贝母碱乙及去氢川贝碱。甘肃贝母含西贝碱、梭砂贝母碱乙、去氢川贝碱、岷贝碱（minpeimine）及岷贝分碱（minpeiminine）。

川贝母不同部位总生物碱的含量：鳞茎0.28%，鳞芯0.22%，果皮0.44%，茎秆0.08%，花0.20%。

【功能用途】性微寒，味苦、甘。清热润肺、化痰止咳。用于肺热燥咳、干咳少痰、咯痰带血。用量3~9 g，多研末冲服。不宜与乌头类药材同用。

紫菀 *Aster tataricus*（图4-53）

【形态】多年生草本植物，株高1~1.5 m。茎直立，上部疏生短毛，基生叶丛生，长椭圆形，基部渐狭成翼状柄，边缘具锯齿，两面疏生糙毛，叶柄长，花期枯萎；茎生叶互生，卵形或长椭圆形，渐上无柄。头状花序排成伞房状，有长梗，密被短毛；总苞半球形，总苞片3层，边缘紫红色；舌状花蓝紫色，筒状花黄色。瘦果有短毛，冠毛灰白色或带红色。

【分布】主产河北、安徽、东北及内蒙古等地。

【生态习性】生于阴坡、草地、河边。

【化学成分】根含紫菀酮（shionone）、槲皮素、无羁萜、表无羁萜和挥发油，还含紫菀皂苷（astersaponin），水解得常春藤皂苷元（hederagenin）。

【功能用途】性温，味苦、辛。润肺下气，消痰止咳。用于痰多喘咳、新久咳嗽、劳嗽咳血。

图4-53 紫 菀
（资料来源：中国植物图像库）

马兜铃 *Aristolochia debilis*（图4-54）

【形态】草质藤本植物，根圆柱形。茎柔弱，无毛。叶互生；叶柄长1~2 cm，柔弱；叶片卵状三角形、长圆状卵形或戟形，长3~6 cm，基部宽1.5~3.5 cm，先端钝圆或短渐尖，基部心形，两侧裂片圆形，下垂或稍扩展；基出脉5~7条，各级叶脉在两面均明显。花单生或2朵聚生于叶腋；花梗长1~1.5 cm；小苞片三角形，易脱落；花被长3~5.5 cm，基部膨大呈球形，向上收狭成一长管，管口扩大成漏斗状，黄绿色，口部有紫斑，内面有腺体状毛；檐部一侧极短，另一侧渐延伸成舌片；舌片卵状披针形，顶端钝；花药贴生于合蕊柱近基部；子房圆柱形，6棱；合蕊柱先端6裂，稍具乳头状凸起，裂片先端钝，向下延伸形成波状圆环。蒴果近球形，先端圆形而微凹，具6棱，成熟时由基部向上沿空间6瓣开裂；果梗长2.5~5 cm，常撕裂成6条。种子扁平，钝三角形，边线具白色膜质宽翅。花期7~8月，果期9~10月。

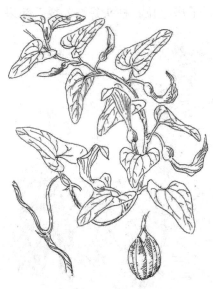

图4-54 马兜铃
（资料来源：中国植物图像库）

【分布】分布于我国黄河流域以南至长江流域一带，生长在山谷、溪涧及山坡灌木丛中。

【生态习性】喜光，稍耐阴。喜砂质黄壤。耐寒。适应性强。

【化学成分】种子含马兜铃酸（aristolochicacid）和一种季铵盐的生物碱。根中含有季铵盐生物碱木兰花碱（magnoflorine）。马兜铃果实含挥发油，另含总酸 0.26%。种子含马兜铃酸 A，马兜铃子酸及一种季铵生物碱，其雷氏盐熔点为 285～286℃。马兜铃种子含：马兜铃酸（Aristo-lochic acid）A、B、C, 7-羟基-马兜铃酸 A（7-Hy-droxyaristolochic acid A），7-甲氧基-马兜铃酸 A（7-Methoxy-aristolochic acid A），马兜铃酸 C6-甲醚（Aristolochic acid C6-methyl ether），马兜铃酸 D6-甲醚（Aristolochic acid D6-methyl ether），马兜铃酸 A 甲酯（aristolochic acid A methylester），马兜铃内酰胺-N-己糖苷（aristolochamine-N-hexoside）和一种季铵盐的生物碱。根中含有季铵盐生物碱木兰花碱（magnoflorine），汉防己碱（tetrandrine）。

【功能用途】味苦，微寒。清肺降气，止咳平喘，清肠消痔。用于肺热喘咳、痰中带血、肠热痔血、痔疮肿痛。

4.4.5 止泻类药用植物

龙胆 *Gentiana scabra*（图 4-55）

【形态】

龙胆：多年生草本，全株绿色稍带紫色，高 30～60 cm。根茎短，簇生多数黄白色具横纹的细长根。茎直立，略具四棱，粗糙。叶对生，基部叶甚小，干部及上部的叶卵形或狭披针形，长 3～8 cm，宽 1～2 cm。叶缘及叶背主脉粗糙，主脉 3～5 条。花常 2～5 朵簇生于茎顶及上部叶腋，无梗。苞片披针形，花萼呈钟形，膜质，先端 5 裂；花冠钟状，5 裂，裂片之间有褶状三角形副冠片；雄蕊 5，雌蕊 1，子房上位，柱头短，2 裂。蒴果长圆形，有柄。种子条形，边缘有翅。花期 9～10 月，果期 10 月。

三花龙胆：全株绿色，不带紫色。叶线状披针形，宽 0.5～2 cm，叶缘及脉光滑。花冠裂片先端钝，卵圆形，褶极小。

条叶龙胆：株高约 1 m。叶片条形，宽 0.4～1.2 cm，叶缘反卷，叶脉 1～3。花 1～2 朵顶生，有短梗，花冠裂片三角形，先端急尖。褶斜三角形。

坚龙胆：根近黄棕色。无横纹。茎常带紫棕色。叶片倒卵形，全缘光滑，花紫红色，种子不具翅。

【分布】龙胆及三花龙胆主要分布于东北及内蒙古；条叶龙胆分布于东北、华东、中南及内蒙古；坚龙胆分布于云南、四川、贵州。

图 4-55 龙 胆

（资料来源：中国植物图像库）

【生态习性】生于山坡、林边及草丛中。

【化学成分】含有龙胆苦苷（gentiopicrin）、当药苦苷（swertiamarin）及当药苷，以龙胆苦苷的含量最高。

龙胆中含有苦龙胆酯苷、四乙酰龙胆苦苷（gentiopicroside tetraacetate）、三叶龙胆苷（trifloroside）、龙胆山酮（gentisin）和龙胆三糖（gentianose）、龙胆黄碱（gentioflavine）及龙胆碱。

坚龙胆中含龙胆碱、秦艽乙素（gentianidine）、秦艽丙素（gentianal）。

【功能用途】性寒，味苦。能清利肝胆湿热、健胃；用于湿热黄疸、湿热疮疡、高热惊厥、手足抽搐、胁痛口苦、耳聋耳肿、阴肿阴痒等。用量 3~6 g。

安徽小檗 *Berberis anhweiensis*（图 4-56）

【形态】常绿灌木，树高 1.8~2.5 m。茎丛生，老皮灰黄色。新叶、嫩芽红色，老叶紫红色。枝叶有小刺。具棱，幼枝淡黄色，表面具黑色疣点，刺三叉。叶革质，披针形，缘具刺齿，常丛生于刺腋内。花黄色，数十朵生于叶腋，果红色。浆果，椭圆形，熟时蓝黑色。花期 4 月，果期 9~11 月。

【分布】分布于四川、陕西、贵州等地。

【生态习性】喜光、耐阴、喜疏松、肥沃土壤，耐瘠薄，适应性强。

【化学成分】主要含小檗碱（berberine）、巴马亭（掌叶防己碱，palmatine）、小檗胺（berbamine）、药根碱（jatrorrhizine），此外还含有非洲防己碱（咖伦明，columbamine）、尖刺碱（氧化爵床碱，oxyacanthine）、异汉防己碱（isotetrandine）、木兰花碱（magnoflorine）等。

图 4-56 安徽小檗
（资料来源：中国植物图像库）

【功能用途】性寒，味苦。清热燥湿，泻火解毒。

委陵菜 *Potentilla chinensis*（见图 3-45）

【形态】见 3.4.5。

【分布】见 3.4.5。

【生态习性】见 3.4.5。

【化学成分】新鲜植物含水分 62.39%、抗坏血酸 49.4%。干品含水分 12.12%、蛋白质 9.18%、脂肪 4.03%、粗纤维 21.89%、灰分 7.25%、P_2O_5 6%、CaO 2.63%。根含鞣质、蛋白质、P_2O_5；嫩苗含 V_C。

【功能用途】性寒，味苦。清热解毒，凉血止痢。用于赤痢腹痛、久痢不止、痔疮出血、痈肿疮毒。

黄花蒿 *Artemisia annua*（图4-57）

【形态】多年生草本植物。无毛或有疏伏毛，高40~150 cm。茎通常单一，直立，分枝，有棱槽，褐色或紫褐色，直径达6mm。叶面两面无毛，基部和下部叶有柄，并在花期枯萎；中部叶卵形，3回羽状深裂，终裂片长圆状披针形，顶端尖，全缘或有1~2齿；上部叶小，无柄，单一羽状细裂或全缘。头状花序多数，球形，径约2 mm，有短梗，偏斜或俯垂，排列呈金字塔形的复圆锥花序，总苞无毛，总苞片2~3层，草质，鲜绿色，外层线状长圆形，内层卵形或近圆萆，沿缘膜质；花托长圆形；花黄色，都为管状花，外层雌性，里层两性；花冠顶端5裂；雄蕊5，花药合生，花丝细短，着生于花冠管内中部；雌蕊1，花柱丝状，柱头2裂，分叉。瘦果卵形，淡褐色，无毛。花期7~9月，果期9~10月。

图4-57 黄花蒿
（资料来源：中国植物图像库）

【分布】分布几乎遍及全国。

【生态习性】生于山坡、林缘、荒地、田边。

【化学成分】风干植物含水分9.7%、乙醚可溶物5.6%、水可溶物26.6%、乙醇可溶物0.8%、半纤维素11.6%、纤维素8.5%、木质素9.6%、蛋白质9.3%、灰分10.1%、鞣质类2.4%。风干植物经水汽蒸馏，得带微绿有香味的精油0.18%。精油含率以开花期为最高，新鲜植物比久藏植物含率高。精油成分中含酮类物质44.97%，其中主要为蛔蒿酮21%、1-樟脑13%、1,8-桉叶素13%、乙酸蛔蒿醇酯4%、蒎烯1%；另有报道含蒎烯、莰烯、1,8-桉叶素、荜澄茄烯或杜松油烯、石竹烯、某些倍半萜醇、枯醛、酮类、苯酚、丁酸、己醛、乙酸苄酯、d-2-甲基丁酸苄酯、石竹烯氧化物、廿五烷等。

【功能用途】味辛、苦，性凉，无毒。全草清热，驱风，止痒。治暑热发痧、潮热、小儿惊风、热泻、皮肤湿痒等。种子治痨、下气、开胃、止盗汗。

黄柏 *Phellodendron chinensis*（图4-58）

【形态】

川黄柏：呈板片状或浅槽状，长宽不一，厚3~6 mm。外表面黄褐色或黄棕色，有的可见皮孔痕纹残存的粗皮。内表面暗黄色或淡棕色，具细密的纵棱纹。体轻质硬，断面纤维性，呈片状分层，深黄色，味甚苦，嚼之有黏液。

关黄柏：厚2~4 mm。外表面黄绿色或淡黄棕色，较平坦，有不规则纵裂纹，皮孔痕小而少见，偶有灰白色粗皮残留。体轻，质较硬，断面鲜黄色或黄绿色。

【分布】黄柏分布东北及华北，有栽培。黄皮树分布于四川、湖北、贵州、云南、江西、浙江等地，有栽培。

【生态习性】黄柏生于山地杂木林中或山谷洪流附近。黄皮树生于山上沟边的杂木林中。

【化学成分】关黄柏主要含小檗碱（berberine）0.6%～2.5%，并含黄柏碱（phellodendrine）、巴马亭（palmatine）、药根碱（jatrorrhizine）、木兰碱（magnoflorine）、白栝楼碱（candicine）、蝙蝠葛任碱（menisperine）；另含黄柏酮（obacunone）、柠檬苦素（limonin）及 β-谷甾醇、豆甾醇。川黄柏含小檗碱 1.4%～5.8%，也含木兰碱、黄柏碱、掌叶防己碱等。

【功能用途】性寒，味苦。能清热燥湿、泻火解毒。用于菌痢、肠炎、黄疸、尿路感染等；外用治疮疡、口疮、湿疹、黄水疮。用量 3～12 g；外用适量。

4.4.6 安神类药用植物

翼梗五味子 *Schisandra henryi*（图 4-59）

【形态】茎长 4～8m，小枝灰褐色，叶倒卵形至椭圆形，生于老枝上的簇生，在幼枝上的互生。开乳白色或淡红色小花，单性，雌雄同株或异株，单生或簇生于叶腋，有细长花梗。夏秋结浆果，球形，聚合成穗状，成熟时呈紫红色。主要用种子繁殖。

图 4-58 黄 柏
（资料来源：黑龙江树木志）

图 4-59 五味子
（资料来源：东北木本植物图志）

【分布】分布偏于北方，以吉林、辽宁、黑龙江的五味子资源和五味子产量为最多。河北、山东、山西、内蒙古也有部分资源。

【生态习性】喜肥沃、湿润、疏松的土壤，喜凉爽、湿润的气候，极耐寒。

【化学成分】含挥发性成分：倍半菖烯（sesquicarene）、β-花柏烯（β-chamigrene）、α-花柏烯（α-cha migrene）、花柏醇（chamigrenol）、β-甜没药烯（β-bisabolene）、α-蒎烯（α-pinene）、莰烯（camphene）、β-蒎烯（β-pinene）、月桂烯（myrcene）、α-萜品烯（α-terpinene）、柠檬烯（limonene）、γ-萜品烯（γ-terpinene）、对聚伞花烯（p-cymene）、百里酚甲醚（thymol methylether）、乙酸冰片酯（bornyl acetate）、香茅醇乙酸酯（citronellyl acetate）、芳樟醇（linalool）、萜品烯-4-醇（terpinene-4-ol）、α-萜品醇（α-terpi-neol）、2-莰醇（borneol）、香茅醇（citronellol）、苯甲酸（benzoic acid）、δ-荜澄茄烯

（δ-cadinene）、β-榄香烯（β-elemene）、衣兰烯（α-ylangene）等。

含木脂素类：五味子素（schizandrin）、去氧五味子素（deoxyschizandrin）、γ-五味子素（γ-schizandrin）、伪-γ-五味子素（pseudo-γ-schizandrin）、五味子乙素（wuweizisu B）、五味子丙素（wuweizisu C）、异五味子素（isoschizandrin）、前五味子素（pregomisin）、新五味子素（neoschizandrin）、五味子醇（schizandrol）、五味子醇甲（schizandrol A）、五味子醇乙（schizandrol B 即 gomisin A）、五味子酯甲、乙、丙、丁、戊（schisantherin A, B, C, D, E）、红花五味子酯（rubschisantherin）、五味子酚酯（schisanhenol acetdte）、五味子酚乙（schisanhenol B）、五味子酚（schisanhenol）。

尚有戈米辛（Gomisin）A、B、C、D、E、F、G、H、J、N、O、R、S、T、U；表戈米辛（Epigomisin）O；当归酰戈米辛（Angeloylgomisin）H、O、Q；惕各酰戈米辛（Tigloylgomisin）H、P；当归酰异戈米辛（Angeloyisogomisin）O；苯甲酰戈米辛（Benzoyl-gomisin）H、O、P、Q；苯甲酰异戈米辛（Benzoyl-isogomisin）O 等。

其中的有机酸类有柠檬酸、苹果酸、酒石酸、琥珀酸。游离脂肪酸类有油酸、亚油酸、硬脂酸、棕榈酸、棕榈油酸和肉豆蔻酸。

其他成分还有柠檬醛（citrdal）、叶绿素、甾醇、V_C、V_E、糖类、树脂和鞣质。

【功能用途】性温，味酸。敛肺滋肾，生津敛汗，涩精止泻，宁心安神。用于久嗽虚喘、梦遗滑精、遗尿尿频、久泻不止、自汗、盗汗、津伤口渴、短气脉虚、内热消渴、心悸失眠。用量 2~6g。

酸枣 Zizyphus jujuba var. spinosus（图4-60）

【形态】落叶灌木或小乔木，树高 1~3 m。老枝褐色，幼枝绿色；枝上有两种刺，一为针形刺，长约 2 cm，一为反曲刺，长约 5 mm。叶互生；叶柄极短；托叶细长，针状；叶片椭圆形至卵状披针形，长 2.5~5 cm，宽 1.2~3 cm，先端短尖而钝，基部偏斜，边缘有细锯齿，主脉 3 条。花 2~3 朵簇生叶腋，小型，黄绿色；花梗极短 1 萼片 5，卵状三角形；花瓣小，5 片，与萼互生；雄蕊 5，与花瓣对生，比花瓣稍长；花盘 10 浅裂；子房椭圆形，2 室，埋于花盘中，花柱短，柱头 2 裂。核果近球形，直径 1~1.4 cm，先端钝，熟时暗红色，有酸味。花期 4~5 月，果期 9~10 月。干燥成熟的种子呈扁圆形或椭圆形，长 5~9 mm，宽 5~7 mm，厚约 3 mm，表面赤褐色至紫褐色，未成熟者色浅或发黄，光滑。一面较平坦，中央有一条隆起线或纵纹，另一面微隆起，边缘略薄，先端有明显的种脐，另一端具微突起的合点，种脊位于一侧不明显。剥去种皮，可见类白色胚乳黏附在种皮内侧。子叶两片，近圆形或椭圆形，呈黄白色，肥厚油润。

【分布】主要产于辽宁、内蒙古、河北、河南、山

图 4-60 酸枣
（资料来源：中国植物图像库）

东、山西、陕西、甘肃、安徽、江苏等地。

【生态习性】酸枣树喜欢温暖干燥的环境，适应性极强，耐碱、耐寒、耐旱、耐瘠薄，不耐涝。

【化学成分】含三萜类化合物白桦脂酸（betulic acid）、白桦脂醇（betulin）。亦含酸枣仁皂苷（jujuboside），苷元为酸枣仁苷元（jujubogenin），水解得到香果灵内酯（ebelin lactone），此为皂苷的第二步产物。从酸枣仁中尚得到胡萝卜苷（daucosterol）、当药素（swertisin）。酸枣仁中还含多量脂肪油、蛋白质和大量的 cGMP 样活性物质，并提取出 cAMP。也含阿魏酸（ferulic acid）、植物甾醇（phytosterol）和大量的 V_C。

【功能用途】性平，味甘。养心安神药。有镇静、催眠、敛汗、降低血压的作用。用于神经衰弱、失眠、多梦、盗汗。用量 10~15 g。

何首乌 Fallopia multiflora（图 4-61）

【形态】多年生草本植物，块根肥厚，长椭圆形，黑褐色。茎缠绕，长 2~4 m，多分枝，具纵棱，无毛，微粗糙，下部木质化。叶卵形或长卵形，长 3~7 cm，宽 2~5 cm，顶端渐尖，基部心形或近心形，两面粗糙，边缘全缘；叶柄长 1.5~3 cm；托叶鞘膜质，偏斜，无毛，长 3~5 mm。花序圆锥状，顶生或腋生，长 10~20 cm，分枝开展，具细纵棱，沿棱密被小突起；苞片三角状卵形，具小突起，顶端尖，每苞内具 2~4 花；花梗细弱，长 2~3 mm，下部具关节，果时延长；花被 5 深裂，白色或淡绿色，花被片椭圆形，大小不相等，外面 3 片较大背部具翅，果时增大，花被果时外形近圆形，直径 6~7 mm；雄蕊 8，花丝下部较宽；花柱 3，极短，柱头头状。瘦果卵形，具 3 棱，长 2.5~3 mm，黑褐色，有光泽，包于宿存花被内。花期 8~9 月，果期 9~10 月。

【分布】产于陕西南部、甘肃南部、华东、华中、华南、四川、云南及贵州。日本也有。

【生态习性】生长于海拔 200~3 000 m 山谷灌丛，山坡林下，沟边石隙。

【化学成分】茎含蒽醌类，主要为大黄素（emodin）、大黄酚（chrysophanic acid, chrysophanol）或大黄素甲醚（emodinmono methylether），均以结合型存在。茎叶含多种黄酮，已得到木犀草素-5-O-木糖苷（lutiolin-5-O-xyloside）。也含蒽醌类化合物，已分得大黄素、大黄素甲醚，大黄素-8-O-5-O-木糖苷（luteolin-5-O-xyloside）。还含蒽醌类化合物，已分得大黄素、大黄素甲醚，大黄素-8-O-β-D-葡萄糖苷；并含 β-谷甾醇。预试尚含苷类和鞣质。

【功能用途】夜交藤性平，味甘。安神药。养心，安神，通络，祛风，解毒，消痈，润肠通便。用于失眠症、劳伤、多汗、血虚身痛、痈疽、瘰疬、风疮疥癣。用量 10~15 g。

图 4-61 何首乌
（资料来源：中国植物图像库）

远志 *Polygala tenuifolia*（图 4-62）

【形态】多年生草本植物，株高 20~40 cm。根圆柱形，长达 40 cm，肥厚，淡黄白色，具少数侧根。茎直立或斜上，丛生，上部多分枝。叶互生，狭线形或线状披针形，长 1~4 cm，宽 1~3 mm，先端渐尖，基部渐窄，全缘，无柄或近无柄。总状花序长约 2~14 cm，偏侧生于小枝顶端，细弱，通常稍弯曲；花淡蓝紫色，长 6 mm；花梗细弱，长 3~6 mm；苞片 3，极小，易脱落；萼片的外轮 3 片比较小，线状披针形，长约 2 mm，内轮 2 片呈花瓣状，成稍弯些的长圆状倒卵形，长 5~6 mm，宽 2~3 mm；花瓣的两侧瓣倒卵形，长约 4 mm，中央花瓣较大，呈龙骨瓣状，背面顶端有撕裂成条的鸡冠状附属物；雄蕊 8，花丝连合成鞘状；子房倒卵形，扁平，花柱线形，弯垂，柱头 2 裂。蒴果扁平，卵圆形，边有狭翅，长宽均约 4~5 mm，绿色，光滑无睫毛。种子卵形，微扁，长约 2 mm，棕黑色，密被白色细绒毛，上端有发达的种阜。花期 5~7 月，果期 7~9 月。

图 4-62 远　志
（资料来源：中国植物图像库）

【分布】分布于黑龙江、吉林、辽宁、河北、内蒙古、山东、安徽、湖南、四川等地。主产山西、陕西、河南、吉林等地。

【生态习性】远志自然生长缓慢，喜凉爽气候，耐干旱、忌高温，多野生于较干旱的田野、路旁、山坡等地，以向阳、排水良好的砂质栽培为好，其次是黏壤土及石灰质壤土，黏土及低湿地区不宜栽种。

【化学成分】根中分离出远志皂苷（onjisaponin）A、B、C、D、E、F、G，皂苷水解后可得 2 种皂苷元结晶，即远志皂苷元 A（tenuigenin A）和远志皂苷元 B（tenuigenin B）。从根中还分离出远志酮（onjixanthone）Ⅰ 和 Ⅱ、5-脱水-D-山梨糖醇（5-an-hydro-D-sorbitol）、N-乙酰基-D-葡萄糖胺（N-acetyl-D-glucosamine）、皂苷细叶远志素（tenuifolin），即 2β，27-二羟基-23-羧基齐墩果酸的 3-β-葡萄糖苷。远志根中还含 3，4，5-三甲氧基桂皮酸（3，4，5-trimethoxy-cinnamic acid）、远志醇（polygalitol）、细叶远志定碱（tenuidine）、脂肪油、树脂等。

【功能用途】性平，味甘。安神药。安神益智，祛痰，消肿。用于心肾不交引起的失眠多梦、健忘惊悸、神志恍惚、咳痰不爽、疮疡肿毒、乳房肿痛。用量 3~10 g。

侧柏 *Platycladus orientalis*（图 4-63）

【形态】常绿乔木，树高达 20 m。干皮淡灰褐色，条片状纵裂。小枝排成平面。全部鳞叶，叶二型，中央叶倒卵状菱形，背面有腺槽，两侧叶船形，中央叶与两侧叶交互对生，雌雄同株异花。雌雄花均单生于枝顶，球果阔卵形，近熟时蓝绿色被白粉，种鳞木质，红褐色，种鳞 4 对，熟时张开，背部有一反曲尖头，种子脱出，种子卵形，灰褐色，无翅,有棱脊。幼树树冠卵状尖塔形,老时广圆形,叶、枝扁平,排成一平面,两面同型。花期3~4月,果期9~10月。

【分布】中国特产种,华北地区有野生。除青海、新疆外,全国均有分布。

【生态习性】喜光,幼时稍耐阴,适应性强,对土壤要求不严,在酸性、中性、石灰性和轻盐碱土壤中均可生长。耐干旱瘠薄,萌芽能力强,耐寒力中等,抗风能力较弱。

【化学成分】种子含脂肪油约14%,也含少量挥发油、皂苷。还含柏木醇(cedrol)、谷甾醇(sitosterol)和双萜类成分:红松内酯(pinusolide)、15-16-双去甲-13-氧代-半日花-8(17)-烯-19酸[15,16-bisnor-13-oxo-8(17)-labden-19-oic acid]、15,16-双去甲-13-氧代-半日花-8(17)、11E-二烯-19-酸[15,16-bisnor-13-oxo-8(17),11E-labdadien-19-oic acid]、14,15,16-三去甲半日花-8(17)-烯-13,19-二酸[14,15,16-trisnor-8(17)-labdene-13,19-dioic acid]、二羟基半日花三烯酸(12R,13-dihydroxycommunic acid)。又含脂肪油约14%,并含少量挥发油、皂苷。

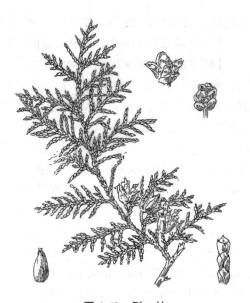

图4-63 侧 柏
(资料来源:东北木本植物图志)

【功能用途】性微温,味苦、辛。安神药。养心安神,止汗,润肠。用于虚烦失眠、心悸怔忡、阴虚盗汗、肠燥便秘。用量10~15 g。

缬草 *Valeriana officinalis*(图4-64)

又名欧缬草。

【形态】败酱科缬草属。多年生草本植物,株高100~150 cm。茎直立,有纵条纹,具纺锤状根茎或多数细长须根。基生叶丛出,长卵形,为单数羽状复叶或不规则深裂,小叶片9~15,顶端裂片较大,全缘或具少数锯齿,叶柄长,基部呈鞘状;茎生叶对生,无柄抱茎,单数羽状全裂,裂片每边4~10,披针形,全缘或具不规则粗齿;向上叶渐小。伞房花序顶生,排列整齐;花小,白色或紫红色;小苞片卵状披针形,具纤毛;花萼退化;花冠管状,长约5 mm,5裂,裂片长圆形;雄蕊3,较花冠管稍长;子房下位,长圆形。蒴果光滑,具1种子。花期6~7月,果期7~8月。

【分布】全世界250余种,大部分分布于温

图4-64 缬 草
(资料来源:中国植物志)

带地区，我国约有 28 种 1 变种，主产于西南部。

【生态习性】山谷灌木丛中或较阴湿处。

【化学成分】含挥发油 0.5% ~ 2%，其成分多种多样，且随着气候及生态环境的不同而有所不同。其中含有单萜，主要是龙脑（borneol）及其乙酸酯和异戊酸酯。它的倍半萜成分如缬草烯酸（valerenic acid）、缬草酮（valeranone）、缬草萜醇酸、缬草烯醛等因其生物活性而受到许多人的重视，其主要的骨架结构是缬草烯酸、缬草酮和阔叶缬草甘醇（kessyl glycol）。其中缬草烯酸和阔叶缬草环结构是缬草属植物特有的。其他的挥发油成分还有：l-莰烯（camphene）、α-蒎烯（α-pinene）、l-柠檬烯（l-limonene）、α-葑烯（α-fenchene）、月桂烯（myrcene）、水芹烯（phellandrene）、l-石竹烯（l-caryophyllene）、γ-松油烯（γ-terpinene）、异松油烯（terpinolene）、雅槛蓝树油烯（eremophilene）、γ-芹子烯（γ-selin）、β-甜没药烯（β-bisabolene）、α-姜黄烯（α-curcumene）、喇叭醇（ledol）。β-缬草碱（β-valerine）、鬃草宁碱（chatinine）、缬草生物碱 A、缬草生物碱 B、猕猴桃碱［(S)-(−)-actinidine］、缬草宁碱（valerianine）等生物碱和呋喃并呋喃木脂素（如 l-羟基松脂醇），在缬草的水提取物中还含有一些游离氨基酸，如 γ-氨基丁酸（GABA）、酪氨酸、精氨酸、谷酰胺。此外还含有咖啡酸、绿原酸、鞣质、谷甾醇等。β-D-葡萄糖苷（apigenin-7-O-β-D-glucoside）、芹菜素（apigenin）、木犀草素（luteolin）、香叶木素（diosmetin）和刺槐素（acacetin）；有机酸咖啡酸（caffeic acid）、绿原酸（chlorogenic）、对羟基苯甲酸。从其挥发油中鉴定出 α-姜黄烯、δ-榄香烯、β-芹子烯、α-法尼烯等 11 个成分。α-香柠檬烯、δ-杜松烯、β-红没药烯、反-β-法尼烯、缬草萜酮、绿叶醇、β-红没药醇等 23 个成分。其中 16 个与缬草挥发油中成分相同，说明种和变种之间的挥发油成分有一定的相似性。α-姜黄烯、莰烯、异戊酸、反-β-金合欢烯、β-甜没药烯等。与缬草挥发油化学成分比较，相同成分为 15 个，特别是主成分乙酸龙脑酯含量在二者挥发油中均为最高，毛节缬草为 31.21%，缬草为 36.07%。γ-氨基丁酸（GABA）和苯并二氮位点相互作用，在低浓度时，缬草提取物提高氟硝安定的亲和力，然而，当浓度升高反而抑制氟硝安定的亲和力。橙皮酸（hesperitinic acid）、山酸（behenic acid）、l-桃金娘醇（l-myrtenol）、乙酸桃金娘酯、异戊酸桃金娘酯。

缬草中的环烯醚萜及其酯和苷成分，其中主要是二氢缬草醚酯（didrovaltrate）和缬草三酯（valepotriate）。它们在缬草的保存过程中易降解产生异戊酸和缬草醚醛（homobaldrinal）。

缬草中的黄酮类成分主要是槲皮素（quercetin）、diosmetin、芹菜素（apigenin）、莰菲醇（kaempferol）、金合欢素（acacetin）、腾黄菌素（luteolin）。

缬草中的其他成分还有缬草碱。

【功能用途】缬草为安神止痛药。安神，理气，止痛。用于神经衰弱及神经病，腰痛，腿痛，腹痛，跌打损伤，心悸。用量 2 ~ 10g。

4.4.7 祛风湿植物资源

木瓜 *Chaenomeles sinensis*（图 4-65）

又名皱皮木瓜。

【形态】干燥果实,呈长圆形,常纵剖为卵状半球形,长4~8 cm,宽3.5~5 cm,厚2~8 mm。外皮棕红色或紫红色,微有光泽,常有皱褶,边缘向内卷曲。质坚硬,剖开面呈棕红色,平坦或有凹陷的子房室,种子大多数脱落,有时可见子房隔壁。种子三角形,红棕色,内含白色种仁1粒。果肉味酸涩,气微。以个大、皮皱、紫红色者为佳。

【分布】分布于华东、华中及西南各地。

【生态习性】喜温暖湿润的气候,对土壤条件要求不严。

【化学成分】含苹果酸、酒石酸、柠檬酸、皂苷及黄酮类,鲜果含过氧化氢酶(catalase),种子含氢氰酸。

【功能用途】性温,味酸。祛风湿药。舒筋活络,化湿和中,平肝和胃,抗菌消炎。用于风湿痹痛、筋脉拘挛、脚气肿痛、吐泻转筋等。用量6~12 g。

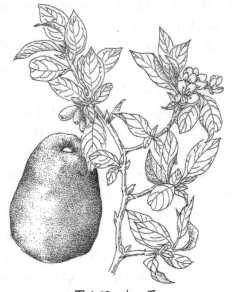

图4-65 木 瓜

(资料来源:中国植物图像库)

秦艽 *Gentiana macrophylla* (图4-66)

【形态】多年生草本植物,株高30~60 cm。直根粗壮,黄圆形,多为独根,或有少数分叉者,微呈扭曲状,黄色棕色。茎单一,圆形,节明显,斜升或直立,光滑无毛。基生叶较大,披针形,先端尖,全缘,平滑无毛,茎生叶较小,对生,叶基联合,叶片平滑无毛,叶脉5出。聚伞花序由多数花簇生枝头或腋生作轮状,花冠先端5裂,蓝色或蓝紫色。蒴果长椭圆形。种子细小,距圆形,棕色,表面细网状,有光泽。花、果期7~10月。

【分布】分布于内蒙古、宁夏、河北、陕西、新疆、山西及东北等地。蒙古、俄罗斯西伯利亚和远东地区也有分布。

【生态习性】喜温和气候,耐寒、耐旱,多生于海拔1 000~1 800 m山区、丘陵区的坡地、林缘及灌木丛中,以阳坡生长较佳。土层深厚、肥沃的壤土及砂壤土生长较好,忌积水、盐碱地、强光。

【化学成分】秦艽中的化学成分有裂环环烯醚萜苷类(secoiridiod glycosides),包括龙胆苦苷(gentiopicroside)、獐牙菜苦苷(swertiamarin)、獐牙菜苷(sweroside)、6′-O-β-D-葡萄糖基龙胆苦苷(6′-O-β-D-glucosylgentiopicroside)、6′-O-β-D-葡萄

图4-66 秦 艽

(资料来源:中国植物图像库)

糖基樟牙菜苷（6′-O-β-D-glucosylsweroside）、三花苷（triofloroside）、ridoside、大叶苷 A（macrophylloside A）、大叶苷 B（macrophylloside B）、秦艽苷 A（qinjioside A）。

环烯醚萜苷（iridoid glycoside）为哈巴苷（harpaposide）。

氧䓬类（chromene）包括 2-methoxyanofinic acid、大叶苷 C（macrophylloside C）、大叶苷 D（macrophylloside D）。

二氢黄酮类（dihydroflavone）有苦参酮（kurarinone）、苦参酚 I（kushenol I）。

三萜类（triterpine）有 α-香树脂（α-amyrin）、齐墩果酸（oleanolic acid）、栎瘿酸（roburic acid）。

甾醇类（sterol）有 β-谷甾醇（β-sitosterol）、胡萝卜甾醇（daucosterol）、豆甾醇（stigmasterol）、β-谷甾醇-3-氧-龙胆糖苷（13 -sitosterol-3-O-gentiobioside）、β-谷甾醇-β-D-葡萄糖苷（β-sitosterol-β-D-glucoside）。

黄酮碳苷（flavone C-glycoside）有异牡荆苷（isovitexin）。

二糖（disaccharide）有龙胆二糖（gertiobiose）。

苯甲酸衍生物（benzoic acid derivative）有 methyl-2-hydroxy-3-（1-D-glucopyranosy-l）oxybenzoate。

【功能用途】性微寒，味苦、辛。祛风湿药。祛风湿，舒筋络，清虚热，利湿退黄。用于风湿痹痛、筋脉拘挛、骨节酸痛、日晡潮热、小儿疳积发热。用量 5 ~ 10 g。

威灵仙 *Clematis chinensis*（图 4-67）

【形态】新鲜茎光滑无毛，有明显的纵行纤维条纹。茎叶干后变黑色。羽状复叶对生，粉绿色，光滑；小叶 3 ~ 5，狭卵形至三角状卵形，长 3 ~ 7 cm，宽 1.5 ~ 3.6 cm，先端钝或渐尖，基部楔形或圆形，全缘，上面沿脉有毛；叶柄长 4.5 ~ 6.5 cm。圆锥花序腋生或顶生；花被片一，白色，外面边缘密生白色短柔毛。瘦果狭卵形而扁，疏生柔毛。花期 6 ~ 8 月，果期 9 ~ 10 月。

【分布】分布于安徽、江苏、浙江等地，广泛分布于广东、广西地区。

【生态习性】生于山坡、山谷或灌丛中。

【化学成分】根含白头翁素、白头翁内酯、甾醇、糖类、皂苷、内酯、酚类、氨基酸。叶含内酯、酚类、三萜、氨基酸、有机酸。山蓼的叶含香豆精类 0.82%，山柰酚等黄酮类 0.23% 及生物碱、挥发油、树脂等，不含有皂苷、鞣质或强心苷类。北铁线莲的根含三萜皂苷：铁线莲苷 A、铁线莲苷 A′、铁线莲苷 B、铁线莲苷 C。黄药子及其变种的根含皂苷、常春藤皂苷元。

图 4-67　威灵仙

（资料来源：中国植物图像库）

【功能用途】性温，味辛、咸。祛风湿药。祛风湿，通经络，消痰水，治骨鲠。用于痛风顽痹、风湿痹痛、肢体麻木、腰膝冷痛、筋脉拘挛、屈伸不利、脚气、疟疾、症瘕积聚、破伤风、扁桃体炎、诸骨鲠咽。用量 5~10 g。治骨鲠可用量 30 g。

海风藤 *Piper hancei*（图 4-68）

【形态】木质藤本植物。茎有纵棱，幼时被疏毛，节上生根。叶近革质，具白色腺点，卵形或长卵形，长 6~12 cm，宽 3.5~7 cm，先端短尖或钝，基部心形，稀钝圆，上面无毛，下面通常被短柔毛，叶脉 5 条，基出或近基部发出；叶柄长 1~1.5 cm，有时被毛；叶鞘仅限于基部具有。花单性，雌雄异株，聚集成与叶对生的穗状花序；雄花序长 3~5.5 cm；总花梗略短于叶柄，花序轴被微硬毛；苞片圆形，近无柄，盾状，直径约 1 mm，上面被白色粗毛；雄蕊 2~3 枚，花丝短；雌花序短于叶片；总花梗与叶柄等长；苞片和花序轴与雄花序的相同；子房球形，离生，柱头 3~4，线形，被短柔毛。浆果球形，褐黄色，直径 3~4 mm。花期 5~8 月。

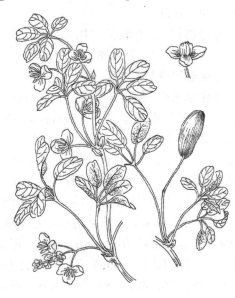

图 4-68 海风藤
（资料来源：中国植物志）

【分布】分布于浙江、福建、广东、台湾等地。

【生态习性】生于低海拔林中，常攀缘于树上或岩石上。

【化学成分】茎、叶含细叶青蒌藤素（futoxide）、细叶青蒌藤烯酮（futoenone）、细叶青蒌藤酮醇（futoquinol）、细叶青蒌藤酰胺（futoamide），其中细叶青蒌藤素含量最高，并且有阻抑肿瘤的作用。还含 β-谷甾醇（β-sito-sterol）、豆甾醇（stigmasterol）及挥发油，挥发油主成分为 α-蒎烯（α-pinene）、β-蒎烯（β-pinene）、柠檬烯（limonene）、香桧烯（sabinene）、莰烯（camphene）、异细辛醚（isoasarone）。茎、叶含风藤素（长穗巴豆素，futoxide）、风藤烯酮（futoenone）、风藤醌醇（futoquinol）、风藤酰胺（futoamide），另含挥发油成分有 α-及 β-蒎烯（pinene）、莰烯、苎烯、香松烯及异细辛醚（isoasarone）。此外，还含 β-谷甾醇、豆甾醇。近年又分得 4 个 macrophyllin 型双环[3,2,1]辛烷类新木脂素。

【功能用途】性微温，味辛、苦。祛风湿药。祛风湿，通经络，活血，止痹痛。用于风寒湿痹、肢节疼痛、筋脉拘挛、屈伸不利。用量 5~10 g。

石藤 *Aristolochia* spp.

【形态】常绿木质藤本。长达 10 m，具乳汁。茎褐色，多分枝，嫩枝被柔毛。叶对生，具短柄，幼时被灰褐色柔毛，后脱落；叶片卵状披针形或椭圆形，长 2~10 cm，宽 1~4.5 cm，先端短尖或钝圆，基部宽楔形或圆形，全缘，表面深绿色，背面淡绿色，被细柔毛。聚伞花序腋生或顶生；花白色，高脚碟状，萼小，5 深裂；花管外被细柔毛，筒中部膨大；花冠反卷，5裂，右向旋转排列，花冠外面和喉部也有柔毛；雄蕊5，着生在花冠筒中部，花药顶端不伸出花冠喉部外；花盘环状5裂，与子房等长；心皮2，胚珠多数。果长圆柱形，长约15 cm，近于水平展开。种子线形而扁，褐色，顶端具种毛。花期4~5月，果期10月。

【分布】分布于华东、中南、西南及河北、陕西、台湾等地。主产于江苏徐州、南京、镇江，安徽芜湖，湖北孝感，山东青岛；广东、广西亦产。

【生态习性】喜温暖，湿润，半阴环境。不择土壤，耐一定干旱，但忌水涝。

【化学成分】藤茎含牛蒡苷(arctiin)、络石苷(tracheloside)、去甲络石苷(nortracheloside)、穗罗汉松树脂酚苷(matairesinoside)、橡胶肌醇(dambonitol)、牛蒡苷元(arctigenin)、穗罗汉松树脂酚(matariresinol)、络石苷元(trachelogenin)、去甲络石苷元(nortrachelogenin)。茎叶含生物碱：冠狗牙花定碱(coronaridine)、伏康京碱(voacangine)、白坚木辛碱(apparicine)、狗牙花任碱(conoflorine)、19-表伏康任碱(19-epivoacangarine)、伏康碱(vobasine)、伊波加因碱(ibogaine)及山辣椒碱(tabernaemontanine)等。叶还含黄酮类化合物：芹菜素(apigenin)、芹菜素-7-O-葡萄糖苷(apigenin-7-O-glucoside)、芹菜素-7-O-龙胆二糖苷(apigenin-7-O-gentiovioside)、芹菜素-7-O-新橙皮糖苷(apigenin-7-O-neohesperidoside)、木犀草素(luteolin)、木犀草素-7-O-葡萄糖(luteolin-7-O-glucoside)、木犀草素-7-O-龙肥二糖苷(luteolin-O-gentio bioside)及木犀草素-4′-O-葡萄糖苷(luteolin-4′-O-glucoside)。全株含β-香树脂醇(β-amyrin)、β-香树脂酸乙酸酯(β-amyrinacetate)、羽扇豆醇(lupeol)、羽扇豆醇乙酸酯(lupeolacetate)、羽扇豆醇不饱和脂肪酸酯、β-谷甾醇(β-sitosterol)、豆甾醇(stigmasterol)及菜油甾醇(campesterol)。

【功能用途】性微寒，味苦。祛风湿药。祛风通络，凉血消肿。用于风湿热痹、筋脉拘挛、腰膝酸痛、喉痹、痈肿、跌打损伤。用量10~15 g。

苍耳 *Xanthium sibiricum*（图4-69）

【形态】1年生草本植物，株高20~90cm。根纺锤状，分枝或不分枝。茎直立不分枝或少有分枝，下部圆柱形，上部有纵沟，被灰白色糙伏毛。叶互生；有长柄，长3~11 cm；叶片三角状卵形或心形，长4~9 cm，宽5~10 cm，全缘，或有3~5不明显浅裂，先尖或钝，基三出脉，上面绿色，下面苍白色，被粗糙或短白伏毛。头状花序近于无柄，聚生，单性同株；雄花序球形，总苞片，总苞片小，1列，密生柔毛，花托柱状，托片倒披针形，小花管状，先端5齿裂，雄蕊5，花药长圆状线形；雌花序卵形，总苞片2~3列，外列苞片小，内列苞片大，结成囊状卵形，2室的硬体，外面有倒刺毛，顶有2圆锥状的尖端，小花2朵，无花冠，子房在总苞内，每室有1花，花柱线形，突出在总苞外。成熟具瘦果的总苞变坚硬，卵

图4-69 苍 耳
（资料来源：中国植物图像库）

形或椭圆形,边同喙部长 12~15 mm,宽 4~7 cm,绿色、淡黄色或红褐色,喙长 1.5~2.5 mm;瘦果2,倒卵形,瘦果内含1颗种子。花期7~8月,果期9~10月。

【分布】我国主产于山东、江西、湖北、江苏等地,黑龙江、辽宁、内蒙古及河北也有。地理分布原产于美洲和东亚,广布欧洲大部和北美部分地区。

【生态习性】喜温暖稍湿润气候。以选疏松肥沃、排水良好的砂质壤土栽培为宜。耐干旱瘠薄。种子易混入农作物种子中。根系发达,入土较深,不易清除和拔出。

【化学成分】果实含苍耳子苷 1.2%、树脂 3.3%,以及脂肪油、生物碱、V_C 和色素等。干燥果实含脂肪油 9.2%,其脂肪酸中亚油酸占 64.20%、油酸 26.8%、棕榈酸 5.32%、硬脂酸 3.63%。不皂化物中有蜡醇,β-、γ-和 ε-谷甾醇,丙酮不溶脂中卵磷脂占 33.2%、脑磷脂占 66.8%。种仁含水 6%~7%、脂肪油 40%,其脂肪酸组成为亚油酸 64.8%、油酸 26.7%、硬脂酸 7.0%~7.5%、棕榈酸 1.5%~2.0%,并含 β-谷甾醇和豆甾醇。种壳含戊聚糖 15.86%,可作制糠醛的原料。还有苍耳苷(xanthostrumarin)、叶含苍耳醇(xanthanol)、异苍耳醇(jsoxanthanol)、苍耳酯(xanthumin)等。

【功能用途】性温,味苦、甘、辛。祛风湿药。祛风湿,散风寒,通鼻窍,止痒。用于鼻渊、风寒头痛、风湿痹痛、风疹、湿疹、疥癣。用量 3~10 g。

4.4.8 活血化瘀类药用植物

密花豆 Spatholobus suberectus(图 4-70)

【形态】木质藤本。除花序和幼嫩部分有黄褐色柔毛外,其余无毛。羽状复叶;小叶 7~9,卵状长椭圆形或卵状披针形,长 4~12 cm,宽 1.5~5.5 cm,两面均无毛,网脉明显。圆锥花序顶生,下垂,序轴有黄色疏柔毛,花多而密集,单生于序轴的节上;萼钟形,裂齿短而钝;花冠紫色或玫瑰红色,无毛。荚果扁,线形,长达 15 cm,宽约 2 cm,果瓣近木质,种子间缢缩;种子扁圆形。花果期 7~10 月。

【分布】分布于湖北、甘肃、安徽、浙江、广东、云南、湖南、海南、陕西、贵州、四川、广西、江西、福建等地。越南、老挝也有分布。

【生态习性】生长于海拔 2 500 m 的地区,多生长在溪沟、山坡杂木林与灌丛中、谷地及路旁。

图 4-70 密花豆
(资料来源:中国植物志)

【化学成分】藤茎含表无羁萜醇(friedelan-3β-ol)、胡萝卜苷(daucosterol)、β-谷甾醇(β-sitosterol)、7-酮基-β-谷甾醇(7-oxo-β-sitosterol)、刺芒柄花素(formonone -tin)、芒柄花苷(ononin)、樱黄素(prunetin)、阿佛洛莫生(afrormosin)、大豆素(daidzein)、3,7-二羟基-6-甲氧基二氢黄酮醇(3,7-dihydroxy-6-methoxy-dihy-droflavonol)、表儿茶精(epicatechin)、异甘草苷元(isoliquiritigenin)、3,4,2',

4′-四羟基查耳酮(3,4,2′,4′-tetrahydroxy chalcone)、甘草查耳酮(licochalcone)A、苜蓿酚(medicagol)、原儿茶酸(protocatechuic acid)、9-甲氧基香豆雌酚(9-methoxycoumestrol)、木豆异黄酮(cajanin)。根中含 5-豆甾烯-3β、7a-二醇(stigmast-5-ene-3β,7a-diol)、5a-豆甾烷-3β、6a-二醇(5a-stigmastane-3β,6a-diol)。

【功能用途】性温,味苦、微甘。活血化瘀药。补血,活血,通络。用于月经不调、血虚萎黄、麻木瘫痪、风湿痹痛。用量 10~15 g。

丹参 *Salvia miltiorrhiza*(图 4-71)

【形态】多年生草本植物。根肥厚,外面红色。茎高 40~80 cm,有长柔毛。叶常为单数羽状复叶;小叶 1~3 对,卵形或椭圆状卵形,两面有毛。轮伞花序 6 至多花,组成顶生或腋生假总状花序,密生腺毛或长柔毛;苞片披针形,花萼紫色,有 11 条脉纹,长约 11 mm,外有腺毛,2 唇形,上唇阔三角形,顶端有。3 个聚合小尖头,下唇有 2 齿,三角形或近半圆形;花冠蓝紫色,长 2~2.7 cm,筒内有毛环,上唇镰刀形,下唇短于上唇,3 裂,中间裂片最大;雄蕊着生下唇基部。小坚果黑色,椭圆形。花期 4~6 月,果期 7~8 月。

【分布】主产于安徽、河南、陕西等地。

【生态习性】怕涝,耐寒,对土壤要求不严格。

图 4-71 丹 参
(资料来源:中国植物图像库)

【化学成分】含脂溶性成分丹参酮(tanshinone)Ⅰ、ⅡA、ⅡB,隐丹参酮(cryptotanshinone),异隐丹参酮(isocryptotanshinone),羟基丹参酮(hydroxytanshinone),降丹参酮(nortanshi-none),异丹参酮(isotanshinone)Ⅰ、Ⅱ,丹参新酮(miltirone),左旋二氢丹参酮[(-)-dihydrotan-shinone],丹参酸甲酯(methyltanshinonate),丹参醇Ⅰ(tanshinol A),丹参醇Ⅱ(tanshinol B),丹参醇Ⅲ(tanshinol C),紫丹参甲素(przewatanshinquinone A),紫丹参乙素(prze-watanshinquinone B),丹参醌(tanshiquinone)A、B、C,亚甲基丹参醌(methylenetanshinquinone)以及丹参酚(salviol),丹参醛(tanshialdehyde)等。

水溶性成分丹参素(β-3′,4′-二羟基苯基乳酸),丹参酸甲、乙、丙(Danshensuan A,B,C),原儿茶酸(Protocatechuic acid),原儿茶醛(Proto-catechuic aldehyde)。

【功能用途】性微寒,味苦。活血化瘀药。活血调经,祛瘀止痛,凉血消痈,清心除烦,养血安神。用于月经不调、经闭痛经、癥瘕积聚、胸腹刺痛、热痹疼痛、疮疡肿痛、心烦不眠、肝脾肿大、心绞痛。用量 5~15 g。

川芎 *Ligusticum chuanxiong*(图 4-72)

【形态】多年生草本植物,株高 40~70 cm。全株有浓烈香气。根茎呈不规则的结节状拳形团埠，下端有多数须根。茎直立，圆柱形，中空，表面有纵直沟纹。茎下部的节膨大成盘状（俗称苓子），中部以上的节不膨大。茎下部叶具柄，柄长3~10 cm，基部扩大成鞘；叶片轮廓卵状三角形，长12~15 cm，宽10~15 cm，三至四回三出式羽状全裂，羽片4~5对，卵状披针形，长6~7 cm，宽5~6 cm，末回裂片线状披针形至长卵形，长2~5 mm，宽1~2 mm，顶端有小尖头，仅脉上有稀疏的短柔毛；茎上部叶渐简化。复伞形花序顶生或侧生，总苞片3~6，线形，长0.5~2.5 cm；伞辐7~20，不等长，长2~4 cm；小伞形花序有花10~24；小总苞片2~7，线形，略带紫色，被柔毛，长3~5 mm；萼齿不发育；花瓣白以，倒卵形至椭圆形，先端有短尖状突起，内曲；雄蕊5，花药淡绿色；花柱2，长2~3 mm，向下反曲。幼果两侧扁压，长2~3 mm，宽约1mm；背棱槽内有油管1~5，侧棱槽内有油管2~3，合生面有油管6~8。花期7~8月，幼果期9~10月。

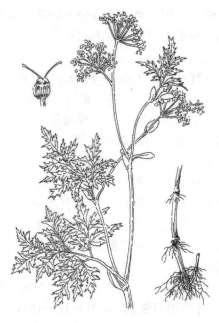

图4-72　川　芎

（资料来源：中国植物图像库）

【分布】主要栽培于四川、云南、贵州、广西、湖北、湖南、江西、浙江、江苏、陕西、甘肃等地。

【生态习性】喜温和湿润气候。

【化学成分】含生物碱类的川芎嗪（四甲基吡嗪，tetramethyl-pyrazine）、黑麦草灵（perlolyrine）、亮氨酰苯丙酸内酰胺（leucylphenylalanine anhydri- de）、腺嘌呤（adenine）、L-缬氨酰-L-缬氨酸酐（L-valine-L-valine anhydride）、三甲胺（trimethylamine）、胆碱（choline）、佩洛立灵（perlolyrine），含挥发油，如十五酸乙酯（ethyl pentadecanoate）、十六酸乙酯（ethyl palmitate）、十七酸乙酯（ethyl heptadecanoate）、异十七酸乙酯（ethyl isoheptadecanoate）、十八酸乙酯（ethyl octadecanoate）、异十八酸乙酯（ethyl isooctadeca- noate）、苯乙酸甲酯（methyl phenylacetate）、瑟丹酸内酯（sedanonic acid lactone）、十五烷酸甲酯（methyl pentadecanoate）等。

含内酯类丁基酞内酯（butylphtha- lide）、丁烯基酞内酯（butylidene phthalide）、川芎酞内酯（senkyunolide）、藁本内酯（ligustilide）、新蛇床内酯（neocnidilide）。

含有机酸类的阿魏酸（ferulic acid）、瑟丹酸（sedanonic acid）、叶酸（folic acid）、香草酸（vanillic acid）、咖啡酸（caffeic acid）、原儿茶酸（protocatechuic acid）、棕榈酸（palmitic acid）、亚油酸（linolenic acid）、4-羟基苯甲酸（4-hydroxybenzoic acid）。

其他成分有苯酞类化合物 4-羟基-3-丁基苯酞（4- hydroxy-3-butylphthalide），苯酞衍生物川芎内酯（cnidiumlactone）、川芎酚（chuanxingol）以及双苯酞衍生物，还含有香草醛（vanillin）、β-谷甾醇（β-sitosterol）、匙叶桉油烯醇（spathulenol）、V_A、蔗糖、脂肪油等。

【功能用途】性温，味辛。活血化瘀药。活血祛瘀，行气开郁，祛风止痛。用于月经不调、经闭痛经、产后瘀滞腥痛、症瘕肿块、胸胁疼痛、头痛眩晕、风寒湿痹、跌打损伤。痈疽疮疡。用量 3~10 g。

红花 *Carthamus tinctorius*（图4-73）

【形态】1年生草本植物，株高约 1 m。茎直立，上部多分枝。叶长椭圆形，先端尖，无柄，基部抱茎，边缘羽状齿裂，齿端有尖刺，两面无毛；上部叶较小，成苞片状围绕状花序。头状花序顶生，排成伞房状；总苞片数层，外层绿色，卵状披针形，边缘具尖刺，内层卵状椭圆形，白色，膜质；全为管状花，初开时黄色，后转橙红色；瘦果椭圆形，长约5 mm，无冠毛，或鳞片状。花期5~7月，果期7~9月。

【分布】主产河南、浙江、四川等地。

【生态习性】红花为长日照植物，喜温暖和稍干燥的气候，耐寒，耐旱，适应性强，怕高温，怕涝。

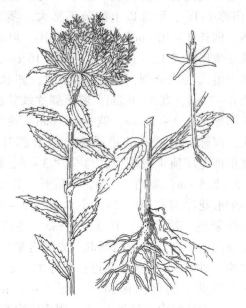

图 4-73 红 花
（资料来源：中国植物图像库）

【化学成分】含黄酮类主要有红花黄色素（safflor yellow）、六羟基山奈酚 7-O-葡萄糖苷、山奈酚（kaempferol）、槲皮素（ouercertin）、六羟基山奈酚、黄芩苷、槲皮素苷等。

含脂肪酸类有棕榈酸、肉豆蔻酸、月桂酸、二棕榈酸（dipalmitin）、油酸（oleicacid）、亚油酸（linoleic acid）。

【功能用途】性温、味辛。活血化瘀药。活血通经，散瘀止痛。用于经闭、痛经、恶露不行、症瘕痞块、跌打损伤。用量 3~10 g。

益母草 *Leonurus heterophyllus*（图4-74）

【形态】幼苗期无茎，基生叶圆心形，边缘5~9浅裂，每裂片有2~3钝齿。花前期茎呈方柱形，上部多分枝，四面凹下成纵沟，长30~60cm，直径 0.2~0.5cm；表面青绿色；质鲜嫩，断面中部有髓。叶交互对生，有柄；叶片青绿色，质鲜嫩，揉之有汁；下部茎生叶掌状3裂，上部叶羽状深裂或浅裂成3片，裂片全缘或具少数锯齿。

【分布】分布于内蒙古、河北北部、山西、陕西西北部、甘肃等地。

【生态习性】山野荒地、田埂、草地等。

图 4-74 益母草
（资料来源：中国植物图像库）

【化学成分】含益母草碱(leonurine)约 0.05%（花初期含微量，花中期逐渐增高），水苏碱(stachydrine)，益母草碱甲和益母草碱乙和水苏碱，益母草定碱(leonuridine)。

含有机酸 4-胍基丁醇-1(4-guanidino-1-butanol)、4-胍基丁酸(4-guanidino-butyric acid)、精氨酸(arginine)、延胡索酸(反丁烯二酸 fumaric acid)。

其他成分有微量芦丁(rutin)、水苏糖(stachyose)、植物甾醇、树脂、脂肪油、月桂酸(lauric acid)、亚油酸(linoleic acid)、β-亚油酸(β-linoleic acid)及油酸(oleic acid)。

【功能用途】性微寒，味辛、苦。活血化瘀药。活血调经，利尿消肿。用于月经不调、痛经、经闭、恶露不尽、水肿尿少、急性肾炎水肿。用量 10~15 g。

牛膝 *Achyranthes bidentata*（图 4-75）

【形态】多年生草本植物，株高 70~120cm。根圆柱形，直径 5~10 mm，土黄色。茎有棱角或四方形，绿色或带紫色，有白色贴生或开展柔毛，或近无毛，分枝对生，节膨大。单叶对生；叶柄长 5~30 mm；叶片膜质，椭圆形或椭圆状披针形，长 5~12 cm，宽 2~6 cm，先端渐尖，基部宽楔形，全缘，两面被柔毛。穗状花序顶生及腋生，长 3~5 cm，花期后反折；总花梗长 1~2 cm，有白色柔毛；花多数，密生，长 5 mm；苞片宽卵形，长 2~3 mm，先端长渐尖；小苞片刺状，长 2.5~3 mm，先端弯曲，基部两侧各有 1 卵形膜质小裂片，长约 1 mm；花被片披针形，长 3~5 mm，光亮，先端急尖，有 1 中脉；雄蕊长 2~2.5 mm；退化雄蕊先端平圆，稍有缺刻状细锯齿。胞果长圆形，长 2~2.5 mm，黄褐色，光滑。种子长圆形，长 1 mm，黄褐色。花期 7~9 月，果期 9~10 月。

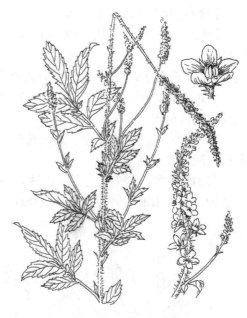

图 4-75 牛 膝
（资料来源：中国植物图像库）

【分布】非洲、俄罗斯、越南、印度、马来西亚、菲律宾、朝鲜以及除中国东北以外的全国广大地区。

【生态习性】生于屋旁、林缘、山坡草丛中。

【化学成分】根含三萜皂苷，水解后生成齐墩果酸(oleanolic acid)，也含蜕皮甾酮(ecdysterone)、牛膝甾酮(inokosterone)、紫茎牛膝甾酮(rubrosterone)，还含多糖类、氨基酸、生物碱类、香豆素类。根含大量钾盐及甜菜碱(betaine)、蔗糖等。

【功能用途】性平，味苦、酸。活血化瘀药。活血通经，利尿通淋，清热解毒。用于腰膝酸痛、下肢痿软、血滞经闭、痛经、产后血瘀腹痛、癥瘕、胞衣不下、热淋、血淋、跌打损伤、痈肿恶疮、咽喉肿痛。用量 6~15 g。

4.4.9 止血类药用植物

三七 *Panax pseudo-ginseng* var. *notoginseng*（图4-76）

【形态】多年生草本植物，株高达60cm。根茎短，茎直立，光滑无毛。掌状复叶，具长柄，3~4片轮生于茎顶；小叶3~7，椭圆形或长圆状倒卵形，边缘有细锯齿。伞形花序顶生，花序梗从茎顶中央抽出，长20~30cm。花小，黄绿色；花萼5裂；花瓣、雄蕊皆为5。核果浆果状，近肾形，熟时红色。种子1~3，扁球形。花期6~8月，果期8~10月。

【分布】分布于云南东南部。

【生态习性】生于海拔1 100~1 700 m的山谷潮湿林内。

【化学成分】含皂苷，主要为人参皂苷Rb1、Rg1、Rg2和少量人参皂苷Ra、Rb2、Rb和Re。此外，还含黄酮苷、淀粉、蛋白质、油脂等。入药以身干、个大、体重、质坚、表皮光滑、断面灰绿色或灰黑色者为佳。

【功能用途】具散瘀止血，消肿定痛作用。用于各种内、外出血，胸腹刺痛，跌扑肿痛。

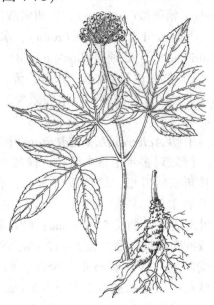

图4-76 三七
（资料来源：中国植物图像库）

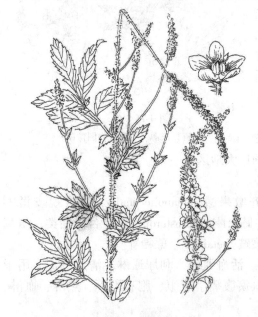

图4-77 仙鹤草
（资料来源：中国植物图像库）

仙鹤草 *Agrimonia pilosa*（图4-77）

【形态】多年生草本植物。根茎粗，茎高30~100 cm。茎、叶柄、叶轴、花序轴都有开展长柔毛和短柔毛。叶为不整齐的单数羽状复叶，小叶通常5~7，茎上部为3小叶，中间杂有很小的小叶；小叶片椭圆状倒卵形、菱状倒卵形至倒披针形，长2.5~6 cm，宽1~3 cm，边缘锯齿粗大，下面脉上或脉间疏生柔毛，并有金黄色腺点；茎上部托叶肾形，有粗大齿牙，抱茎，下部托叶披针形，常全缘。穗状总状花序生于枝顶，多花；苞片常3裂，2个小苞片2~3裂；花黄色，直径5~9 mm；萼筒外面有槽和柔毛，顶端有1圈钩状刺毛；雄蕊约10。果实倒圆锥状，长约4 mm，顶端有钩状刺毛，有宿存萼。花、果期7~9月。

【分布】美国、加拿大、欧洲及中国各地都

有分布。

【生态习性】喜野生山坡、路旁或水边生长。

【化学成分】全草含仙鹤草素(agrimon-ins)，已知的有仙鹤草甲素(agrimonin A)、仙鹤草乙素(agrimonin B)、仙鹤草丙素、仙鹤草丁素、仙鹤草戊素、仙鹤草己素等6种。尚含木犀草素-7-葡萄糖苷(luteolin-7-glucoside)、芹菜素-7-葡萄糖苷(apigenin-7-glucoside)、槲皮素(quercetin)、大波斯菊苷(cosmosiin)、金丝桃苷(hyperoside)、芦丁(rutin)、儿茶素(catechin)；鞣花酸(ellagic acid)、没食子酸(gallic acid)、咖啡酸(caffeic acid)；仙鹤草内酯(agrimonolide)、香豆素(coumarin)、欧芹酚甲醚(osthole)、仙鹤草醇(agri-monol)、鹤草酚(agrimophol)及鞣质、甾醇、皂苷和挥发油等。

【功能用途】全草为强壮性收敛止血药，有强心、升血压、凝血、止血、凉血、抗菌等作用。

地榆 *Sanguisorba officinalis*（图4-78）

【形态】多年生草本植物，株高30～120 cm。根粗壮，多呈纺锤形，稀圆柱形，表面棕褐色或紫褐色，有纵皱及横裂纹，横切面黄白或紫红色，较平正。茎直立，有棱，无毛或基部有稀疏腺毛。基生叶为羽状复叶，有小叶4～6对，叶柄无毛或基部有稀疏腺毛；小叶片有短柄，卵形或长圆状卵形，长1～7 cm，宽0.5～3 cm，顶端圆钝稀急尖，基部心形至浅心形，边缘有多数粗大圆钝稀急尖的锯齿，两面绿色，无毛。

茎生叶较少，小叶片有短柄至几无柄，长圆形至长圆披针形，狭长，基部微心形至圆形，顶端急尖；基生叶托叶膜质，褐色，外面无，毛或被稀疏腺毛，茎生叶托叶大，草质，半卵形，外侧边缘有尖锐锯齿。穗状花序椭圆形，圆柱形或卵球形，直立，通常长1～3(4) cm，横径0.5～1 cm，从花序顶端向下开放，花序梗光滑或偶有稀疏腺毛；苞片膜质，披针形，顶端渐尖至尾尖，比萼片短或近等长，背面及边缘有柔毛；萼片4枚，紫红色，椭圆形至宽卵形，背面被疏柔毛，中央微有纵棱脊，顶端常具短尖头；雄蕊4枚，花丝丝状，不扩大，与萼片近等长或稍短；子房外面无毛或基部微被毛，柱头顶端扩大，盘形，边缘具流苏状乳头。果实包藏在宿存萼筒内，外面有斗棱。花、果期7～10月。

图4-78 地 榆

（资料来源：中国植物图像库）

【分布】广布于欧洲、亚洲北温带。中国黑龙江、吉林、辽宁、内蒙古、河北、山西、陕西、甘肃、青海、新疆、山东、河南、江西、江苏、浙江、安徽、湖南、湖北、广西、四川、贵州、云南、西藏。

【生态习性】生于草原、草甸、山坡草地、灌丛中、疏林下、路旁或田边。海拔30～

3 000 m。喜温暖湿润气候，耐寒，中国北方栽培幼龄植株冬季不需要覆盖防寒。生长季节4~11月，以7、8月生长最快。以富含腐殖质的砂壤土、壤土及黏壤土栽培为好。种子发芽率约60%，如温度在17~21℃，有足够的湿度，约7 d出苗。当年播种的幼苗，仅形成叶簇，不开花结子。翌年7月开花，9月中、下旬种子成熟。

【化学成分】根含鞣质和三萜皂苷，分离出的皂苷有地榆糖苷Ⅰ(ziyu glycoside Ⅰ)、地榆糖苷Ⅱ(ziyu glycoside Ⅱ)，其水解后产生坡模醇酸(pomolic acid)和阿拉伯糖等。另含有地榆苷A、B、E(sanguisorbin A，B，E)，其苷元均为熊果酸(ursolic acid)。叶含V_C；花含矢车菊苷(chrysanthemin)、矢车菊双苷(cyanin)。

【功能用途】能凉血止血，收敛止泻；用于咯血、便血、痔疮出血。

刺儿菜 *Cirsium setosum*（图4-79）

【形态】多年生草本植物，根状茎长。茎直立，高30~80 cm，茎无毛或被蛛丝状毛。基生叶花期枯萎；下部叶和中部叶椭圆形或椭圆状披针形，长7~15 cm，宽1.5~10 cm，先端钝或圆形，基部楔形，通常无叶柄，上部茎叶渐小，叶缘有细密的针刺或刺齿，全部茎叶两面同色，无毛。头状花序单生于茎端，雌雄异株；雄花序总苞长约18 mm，雌花序总苞长约25 mm；总苞片6层，外层甚短，长椭圆状披针形，内层披针形，先端长尖，具刺；雄花花冠长17~20 mm，裂片长9~10 mm，花药紫红色，长约6 mm；雌花花冠紫红色，长约26 mm，裂片长约5 mm，退化花药长约2 mm。瘦果椭圆形或长卵形，略扁平；冠毛羽状。花期5~6月，果期5~7月。

图4-79 刺儿菜
（资料来源：中国植物图像库）

【分布】分布于除广东、广西、云南、西藏外的全国各地。

【生态习性】生于山坡、河旁或荒地、田间。

【化学成分】带花全草含芸香苷(rutin)、原儿茶酸(proto-catechuic acid)、绿原酸(chlorogenic acid)、咖啡酸(caffeic acid)、KCl(potassium chloride)、蒙花苷(linarin)即刺槐苷(acaciin)，也即刺槐素-7-鼠李糖葡萄糖苷(acacetin-7-rhamnogluco-side)、刺槐素(acacetin)、酪胺(tyramine)、蒲公英甾醇(taraxasterol)、φ-蒲公英甾醇乙酸酯(φtaraxasteryl acetate)、蒲公英甾醇(taraxasterol)、φ-蒲公英甾醇乙酸酯(φ-taraxasteryl acetae)、三十烷醇(triacontanol)、β-谷甾醇(β-sitosterol)、豆甾醇(stigmas-terol)。

【功能用途】凉血止血，清热消肿。

白茅根 *Imperata cylindrical*（图4-80）

【形态】多年生草本植物。根茎密生鳞片。秆丛生，直立，高30~90 cm，具2~3节，节上有长4~10 mm的柔毛。叶多丛集基部；叶鞘无毛，或上部及边缘和鞘口具纤毛，老时基部或破碎呈纤维状；叶舌干膜质，钝头，长约 1 mm；叶片线形或线状披针形，先端渐尖，基部渐狭，根生叶长，几与植株相等，茎生叶较短。圆锥花序柱状，长 5~20 cm，宽 1.5~3 cm，分枝短缩密集；小穗披针形或长圆形，长 3~4 mm，基部密生长 10~15 mm 之丝状柔毛，具长短不等的小穗柄；两颖相等或第一颖稍短，除背面下部略呈草质外，余均膜质，边缘具纤毛，背面疏生丝状柔毛，第一颖较狭，具 3~4 脉，第二颖较宽，具 4~6 脉；第一外稃卵状长圆形，长约 1.5 mm，先端钝，内稃缺如；第二外稃披针形，长 1.2 mm，先端尖，两侧略呈细齿状；内稃长约 1.2 mm，宽约 1.5 mm，先端截平，具尖钝划、不同的数齿；雄蕊 2，花药黄色，长约 3 mm；柱头 2 枚，深紫色。颖果。花期夏、秋季。

图 4-80　白茅根

（资料来源：中国植物图像库）

【分布】分布于非洲北部、土耳其、伊拉克、伊朗、中亚、高加索及地中海区域。模式标本采自法国南部。产于中国辽宁、河北、山西、山东、陕西、新疆等北方地区。

【生态习性】生于低山带平原河岸草地、砂质草甸、荒漠与海滨。

【化学成分】根茎含芦竹素（arundoin）、印白茅素（cylindrin）、薏苡素（coixol）、羊齿烯醇（fernenol）、西米杜鹃醇（simiarenol）、异山柑子萜醇（isoarborinol）、白头翁素（anemonin）；还含甾醇类：豆甾醇（stigmasterol）、β-谷甾醇（β-sitosterol）、菜油甾醇（campesterol）；糖类：多量蔗糖（sucrose）、葡萄糖（glucose）及少量果糖（fructose）、木糖（xylose）；简单酸类：柠檬酸（citric acid）、草酸（oxalic acid）、苹果酸（malic acid）。

【功能用途】白茅根可清热，利尿，凉血，止血。

风轮菜 *Clinopodium chinense*（图 4-81）

【形态】多年生草本植物，株高 20~60 cm。茎四方形，多分枝，全体被柔毛。叶对生，卵形，长 1~5 cm，宽 5~25 mm，顶端尖或钝，基部楔形，边缘有锯齿。花密集成轮伞花序，腋生成顶生；苞片线形、钻形，边缘有长缘毛，长 3~6 mm；花萼筒状，绿色，萼筒外面脉上有粗硬毛，具 5 齿，分 2 唇；花冠淡红色或紫

图 4-81　风轮菜

（资料来源：中国植物图像库）

红色,外面及喉门下方有短毛,基部筒状,向上渐张开,长约5~7.5 mm,上唇半圆形,顶端微凹,下唇3裂,侧片狭长圆形,中片心形,顶端微凹;雄蕊2,药室略叉开;花柱着生子房底,伸出冠筒外,2裂。小坚果宽卵形,棕黄色。花期7~8月,果期9~10月。

【分布】分布我国东北、华东、西南各地。欧洲南部也有。

【生态习性】生长于草地、山坡、路旁。日照充足通风良好,排水良好的砂质壤土为佳。

【化学成分】全草含三萜皂苷及黄酮类等成分。三萜皂苷类有风轮菜皂苷(clinodiside)A,黄酮类有香蜂草苷(didymin)、橙皮苷(hespe-ridin)、异樱花素(isosakuranetin)、芹菜素(apigenin)。此外,还含有熊果酸(ursolic acid)等。

【功能用途】疏风清热,解毒消肿,止血。主感冒发热,中暑,咽喉肿痛。白喉,急性胆囊炎,肝炎,肠炎,痢疾,乳腺炎,疔疮肿毒,过敏性皮炎,急性结膜炎,尿血,崩漏,牙龈出血,外伤出血。

侧柏 *Latycladus orientalis*(见图4-63)

【形态】多分枝,小枝扁平。叶细小鳞片状,交互对生、贴伏于枝上,深绿色或黄绿色,质脆,易折断。

【分布】主产河北、山东等地。

【生态习性】喜光,幼时稍耐阴,适应性强,对土壤要求不严,在酸性、中性、石灰性和轻盐碱土壤中均可生长。耐干旱瘠薄,萌芽能力强,耐寒力中等,在山东只分布于海拔900 m以下,以海拔400 m以下者生长良好。抗风能力较弱。

侧柏为温带喜光树种,栽培、野生均有。喜生于湿润肥沃排水良好的钙质土壤耐寒、耐旱、抗盐碱,在平地或悬崖峭壁上都能生长;在干燥、贫瘠的山地上,生长缓慢,植株细弱。浅根性,但侧根发达、萌芽性强、耐修剪、寿命长,抗烟尘,抗 SO_2、HCl 等有害气体,分布广,为中国应用最普遍的观赏树木之一。

【化学成分】含扁柏双黄酮(hinokiflavone)、穗花杉双黄酮(amentoflavone)、新柳杉双黄酮(neocryptomerin)、槲皮素、杨梅黄素(myricetin)、山奈酚(kaempferol)、香橙素(aromadendrin)等黄酮类成分;还含0.6%~1%的挥发油,油中主要含侧柏烯(thujene)、侧柏酮(thujone)、小茴香酮(fenchone)、α-蒎烯、δ-蒎烯。植物油中还含有脂肪酸及其酯。叶中尚含P、Ca、Mg、Fe、Mn和Zn等微量元素。

【功能用途】凉血止血,镇咳祛痰。

白及 *Bletilla striata*(图4-82)

【形态】多年生草本植物。假鳞茎块根状,白色,肥厚,有指状分歧。茎粗壮,直立,高30~60cm。叶3~6枚,披针形或广披针形,先端渐尖,基部鞘状抱茎。总状花序顶生,稀疏,有花3~8朵,花大而美丽,紫红色。花瓣3,唇瓣倒卵长圆形,深3裂,中裂片边缘有波状齿,侧裂片部分包覆蕊柱;萼片3,花瓣状。蒴果,圆柱状,上面,6纵棱突出。种子细小如尘埃。花期4月下旬~5月下旬,果期11月中、下旬。

【分布】原产我国,广布于长江流域各地。朝鲜、日本、缅甸北部也有分布。

【生态习性】野生山谷林下阴湿处。喜温暖、阴湿的环境。稍耐寒，长江中下游地区能露地栽培。耐阴性强，忌强光直射，夏季高温干旱时叶片容易枯黄。宜排水良好含腐殖质多的砂壤土。

【化学成分】块茎含联苄类化合物：3，3′-二羟基-2′，6′-双（对-羟苄基）-5-甲氧基联苄［3，3′-dihydroxy-2′，6′-bid（p-hydroxybezyl）-5-methoxy bibenzyl］、2，6-双（对-羟苄基）-3′，5-二甲氧基-3-羟基联苄［2，6-bis（p-hydroxybenzyl）-3′，5-dimethoxy-3-hydroxybibenzyl］、3，3′-二羟基-5-甲氧基-2，5′，6-三（对-羟苄基）联苄［3，3′-dihydroxy-5-methoxy-2，5′，6-tris（p-hydroxybenzyl）bibenzyl］、3，3′，5-甲氧基联苄（3，3′，5-trimethoxybibenzyl）、3，5-二甲基联苄（3，5-dimethoxybibenzyl），二氢菲类化合物：4，7-二羟基-1-对-羟苄基-2-甲氧基-9，10-二氢菲（4，7-dihydroxy-1-p-hydroxybenzyl-2-methoxy-9，10-dihydropenan-

图 4-82 白　及
（资料来源：中国植物志）

threne)、4，7-二羟基-2-甲氧基-9，10-二氢菲（4，7-dihydroxy-2-methoxy-9，10-dihydrophenanthrene)、3-(对-羟苄基)-4-甲氧基-9，10-二氢菲-2，7-二醇［3-(p-hydroxybenzyl)-4-methoxy-9，10-dihydrophenanthrene-2，7-diol］、1，6-双(对-羟苄基)-4-甲氧基-9，10-二氢菲-2，7-二醇［1，6-bis(p-hydroxybenzyl)-4-methoxy-9，10-dihydrophenanthrene-2，7-diol］、2，4，7-三甲氧基-9，10-二氢菲(2，4，7-trimethoxy-9，10-dihydrophenanthrene)；联菲类化合物：白及联菲(blestriarene)A、B、C，白及联菲醇(blestrianol)A、B、C；双菲醚类化合物：白及双菲醚(blestrin)A、B、C、D；二氢菲并吡喃类化合物：白及二氢菲并吡喃酚(bletlol)A、B、C；具螺内酯的菲类衍生物：白及菲螺醇(blespirol)；菲类糖苷化合物：2，7-二羟基-4-甲氧基菲-2-O-葡萄糖苷(2，7-dihydroxy-4-methoxyphenanthrene-2-O-glucoside)、2，7-二羟基-4-甲氧基菲-2，7-O-二葡萄糖苷(2，7-dihydroxy-4-methoxyphenanthrene-2，7-O-diglucoside)、3，7-二羟基-2，4-二甲氧基菲-3-O-葡萄糖苷(3，7-dihycroxy-2，4-dimethoyxphenanthrene-3-O-glucoside)、2，7-二羟基-1-(4′-羟苄基)-9，10-二氢菲-4-O-葡萄糖苷［2，7-dihydroxy-1-(4′-hydroxybenzyl)-9，10-dihydrophenanthrene-4-glucoside］；其他菲类化合物：1-对-羟苄基-4-甲氧基菲-2，7-二醇(1-p-hydroxybenzyl-4-methoxyphenanthrene-2，7-diol)、1，8-双(对-羟苄基)-4-甲氧基菲-2，7-二醇［1，8-bis(p-hydroxybenzyl)-4-methoxyphenanthrene-2，7-diol］、2，4，7-三甲氧基菲(2，4，7-trimethoxyphenanthrene)、2，3，4，7-四甲氧基菲(2，3，4，7-ttetramethoxyphenanthrene)；苄类化合物：山药素(batatasin)Ⅲ3′-O-甲基山药素(3′-O-methylbatatasin)Ⅲ；蒽类化合物：大黄素甲醚(physcioin)。又含酸类成分：对-羟基苯甲酸(p-hydroxybenzoic acid)、原儿茶酸(protocatechuic acid)、桂皮酸(cinnamic acid)；醛类成分：对-羟基苯甲醛(p-hydroxybenzaldehyde)。新鲜块茎另含白及甘露聚糖(bletilla mannan)，是由 4 份甘露糖(mannose)和 1 份葡萄糖(glucose)组成的葡配甘露聚糖。

【功能用途】收敛止血，消肿生肌。用于咳血吐血、外伤出血、疮疡肿毒、皮肤皲裂、肺结核咯血、溃疡病出血。

香蒲 *Typha orientalis*
(1) 狭叶香蒲

【形态】多年生草本，高 1.5~3 m。根茎匍匐，须根多。叶狭线形，宽 5~8 mm，稀达 10 mm。花小，单性，雌雄同株；穗状花序长圆柱形，褐色；雌雄花序离生，雄花序在上部，长 20~30 cm，雌花序在下部，长 9~28cm，具叶状苞片，早落；雄花具雄蕊 2~3，基生毛较花药长，先端单一或 2~3 分叉，花粉粒单生；雌花具小苞片，匙形，较柱头短，茸毛早落，约与小苞片等长，柱头线形或线状矩圆形。果穗直径 10~15mm，坚果细小，无槽，不开裂，外果皮下分离。花期 6~7 月，果期 7~8 月。

【分布】分布于东北、华北、西北、华东及河南、湖北、广西、四川、贵州、云南等地。

【生态习性】生于浅水。

【化学成分】花粉主含黄酮类成分：香蒲新苷(typhaneoside)即异鼠李素-3-O-2G-α-L-吡喃鼠李糖基(1-2)-α-L-吡喃鼠李糖基(1-6)-β-D-吡喃葡萄糖苷［O-2G-α-L-rhamnopyranosyl(1-2)-α-L-rhamnopyranosyl(1-6)-β-D-glucopyranoside］、山柰酚-3-O-2G-α-L-吡喃鼠李糖基(1-2)-α-L-吡喃鼠李糖基(1-6)-β-D-吡喃葡萄糖苷［kaempferol-3-O-2G-α-L-rhamnopyranosyl(1-2)-α-L-rhamnopyranosyl(1-6)-β-D-glucopyranoside］、异鼠李素-3-O-α-L-鼠李糖基(1-2)-β-D-葡萄糖苷［isorhamnetin-3-O-α-L-rhamnosyl(1-2)-β-D-glucoside］、山柰酚-3-O-α-L-鼠李糖基(1-2)-β-D-葡萄糖苷［kaempferol-3-O-α-L-rhamnosyl(1-2)-β-D-glucoside］、槲皮素-3-O-α-L-鼠李糖基(1-2)-β-D 葡萄糖苷［quercetin-3-O-α-L-rhamnosyl(1-2)-β-D-glucoside］、槲皮素(quercetin)，山柰酚(kaempferol)、异鼠李素(isorhamnetin)、柚皮素(naringenin)。还含甾醇类成分：β-谷甾醇(β-sitosterol)、β-谷甾醇葡萄糖苷(β-sitosterol glucoside)、β-谷甾醇棕榈酸酯(β-sitosterol palmitate)。又含 7-甲基-4-三十烷酮(7-methyl-4-TCMLI triacontanone)、6-三十三烷醇(6-TCMLIBiTCMLIBiacontanol)、二十五烷(pentacosane)。还含多糖 TAA、TAB、TAC，相对分子质量分别为 57 000、80 000、86 000Da，TAA 由半乳糖(galactose)、半乳糖醛酸(galacturonic acid)、阿拉伯糖(arabinose)、鼠李糖(rhamnose)，木糖(xylose)按摩尔比 2.7:6.5:6.6:2.7:1.0 构成，TAB 由半乳糖、半乳糖醛酸、阿拉伯糖、鼠李糖按摩尔比 2.3:2.4:8.7:1.0 构成，TAC 由半乳糖、半乳糖醛酸、阿拉伯糖、鼠李糖按摩尔比 1.7:1.7:5.2:1.0 构成。另含天冬氨酸(aspartic acid)、苏氨酸(threonine)、丝氨酸(serine)、谷氨酸(glutamic acid)、缬氨酸(valine)、精氨酸(arginine)、脯氨酸(proline)、胱氨酸(cystine)、色氨酸(TCMLI typtophane)等氨基酸和 Ti、Al、B、Po、Cr、Cu、Hg、Fe、I、Mo、Se、Zn 等微量元素。又含挥发油，其中主成分为：2,6,11,14-四甲基十九烷(2,6,11,14-teTCMLIBamethylnonadecane)、棕榈酸甲酯(methyl palmitate)、棕榈酸(palmitic acid)，还含 2-十八烯醇(2-octadecenol)、2-戊基呋喃(2-pentylfuran)、β-蒎烯(β-piene)、8,11-十八碳二烯酸甲酯(methyloctadeca-8,11-dienoate)、1,2-二甲基苯

(1,2-dimethoxybenzene)、1-甲基萘(1-methylnaphthalene)、2,7-二甲基萘(2,7-dimethyl-naphthalene)等共63个组分。

(2) 宽叶香蒲

【形态】与狭叶香蒲区别在于：叶阔线形，长约1 m，宽10~15 mm，光滑无毛，基部鞘状，抱茎。穗状花序圆柱形，雌雄花序紧相连接，雄花序在上千8~15 cm，雌花序长约10 cm，直径约2 cm，具2~3片叶状苞片，早落；雄花具雄蕊3~4，花粉粒为4合体；雌花基都无小苞片，具多数基牛的白色长毛。果穗粗，坚果细小，常于水中开裂，外果皮分离。

【分布】分布于东北、华北、西南及陕西、新疆、河南等地。

【生态习性】生于河流两岸、池沼等地水边，以及沙漠地区浅水滩中。

【化学成分】花粉主含黄酮类成分：柚皮素、异鼠李素、槲皮素、异鼠李素-3-O-(2G-α-L-吡喃鼠李糖基)-芸香糖苷[isorhamnetin-3-O-(2G-α-L-rhamnopyranosyl)-rutinoside]即香蒲新苷、槲皮素-3-O-α-L-吡喃鼠李糖基(1-2)-[α-L-吡喃鼠李糖基(1-6)]-β-D-吡喃葡萄糖苷。

(3) 东方香蒲（图4-83）

【形态】与前两种不同点在于：叶条形，宽5~10 mm，基部鞘状抱茎。穗状花序圆柱状，雄花序与雌花序彼此连接；雄花序在上，长3~5 cm，雄花有雄蕊2~4，花粉粒单中；雌花序在下，长6~15 cm，雌花无小苞片，有多数基生的白色长毛，毛与柱头近等长，柱头匙形，不育雌蕊棍棒状。小坚果有一纵沟。

【分布】分布于东北、华北、华东及陕西、湖南、广东、贵州、云南等地。

【生态习性】生于水旁或沼泽中。

(4) 长苞香蒲

【形态】与以上种类区别在于：叶条形，宽6~15 mm，基部鞘状，抱茎。穗状花序圆柱状，粗壮，雌雄花序共长达50 cm，雌花序和雄花序分离；雄花序在上，长20~30 cm，雄花具雄蕊3，毛长于花药，花粉料单生；雌花序在下，比雄花序为短，雌花的小苞片与柱头近等长，柱头条状长圆形，小苞片及柱头均比毛长。小坚果无沟。

【分布】分布于东北、华北、华东及陕西、甘肃、新疆、四川等地。

【生态习性】生于池沼、水边。

【功能用途】蒲黄功效有止血，化瘀，通淋。用于吐血、衄血、咯血、崩漏、外伤出血、经闭、痛经、脘腹刺痛、跌打肿痛、血淋湿痛。

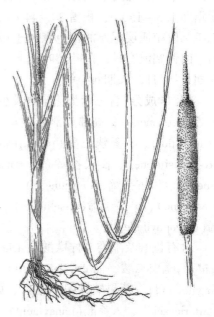

图 4-83 东方香蒲

(资料来源：中国植物图像库)

4.4.10 益补类药用植物

人参 *Panax ginseng* (图 4-84)

【形态】多年生草本植物。主根肉质，圆柱形或纺锤形，须根细长；根状茎（芦头）短，上有茎痕（芦碗）和芽苞；茎单生，直立，高 40~60 cm。叶为掌状复叶，2~6 枚轮生茎顶，依年龄而异：1 年生有 3 小叶，2 年生有 5 小叶 1~2 枚，3 年生 2~3 枚，4 年生 3~4 枚，5 年生以上 4~5 枚，最多的 7 枚；小叶 3~5，中部的 1 片最大，卵形或椭圆形，长 3~12 cm，宽 1~4 cm，基部楔形，先端渐尖，边缘有细尖锯齿，上面沿中脉疏被刚毛。伞形花序顶生，花小；花萼钟形，具 5 齿；花瓣 5，淡黄绿色；雄蕊 5，花丝短，花药球形；子房下位，2 室，花柱 1，柱头 2 裂。浆果状核果扁球形或肾形，成熟时鲜红色；种子 2 个，扁圆形，黄白色。

图 4-84 人 参
（资料来源：中国植物图像库）

【分布】分布于吉林、辽宁、黑龙江、河北（雾灵山、都山）、山西、湖北。

【生态习性】多生长在北纬 40°~45°之间，1 月平均气温 -23~5 ℃，7 月平均气温 20~26 ℃，耐寒性强，可耐 -40 ℃ 低温，生长适宜气温为 15~25 ℃，积温 2 000~3 000 ℃，无霜期 125~150 d，积雪 20~44 cm，年降水量 500~1 000 mm。土壤为排水良好、疏松、肥沃、腐殖质层深厚的棕色森林土或山地灰化棕色森林土，pH5.5~6.2。多生于以红松为主的针阔混交林或落叶阔叶林下，郁闭度 0.7~0.8。人参通常 3 年开花，5~6 年结果，花期 5~6 月，果期 6~9 月。

【化学成分】含三萜类化合物及少量挥发油。挥发油中的主成分，低沸点部分为 β-榄香烯（β-elemene）；高沸点部分为人参炔醇（panaxynol）；挥发性成分中亦含人参环氧炔醇（panaxydol）、人参炔三醇（panaxytriol）、人参炔（ginsenyne）B、C、D、E 以及 α-人参烯（α-panasinsene）、β-人参烯（β-panasinsene）、γ-榄香烯（γ-elemene）、α-古芸烯（α-gurjunene）、β-古芸烯（β-gurjunene）、α-新丁香三环烯（α-neodovene）、β-新丁香三环烯（β-neodovene）、α-芹子烯（α-selinene）、β-芹子烯（β-selinene）、γ-芹子烯（γ-selinene）、石竹烯（caryophyllene）等。

含有机酸及酯类，柠檬酸（citric acid）、异柠檬酸（isocitric acid）、延胡索酸（fumaric acid）、酮戊二酸、油酸（oleic acid）、亚油酸（linoleic acid）、顺丁烯二酸（cis-butendicarboxylic acid）、苹果酸（malic acid）、丙酮酸（pyruvic acid）、琥珀酸（succinic acid）、酒石酸（tartaric acid）、人参酸（panax acid）、水杨酸（salicylic acid）、香草酸（vanillic acid）、对羟基肉桂酸（p-hydroxycinnamic acid）、甘油三酯（triglyceride）、棕榈酸（palmitic acid）、三棕榈酸甘油酯（palmitin）、α，γ-二棕榈酸甘油酯、三亚油酸甘油酯、糖基甘油二酯。

还含有含氮化合物吡咯烷酮、胆碱(choline)、三磷酸腺苷(adenosine triphosphate)、腺苷(adenosine)、胺、多肽及精氨酸、赖氨酸、甘氨酸、苏氨酸、丝氨酸、谷氨酸、天门冬氨酸等17种氨基酸。

人参中还有果糖(fructose)、葡萄糖(glucose)、阿拉伯糖(arabinoose)、鼠李糖(rhamnose)、葡萄糖醛酸(glucuronic acid)、甘露糖(mannose)、木糖(xylose)、蔗糖(sucrose)、麦芽糖(maltose)、棉子糖(raffinose)及人参三糖(ginsengtrisaccharide)A、B、C、D。人参尚含38.7%的水溶性多糖和7.8%~10.0%的碱溶性多糖。

含V_{B_1}、V_{B_2}、$V_{B_{12}}$、V_C、烟酸(nicotinic acid)、叶酸(folic acid)、泛酸、生物素(Biotin)及烟酰胺。

含甾醇及其苷类，β-谷甾醇(β-sitosterol)、豆甾醇(stigmasterol)、胡萝卜苷(daucosterol)、菜油甾醇(campesterol)、人参皂苷P[sitosteryl-O-(6-O-fatty acyl)-glucopyranoside]及酯甾醇。

此外，人参尚含有腺苷转化酶、L-天冬氨酸酶、β-淀粉酶、蔗糖转化酶；麦芽醇(maltol)、廿九烷(nonacosane)；山萘酚(kaempferol)、人参黄酮苷(panasenoside)及Cu、Zn、Fe、Mn等二十多种微量元素。

【功能用途】人参大补元气，复脉固脱，补脾益肺，生津止渴，安神益智。

黄芪 *Astragalus mahoschanicus*（图4-85）

【形态】多年生草本，高40~80 cm。主根粗长，较直。茎直立，上部有分枝。奇数羽状复叶互生，小叶12~18对，小叶片广椭圆形、椭圆形或长圆形，长0.5~1 cm，宽3~5 mm，两端近圆形，下部被柔毛，托叶披针形；总状花序腋生，常比叶长，着花5~20余朵，花萼钟状，密被短柔毛，具5萼齿，花冠黄色至浅黄色，长1.8~2 cm，旗瓣长圆状倒卵形，翼瓣及龙骨瓣均具长爪；雄蕊10，二体。子房有长柄；荚果膜质，膨胀成半卵圆形，直径1.1~1.5cm，无毛。花期6~7月，果期7~9月。

【分布】产于山西、黑龙江及内蒙古。野生或栽培，品质均优良，但野生品量小。现以栽培的蒙古黄芪质佳，销全国并出口。部分地区野生的膜荚黄芪质稍次，多自产自销。

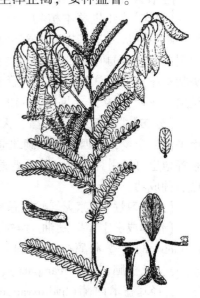

图4-85 黄芪
（资料来源：中国植物图像库）

【生态习性】喜凉爽气候，有较强的抗旱、耐寒能力，不耐热，不耐涝。气温过高常抑制植株生长，土壤湿度过大，常引起根部腐烂。宜在土层深厚、肥沃、疏松、排水良好的砂质土壤生长，在黏土上则根多，生长缓慢。多生于林缘、灌丛、林间草地、疏林下及草甸等处。

【化学成分】含有皂苷类，有黄芪皂苷I-VIII(astragaloside I-VIII)及大豆皂苷I(soyasaponin I)。

含有黄酮类芒，有柄花黄素（formononetin）、3′-羟基芒柄花黄素（毛蕊异黄酮，calycosin）及其葡萄糖苷 2′，3′-二羟基-7，4′-二甲氧基异黄酮、7，2′-二羟基-3′，4′-二甲氧基异黄烷及其葡萄糖苷、7，3′-二羟基-4′，5′-二甲氧基异黄烷、3-羟基-9，10-二甲氧基紫檀烷（3-hydroxy-9，10-dimethoxypterocarpane）及其葡萄糖苷等。其中一些成分具较强的抗氧化活性。

还含有多糖类成分，从蒙古黄芪中分离出 3 种多糖：黄芪多糖 I（astragalan I），相对分子质量为 36 300 Da；黄芪多糖 II，相对分子质量为 12 300 Da；黄芪多糖 III，相对分子质量为 34 600 Da。从中还分离出 2 种葡聚糖（AG-1，AG-2）和 2 种杂多糖（A11-1，AH-2）。AG-1 和 AH-l 具有免疫促进作用。

含有氨基酸类成分，蒙古黄芪含 21 种氨基酸，其中天冬酰胺（asparamide）、刀豆氨酸（canavanine）、脯氨酸（proline）和 γ-氨基丁酸（γ-aminobutyric acid）含量较高。

含 14 种以上微量元素，其中 Se 含量为 0.04～0.08 μg/g；亚油酸（linoleic acid）、亚麻酸（linolenic acid）、甜菜碱（betaine）及多种甾醇类化合物。

【功能用途】有益气固表、敛汗固脱、托疮生肌、利水消肿之功效。

白术 Atractylodis Macrocephalae（图 4-86）

【形态】多年生草本植物，高 30～60cm。根状茎肥厚，略呈拳状。茎直立，上部分枝。叶互生，叶片 3，深裂或上部茎的叶片不分裂，裂片椭圆形。边缘有刺。头状花序顶生，总苞钟状，花冠紫红色，瘦果椭圆形，稍扁。花期 7～9 月，果期 8～10 月。

【分布】主产于浙江新昌、天台、东阳、于潜，湖南平江、宁乡，江西修水，湖北通城、利川。河北、山东等地也可以引种栽培。陕西普遍有栽种，黄土高原也已引种成功。

【生态习性】喜凉爽气候，忌高温高湿。

【化学成分】含挥发油 1.4%，主要成分为苍术酮（atractylon）、苍术醇（atractylol）。亦含苍术醚（atractylon）、杜松脑（junipercamphor）、苍术内酯（atractylolide）、羟基苍术内酯（hydroxyatractylolide）、脱水苍术内酯（anhydroatractylolide）、棕榈酸（palmitic acid）、果糖（fructose）、菊糖（synanthrin）以及白术内酯（atractylenolide）I、II、III 及 8-β-乙氧基白术内酯III（8-β-ethoxy atractylenolide III）。此外，尚含有维生素 A 类物质以及精氨酸、脯氨酸、门冬氨酸、丝氨酸等 14 种氨基酸，总氨基酸含量为 195.10 mg/10g。

图 4-86 白 术
（资料来源：中国植物图像库）

【功能用途】可健脾益气，燥湿利水，止汗，安胎。

当归 Angelica sinensis（图 4-87）

【形态】多年生草本植物。茎带紫色。基生叶及茎下部叶卵形，二至三回三出或羽状全裂，最终裂片卵形或卵状披针形，3浅裂，叶脉及边缘有白色细毛；叶柄有大叶鞘；茎上部叶羽状分裂。复伞形花序；伞幅9~13；小总苞片2~4；花梗12~36，密生细柔毛；花白色。双悬果椭圆形，侧棱有翅。花、果期7~9月。

【分布】主产甘肃、云南、四川，多为人工栽培。

【生态习性】生于高寒多雨山区。

【化学成分】根含挥发油约0.3%，油中主含具特殊香气的正丁(n-butylidenephthalide)，另含邻羧基苯正戊酮(n-valerophenone-O-carboxylicacid)、Δ-2,4二氢邻苯二甲酸酐(Δ-2, 4dihydrophthalic anhydride)和几种倍半萜烯类化合物。当归挥发油主含藁本内酯(ligustilide)，占45%，其次为正丁烯酞内酯。此外，根尚含$V_{B_{12}}$、蔗糖、β-谷甾醇、脂肪酸、

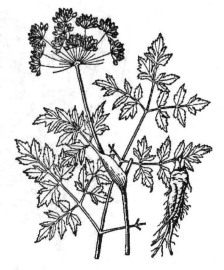

图4-87 当 归
(资料来源：中国植物图像库)

亚叶酸(folinic acid)或柠胶因子(Citrovorum factor)、烟酸及生物素(biotin)等类似物质。根的水溶性部分含阿魏酸(ferulic acid)、丁二酸(succinic acid)、菸酸(nicotinic acid)、尿嘧啶(uracil)、腺嘌呤(adenine)、东莨菪素(scopoletin)、伞形酮(umbelliferone)、香荚兰酸(vanillic acid)及胆碱(choline)，醚溶性部分含镰叶芹醇(falcarinol)、镰叶芹酮(falcarinolone)、镰叶芹二醇(falcarindiol)等。

【功能用途】可治中风不省人事、口吐白沫、产后风瘫。补血活血，调经止痛，润肠通便。用于血虚萎黄、眩晕心悸、月经不调、经闭痛经、虚寒腹痛、肠燥便秘、风湿痹痛、跌扑损伤、痈疽疮疡。

炒黑，共研细末，每用9 g，水1杯，酒少许，煎服。6~12 g。

沙参 *Adenophora* spp. (图4-88)

【形态】

四叶沙参(轮叶沙参)：多年生草本，高30~50 cm。主根粗肥，长圆锥形或圆柱状，黄褐色，粗糙，具横纹，顶端有芦头。茎常单生，少有丛生，除花序外不分枝，无毛。基生叶成丛，卵形、长椭圆形或近圆形；茎生叶常4片轮生，偶有5~6片轮生，外形变化很大，由卵形、披针形至条形，长4~8 cm，宽1.5~3 cm，边缘有粗锯齿、细锯齿至全缘，叶越宽，齿越粗。夏季开花，花序圆锥状，下部花枝轮生，顶部花枝有时互生；花萼光滑而小，杯状，先端5裂，裂片条状；花冠蓝色，窄钟形，长约1 cm，先端5浅裂；雄蕊5；雌蕊1，下部具肉质花盘，花柱细长，突出花冠外，柱头2裂，子房下位。蒴果球形而稍扁，孔裂，含有多数种子。

杏叶沙参：多年生草本，高60~100 cm，全株被白色细毛。主根粗肥，细长圆锥形。茎单一，直立，上部分枝。基生叶有长柄，叶片广卵形；茎生叶互生，有短柄或无柄；叶片卵形或窄卵形，长3~7 cm，愈向上部叶愈窄小，边缘有粗细不等的锯齿。夏季开花，

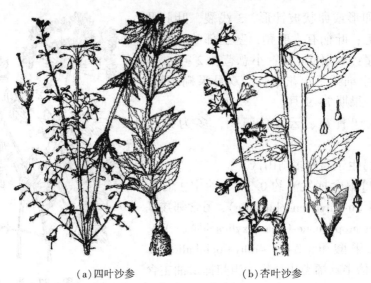

(a) 四叶沙参　　　(b) 杏叶沙参

图 4-88　丝裂沙参(a)和杏叶沙参(b)

(资料来源：中国植物图像库)

宽相近，蓝色。蒴果近球形。

【分布】四叶沙参分布于东北及河北、山东、江苏、安徽、浙江、江西、广东、贵州、云南等地。杏叶沙参分布于华东、中南及四川等地区。

【生态习性】四叶沙参生于山野阴坡草丛中、林缘或路边。杏叶沙参多生于山地、草丛中或灌木丛中。

【化学成分】四叶沙参的根中含三萜皂苷和淀粉。珊瑚菜的根含生物碱及丰富的淀粉；果实含珊瑚菜素(phellopterin)，并析得王草素(imperatorin)、佛手柑内酯(bergapten)。研究证明，27 种沙参属药用植物的根脂溶性成分中均含有棕榈酰 β-谷甾醇、羽扇豆烯酮、β-谷甾醇和 24-亚甲基-环阿尔廷醇。

【功能用途】沙参可血积惊气，除寒热，补中，益肺气。

女贞 *Ligustrum* spp.（图 4-89）

【形态】高秆女贞/冬青树常绿大灌木或乔木，树皮灰褐色，光滑不裂。叶长 8~12cm，革质光泽，凌冬青翠，是温带地区不可多得的常绿阔叶树，树干直立或二三干同出，枝斜展，成广卵形圆整的树冠，可栽植为行道树，耐修剪，通常用作绿篱。花两性，圆锥花序顶生。浆果长椭圆形，紫黑色，种子倒卵形。果实成熟后不即行自落，可用高枝剪剪取果穗，捋下果实浸水搓去果皮稍凉即可。大叶女贞种子千粒重约 36 g，每千克 27 000粒，发芽率 50%~70%。种子混沙低温湿藏，也可带果肉低温贮藏。花期 7 月，果期 10~11 月。

【分布】原产于欧洲、亚洲、澳大利亚和地中海地区。甘肃及华北南部多有栽培。

【生态习性】耐寒性好，耐水湿，喜温暖湿润气候，喜光耐阴。为深根性树种，须根发达，生长快，萌芽力强，耐修剪，但不耐瘠薄。对大气污染的抗性较强，对 SO_2、Cl_2、FH 及铅蒸气均有较强抗性，也能忍受较高的粉尘、烟尘污染。对土壤要求不严，以砂质壤土或黏质壤土栽培为宜，在红、黄壤土中也能生长。对气候要求不严，能耐 -12 ℃ 的低温，但适宜在湿润、背风、向阳的地方栽种，尤以深厚、肥沃、腐殖质含量高的土壤中生长良好。

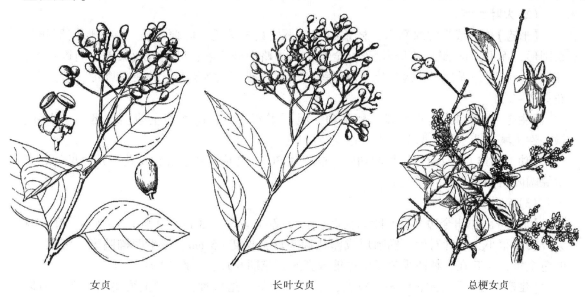

女贞　　　　　　长叶女贞　　　　　　总梗女贞

图 4-89　女贞属植物

（资料来源：中国高等植物图鉴）

【化学成分】含女贞子苷（nuzhenide）、洋橄榄苦苷（oleuropein）、齐墩果酸（oleanolic acid）、4-羟基-B-苯乙基-B-D-葡萄糖苷、桦木醇（betulin）等。

果实含齐墩果酸（oleanolic acid）、乙酰齐墩果酸（acetyloleanolic acid）、熊果酸（ursolic acid）、乙酸熊果酸（acetylursolic acid）、对-羟基苯乙醇（p-hydroxyphenethyl alcohol）、3,4-二羟基苯乙醇（3,4-dihydroxyphenethyl alcohol）、β-谷甾醇（β-sitosterol）、甘露醇（mannitol）、外消旋-圣草素（eriodictyol）、右旋-花旗松素（taxifolin）、槲皮素（quercetin）、女贞苷（ligustroside）、10-羟基女贞苷（10-hydroxy ligustroside）、女贞子苷（nuezhenide）、橄榄苦苷（oleuropein）、10-羟基橄榄苦苷（10-hydroxy oleu-ropein）、对-羟基苯乙基-β-D-葡萄糖苷（p-hydroxyphen-ethyl-β-D-glucoside）、3,4-二羟基苯乙基-β-葡萄糖苷（3,4-dihydrox-yphenethyl-β-D-glucoside）、甲基-α-D-吡喃半乳糖苷（methyl-α-D-galactopyranoside）、洋丁香酚苷（acteoside）、新女贞子苷（neonuezhenide）、女贞苷酸（ligustrosidic acid）、橄榄苦苷酸（oleuropeinic acid）及代号为 GI-3 的裂环烯醚萜苷。

还含有由鼠李糖、阿拉伯糖、葡萄糖、岩藻糖组成的多糖，及总量为 0.39% 的 7 种磷脂类化合物，其中以磷脂酰胆碱（phosphatidyl choline）含量最高，占总量的 56.52% ± 1.34%；并含有 K、Ca、Mg、Na、Zn、Fe、Mn、Cu、Ni、Cr、Ag11 种元素，其中 Cu、Fe、Zn、Mn、Cr、Ni 为人体所必需微量元素。

女贞叶含齐墩果酸（oleanolic acid）、对-羟基苯乙醇（p-hydroxyphenylethyl alcohol）、大波斯菊苷（cosmossin）、木（犀）草素-7-葡萄糖苷（luteolin-7-glucoside）、丁香苷（syrin-gin）、

熊果酸(ursolic acid)。

【功能用途】果实含淀粉可酿酒,并入药为强壮剂。可补益肝肾,清虚热,明目。叶可治疗口腔炎、咽喉炎;树皮研磨可治疗烫伤等;根茎泡酒,治风湿。

(2) 大叶女贞

【形态】落叶或半常绿灌木,枝条铺散,小枝具短柔毛。叶薄革质,椭圆形至倒卵状长圆形,无毛,顶端钝,基部楔形,全缘,边缘略向外反卷;叶柄有短柔毛。圆锥花序;花白色,芳香,无梗,花冠裂片与筒部等长;花药超出花冠裂片。核果椭圆形,紫黑色。花期7~8月。

【生态习性】喜光,喜温暖,稍耐阴,但不耐寒冷。在微酸性土壤生长迅速,中性、微碱性土壤亦能生长。萌芽力强,适应范围广。

【功能用途】具有滞尘抗烟的功能,能吸收 SO_2,适应厂矿、城市绿化,是少见的北方常绿阔叶树种之一。

(3) 金叶女贞

【形态】由加州金边女贞与欧洲女贞杂交育成的,高2~3 m,冠幅1.5~2 m。叶片较大叶女贞稍小,单叶对生,椭圆形或卵状椭圆形,长2~5 cm。核果阔椭圆形,紫黑色。叶色金黄,尤其在春秋两季色泽更加璀璨亮丽。花期6月,果期10月。

【生态习性】性喜光,耐阴性较差,耐寒力中等,适应性强,对土壤要求不严,但以疏松肥沃、通透性良好的砂壤土为最好。

【功能用途】用于绿地广场的组字或图案,还可以用于小庭院装饰。

(4) 红叶女贞(紫叶女贞)

【形态】常绿小乔木。单叶对生,小枝略被茸毛,叶卵形,卵圆形至卵状椭圆形,薄革质,叶形与小叶女贞极相似,萌芽力更强,且生长较快,长势旺盛,其新梢及嫩叶紫红色,在老叶相衬下,倍感鲜艳,光彩夺目。若几经修剪,则新枝密集,整个树冠呈紫红色,在绿色植物群丛中,显得更加艳丽动人。入冬后,全株又呈紫黑色,在万物中更加显眼。

(5) 花叶女贞

【形态】落叶或半常绿灌木。枝条铺散,小枝具短柔毛。叶薄革质,椭圆形至倒卵状长圆形,无毛,顶端钝,基部楔形,全缘,边缘略向外反卷;叶柄有短柔毛。圆锥花序;花白色,芳香,无梗,花冠裂片与筒部等长;花药超出花冠裂片。核果椭圆形,紫黑色。花期7~8月。

【生态习性】喜阳光,对土壤要求不严,性强健,萌枝力强,耐修剪,在深厚、肥沃、排水良好的土壤中生长最好。

(6) 红果女贞(红果冬青)

【形态】常绿灌木或小乔木,高5~7m。嫩枝及花梗紫红色,叶椭圆形,长6~8 cm,宽3~4 cm,淡紫红色。顶生圆锥花序,长6~8 cm。果长椭圆形,假浆果核果状,种子1枚。花期5月,果期8月,枝头红果累累,延至10月不落。

【分布】分布于罗霄山脉1 500 m的高寒地区。

【生态习性】适应性强,生长快,萌芽率高,耐修剪,能耐 -22 ~ -20℃的低温,在北京小气候良好的地区，完全可以露地栽培，可抗 SO_2、Cl_2、HCl 气体。在 pH8~9 的偏碱性土壤生长正常。

4.4.11 抗癌类药用植物

紫杉 Taxus ccuspidata（图 4-90）

【形态】枝红褐色。叶条形有短柄，生于主枝上者为螺旋状排列，生于侧枝上者叶柄基部左右扭转，呈不规则羽状排列，柔软，先端凸尖，基部渐狭，上面亮绿色，下面灰绿色，两面中脉隆起，背面有两条灰绿色气孔带，长 1.5~2.5 cm，宽约 2 mm。气微，味淡。

【分布】产于我国东北。日本、朝鲜、俄罗斯等地也有。散生于山地林中。

【生态习性】南北各地均适宜种植，具有喜荫、耐旱、抗寒的特点，要求土壤 pH5.5~7.0，可与其他树种或果园套种，管理简便，其中东北红豆杉，是第四纪冰川遗留下的古老树种。紫杉不但侧根发达、枝叶繁茂、萌发力强，而且适应气候范围广、对土质要求宽，还耐修剪、耐寒、耐病虫害。既可以作为药用品种，还可以用做绿化品种，东北红豆杉在民间传说中，素有"风水神树"之称。

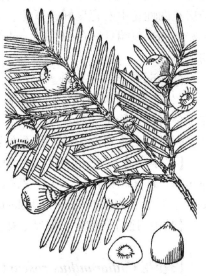

图 4-90 紫 杉
（资料来源：中国高等植物图鉴）

【化学成分】主要有紫杉醇、短叶醇、10-deacetylbaccatinⅢ、baccatinⅢ、cephalomannine、紫杉宁(taxinine)、紫杉宁 A、紫杉宁 B、紫杉宁 H、紫杉宁 K、紫杉宁 I 等。还含坡那甾酮 A(ponasteroneA)、蜕皮甾酮(eeclyrsterone)及金松双黄酮(sciadopitysin)。尚含紫杉碱(taxine)、槲皮素、桂皮酸及 10% 鞣质、0.14% 蜡状物质。

【功能用途】可利尿消肿、温肾通经。

喜树 Camptotheca acuminata（图 4-91）

【形态】落叶乔木，树高可达 20 m。树干端直；枝条伸展，树皮灰色或浅灰色，有稀疏圆形或卵形皮孔。叶互生，纸质，卵状椭圆形或长圆形，长 10~26 cm，宽 6~10 cm，先端渐尖，基部圆形，上面亮绿色，嫩时叶脉上被短柔毛，其后无毛，下面淡绿色，被稀疏短柔毛，侧脉显著，10~12 对，弧形平行，全缘，叶柄带红色，长 1.5~3 cm，嫩时被柔毛，其后无毛。头状花序近于球形，顶生或腋生，顶生的花序具雌花，腋生的花序具雄花，总花梗长 4~6 cm；花杂性，同株，苞片 3 枚，三角状卵形；花萼杯状，5 浅裂，裂片

图 4-91 喜 树
（资料来源：中国高等植物图鉴）

齿状；花瓣5枚，淡绿色，长圆形或长圆卵形，长2 cm，早落；花盘显著，微裂；雄蕊10枚，外轮5枚，较长，常伸出花冠外，内轮5枚较短，花丝细长，无毛，花药4室；子房在两性花中发育良好，下位，花柱无毛，长4 mm，顶端分2支。翅果长圆形，长2～2.5 cm，顶端具宿存的花盘，两侧具窄翅，着生于近球形的头状果序上。花期7月，果期11月。

【分布】我国特有树种。分布于长江以南、海拔1 000 m以下的林边和溪边。

【生态习性】暖地速生树种，喜光，不耐严寒干燥。需土层深厚，湿润而肥沃的土壤，在干旱瘠薄地种植，生长瘦长，发育不良。深根性，萌芽率强。较耐水湿，在酸性、中性、微碱性土壤均能生长，在石灰岩风化土及冲积土生长良好。

【化学成分】含喜树碱(camptothecine)、喜树次碱(venoterpine)、10-羟基喜树碱(10-hydroxy camptothecine)、10-甲氧基喜树碱(10-methoxycamptothecine)、白桦脂酸(betulic acid)、长春苷内酰胺(vincoside-lactam)等。

【功能用途】具抗癌、散结、破血化瘀功效，用于多种肿瘤。

长春花 *Catharanthus roseus*（图4-92）

【形态】多年生草本植物。茎直立，多分枝。叶对生，长椭圆状，叶柄短，全缘，两面光滑无毛，主脉白色明显。聚伞花序顶生。花有红、紫、粉、白、黄等多种颜色，花冠高脚碟状，5裂，花朵中心有深色洞眼。长春花的嫩枝顶端，每长出一叶片，叶腋间即冒出两朵花，因此它的花朵特多，花期特长，花势繁茂，生机勃勃。从春到秋开花从不间断，所以有"日日春"之美名。

【分布】原产地中海沿岸、印度、热带美洲。中国栽培长春花的历史不长，主要在长江以南地区栽培，广东、广西、云南等地栽培较为普遍。目前，各地从国外引进不少长春花的新品种，用于盆栽和栽植槽观赏。由于抗热性强，开花期长，色彩鲜艳，发展很快，在草本花卉中已占有一定位置。

图4-92 长春花
（资料来源：中国高等植物图鉴）

【生态习性】喜温暖、稍干燥和阳光充足环境。生长适温3～7月为18～24 ℃，9月至翌年3月为13～18 ℃，冬季气温不低于10 ℃。

【化学成分】含70种以上生物碱，主要有长春碱(vinblastine)、长春新碱(leurocristine)、阿马里新(ajmalicine)、lochneridine、lochnericine、carharosin等。

【功能用途】可凉血降压，镇静安神。用于高血压、火烫伤、恶性淋巴瘤、绒毛膜上皮癌、单核细胞性白血病。

茜草 *Rubia cordifolia*（图4-93）

【形态】多年生攀缘草本植物。茎四棱形，有的沿棱有倒刺。叶4片轮生，其中1对较大而具长柄，卵形或卵状披针形，长2.5～6 cm或更长，宽1～3 cm或更宽；叶缘和背脉有源小倒刺。聚伞花序顶生或腋生；花小，萼齿不明显，花冠绿色或白色，5裂，有缘毛。果肉质，小型，熟时紫黑色。花果期9~10月。

【分布】主产安徽、河北、陕西、河南、山东等地。

【生态习性】生于山坡路旁、沟沿、田边、灌丛及林缘。

【化学成分】根含多种羟基蒽醌衍生物，如茜草素（alizarin）、异茜草素（purpuro-xanthin）、羟基茜草素（purpurin）、伪羟基茜草素（pseudopur-purin）、茜草酸（munjistin）、茜草苷（rubia, ruberythric acid）、大黄素甲醚等，又分离得具有活性成分茜草萘酸苷Ⅰ及Ⅱ，其苷元为茜草萘酸。

【功能用途】功效有凉血止血、活血化瘀。

图4-93 茜草

（资料来源：中国高等植物图鉴）

白花蛇舌草 *Hedyotis diffusa*（图4-94）

【形态】1年生草本植物，株高15~50 cm。根细长，分枝，白花。茎略带方形或扁圆柱形，光滑无毛，从基部发出多分枝。叶对生；无柄；叶片线形至线状披针形，长1~3.5 cm，宽1~3 mm，先端急尖，上面光滑，下面有时稍粗糙，侧脉不明显；托叶膜质，基部合生成鞘状，长1~2 mm，先端芒尖。花单生或成对生于叶腋，常具短而略粗的花梗，稀无梗；萼筒球形，4裂，裂片长圆状披针形，长1.5~2 mm，边缘具睫毛；花冠白色，漏斗形，长3.5~4 mm，先端4深裂，裂片卵状长圆形，长约2 mm，秃净；雄蕊4，着生于冠筒喉部，与花冠裂片互生，花丝扁，花药卵形，背着，2室，纵裂；子房下位，2室。柱头2浅裂呈半球形。蒴果扁球形，直径2~2.5 mm，室背开裂，花萼宿存。种子棕黄色，细小，且3个棱角。花期6~9月，果期8~10月。

【分布】分布于云南、广东、广西、福建、浙江、江苏、安徽等地。

【生态习性】生于潮湿的田边、沟边、路旁和草地。

【化学成分】全草含车叶草苷（asperuloside）、车叶草苷酸（asperulosidic acid）、去乙酸基车叶草苷酸（deacetylasperulosidicacid）、都桷子苷酸（genipoSidic acid）、鸡屎藤次苷（scandoside）、鸡屎藤次苷甲酯（scandodide methyl ester）、6-O-对-羟基桂皮酰鸡屎藤次苷甲酯（6-O-p-hydroxycinnamoyl scandoside methylester）、6-O-对-甲氧基桂皮酰鸡屎藤次苷甲酯（6-O-P-methO-xycinnamlyl scandoside methyl ester）、6-O-阿魏酰鸡屎藤次苷甲酯（6-O-feruloylscandosidemethyl ester）、2-甲基-3-羟基蒽醌（2-methyL-

图4-94 白花蛇舌草

（资料来源：中国高等植物图鉴）

3-hydroxyanthraquinone)、2-甲基-3-甲氧基蒽醌(2-methyl-3-methoxyanthraquinone)、2-甲基-3-羟基-4-甲氧基蒽醌(2-methyl-3-hydroxy-4-methoxyanthraquinone)等,以及熊果酸(ursolic acid)、β-谷甾醇(β-sitosterol)、三十一烷(hentriacon-tane)、豆甾醇(stigmasterol)、齐墩果酸(oleanolic acid)、β-谷甾醇-β-葡萄糖苷(β-sitosterol-β-D-glucoside)、对-香豆酸(p-coumaricacid)等。

【功能用途】清热解毒,利湿。主肺热喘咳,咽喉肿痛,肠痈,疖肿疮疡,毒蛇咬伤,热淋涩痛,水肿,痢疾,肠炎,湿热黄疸,癌肿。

天葵(*Semiaquilegia adoxoides*)(图4-95)

【形态】多年生草本植物,株高15~40 cm。块根灰黑色,略呈纺锤形或椭圆形。茎丛生,纤细,直立,有分枝,表面有白色细柔毛。根生叶丛生,有长柄;一回三出复叶,小叶阔楔形,再3裂,裂片先端圆,或有2~3小缺刻,上面绿色,下面紫色,光滑无毛;小叶柄短,有细柔毛;茎生叶与根生叶相似,唯由下而上,渐次变小。花单生叶腋,花柄果后伸长,中部有细苞片2枚;花小,白色;萼片5,花瓣状,卵形;花瓣5,楔形,较萼片稍短;雄蕊通常10,其中有2枚不完全发育者;雌蕊3~4,子房狭长,花柱短,向外反卷。蓇葖果3~4枚,荚状,熟时开裂。种子细小,倒卵形。花期3~4月,果期5~6月。

图4-95 天葵
(资料来源:中国高等植物图鉴)

【分布】分布于我国西南、华东、东北等地。分布河南南部及长江中、下游各省,南至广西北部,北至陕西南部。

【生态习性】生于林下、石隙、草丛等阴湿处。

【化学成分】含β-谷甾醇(β-sitosterol)、胡萝卜苷(daucosterol)、熊果酸(ursolic acid)、2-羟基-3-甲基-1-甲氧基蒽醌(2-hydroxy-3-methyl-1-methoxyanthraquinone)、2-羟基-7-甲基-3-甲氧基蒽醌(2-hydroxy-7-methyl-3-methoxyanthraquinone)、E-6-O-对甲氧基肉桂酰基鸡屎藤苷甲酯(E-6-O-p-methoxycinnamoyl scandoside methyl ester)、E-6-O-香豆酰基鸡屎藤苷甲酯(E-6-O-p-coumaroyl scandoside methyl ester)。

【功能用途】块根药用,有清热解毒、消肿止痛、利尿等作用,治乳腺炎、扁桃体炎、痈肿、瘰疬、小便不利等症;全草又作土农药。

思考题

1. 我国野生药用植物资源主要有哪些种类?
2. 试进行外场辅助提取方法优缺点比较。
3. 超临界 CO_2 流体萃取技术应用于药用植物提取对象的要求有哪些?
4. 应用不同分离方法设计3种紫杉醇提取分离工艺方案。

5 野生工业用途植物资源

我国野生植物种类非常丰富，拥有高等植物达 30 000 多种，居世界第三位，可用于工业用途的野生植物有 3000 余种。野生工业用途植物主要包括木材植物、香料植物、色素植物、纤维植物、树胶植物、树脂植物、鞣质植物、能源植物等，可用于木材、纺织、造纸、栲胶鞣革、制药、化妆品、食品、保健品、油脂、添加剂、染料等工业领域中。随着对野生工业用途植物开发利用研究的不断深入，可用于工业用途的野生植物种类将会继续增加，其应用领域也将越来越广泛。

5.1 野生香料植物资源

香料植物是指植物体某些器官中含有芳香油、挥发油或精油的一类植物。芳香成分主要包括萜烯、倍半萜烯、芳香族、脂环族和脂肪族等多种有机化合物，常温下大多数为油状液体，具有挥发性，易燃，大多数均比水轻，不溶或微溶于水，易溶于各种有机溶剂、动物油脂及酒精中。

5.1.1 野生香料植物资源的种类及特性

香料是一种能被嗅觉嗅出香气或味觉尝出香味的物质，是配制香精的原料。香料是精细化学品的重要组成部分，它是由天然香料、合成香料和单离香料3个部分组成。由于它们能够使食品呈现具有各种辛、香、辣味等物质的特

> 本章对具备香料、色素、凝胶、纤维素、能源工业用途的野生植物种类、特性、开发利用途径、采收与加工方法进行了分述，并列举70余种植物详述了其形态、分布、生态习性、化学成分、理化性质及工业用途。由于野生植物资源的发掘与利用多集中在药物开发及食源领域的研究，本章的设立，旨在扩展野生植物资源的应用领域研究，使野生植物资源得到更有效利用。

性，故简称辛香料。原产在温带地区的，则多称为烹调香草，或简称香草。

食用香料植物的分类：

(1) 烹调香草

在食品工业中，烹调香草是指具有特有芳香的软茎植物。多采取顶部枝梢部分，用作食品的赋香调味。使用时既可用新鲜的，也可用其干制品，但一般以新鲜的为好。根据主香成分，香草类可分为以下几组：

第一类：含有桉叶油素和桉叶醇的，如月桂、迷迭香。

第二类：含有丁香酚的，如众香子、西印度月桂。

第三类：含有百里香酚和香荆芥酚的，如百里香、甘牛至。

第四类：含有甲基黑胡椒酚的，如甜罗勒、茵陈蒿。

第五类：含有侧柏酮的，如鼠尾草。

第六类：含有薄荷醇和香芹酮的，如薄荷、留兰香。

(2) 辛香料

辛香料是指在食品调味中使用的干燥的芳香植物品种，其精油含量较高，并具有明显的芳香气味。它多半产自热带和亚热带地区。使用植物的花蕾、果实、种子、球根、鳞茎，树叶等特定部分。有些品种原来并不属于辛香料一类植物，如香荚兰，洋葱、大蒜等，为了分类方便也划归这一类。常用的烹调辛香料约有 26 种，根据它们的芳香特征和植物学特点，粗略分为以下几类：

第一类：具有辛辣味的，如辣椒、姜、胡椒、芥菜子等。

第二类：具有芳香味的，如肉豆蔻、小豆蔻、胡卢巴等。

第三类：属于伞形花序植物的辛香料，如芹菜、芫荽、茴香等。

第四类：含有丁香酚的辛香料，如丁香花蕾、众香子等。

第五类：芳香的树皮类辛香料，如斯里兰卡肉桂、中国肉桂等。

第六类：能使食品着色的辛香料，如姜黄、辣椒、藏红花等。

5.1.2 野生香料植物的开发利用途径

我国共有香料植物 800 多种，分属 95 科 335 属。除少数种类外，多数为我国原产，如八角、肉桂、薄荷、山苍子等都为我国的传统香料。

香料植物资源的开发利用有着十分悠久的历史，早在公元前，我国民间就开始用桂花泡制美酒，秦汉以后，香料植物的应用逐渐扩大，被用于献身拜佛，清洁身心，葬埋死者，观赏、调味和制药等。在国外，香料植物的使用也起源很早，尤其是在最初的香料生产偏重于植物本身的形态，16 世纪后由于水蒸气蒸馏法的发明，香料生产发生了质的飞跃，液体香料出现并广泛应用。到了 19 世纪，随着化学工业的蓬勃发展，香料生产得到了较快发展，人们进一步提高了天然香料的制取方法，明确了它们的化学结构和利用途径，而且在此基础上发明了人工合成香料技术。

近年来，由于大部分植物性香料的芳香油的成分是植物新陈代谢过程中的产物，生物技术广泛应用于香料生产，如组织与细胞培养、微生物及酶反应等。此外，膜分离技术、转基因技术及真空冷冻干燥技术也开始应用于香料工业。目前，世界各国对香料香精的生产和研究甚为重视,植物性香料被广泛应用于饮料、食品、化妆品、医药等工业生产中,成为轻工业中的一个重要行业。

香精油是加香产品的主要原料,用途广泛,对加香产品起到极为重要的作用。饮料业、熟肉制品业等食品工业的迅猛发展,必将带来香料的巨大消费。另外,食用植物香料是日化产品和香烟等轻工业生产的重要原料,也将进一步扩大植物香料的消费。近几年来,美容业对香精油的需求量也越来越大,目前流行的水疗法——SPA,其精髓就是天然植物精油。自20世纪80年代开始,世界香料行业平均以每年7%左右的增长速度发展。这也使得人们更加密切地关注植物香料的成分,在倡导"绿色消费"的今天,开发无污染、无毒害的天然香料就成为发展的必然趋势。

采用先进设备是提高芳香油植物加工层次的必经之路。当今国际上香料生产设备均比较先进,如连续水蒸气蒸馏和加压蒸汽蒸馏设备,固定式鲜花浸提器和浮滤式浸提器,超临界CO_2流体萃取设备,超真空分子蒸馏器,薄膜浓缩器,波网填料塔及热敏性香料的分馏设备等。这些设备制得的产品经处理,香气更接近于天然风味,且产率较高。采用诸如微胶囊化之类的先进技术手段对植物香料进行深加工,可极大增强香料的耐热、耐光性,防止香味损失,延长香料的稳定性和贮藏期。

5.1.3 野生香料植物的采收与贮藏

香料植物的主要成分是精油,精油的含量和成分在不同生态环境、不同生长发育阶段和不同季节会有明显的变化。因此,采收的季节、采收的时间和采收的部位对精油的产量和质量有重要的影响。一般来说,季节的变化对香料植物的影响最大,因为不同季节、不同的气候条件,香料植物所处的生长发育阶段有所不同。通常1年生植物以开花初期含油量最高,油质好,开花期多数是在夏季和秋季,多年生植物根含油量通常在冬季最高,油质好,叶子含油量随季节变化差异较大。

香料植物在采收后要装在帆布袋中,忌用塑料袋。香料植物中的精油成分会受到光、热、温度、湿度、空气等因素的影响,会产生数量和质量的变化。因此,为尽量减少香料植物中精油成分的损失,应在避光、密封、干燥、阴凉的环境下贮藏。

5.1.4 植物香料化学基础

香料植物及其精油大多是由几十甚至几百种化合物组成的复杂混合物,有些成分是香料植物香气的特征性成分,还有些是对合成香料和调香能起到重要作用的微量成分。因此,研究和了解香料植物的化学成分,是发展香料工业重要的一环。下面介绍香料植物中的代表性芳香成分。

5.1.4.1 萜烯类和芳香族芳香物质

(1) 烃类及其衍生物

苧烯 具有令人愉快的柠檬样香气,是柠檬、甜橙、橘子的头香成分。

α-水芹烯 具有令人愉快的、新鲜的柑橘、胡椒香气,并带有隐约的薄荷香。存在于茴香、斯里兰卡肉桂、胡椒、八角及莳萝等植物中。

β-石竹 主要存在于丁香、酒花、众香子、黑胡椒等植物中。

α-松油烯 具有特有的柠檬香气。存在于小豆蔻、柑橘、芫荽中。

α-蒎烯 分布比较广，在很多香料植物中都能找到。存在于迷迭香、百里香、芫荽、枯茗、橙花、柠檬等植物中。

1,8-桉叶油素 具有凉爽樟脑气息。存在于盐蒿、香紫苏、迷迭香、月桂叶、小豆蔻、薄荷、八角、鼠尾草等植物中。

ρ-伞花烃 具有强烈的特有的胡萝卜样香气。存在于斯里兰卡肉桂、柠檬、芫荽子、大茴香以及肉豆蔻精油中。

（2）萜醇和芳醇类

芳樟醇 具有浓青带甜的木青气息，既有紫丁香、铃兰与玫瑰的花香，又有木香、果香气息。天然存在于香柠檬、橙叶、香紫苏、桂皮、百里香、姜、柠檬、白柠檬、芫荽子、肉豆蔻衣等精油中。

薄荷醇 具有清凉感的薄荷样香气，天然存在于薄荷类天然植物精油中。

α-松油醇 具有清香似紫丁香、铃兰的鲜幽香气。天然存在于小豆蔻、甘牛至、甜橙、橙叶、肉豆蔻、柠檬、白柠檬、大茴香、缬草、百里香、香柠檬、香紫苏以及橙花等精油中。

大茴香醇 香气清甜，具有茴香清香。天然存在于香荚兰豆中和茴香子精油中。

桂醇 具有令人愉快的花香香气，天然存在于肉桂叶中。

生姜醇 为生姜中起辛辣作用的物质。但生姜精油中不含有生姜醇，而用萃取法制取的油树脂中含有生姜醇。

（3）醛类

柠檬醛 具有清甜的柠檬、柑橘果香香气。柠檬醛有顺、反式异构体。反式异构体也称香叶醛，香气偏甜；顺式异构体也称橙花醛，香气偏清。它们天然存在于柠檬、白柠檬、生姜、山苍子、山胡椒及丁香罗勒等植物中。

藏花醛 具有特征性藏红花样的香气和味道。藏花醛是以葡萄糖苷的形式存在于天然藏红花中。

苯甲醛 具有苦杏仁的芳香。以扁桃苷的形式天然存在于苦杏仁、桃等李属果实之中。游离状态的苯甲醛存在于鸢尾根和肉桂皮精油中。

香兰素 具有甜清带粉气的豆香，显示香荚兰豆特有的芳香，香气甜润浓郁。天然存在于香荚兰豆中。

桂醛 具有尖刺的带有药气的桂皮香气，并有辣中带甜的口味。天然存在于中国肉桂及桂叶、桂皮油中。

茴萝醛 具有尖刺而带有药气的辛香，有似茴香油香气。天然存在于茴香、桂皮、芸香精油中。

（4）酮类

甲基庚烯酮 具有强烈带有脂肪气、清香、柑橘样的香气，还有梨样的酸甜味。天然存在于生姜、柠檬精油中。

香芹酮 具有留兰香的特有芳香。为L-旋体为留兰香的主要成分，其δ-旋体存在于莳萝、黄蒿精油中。

圆柚酮 具有令人愉快的圆柚香气,存在于圆柚油及圆柚汁中。在柠檬、白柠檬香柠檬、柑橘油中也有微量存在。

茴香酮 具有茴香的香气及口味。天然存在于八角茴香及普通小茴香精油中。

薄荷酮 具有类似薄荷醇的气味。天然存在于薄荷精油中。

(5) 酚类

丁香酚 具有强烈的丁香香气。天然存在于众香子叶片、浆果、丁香花蕾、月桂、月桂叶、零陵香以及丁香罗勒等精油中

异丁香酚 具有优异的花香。天然存在于肉豆蔻精油中。

百里香酚 具有百里香特有芳香。天然存在于百里香、野百里香、丁香罗勒等精油中。

香芹酚 具有特殊刺鼻的浓烈气味。存在于樟脑、百里香属、牛至属精油中。

(6) 醚类

茴香脑 具有特有的茴香香气和相应的甜味。天然存在于八角茴香和小茴香精油中。

丁香酚甲醚 具有丁香香气。天然存在于菖蒲、众香子、丁香罗勒、月桂等精油中。

龙蒿脑 具有茴香香气和味道。天然存在于龙蒿、八角茴香、罗勒和小茴香等精油中。

肉豆蔻醚 存在于肉豆蔻和肉豆蔻衣的精油中,是一种有毒物质,食用过多会使肝细胞脂肪变性。

(7) 酯类

甲酸芳樟酯 带有菠萝样近似香柠檬的水果香气。天然存在于杏、桃及白柠檬和橙叶精油中。

甲酸茴香酯 具有水果香气和甜润花香香气。天然存在于香荚兰果荚中。

乙酸芳樟酯 香气甜郁,似香柠檬,薰衣草香气。天然存在于香柠檬、香紫苏、白柠檬、香柠檬薄荷和亚洲薄荷等精油中。

乙酸丁香酯 具有丁香精油的香气,并带有辛辣风味。存在于丁香花蕾、月桂叶精油中。

异戊酸甲酯 具有强烈的苹果样香气。天然存在于菠萝果实、薄荷油和橙汁中。

乙酸香叶酯 具有愉快的花香香气。存在于橙叶、苦橙、芫荽、胡萝卜等精油中。

乙酸松油酯 香气清香带甜,有近似香柠檬、橙叶和乙酸芳樟酯的香气。天然存在于肉豆蔻精油中。

(8) 内酯类

γ-己内酯 具有甜的香豆素和焦糖味道及浓郁甜润的草药香。天然存在于菠萝、桃的挥发性香味组分中。

γ-壬内酯 具有强烈的椰子香气,并有近似脂肪的特殊味道。存在于桃、杏、焙炒大麦和番茄汁中。

香豆素 具有愉快的新鲜干草香气,近似香荚兰豆香气,低浓度时具有坚果样香气。

5.1.4.2 含硫含氮类

(1) 异硫氰酸烯内酯

存在于芥叶子中，起强烈催泪刺激作用。以苷的形式存在黑芥和芥菜中。

(2) 烯丙基硫醚

具有特有的大蒜臭气。天然存在于大蒜提取液和大蒜头中。

(3) 甲基丙基二硫

散发出像煮洋葱的香气和味道。天然存在于葱、蒜类植物和洋葱精油中。

(4) 丙基二硫

呈洋葱和大蒜的辛辣刺激气味。天然存在于洋葱、大蒜以及炒花生中。

(5) 烯丙基二硫

呈特殊的大蒜臭气，是大蒜精油的主要成分，也存在于洋葱中。

(6) 蒜素

为蒜瓣中抽提出的辛辣刺激性物质，具有大蒜特有的气味。

(7) 三硫化合物

有二甲基三硫，甲基丙基三硫以及二丙基三硫，都具有强烈尖刺的洋葱气味。存在于新鲜洋葱的挥发组分中。

(8) N-甲基邻氨基苯甲酸甲酯

具有橙皮、橘子皮气味，带有类似葡萄样香气。天然存在于橘子精油、橙叶油中。

(9) 吡咯

有浓厚香甜的醚样香气。存在于柠檬树及马鞭草叶中。

(10) 哌啶

有浓的带甜韵的花香香气和辛辣的胡椒样味道。天然存在于黑胡椒和烟草中。

(11) 吲哚

稀释时有接近花香香气，浓时有粪臭。天然存在于茉莉、橙花、玳玳等精油中。

(12) 2-甲基吡嗪

具有坚果、炒大麦一类的香气。天然存在于各种面包制品、咖啡、乳制品、可可制品、炒大麦、花生、大胡桃、炒玉米花、榛子等食品中。

(13) 2-异丁基噻唑

具番茄的特有气味。存在于番茄的香味成分中。

5.1.4.3 酰胺类（无香味的食用香料植物成分）

(1) 胡椒碱

不具香气，与口腔黏膜接触后，能产生热感和麻辣的胡椒后味。天然存在于黑胡椒中。

(2) 辣椒碱

基本上无香气，与口腔接触时会引起强烈的热感、辛辣性、刺激性味道。天然存在于各种辣椒类植物中。

(3) 花椒碱

具有花椒的辛辣性。天然存在于成熟的花椒果实中。

5.1.5 植物香料的加工方法

从香料植物中提取芳香油包括以下几种方法:

(1) 直接压榨法

将新鲜果实或果皮置于压榨机中压榨。经离心和过滤可得纯粹的芳香油。此法制得的芳香油能保持原有鲜果香味,适用于柑橘类芳香油的提取。

(2) 水蒸气蒸馏法

此法操作容易,设备简单,应用较为广泛,但对水溶性成分含量较多的芳香油不适用。提取方法有以下 3 种:

水中蒸馏法 将粉碎的植物原料完全放入水中加热,使芳香油随水蒸气蒸馏出来,冷凝后加以分离。如玫瑰花、橙花等易黏着的原料均用此法。

直接蒸馏法 蒸锅内不放水,只放原料,而将水蒸气自另一蒸汽锅通过多孔气管喷入蒸馏锅的下部,再经过原料把芳香油蒸出。

水汽蒸馏法 将植物原料放在蒸馏锅内的一个多孔隔板上,在隔板下放水。当水蒸气通过板上的原料时,芳香油便可随水蒸气蒸馏出来。

近年来,国外开发了一种提取芳香油的技术——水扩散法,用低压水汽从上而下(与水蒸气蒸馏法相反)提取芳香油,适用于芳香油从细胞释放缓慢的樟科、芸香科、桃金娘科及半日花科植物。

(3) 吸附法

脂肪冷吸收法 脂肪基一般用 1 份高度精炼的牛油和 2 份精炼的猪油混合而成。加工时将脂肪基涂于玻璃板上,随即将花蕾铺上进行冷吸,每天更换一次鲜花,直至脂肪中芳香物质基本上达到饱和为止。此法主要用于茉莉、大花茉莉和晚香玉等的加工。

油脂温浸法 此法适宜于加工已开放的鲜花,如玫瑰花、橙花和金合欢花等。将鲜花放在温热的精炼油脂中。经一定时间后更换鲜花,直至油脂中芳香物质达到饱和为止,除去废花后,即得香花香脂。

吹气吸附法 利用具有一定湿度的空气均匀地鼓入盛有鲜花的花筛中,从花层少的地方吹出的香气,进入活性炭吸附层,香气被活性炭吸附达饱和时,再用溶剂进行多次脱附,回收溶剂,即得吹附精油。

(4) 溶剂萃取法

目前通用的是挥发性溶剂萃取法,包括固定浸提法、逆流浸提法、转动浸提法和搅拌浸提法。使用低沸点且能很好溶解植物芳香油成分的有机溶剂,如石油醚、苯、乙醇等,在室温下浸提,再蒸去溶剂,从而得到芳香油。此法适用于易溶于水或遇热易分解的芳香油的提取,如茉莉、铃兰等。

近年开发的一种多孔塑料萃取技术(poroplast extraction technique)以多孔聚四氟乙烯作为有机溶剂相(如氟利昂、液态的 CO_2)的支持物,适用于溶于发酵液中的芳香油的提取。此法溶剂用量少,并解决了油水乳化问题。

(5) 超临界 CO_2 流体萃取法

此法是近20年国际上取得迅速发展的新型化工分离技术，它集溶剂萃取和蒸馏方法的优点为一体，且超临界流体具有液体和气体的双重性质，这一特点是其他液体和气体所不具备的。由于 CO_2 的化学惰性和操作的低温度，在提取天然香料时能够避免发生异构化、氧化、树脂化等反应。这种技术仅通过改变压力、温度就可满足对不同原料的加工生产，以适应市场需求。适用于一些天然热敏性物质和易挥发性物质的提取，在提取食用香料时也不存在残留溶剂的毒害问题。近年来随着工业设备国际化进程的加快，我国在超临界 CO_2 流体萃取技术方面的研究也取得了较大突破，如广州美晨公司生产的设备 $1000L \times 2$ 超临界 CO_2 流体萃取装置已在云南、广州等运行。

(6) 分子蒸馏法

分子蒸馏法是一种高真空度下的快速蒸馏方法，制得的芳香油色泽浅，香气柔和浓郁，适用于热敏性的高沸点的芳香油的提取。

(7) 降膜高效分馏

与超临界 CO_2 流体萃取和分子蒸馏被公认为香料工业现代技术的三大先进设备，广泛为各国轻工业所采用。

5.1.6 我国主要野生香料植物资源

薄荷 *Mentha haplocalyx*（图5-1）

土名银丹草。唇形科。

【形态】株高30~60cm。叶片呈长圆状披针形，侧脉5~6对。叶柄长2~10mm，腹凹背凸。花萼管状钟形，长约2.5mm。花冠淡紫色，外被微柔毛。小坚果卵珠形，黄褐色。花期7~9月，果期10月。

【分布】分布于南北各地，我国产量居世界首位。主产于江苏、江西、湖南等地。

【生态习性】喜温暖湿润气候和阳光充足、雨量充沛的环境。土壤以疏松肥沃、排水良好的带砂土为好。

【化学成分】左旋薄荷醇62.3%~87.2%、左旋薄荷酮8%~12%、黄酮类成分、有机酸成分，还有多种氨基酸成分。

薄荷的标志性化合物为薄荷醇，无色针状晶体，具有清凉的薄荷香气，但香气较弱。

【功能用途】全草有清凉的作用，可用作牙膏、香水、饮料和糖果等的赋香剂。在医药上用作刺激药，作用于皮肤或黏膜，有清凉止痒作用；内服可作为驱风药，用于头痛及鼻、咽、喉炎症等。做汤时加入薄荷嫩茎叶干粉末，可使汤

图5-1 薄 荷

（资料来源：中国高等植物图鉴）

鲜美芳香，或将嫩叶腌渍后食用。薄荷脑的衍生物用于香料香精工业，生产防晒剂的原料及温和镇静剂。

玫瑰 Rosa rugosa（图5-2）

又称刺玫花、徘徊花、刺客、穿心玫瑰。蔷薇科蔷薇属。

【形态】落叶灌木，株高1～2 m。小叶5～9，连叶柄长5～13 cm，花梗长5～25 mm。果扁球形，直径2～2.5 cm，砖红色，萼片宿存。花期5～6月，果期8～9月。

【分布】原产于我国华北、现广泛分布于全国各地。日本及朝鲜也有产。

【生态习性】喜光、耐寒、耐旱，适应性强，容易栽植，全国各地都可以种植。

【化学成分】还含有槲皮苷、有机酸、红色素、黄色素、胡萝卜素、氨基酸及多种维生素和微量元素。玫瑰的标志性化合物是玫瑰醇，无色油状液体，具有令人愉快的玫瑰香气，且香气持久。

【功能用途】鲜花含油0.03%，具有优雅、柔和的香气，为名贵香料（1 kg价值相当1.52 kg黄金），主要用来配制高级化妆品等的香精，有时也用作烟草、食品等的增香剂和印刷用的油墨香精。玫瑰还可食用，花中含有V_C、葡萄糖、木糖、蔗糖、柠檬酸、苹果酸等，营养丰富，用于熏茶、浸酒、做糕点、蜜饯和制作菜肴食用。

图5-2 玫 瑰

（资料来源：中国高等植物图鉴）

紫丁香 Syringa oblata（图5-3）

【形态】树高可达5 m。树皮灰褐色或灰色。叶柄长1～3 cm。圆锥花序直立，近球形或长圆形，花梗长0.5～3 mm，花萼长约3 mm，花冠紫色，花冠管圆柱形，花药黄色。花期4～5月，果期6～10月。

【分布】分布于东北、华北、西北及西南等地，以秦岭为中心，北到黑龙江，南到云南和西藏均有。现广泛栽培于世界各温带地区。

【生态习性】喜光，稍耐阴，耐寒，耐旱，适应性强，喜湿润肥沃排水良好的土壤，常生于坡丛林、山沟溪边、山谷路旁及滩地水边等。

【化学成分】花中含有多种萜烯类和芳香类芳香物质。叶中含有多种挥发油成分。树皮中含有羽扇豆酸和齐墩果酸等8种化合物。紫丁香的标志性化合物是丁香酚，无色或浅黄色液体，具有强烈的丁香香

图5-3 紫丁香

（资料来源：中国高等植物图鉴）

气。丁香酚性质不稳定,暴露在空气中会变黑稠,有刺激性臭味。

【功能用途】紫丁香对 SO_2 有较强的吸收能力,可净化空气。其体内含有多种药用有效成分,是治疗乙型肝炎和单疱病毒性角膜炎等疾病的药用植物资源。同时,它也可用于芳香疗法、食用油抗氧化剂、提取芳香油和研制保健饮料。

白丁香 Syringa oblata var. alba

【形态】树高 4~5 m。叶片较小,叶卵圆形或肾脏形。花白色。花期 4~5 月。

【分布】原产我国华北地区,现在长江以北地区均有栽培,主要分布在东北、华北、陕西和甘肃等地。

【生态习性】喜光,稍耐阴,耐寒,耐旱,喜排水良好的深厚肥沃土壤。通过扦插繁殖或嫁接繁殖。

【化学成分】白丁香的标志性化合物是丁香醛,无色液体,具有香子兰、苦杏仁的气味。

【功能用途】用白丁香的树干制作碗橱在高温季节久放不变质、不变味;制作茶筒、茶杯可使茶香不败;制作的烟盒,可使烟味久而不散,且有一种特异的清香味。嫩叶、嫩枝及花还可用来调制保健茶叶。种子可榨取工业用油。树皮、树枝、树根及花可入药。它的花又是较好的蜜源。

香茅 Cymbopogon citratus(图 5-4)

【形态】株高达 2 m。叶鞘长约 1 mm,叶片长 30~90 cm,宽 5~15 mm。花果期夏季,少见有开花者。

【分布】分布于广东、海南、台湾等地,广泛种植于热带地区。西印度群岛与非洲东部也有栽培。

【生态习性】喜光照充足、温暖湿润的环境,不耐寒,对土壤的要求不高,但以排水良好的砂质壤土为好。

【化学成分】主要含有柠檬醛 59.3%、花醛 32.53%、香叶醛 33.19%、月桂烯 22.79%。香茅的标志性化合物是柠檬醛,无色液体,具有类似柠檬的香气。

【功能用途】香茅油具有广谱抗菌和杀菌的作用,并有直接抑制流感病毒的作用,还有调节免疫和抑制肿瘤的作用。此外,香茅还具有保持水土的作用,可用于保护生态环境。

图 5-4 香 茅
(资料来源:中国高等植物图鉴)

八角茴香 Illicium verum(图 5-5)

【形态】常绿乔木,株高可达 10~15 m。叶柄长 8~20 mm。花淡粉红至深红色,花梗长 15~40 mm,果梗长 20~56 mm。种子长 7~10 mm,宽 4~6 mm,厚 2.5~3 mm。花果

期每年2次，正糙果3~5月开花，9~10月果熟；春糙果8~10月开花，翌年3~4月果熟。

【分布】主要分布于我国广西南部和西部，在福建南部、广东西部、云南东南部和南部也有分布。

【生态习性】喜冬暖夏凉的山地，适宜种植在土层深厚、湿润、肥沃、排水良好的偏酸性砂壤土或壤土为宜，在干燥瘠薄或低洼积水地段生长不良。

【化学成分】八角茴香的主要成分是反式茴香脑、顺式茴香脑、柠檬烯、茴香醛、桉树脑、α-蒎烯等。其中反式茴香脑、顺式茴香脑、草蒿脑和茴香醛是八角茴香主要的特征风味成分。

【功能用途】具有抑菌、镇痛、抗癌、抗氧化等功能。八角茴香油具有杀虫作用，可用于护发用品，以及布衣物制品，还可用于驱除虱子；在医药工业中，可用于健胃、驱风、促乳、清热，还可用于治疗支气管病和间歇性哮喘；在食品工业中，通常作为食品香精，用于酒类、饮料、糖果、焙烤食品、口香糖等；在化工生产中，可用于化妆品、牙膏、香皂等。

图5-5　八角茴香
（资料来源：药用植物学）

芳樟 *Cinnamomum camphora* var. *linaloolifera*

【形态】常绿乔木，树高可达30 m，直径可达3 m。花绿白或带黄色，长约3 mm；花梗长1~2 mm，无毛。果卵球形或近球形，直径6~8 mm，紫黑色；果托杯状，长约5 mm，具纵向沟纹。花期4~5月，果期8~11月。

【分布】分布于我国南方及西南各地。越南、朝鲜、日本等国也有分布。

【生态习性】喜光，稍耐阴；喜温暖湿润气候，耐寒性不强，对土壤要求不严，较耐水湿，但不耐干旱、瘠薄和盐碱土，常生于山坡或沟谷中。

【化学成分】芳樟的主要成分为芳樟醇、樟脑、松油醇、松油二环烃、樟脑烯、柠檬烃、丁香油酚等成分。芳樟的标志性化合物是芳樟醇，具有铃兰花的香气。

【功能用途】芳樟根、木材、枝、叶均可提取樟脑、樟油。樟脑可用于医药、塑料、炸药、防腐、杀虫等用，樟油可作农药、选矿、制肥皂、假漆及香精等原料；木材质优，抗虫害、耐水湿，是家具、雕刻的良材。芳樟有很强的吸烟滞尘、涵养水源、固土防沙和美化环境的能力，是城市绿化的优良树种。

马尾松 *Pinus massoniana*（图5-6）

【形态】常绿乔木，树高可达45 m。球果卵圆形或圆锥状卵圆形。花期4~5月，球果第二年10~12月成熟。

【分布】我国长江流域，淮河流域上游，大别山区、浙江、福建、安徽、江西、江苏、湖南、湖北、四川、贵州、云南以及甘肃的甘南、陕西的汉水流域等地区，均有丰富的资源。

【生态习性】喜光,喜温暖潮湿气候。在肥厚、湿润的砂质壤土上生长迅速,在钙质土上生长不良或不能生长,不耐盐碱。

【化学成分】树脂中含有松香含量一般75%左右,松节油含量约20%。松花粉含有18种氨基酸(其中3种是人体必需氨基酸),以及人体必需的常量元素和微量元素。经测定的有:K、Na、Ca、Mg、P、Fe、Si、Ba、Ti、Mn、Zn、Ni、Cu、B、Cr、V、S、Co、Mo、Se20种元素及十几种人体必需维生素。

【功能用途】马尾松是我国松香和松节油的主要来源,产量居首位。每株树年产松脂4~5 kg,高者可达13 kg。根干馏还可以生产松焦油等。针叶可提取芳香油。树皮可作栲胶原料。种子可榨油。木材可作建筑、家具及木器用材,可做纸浆。针叶还可加工成维生素粉做饲料添加剂。此外,通过多种微生物的发酵作用,可制作马尾松花粉饮料。

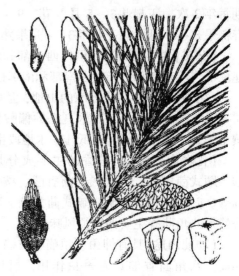

图5-6　马尾松

(资料来源:中国植物图像库)

油松 *Pimus tabulaeformis*(图5-7)

【形态】常绿乔木,树高可达25 m,胸径可达1 m以上。树皮灰褐色或褐灰色。花期4~5月,球果翌年10月成熟。

【分布】油松是我国特有树种,分布于吉林、辽宁、河北、河南、山东、山西、内蒙古、陕西、甘肃、宁夏、青海及四川等地,生于海拔100~2 600 m地带,多组成单纯林。其垂直分布由东到西、由北到南逐渐增高。

【生态习性】油松是典型的喜光、深根性树种,喜干冷气候,在土层深厚、排水良好的酸性、中性或钙质黄土上均能生长良好。在林分中,油松一般只能处在第一林层。

【化学成分】花粉中含有丰富蛋白质、氨基酸、必需脂肪酸、维生素、微量元素、黄酮、有机酸、苷类。种子含油率42.5%(其中油酸14.3%、亚油酸68.7%、硬脂酸6.5%)、糖总量41.93%、蛋白质54.5%、灰分3.57%、维生素4种(V_E和V_C含量最多,V_{B_1}和V_{B_2}次之)、矿物元素21种(人体需要量最多的常量元素共有7种,而油松种子含有其中的6种),还含氨基酸18种(苯丙氨酸4.66%、赖氨酸5.6%含量突出,明显高于马尾松)。

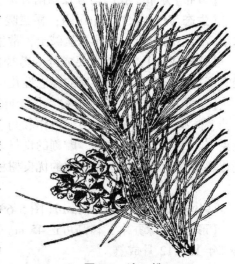

图5-7　油　松

(资料来源:中国植物图像库)

【功能用途】俄罗斯建有松针叶绿素、胡萝卜素软膏加工厂。日本已研究成松针油、松针戒烟糖、松针茶。美国利用雪松针叶提取柏木油，供制药工业和芳香剂生产用。国内也有利用松针富含多种氨基酸等成分研制成松针油、叶绿素制品、松针营养粉、松针软膏、针叶精油等产品。

肉桂 *Cinnamomum cassia*（图 5-8）

【形态】常绿乔木，树高 12~17 m。树皮灰褐色，老树皮厚达 13 mm。叶长 8~17 cm，宽 3.5~6 cm。花期 6~8 月，果期 10~12 月。

【分布】分布于广东、广西、福建、台湾、云南等地的热带及亚热带地区。印度、老挝、越南至印度尼西亚等地也有分布。

【生态习性】喜温暖湿润、阳光充足的环境，喜光又耐阴，喜暖热、无霜雪、多雾高温之地，不耐干旱、积水、严寒和空气干燥。栽培宜用疏松肥沃、排水良好、富含有机质的酸性砂壤。

【化学成分】肉桂皮含挥发油 1.98%~2.06%，其主要成分为肉桂醛 52.92%~61.20%。肉桂的标志性化合物是肉桂醛，黄色液体，具有肉桂特有的香气。

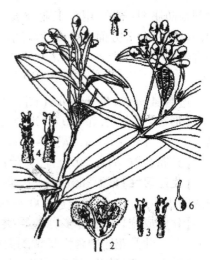

图 5-8　肉　桂

（资料来源：药用植物学）

【功能用途】肉桂油为常用的驱风药及健胃药。肉桂常用于阳痿宫冷、心腹冷痛、目赤咽痛、脾肾阳虚、泻痢腹痛及经产病症等，并常用于治疗寒性咳喘。也常作为食品添加剂和调味品使用，添加在糕点和饮料中。在香料工业，肉桂酸有良好的保香作用，主要用于配制樱桃、杏、蜂蜜等型香料。肉桂还可对口腔起杀菌和除臭的双重功效，常用于牙膏、口香糖、口气清新剂等。

山苍子 *Litsea cubeba*（图 5-9）

【形态】落叶灌木或小乔木，树高 10 m。幼树树皮黄绿色，光滑，老树灰褐色。果近球形，直径约 5 mm，幼时绿色，成熟时黑色；果梗长 2~4 mm，先端稍增粗。花期 2~3 月，果期 7~8 月。

【分布】属我国的特有资源，主要分布于江苏宜兴、浙江、安徽南部及大别山区、江西、福建、台湾、广东、江苏、安徽、湖北、湖南、广西、四川、贵州、云南、西藏等地。

【生态习性】喜光或稍耐阴，浅根性，常生于向阳的山地、灌丛、疏林或林中路旁、水边，海拔 500~3 200 m，萌芽性强，用种子繁殖。

图 5-9　山苍子

（资料来源：药用植物学）

【化学成分】主要成分是精油，精油主要含在果实中，果皮中含精油一般在3%~4%。精油中主要成分是柠檬醛、柠檬烯、香茅醛、香茅醇、α-蒎烯、β-蒎烯、β-水芹烯、芳樟醇等。

【功能用途】精制的山苍子油具有新鲜柠檬果香味，可直接用于糖果糕点、冰激凌、饮料、调味品及焙烤食品等的调味增香。山苍子油还有较强的抗菌作用，可用作食品的增香剂与防腐剂；还可用于工业合成 V_E、润滑油等，在医药、冶金、化工、建筑、环境保护、电子工业等方面有着广泛应用。此外，山苍子果渣可作为良好的饲料及饲料天然防霉剂资源。

藿香 *Agastache rugosa*（图5-10）

【形态】茎直立，高30~120 cm，四棱形，略带红色。叶柄长1~4 cm；叶片卵形或椭圆状卵形，长2~8 cm，宽1~5 cm。花期7~8月，果期9~10月。

【分布】我国有近20个省（自治区）均有分布。朝鲜、日本、俄罗斯等地也有分布。

【生态习性】喜温和湿润，生于疏林下、林缘、山坡、河岸草地或灌丛间、田边、地梗或园田地边，一般在海拔200~900 m间。

【化学成分】全草含多种芳香类物质。藿香油的主要成分为胡椒酚甲醚（占80%以上）。茎、叶及花序中含大量黄酮类成分。

【功能用途】幼苗、茎叶及花序均可食用，是著名的芳香调味菜。藿香可开发野菜汤料，即食软包装小菜、调味料及保健饮料等多种食用产品。提取的芳香油，常用作定香剂，还可以作为食用油的添加剂，可生产特殊风味的冷拌油，也可以作为日用品及烟草的香料。同时茎叶也可药用，用于治疗风寒感冒、暑湿、呕吐。

艾蒿 *Artemisia argyi*（图5-11）

【形态】株高0.5~1.2 m。全株有特殊的芳香气味，茎直立，花为紫红色。有瘦果呈

图 5-10 藿 香
（资料来源：中国植物图像库）

图 5-11 艾 蒿
（资料来源：中国植物图像库）

长圆形。花期6月，果期7月。

【分布】广泛分布于全国各地，于沟边、田埂、草地和大部分丘陵地带。

【生态习性】喜潮湿，喜欢比较肥沃的土壤。

【化学成分】艾蒿的标志性化合物是桉叶油素，相对分子质量为154.25 Da，无色油状液体，相对密度0.921~0.923，沸点174~177℃，折光率1.455~1.460，微溶于水，溶于乙醇、乙醚等有机溶剂，具有樟脑的香气。

【功能用途】可作畜禽饲料添加剂，有增加食欲，防病治病，促进生长的功能。提取的艾叶精油作为食品添加剂用于调味，艾蒿叶中的叶绿素铜钠盐还可用于食品、医药品及化妆品的着色。艾蒿的提取物有抗菌、消炎作用，可作为天然整理剂对织物进行抗菌防臭的整理。

黄花蒿 *Artemisia annua*（图5-12）

【形态】茎直立，高50~150 cm。全株近无毛。用种子繁殖。

【分布】我国南北各地均有分布。朝鲜、日本、蒙古、俄罗斯、印度、欧洲及北美等地也有分布。

【生态习性】喜光，多生于荒地、河岸、路旁、村边等处。

【化学成分】含多种倍半萜内酯。全株含挥发油0.3%~0.5%，主要成分为青蒿素等。

【功能用途】全株可供药用，可以治疗慢性久热，便血，并有健胃作用；外用可治疥癣、恶疮等症。精油香气浓郁独特，作为调和香料。黄花蒿营养价值较高，可作牲畜饲料。

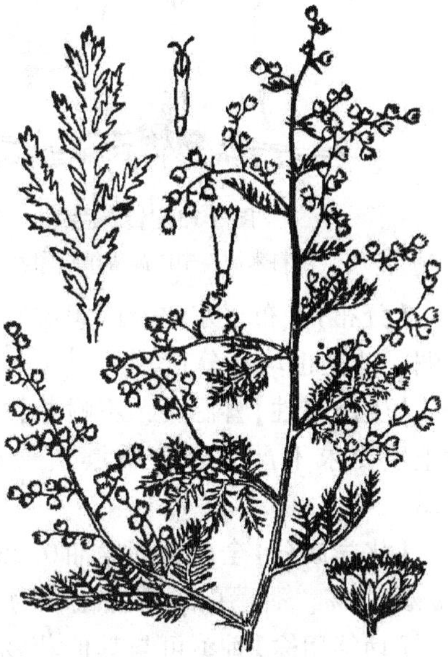

图5-12　黄花蒿
（资料来源：中国高等植物图鉴）

铃兰 *Convallaria majalis*（图5-13）

【形态】百合科。株高20~25cm。叶片椭圆形或披针形，长13~15cm，宽7~7.5cm。浆果球状，熟后红色。花期5~6月，果期6~7月。

【分布】我国分布于东北、西北、华北、华中各地；朝鲜、日本及俄罗斯也有分布。

【生态习性】喜凉爽、湿润及散射光及半阴的环境，耐寒性强，不耐干旱，喜肥沃排水良好的砂质壤土。

【化学成分】铃兰的标志性化合物是铃兰毒苷，白色结晶性粉末。

【功能用途】铃兰可带花全草入药，茎叶中含铃兰毒苷，有强心利尿功能。铃兰叶及花中还含有多种黄酮类物质，对冠心病、肝炎、胆道疾病有疗效，可用于开发治疗相关疾病的药物。

香薷（*Elsholtzia ciliata*）（图5-14）

【形态】唇形科。株高30~50 cm。小坚果长圆形，棕黄色，光滑。花期7~10月，果期10月至翌年1月。

图 5-13 铃 兰
（资料来源：中国高等植物图鉴）

图 5-14 香 薷
（资料来源：中国高等植物图鉴）

【分布】分布于东北、内蒙古、华北及南方各地。俄罗斯、朝鲜、日本、印度、蒙古、欧洲、北美也均有分布。

【生态习性】喜温暖，不耐湿，尤不适于高温、高湿天气。宜选排水良好的地区栽培。对土质要求不严，以砂质壤土最好，黏壤土也可。常生于山坡、荒地、林内、路旁、河岸。

【化学成分】全草含挥发油0.25%~1%，鲜茎叶含挥发油0.26%~0.59%，干茎叶含0.8%~2%。香薷的标志性化合物是香薷酮，是无色液体，具有特殊芳香气味。

【功能用途】香薷可与其他药物配伍组成香薷饮、香薷散、香薷汤等方剂。香薷提取液及其挥发油可制成香薷丸、香薷油润喉片、栓剂、油膏涂鼻剂等多种形式的制剂，以用来治疗中暑发热、感冒、急性肠胃炎、跌打肿痛、牙龈肿痛、下肢水肿、颜面浮肿、毒蛇咬伤、腹痛吐泻、小便不利等症，外用可治脓疮、皮肤病、疥疮等。

杜香 *Ledum palustre*（图5-15）

杜鹃花科。

【形态】株高40~50 cm。叶线形，长1~3 cm，宽1~3 mm。花期6~7月，果期7~8月。

【分布】主要分布在东北地区，尤以大兴安岭分布较广，小兴安岭、长白山、内蒙古也有一定量的分布。在欧洲中部、北部、亚洲东北部、美洲北部

图 5-15 杜 香
（资料来源：中国高等植物图鉴）

等地也有分布。

【生态习性】喜水湿，耐阴，生于落叶松林、樟子松林、云杉林或针阔叶混交林下，常为灌木—草本层的建群种或优势种。

【化学成分】杜香的标志性化合物是对-伞花烃，无色透明液体，具有类似胡萝卜的香气。

【功能用途】可用于化妆品，杜香祛斑霜具有消炎、营养、防晒的功效，杜香精油保湿润肤霜保湿润肤效果好，复方杜香洗液具有消炎、杀菌和止痛等作用，且药效稳定、持久，对皮肤作用温和。杜香可用于治疗皮肤病、咽喉炎、百日咳、痢疾、间歇热、肾病、乳腺炎、热病等症，杜香还可制作保健茶。

月见草 *Oenothera odorata*（图5-16）
柳叶菜科。

【形态】一年生或二年生草本植物，株高1~1.5 m，亦有达2 m高者。茎直立粗壮，被白毛。夏季开花，呈鲜黄色，腋生，具有茉莉、白兰花的浓郁香气，通常是日落开花，日出闭花，陆续开放，花期6~9月。

【分布】分布于东北、河北、山东、江苏等地。美洲、欧洲也有分布。

【生态习性】喜阳光及排水良好的肥沃土坡。生于向阳坡地、荒地、河岸砂砾地、砂质地。

【化学成分】月见草的标志性化合物是γ-亚麻酸，无色或淡黄色油状液，是人体必需的一种高级不饱和脂肪酸之一。

图5-16　月见草
（资料来源：中国资源学）

【功能用途】全株各部均可供食用。花制浸膏、用于调和香精中；种子可榨油，供工业用；茎皮纤维良好，可作造纸原料；根可入药，可强筋壮骨、祛风除湿，治风湿筋骨疼痛；鲜根内所含的红色汁液可提取植物色素。用于预防粉刺、酒刺、防皱、延缓衰老的月见草美容霜等。

兴安杜鹃 *Rhododendron dauricum*（图5-17）

【形态】半常绿灌木，株高0.5~2m。分枝多。花期5~6月，果期7月。

【分布】分布于黑龙江（大兴安岭）、内蒙古（锡林郭勒盟、满洲里）、吉林。朝鲜、日本、俄罗斯也有分布。

【生态习性】耐干旱、瘠薄土壤，生长在山脊、山坡及林内酸性土壤上，常生在山地落叶松林、桦木林下或林缘。

【化学成分】叶含芳香油0.94%，其主要成分为杜鹃酮，是吉马烷的衍生物，相对分子质量为218.33 Da，结晶体，熔点56~57℃。

【功能用途】叶的芳香精油含量高，可提取芳香油用作调和香精，还可用于化妆品工业。根、叶及花可入药，用于治疗风湿性关节炎、跌打损伤、闭经、支气管炎、荨麻疹，外用可治外伤出血、能祛风湿、活血化瘀、止血、痈肿等症。

图 5-17 兴安杜鹃
（资料来源：中国高等植物图鉴）

图 5-18 百里香
（资料来源：中国高等植物图鉴）

百里香 *Thymus mongolicus*（图 5-18）

【形态】唇形花科。花冠紫红、紫或淡紫、粉红色，长 6.5~8 mm，冠筒伸长，长 4~5 mm，向上稍增大。小坚果近圆形或卵圆形，压扁状，光滑。花期 7~8 月。

【分布】分布于甘肃、陕西、青海、山西、河北、内蒙古。

【生态习性】适应性较强，喜温暖、喜光和干燥的环境，对土壤的要求不高，但在排水良好的石灰质土壤中生长良好，可耐 -20 ℃ 低温，耐干旱而不耐涝，尤其不耐高温和多湿。

【化学成分】全草含芳香油，主要成分是百里香酚，白色晶体，具有类似百里香油的香气。

【功能用途】将百里香当作茶叶饮用，对治疗痢疾有特效。干燥的全草还可用作衣物的防虫剂。全株具香气，茎叶可提取芳香油，可作化妆品及皂用香精等的调和香料，也可提取芳樟醇及龙脑等香料。

5.2 野生色素植物资源

天然植物色素是指从植物的花、果、茎、叶、根等部位获得的、很少或没有经过化学加工的色素。天然色素不仅无毒安全，还有非常重要的保健、营养及药理作用。天然植物色素作为重要的食品添加剂广泛应用于饮料、糖果、糕点、酒类等休闲食品。

5.2.1 野生色素植物资源的种类及特性

5.2.1.1 叶绿素类

叶绿素是广泛存在于绿色植物细胞中的一种色素，是 Mg 原子和卟啉构成的化合物，研究得较多的是叶绿素 A 和叶绿素 B。

叶绿素 A 为蓝绿色，叶绿素 B 为黄绿色，叶绿素精品为黑蓝色粉末，有强金属光泽，其熔点 120℃。游离的叶绿素很不稳定，遇热、光（特别是紫外线）易分解、褪色，在稀碱液中可被皂化，水解为颜色仍呈鲜绿色的叶绿酸、叶绿醇及甲醇；在酸性条件下，叶绿酸盐分子中的 Mg 原子被 H 原子取代，便生成暗绿色至绿褐色的脱镁叶绿素。在一定条件下，叶绿素分子中的 Mg 原子也可被 Cu、Fe 或 Zn 等所取代。

叶绿素与脱镁叶绿素都不溶于水，而溶于乙醇、乙醚和丙酮等脂溶性溶剂；在石油醚中，叶绿素 A 只能微溶，而叶绿素 B 几乎不溶。叶绿酸的脱叶醇基叶绿素、脱镁脱叶醇基叶绿素均可溶于水而不溶于脂溶剂。

5.2.1.2 多烯色素

多烯色素又称为类胡萝卜素，按其结构和溶解性分为两大类：胡萝卜素类和叶黄素类。

(1) 类胡萝卜素类

能溶于石油醚，微溶于甲醇和乙醇。番茄红素及 α-、β-、γ-胡萝卜素是食物中的主要胡萝卜素类多烯类着色物质。番茄红素是番茄中的主要色素，是一种脂溶性不饱和碳氢化合物，难溶于甲醇、乙醇，可溶于乙醚、石油醚、己烷、丙酮，易溶于氯仿、二硫化碳、苯等有机溶剂。番茄红素是许多类胡萝卜素生物合成的中间体，经过环化可形成其他类胡萝卜素，但在动物体内无法合成，只能从食物中摄取。番茄红素没有营养作用，但有较强的抗氧化效果。

胡萝卜素中以 β-胡萝卜素在自然界中分布最广，含量最多。β-胡萝卜素是一种棕红色有光泽的斜方六面结晶，不溶于水，易溶于二硫化碳、氯仿、己烷、植物油等有机溶剂。作为一种食品添加剂、营养增补剂和医药制剂，是一种与人体健康密切相关的、具有很高实用价值的药用有效成分。

(2) 叶黄素类

玉米黄素、胭脂素、橙色素、藏花酸等都是此类色素。其着色力强，且具有耐光、耐热、耐酸、耐碱等特点。叶黄素是脂溶性食用色素，易溶于氯仿、丙酮，可溶于正己烷，微溶于醇、醚。纯的叶黄素为带有金属光泽的黄色棱柱状晶体，熔点：183℃。叶黄素对光和氧不稳定，需贮放于 -20℃ 阴凉干燥处，避光密封保存。只能从天然植物中提取叶黄素。可用于预防老年性视网膜黄斑退化引起的视力下降和失明，延缓眼睛退行性疾病的发生。

5.2.1.3 酚类色素

酚类色素是水溶性色素，有花青素、花黄素、鞣质三大类。其中，花青素属黄酮类化合物，多以糖苷的形式存在于生物体中，与糖结合成糖配体，称花色苷，一般以离子形式存在，具有盐的通性，水中溶解度较大，颜色随 pH 不同而改变，pH 值从强酸性至碱性变化时，花色苷色调从红色变化至紫色乃至蓝色；易溶于水、甲醇、乙醇等强极性溶剂中，难溶或不溶于苯、氯仿等有机溶剂中。花黄素主要指类黄酮及其衍生物，是一种水溶性色素，稳定性较好，常呈现浅黄或鲜明的橙黄色，遇碱变成明显的黄色，遇铁离子呈蓝绿色。鞣质又称单宁，为淡黄色至浅棕色无晶粉末，可溶于水、乙醇、丙酮，几乎不溶于苯、氯仿、醚及石油醚，露置空气中颜色变黑。

5.2.1.4 醌类色素

醌类色素中含有醌类结构，此类色素的代表为紫草红素。

5.2.1.5 其他天然植物色素

自然界中还有许多在结构上不同于上述物质但属于色素的化合物，即使已经知道属于哪一种化学结构类型，但由于来源不同，化学结构上某些差异所表现出来的性质也不同。天然植物食用色素管理上也往往作为一个新品种加以研究，例如，狐衣酸色素、吡咯、γ-吡喃酮类等。

5.2.2 野生色素植物的开发利用途径

随着社会及科技进步，天然色素在食品、药品、化妆品及保健品业使用逐渐普及，使用技术逐渐提高，逐渐成为美化社会生活不可缺少的一部分。天然色素研究与开发受到世界各国重视，目前国际上已开发食用天然色素共100余种。

5.2.2.1 叶绿素的应用

叶绿素及其衍生物制品现主要用作食用色素和脱臭剂。叶绿素分子中的 Mg 原子，在适当条件下可为其他金属所取代，其中以铜叶绿素的色泽最为鲜亮，而且对光和热均较稳定，所以在食品工业中常制作成铜叶绿酸钠，用于口香糖、硬糖、果汁、汽水、配制酒、罐头、蔬菜、琼脂、冰激凌、糕点等加工品的着色。此外，还可作为医药、化妆品业原料，可用于肠胃药、除口臭药、漱口剂、牙膏等。另外，叶绿素锌钠可用于治疗慢性骨髓炎、慢性溃疡、皮肤创伤、白血球减少等症，在食品工业上也是很好的着色剂和营养强化剂。

5.2.2.2 多烯色素的应用

类胡萝卜素类是国际公认具有生理活性功能抗氧化剂，为单线态氧有效淬灭剂，能消除羟基自由基，在细胞中与细胞膜中脂类相结合，有效抑制脂质氧化。较多摄入类胡萝卜素能减少老年性前列腺症和老年性视网膜黄斑变性。近年有报道，其在抗癌、抗衰老等方面也有不少新的功能价值，因此类胡萝卜素色素是一类开发前景十分广阔的功能性食品添加剂。

5.2.2.3 酚类色素

酚类色素具有很宽的溶解性，既有水溶性的，又有脂溶性的，而且大多呈现黄色、红色等鲜艳的颜色，所以完全可以根据食品加工的需要选择合适的色素作为着色剂。此外，酚类具有降脂、降压、抑菌、防癌、抗氧化、抗衰老等生理作用，现已开发出许多保健品和药品，如芦丁镁络盐、羟乙基槲皮素、生物类黄酮散、生物类黄酮软膏等药物，以及银杏茶、苦荞醋、银杏健忆胶囊、茶族益脂胶囊、越橘益视胶囊等保健品。

5.2.2.4 醌类色素

醌类色素有抗菌、抗癌、抗病毒等功能，具有凝血机制等。

5.2.3 野生色素植物的采收与贮藏

色素植物主要采用草、叶、花和果等部位，对于不同的部位，采收与贮藏的方法和时期也不同。

(1) 全草类和叶类

全草或叶类的品种，通常在花蕾尚未开放之前采收为好。因为这时叶片肥大，光合作用旺盛，叶内有效成分高。一旦植株开花结实叶片中的营养物质转移到花或果实中去，会严重影响药材质量。有少数种类，必须在幼苗期采收，显蕾前采收已成为次品。因此，多在早春季节采收。

(2) 花类

根据种类不同，其采收期略有差异，采收时应注意色泽和发育程度，它们都是质和量的重要标志，大多数采收期在春夏季，少数在秋季。采花时间以在晴朗天气，晨露散后，花朵的芳香尚未逸散时为好

花类、草类、叶类色素植物一般干燥加工后打捆或用袋、筐、篓盛装，放置在通风冷凉处。对于比较贵重的品种，应装入内衬铝皮的木箱，在箱内放进硅胶干燥剂，密闭贮藏。

(3) 果类

果实成熟后采收要选择适宜时期。采摘时间不宜过早，否则果实未全熟，不仅果小、果肉不饱满、影响产量，而且果内的色素含量低。采摘过迟，果实过熟，干燥困难，加工后易霉烂变色，降低利用价值和产品质量，也不利于树体养分积累和树体安全越冬。果实采收时间，每年霜降与冬至期间果皮色泽最好时选择晴好天气采收，在这段时间采收加工出的产品不但折干率高，而且质量较好，要成熟一批采摘一批，一般至少分3~4批采收。采收时选晴天露水干后或午后采果为好。

果类色素植物贮藏的方法一般有保鲜贮藏、干制贮藏和冷冻贮藏3种。

保鲜贮藏 主要是通过低温、气调或添加化学保鲜剂的方式保持果类的新鲜程度来进行贮藏。

干制贮藏 是指果类干燥至安全含水量后，装入麻袋或瓷缸中，置于干燥、通风、低温室内。为防果回潮，可在装果的袋、缸四周放生石灰或其他干燥剂。这种方法贮藏时间较长。

冷冻贮藏 指果类进行冷冻处理后，置于冷藏库中进行贮藏。

5.2.4 植物色素化学基础

5.2.4.1 叶绿素

叶绿素是由叶绿酸（一种卟啉衍生物的二羧酸）与叶绿醇和甲醇所构成的二酯类化合

物，其绿色部分来自叶绿酸的残基部分。当吡咯环中第三位 C 上的 R 是甲基时，为叶绿素 a，$C_{55}H_{72}O_5N_4Mg$；R 为醛基时，是叶绿素 b，$C_{55}H_{70}O_6N_4Mg$。通常叶绿素 a∶b = 3∶1，结构如图 5-19 所示。

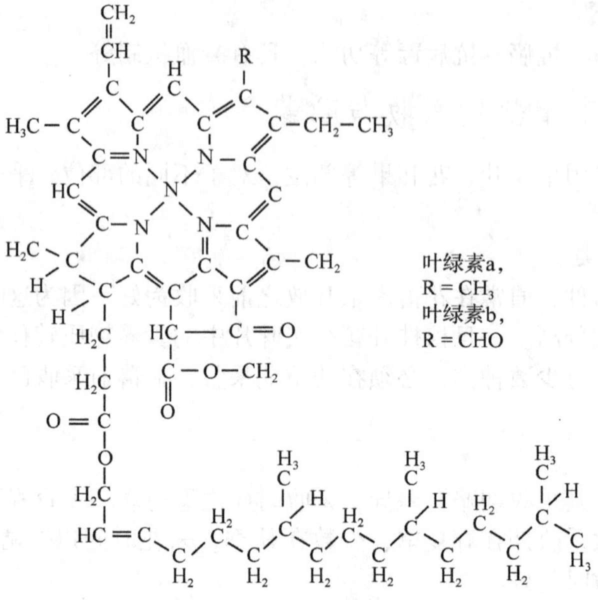

图 5-19　叶绿素分子结构

5.2.4.2　多烯色素

多烯色素是一类由异戊二烯残基 $[CH_2=C(CH_3)—CH=CH_2]$ 为单元所组成的以共轭双键长链为基础的色素。

(1) 胡萝卜素类

胡萝卜素类的化学结构特征是共轭多烯烃，类胡萝卜素中有大量共轭双键，形成发色基团。大多数的天然类胡萝卜素都可看作番茄红素的衍生物，其化学式为 $C_{40}H_{56}$，结构如图 5-20 所示。

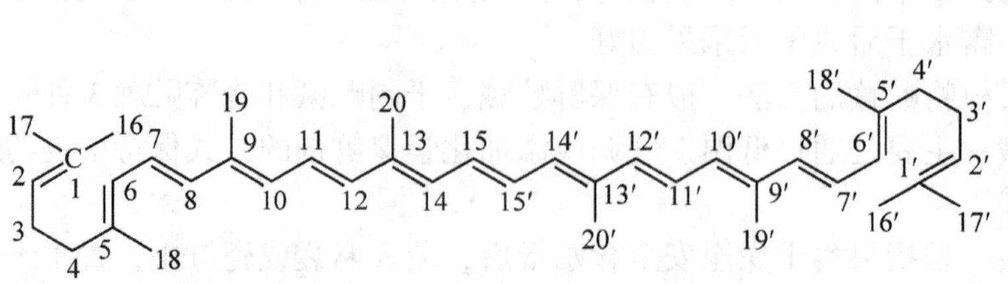

图 5-20　番茄红素分子结构

番茄红素的一端或两端环构化，便成了它的同分异构物 α-、β-、γ- 等胡萝卜素。

(2) 叶黄素类

叶黄素类是共轭多烯烃类的含氧衍生物，有些是番茄红素和胡萝卜素的加氧衍生物，有些是番茄红素和胡萝卜素的烃链短的短链多烯加氧衍生物。

5.2.4.3 酚类色素

(1) 花青素

花青素的基本结构母核是 2-苯基苯并吡喃(2-phenylbenzopyrylium)，即花色基元(flavylium)结构如 5-21 所示。花色基元中的氧原子是四价的。花青素是花色基元的羟基取代衍生物。

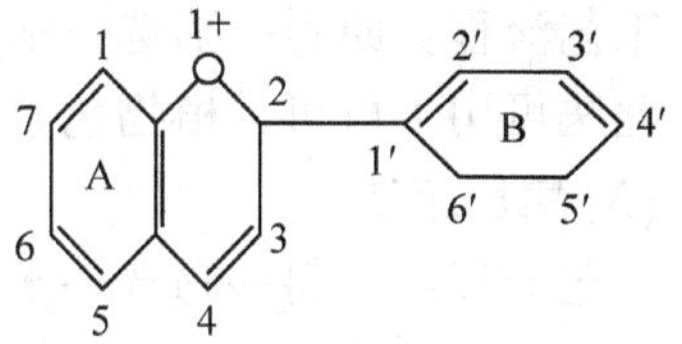

(2) 花黄素

黄酮类的结构母核是 2-苯基苯并吡喃酮(去氢黄酮，也简称黄酮)(图 5-22)，黄酮母核在不同碳位上发生羟基或甲氧基取代，即成为各种上黄酮色素，其与糖可形成糖苷键。

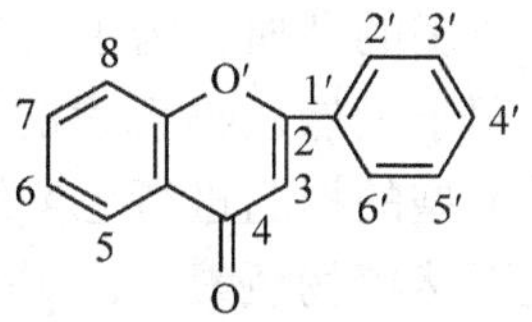

图 5-21　花色基元结构式

图 5-22　α-苯基苯并吡喃酮

5.2.4.4 醌类色素

醌类色素又称醌类衍生物类，是一类含醌类化合物的色素，有苯醌、萘醌、蒽醌、菲醌等类型(图 5-23)。

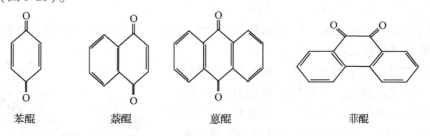

苯醌　　　萘醌　　　蒽醌　　　菲醌

图 5-23　醌类衍生物

5.2.5 植物色素的加工方法

5.2.5.1 植物色素的萃取

植物色素存在于植物不同的部位和器官中，如茎、叶、花、果实等。为了保存植物色素的优点及其稳定性和安全性，易根据其不同的特点来采用不同的方法进行处理。天然植物色素的萃取一般有浸提法、粉碎法和酶反应法 3 种。

(1) 浸提法

工艺流程：原料采集→筛选→水洗→干燥→提取→浓缩干燥→粉末化→制品化

提取方法主要有溶剂萃取法、超声法、微波法、超临界 CO_2 流体萃取法等。此法宜用冷、热水、乙醇、乙醚等有机溶剂，适用范围较广，但要注意不同种类色素要采用与之溶解性相适应的溶剂，在此基础上应尽量采用价格低廉且毒副作用小的溶剂。

（2）粉碎法

工艺流程：原料→筛选→水洗→干燥→粉碎→成品

此法可用于可可类植物色素的提取。

（3）酶反应法

工艺流程：原料→筛选→水洗→干燥→萃取→酶反应→再萃取→浓缩→干燥→成品

通过酶反应将原料组织分解，加速有效成分的释放和萃取，选择适宜条件将影响萃取的杂质分解去除，促进某些极性低的脂溶性成分转化成糖苷类易溶于水的成分，降低萃取的难度。

5.2.5.2 植物色素的纯化

粗制的天然植物色素一般含有较多的杂质，为了得到纯度较高的天然植物色素，就必须对粗制的色素进行纯化。目前，用于天然植物色素的纯化较适宜的方法是树脂法纯化，根据不同天然植物色素来选择不同类型的树脂进行色素纯化，同时也可采用萃取法和重结晶法与树脂法相结合来更好地纯化天然植物色素。

5.2.6 我国主要野生色素植物资源

蓝靛果忍冬 *Lonicera caerulea*（图5-24）

又名蓝靛果、黑瞎子果、山茄子、羊奶子等。忍冬科忍冬属。

【形态】落叶小灌木，株高1.3~1.5m。多分枝，每个浆果含种子6~18粒，种子小，红棕色或红褐色。花期5~6月，果期8~9月。

【分布】主要分布在东北、华北和西北的一些地区，东北的大、小兴安岭和长白山地区的野生资源储量最大。

【生态习性】常生于山地林间、林缘水湿地或落叶松甸子的苔藓沼泽地上，喜酸性土壤（pH5.5~6.0）。土壤湿度较大，含水量超过40%。蓝靛果忍冬在生长期对温度要求不严，具有高度的抗寒性和抗晚霜能力。

【化学成分】果实中富含多种维生素、矿质元素、氨基酸、黄酮类成分、碳水化合物、多元醇、有机酸及其他生物活性物质。另外，天然色素的含量占主要地位，主要是花靛-3-葡萄糖苷。在所含的17种氨基酸中，人体必需氨基酸占总氨基酸的40%。

【功能用途】蓝靛果可用于治疗乳痈、肠痈、丹毒等热毒疮疡症，也可用于湿热痢疾等，具有防止毛细血管破裂、改善肝脏的解毒功能，具有抗炎和抗病毒能力及增加白细胞作用。同时还具有治疗小儿厌食症的功效，可促进血液循环、防治心血管病、降血压等，具有抗疲劳、抗氧化甚至具有抗肿瘤的功效。

图5-24 蓝靛果忍冬
（资料来源：中国高等植物图鉴）

姜黄 *Curcuma longa*（图5-25）

【形态】多年生宿根草本植物，根粗壮，末端膨大，卵形，内面黄色，侧根茎圆柱状，红黄色，极香。穗状花序稠密，花苞卵形，苞片绿色，花序淡红色。种子卵状长圆形，具假种皮。花期8~11月。

【分布】产于浙江、四川、福建、台湾、广东、云南、贵州、湖北、陕西、江西等地。

【生态习性】喜温暖湿润环境，有短期抗涝性。适于阳光充足，土壤湿润、肥沃、疏松的冲积土或砂质壤土，黏性土壤不宜种植。

【化学成分】主要化合物成分是姜黄素类和挥发油，还有树脂类、糖类、甾醇类、多肽类、脂肪酸、生物碱及微量元素等。含挥发油4.5%~6%、姜黄素0.3%~4.8%、阿拉伯糖1.1%、果糖12%、葡萄糖28%、淀粉30%~40%、脂肪油、草酸盐等。

图5-25 姜 黄
（资料来源：中国植物志）

【功能用途】姜黄色素具有良好的染着性和分散性，无毒、无副作用。姜黄素及其衍生物具有强效的抗氧化活性。近年来其抗肿瘤、降血脂、抗炎、抗氧化等活性受到较大的关注，除药用外，还可做调味品：色素、香料、染料、化妆品和杀虫剂等。姜黄素还具有特殊的芳香和口味，东南亚国家的人们喜欢用它来制备咖喱、萝卜干、人造奶油等。

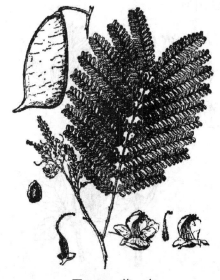

图5-26 苏 木
（资料来源：中国高等植物图鉴）

苏木 *Caesalpinia sappa*（图5-26）

又名苏方木。

【形态】灌木或小乔木，株高5~8m，小叶长方形，长15~20 mm，宽6~7 mm。圆锥花序顶生或腋生，宽大多花；子房线状披针形。荚果红棕色，有光泽。花期6~9月，果期翌年夏季。

【分布】产于台湾、广东、广西、海南、贵州、云南、四川等地。

【生态习性】生于高温多湿、阳光充足和肥沃的山坡、沟边及村旁。能耐干旱、高温，不择土壤。

【化学成分】苏木的主要色素成分为苏木素，苏木素易溶于水，其水溶液在不同的酸碱条件下或含有金属盐的溶液中呈现出黄、姜黄、橙、粉红、红、紫等不同的颜色。

【功能用途】枝干可提取红色染料，用于染制纤维纸张等，也可作媒染剂，作油漆木器的底色。根可提取黄色染料。心材可入药。

红花 *Carthamus tinctorius*（图5-27）

别名怀红花、红兰花、草红花、杜红花、淮红花。

【形态】1年生草本植物，株高30～90cm。舌状。瘦果椭圆形或倒卵形，长约4～7mm，基部稍歪斜。白色，无冠毛，具4棱。花期6～7月，果期8～9月。

【分布】原产于西亚或埃及。我国产于黑龙江、辽宁、内蒙古、河北、山东、山西、河南、甘肃、江苏、安徽、浙江、福建、广东、湖南、湖北、江西、四川和贵州等地。

【生态习性】耐寒、耐干旱、耐碱，在贫瘠土壤上也能生长。但怕涝、忌高温，整个生育阶段对水分都很敏感。

【化学成分】红花黄色素为黄色或棕黄色粉末，易吸潮，吸潮时呈褐色，并结成块状，是一种很有价值的天然食用色素，具有色泽艳丽、耐高温、耐高压、耐低温、耐光、耐酸、耐还原和抗微生物等优点。

【功能用途】正红花油用于救急止痛、消炎止血；红花注射液、红花口服液用于冠心病、脉管炎等；注射用羟基红花黄色素A冻干粉末用于脑中风等疾病的治疗。用红花花粉制成的食品具有助体力、消疲劳、美容抗衰等作用。红花中的红花黄色素和红花红色素可用作食物的天然色素。红花籽油是世界公认的具有食用、医疗保健和美容作用的功能性食用油。

图5-27 红 花
（资料来源：中国高等植物图鉴）

栀子 *Gardenia jasminoides*（图5-28）

原名卮子。又称山栀子、黄栀子、鲜支、木丹、越桃等。

【形态】常绿丛状灌木，株高0.5～2 m。幼枝绿色，老枝灰褐色，枝心及根淡黄色。叶对生或三叶轮生，果实黄色，革质或带肉质，卵形或圆柱形。花期6～8月，果期9～11月。

【分布】广泛分布于河南、四川、浙江、江西、湖北、湖南、云南、贵州、广西、福建等地。

【生态习性】喜光照充足、温暖湿润、土层深厚的生长条件。土壤为黑泥土、冲积土、重黏土和改良后的山地红壤土等多种土壤类型，

图5-28 栀 子
（资料来源：中国植物图像库）

pH 5~8。

【化学成分】主要药用成分是环烯醚萜苷类成分及西红花苷类成分。在果实和茎叶花中还含有挥发油、多糖等成分。栀子活性成分最高的是栀子苷和京尼平苷。

【功能用途】栀子蓝色素溶解性好，着色力强，属水溶性色素。由于栀子蓝色素与其它红黄品系的天然色素调和后能产生一系列蓝绿变化的色调，可以由此开发出多种颜色的色素。栀子中含有的京尼平苷可用作植物增产剂。栀子黄色素可以促进胆汁的分泌，增强肝脏的解毒功能，同时降低血中胆红素，降低胆固醇。

玫瑰茄 Hibiscus sabdariffa（图 5-29）

别名山茄、苏丹红、罗塞尼。

【形态】株高 1.5~2m。花期 9~10 月。

【分布】为 1 年生或多年生草本植物，原产非洲的苏丹，广泛分布于全球热带、亚热带地区。我国目前分布在广东、海南、广西、云南、福建、台湾及四川西部等地。

【生态习性】喜光，喜温，忌早霜。在 25~30 ℃条件下生长最佳。

【化学成分】含有丰富的蛋白质、有机酸、V_C、多种氨基酸、大量的天然色素及多种矿物质。玫瑰茄红色素为水溶性色素。

【功能用途】花萼加工品滋味酸甜，有利尿、促进胆汁分泌、减少血液黏度、降低血压、刺激肠壁蠕动等功能，不含有害的生物碱，具有清凉解毒、开胃生津、利尿解毒、抑制细菌等功效，很适于作为有刺激性气体作业的工厂工人清凉饮料。

图 5-29 玫瑰茄

（资料来源：中国高等植物图鉴）

木蓝 Indigofera tinctoria（图 5-30）

【形态】又名蓝靛。小灌木，株高 50~80 cm。有种子 5~10 颗。种子圆形，长约 1.5 mm。花期 5~10 月，果期 6~11 月。

【分布】分布于山东、河北、河南、江苏、福建、台湾、广东、广西、湖北、四川、云南等地。

【生态习性】适应性强，耐干旱。

【化学成分】茎叶含靛蓝 5.0% 以上；并含靛蓝苷，可经三羟基吲哚氧化缩合成靛蓝。

【功能用途】可解毒凉血，泻火散郁；根及茎可治肿毒。木蓝提取物中的活性成分可预防和治疗 CCl_4 引起的急性肝损伤，且作用呈剂量依赖型，使用安全。叶可提取蓝靛染料，也可入药。

图 5-30 木 蓝
(资料来源：中国高等植物图鉴)

图 5-31 菘 蓝
(资料来源：中国高等植物图鉴)

菘蓝 *Isatis tinctoria*（图 5-31）

别名板蓝根、大蓝、大青叶。

【形态】2 年生草本植物，株高 40~90 cm。主根深长，灰黄色。茎直立，上部多分枝。单叶互生，基生叶较大，具柄，叶片长圆形或椭圆形。花期 5 月，果期 6 月。

【分布】内蒙古、陕西、甘肃、河北、河南、山东、江苏、浙江、安徽、贵州有栽培。

【生态习性】喜温暖，栽培地宜选土层深厚，排水良好，腐殖质多的土壤。

【化学成分】纯粹的靛蓝为美丽的蓝色结晶或紫色针状结晶，带金属光泽。

【功能用途】可治疗瘟毒发斑、高热头痛、大头瘟疫、烂喉丹痧、肝炎、流行性感冒等症，也可作染料用。

紫草 *Lithospermum erythrorhizon*（图 5-32）

别名鸦衔草、红石根、大紫草、红条紫草、地血、紫丹。

【形态】多年生草本植物，株高约 60 cm。根条状，略弯曲，肥粗，紫红色，表面有纵深沟纹。茎上部分枝全体有硬毛。叶互生。花期 5~6 月，果期 7~8 月。

【分布】分布于黑龙江、吉林、辽宁、河北、河南、安徽、广西、贵州、安徽、江苏等地。朝鲜，日本亦有分布。野生于阳坡山地，林边及山路旁。

【生态习性】耐寒，能在北京等较寒冷地区田间越冬，忌高温。怕水浸，故栽培宜选排灌方便的地方。

图 5-32 紫 草
(资料来源：中国高等植物图鉴)

土壤则以石灰质壤土、砂质壤土、黏壤土较好,而黏土或易涝的地区则不宜栽种。

【化学成分】紫草的主要化学成分为脂溶性萘醌类色素、脂肪酸和水溶性多糖。紫草的主要成分为萘醌类色素。

【功能用途】紫草是我国传统中药,具有祛热、解毒、治疗冻伤、烫伤、湿疹、痔疮、肺结核等功效。紫草色素是从紫草根中提取的紫红色素,具有抗菌作用,在食品工业中可用于饮料、蛋白食品、淀粉食品、调味品、肉制品等的着色剂,还可用于染料、制药、化妆品等工业中。

蓼蓝 *Polygonum tinctorium*(图5-33)

别名靛蓝。

【形态】1年生直立草本植物,株高50~80 cm。花期7月,果期8~9月。

【分布】分布于辽宁、河北、山东、山西、陕西、湖北、广东、广西、四川等地,多栽培,或呈半野生状态。

【生态习性】

【化学成分】蓼蓝主要含靛蓝,纯晶呈蓝色结晶或紫色针状结晶。

【功能用途】茎、叶含靛蓝4%~5%,可加工提取靛蓝,作青色或黑色染料。

图5-33 蓼 蓝
(资料来源:中国植物图像库)

图5-34 茜 草
(资料来源:中国植物图像库)

茜草 *Rubia cordifolia*(图5-34)

别名四轮草、小活血、过山藤、红丝线、红藤子。

【形态】花黄色。浆果球形,红色转黑。花期7~9月,果期9~10月。

【分布】分布全国大部分地区。多生长在原野、丘陵、山坡、石旁、林边、灌丛、沟壑等处,常生于灌丛中。

【生态习性】凉爽、湿润的气候能促进主茎多分枝。枝条的茎节处会发根，尤其在风调雨顺、土壤疏松的条件下，生根能力更强，10~11月结果，冬季地上部分枯萎。

【化学成分】茜草的化学成分以蒽醌及其苷类化合物为主，此外还含有萘醌类、萜类、己肽类、多糖类等其他化学成分。茜草色素为橙红色的无定形粉末体。

【功能用途】茜草有凉血止血、活血祛瘀之功效。主治吐血、鼻血、血热等流血过多等病症。用其作为食用色素提取液，不仅增加了食物的美感，而且还有一定药用之功效。

冻绿 *Rhamnus utilis*（图5-35）

黑刺果、黑狗丹、油葫芦子、红冻。

【形态】落叶灌木或小乔木，株高2~3m。小枝顶端具刺。核果倒卵圆形，直径6~8mm。花期4~5月，果期9~10月。

【分布】分布于陕西、甘肃、河南、湖北、湖南、广西、广东、海南、福建、江苏、浙江、云南、贵州、四川各地。朝鲜、日本也有。

【生态习性】稍耐阴，不择土壤，适应性强，耐寒、耐阴，耐干旱、瘠薄。

【化学成分】冻绿的茎皮、果实、叶含绿色素。

【功能用途】种子油作润滑油；果实、树皮及叶含黄色染料。果和叶内含绿色素，可作绿色染料。果肉入药，能解热，治泻及瘰疬等。茎皮和叶可提取栲胶。

图5-35 冻 绿
（资料来源：中国植物图像库）

5.3 野生凝胶植物资源

植物凝胶广泛分布于植物界，是植物细胞壁的组成成分之一，是一类无定形、透明或半透明物质，可以从植物体的各个部位获得。植物凝胶属于水溶性高分子多糖类物质，主要组成为阿拉伯糖、半乳糖、葡萄糖、鼠李糖、木糖及相应的糖醛酸。植物胶与水结合成黏性物，它不溶于乙醇、丙酮、乙醚、石油醚及其他有机溶剂。

5.3.1 野生凝胶植物资源的种类及特性

根据植物胶组成中，能溶于水和不溶于水的性质而区分为水溶和水不溶两个部分。可溶于水的部分叫做阿拉伯胶素（arabin），不溶部分叫做西黄蓍胶素（tragacanthin）。不同种属的植物其所含的植物胶性质差异很大，两种胶素的组合比例各有不同。

阿拉伯胶属弱酸性大分子多糖，其分子中的糖醛酸羧基常与Ca^{2+}、Mg^{2+}、K^+、Na^+等生成盐，除去阳离子后的酸度近似乳酸；天然阿拉伯胶块多为大小不一的泪珠状，呈略透明的琥珀色。精制胶粉为白色，无味，可食。阿拉伯胶干胶粉十分稳定，可以长期贮存。溶于加倍的水中呈淡黄色，透明、无味，有弱酸性反应；遇碘不变蓝色。除去阳离子后的胶的相对分子质量，用渗透压法测定为 2.4×10^5 Da。

黄耆胶属弱酸性大分子多糖。天然黄耆胶为片状或带状，也可能有红色斑迹，无味，可食，口感黏稠。精制胶粉为白色或淡粉红棕色。

5.3.2 野生凝胶植物的开发利用途径

阿拉伯胶是目前国际上最为廉价而又广泛应用的亲水胶体之一，是工业上用途最广的水溶性胶，广泛用作乳化剂、稳定剂、悬浮剂、黏合剂、成膜剂等。在乳制品中作稳定剂；在食用香精中作为驻香剂；在皮革制造、整理与墨水、水彩颜料及纺织、印染中也有应用。在制药工业中作为赋形剂等。

黄耆胶在水中溶胀，有很高的持水力，在食品中常用于沙拉、凉拌菜、蛋黄酱、软糖，以及冰激凌等的制作中。

5.3.3 野生凝胶植物的采收与贮藏

5.3.3.1 根与根茎类

根与根茎类凝胶植物的采收期一般在植株完成生育周期，进入休眠期时采收，此时根及根茎生长充实，地上部生长停滞或枯萎，地下部分积累的有效成分含量最高。但是也有一些植物因抽薹开花大量消耗营养物质、根部木质化，品质大大降低，此类需在抽薹开花前采收。此外，也有些植物如在生长发育盛期采收。

鲜根、茎贮藏期间应保持 $5 \sim 10$℃ 的适宜温度。低于此温度易受冻，当温度持续在 0℃ 以下时，冻害发生严重，进而腐烂；温度过高，根茎的呼吸作用加强，加大水分散失，高温高湿易导致软腐病的发生及蔓延。目前主要的方法有：宿地留种、土坑保护、露天贮藏和烟熏贮藏 4 种方法。

5.3.3.2 叶类

采叶时间。一般采叶时间可在 $7 \sim 10$ 月，8 月是采叶最佳时期。选择无病虫害和没有喷洒过农药的树木，要采绿叶，忌采发黄的叶，因绿叶中有效成分含量高，发黄叶中含量少。为防止腐烂，叶采收后要先摊放在室内，并及时进行杀青处理。杀青处理后的叶要及时烘烤或晾干，去杂质装袋。制胶用的也要晾干装袋，存放于干燥、通风的仓库里，注意防潮、防晒、防虫、防鼠害。

5.3.3.3 果类

果实生长发育到什么程度时采收，关系到果实的产量、品质和耐藏性。如果采收过早，果实未发育成熟，则产量低，品质风味欠佳，耐藏性也差；采收过晚，果实开始熟软化，不利于贮藏保鲜，何时采收应依果的用途而定。

(1) 干制贮藏

制干的果一般装入干净的麻袋或纸箱中，囤堆于干燥的仓库内保存，有条件的地方可以将果存放在冷库中；如果果本身没有蛀虫，或经烘烤杀死蛀虫的，在贮藏时还要注意防治鼠害。

(2) 保鲜贮藏

目前，主要是利用低温冷库进行鲜果的贮藏保鲜。一般能保存 2～3 个月。采收后入库前要进行预冷。预冷可以使果实的温度降低，能更好地保持品质，提高耐藏性。将果装入有孔塑料袋或保鲜膜袋中再放入冷库，既能保湿，又不会积累过多的二氧化碳。贮藏库温度应稳定在 -1～1℃，塑料袋内相对湿度稳定在 90%～95%，二氧化碳体积分数在 5% 以下。

(3) 皮和根皮类

凝胶植物如杜仲等，以 4～7 月春末夏初为采收适期，此时植株生长旺盛，皮层内养分多，植物浆液已开始移动，形成层的细胞分裂较快，皮层和木质部容易剥离，割后伤口也容易愈合。

根皮的采收期则应推迟到生育周期的后期，一般在 8～10 月。采收过早根皮积累的有效成分少、产量质量及折干率均低。

皮剥下后用开水浇烫，然后展开，放置于通风、避雨处的稻草或麦草垫上，使皮紧密地重叠其上，再用木板加石块压平，四周用草袋或麻袋盖压。然后取出晒干、压平。晒干的皮要用刨刀刨去外皮，刨时要注意刨平，最后用棕刷将泥灰刷净。将已分好等级的皮分类装好，排列整齐，打捆成件，贮存于干燥的地方即可。

5.3.4　植物凝胶化学基础

阿拉伯胶属多糖高聚物，以阿拉伯半乳聚糖为主、多支链的复杂分子结构，是 D-半乳糖、D-葡萄糖醛酸、L-鼠李糖及 L-阿拉伯糖组成的混合多糖（图 5-36）。含有约 98% 的多糖和 2% 的蛋白质，结构上连有蛋白质分子。

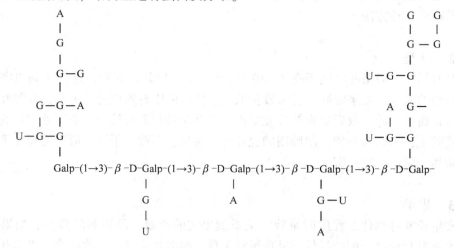

图 5-36　阿拉伯胶化学结构

黄耆胶中黄耆胶素占很大部分，含量约为 70%，属于阿拉伯半乳聚糖；其余部分是酸性黄耆糖胶（bassorln），为 D-半乳糖醛酸、D-木糖和 L-岩藻糖所组成的聚糖，它是一种混合胶类。

5.3.5 植物凝胶的加工方法

从种子中分离提取植物凝胶大致可分为水浸浓缩法、有机溶剂沉淀法和机械分离法3种。

水浸浓缩法 首先将种子破碎，加水浸提、过滤、真空浓缩，最后喷雾烘干，该法易造成局部过热，使产品理化性质改变，成品水合性能差，黏度下降。

有机溶剂沉淀法 向水浸浓缩法得到的胶液加入有机溶剂，使聚糖沉降，再将沉降聚糖脱水烘干、磨粉制得成品植物凝胶，该法得到的产品纯度较高，但用水量大，有废水排放，离心分离渣质困难，有机溶剂回收成本较高。

机械分离法 此法根据种子种皮、胚乳和胚芽3部分的物理性能差异，即胚乳主要是由半乳甘露聚糖构成的，其性质坚硬并有一定的韧性，呈半透明状；种皮和胚芽主要由纤维素和蛋白质等组成，其性质与胚乳之间的差异较大，在机械撞击处理后，通过筛选可将粒径差异较大的种皮、胚芽与胚乳分离开来，得到较纯净的胚乳片。种子胚乳中聚糖质量分数超过60%，总糖质量分数大于80%，因此分离出较纯净的胚乳，也就等于得到了一定纯度的中间体。胚乳经水合、制粉、提纯、灭菌等处理后即可制成成品凝胶。凝胶的生产工艺因原料不同而异。

5.3.6 我国主要野生凝胶植物资源

杜仲 *Eucommia ulmoides* (图 5-37)

【形态】落叶乔木，株高 15~20 m。花期 4~5 月，果期 10~11 月。

【分布】主要分布在我国中南部，以四川、湖南、贵州、湖北等地为最多，其次陕西、山西、云南、广西、广东、江苏、浙江等地也有。

【生态习性】喜温暖湿润的气候和光照充足的环境。在疏松肥沃、土层深厚、排水良好的中性和石灰性土壤最适宜其种植。

【化学成分】叶、皮和枝条中主要含有木脂素类、环烯醚萜类、有机酸、萜类、多糖、氨基酸和杜仲胶等有机化合物及 Ca、Fe 等无机元素。

【功能用途】工业原料方面，利用杜仲所含杜仲胶的结构特征，开发出无须制模的医用代石膏功能材料。另外，杜仲胶具有绝缘性强、抗酸碱、耐水湿、热塑性好和形状记忆等特性，是一种重要的工业原料。将杜仲叶混合到鸡、鸭、鱼、牛等的饲料中，作为饲料添加剂能改善动物的肉质。

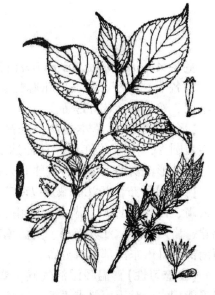

图 5-37 杜 仲
(资料来源：中国高等植物图鉴)

黄蜀葵 *Abelmoschus manihot*(图 5-38）

又名秋葵、豹子眼睛花、霸天伞、棉花蒿。

【形态】1 年生至多年生高大草本植物，株高 0.9～2.5 m；茎粗，密生黄色刚毛。种子黄褐色。

图 5-38 黄蜀葵
(资料来源：中国高等植物图鉴)

【分布】分布于福建、台湾、广东、海南、广西、云南、贵州、四川、江西、湖南等地。

【生态习性】喜温暖湿润、雨量充沛、阳光充足，喜排水良好而疏松肥沃的土壤，对生境要求不严，适应性较强。

【化学成分】黄蜀葵花的主要有效成分是黄酮类成分。种子脂肪油中含有大量的不饱和脂肪酸，含量高达 91.81%；以及丰富的氨基酸，必需氨基酸含量较高，占总氨基酸的 30.59%。无机元素含量也非常丰富。黄蜀葵胶为淡棕黄色粉末，略有清香味，溶于水成黏稠液体，不溶于乙醇。

【功能用途】黄蜀葵胶是一种含蛋白质的多糖胶，在食品工业用作增稠剂、稳定剂和乳化剂，可用于冰激凌、雪糕、冰棍和面包、饼干、糕点、果酱等食品中。食用黄蜀葵油，可起到美容、保健、防病、抗癌之功效。叶、茎、根经粉碎是高蛋白精饲料。根的黏胶质可做造纸原料。

魔芋 *Amorphophallus rivieri*(图 5-39）

别名芋、魔芋、蒟蒻、花麻蛇、灰草、山豆、花伞把、蛇包谷、花杆莲等。

【形态】多年生草本植物，株高 30～100 cm。块茎扁圆形，肉质暗红色，直径达 25 cm。果实，浆果，球形，初期为绿色，成熟时为橘红色。

【分布】分布于长江流域及以南广大地区。主产于云南、四川、贵州、湖北、湖南、江西、浙江、福建、广西等地，江苏南部、安徽南部、台湾、陕西南部、甘肃东南部也有分布。

【生态习性】喜温暖湿润气候，要求阴湿环境，但不能积水，对土壤要求不严，以疏松肥沃的酸性或微酸性壤土为最好。

【化学成分】块茎含淀粉 1.46%、蛋白质 2.56%、脂肪 0.13%、葡甘露聚糖 64.78%、还原

图 5-39 魔 芋
(资料来源：中国高等植物图鉴)

糖11.61%、纤维素11.43%、灰分3.76%、水分17.76%，还含有多种维生素和生物碱。此外，还含有K、Ca、Mg、Na、Fe、Mn、Cu等人体必需的多种微量元素。

【功能用途】魔芋食品的加工种类很多，魔芋微粉胶囊、魔芋豆腐等。魔芋胶在食品、饮料工业中可作为胶凝剂、增稠剂、黏结保水剂、稳定剂、成膜剂等。在环保领域中，利用成膜性制成食用膜、保鲜膜、降解膜及包装材料等。

白及 Bletilla striata（见图4-82）

又名小白及、莲及草、雪如来、甘根、白根、羊角七等。

【形态】多年生草本植物，茎高约1 m。其鳞茎似扁螺状，直径1~2 cm，基部有须根，数个连生。叶片自根部生长，有4~5片。花期4~6月，果期7~9月。

【分布】分布于贵州、湖北、湖南、广东、广西、安徽、四川、云南、陕西、甘肃等地。

【生态习性】喜温暖、阴湿的环境，不耐严寒，耐阴性强，忌强光直射，喜凉爽气候，宜在土层深厚、疏松肥沃、富含腐殖质、排水良好的砂壤土中生长，瘠薄、黏重、积水的土壤上生长不良。

【化学成分】白及含量最多的是糖类，主要是甘露聚糖，也有部分葡萄糖，还含有联苄类、二氢菲类、联菲类及其他菲类化合物等。精制后的白及胶（多糖纯度>90%）为无嗅无味白色粉粒，易溶于水，不溶于乙醇等大多数有机溶剂，可在水中溶解并形成黏稠的亲水胶液，在酸性溶液中较稳定，但在碱性溶液中易失去黏性。

【功能用途】白及无毒，作为食品配料或添加剂具有较高的安全性。利用白及多糖胶制备水果涂膜保鲜剂和作为肝动脉栓塞剂，可作为一种天然高分子材料。另外，白及多糖胶具有收敛、延缓皮肤衰老、增稠、助悬、保湿和助乳化等功效，是一种理想的天然日化添加剂和功能性成分。

沙枣 Elaeagnus angustifolia（图5-40）

别名银柳、七里香、桂香柳、红豆、牙格达等。

【形态】落叶小乔木，株高4~15 m，枝干易分杈弯曲；冠形多呈椭圆形、倒卵形。果形有长椭圆形、椭圆状卵形或卵圆形，长0.5~2.5 cm；果皮有紫红、橙红、黄色、白色等；果肉白色粉质，有甜或酸涩味，品种繁多，形态变化比较复杂，果期9~10月。

【分布】主要分布于河北、河南、陕西、甘肃、内蒙古、宁夏、新疆、青海、山西及辽宁等地。

【生态习性】喜光，生活力很强，抗风沙、耐盐碱、耐干旱、耐高温、耐寒、耐瘠薄，常生于沙漠边缘或戈壁滩上，在沙漠中较肥沃的灌溉地区常见。

【化学成分】沙枣花中主要成分为反式肉桂酸乙

图5-40 沙 枣

（资料来源：中国高等植物图鉴）

酯44.5%。沙枣果肉含水分7.85%、脂肪2.9%、蛋白质7.03%、总糖53.40%。沙枣叶中含有多种黄酮类化合物、蛋白质、脂肪、糖类等营养物质。沙枣树胶外形上与桃胶相似，呈瘤状或不规则形状，褐色，新鲜时略为栗褐色，有淡黄色晕纹，透明，形体大小不一。理化性质和阿拉伯胶、西黄芪胶类似，可作为黄芪胶、阿拉伯胶的代用品。

【功能用途】沙枣树胶是沙枣树的创口分泌物，是一种杂多糖聚合物，可作阿拉伯胶、黄芪胶等的替代品，将它加入消炎、活血定痛复方中可外用作为骨折的治疗。同时，沙枣树胶也是一种纯天然的啫哩水。沙枣花还是很好的蜜源，沙枣蜜含有多种维生素和矿物质，是高级营养品和美容补品。

田菁 Sesbania cannabina（图5-41）

别名碱青、涝豆、拔碱蒿、海松柏、野豌豆。

【形态】1年生灌木状草本植物，株高1~3 m。茎直立，无刺。叶初生时有绒毛。荚果长而狭，成熟时易开裂，含多数圆柱状、绿褐色或褐色的种子，表面有蜡质光亮，千粒重14~16g。花期9月，果期10~11月。

【分布】分布于浙江、福建、台湾、广东、江苏、河南等地。原产于低纬度热带和亚热带沿海地区，耐盐、耐涝，是优良的改良土壤绿肥植物。

【生态习性】喜高温高湿条件，种子在12℃时可发芽，最适生长温度为20~30℃，25℃以上生长最为迅速。遇霜冻后叶片凋萎而逐渐死亡。田菁根系发达，根瘤多，固氮能力强，在瘠薄地上能良好生长。

图5-41 田　菁
（资料来源：中国高等植物图鉴）

【化学成分】主要成分是田菁种子的内胚乳-田菁胶，占种子质量30%~33.5%，田菁胶主要化学成分为半乳甘露聚糖胶，半乳糖为支链 α-(1→6)D-半乳糖，甘露糖为 β-(1→4)D-甘露糖，两者比例为1∶2.1。

【功能用途】田菁胶具有较好的水溶性，很低的浓度即可产生高黏度的溶液，极少的量即有增黏、絮凝、沉清和浮选性能，因此能广泛应用于石油、造纸、纺织、印染、食品、采矿、医药、建筑、农药、浆状炸药等工业。

槐树 Sophora japonica（图5-42）

别名槐蕊、豆槐、白槐、细叶槐、金药材、护房树、家槐、六年香、中槐、土槐。

【形态】落叶乔木，树高15~25 m，胸径可达1.5 m。树冠圆球形或卵圆形，树皮灰褐色，有臭味，有小块裂纹。小枝光绿色，具黄褐色隆起皮孔，幼时有短毛，老时有白色皮孔。群体花期7~9月，单株花期25 d左右，单花开7 d；果期9~12月。

【分布】为我国广布树种，尤以黄土高原及华北平原最常见。越南、朝鲜、日本也有分布。

【生态习性】生于温带,喜光,稍微耐阴,抗旱性较强,耐寒性较差,适生于湿润、深厚、肥沃、排水良好的砂质壤土。

【化学成分】槐豆含有大量的糖分和蛋白质,内含 18 种氨基酸,还有丰富的油酸和脂肪酸。荚果果肉占果总质量的 25% 左右,主要成分为半乳糖、果糖、槐苷和水不溶物。

【功能用途】槐花是清凉止血收敛药。根皮、枝叶可治疮毒。其性寒、味苦,归肝、大肠经,有凉血止血、清肝明目之功效。它可作为合成龙胶(黄芪胶)的原料,且广泛用于印染、纺织、食品、石油、采矿等行业。槐树豆荚果肉含有较高量的还原糖,是发酵制酒精的原料。

图 5-42 槐树
(资料来源:中国高等植物图鉴)

葫芦巴 *Trigonella foenum-graecum*(图 5-43)

别名苦豆、芦巴、胡巴、季豆、香豆子。

【形态】植株矮小,茎匍匐或稍直立生长。荚果线形,种子若生于荚内,全草香气袭人,生育期 90 d。

【分布】主产于河南、安徽、四川等地,黑龙江、吉林、辽宁、河北、河南、浙江、湖北、贵州、陕西、甘肃、宁夏及新疆等地均有栽培。

【生态习性】喜温和气候,较耐寒,对土壤要求不严格,较耐贫瘠。但栽培时,在富含有机质的土壤,排灌方便的地块种植,才能获得质地柔软的产品和较好的产量。

【化学成分】葫芦巴中含有较为丰富的呋甾醇皂苷、薯蓣皂苷、雅姆皂苷等成分。葫芦巴中薯蓣皂苷元和雅姆皂苷元的含量在 0.6%~1%,而在此属其他种植物中仅含 0.15%~0.2%。

【功能用途】干燥成熟种子具有预防和治疗脂肪肝,对急性、慢性化学性肝损伤有保护作用;可降血糖、降血脂;具有抗溃疡、抗氧化、抗肿瘤作用;可治疗慢性肾功能衰竭,并对脑缺血具有保护作用;也常用于补肾壮阳,改善学习记忆障碍及抗炎、减肥等方面。

图 5-43 葫芦巴
(资料来源:中国高等植物图鉴)

萝藦 *Metaplexis japonica*(图 5-44)

别名天将壳、飞来鹤、赖瓜瓢。

【形态】多年生草本植物。全株富含白色乳汁。外果皮被黄色绒毛;种子多数,棕色,扁平卵圆形，有膜质边缘，卵圆端常有压痕的微凹凸，种子长0.6～1.3 cm，宽0.5～0.8 cm，顶端具白色绢质种毛，长约3.5 cm。

【分布】分布于东北、华北、华东、甘肃、贵州和湖北等地。日本、朝鲜及俄罗斯也有。

【生态习性】多生于潮湿环境，也耐干旱。河边、路旁、灌丛和荒地亦有生长。

【化学成分】萝藦生药含有甾体、有机酸、羧酸等化合物，并含有多量的 Na^+ 和 Ca^{2+}。根含酯型苷；茎、叶含妊烯类苷；果壳含混合苷，其苷元变为楷型妊烯化合物。

【功能用途】以块根、全草及果壳入药。具有补气益精、行气活血、止咳化痰、消肿解毒等功效。萝藦苷对缺血脑具有一定的保护作用。萝藦全株常用作壮筋骨、舒筋活络、行气止痛等。其全株治疗毒蛇咬伤，具有较强的解毒止痛消肿作用，且无副作用和无毒性反应。

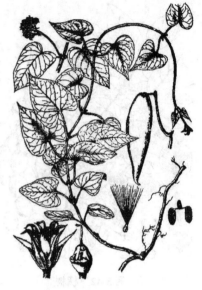

图5-44 萝藦
（资料来源：中国高等植物图鉴）

橡胶树 *Hevea brasiliensis*（图5-45）

别名三叶橡胶、巴西橡胶树。

【形态】大乔木，树高达20～30 m。有乳汁。花单生，雌雄同株，无花瓣，圆锥花序腋生，长达25 cm，花盘具5腺体，雄蕊10，花丝合生。

【分布】原产于巴西。分布于我国的海南、广东、广西、福建、云南、台湾等热带和亚热带地区，现在广泛植于北纬23°以南地区。

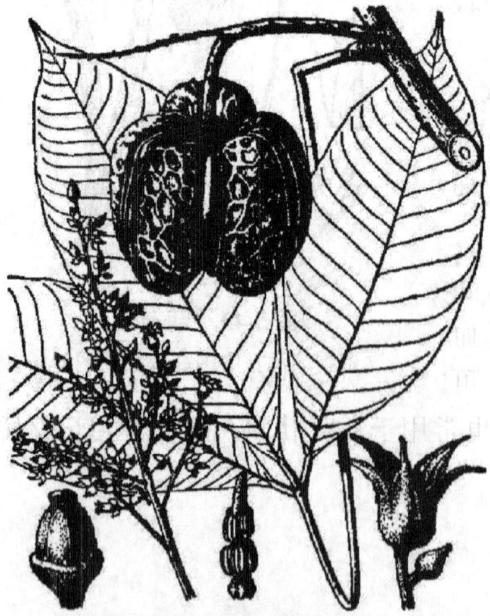

【生态习性】喜高温、高湿和静风的气候。生于土层深厚、排水良好、质地松紧适度、含有机质丰富的土壤，适生年平均气温为26～27℃。

【化学成分】成熟橡胶树种子的胚和外胚乳蛋白质含量约占干重的15%。游离氨基酸含量约占干重的0.6%。天然橡胶中，橡胶烃（聚异戊二烯）含量在90%以上，同时含有少量的蛋白质、脂肪酸、糖分及灰分等。

【功能用途】天然橡胶综合物理机械性能优良，常温下具有较高的弹性，滞后损失小，生热低，是主要的工业原料之一，尤其是交通、军工、农机等行业不可缺少。用途极为广泛，成为国民经济各部门所不可缺少的物资，与钢

图5-45 橡胶树
（资料来源：中国高等植物图鉴）

铁、石油、煤炭并列为四大工业原料。

四棱树 *Euonymus alatus*（图5-46）

别名卫矛、鬼箭、六月凌、四面锋、篦箕柴、山鸡条子、四面戟、见肿消、麻药。

【形态】落叶灌木，树高达2 m。种子褐色椭圆形，外边为橙红色假种皮所包，长4～6 mm。花期5～6月，果期9～10月。

【分布】分布于东北、华北、长江流域及福建、甘肃、四川亦有分布，绝大多数种分布于长江流域及以南各地。

【生态习性】喜温暖向阳环境，稍耐阴。耐干旱、瘠薄、耐高温，耐寒性强，对土壤的要求不高，在酸性、中性土壤及石灰岩山地上均能生长。

【化学成分】化学成分类型丰富，包括倍半萜类、黄酮类、甾体和强心苷类等化合物。

种子含油丰富，有的含量可高达50%以上，其脂类成分主要有三酰基甘油。

【功能用途】用于治疗跌打损伤、风湿痹痛、活血止血、杀虫解毒。主要有抗肿瘤、抗血栓、降糖、降血脂、抗炎、镇痛、免疫抑制等作用。

图5-46 四棱树
（资料来源：中国高等植物图鉴）

矮杞树 *Decaisnea insignis*（图5-47）

别名猫屎子(湖北)、猫儿瓜(秦岭)、矮杞树、猫冬瓜、猫瓜、拉抱(四川)、都哥杆(贵州)、猫屎包(云南)、鸡肠子(四川、云南)。

【形态】直立灌木，树高5m。茎有圆形或椭圆形的皮孔；枝粗而脆，易断，渐变黄色，有粗大的髓部；冬芽卵形，顶端尖，鳞片外面密布小疣凸。花期4～6月，果期7～8月。

【分布】分布于我国西南部至中部云南、广西、贵州、江西。浙江、安徽、湖北、四川、陕西等地。

【生态习性】生于海拔900～3 600 m的阴坡、灌丛或沟边，性喜阴湿环境。

【化学成分】果皮含橡胶，含胶量为21.9%；种子含油18.5%～20.5%，其中脂肪酸组成为肉豆蔻酸微量至0.4%、棕榈酸10.6%～13.1%、硬脂酸1.7%～1.8%、十六碳烯酸46.4%～55.9%、油酸22.9%～25.8%、亚油酸8.9%～

图5-47 矮杞树
（资料来源：中国高等植物图鉴）

11.1%、亚麻酸1.4%。

【功能用途】根和果实可以入药，其性平，味甘、辛。具有清肺止咳，祛风除湿，清热解毒之功效。主治肺结核、咳嗽、风湿性关节痛、阴痒和疝气等症。

5.4 野生树脂植物资源

天然树脂是一类主要存在于植物体内树脂道、乳管、分泌囊等分泌组织中多种化学成分组成的混合物，是植物组织的正常代谢产物或分泌物，通常为无定型固体，表面微有光泽，质硬而脆，少数为半固体。

5.4.1 野生树脂植物资源的种类及特性

全世界高等植物中约有10%的科属含有树脂，其中的20%~30%分布在热带地区。我国树脂植物资源分布广泛，蕴藏量大。在针叶树中，含树脂的植物主要见于松科、柏科和南洋杉科。在被子植物中，含树脂的植物主要见于豆科、龙脑香科、漆树科、橄榄科、藤黄科、安息香科、金缕梅科、百合科、大戟科等。通常东非、西非以及南美洲的豆科植物产的树脂称为古马树脂（狭义），而龙脑香科（主产于东南亚）植物产的树脂称为达玛树脂。

我国已进行采脂利用的主要松脂植物是马尾松、云南松、南亚松、红松和油松等，另外还有漆树科的漆树、龙脑香科的落叶桢楠、樟科的枫香木、夹竹桃科的紫花络石等。其中，马尾松是主要采脂树种，每株年产松脂4~5 kg；红松是东北地区的主要采脂树种，每株年产松脂2 kg左右；云南松是西南地区树脂的主要来源，每株年产松脂5~6 kg。其他重要树脂植物有落叶桢楠、刨花楠、越南龙脑香、蝎布罗香、擎天树、狭叶坡垒、青梅、苍山冷杉、华北落叶松、台湾松、橄榄等。

树脂植物能产生树脂是因为它们的木质部具有一种特有的结构，称为树脂道。树脂道有纵生、横生两类。在与树干相垂直所锯成的横切面上，用肉眼或放大镜仔细观察，在边材的晚材部分，可以看到许多淡黄色或白色的小点，其形状如针孔，单个为主，偶有成对；在剥去树皮的树干表面上或在树干的弦切面即与木射线垂直并与年轮成切线相切的平面上，树脂道就成为褐色的线条，这类树脂道与树干主轴平行，称为纵生树脂道。在木射线中，与树轴成辐射状排列，在木段表面或弦切面上观察即为带褐色的斑点，在径切面即通过髓心与木射线平行，与横切面成直角所锯成的平面上是一些浅棕色的线条，这类树脂道称为横生树脂道。纵生、横生树脂道在木质部互相连接沟通，形成树脂道系。因此，采脂时只需割伤树干表面，即可使离得较远的木质部中的树脂分泌出来。

5.4.2 野生树脂植物资源的开发利用途径

野生树脂是重要的工业原料，树脂的主要产品是松脂和生漆，还有枫脂、络石树脂等。我国已有几千年对树脂开发利用的历史。树脂的重要产品有松脂、生漆、枫脂、冷杉树脂、络石树脂等，其中尤以松脂和生漆更为重要。

野生树脂具有很高的理疗价值，但因其厚而黏的性状，所以在芳香疗法中，常用溶剂把树脂加工成可以使用的液态树脂。野生树脂在医药中更是一宝，可用作药材，能调和五脏，祛除腹中的疾病。枫香树的根、叶和实也可入药，能祛风通络。

野生松脂可加工成松香和松节油。松香在造纸工业中可做胶料和耐水剂，能使纸张遇水不松，质地坚韧；在肥皂工业中可增加肥皂的泡沫性和去污能力；在制漆工业中用来制造干燥剂、溶剂、柔软剂和人造干性油；在电器工业中可以制造绝缘材料、电缆填充剂；在橡胶工业中可作为软化剂；在油墨制造中起黏合、乳化和光亮作用。

松节油在印染工业中可做媒染剂；在油漆工业中可做漆溶剂；还可以用来制造人造樟脑、人造薄荷油等人造香料；可以聚合生产萜烯树脂；还可用作皮肤兴奋剂、抗毒剂、驱虫剂、利尿剂和祛痰剂等。

生漆是一种含酶树脂，用它做涂料有很好的耐酸性、耐水性、耐油性、耐热性和绝缘性，防腐性能远远超过其他油漆，而且漆面光亮持久，因此广泛应用于涂刷房屋、家具、船舶、机械设备等领域。生漆经过加工或改性后性能更好。精制后的生漆广泛应用于轻工、纺织、建筑、石油、化肥、化工、印染、冶金、采矿和国防等，是我国传统出口商品之一。

5.4.3 野生树脂的采收与贮藏

野生树脂的采收常规方法是采割法。采割法就在树干上选定部位，定期切割开沟或开孔，流出树脂进行采收。主要有下降式采割法和上升式采割法2种方法。以松脂为例，下降式采割是在准备好的割面上，第一对侧沟开在割面的顶部，第二对侧沟开在第一对侧沟的下方，从上往下开沟；上升式采割是第一对侧沟开在割面的下部，以后开割的侧沟都在前一对侧沟的上方，割面由下而上。在树干上选定部位，定期切割开沟或开孔，以导出树脂并采收。松脂、冷杉树脂、生漆的采集一般均采用此法。

而进一步改进的采收法是化学采脂法。就是在采集时，用化学药剂进行涂抹或孔注刺激植物的方法提高树脂产量，延长流脂时间。例如，松脂常用亚硫酸盐、硫酸软膏、增产灵2号、造纸废液、2,4-D和α-萘乙酸等；生漆常采用乙烯利。

由于树脂含有多种化学成分，且萜烯类物质含量较高，在与空气接触后，萜烯挥发很快，树脂会变得浓稠，颜色也会由透明转成发黄，因此，采收的树脂应及时加工，避免暴露在空气中，以保证树脂的品质。例如，松脂刚从松树树干的树脂道流出时，无色透明，其萜烯含量可达36%。与空气接触后，萜烯挥发很快，同时松脂酸呈结晶状析出，松脂本身逐渐变得浓稠，呈蜂蜜状的半流体。如果松脂长期暴露在空气中，松节油逐渐挥发、氧化，并将部分氧转给树脂酸，松脂颜色变黄而干涸，这种松脂通常称为"毛松香"。毛松香加工时得到的松香、松节油产量和等级都要降低。

5.4.4 植物树脂化学基础

植物树脂不溶于水，也不吸水膨胀，易溶于醇、乙醚、氯仿等大多数有机溶剂。加热软化，最后熔融，燃烧时有浓烟，并有特殊的香气或臭气。其化学成分因植物种类的不同而异，但总的来说树脂及其伴生物由脂肪化合物、萜类化合物、芳香族化合物等组成，其中的萜类化合物是由异戊二烯（C_5H_8）聚合而成的。

5.4.5 植物树脂的加工方法

天然树脂通常为混合物，常常要对其进行分离，以获取相应的有效成分。其加工方法主要有水蒸气蒸馏法和有机溶剂提取法。

(1) 水蒸气蒸馏法

以松脂为例。松脂加工的目的是分离松香和松节油，一般采用滴水法、水蒸气蒸馏法和简易蒸汽法3种。

滴水法 即把松脂装于蒸馏锅内，用火加热，为降低蒸馏温度，提高松香产量，在加热到一定温度时滴入适量清水，以产生水蒸气，蒸出松节油。锅内的松脂在蒸完松节油后趁热放出松香，滤去杂质。但在加工过程中温度很难控制，因此产品品质不稳定。

简易蒸汽法 用过热蒸汽兼做解吸介质，蒸出松节油，分离出松香，产品品质较好。蒸汽加工主要由溶解、压滤、澄清、蒸馏4个工序组成，可分离出松香和松节油。滴水法和简易蒸汽法具有投资少、投产快、设备简单等特点，可就地收购，就地加工，而且松节油回收率较高。

(2) 有机溶剂提取法

有机溶剂提取法是利用天然树脂中的某些成分溶于一些有机溶剂的原理，将天然树脂溶于有机溶剂，经过分离的加工方法。这种方法往往能更有效地提取出树脂中的单体成分，更大地发挥天然树脂的使用价值。

5.4.6 我国主要野生树脂植物资源

漆树 *Toxicodendron vernicifluum*（图5-48）

别名大木漆、山漆、楂苜、瞎妮子。

【形态】落叶乔木，树高达20 m。核果扁圆形或肾形，棕黄色，光滑，中果皮蜡质，果核坚硬。花期5~6月。果熟于10月。

【分布】原产我国中部和北部诸省，现在黄河流域以南各地广泛栽培，尤以长江流域各地为盛，数量最多的有湖北、陕西、四川、贵州、云南5省。

【生态习性】多生于向阳避风的山坡。性喜温、喜湿、喜光。适宜深厚、排水良好、富含腐殖质的土壤。

【化学成分】生漆的化学成分是漆酚50%~70%、漆酶10%以上、树胶质10%以下、水分20%~30%和其他少量有机物质10%左右。

【功能用途】漆树的各部位均可入药，能治疗多种疾病。其根可治打伤久积(尤宜胸部伤)；皮可用于接骨；漆树子、果实可治下血、吐泻腹

图5-48 漆 树
(资料来源：中国高等植物图鉴)

痛；树花主治小儿腹胀、交胫不行；漆脂在降低胆固醇、防止冠心病、抑制肿瘤生长、抗菌消炎等方面均有良好疗效。漆脂常被用作产妇和绝育手术者的营养补助品。

臭冷杉 Abies nephrolepis（图 5-49）

别名臭松、白松。

【形态】常绿乔木，树高可达 30m。树皮灰色，浅裂或近平滑。1 年生枝密生褐色短柔毛，较老枝上有圆形叶痕。球果卵状圆柱形，长 4.5~9.5 cm，径 2~3 cm，种翅通常比种子短或略长。花期 4~5 月，球果 9~10 月成熟。

【分布】分布于黑龙江、吉林、辽宁、河北、山西等地。朝鲜、俄罗斯远东地区。

【生态习性】喜冷湿环境，耐阴，浅根性，适应性强。常生于山地中腹以下缓坡及谷地上；成小片纯林或混交林。在东北小兴安岭排水不良的缓坡及丘陵地带常形成纯林。

【化学成分】冷杉树脂含树脂酸 65%~80%、冷杉油 18%~35%、含少量游离有机酸、果酸、单宁、碱及不溶性树脂等。

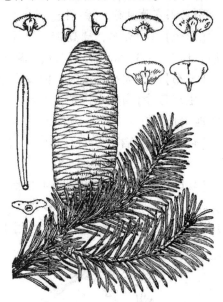

图 5-49　臭冷杉

（资料来源：中国高等植物图鉴）

【功能用途】叶、树皮入药，可治疗腰腿疼。臭冷杉精油具有较强的抗炎、镇咳、祛痰、平喘、抑制中枢神经系统的作用。树干可割树脂。冷杉树脂经加工制取的冷杉胶，有较强的黏合力，清洁度极高，是光学工业上重要的胶合剂；材质松软，可供造纸及一般建筑、家具等用。

图 5-50　狭叶坡垒

（资料来源：中国高等植物图鉴）

狭叶坡垒 Hopea chinensis（图 5-50）

别名万年木、咪丁扒。

【形态】常绿乔木，树高达 13 m。树皮灰黑色。幼枝红褐色，无皮孔。单叶，互生，叶近革质。

【分布】产于广西和广东南部。一般分布在海拔 650 m 以下。

【生态习性】喜生热带山谷阔叶林中、溪边或其他水湿地，生长地土壤疏松。

【化学成分】挥发油中分离出 27 种化学成分，以冰片为主要成分，占 26.03%。

【功能用途】龙脑香植物所产树脂在马来西亚一带称达麻脂，主要用于制造喷漆。达麻脂色淡光洁，黏着力强，尤宜于纸板上光之用。木材纹理细微，坚硬，耐湿力强，可作造船、桥梁、家具、建筑等用材。

落叶松 *Larix gmelini*（图 5-51）

别名兴安落叶松、意气松。

【形态】落叶乔木，树高 25~30 m。叶条形，在长枝上疏生，在短枝上簇生。球果卵圆形，长 1.2~3 cm，径 1~2cm。花期 5~6 月，球果 9 月成熟。

【分布】产于大小兴安岭、内蒙古地区。

【生态习性】为喜光树种，不耐阴。根系分布浅，易受风吹倒。在山坡及河谷两岸平坦肥沃地生长良好，常形成纯林。

【化学成分】含水分 11.84%，冷水抽出物 8.99%，热水抽出物 11.20%，其中总糖 7.95%。

【功能用途】富含黄酮类等生物活性物质，具有抗氧化、抗肿瘤等作用。树干可采树脂。木材可用于建筑。树皮含鞣质，可制取栲胶。在造纸方面应用非常广泛，树皮栲胶渣可用于制造活性炭、落叶松纤维可用于制造水泥纤维板。

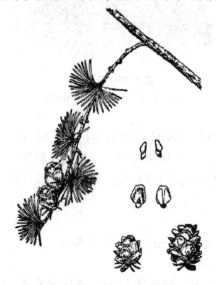

图 5-51　落叶松

（资料来源：中国高等植物图鉴）

图 5-52　落叶桢楠

（资料来源：中国高等植物图鉴）

落叶桢楠 *Machilus leptophylla*（图 5-52）

别名大叶楠，豪樟、竹叶槁、华东楠。

【形态】常绿乔木，树高可达 8 m。枝粗壮，暗褐色，无毛。果实球形，直径约 1 cm；果梗长 5~10 mm。花期 4~5 月，果期 6~9 月。

【分布】分布于福建、浙江、江苏、湖南、广东和广西。生于海拔 450~1 200 m 山区的山坡、山谷、溪沟边杂木林中。

【化学成分】含树脂 20.41%、橡胶 0.238%（按干样品计算）。叶含挥发油。种子含油率达 50%。

【功能用途】传统中医用于治疗掌心生疮。落叶桢楠叶提取的精油具显著的抗菌、消炎、镇痛作用，还可抑制某些癌细胞的核糖核酸代谢。用树叶制成的香叶粉，可作为各种熏香、蚊香的黏合剂、饮水的净水剂以及泥浆的处理剂。

枫香 *Liquidambar formosana*（图 5-53）

别名鸡爪枫、大叶枫、三角枫。

【形态】落叶乔木，树高达 40 m。幼枝有柔毛。花单性同株；雄花排列成柔荑状或穗状花序，无花瓣，雄蕊多而密集；雌花序圆头状。花期 4～5 月，果期 10 月。

【分布】广泛分布于黄河以南四川、贵州、广东、广西等地。

【生态习性】生长于向阳、湿润、土壤肥沃的山坡灌木丛中。

【化学成分】树叶含挥发油 0.2%、鞣质 13.5%。枫树脂中含挥发油 12%，主要成分为 α-蒎烯、β-蒎烯、莰烯、异松油烯、乙酸龙脑酯和石竹烯。石竹烯含量达 19%，这样高的含量在其他植物精油中很少见。

【功能用途】全株均可入药。树皮、树根、树叶性温，味辛、微苦，气香，有调气血、化瘀、解痛、止痛之效；可用于治疗痈疽、疮疥、风毒、隐疹、瘰疬、吐血、齿痛等症。枫香树脂可为苏合香的代用品。枫脂加工后的芳香油，在香精调和上有很强的定香作用，可作为香料的定香剂。

图 5-53 枫 香
（资料来源：中国高等植物图鉴）

马尾松 *Pinus massoniana*（见图 5-6）

详见 5.1.6。

红松 *Pinus koraiensis*（见图 3-14）

详见 3.2.11。

云南松 *Pinus yunnanensis*（图 5-54）

别名飞松、长毛松。

【形态】乔木，树高达 30 m，胸径 1 m。树皮褐灰色，粗糙，裂成鳞片状，易脱落。

【分布】广布于云贵高原。

【生态习性】喜光，耐干旱耐瘠薄，适应酸性的红壤、黄壤，在其他树种不能生长的贫瘠石砾地或冲刷严重的荒山坡，云南松也能生长。

【化学成分】花粉中除含有蛋白质、脂肪、总糖等一般营养物质外，还含有多种维生素、有机酸、常量及微量元素、活性酶、黄酮等 200 余种营养及生物活性物质。云南松脂中松香含量占 70%～75%，松节油含量 20%～23%，松脂所含松节油中 α-蒎烯含量高达 86% 以上，β-蒎烯含量较低，17% 以下。

【功能用途】花粉能清除氧自由基，具有抗衰老的作用；发挥抗疲劳作用；还能促进巨噬细胞的吞噬功能，从而增强动物机体的抗病能力。松花粉中的黄酮类化合物能扩张冠状动脉、降低心肌耗氧、改善微循环、增加心肌及脑组织的供血量、降低胆固醇、增加高密度脂蛋白的含量，还能软化血管。云南松的松尖、果、松节疤、松叶、内皮、松花粉、根等作为药材，能祛风除湿，壮骨强筋，消炎止痛。

紫花络石 *Trachelospermum axillare*（图 5-55）

又名东藤、腋花络石。

【形态】常绿木质藤本植物，长达 10m。具乳叶，基具皮孔。叶色浓绿，花白繁茂，具芳香。花期 4～5 月。

【分布】分布于广东、广西、湖南、湖北、四川、云南、贵州、浙江、福建等地。

【生态习性】耐阴性较强，宜作林下或常绿孤立树下的常青地被。长江流域及华南等暖地，多植于枯树、假山、墙垣之旁。

【化学成分】不同部位树脂含量：藤枝 8.618%、藤茎 11.74%、藤茎皮 21.06%、叶 13.79%。

【功能用途】研究表明，紫花络石中存在黄酮类和木脂素类的活性物质，具有抗氧化、抗肿瘤、抗菌等作用。植物体可提取树脂及橡胶；茎皮纤维可编织麻袋；种子可作填充物。

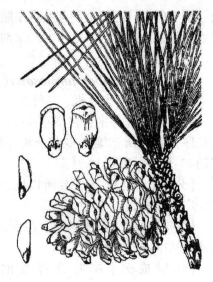

图 5-54　云南松
（资料来源：中国高等植物图鉴）

图 5-55　紫花络石
（资料来源：中国高等植物图鉴）

5.5　野生能源物质植物资源

能源是现代社会赖以生存和发展的基础，随着社会的发展，能源危机已成为当今世界面临的巨大挑战。据世界能源权威机构 1999 年底的分析，世界已探明的主要矿物燃料储量和开采量不容乐观，其中石油剩余可采年限仅有 40 年，其年消耗量占世界能源总消耗量的 40.5%。从发展的角度看，化石能源终将耗竭，加之其燃烧时产生的有害物质严重污染了生态环境。传统的能源结构已经开始调整，作为未来的主要能源只能依赖于可再生能源和受控核聚变能。因此，国内外的能源研究人员正积极探索发展替代燃料和可再生能源。

生物质是一种重要的可再生能源。生物质能是指利用生物可再生原料和太阳能生产的清洁和可持续利用的能源，包括燃料酒精、生物柴油、生物制氢、生物质气化及液化燃料等。野生能源植物是最有前景的生物质能之一。本节从野生能源植物的种类及特性入手，对其开发利用途径及加工方法作介绍。

5.5.1 野生能源植物资源的种类及特性

5.5.1.1 野生能源植物定义

绿色植物通过光合作用将太阳能转化为化学能而贮存在生物质内部，这种生物质能实际上是太阳能的一种存在形式。所以广义的能源植物几乎可以包括所有植物。植物的生物质能是一种广为人类利用的能源，其使用量仅次于煤、石油和天然气而居于世界能源消耗总量第四位。但以目前的技术水平，还不能将所有植物都用于能源开发。因此，一般意义上讲野生能源植物通常是指那些生活在野外自然条件下，利用光能效率高，具有合成较高还原性烃的能力，可产生接近石油成分和可替代石油使用的产品的植物，以及富含油脂、糖类、淀粉类、纤维素等的植物。

5.5.1.2 野生能源植物的分类

野生能源植物种类繁多，生态分布广泛，有草本、乔木和灌木类等。目前全世界已发现的能源植物主要集中在夹竹桃科、大戟科、萝摩科、菊科、桃金娘科以及豆科，品种主要有绿玉树、续随子、橡胶树、西蒙德木、苦配巴树、油棕榈树、南洋油桐树、黄连木、象草等。为了研究利用方便，这里按其使用的功能和转化为替代能源的化学成分将能源植物主要分为4类。

(1) 富含类似石油成分的野生能源植物

这类植物合成的分子结构类似于石油烃类，如烷烃、环烷烃等。富含烃类的植物是植物能源的最佳来源，生产成本低，利用率高。目前已发现并受到能源专家赏识的有续随子、绿玉树、西谷椰子、西蒙得木、巴西橡胶树等。例如，巴西橡胶树分泌的乳汁与石油成分极其相似，不需提炼就可以直接作为柴油使用，每一株树年产量高达40L。我国海南特产植物——油楠树的树干含有一种类似煤油的淡棕色可燃性油质液体，在树干上钻个洞，就会流出这种液体，也可以直接用作燃料油。

(2) 富含高糖、高淀粉和纤维素等碳水化合物的能源植物

利用这些植物所得到的最终产品是乙醇。这类植物种类多，且分布广，如木薯、马铃薯、菊芋、甜菜，以及禾本科的甘蔗、高粱、玉米等农作物都是生产乙醇的良好原料。

(3) 富含油脂的野生能源植物

这类植物既是人类食物的重要组成部分，又是工业用途非常广泛的原料。产油植物大体有3类：①大戟科植物，其植物油可制成类似石油的燃料，大戟科的巴豆属制成的液体燃料可供柴油机使用；②豆科植物；③其他木本植物，如棕榈树、南洋油桐树、澳大利亚阔叶木棉等。对富含油脂的能源植物进行加工是制备生物柴油的有效途径。世界上富含油的植物在万种以上，我国有近千种，有的含油率很高，如桂北木姜子种子含油率达

64.4%，樟科植物黄脉钓樟种子含油率高达 67.2%。这类植物有些种类存储量很大，如种子含油达 15%～25% 的苍耳子广布华北、东北、西北等地，资源丰富，仅陕西的年产量就达 1.35×10^4 t。集中分布于内蒙古、陕西、甘肃和宁夏的白沙蒿、黑沙蒿，种子含油 16%～23%，蕴藏量高达 50×10^4 t。水花生、水浮莲、水葫芦等一些高等淡水植物也有很大的产油潜力。生存在淡水中的丛粒藻（绿藻门四胞藻目），能够直接排出液态燃油。

（4）用于薪炭的野生能源植物

这类植物主要提供薪柴和木炭。如杨柳科、桃金娘科桉属、银合欢属等。目前世界上较好的薪炭树种有加拿大杨、意大利杨、美国梧桐等。近来我国也发展了一些适合作薪炭的树种，如紫穗槐、沙枣、旱柳、泡桐等，有的地方种植薪炭林 3～5 年就见效，平均每公顷薪炭林可产干柴 15 t 左右。美国种植的芒草可燃性强，收获后的干草能利用现有技术轻易制成燃料用于电厂发电。

5.5.2 野生能源植物的开发利用途径

目前，大多数的能源植物尚处于野生或半野生状态，人类正在研究应用遗传改良、人工栽培或先进的生物技术等引种驯化手段，通过生物质能转换技术提高利用生物能源的效率，生产出各种清洁燃料，从而替代煤炭、石油和天然气等化石燃料，减少对矿物能源的依赖，保护国家能源资源，减轻能源消费给环境造成的污染。

5.5.2.1 野生资源植物的引种驯化

（1）野生资源植物引种

将野生的资源植物移入人工栽培条件下种植或将资源植物从一个地区移种到另一个地区称为引种。引种是否成功有 2 个不同的标准：一是生物学上的成功，被引种的植物能正常生长发育，开花结实繁殖后代；二是经济学上的成功，被引种的植物能正常生长发育，并保持其原有的经济性状。两者在大多数情况下是一致的，但也有不一致的情况。

（2）资源植物的驯化

通过人工栽培管理措施，以及筛选、杂交、嫁接、辐射等育种手段，改变资源植物生长特性和经济性状，使之能更好地适应新的生长环境和产生更高的经济效益，这个过程称为驯化。

5.5.2.2 植物引种驯化的途径和步骤

植物引种驯化的途径一般分为两类：直接引种和间接引种。

当植物引种到一个环境条件与原生长的环境条件相似的地区种植，通常能很好地适应，并能发挥预期的效益，直接从原产地引入种植，称为直接引种。

当植物引种到一个环境条件与原生长的环境条件相差较大地区种植，需要在引入的初期进行一系列针对性的栽培管理措施、育种改造手段、种苗多代筛选，或通过环境条件折中的第三地栽培锻炼，使其产生变异，形成能适应引入地环境条件生长的个体，最后达到引种成功，称为间接引种。

5.5.2.3 野生植物引种驯化的步骤

驯化的全过程分为准备、试验、推广三个阶段。经过这些步骤,加上下文所介绍的野生能源植物的各种加工方法,即可进行开发与利用。

国内对野生能源植物产品研究与开发主要集中在生物柴油和乙醇燃料两类上。生物柴油的研究内容涉及油脂植物的分布、选择、培育、遗传改良及加工工艺和设备等。用于生产生物柴油的主要原料有小桐子、黄连木(*Pistacia chinens*)、油楠等。小桐子含油率40%~60%,是生物柴油的理想原料。海南正和生物能源公司、四川古杉油脂化工公司和福建新能源发展公司都已开发出拥有自主知识产权的技术,并相继建成了规模近万吨级的生物柴油生产厂。

目前,对于野生能源植物的利用还处于摸索阶段,在应用上存在着一些问题,如野生能源植物原料资源相对匮乏,生物柴油原料短缺,供应量随季节变化;原料的栽培技术及油脂加工技术不成熟,成品生产力不高等;生物柴油理化性质也限制了其应用。在今后的开发利用上应注意以下几点:

首先,加快野生能源植物的培育,增加生物能源的资源量。根据植物的生态地理、空间分布格局,如利用基因工程等生物技术选育产量高、含油产量高、与生物柴油的脂肪酸组成相适应的高脂肪酸组成的能源植物,同时高度重视大规模可再生能源基地的开发,因地制宜,变荒山为油田,在保证农业的基础上退耕还林,进行油料作物的栽培,扩大生物原料资源。

其次,建立野生生物质能源系统研究平台,加快科技发展,为可再生能源的开发利用提供有力的科技支撑。根据生物质能源利用的要求和特点,建立相关研究条件和试验基地,选择重点研究内容和关键技术问题,进行技术创新及系统集成,形成从野生生物质生产、转换机理、技术开发和集成系统应用示范的研究体系。

第三,开展国际合作,引进国际先进技术和资金,推进野生生物质能源的市场化进程。目前,我国生物柴油因其产量小,还没有进入中国三大垄断石化企业中石化、中石油和中海油的销售网络。随着产业化规模的扩大,与石化企业的合作将是打开未来市场的一条有效途径。

5.5.3 野生能源植物的采收与贮藏

不同的野生能源植物的可利用部位不同,所以采收与贮藏方法也各不相同。现简要介绍以下几种野生能源植物的采收及贮藏方法:

南蛇藤:春、秋季采收,鲜用或切段晒干。

苍耳:9~10月割取地上部分,打下果实,晒干,去刺,生用或炒用。需碾去刺,或再炒黄。

麻风树:秋季采摘果实,晒干,多数可自行裂开,种子黑色,形似蓖麻籽。种子用压榨法可直接榨油,毛油经沉淀或碱炼后可以应用。压榨方法与蓖麻籽相同,一般不需蒸、炒。

文冠果:春、夏季采茎干,剥去外皮取木材,晒干。或取鲜枝叶,切碎熬膏。

乌桕：果实大多在 10 月下旬至 11 月下旬成熟。成熟的特征：果壳脱落，露出洁白的种子。果壳脱落即为采收期。采收时应将果穗连同结果枝上部一起剪下，仅留果枝基部一段作为来年的结果母枝，既可保证每个结果母枝来年能发出一定数量的结果枝，又不会使结果枝生长过旺或过弱，使每个结果枝都能正常结果。乌桕结果枝以中庸、组织充实的结果最好；生长太旺易生"夏枝"，结果不多且发育不良，而生长太弱则结果少，且易落果。采收时截枝强度应根据树龄、树势、树冠部位及结果枝不同粗度，掌握弱枝强剪、幼壮树弱剪、老树强剪、树冠外围强剪、下部及内部强剪的原则进行。如是不结果的成年树，对其枝条也应适当修剪，以促进结果。

油松：四季采收结节，于伐倒的松树上锯取瘤状节，晒干备用；叶随时可采收，阴干备用；春、秋季采收球果，除去果鳞，晒干备用；春、夏季花初开时采摘雄花序，晒干，搓下花粉，除去杂质，备用；夏季采收树脂，于树干上用刀挖成螺旋纹槽，收集自伤口内流出的油树脂，加水蒸馏，使松节油流出，余之残渣冷却凝固（松香），置阴凉干燥处保存备用。

油桐：霜降前后，果实开始呈黄铜色或褐色时采收种子，此期种子含油量最高；采回的桐果，应堆在阴湿处，上盖稻草，待果皮软化腐熟后，及时剥开挖出种子，稍加处理即可冬播；若春播，须将种子阴干后混沙贮藏；在贮藏期间要经常检查，适时加水，防止发霉变质。

紫苏：夏秋季开花前分次采摘，除去杂质，晒干。

5.5.4 野生能源植物化学基础

5.5.4.1 植物化学成分的提取

(1) 溶剂提取法

溶剂提取法：是根据植物原料中各种成分溶解度的性质选择对有效成分溶解度大而是对无效成分的溶解度小的溶剂，将有效成分从植物原料中溶解出来的方法。其关键是选择溶剂。

溶剂选择的标准：

①对有效成分的溶解度大，对杂质的溶解度小；

②溶剂不与被提取成分起化学反应；

③价廉、易得、安全无毒。

常用溶剂有：水、酸或碱、乙醇、其他有机溶剂。

(2) 浸渍法

将原料放入容器中，加入适当和适量的溶剂，经常振摇或搅拌，放置一定时间，离心或过滤，分离溶剂和滤渣，滤渣再加新溶剂提取，重复 3~4 次，合并滤液，然后浓缩、沉淀即可得到所要提取的化学成分。优点：操作简单，提取率高，规模可大可小，缺点：用量大，滤液体积大，给分离纯化带来一定困难。

(3) 煎煮法

即加热的浸渍法。优点：提取率高，节约时间；缺点：有效成分为挥发性或遇热易破坏的有效成分不适用。

(4) 压榨法

植物原料的有效成分存在于植物体的汁液中，且含量较高，通过机械压榨将新鲜原料的汁液和渣滓分开。此法提取常不够完全。

(5) 升华法

利用植物体中部分有效物质具有升华的性质，将植物原料放在容器中加热，产生蒸汽，然后通过容器上部的冷却装置冷却，得到有效物质的固体的提取方法。此法操作简单，但实用性不强。

(6) 回流提取法

在煎煮法的基础上改进，通过回流装置，将容器中的提取液滤出，加上新的溶剂重新的回流的方法。此法提取率高，但加热易破坏的有用物质不能用此法提取。

(7) 水蒸气蒸馏法

水蒸气挥发，然后通过油水分离的方法得到所要的物质。

5.5.4.2 植物化学成分的分离纯化

用上述某种方法提取得到的提取液一般体积较大，需要通过浓缩减少体积。通常的做法是：水溶剂——加热蒸发；有机溶剂——蒸馏回收有机溶剂；如有效成分不耐高温——减压回收；如最后还是混合物——分离纯化。常用的分离纯化方法有：

(1) 结晶法

结晶法是利用有效成分在不同温度的溶解度显著差异来实现的。具体操作：饱和溶液（高温）—冷却—析出结晶—过滤取出结晶—溶液加热浓缩—饱和溶液（高温）。

(2) 萃取法

利用混合物中的不同成分在两种互不相溶的溶剂中分配系数的不同而达到分离的方法。目前有一种超临界 CO_2 流体萃取技术，它是利用一种能通过压力和温度的调节同时存在固、液、气三态同时存在的溶剂，在这种状态下溶剂对原来会溶于它的有效成分溶解度大增，但一旦脱离这种状态，溶解度迅速减少。

(3) 沉淀法

在提取液中加入某些试剂，使提取液中的某些有效成分或杂质产生沉淀，然后通过过滤进行分离的方法。常用的沉淀法有以下几种：乙醇沉淀法；酸、碱沉淀法；生成不溶性盐沉淀法。

(4) 盐析法

在水提取液中加入一定量的无机盐（主要是中性盐）使其达到半饱和或饱和状态，使某些有效成分在水中的溶解度降低而析出，达到与杂质分离的方法。

(5) 透析法

利用小分子（如无机盐、单糖）能通过，大分子（如皂素、蛋白质）不能通过的半透膜将大分子物质与小分子物质分离的方法。

(6) 分馏法

利用提取液的混合有效成分的沸点不同，加热后，分馏柱的上方物质沸点低，而下方高的特点进行分离。

（7）层析法

目前使用较多的一种分离纯化方法。可分为吸附层析、分配柱层析、离子交换柱层析和凝胶过滤法（分子筛）4 种。

5.5.4.3 植物化学成分的鉴定

鉴定化学成分最常用的简便、快速而结果又准确的方法是薄层层析法。

①糖的测定：定量测定有铜试剂法、费林试剂法和比色法。

②氨基酸、蛋白质及酶的测定：最常用茚三酮法。

③脂类、挥发油和萜类的测定：主要用索氏提取法和薄层层析法。

④生物碱的测定：定性用显色法；定量用中和法、重量法和比色法。

⑤黄酮类的测定：最常用的是薄层层析法，氧化铝为显色剂，芦丁为标准品。

5.5.5 能源植物的加工方法

由于野生能源植物的种类较多，所以其加工方法也很复杂，现主要介绍生物柴油和生物乙醇的生产原理和加工方法。

5.5.5.1 生物柴油生产方法

生物柴油的生产方法主要有化学法、生物酶法、超临界法等。

（1）化学法

国际上生产生物柴油主要采用化学法，即在一定温度下，将动植物油脂与低碳醇在酸或碱催化作用下，进行酯交换反应，生成相应的脂肪酸酯，再经洗涤干燥即得生物柴油。甲醇或乙醇在生产过程中可循环使用，生产设备与一般制油设备相同，生产过程中副产10%左右的甘油。但化学法生产工艺复杂，醇必须过量；油脂原料中的水和游离脂肪酸会严重影响生物柴油得率及质量；产品纯化复杂，酯化产物难于回收，成本高；后续工艺必须有相应的回收装置，能耗高，副产物甘油回收率低。使用酸碱催化对设备和管线的腐蚀严重，而且使用酸碱催化剂产生大量的废水，废碱（酸）液排放容易对环境造成二次污染等。

（2）生物酶法

针对化学法生产生物柴油存在的问题，人们开始研究用生物酶法合成生物柴油，即利用脂肪酶进行转酯化反应，制备相应的脂肪酸甲酯及乙酯。酶法合成生物柴油对设备要求较低，反应条件温和、醇用量小、无污染排放。因酶成本高、保存时间短，使得生物酶法制备生物柴油的工业化仍不能普及。此外，还有些问题是制约生物酶法工业化生产生物柴油的瓶颈，如脂肪酶能够有效地对长链脂肪醇进行酯化或转酯化，而对短链脂肪醇转化率较低（如甲醇或乙醇一般仅为 40%~60%）；短链脂肪醇对酶有一定的毒性，酶易失活；副产物甘油难以回收，不但对产物形成抑制，而且甘油对酶也有毒性。

（3）超临界法

即当温度超过其临界温度时，气态和液态将无法区分，于是物质处于一种施加任何压力都不会凝聚的流动状态。超临界流体密度接近于液体，黏度接近于气体，而导热率和扩散系数则介于气体和液体之间，所以能够使提取与反应同时进行。超临界法能够获得快速的化学反应和很高的转化率。Kusdiana 和 Saka 发现用超临界甲醇的方法可以使油菜籽油在 4 min 内转化成生物柴油，转化率大于 95%。但反应需要高温高压，对设备的要求非常严格，在大规模生产前还需要大量的研究工作。

5.5.5.2 生物乙醇生产情况

生物乙醇的生产是以自然界广泛存在的纤维素、淀粉等大分子物质为原料，利用物理化学途径和生物途径将其转化为乙醇的一种工艺，生产过程包括原料收集和处理、糖酵解和乙醇发酵、乙醇回收 3 个主要部分。发酵法生产燃料酒精的原料来源很多，主要分为糖质原料、淀粉质原料和纤维素类物质原料，其中以糖质原料发酵酒精的技术最为成熟，成本最低。木质纤维原料要先经过预处理再酶解发酵，其中氨法爆破(ammonia fiber explosion, AFEX)技术，被认为是最有前景的预处理方法。随着耐高温、耐高糖、耐高酒精的酵母的选育和底物流加工工艺水平不断提高，发酵分离耦合技术的完善，工业发酵酒精的成本还将越来越低。

5.5.6 我国主要野生树脂植物资源

南蛇藤 *Celastrus orbiculatus* (图 5-56)

别称过山枫、挂廓鞭、香龙草。卫矛科南蛇藤属。

【形态】单叶互生，近圆形或倒卵状椭圆形边缘有带圆锯齿。花期 5~6 月，果期 9~10 月。

【分布】分布于东北、华北、西北、华东及湖北、湖南、四川、贵州、云南等地。

【生态习性】生于丘陵、山沟及山坡灌丛中。

【化学成分】南蛇藤平均含油为 44%，是我国少有的木本富油科(指该科果实、果仁、种子或种仁，其含油量一般在 20% 以上，并在该科中占有较多的属或较多的种)之一，南蛇藤属又是卫矛科中含油主要属。

【功能用途】南蛇藤是适合中国发展的潜在的燃料油植物物种之一。

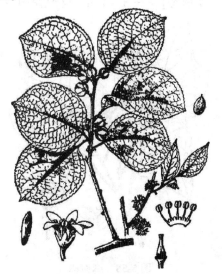

图 5-56 南蛇藤
(资料来源：中国高等植物图鉴)

苍耳 *Xanthium sibiricum* (见图 4-69)

详细内容见 4.4.7。

【功能用途】作为能源植物，苍耳子油是一种高级香料的原料，并可作油漆、油墨及肥皂硬化油等，还可代替桐油。

黑壳楠 *Lindera megaphylla*（图5-57）

别名岩柴、楠木、八角香、花兰、猪屎楠、鸡屎楠、大楠木、枇杷楠。

【形态】常绿乔木，树高达25m。树皮光滑，黑灰色；小枝粗壮，具灰白色皮孔。种子长椭圆状卵形。花期2~4月，果期9~12月。

【分布】分布于甘肃、安徽、福建、台湾、湖北、湖南、广东、广西、四川、贵州、云南等地。

【生态习性】抗寒能力强，较耐旱。苗期喜阴，生长较快。

【化学成分】根、干、叶均含右旋荷苞牡丹碱（dicentrine）。叶还含黑壳楠碱（lindoldhamine）。

【功能用途】作为能源植物，黑壳楠的种仁含油近50%，油为不干性油，为制皂原料；果皮、叶含芳香油，油可作调香原料；木材黄褐色，纹理直，结构细，可作装饰薄木、家具及建筑用材。

图5-57 黑壳楠
（资料来源：中国高等植物图鉴）

麻疯树 *Jatropha curcas*（图5-58）

又名青桐木、假花生、臭油桐。大戟科灌木。

【形态】树高3~4m。麻风树树皮光滑，种子呈长圆形，种衣呈灰黑色。

【分布】我国的野生麻风树分布于广东、广西、海南、云南、贵州、四川等地。

【生态习性】麻疯树为多年生耐旱型木本植物，适于在贫瘠和边角地栽种，栽植简单、管理粗放、生长迅速。

【化学成分】种子千粒重492.6g，出仁率60.1%。种子含油量35.51%、粗蛋白15.49%、粗纤维21.59%、总糖11.12%。种仁含油量59.31%、粗蛋19.05%、粗纤维3.10%、总糖16.77%。

【功能用途】麻风树是国际上研究最多的能生产生物柴油的能源植物之一。其种仁是传统的肥皂及润滑油原料，并有泻下和催吐作用，油枯可作农药及肥料。

图5-58 麻疯树
（资料来源：中国高等植物图鉴）

球果芥 *Neslia paniculata*（图5-59）

十字花科球果芥属。

【形态】1年生草本植物，全株被分枝毛，高20~80cm。茎直立，上部分枝。基生叶长圆形。

【分布】分布于新疆、内蒙古等地。俄罗斯、欧洲一些国家及加拿大也有。

【生态习性】球果芥生于山坡草地。产于内蒙古呼伦贝尔盟牙克石。

【化学成分】十字花科植物，均可以合成较高浓度的芥子油，作为其中的一种，球果芥种子中含有油，经提炼出来可供工业用途。

图 5-59　球果芥
（资料来源：中国高等植物图鉴）

图 5-60　卫矛
（资料来源：中国高等植物图鉴）

卫矛 *Euonymus alatus*（图 5-60）

矛科卫矛属灌木。

【形态】树高约 2~3 m。有橘红色的假种皮。花期 4~6 月，果期 9~10 月。

【分布】长江下游各地至吉林、黑龙江都有分布。

【生态习性】生于山间杂木林下、林缘或灌丛中；多为庭园栽培植物。

【化学成分】种子油中含饱和脂肪酸（20%）、油酸、亚油酸、亚麻酸、己酸、乙酸和苯甲酸。

【功能用途】可以用作低热量的烹饪油，或者汽车用的生物燃料等。

文冠果 *Xanthoceras sorbifolia*（图 5-61）

别名文冠木、文官果、土木瓜、木瓜、温旦革子。无患子科文冠果属。

【形态】

【分布】我国北部干旱寒冷地区有分布。

【生态习性】喜光、耐寒、抗旱。天然分布在海拔 400~1 400 m 的山地和丘陵地，以土壤深厚肥沃湿润，排水通气良好，pH7.5~8 的微碱性土壤上，生长良好。

【化学成分】种子含油率为 30%~36%，种仁含油率为 55%~67%。其中不饱和脂肪酸中的油酸占52.8%~53.3%，亚油酸占37.8%~39.4%，易被人体消化吸收。

【功能用途】花序大而花朵密，是很好的蜜源植物；木材坚实致密，纹理美，是制作家具及器具的好材料。

图 5-61　文冠果

（资料来源：中国植物志）

图 5-62　乌　桕

（资料来源：中国植物图像库）

乌桕 *Sapium sebiferum*（图 5-62）

大戟科乌桕属。

【形态】落叶乔木，树高达15 m。树皮暗灰色，有纵裂纹；枝广展，具皮孔。种子黑色含油，圆球形，外被白色蜡质假种皮。乌桕是一种色叶树种，春秋季叶色红艳夺目。

【分布】主要分布于中国黄河以南各地，北达陕西、甘肃。日本、越南、印度也有；欧洲、美洲和非洲亦有栽培。

【生态习性】喜光，耐寒性不强，年平均气温15℃以上，年降水量750 mm以上地区都可生长。对土壤适应性较强，沿河两岸冲积土、平原水稻土，低山丘陵黏质红壤、山地红黄壤都能生长。以深厚湿润肥沃的冲积土生长最好。

【化学成分】N-苯基-1-萘胺；正三十二烷醇；十六烷酸乙酯。

【功能用途】木材白色，坚硬，纹理细致，用途广。叶为黑色染料，可染衣物。根皮治毒蛇咬伤。白色之蜡质层（假种皮）溶解后可制肥皂、蜡烛；作为能源植物其种子油适于涂料，可涂油纸、油伞等。

油楠 *Sindora glabra*（图 5-63）

【形态】常绿阔叶乔木，树高20~30 m，胸径1 m以上。树干挺拔，高大魁梧。花排成顶生的圆锥花序，长15~20 cm，密生黄色毛；花较小。花期为4~5月。

【分布】分布于东南亚的越南、泰国、马来西亚、菲律宾等国和我国的海南岛，同属的植物广泛分布于亚洲、非洲的热带雨林中。

【化学成分】发现油液中75%左右是无色透明具有清淡木香香气的芳香油，25%是棕色树脂类残渣。芳香油中有11种化合物，其中依兰烯含量40.8%、丁香烯30.5%、杜松烯6.4%，其他成分华拔烯、蛇麻烯等都在4.4%以下。

【功能用途】油楠在我国海南岛还有一定的蕴藏量，在石油等矿物资源不断枯竭的今天，人们再次把注意力转向可再生资源——森林，而生长在海南岛的油楠，是我国未来很有开发应用前景的能源植物之一。

油松 *Pinus tabulaeformis*（见图5-7）

详细内容见5.1.6。

【功能用途】油松作为能源植物，其木材富含松脂，耐腐，适作建筑、家具、枕木、矿柱、电杆、人造纤维等用材。树干可割取松脂，提取松节油，树皮可提取栲胶，松节、针叶及花粉可入药。

图5-63 油 楠

（资料来源：中国植物志）

油桐 *Vernicia fordii*（图5-64）

别名油桐树、桐油树、桐子树、光桐、三年桐、罂子桐、中国木油树。大戟科油桐属。

【形态】落叶乔木，树高达10 m。树皮灰色，近光滑；枝条粗壮，无毛，具明显皮孔。核果近球状，直径4~6（~8）cm，果皮光滑；种子3~4（~8）颗，种皮木质。花期3~4月，果期8~9月。

【分布】四川、贵州、湖南、湖北为我国生产桐油的四大省份，四川的桐油产量占全国首位。

【生态习性】喜光，喜温暖，忌严寒。冬季短暂的低温（-10~-8℃）有利于油桐发育，但长期处在-10℃以下会引起冻害。适生于缓坡及向阳谷地，盆地及河床两岸台地。富含腐殖质、土层深厚、排水良好、中性至微酸性砂质壤土最适油桐生长。

【化学成分】从油桐的叶、根中分离鉴定了6科化合物，β-谷甾醇（Ⅰ）、槲皮素-3-O-

图5-64 油 桐

（资料来源：中国植物志）

α-L-吡喃鼠李糖苷(Ⅱ)、杨梅素-3-O-α-L-吡哺鼠李糖苷(Ⅲ)、羽扇豆醇(Ⅳ)、白桦酸(Ⅴ)和齐墩果酸(Ⅵ)。

【功能用途】桐油是重要工业用油，不能食用。用于制造油漆和涂料，有光泽，具有不透水、不透气、不传电、抗酸碱、防腐蚀、耐冷热等特点，广泛用于制漆、塑料、电器、人造橡胶、人造皮革、人造汽油、油墨等制造业。

油棕 *Elaeis guineensis*（图5-65）

【形态】直立乔木，树高 4~10 m，属多年生单子叶植物，羽状复叶，叶柄两侧分布有刺。小叶狭长，披针形；穗状花序，肉质；果实呈卵形，核果。

【分布】主要分布于亚洲的马来西亚、印度尼西亚、非洲的西部和中部、南美洲的北部和中美洲。我国主要分布于海南、云南、广东、广西。

【生态习性】喜高温、湿润、强光照环境和肥沃的土壤。年平均温度 24~27 ℃，年降水量 2 000~3 000 mm，分布均匀，每天日照 5 h 以上的地区最为理想。土层深厚、富含腐殖质、pH5~5.5 的土壤最适于种植油棕。

图 5-65 油 棕
（资料来源：中国高等植物图鉴）

【化学成分】含有大量的不饱和脂肪酸，尤其是 γ-不饱和脂肪酸。

【功能用途】棕油精炼后是营养价值极高的食用油脂，可制造人造奶油；棕油主要用来制造肥皂、润滑油、化妆品等，也是纺织业、制革业、铁皮镀锡的辅助剂等。果壳可制活性炭，用作脱色剂和吸毒剂。脱果后的空果穗可制牛皮纸及作肥料、燃料和培养草菇等。

紫苏 *Perilla frutescens*（见图4-33）

详细内容，见4.4.1。

5.6 野生纤维素植物资源

纤维植物资源是指植物体内含有大量纤维组织的一群植物。植物纤维是我们祖先在与大自然斗争中发现并广为利用的一种物质，自古以来就是人类重要的生活资料和生产资料。我们生活中到处都在使用纤维植物及其纤维制品。经常见到的有绳索、包装用品、编织用品、纺织用品、纸张等。尤其在纺织方面，虽然毛、丝和化学纤维有其特长，但植物纤维的许多优点仍不可取代，因而棉纤维在服饰方面仍占相当大的比重，麻类纤维及其与毛、涤纶等混纺品也很受人们欢迎。因此，在化工技术高度发达的今天，对植物纤维的评价仍然是不可低估的。

5.6.1 野生纤维植物资源的种类及特性

5.6.1.1 野生纤维植物资源的种类

我国纤维植物资源种类多、分布广，据调查全国可作纤维植物开发利用的有 1 000 多种，有 100 多种野生纤维植物广泛应用于编织和造纸原料，也有些野生种如夹竹桃科的罗布麻，经纺织试验，可以代替棉、麻作纺织工业原料，它具有纤维素含量高，单纤维长度长、细度小，因此具有较好的纺织性。这些特性也是目前广为栽培的棉、麻类作物所具有的特性。我国生产的麻类纤维作物中的苎麻和青麻其产量居世界首位，大麻和黄麻的产量在世界市场上也占有重要地位。近年来我国棉花的生产不论产量和品质都有飞跃进展。我国目前应用纤维植物最多的类型为韧皮纤维，主要有荨麻科、榆科、椴科、卫矛科、瑞香科、桑科、锦葵科、梧桐科和亚麻科等。

我国是木本植物种类较多的国家，木材纤维是造纸的重要原料，所以木材和竹类植物的开发，对我国造纸工业具有重要意义。除木材和竹类植物外，目前用于造纸原料较多的还有禾本科中的芦苇、大叶章、小叶章、龙须草、芭茅、荩荩草等植物。瑞香科、桑科、榆科中某些植物韧皮纤维至今仍然是制造高级文化用纸和特种纸的最好原料。

用于编织、填充料、制绳、制刷等植物种类各地均有分布，这充分说明我国植物种类是极其丰富的。

根据纤维植物的性质大致可分为两大类，即木本纤维植物和草本纤维植物。

木本纤维植物 根据应用部位又可分为 3 种情况：第一种即多数以茎皮纤维作纺织及人造棉、造纸等的原料，如青檀、黑榆、蒙桑等；第二种即以木材或剥皮后的枝条作造纸及纤维板的原料，如杨、柞木、柳；第三种即以枝条柔韧作编织原料的，如胡枝子、一叶萩、柽柳等。

草本类纤维植物 根据应用部位可大致分为 2 种情况：第一种情况是以茎皮纤维作纺织及制人造棉或造纸原料的，如田麻、光果田麻、牛蒡、蒙蒿等；第二种情况即以秆、叶作造纸或编织原料的，如京芒草、羽茅、羊草、苔草等。

5.6.1.2 植物纤维的特性

野生植物纤维是野生植物各器官中机械组织的一种，其细胞壁很厚、中空、细胞长度大，胞腔狭长，两端封闭渐尖整体呈纺锤形，由纤维素、半纤维素、果胶、木质素、蛋白质、脂肪、蜡质和水分等物质组成，但决定纤维性能的基本物质是纤维素。在韧皮部纤维中，有的木质化程度较高，这是木质素增多的缘故。从纤维的利用价值来说，凡含木质素较高的，其纤维的坚韧、弹性、伸长度都较差，反之则较好。

（1）植物纤维的物理性质

强度 是指纤维抵抗扭断的能力，因纤维的种类、产地及强力测定等条件不同而异。纤维的强度越大，纺出的纱就越强韧，在制浆造纸过程中能够经受长期的打浆与加工处理，生产的纸张质量高。

长度、细度和比重 纤维长度是决定纺纱、制浆价值的主要因素之一，它直接影响纱和纸浆的质量，通常是纤维越长者越好，如纤维长度在 5 mm 以下，则难以纺纱，但可以制浆。纤维细度直接影响其本身的物理机械性能，细的纤维往往较粗纤维柔软，光泽好，强度高。因此，纤维越细，制成的线品就越精细，生产的纸浆交织组合能力越强。纤维的比重是纤维与水之比，一般比重为 1.61，但因纤维含有气孔及不纯物质，故比重为 1.5~1.55。

韧软性、弹性、可塑性、伸长度 纤维的韧软性，弹性，可塑性，伸长度在纺织工业加工过程中及特种纸张生产中很为重要，它直接关系到成品的柔软、弹性和坚牢度。各种纤维的柔软性、弹性、可塑性、伸长度等皆不相同，它们与组成纤维的成分有关，一般含木质素成分较多的纤维较差，反之较好。在制浆生产过程中主要是除去木质素。

吸湿性 纤维能吸收大气中的水汽而达平衡状态，常态时所吸收的水分，动物纤维约为其质量的 11%~16%，植物纤维约为 6%~8%。纤维含水量的多少与纤维强力、弹性、伸长度有直接关系。一般地说，棉、亚麻等天然植物纤维，水分的增减与强度成正比，丝、毛等动物纤维及各种纤维素、人造丝则成反比。天然植物纤维在湿润状态时，强力量大可增至干燥时的 10%，伸长度可增至 25%，弹性亦较好，但如果过于湿润，若有霉菌作用，反而使纤维表层易于穿孔，强力大大降低，通常含水量在 8%~12% 之间。

保温性 各种纤维的比热、导热系数，因纤维所含成分和组成结构的不同而有差异。一般植物纤维均为热的不良导体，具良好的保温性，因此我们可以利用植物纤维做成衣服、被褥等来御寒。

透明性、光泽及色泽 作为纺织原料用的纤维，最理想的是透明体，但实际上因植物纤维内部有腔道和含有气泡，或其构造为不连续性，故大部分均为半透明体。纤维光泽的有无大多取决于纤维表面的构造，表面越平滑，则光泽越显。植物纤维的色泽，大多数因天然色素的存在而呈黄色或褐色，此种色素一般用漂白的方法可以除去，但也有部分纤维因含有较多的木质素而不易漂白，会影响纸张的洁白度。含木质素的纤维，它对碱性染料和直接染料的亲和力特别强，容易染色使纤维鲜艳多彩。

(2) 植物纤维在植物体内的分布

野生植物纤维按其存在于植物体部位的不同，可分为以下几种类别：

韧皮纤维 在草本植物的茎秆中含有若干堆管束，维管束外面是韧皮部，里面是木质部，在韧皮部中有许多韧皮纤维，常成束状存在，如大麻、亚麻等。在木本植物的树干中，外面是树皮，里面是木质部，韧皮纤维存在于树皮的内层，如构树皮、山棉皮、椴树皮等，树干木质部中含有大量木纤维，如杨树、柳树、榆树等。

叶纤维及茎秆纤维 主要指存在于单子叶植物叶和茎中的纤维，叶子中的纤维存在于叶脉中，通常不发达，可供纤维用，如龙须草、龙舌兰麻、芦苇等的纤维。

种子纤维 主要指存在于植物种子表面的纤维，如棉和木棉种子上的毛。

木材纤维 主要指存在于树干中的纤维，如松、杉、杨树等的纤维。

果壳纤维 指存在于果实外壳中的纤维，如椰子壳纤维等。

根纤维 根部的纤维与茎部相近似，韧皮纤维存在于韧皮部中，木纤维存在木质部中，如马兰与甘草根部的纤维。

绒毛纤维 如香蒲雌花序上的绒毛，棉花莎草花序上的毛，它们可能是退化的苞片或花被，但形态及经济用途则与纤维相同。

5.6.2 野生纤维植物的开发利用途径

我国利用纤维植物的历史非常悠久，早在春秋时代的《诗经》中就有"丘中有麻"、"东门之池，可以沤麻"一项。古代劳动人民所说的"五谷"中就有"麻"一项。秦汉以来，麻布、夏布（如苎麻布、葛布等）的使用量很大，已成为当时重要的商品。明代，当棉花在我国普遍推广以后，棉布才逐渐代替了麻布，成为服饰的主要原料。我国又是世界上最早利用植物纤维发明纸浆和造纸的国家。公元 105 年，东汉蔡伦以树皮、麻头、破布与渔网等为原料，制成了纸浆和纸张，对文化发展起了重大的促进作用。利用纤维植物进行编织，在我国也有很悠久的历史，直到今天许多竹编、藤编工艺品，仍受到世界各国人民的喜爱。随着近代科学技术的发展，植物纤维在国民经济中的用途不断得到扩大。除日常生活必需的纺织用品、编织用品、学习用品、包装用品、绳索等外，植物纤维经过各种不同的加工，还可以广泛地应用于化学工业、国防工业、电气工业和建筑工业上。

在我国传统的造纸植物中，种类最多、使用量最大的是禾本植物。另外，某些野生植物可用来生产特种纸，例如，瑞香科的如结香是制造高级打字纸及高级化学纤维的重要原料，青檀皮是制造宣纸的最好原料。提供纤维的植物多集中于荨麻科、锦葵科、桑科、榆科、豆科、椴树科、瑞香科、夹竹桃科、禾本科以及莎草科等；不少藤本植物都是能供纤维用，如大血藤、常春油麻藤、鸡矢藤、南蛇藤、葛藤等。由于野生植物纤维存在的部位不同，品质不同，其用途也不同。对于纤维素含量高而木质素含量少的韧皮纤维，可供纺织用，其中以单纤维长度较长、细度较细的纺织性能好，如荨麻科、锦葵科的一些植物纤维。夹竹桃科的罗布麻，卫矛科的南蛇藤，豆科的野葛等产的纤维质量较好，可用于纺织衣料。其次，椴树科、梧桐科、桑科、亚麻科等的植物纤维可以纺织麻袋、帆布等，也可以制绳索。

5.6.3 野生纤维植物的采收与贮藏

由于植物纤维存在的部位不同和用途不同，因此采收处理时，也必须根据不同季节采取不同的方法。造纸原料用的草类和某些灌木，一般都在秋冬采收。收回后只需晒干（灌木多半可以趁鲜剥皮，如瑞香科的某些植物）、整理、捆扎，即可贮运，无须繁杂初步加工。竹、藤、条等原料，一般趁鲜加工，采收时间随种类和地区而异。

草本和木本植物的采收期各有不同。草本植物中，凡属 1 年生草类，可在其开花结果时期进行采集，否则不是剥皮困难便是纤维质量不好，强力、韧性减低；对于多年生草类多在开花抽穗前，在其离根 4~6cm 处割下（根据不同品种生长情况，每年采割 1 次或 2 次），把割下来的茎秆摊开晒干（雨天晾干时应防止沤坏变质）；采收木本植物及竹类、藤本植物等则需注意以下几点：

①小灌木或其他树干不大的植物，如山棉皮、黄荆条等，采伐时要在植物茎秆基部离地面 5~10cm 用利刀砍断，保留近根部分使其继续萌芽生长。

②对枝干粗大的植物，必须采伐枝桠，如杨树、梧桐、木芙蓉等，都可采取削枝方法，用弯月形利刀嵌在竹秆或木杆上，削下枝条，每棵树木每次砍下的枝条数量不应超过树枝总数量的 2/3，以免妨碍植物的生长，对生长迅速、萌发能力强的植物（如赤杨），也

可把整树的枝干砍下，枝干全部砍下以后一年内可重新长出1m左右的嫩枝条。

③树皮是植物运输养分的必经之路，没有树皮植物便不能继续生长，因此剥取的干皮绝对不能过多。以往不少地区对不宜采伐和割枝的高大乔木，大部采取三角留皮法，就是剥去干皮总面积的1/4。但用三角留皮法剥皮费力多收获少，很不合算。因此，必须与林业部门密切配合，在采伐用材林的同时进行全面剥皮。

④藤木植物纤维一般常年可采，但以夏秋季采收为好，因此时含水分较高，便于剥皮，纤维质量也较佳。若是作为编制用，最好选取全藤大小均匀而光滑的藤条，削去侧生枝叶，捆扎成束备用。

⑤竹类的品种很多，用途极广，特别是毛竹（楠竹），已成为国家生产建设的重要用材，南方各地每年农历小满前后，砍伐当年嫩竹作造纸原料，很是可惜，如有必要，只在交通不便的深山可进行砍伐，更应注意不挖食春笋。对材用竹类宜砍伐三年以上的植株，从蔸部6~10cm处砍下。其他小杂竹（篱竹、箬竹、京竹、水竹等）则按用途砍伐1~2年生的，一般应以砍伐量占竹林全面积的1/3为原则。

⑥应用折、搓、拉、捶等方法，来监测各种植物纤维的纤维素含量、纤维长度、细度和强力，柔软性，弹性及伸长度等性能，再决定每一种纤维的用途。如拉力强、长度适宜、细而柔软、具有弹性，光泽较好的纤维可用于纺织；如果纤维细长、拉力强，欠柔软，光泽较差的就可用于代麻；质地脆弱又短的纤维则可用于造纸；剥皮困难的藤条，则可用于编制日用品。采集时根据用途分类捆扎，这对分别加工和综合利用有着重要意义。

⑦剥制枝条皮有3种方法

剥鲜皮：先用木槌敲打后剥皮或用剥皮机剥皮。

湿剥：将枝条浸入水中，待浸透后再剥。

干剥：将枝条晾干后，用石滚碾碎，使韧皮很自然地脱下来。

以上方法，要根据植物的性质和劳动力的安排来选择使用。但用作编制品的藤条，则忌用捶打碾压方法。

⑧采集后的枝条或经过剥皮后的原料，应放通风干燥处，并按各种不同品种和用途及时加工，避免堆置露天任其雨淋日晒。

5.6.4　纤维植物化学基础

纯净的纤维是无臭无味，多为细长的白色物质，从外观上看，单纤维直径一般约几微米至几十微米，而它的长度比直径要大1~1 000倍甚至更长。它的主要成分是纤维素$(C_6H_{10}O_5)_n$，其余是半纤维素、木质素、蜡质、脂肪、果胶质、水分和其他杂质等。纤维素是构成植物细胞壁的主要成分，为高级多糖化合物，并赋予植物组织的机械韧性和弹性，组成了植物的骨架。半纤维素大量存在于植物的茎秆、种子、果壳等部分。木质素主要存在于植物体的木质部分，它是构成植物茎秆的坚硬部分。从利用价值上来说，凡含木质素成分较多的，其纤维的韧性、弹性、伸长度都较差，反之则较好。蜡质生于纤维表皮的外层，具有保护纤维、增强弹性的功能。脂类含在纤维分子中为硬脂酸、软脂酸等脂肪酸化合物。果胶质分布在植物纤维的各部分，外层含量最多，渐近内部则含量渐少。

野生纤维植物在采收、贮藏以及加工过程中，植物纤维会遇到某些物质从而发生一些

化学变化,具体如下:

(1) 水对纤维的作用

纤维不溶解于冷水和温水中,也不起化学变化,若在高温及高压水中进行长时间的蒸煮,则能使一部分纤维变成水合纤维素,其强力脆弱,呈现褐色。

将纤维浸入流水中,通过水中细菌所起的发酵作用,能除去纤维中的一部分水溶性物质(粗皮)、杂质和果胶质等,完成脱胶作用,但不能除去木质素和半纤维素而变成纯纤维,故经过浸水脱胶法的纤维,只适用于制绳索和麻袋。

(2) 热和日光对纤维的作用

纤维加热至105 ℃时,自然存在的水分完全蒸发掉,加热至140~150 ℃时,纤维即起水解作用,继续加热至260 ℃以上,纤维就发生剧烈的分解,色泽开始转变为褐色,同时析出复杂的气态物质和水,如继续加热,即行燃烧而发生火花。在日光下,纤维受紫外线作用,逐渐变成氧化纤维素,使纤维易于脆损,因此一般纤维不宜在日光下暴晒过久,最好晾干。

(3) 碱对纤维的作用

纤维在稀碱溶液中能分离木质素、半纤维素、蜡质、脂肪和大部分果胶,对纤维素几乎无侵蚀损伤作用,故通常用碱米作植物纤维的精炼剂。碱化纤维素仍然保持着纤维的结构,而使纤维在物理性质上引起变化,发生膨胀,变粗变短,膨胀的纤维素在冲洗掉碱液之后,具有新的特殊光泽,称为丝光化纤维素。它在伸长的情况下,干燥后变得坚韧且带丝光的光泽,能够很好地吸收染料。这里值得指出的是过浓的碱液(17.5%~25%)会引起纤维素的变化,严重时会变成纸浆状,因此用碱处理纤维时,用碱量应掌握适度。

(4) 酸对纤维的作用

纤维经过碱煮处理以后,带有一些洗不掉的余碱,经用硫酸予以中和,纤维就不带碱性。一般有机酸对植物纤维的作用是极其轻微的,没有挥发性的有机酸(如草酸、酒石酸等)溶液,在高温时对植物纤维略有损伤,温度越高,损伤越强烈。挥发性的冰醋酸对植物纤维没有破坏作用。无机酸则完全不同,稀薄无机酸对植物纤维能起水合作用,形成水合纤维素,导致拉力脆弱,如果把纤维放在沸热的浓硝酸中,即变成氧化纤维素,放在浓硝酸与浓硫酸的混合液中,则因时间长短而变成各种硝基纤维素。

(5) 氧化剂对纤维的作用

漂白粉、过氧化氢、$KMnO_4$等氧化剂的浓溶液对于植物纤素均能起氧化作用,使之变成脆弱的氧化纤维素。

5.6.5 纤维植物的加工方法

一般地说,编织用的纤维,加工工艺比较简单,取材容易,不需特殊处理,只要保持其一定的湿度和韧性即可。例如,许多草本和木本植物的茎、枝条以及某些单子叶植物的叶子,都能编织各种草帽、凉席、筐、篓和家具及容器等。绳索用纤维则须经过初步脱胶过程,纤维也要求有一定的长度和强力,如黄麻、洋麻等。

造纸和制人造丝的工艺过程较为复杂,须先经过化学方法或机械方法制成纸浆,纸浆以往多用棉、麻和木材制造,现在除了制高级纸和其他特种用纸外,已广泛利用农副产品和各种野生植物纤维。纸浆经苛性钠、二硫化碳处理胶化，生成磺酸纤维素酯，或经醋酸酯化，变成醋酸纤维，溶解于丙酮中抽成人造丝。人造长纤维可以纺织成人造丝绸、汗衫、袜子等各种纺织品。人造短纤维可单纺也可混纺。细而短的人造纤维称人造棉，粗而短的人造纤维称人造毛，都可以制成各种价廉物美的纺织品。纸浆还可经过高度硝化(含氮量为12.5%~13.3%)制成具有强烈爆炸性的火药棉。

下面介绍纤维的两种主要用途分别是用于纺织纤维及造纸纤维的加工方法。

5.6.5.1 纺织纤维

作为纺织用的韧皮纤维，一般来自1年至多年生的草本或亚灌木，为了使纤维素与其伴生的果胶、鞣质、木质素等杂质熔解分离，需经过脱胶。一般脱胶有物理脱胶、化学脱胶、细菌脱胶3种。物理脱胶是指用清水浸渍、加高压蒸汽，用人工捶打、手搓、脚踩或机械捶打等方法去掉胶质；化学脱胶是用某些化学药剂，经分解作用，除掉纤维中的果胶等杂质；细菌脱胶是使之浸渍发酵，通过细菌破坏除掉胶质。在脱胶过程中，这3种方法应结合进行。

比较常见的脱胶方法有：土法脱胶法和机械脱胶法。

(1) 土法脱胶法

浸水脱胶 是利用河水、塘水、湖水等浸沤原料，借水中的果胶杆菌对胶质的浸蚀和分解作用，使纤维脱胶。因此，这种脱胶方法又称自然脱胶或细菌脱胶。浸水的时间一般以6~9月气温较高的季节进行为佳。

①工艺流程：原料→选料捆扎→浸料→剥皮捶打(或刀刮)→洗晒→产品

②操作要点：

选料捆扎：先将茎秆分老嫩扎成小捆，每捆不宜太大、太紧，以利发酵均匀。

浸料：先选好水源，以大河的回水湾或常有缓流的小溪为好。这种水源的好处在于能使发酵较快。死水池塘也可浸料，但不要在鱼塘和饮用水源中浸料。浸料是利用水中多种果胶菌溶蚀茎秆纤维间及茎皮中果胶等杂质，并利用水的流动，将溶蚀的果胶冲净，把纤维分离出来。浸料时，茎秆不能露出水面，下层不可醮入污泥。浸泡时间的长短与植物种类、茎秆老嫩、季节温度等都有关系，以浸泡到茎皮松软、茎和皮容易分离为止。一般茎秆老的约需30~40 d，中熟的需20~25 d，嫩的需10~20 d；春、秋需要时间较长，伏天需要时间较短。以浸料达到用手能撕成细丝状为适宜。

剥皮：浸好的茎秆，即可取出剥皮。剥皮时，可以手剥，也可用机械、工具。剥下的茎皮要及时刮去外层粗皮和杂质。必要时，要把剥下的茎皮放在水中捶打。

洗晒：经刮皮、捶打过的纤维，应放在流水中充分清洗，除去杂质，然后理顺、晒干或在通风处晾干，以防沤烂发霉。晒干后的韧皮纤维即可捆扎、贮运或直接做进一步的加工。

用石灰脱胶

①设备：浸料池一处(水池子、大桶或大缸等)、蒸煮设备(大铁锅或大铁桶)、捶打设备(木制捶打机或手工用的木棒子)、洗晒设备。

②工艺流程：选料捆扎→浸料→煮料→捶打→清洗→干燥

③操作过程

选料：将原料按老、嫩程度和干料、鲜料分开，以便分别投料加工。在投料加工前，要分别切成 10~15 cm 长，扎成 0.5~1 kg 重的小捆，捆得不宜过紧或过松，以利浸泡均匀。

浸料：把原料放在浸料池内，每放一层原料要撒一层生石灰（每 50 kg 原料用 5 kg 生石灰）；装到浸料池的 2/3 时，再慢慢注入清水，使全部原料受到水浸，然后在原料上层压上一块大石头，防止原料漂浮；浸 3 d 后将原料翻动一次，浸 5~7 d 可捞出蒸煮。为了缩短浸料时间，可以用温水浸料。但要特别注意浸料的发酵程度，当检查韧皮纤维能撕成细丝时，就应捞出。

煮料：将浸好的原料放入大锅或铁桶内，用 10% 的石灰水加热煮沸，经过 5~6 h 即可脱胶，但是老树皮应适当延长时间。

捶打：首先用清水漂洗，去掉杂质与石灰后，再将原料放在案板上捶打，注意翻打捶透，捶力不可过重，以免捶断纤维。

清洗：将捶打好的原料放在流动清水中进行搓洗，除去杂质，使纤维呈黄白色而有光泽，并保持顺序不乱。

干燥：洗好的纤维，用脱水机脱水或榨干水分晒干。如遇阴雨天，可挂通风处晾干，晒干后的纤维，应打捆包装。

本方法适用于原料胶质较多或采用浸水脱胶法有困难者，水源不足或寒冷地区，也可采用本法。

(2) 机械脱胶法

龙舌兰属的叶纤维

①工艺流程：刮麻→捶洗→压水→干燥→打包

②操作过程：

刮麻：在排麻叶的时候，麻片基部先刮，后刮麻尾（叶片先端），叶背向上（向刀轮）送入刮麻机，刮去叶肉，输出纤维。

捶洗：刮麻机刮出的纤维尚有大量胶质，必须经过捶洗，把湿纤维捆成 5~10 cm 的小捆，然后送到捶麻机捶打，边捶边打边冲洗。铺纤维时要均匀，头尾不要颠倒，不交叉重叠，以便进一步脱胶，除去残余的青皮及麻糠，减少杂质。

压水：捶洗后压水，压至无水滴为止，以利下一步干燥和提高纤维质量（自动刮麻机刮的纤维比较干净，可直接冲洗压扎而不必经过捶打。）

干燥：湿纤维必须经过晒干和烘干，使纤维含水量保持在 10% 左右。大规模生产可采用烘干机烘干。零星小批量生产可采用日晒，把纤维分散铺在晒场或铁丝上，晒 4~5 h 后，进行翻晒，并将纤维抖松，除掉麻糠。

打包：打包的目的在于使纤维保持伸直而不混乱，便于堆包、运输及理麻。人工打包 30~40 kg/捆，机械打包用油压打包机，200 kg/包，打包应按纤维长短、优劣分级。

红麻、黄麻类的茎皮纤维 采用剥皮机剥制鲜皮，分出麻骨，然后用洗麻机洗售，出洁净熟麻。洗麻时麻皮受洗麻滚筒打板的梳打和喷水管水流的冲洗，将麻屑、胶质等洗去。

苎麻类的茎皮纤维 采用刮麻器刮麻，麻皮头尾一次刮净，麻壳自行抛出，麻皮如有不净之处，可将麻皮在刀口梳刮清浆数次，刮好的湿麻要及时晒干，将麻头理齐，麻尾理清，按等级标准进行分级，扎成 1~2 kg/把，再打成大捆。脱胶后的纤维，即可单纺或混纺，制造高级纺织用品或纺织麻袋、麻布和制绳缆。

(3) 人造棉的一般加工方法

各种野生植物纤维所含的纤维素、木质素、果胶质、蛋白质和单宁等的含量不同，加工方法也有不同，但其加工原理是相同的。下面介绍两种简单的生产人造棉的加工方法。

第一种方法的工艺流程：选料→蒸煮→捶洗→浸酸→漂白→浸酸→油化→梳弹

①选料：将原料分为上、中、下三部分，切成 10~15 cm 的小段，以便分别加工。

②蒸煮：以原料 10~15 倍的水或浸过原料的水，加热到 70~80 ℃，再投入 10%~15% 的液体火碱（与原料比），待火碱全部溶于水中，然后投入原料，蒸煮约 6 h，但须以气候及火力的强弱来确定蒸煮时间。蒸煮过程中，应经常检查，以胶质脱落、纤维完全分离为宜。

③捶洗：见"用草木灰、石灰脱胶"。

④浸酸：以原料 0.4% 的硫酸溶于能浸过原料的水中，搅匀（切忌先倒硫酸后倒水，否则会引起激烈反应，使酸液溅出发生事故），再将原料松散开投入，浸泡 15~20 min，取出用清水洗净。

⑤漂白：以原料 12%~15% 的漂白粉溶于 15 倍原料的水中（水以能淹过原料），待澄清后，用澄清液浸料 1~2 h，捞出拧干。

⑥浸酸：以原料 0.2%~0.3% 的硫酸溶液能淹过原料的水中，将漂白的原料投入，浸泡 15~20 min，捞出拧干，再用清水洗 2~3 次。

⑦油化：用 4% 的太古油（土耳其红油）溶于 60~70 ℃ 的温水中，投料浸泡 2 h，捞出拧干，再将原料摊开晾干以备梳弹。

⑧梳弹：将干后的成品经梳弹机进行梳弹 2~3 次，即成人造棉。

第二种方法的工艺流程：浸料→碱煮→皂化→浸酸→漂白→油化→梳弹

①洗料、浸料：将原料拉上、中、下（头、中、尾）三部分，切成 10~15 cm 长的小段，再分开处理。草本植物要去掉根、茎、果实等坚硬部分，用温水浸泡 2~3 d，捞出拧干，准备碱煮。浸泡时间的长短，可按气候和原料不同，灵活掌握。

②碱煮：每 50 kg 原料可用 2~4 kg 的火碱（用纯碱、土碱或生石灰均可），溶于可以浸过原料的温水（70 ℃）中，加热至 100 ℃，将浸好的原料放入锅中，煮 3~6 h，每隔 0.5 h 搅动 1 次。中途因水分蒸发，溶液减少时，应加热水补足；水要经常保持浸过原料。煮 2~5 h 后，要检查原料是否成熟。如粗皮全部脱落，横撕不费力，放在水里用棍摊拨可以散开，即可出锅。然后放入流水中冲洗干净，拧干扯松。

③皂化：用占原料 2%~4% 的肥皂，切成片放在 13 倍 80 ℃ 的水中，加 2%~4% 的纯碱；待肥皂溶解后，将已煮好的原料放入煮 1 h。如使用已溶解的皂化液，可不加纯碱。皂化处理后，可用 4% 的小苏打浸泡，水量要浸过原料；再浸泡 2~3 h，使纤维进一步分裂松散。

④浸酸：原料经过碱化和皂化，还带有洗不掉的余碱，必须经过酸液中和。一般用占

原料0.2%~0.5%的硫酸，慢慢加入10倍30℃的水中搅拌，将原料松散开投入，浸泡20 min，取出用水洗净。

⑤漂白：包括初漂、脱氯。

初漂：用占原料5%~8%的漂白粉放入足以浸过原料的温水(30℃)中搅匀，使漂白粉所含的Cl_2放出，溶解于水中，并使$CaCO_3$沉淀于缸底。将澄清的漂液注入另一缸中，再把原料散开放进漂液中，盖好缸盖，漂30 min。第一次漂白结束后，将原料取出，在漂液中再加入占原料4%的小苏打热水溶液，搅拌均匀，以加速有效氯的分解，继续将原料投入新液中，进行第二次漂白，浸20 min，取出洗净拧干。

脱氯：用占原料3%的大苏打和8倍的40℃的温水，配合搅拌溶解后，将原料投入浸泡20min，取出用水洗2~3次，拧干。

⑥油化：用占原料3%~4%的太古油，倒入6.5倍50℃的温水中搅拌均匀，制成油化用液。再将脱氯后的纤维投入油化液中，浸泡3~5 h，取出拧干。

⑦梳弹：将油化后的纤维摊开，晾在阴处至九成干，即可上梳弹机，梳弹2~3次即成人造棉。

说明：上述方法，应根据纤维植物的性质(草本、木本)和用料季节灵活掌握烧碱、漂白粉等的量。

5.6.5.2 纤维造纸浆的方法

野生植物纤维纸浆是造纸的原料。野生植物纤维中，各种木本植物韧皮纤维和部分草本植物纤维，除可用于纺织纤维原料外，绝大多数的野生植物纤维，均可作造纸原料。供造纸用的纤维以纤维素含量高的为好，纤维素含量越高，能够获得纸浆物质越多，制浆的价值也高。非纤维素成分除半纤维素以外，在制浆时必须用化学药品将它们溶解出来，若含量高则使制浆成本增高，不经济。半纤维素在纸浆中可以提升纤维水化膨胀能力，容易打浆，还可以提高纸浆的交织能力，增进纸张的强度，因此在溶解非纤维素成分时应当保留它。

纸浆按其制作的原料不同可分为木浆、竹浆、苇浆、草秆浆、甘蔗渣浆等。

以木材为原料的制浆方法有机械制浆法、亚硫酸盐法、苛性钠法、硫酸盐法等。

竹浆是我国西南、中南、华东等地区的重要纸浆，有些纸厂采用硫酸盐法生产化学竹浆。硅酸盐竹浆，纤维强度高，可以制造牛皮纸、水泥袋纸、胶版印刷纸、新闻纸、打字纸等。

芦苇有毛苇、青芦、泡苇等。我国华北、东北等地纸厂以芦苇为原料生产亚硅酸苇浆，代替化学木浆制造多种纸张，如印刷纸、有光纸、新闻纸等。硫酸盐苇浆可生产凸版印刷纸及一般印刷纸。

草秆浆以稻草、麦秆、高粱秆、玉蜀黍秆等为原料，现在多用大叶章、小叶章、芨芨草、猪鬃草、黄背草、白草、荻、芒、大油芒等为原料，采用苛性钠法制造草浆，以制造书写纸、有光纸、印刷纸等，也可制人造棉及人造丝浆。

甘蔗渣浆可采用亚硫酸镁法、苛性钠法、硫酸盐法等制造高级文化用纸、工业用纸、建筑纸板及制成人造丝浆等。

用草本植物纤维加工的纸浆称为草浆，用木本植物纤维加工的纸浆称为木浆。草浆和木浆的加工方法大致相同。其一般工艺流程为：选料→切料→泡料（或发酵）→蒸煮→打浆→漂洗→压板→干燥。

下面介绍几种野生植物纤维造纸浆的操作方法。

(1) 高温发酵法

发酵法造纸浆是通过微生物和碱性物质的作用，使原料中部分非纤维物质分解溶出，并将原料纤维分离成纸浆的方法。这种方法是我国传统制浆方法之一，主要优点是不用烧碱，不需蒸煮，成本低，操作简单，具体方法如下：

①建发酵池：选择面临陡坡、水源方便的平地，挖好方形土坑，坑的大小可根据需要而定，一般容积能容纳原料 2 500 kg。坑越大热量越大，发酵时间越短。坑口要比平地高出 15 cm 左右，防止浸入雨水；坑底部，靠近陡坡方向挖一小洞，插上管筒，以备发酵完毕放水。

②整理原料：将纸浆原料，如茅草、芦苇、树皮等，切去禾穗或细小边叶，捶破切成 6~7 cm 长，蘸浆。浆汁按原料 15%~20% 的新鲜石灰和适量清水放入木桶或砖池内，经均匀搅拌而制成的糊状石灰汁液，将原料投入石灰液中蘸满石灰汁。

③下池发酵：将蘸满石灰汁的原料放入池内，边放边踩，一直堆出坑口 30~70 cm 高，呈丘状，随即盖上干草或罩上塑料布，以防雨水；同时塞好底部洞口，以防石灰汁流出；经 10~15 d，坑内原料受石灰汁的热能而发酵，温度高达 80~90 ℃时，用手搓原料感觉柔软，即原料纤维中的胶质已脱掉，则可移去覆盖的干草或塑料布，并拔掉坑底小洞口的塞子，再从上面注入清水清洗，使池内的污水杂汁从底部洞口流出。将原料洗净后进行碾料。如不能碾料，可将底部洞口塞住，注入清水以免日久腐烂。

④碾料：将脱胶的浆料从发酵池内捞出，用石碾均匀地碾到又细又软后进行打浆。

⑤制浆板：将碾好的浆料，投入另一个方形水槽里，加入适量的清水，搅拌均匀呈粥状的纸浆液；再用木勺将纸浆液装入制浆槽中（合乎纸张规格大小的漏底木槽），经细致的摊平，盖上一层帘子或各种条帘，再上一层浆料，又盖一层帘子。这样一层一层进行，一直装满木槽为止。然后进行压榨，榨去水分后再一张一张地揭开晒干或烘干，即成纸浆板。

(2) 蒸煮造纸浆法

①选料：将原料进行分类，并除去杂质，去掉老根，然后捆成小把，每把 1~2 kg，再用铡刀铡成 3~6 cm 长；用水将生石灰块消化制成石灰粉，再经筛选，除去渣质。

②蒸煮：

原料：将新采割下来的植物，进行挑拣、选料，每 100 kg 原料（如干料应先用清水浸泡 2 h），加石灰量，鲜料为 15%~20%（如干料应为 30%~40%）。

用水量：80 kg（原料：水 = 10:8）。

设备：普通烧饭锅灶即可。

操作：先将水烧开，加入全部石灰，搅匀后下料，再盖上锅盖，保温 100 ℃左右；每 20 min 要翻动煮料一次，必须翻匀翻透。

蒸煮时间：约煮 3 h，检查原料，用手一拉即断为止。

保温:将煮好的原料趁热放入木桶内,加盖保温,利用余热继续进行脱胶,以提高蒸锅的利用率,待自然冷却后,再进行洗涤,而后用打浆机进行打浆或碾料。

碾料、压浆板等工序,可参考"高温发酵法"中的④、⑤步骤进行。

我国制造纸浆方法很多,除了发酵法、常压蒸煮法外,还有机械制浆法、亚硫酸盐法、苛性钠法、硫酸盐法,以及氧化法、机械化学法、连续制浆法、冲碱化法等。

(3) 机械制浆法

机械制浆法是把原木置于磨木机中,紧压在旋转着的磨石上,使木材在不断用水喷冲和快速旋转的磨石上进行摩擦而制成纸浆,生产过程中把木材中相互紧密连接着的纤维部分解离,在操作过程中,必须不断向磨木机中注水,以冷却磨石,并将解离开的纤维带走,机械制浆法在本质上是连续式的,生产过程是将原木经磨木机制成机械木浆,再经粗筛,精筛等程序,用湿抄机抄成磨木浆板。

(4) 亚硫酸盐法

亚硫酸盐法是利用亚硫酸镁盐或钙盐来蒸煮木材、芦苇、甘蔗渣、稻草、麦秸等原料。如以木材为原料,在蒸前须将原木剥皮、锯断、削成木片,再经筛选,装入蒸煮锅蒸煮。在蒸煮前与加入木片同时,加入16%~20%的酸性亚硫酸盐药液。然后,通气升温,并保持一定的压力,直至把浆煮好。蒸煮制浆的过程主要是为除去木质素,亚硫酸盐与木质素作用,将其转变为木质硫酸,蒸煮到一定时间,木质硫酸便溶解于溶液中,同时,大部分半纤维素和部分纤维素水解而溶于溶液中,蒸煮时间为 5 h 或 5 h 以上,温度由105~110℃升至140~150℃,最高温度保持0.5~1 h,锅内压力一般保持在 5×10^5~6×10^5 Pa 之间,临放锅前0.5h进行放气,再放出废液,然后将浆料由放锅口流入洗浆池。

(5) 苛性钠法

苛性钠法所用的蒸煮剂为 NaOH,在蒸煮锅内加压蒸煮制成纸浆,多应用于蒸煮草类、破布、废棉或木材中的阔叶树材。装料时,将切好的草与碱液装入锅中(一般碱与原料的用量比为:木材为16%~20%,草类为10%~14%,破布废棉为5%),通常是在3个大气压及相应温度130~140℃之间进行。

(6) 硫酸盐法

硫酸盐法所用的蒸煮药剂主要成分为 NaOH 和 Na_2S,消耗了的药品可用价廉的硫酸钠(芒硝)补充,用来蒸煮稻草、芦苇、竹子、龙须草、木材中的针叶树材及阔叶树材等植物原料。原料在蒸煮前需要切断成片,经过筛选除尘,然后于锅内蒸煮,当浆料入锅时,同时加入药液。蒸煮锅内容物用蒸汽加热,最高温度达 160~170℃,锅内压力保持在 7.5×10^5~9×10^5 Pa 之间,总蒸煮时间约为 3~5 h。

5.6.6 我国主要野生纤维植物资源

苘麻 *Abutilon theophrast*(图 5-66)

别名白麻、毛盾草、野火麻、野芝麻、紫青、绿箐、野苘、野麻、鬼馒头草、金盘银盏。锦葵科苘麻属。

【形态】1 年生亚灌木状草本植物,高达 1~2 m。茎直立,绿、紫或淡红色。茎枝被柔毛。种子肾形，褐色，被星状柔毛。花期7~8月，果期9~10月。

【分布】我国除青藏高原不产外，其他各地均产，如兴安南部、科尔沁、燕山北部、赤峰丘陵、阴南丘陵。

【生态习性】耐寒，耐干旱，不择土壤，以砂质土壤最为适宜。生长势强，喜阳光充足。

【化学成分】地上部分含芸香苷0.2%。种子含脂肪油15%~17%，其中58%为亚油酸；并含球朊C，水解后得组氨酸、精氨酸、酪氨酸、赖氨酸等。根含黏液质，其中有戊糖1.41%、戊聚糖1.25%、甲基戊聚糖5.13%、糖醛酸17.2%和微量甲基戊糖。

【功能用途】植物的茎皮纤维可以制作麻绳、麻包、麻袋。种子（苘麻子）、全草及根入中药，种子入蒙药，是祛风解毒的上好中药材。

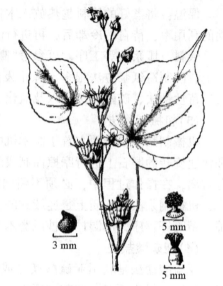

图5-66 苘麻
（资料来源：秦岭植物志）

罗布麻 *Apocynum venetum*（图5-67）

别名茶叶花、红麻、野茶棵、茶棵子、漆麻、野麻、野茶。

【形态】多年生草本植物，茎直立，高1.0~2.0m。节间长，具白色乳汁；枝圆筒形，光滑无毛，紫红色或向阳部分紫色。种子褐色，细小，顶端簇生伞状白色绒毛，可随风飞扬。花期6~7月，果期8月。

【分布】在北半球的温带地区都有分布。我国分布于长江、秦岭以北的吉林、辽宁、内蒙古、北京、天津、河北、河南、山西、陕西、甘肃、宁夏、青海、新疆、山东、江苏、安徽等地。

【生态习性】喜生河岸砂质地、山沟、砂地、滨海荒地及盐碱荒地。性喜光、耐旱、耐盐碱、耐寒、抗风，适应性强。

【化学成分】全草含黄酮苷、新异芸香苷、强心苷、甾体化合物、鞣质、酚类物质、蛋白及多糖。罗布麻的果胶含量13.14%、水溶物含量17.22%、木质素含量12.14%、纤维素含量40.82%。

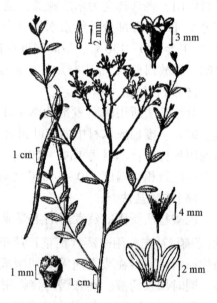

图5-67 罗布麻
（资料来源：秦岭植物志）

【功能用途】罗布麻被称为纤维之王，可做高级衣料、渔网线、皮革线、雨衣及高级纸张等，在国防工业、轮胎、机器传动带、橡皮艇等方面均有用途。另外，罗布麻的嫩叶，蒸炒揉制后，可作茶叶饮用；鲜叶也可当蔬菜食用；也是治疗心脏病和降低血压的良药。

芨芨草 Achnatherum splendens（图5-68）

【形态】多年生草本植物。须根具砂套。茎多数丛生、坚硬，内具白色的髓。花、果期6~9月。

【分布】在我国北方分布很广，从东部高寒草甸草原到西部的荒漠区，以及青藏高原东部高寒草原区均有分布。

【生态习性】耐旱性极强，能耐寒耐碱，生态适应幅度较宽。喜生于地下水埋深1.5 m左右的盐碱滩砂质土壤上，在低洼河谷、干河床、湖边、河岸等地，为中等品质饲草。

【化学成分】粗蛋白的含量占干物质重的20.76%、粗脂肪占4.76%，含缬氨酸、苏氨酸等8种必需氨基酸，有较高的营养成分，且秆含纤维36.30%，叶含纤维22.72%。

【功能用途】芨芨草首先作为优质的造纸原料，其次芨芨草可作为饲草营养丰富，可终年为各种牲畜所采食。

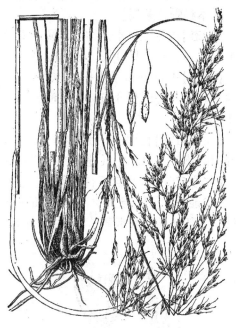

图5-68 芨芨草

（资料来源：内蒙古植物志）

大叶章 Calamagrostis langsdorffii（图5-69）

又名苔房草、山荒草，为禾本科野青茅属多年生草本植物。

【形态】具横走根状茎。秆直立，平滑无毛，高90~150 cm，径1~4mm，通常具分枝。

【分布】分布于黑龙江、吉林、辽宁、内蒙古、河北、山西、河南、陕西、甘肃、宁夏、青海等地。

【生态习性】生于海拔700~3 600 m的山坡草地、林下、河流两岸、沟谷潮湿草地，常成片生长。

【化学成分】含水分11.7%、灰分6.0%、苯醇抽出物5.4%、热水抽出物13.6%、1% NaOH提取物43.5%、多缩戊糖22.4%、木质素24.0%、全纤维48.5%。

【功能用途】茎秆纤维作为造纸好原料，可作高级文化用纸。作为造纸原料时，应在秋末采收，晒干即可。

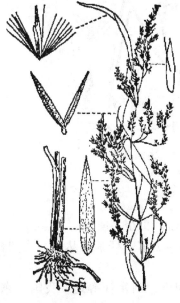

图5-69 大叶章

（资料来源：中国植物图像库）

小叶章 *Calamagrostis angustifolia*(图 5-70)

禾本科野青茅属。

【形态】多年生草本植物。具横走根状茎。秆直立,平滑无毛,株高 60~100(140) cm,径 1~4 mm,通常具分枝。成熟时颖张开,种子脱出。种子黄色,卵形,微扁。

【分布】主要分布于中国的东北、华北、内蒙古等地区的平原低湿地,河北、山西、陕西、甘肃等地也有分布。俄罗斯的远东、蒙古、朝鲜、日本等欧亚大陆温、寒地带都有分布。

【生态习性】喜湿润,也能在干燥生境中生长;喜温暖,但能耐寒冷。适应范围较广,在湿润的草甸、沼泽化低地都能发育良好,石质山坡、丘陵也能生长。

【化学成分】含有异银杏双黄酮、金松双黄酮等 11 种化合物。

【功能用途】用于造纸,被认为是一种极好的原料。另外,其茎细,草质柔软,表面光滑,无任何异味和毒质,也是很好的饲草,可用于放牧或调制干草、青贮。

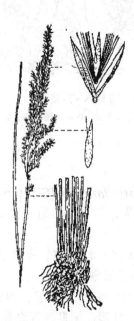

图 5-70　小叶章

(资料来源：中国植物图像库)

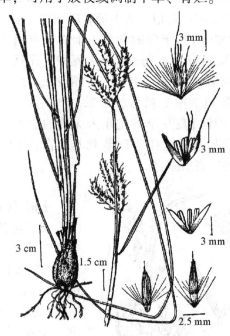

图 5-71　龙须草

(资料来源：秦岭植物志)

龙须草 *Eulaliopsis binata*(图 5-71)

俗名拟金茅、蓑草、毛羊草、羊胡子草。禾本科龙须草属(拟金茅属)。

【形态】多年生草本植物,秆高 60~120 cm,直立具 6~7 节。秆紧密丛生,为圆柱形,内充满乳白色的轻髓。花期 5~6 月,果期 7~8 月。

【分布】广泛分布于热带和亚热带地区,如菲律宾、印度、阿富汗等地。我国广东、湖南、湖北十堰、广西、江苏、云南、福建、台湾等都有分布。

【生态习性】常生于溪渠边,在其他土壤湿润的地区也可生长,如沼泽、湿地、沟渠、河滩等腐殖质丰富的地区。主要生于向阳山坡、灌丛或乔木植株稀疏的林缘,为耐干旱植物,对环境要求不严,适应性强。

【化学成分】龙须草的纤维含量为 49.31% ~ 58.13%,单纤维长 0.64 ~ 2.71mm,宽 5.3 ~ 19.8 μm,纤维中含小纤维素 84.03%;木质素含量为 14.61% ~ 20.67%。

【功能用途】茎叶主要应用在造纸上,是制造高档纸、人造棉、人造丝的优质原料;也可编蓑衣、雨具、草鞋和绳索等。

胡枝子 *Lespedeza bicolor*(图 5-72)

【形态】属中生性落叶灌木,株高 0.5 ~ 2 m。分枝繁密,老枝灰褐色,嫩枝黄褐色,疏生短柔毛。花期 7 ~ 8 月,果期 9 ~ 10 月。

【分布】分布于我国的黑龙江、吉林、辽宁、内蒙古、河北、河南、山东、山西、陕西等地。蒙古、俄罗斯、朝鲜、日本也有分布。

【生态习性】喜光,常生于丘陵、荒山坡、灌丛、杂木林间。耐阴、耐寒、耐干旱、耐瘠薄。根系发达,适应性强,对土壤要求不严格。其生境通常在暖温带落叶阔叶林区及亚热带的山地和丘陵地带。

【化学成分】茎皮含纤维 43.32%,出麻

图 5-72 胡枝子
(资料来源:黑龙江植物志)

率 32.03%,含 α-纤维素 34.07%、β-纤维素 3.23%、γ-纤维素 3.43%。

【功能用途】胡枝子是编织业的原料,也是加工纤维板的原料树种,可作绿肥及饲料。根为清热解毒药,可治疗疮、蛇伤等。

亚麻 *Linum usitatissimum*(图 5-73)

亚麻科亚麻属。

【形态】1 年生草本植物。茎直立,高 30 ~ 120cm,上部有分枝。

【分布】纤维用亚麻主要分布在欧洲和亚洲。中国主要分布在黑龙江、吉林两省。亚麻喜凉爽、湿润的气候。

【化学成分】种子含 14 种黄酮苷、6 种花青素、2 种羟基香豆素和 20 种酚酸。各植物甾醇的含量:菜油甾醇 26%、豆甾醇 7%、谷甾醇

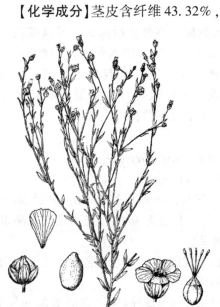

图 5-73 亚 麻
(资料来源:贵州植物志)

41%、5-燕麦甾醇13%和胆甾醇2%。

【功能用途】亚麻纤维可纺高支纱，制高级衣料。亚麻也是油料作物，亚麻油含多种不饱和脂肪酸，故用来预防高脂血症和动脉粥样硬化。

芦苇 Phragmites australis（图5-74）

别名芦草、苇子。

【形态】多年生草本植物。植株高大，地下有发达的匍匐根状茎。茎直立，坚硬，秆高1～3 m，直径2～10 mm，节下通常具白粉。具长、粗壮的匍匐根状茎，以根茎繁殖为主。颖果长圆形。花期4～5月，果期9～11月。

【分布】在我国分布广泛，其中东北的辽河三角洲、松嫩平原、三江平原，内蒙古的呼伦贝尔和锡林郭勒草原，新疆的博斯腾湖、伊犁河谷及塔城额敏河谷，华北平原的白洋淀等地。

【生态习性】生河旁、池塘边、湖边、河渠内及湿地，常成大片生长形成所谓芦苇荡，多生于低湿地或浅水中，但干旱沙丘低洼地及盐碱地上也能生长。

图5-74 芦 苇

（资料来源：黑龙江植物志）

【化学成分】每100 g芦秆含纤维素57.6 g，其中α-纤维素41.5 g、木质素19.88 g、灰分4.73 g、苯及乙醇提取物4.19 g、多缩戊糖30.68 g。

【功能用途】秆纤维为优质的造纸原料，也可制人造棉；茎秆光滑坚韧，可供编织用。芦花、芦根可入药，芦花为凉性药；芦根性寒、味甘，具有清胃火、除肺热，有健胃、利尿、解毒、清凉镇呕之功效。苇秆嫩时含大量蛋白质和糖分，为优良饲料；根状茎含淀粉，可供食用。

糠椴 Tilia mandschurica（图5-75）

别名大叶椴、菩提树。

【形态】落叶乔木，树高可达20 m，胸径50 cm以上。树冠广卵形。树皮暗灰色，有浅纵裂。蒴果、核果、浆果或翅果。

【分布】分布于我国东北、河北燕山、北京西山、山东崂山及江苏等地。

【生态习性】性喜光、较耐阴，喜凉爽湿润气候和深厚、肥沃而排水良好的中性和微酸性土壤。耐寒，抗逆性较差，在干旱瘠薄土壤生长不良。

图5-75 糠 椴

（资料来源：山东植物志）

【化学成分】花序含大量黏液和挥发油，油中主要成分为金合欢醇及一种具发汗作用的苷。

【功能用途】可作为胶合板、铅笔杆、火柴杆、普通家具、车厢门、乐器、运动器械、文具、玩具、室内装修及包装用材。

宽叶荨麻 Urtica laetevirens（图 5-76）

又名"哈拉海"。荨麻科荨麻属。

【形态】多年生草本植物，株高 40~100 cm。不分枝或少分枝。叶对生，叶狭卵形至宽卵形，长 4~9 cm，宽 2.5~4.5 cm。雌雄同株。雄花生于茎上部。瘦果卵形稍扁，长达 1.5 cm。花期 7~8 月，果期 8~9 月。

【分布】分布于云南、辽宁、四川、河北、安徽、湖北、湖南、西藏、山东等地。日本、朝鲜、俄罗斯西伯利亚也有分布。

【生态习性】喜温、喜湿，耐阴植物，生长迅速，对土壤要求不严。

【化学成分】地上部分的化合物包括 3β-羟基 – 5-烯-欧洲桤木烷醇、豆甾-4-烯-3-酮、十六烷酸、十一烷酸、胡萝卜苷、β-谷甾醇。

图 5-76 宽叶荨麻
（资料来源：山东植物志）

【功能用途】皮纤维供纺织用。全草药用，主治风湿、糖尿病、虫蛇咬伤等。老株收获晒干，可作牛、羊的饲料。

苎麻 Boehmeria nivea（图 5-77）

俗名圆麻。荨麻科苎麻属。

【形态】多年生草本植物。根呈不规则圆柱形，略弯曲。地下茎各分枝的顶芽生长，伸出地面，成为地上茎。花期 5~8 月，果期 8~10 月。

【分布】在中国主要分布于北纬 19°~39°之间，南起海南，北至陕西，一般划分为长江流域麻区、华南麻区、黄河流域麻区。

【生态习性】喜温植物。生于海拔 300 m 以上山坡、路旁、水边。苎麻对土壤的适应性较强。最适宜的土壤是砂质壤土、黏质壤土和腐殖质壤土。

【化学成分】根含有大黄素、含绿原酸（chlorogenic acid）。

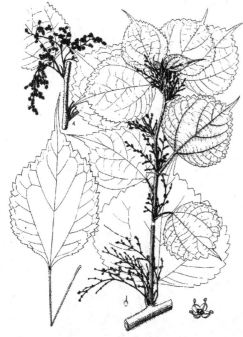

图 5-77 苎麻
（资料来源：中国植物志）

【功能用途】苎麻纤维具有防腐、防菌、防霉等功能，适宜织布、制作人造棉、人造丝等。根和叶可供药用，有清热解毒、止血、利尿、消肿、保胎、接骨的功效。叶可养蚕或作饲料。种子可榨油食用和制肥皂。

思考题

1. 简述野生香料植物资源的分类。
2. 简述野生色素植物的开发利用途径。
3. 简述野生凝胶植物的采收与贮藏方法。
4. 列举5种以上野生树脂植物并说明其树脂特性。
5. 简述野生能源植物的开发利用途径。
6. 简述野生纤维素植物的开发利用途径。

野生农药植物资源

植物是生物活性化合物的一个重要的来源，其代谢产物和次生代谢产物及其他的物质已经超过几十万种。其中大部分化合物具有杀虫或抑菌活性，在前面的章节中已经介绍了野生植物的药用、食用以及作为可再生能源方面的内容，本章中将介绍一些具有杀虫剂、杀菌剂效果的野生农用植物资源。

6.1 野生杀虫植物资源

野生植物代谢和次生代谢产生的植物效果成分，能够对害虫产生致死作用，此类植物称为野生杀虫植物，这些植物又被称为植物源杀虫剂。开发利用此植物资源对于有害生物的防治有着非常广阔的前景。

野生杀虫植物杀虫的有效成分主要是植物代谢产生的一些有毒的次生物质。原理是利用植物体本身或其次生代谢产物如糖苷类、醌类和酚类、萜烯类、生物碱等次生代谢产物，可利用化学合成或直接应用上述物质用于有害生物的防治。由于植物的次生代谢物质是植物与有害生物协同进化过程中，为了抵御这种有害生物的危害行为而产生的化学物质，所以这些物质经过抽提，加工制成植物性杀虫剂、杀菌剂、除草剂等对有害生物往往具有好的生物活性。对天敌影响小，在环境中容易降解，即使长期使用也不易产生抗药性。正是由于植物中的活性物质能够与环境

> 我国植物资源丰富，《中国有毒植物》书目中列举了有毒植物1300余种，其中具有杀虫、抑菌作用的被作为植物源农药利用。《中国土农药志》记述了植物性农药220余种，主要为毛茛科、杜鹃花科、大戟科、茄科、百合科、豆科等有毒植物类别。
>
> 本章对于野生杀虫植物资源和野生杀菌剂植物资源分别作了详细的种类列举，阐述了农药用植物资源的采收及加工工艺。

友好的相容性，因此，随着人类对农药概念理解的变化，农药要与环境相和谐这样一种新的概念的形成，使得对农药的研究，尤其是对植物的研究已经成为当前农药研究新的热点。

人类古代就记载了许多种植物具有杀死或控制害虫的作用，像中国、印度、东南亚等国家的劳动人民就积累了许多利用植物杀虫的经验。中国是研究应用杀虫植物最早的国家之一。早在2 000多年前，中国《周礼》已有"剪氏掌除蠹物，以攻禜攻之，以莽草熏之"的记载，北魏时期也有文字记录利用藜芦根杀虫的民间经验。20世纪50年代，《中国土农药》所记述的植物性农药就达220种之多。进入80年代，国内外科研人员对楝科、菊科、豆科、卫矛科、大戟科和杜鹃科等科植物进行广泛研究。国外已研究出具代表性的植物源农药有美国的Margosah-O、德国的Neemaza及印度的Neemark等印楝产品。中国近年在植物源杀虫剂开发研究上也取得长足的进步，先后开发出10%烟碱乳油、27.5%油酸烟碱乳油、30%茶皂素·烟碱水剂、1.1%苦参碱粉剂、5%除虫菊乳油、0.5%印楝乳油和0.5%黎芦碱醇溶液等多个植物源杀虫剂及其混剂产品。在防治蚜虫、棉铃虫、菜青虫、小菜蛾等几十种害虫上取得与化学农药相当或优于其的防效。目前中国科技人员在继续发掘，利用已认识具有杀虫活性物质的植物资源的同时，不断利用中国丰富的自然资源，如从苦皮藤中提取的苦皮藤酯、苦皮藤素对小菜蛾、蝗虫、甘蓝夜蛾等害虫有较好防效。通过进一步的深入研究，将是很有开发价值的农药先导物。

野生杀虫植物具有对害虫针对性强，对人等非靶标生物无害、易降解、环境安全的优点，被认为是替代传统化学合成杀虫剂的优选物。此外，野生杀虫植物作为植源杀虫剂不像传统杀虫剂那样只具有单一杀虫活性成分，而是由一系列化合物组成，这些化合物对害虫产生物理及生理的协同作用，使害虫不易形成抗药性。使用植物源杀虫剂防治害虫，不仅对抑制害虫种群增长有益，也有助于保持良好的生态平衡。

6.1.1 野生杀虫植物资源的种类及特性

野生杀虫植物主要分为：楝科、卫矛科、豆科、杜鹃花科、芸香科、唇形科、珙桐科、柏科、菊科、古柯科、毛茛科及其他杀虫植物等。现逐一进行介绍。

6.1.1.1 楝科

楝科主要分布于热带和亚热带地区，该科中多数植物都含有杀虫成分，对多种害虫有拒食、忌避、抑制产卵、破坏表皮形成和生长发育调节等作用。

印楝(*Azadirchta indica*)是研究最多的一种，其种仁或叶片的提取物对包括直翅目、鞘翅目、同翅目、鳞翅目和膜翅目在内的200余种昆虫有生理活性，包括稻褐飞虱、黏虫、亚洲玉米螟、菜青虫等。其主要成分为四环三萜类物质——印楝素(azadiractin)。通过其对菜青虫作用方式的研究表明，印楝素拒食原理为激活了昆虫下颚栓锥感器的厌食神经原，从而抑制引起食欲的神经元信号发放。印楝素的另一作用机制是通过阻断变态肽类激素，从而影响了蜕皮激素和保幼激素的滴度，导致昆虫生长发育受到干扰。

我国从20世纪80年代起开始研究从川楝(*melia toosendam*)、苦楝(*melia azedarcch*)中提取出的四环三萜类杀虫化合物——川楝素(toosendanin)，结果发现，高浓度的川楝素对多种昆虫如亚洲玉米螟、黏虫、菜青虫等有强烈的拒食活性，而在低浓度时或昆虫饥饿取食经川楝素处理过的饲料后，又表现出胃毒毒杀活性。通过进一步对黏虫拒食作用机理的研究表明，川楝素主要作用于黏虫下颚须丹锥感受器，使神经系统内取食刺激信息的传递受到破坏而中断，幼虫失去味觉功能而表现出拒食反应。其毒杀作用是通过破坏中肠组织，阻断中枢神经传导而引致麻痹、昏迷、死亡。川楝素还可通过抑制菜青虫体内解毒酶系，影响正常的生理活动，使生长发育受到抑制而逐渐死亡或于蜕皮、变态时形成畸形虫体。

米仔兰属(*Aglaia*)中近 1/3 具有杀虫活性。米仔兰(*Aglaia ordorata*)中活性成分二氢苯并呋喃类化合物(rocaglanide)对杂色地老虎、亚洲黏虫、海灰翅夜蛾有抑制生长发育作用。我国发现红果米仔兰提取物对斜纹夜蛾有拒食、毒杀和抑制生长发育的作用。

该科中鹅鸪花属(*Trichila*)也是一类有效的杀虫植物，其根茎中含有的 trichilin A~F 化合物对灰翅夜蛾、墨西哥豆象有拒食作用，对烟芽夜蛾、草地夜蛾等的生长有抑制作用。

6.1.1.2 卫矛科

本科雷公藤属(*Tripterygium*)的雷公藤(*Tripterygium wilfordii*)是人们早已熟知的杀虫植物，其富含生物碱，对多种农业害虫有胃毒和触杀活性。

南蛇藤属(*Celastrus*)中的苦皮藤(*Celastrus angulatus*)对菜青虫、小菜蛾等有拒食、胃毒、麻醉及抑制产卵和卵孵化等作用。根皮含有苦皮藤素Ⅰ~Ⅴ，其中Ⅱ、Ⅲ有直接毒杀作用；Ⅳ对黏虫有强烈麻醉作用；Ⅴ破坏黏虫中肠肠壁细胞膜和细胞器膜而表现为胃毒毒杀作用。种油中含的苦皮藤醋Ⅰ~Ⅳ，具有拒食、胃毒和麻醉作用。

6.1.1.3 豆科

本科中有毒植物较多，鱼藤的杀虫作用早已被人们所熟知，以毒扁豆碱为模板开发的氨基甲酸酯类杀虫剂也广泛应用于防治害虫。

近年来人们又发现槐属(*Sophora*)植物的苦豆子(*Sophora alopecuroids*)、苦参的提取物具有杀虫活性。

苦豆子广泛分布于我国西北地区，它的提取物对萝卜蚜、小菜蛾有较高的毒杀活性，其有效成分为喹诺里西定类生物碱，对昆虫神经系统中乙酰胆碱酯酶有明显抑制作用。同属的苦参中活性成分也是生物碱，如苦参碱等，目前已进行农药的应用开发。

非洲山毛豆(*Tephrosia vogelii*)的提取物防治菜青虫效果良好，并对小菜蛾有一定的拒食和抑制生长发育的作用。

6.1.1.4 杜鹃花科

本科中黄杜鹃(*Rhododendrorz mope*)的提取物对多种害虫有生物活性，如对斜纹夜蛾、菜青虫、小菜蛾、褐飞虱等具有拒食活性，对三化螟具有内渗杀卵作用，对二化螟幼虫、马铃薯叶甲、草地夜蛾幼虫等具有触杀、抑制生长的作用。其中闹羊花素Ⅲ为主要杀虫成分，其作用机理可能是影响 K^+ 和 Na^+ 在神经膜上的通透性。

6.1.1.5 芸香科

据报道，该科中植物所含的柠檬苦素类物质能有效地抑制玉米螟的取食、生长和发育。此外，葡萄柚(*Citrus* spp.)的柠檬苦素对菱纹夜蛾有拒食作用。

该科中另一类杀虫活性物质为挥发油和香精油类物质，如芸香(*Ruta graveolens*)精油，花椒(*Zanthoxylum bungeanum*)挥发油对仓虫杂拟谷盗、赤拟谷盗有很好的毒杀作用。柑橘(*Citrus* spp.)油则对四纹豆象有毒杀和拒食作用。另外，从日本常山(*Orixa japonica*)、八角黄皮(*Clausena anisata*)根茎中分离出的萜二烯类化合物对菱纹夜蛾有拒食作用，对菜豆象也有一定的毒性。

6.1.1.6 唇形科

本科中所含二萜类物质有保幼激素类活性，如从罗勒(*Ocimum basilicum*)中分离出的 juvocimene Ⅰ和Ⅱ可使大马利长蝽和斑蝶幼虫生成超龄幼虫；在匍匐筋骨草(*Ajuga reptans*)、日本筋骨草(*Ajuga nipponensis*)等中的类似化合物，对墨西哥豆瓢虫和棉红蜘蛛有拒食作用和保幼活性；唇形科筋骨草(*Ajuga* sp.)的提取物对墨西哥豆瓢虫有蜕皮激素活性。紫背金盘(*Ajuga nipponensis*)的氯仿和甲醇粗提物对菜青虫、4龄小菜蛾、斜纹夜蛾及家白蚁等均有拒食和抑制生长的活性。

6.1.1.7 珙桐科

本科中喜树(*Camptotheca acuminata*)所含喜树碱和次喜树碱等是昆虫最有效的不育剂，如马尾松毛虫雄蛾与喜树碱药膜接触后，与正常雌蛾交配，可以引起不育。

6.1.1.8 柏科

本科中沙地柏(*Sabina vulgaris*)的提取物对多种昆虫有生理活性，如对赤拟谷盗和玉米象有抑制种群作用；对玉米象生长发育及成虫产卵和羽化有明显抑制作用；对菜青虫、黏虫、小菜蛾有拒食和毒杀活性；对棉实铃夜蛾幼虫有抑制生长发育作用。对黏虫幼虫作用机理研究表明，其对主要解毒酶系多功能氧化酶的环氧化作用具有强烈的抑制作用。

6.1.1.9 菊科

本科中除虫菊的杀虫作用早已被人们所利用，并且以其主要活性成分除虫菊素为模板合成的拟除虫菊类杀虫剂是目前最优秀的杀虫剂之一。除虫菊素是除虫菊所含有的6种重要杀虫成分之一。目前，万寿菊(*Tagetes erecta*)中的光活化酶-a-噻吩引起了人们的极大关注。万寿菊的根提取物对谷蠹、黄粉甲有强毒杀作用，对2龄中华按蚊幼虫照光处理后，死亡率大大增加，对白纹伊蚊4龄幼虫毒性在近紫外光照射下比无紫外光照射大十几倍；对埃及伊蚊的毒性可提高40倍。有报道，对果蝇卵的毒力在紫外光下能提高几千倍。另外，从千日菊(*Spilanthes oleracea*)分离出的千日菊酰胺对美洲大蠊有迅速击倒的作用，是一种强烈的神经毒剂。

6.1.1.10 古柯科

本科巴豆(*Croton tiglium*)中巴豆油对蚜虫、水稻螟虫及其他鳞翅目幼虫有强烈的触杀作用。根据对巴豆油的研究发现,其活力中心 Phorbol 脂,能够导致激素激活与细胞增长模式有关的物质。

6.1.1.11 毛茛科

本科中牡丹(*Paeonia suffruticosa*)具有蜕皮类固醇颉颃剂的活性。S. D. Sarker 等人从牡丹种子中提取出顺-白藜芦醇及 3 个新的三聚体:suffruticosol A,suffruticosol B,suffruticosol C,它们以一种高浓度作为颉颃剂存在于植物体内。

6.1.1.12 其他杀虫植物

在秘鲁的植物假酸浆(*Nicandra physaloides*)的叶片中含有对烟天蛾具有驱避作用的假酸浆甾类化合物,强行喂食给幼虫这类植物会杀死它们。

马桑科(Coriariacese)植物马桑(*Coriaria sinica*)中的毒素对蚜虫有拒食活性蓼科(Polygonaceae)植物辣蓼(*Polygonum hydropiper*)的提取物蓼二醛对蚜虫、黏虫、小菜蛾等有良好的拒食活性。

番荔枝科(Annonacese)的牛心番荔枝(*Annona reticulata*),紫番荔枝(*Annona purpurea*)等果实中的 16-贝壳杉烯类二萜化合物对纹状黄瓜束带叶甲具有很高的保幼激素活性。从番荔枝(*Annoan*)和巴婆树(*Asimina triloba*)中提取的四氢呋喃脂肪酸内酯类化合物 annonia,neannonin 和 asimicin 对棉红蜘蛛、墨西哥大豆瓢虫、瓜蚜、蚊幼虫、果蝇成虫均有强烈的致死活性,是强烈的呼吸毒剂。

烟草植物——烟草(*Nicotiana tabacum*)产生的叶面胶是一种杀虫剂,胶体内含大量 α-cembrene 二元醇。

蒲包花属(*Calceolaria*)植物中分离出的两种奈醌杀虫剂表现出很好的害虫忌避作用。

从酸浆木属植物(Solanaceae)分离出 14 种三萜类物质 withanolides,作用于蜕皮类固醇感受器的结合位点,被确认具有兴奋及颉颃活性。

另外,禾本科的稗(*Echinochloa crusgalli*),瑞香科的唐古特瑞香(*Daphne tangutica*)近来也有杀虫活性的报道。

6.1.2 野生杀虫植物的开发利用途径

植物源农药的开发利用可分为两方面:一是直接利用,即对植物中的活性物质进行粗提取物直接加工成可利用的制剂,这种利用方式的主要优点是能够发挥粗提物中各种成分的协同作用,而且投资少,开发周期短。目前,中国在这方面做的工作较多,已开发出辣素乳油、苦藤乳油、鱼藤酮乳油、双素碱水剂、烟碱乳油等多种商品化制剂。二是间接利用,即研究活性物质的结构、作用机制、结构与活性间的关系,进而人工模拟合成筛选,从中开发新型植物源农药制剂,间接利用是当前国外植物源农药研究开发的重点,也是中国植物源农药研究发展的方向。

近年来，中国植物源农药的研究与开发虽已取得了较大进展，但从整体上看，还存在许多问题，主要表现在：①直接利用多，间接利用少。目前，大多数植物农药还停留在粗提物或复配阶段，对植物中活性物质及其作用机制缺乏深入研究。②成本较高，作用缓慢，田间持效期短，往往要重复用药或与其他合成农药混用才能达到预期防治目的。③药物稳定性差。一些植物源农药制剂的防治效果在生产实际应用上稳定性不高，易受环境因素影响。④植物源农药品种和类型不多，其中主要在植物源杀虫剂类，而植物源杀菌剂、除草剂和抗病毒剂等方面的开发研究不足。

人类为保证农作物的丰产稳产研究开发出了农药，但由于不合理使用，农药给人类带来了始料不及的负面影响。尽管农药存在诸多问题，但是我们不能因其副作用而全盘否定农药，因为在一定时期内还不能完全放弃使用农药。所以理性的态度应该是如何正视这些问题，研究解决问题的对策，减少农药带来的不良副作用，使之对人类利大于弊。植物源农药的应用将会成为 21 世纪农业可持续发展的重要措施之一，可以肯定，植物源农药在保证农作物高产、稳产的同时，对于保护生态系统健康也将发挥积极的作用。植物源杀虫剂的应用大体可从以下几方面入手研究。

首先，植物粗提取直接应用要比将有效成分提纯加工后应用更有前景。由于粗制品对害虫的防治效果一般情况下明显要比纯品高，这可能是粗制品中除主成分外，还含有多种化合物，可能对主成分有增效性，也可能是次要活性物质的作用对靶标物形成多点作用，药效有加成性，同时还可使害虫不易产生抗性。此外，粗制品的使用成本相对较低，而且更容易加工操作。有人提出疑问，直接将植物加工后作为杀虫剂使用，很快就会把植物资源耗尽，对环境造成破坏形成新的生态问题。此问题可以通过大面积人工种植来获得提取资源，而且实践也证明人工种植的植物其杀虫活性成分含量基本上没有太大变化。通过品种优先选育后的栽培品种有效成分含量还可能比野生的多。印楝原产于印度和缅甸，中国引种到云南、海南及广东等地后，经测定也发现种子中印楝素含量和生物活性水平与原产地接近。

其次，是与化学农药复配使用，这样可以大量减少化学农药的用量，并可使高毒农药低毒化，低毒农药微毒化，改造利用老品种农药。降低研制新活性物的投入和研制周期，化学农药的危害当其使用剂量小到一定程度时就变得很小了，甚至可以忽略了，从而对环境的安全性大大得到提高。有时植物源杀虫剂与化学杀虫剂混配，如拟除虫菊酯类与烟碱、鱼藤酮、苦参碱、印楝素等混配后可大大降低拟除虫菊酯的用量。需要强调的一点是，农药制剂剂型的加工技术同样很重要，使用方法和使用工具的配套改进也是必不可少的。

当然通过对植物中农药活性成分的筛选，对其活性物质进行结构鉴定，寻找化学合成农药的先导化合物，再通过合理的结构改造，最终合成新商品农药也是今后植物源杀虫剂研究开发的方向之一，其中最成功的例子是拟除虫菊酯类合成农药的问世。

随着植物源农药的优越性逐渐被人们认识，以及环保意识和对可持续发展战略的认识逐步提高，促使一些学者和单位把研究开发热点转向这一方面，加上中国野生植物资源丰富等得天独厚的条件，今后中国在植物源农药的开发方面的前景是光明的。

6.1.3 野生杀虫植物的采收与贮藏

6.1.3.1 确定适宜采收期
主要根据有效杀虫成分的积累动态与药用部分产量之间的关系来确定:
①有效成分有显著高峰期,而药用部分产量变化不显著时,则含量高峰期即为适宜采收期。
②有效成分含量高峰期与药用部分产量高峰期不一致时,要考虑有效成分的总含量。

6.1.3.2 野生杀虫植物采收的一般原则
(1) 根和根茎类
一般宜在植物生长停止,花叶凋谢的休眠期,或在春季发芽前采集。
(2) 叶类和全草
应在植物生长最旺盛时,或在花蕾时或在花盛开而果实种子尚未成熟时采收。
(2) 树皮和根皮
树皮多在春夏之交采收,易于剥离。根皮多在秋季采收。
(3) 花类
一般在花开放时采收。有些则于花蕾期采收。
(4) 果实和种子
应在已成熟和将成熟时采收;少数用未成熟的果实。种子多应在完全成熟后采收。

6.1.3.3 采收后野生杀虫植物的贮藏一般应注意的问题
(1) 防霉
霉菌孢子在适宜温度(25℃左右)、湿度(空气相对湿度在85%以上,或药材含水超过15%、适宜的环境(如阴暗不通风的场所)、足够的营养条件下即萌发。
(2) 防虫
由于不同的野生杀虫植物所针对的对象不同,所以任何一种杀虫植物并不能对所有的害虫都起作用。植物中因含有淀粉、蛋白质、脂肪、糖类等,在适宜的温度(通常为18~32℃左右)、湿度(空气相对湿度在70%以上,或药材含水超过13%)害虫比较容易繁殖。可通过暴晒、烘烤、低温冷藏、密闭等物理措施加以预防。

6.1.3.4 药材的其他变质情况及预防
(1) 变色
变色的原因分为以下2种。
①酶引起的变色:成分的结构中有酚羟基,如含麻黄碱类、羟基蒽醌类、鞣质类植物。
②非酶引起的变色:虫蛀霉变、高温、氧化聚合等,防治办法是将植物干燥、冷藏、避光贮藏。

(2) 走油

也称"泛油"，是指含油植物的油质泛于植物表面，以及某些植物受潮、变色、变质后表面泛出油样物质的现象。走油原因：高温油质外溢、贮藏过久变质走油、受潮走油。

(3) 其他

有效成分容易挥散、有效成分久贮不断减少，或有效成分自然分解、风化失水。

6.1.3.5 野生杀虫植物贮藏新技术

(1) 气调贮藏

其原理是调节仓库内的气体成分，充氮或二氧化碳而降氧气，使害虫窒息死亡。

(2) 应用除氧剂养护

利用除氧剂与贮藏系统内的氧产生化学反应，而将氧气除掉。

(3) 核辐射灭菌

6.1.4 植物类杀虫剂的化学基础

植物在与昆虫等有害生物长期的协同进化中，产生了许多次生代谢产物，这些次生代谢产物中，有杀虫活性的分以下几种主要类型。

(1) 生物碱类

在远古时代，人们就知道利用植物源生物碱防治害虫。生物碱对昆虫的作用方式是多种多样的，诸如毒杀、忌避、拒食、抑制生长发育等，而具有这些功能的生物碱又极其繁多，其主要的有烟碱、毒扁豆碱、雷公藤碱、百部碱、苦参碱、藜芦碱、黄连碱、小檗碱、喜树碱、三尖杉碱、莨菪碱、毒芹碱、乌头碱、胡椒碱、辣椒碱等。

(2) 萜类

这类化合物包括漲烯、单萜类、倍半萜、二萜类、三萜类，多以酯类衍生物形式存在，其防虫作用包括多方面的，如胃毒、触杀、忌避、麻醉、抑制生长发育等。这类化合物主要有川楝素、苦皮藤酯Ⅰ、苦皮藤酯Ⅱ、苦皮藤酯Ⅲ、苦皮藤酯Ⅳ、雷公藤甲素、闹羊花毒素、瑞香毒素、木藜芦毒素、马醉木毒素、α-漲烯、β-漲烯等。

(3) 黄酮类

具有毒杀、拒食、杀卵活性，如鱼藤酮、鱼藤素、毛鱼藤酮、马来鱼藤酚等。

(4) 挥发油类

植物精油对昆虫不仅具有毒杀、忌避、拒食、抑制生长发育的作用，而且还具有昆虫性外激素和引诱作用。能防治害虫的精油种类很多，主要有桉树油、薄荷油、百里香油、松节油、石竹油、黑胡椒子油、芫荽油、菊蒿油、香茅油、菖蒲油、茼蒿精油、檀香醇、大茴香脑、芸香精油、肉桂精油、八角茴香精油等。

(5) 多炔类与噻吩类

具有毒杀活性，如主要分布于菊科的 7-苯基, 2, 4, 6-庚三炔 (PHT) 等。

(6) 柠檬素

具有拒食、抑制发育、毒杀等作用，如印辣素、川楝素、苦糠醇等。

(7) 番荔枝内酯

具有胃毒、拒食等作用，如 Asimicin, Bullatacin, Frubibun 等。

(8) 其他

除上述种类外，如除虫菊酯（pyrethrins）、茴蒿素（pimpinellin）、毒蛋白等。

6.1.5 杀虫植物的加工方法

杀虫植物的加工关键步骤就是有效成分的提取，这一过程实质是溶质从植物体内部向溶剂中转移的传质过程。植物有效成分的可溶性物质通常存在于细胞内，而细胞膜会阻碍有效成分进出细胞，这样不利于有效成分的提取。因此需要采取一些措施来获得有效成分，例如为了从植物的叶、茎、花和根中浸取杀虫成分，在浸取之前先将物料干燥，这样有助于细胞膜的破裂，溶剂也容易进入细胞内部直接溶解溶质；还有一些植物细胞破壁操作，如珠磨法、高压匀浆法、超声波法、化学渗透法、酶溶法、冷冻压榨法等。对于天然植物来讲，有效成分往往包埋在有坚硬或柔软表皮保护的内部薄壁细胞或液泡中，破壁非常困难。所幸多数杀虫植物有效成分都是热和化学稳定性物质，可以用水蒸煮或乙醇、丙醇等有机溶剂浸取的方法分别提取水溶性或脂溶性有效成分。另外，也有用超声波或酶法提高杀虫植物有效成分提取。

(1) 杀虫植物活性物质的传统提取

从杀虫植物中提取其有效成分的传统方法有溶剂提取法、水蒸气蒸馏法及升华法等。后两种方法的应用范围有限，大多数情况下是采用溶剂提取法。

常用的溶剂提取方法有浸渍法、渗流法、煎煮法、回流提取法和连续回流提取法 5 种。而原料的粉碎度、提取时间、提取温度等因素也都影响提取效率。煎煮法、回流提取法和连续回流提取法属于热提法。在回流提取法中，溶剂用量较大，提取所需的时间较长，由于药液长时间受热，很容易使其中的有效成分发生改变；在索氏提取法中，虽然溶剂用量不大，但需要进行长时间的加热提取。三法比较，煎煮法只能用水作提取溶剂，回流提取法溶剂消耗量较大，连续回流提取法节省溶剂，但提取液受热时间长。浸渍法和渗滤法属于冷提法。冷提法则避免了加热，从而使其中的有效成分有了一定的安全性，但冷浸法和渗滤法所用的溶剂量较大，提取时间也较长，操作较麻烦。现介绍几种常见的提取方法。

渗滤法 往植物粗粉中不断添加溶剂使其渗过粗粉，从渗滤筒下端流出浸提液的方法。此方法浸出效果优于浸渍法，适用于有效成分含量低或贵重药材的提取。但是费时较长，所用溶剂量比较大而且操作麻烦。

煎煮法 将植物粗粉加水加热煮沸，从而将杀虫植物成分提取出来的方法。此法简便，植物中大部分成分可被不同程度地提出，但含挥发性及有效成分遇热易破坏的杀虫植物不宜用此法。

热回流法 最大的特点在于通过溶剂的蒸发与回流，使得每次与原料接触的溶剂都是纯溶剂，从而大大提高了萃取动力，达到提高萃取速度和效果的目的。但提取效率不高，受热易破坏的成分不宜使用此方法。

索氏提取法 利用索氏提取器，多次提取生物碱，可以反复利用溶剂，提取效率高，且操作方便。连续提取法提取液受热时间长，因此对受热易分解的成分也不适用。

浸渍法 将处理过的植物材料用适当的溶剂在常温或温热的情况下浸渍以溶出其中成分。该法一般是在常温下进行，对热敏性物质的提取很有利，但所需时间长，效率低，尤其是以水作溶剂时易发霉变质。

能够用水蒸气蒸馏法提取的植物有效成分必须满足3个条件：即挥发性、热稳定性和水不溶性（或虽可溶于水，但经盐析后可被与水不相混溶的有机溶剂提出，如麻黄碱）。凡能满足上述3个条件的杀虫植物化学成分均可采用此法提取。如挥发油、挥发性生物碱（如麻黄碱等）、小分子的苯醌和萘醌、小分子的游离香豆素等。适用于具有升华性的成分的提取，如游离的醌类成分（大黄中的游离蒽醌）、小分子的游离香豆素等，以及属于生物碱的咖啡因，属于有机酸的水杨酸、苯甲酸，属于单萜的樟脑等。

（2）杀虫植物活性物质的高新技术提取

酶提取法 根据植物细胞壁的构成，利用酶反应所具有高度专一性的特点，选择相应的酶，将细胞壁的组成成分（纤维素、半纤维素和果胶质）水解或降解，破坏细胞壁结构，使细胞内的成分溶解、混悬或胶溶于溶剂中，从而达到提取目的，且有利于提高成分的提取率。

超临界流体提取法 有超临界流体萃取法和超临界流体色谱法等。超临界流体萃取是20世纪80年代发展起来的一项新的提取分离技术。超临界流体是介于气体和液体之间的流体，同时具有气体和液体的双重特性。用其在临界点附近体系温度和压力的微小变化，使物质溶解度发生几个数量级的飞跃特性来实现其对物质的提取分离。通过改变压力或温度来改变SCF的性质，达到选择性地提取各种类型化合物的目的。

微波提取法 指在天然植物有效成分的提取过程中（或提取的前处理）进入微波场，利用微波场的特性和优点来强化有效成分浸出的新型提取方法。其原理是微波射线辐射于溶剂并透过细胞壁到达细胞内部，由于溶剂及细胞液吸收微波能，细胞内部温度升高，压力增大。当压力超过细胞壁的承受能力时，细胞壁破裂，位于细胞内部的有效成分从细胞中释放出来，传递转移到溶剂周围被溶剂溶解。微波具有比激光低得多的能级，却能在相同的温度甚至更低的温度下，产生比常规方法高几倍甚至几十倍的效率，一般认为，微波对化学反应的高效性来自它对极性物质的热效应：极性分子接受微波辐射能量后，通过分子偶极高速旋转产生内热效应。苏跃增等认为在微波化学反应中，既存在着热效应，又存在着一些有特殊作用的非热效应。

超声波提取法 超声波是弹性波，当前主要应用在检测超声和功率超声两个方面。工作频率一般在数万赫兹，有时也高达几兆赫兹。空化效应、机械作用和热效应是超声提取、超声化学、超声粉碎以及超声清洗等功率超声应用的基础。由于功率超声的声波强度比较大，伴随声波的传播就会出现声空化、声冲流、声辐射力以及声致发光等许多非线性过程能形成局部热点，其温度可达5000K以上，温度的变化率达109K/s，压力非常高。超声能也会转化为热能，生成热能的量取决于介质对超声波的吸收，可以在瞬间使内部温度升高，加速有效成分的溶解。辐射压强和超声压强是超声波的机械作用的起因，可使蛋白质变性、细胞组织变形，和溶剂与悬浮体之间的摩擦，当摩擦力足够大时可以断开碳碳键，使生物分子解聚变性。

高速逆流色谱(high-speed counter current chromatography,HSCCC)**技术** 该技术是一种不用任何固定载体或支撑体的液液分离色谱技术,由美国国家医学院 Yiochiro Ito 博士于20世纪60年代末首创,具有分离效率高、产品纯度高、不存在载体对样品的吸附和粘染、制备量大和溶剂消耗量少等优点。20世纪80年代后期被广泛地应用于天然药物成分的分离制备和分析中。目前在分离提取天然药物中黄酮、生物碱、蒽醌类衍生物、皂苷等有效成分方面已获得满意效果。用 HSCCC 技术提取分离银杏叶中黄酮苷及总内酯成分,已引起各国专家的重视。

双水相体系萃取分离技术 该技术的原理是生物物质在双水相体系中的选择性分配。当生物物质进入双水相体系后,在上相和下相间进行选择性分配,表现出一定的分配系数。不同的生物物质在特定的体系中有着不同的分配系数,因此双水相体系对生物物质的分配具有很大的选择性。

现代生物技术 在植物有效物质提取领域的应用有:①基因芯片技术;②发酵法提取杀虫植物;③基因指纹图谱;④纳米生物技术;⑤利用基因工程生产植物次生代谢产物转基因技术;⑥利用转基因动物,生产动物类杀虫植物等。

6.1.6 我国主要杀虫植物资源

走马芹 *Angelica dahurica*(图6-1)

又名野白芷。伞形科

【形态】多年生草本植物,株高1~2m。根圆柱形,粗壮,棕褐色。茎中空,光滑无毛。花期7~8月,果期8~9月。

【分布】分布在我国东北、华北、西北、四川、内蒙古及新疆等地。

【生态习性】生水湿之处,沼泽、水边、山谷、林下、沟边的草丛或丛中。

【化学成分】全草含有毒成分毒芹素(cicutoxin)和无毒成分毒芹醇(cicutol)。

【功能用途】走马芹是一种多年生有毒草本植物,主要作为药材使用,外用治疗某些皮肤病、痛风或风湿、神经痛等的止痛剂。另外,走马芹还有抗病原微生物的作用,对多种细菌有抑制作用,如大肠杆菌、痢疾杆菌、变形杆菌、伤寒杆菌、绿脓杆菌、人型结核杆菌等均

图6-1 走马芹
(资料来源:中国植物志)

有抑制作用,还对副伤寒、霍乱弧菌有一定的抑制作用,水浸剂对絮状表皮癣菌、小芽隐癣菌等致病真菌也有一定抑制作用。

天南星 *Arisaema heterophyllum*(图6-2)

【形态】多年生草本,株高40~90 cm。块茎近圆球形,直径达6 cm。果序成熟时裸

露，浆果红色，种子1~2，球形，淡褐色。花期4~6月，果期8~9月。

【分布】在我国除东北、内蒙古和新疆以外的大部分地区都有分布。印度、缅甸、泰国北部也有。

【生态习性】生于山野阴湿处、荒地、草坡、灌木丛及林下。人工栽培宜在树荫下选择湿润、疏松、肥沃的黄沙土，天南星喜水喜肥，底肥充足才能高产。

【化学成分】天南星的块茎含三萜皂苷、安息香酸、黏液质、氨基酸、D-甘露醇、生物碱。

【功能用途】天南星是临床常用的中药，能够燥湿化痰、祛风定惊、消肿散结。主治中风半身不遂、癫痫、惊风、破伤风、跌打损伤或虫蚁咬伤等病征。

图6-2 天南星
（资料来源：中国植物图像库）

臭椿 *Ailanthus altissima*（图6-3）

别名臭椿皮、大果臭椿。苦木科臭椿属。

【形态】落叶乔木，树高可达30 m，胸径1 m以上。树冠呈扁球形或伞形。树皮灰白色或灰黑色，平滑，稍有浅裂纹。种子位于中央。花期4~5月，果期9~10月。

【分布】水平分布在北纬22°~43°之间，垂直分布可达海拔1800 m。在我国北起辽宁、河北，南达江西、福建，东起海滨，西至甘肃均有分布。

【生态习性】喜光，不耐阴，在次生林或混交林中臭椿均居于林冠上层。臭椿对气候条件要求不高，能耐不良气候。在年降水量400~1 400 mm，平均气温2~18 ℃的条件下均可正常生长，对极端气温的耐性很强，耐寒，耐旱，但不耐水湿，长期积水会烂根死亡。

【化学成分】叶里含有生物碱、蒽醌类化合物、有机酸或酚类化合物和鞣质、糖类、多糖和苷类。根含苦楝素、脂肪油及鞣质。

【功能用途】材质坚韧、纹理直，具光泽，木纤维长，根皮和茎作药用，有燥湿清热、消炎止血的效用；茎皮含树胶；叶可饲春蚕，浸出液可作土农药；种子含脂

图6-3 臭 椿
（资料来源：中国植物志）

肪油30%~35%，为半干性油，残渣可作肥料。

黄花蒿 *Artemisia annua*（见图5-12）

生物学特性详见5.1.6。

【化学成分】精油成分中含酮类物质44.97%，其中主要为蛔蒿酮21%、l-樟脑13%、1,8-桉叶素13%、乙酸蛔蒿醇酯4%、蒎烯1%。

【功能用途】作为杀虫植物，黄花蒿的乙醚提取物、稀醇浸膏及青蒿素对鼠疟、猴疟、人疟均呈显著抗疟作用。

苦杉木 *Brucea javanica*（图6-4）

又名苦参子、老鸦胆、鸦胆子油。

【形态】灌木或小乔木，树高2~3 m，全株有苦味，被淡黄色短柔毛。单数羽状复叶，互生，具长柄。核果椭圆形，熟时黑色。花期5~6月，果期10~11月。

【分布】分布于我国福建、台湾、广东、广西、云南、海南等地。印度至大洋洲也有分布。

【生态习性】常生于疏林、旷野或村舍附近的灌丛中。

【化学成分】主含苦味素，由其中分离出9种以上的单一成分，为与凤眼草酮同类型的衍生物，具抗阿米巴原虫的活性，以及鸦胆子苦内酯（bruceolide），鸦胆子苦醇（brusatol）等。

图6-4 苦杉木
（资料来源：中国植物图像库）

【功能用途】以鸦胆子油制成口乳和静脉乳应用于胃癌、肠癌、肺癌及肺癌脑转移的治疗取得了令人瞩目的疗效。性苦、味寒，有小毒。具清热、止痛、杀虫功效。可作抗阿米巴痢疾、疟疾。外用治鸡眼、疣。近来有用治癌症有效。

除虫菊 *Pyrethrum cinerariifolium*（图6-5）

又名白花除虫菊。

【形态】多年生草本植物，株高可达30~60 cm，全株被有白色绒毛。全株浅银灰色，被贴伏绒毛，叶下面毛更密。茎单生或少数簇生，不分枝或分枝。叶银灰色，有腺点。

【分布】在世界各地都有分布，以俄罗斯、中国、美国、英国、巴西、波黑、塞尔维亚等地较多。

【生态习性】喜光照、凉爽气候，适应性强。喜干燥，宜于排水良好的中性或微碱性砂质壤土。

【化学成分】除虫菊素包括除虫菊素Ⅰ、Ⅱ，瓜叶菊素Ⅰ、Ⅱ与茉莉菊素Ⅰ、Ⅱ6种。

【功能用途】除虫菊素的杀虫谱广，有较高的胃毒作用，对咀嚼式口器害虫有特效；

图 6-5 除虫菊
（资料来源：中国植物图像库）

图 6-6 鱼 藤
（资料来源：中国植物图像库）

又有强烈的触杀作用。主要用于防治刺吸式口器害虫，击倒快，对哺乳动物安全，易降解，不污染环境。

鱼藤 *Derris trifoliata*（图 6-6）

别名毒鱼藤、蒌藤。豆科鱼藤属。

【形态】花期 8 月，果期 9 月。

【分布】产于亚洲热带和亚热带地区，在我国产于西南部经中部至东南部。

【生态习性】喜高温、高湿、光照环境，若长期置于阴处，过于干燥或冬季温度过低都会引起落叶。生于山野林间或栽培。

【化学成分】从鱼藤类植物中先后分离并鉴定了鱼藤酮、灰叶素、鱼藤素、灰叶酚等多种有杀虫活性的化合物。

【功能用途】鱼藤最主要的用途作为植物农药，对大多数害虫均有毒杀力，而对虱子、螨、家蝇、蚜虫、夜蛾、玉米螟、小菜蛾等重要的农林害虫的毒杀效果特佳。鱼藤提取物还能抑制某些病原孢子的萌发和生长或阻止病菌侵入植株。鱼藤也有较多的医学用途，具有利尿除湿、镇咳化痰的功效，民间用以治疗肾炎、膀胱炎、尿道炎、咳嗽等症。

皂荚 *Gleditsia sinensis*（图 6-7）

别名鸡栖子、皂角、大皂荚、长皂荚、悬刀、长皂角、大皂角、乌犀。豆科苏木亚科。

【形态】的多年生木本植物，落叶乔木，高可达 30 m，胸径达 1.2 m。花期 4~5 月，果期 10 月。

【分布】皂荚属约 12 种，分布于亚洲、美洲、非洲。中国原产 8 种，引进 1 种。其中，中国皂荚是我国分布最广泛的特有种，分布与栽培覆盖面积约占国土面积的50%。

【生态习性】性喜光而稍耐阴，喜温暖湿润气候及深厚肥沃湿润土壤，但对土壤要求不严，在石灰质及盐碱甚至黏土或砂土中均能正常生长。

【化学成分】皂荚的化学成分主要为萜类、黄酮类、酚酸类、甾体类等。

【功能用途】皂荚中的植物胶及其衍生物有许多优良的特性，在石油、天然气、造纸、炸药及采矿等工业中应用广泛，是一种重要的战略资源。皂荚具有木质硬，强度大，黄褐色，新材红褐色，纹理直或斜，年轮明显等优良性质，是优良的建筑用材和家具用材。

图6-7 皂 荚

（资料来源：中国植物图像库）

枫杨 *Pterocarya stenoptera*（图6-8）

胡桃科枫杨属。

【形态】落叶大乔木，果实长椭圆形，长约6~7 mm，基部常有宿存的星芒状毛；果翅狭，条形或阔条形，故又称苍蝇树，长12~20 mm，宽3~6 mm，具近于平行的脉。花期4~5月，果期8~9月。

【分布】枫杨属植物在我国分布较广，北自辽宁、河北、陕西，南达广东、广西，东起江苏、浙江，西至四川、云南、贵州，各地均有分布。

【生态习性】喜光树种，不耐庇荫，喜水湿，不耐长期积水和过高水位，适宜气温不太低、雨量较多的暖温带和亚热带，常见于土壤肥沃的水边、湖滩等地。

【化学成分】化学成分主要有萘醌、萜、甾体、鞣质、二芳基庚烷、黄酮及其他挥发性成分等。

【功能用途】枫杨作为传统中药用于治疗疥癣、牙痛、风湿筋骨疼痛等。此外，还有治疗类风湿性关节炎、慢性肾炎、系统性红斑狼疮、麻风病等效果和抗癌（白血病）、抗菌等作用，但因有一定毒性，易造成中毒，重度中毒时还会导致死亡。树皮可作为纤维原料，可提取栲胶；种仁普遍含油，有生食、榨油、制皂、润滑等多种用途。

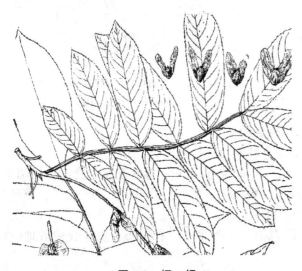

图6-8 枫 杨

（资料来源：中国植物志）

藜芦 *Veratrum nigrum*(图6-9)

别名大叶芦、山葱、老干葱。百合科藜芦属。

【形态】多年生草本植物，株高60～100 cm。根茎粗短。叶片4～5枚，椭圆形至宽卵圆形，长15～30 cm，宽6～18 cm。蒴果长1.5～2.0 cm，种子有翅。花期7～8月，果期8～9月。

【分布】分布于我国东北、华北、西北、内蒙古等地。生于海拔1 200～3 300 m的山坡林下、草丛中及草甸。

【生态习性】常生于池塘边、河旁或湖边，常成群落大片生长。

【化学成分】含黑藜芦根、根茎含介芬胺、假介芬胺、玉红介芬胺、秋水仙碱、计明胺及藜芦酰棋盘花碱等生物碱。

【功能用途】黑藜芦根的初提液具有明显而持久的降压作用。黑藜芦对苍蝇有强大的毒杀效力。其根及根茎入药，能催吐、祛痰，主治中风痰壅、癫痫、喉痹等。

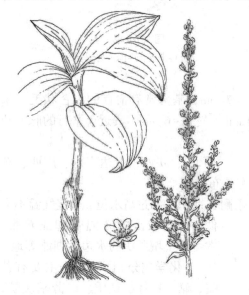

图6-9 藜 芦
(资料来源：中国植物志)

图6-10 黄花杜鹃
(资料来源：中国植物图像库)

黄花杜鹃 *Rhododendron lutescens*(图6-10)

别名马醉木、闹羊花、羊不食、老虎花。杜鹃花科杜鹃属。

【形态】常绿灌木，偶有小乔木，树高2～3 m，罕达5 m。单叶互生，全缘，椭圆形，柄短，成束生于枝顶，两面均有毛。花顶生，喇叭状，黄色，被柔毛。雄蕊较长，花丝卷曲并露出花冠外。花期4～5月，果期10～11月。

【分布】中国特有种。主要分布在广西东部、广西北部广有分布，生于丘陵坡地、山地、疏林下或草丛中的酸性土上。

【生态习性】性喜强光和干燥、通风良好的环境，能耐 -20 ℃的低温；喜排水良好的土壤，耐贫瘠和干旱，忌雨涝积水，生于杂木林湿润处或见于石灰岩山坡灌丛中，海拔1

700~2 000 m。

【化学成分】 黄花杜鹃挥发油的化学成分，主要是倍半萜、生物碱及多烯炔类化合物。含毒性成分木毒素(andromedotoxin)和石楠素(ericolin)。叶含黄酮类、杜鹃花毒素、煤地衣酸甲酯。

【功能用途】 黄花杜鹃（包括粗制品和化学单体）对多种害虫具有杀虫活性，包括粮食害虫、蔬菜害虫、仓库害虫、卫生害虫等，对红蜘蛛也有一定防治效果。其叶是一种常用的民间中药，具有止咳、祛痰、平喘之功效，主要用于防治老年慢性气管炎和冠心病。

6.2 野生除菌植物资源

6.2.1 野生除菌植物资源的种类及特性

相对于植物源杀虫剂来说植物源杀菌剂的研究要少得多，但是，植物仍被认为是化学合成杀菌剂替代品最好的开发资源。Wilkins等曾报道有1 389种植物有可能作为杀菌剂。例如，从植物中提取的具有杀菌作用的物质，大蒜素。

6.2.1.1 野生除菌植物资源的种类

野生植物起到除菌作用的因素主要由于自身产生的活性成分，如植物中的抗菌素、类黄酮、染病相关的蛋白质、皂角苷、儿茶素、有机酸和酚类化合物等均有杀菌、抗菌或抑制菌类孢子萌发的活性，由此可根据有效成分的化学结构不同而对野生除菌植物资源进行分类。

据报道，现已研究的一些具有除菌作用的野生植物资源及其有效除菌成分如下：

银杏外种皮中提取的银杏酚酸和白果酚具有明显的杀菌作用，喷洒其1 000倍液对苹果和葡萄炭疽病抑制率在90%以上；蒲公英(*Taraxacum* spp.)中的一种倍半萜和苜蓿根中的苜蓿酸均具有抗菌活性；藜芦中含有的藜芦醇可抑制真菌生长；南欧丹参、胶黏烟草含有硬尾醇，对豆科植物的锈病具有很好的防治效果；芦苇、龙葵提取物对植物病菌菌丝生长的抑制率大于60%；胡颓子提取物对苹果炭疽病孢子的萌发有60%以上的抑制作用；厚朴树(*Magnolia officinalis*)叶的粗提物(厚朴酚)对立枯病丝核菌等10种植物病原真菌具有很强的抑菌活性；苦参(*Sophora flavescens*)提取物对尖镰孢(*Fusarium oxysporum*)、串珠镰孢(*Fusarium moniliforme*)、葡萄孢(*Botrytis* spp.)、黑曲霉(*Aspergillus niger*)、盘长孢(*Gleosporium* spp.)、白念珠菌(*Candida albicans*)、丝核菌(*Rhizoctonia* spp.)、金黄色链球菌(*Streptococcus aureus*)、表皮葡萄球菌(*Staphylococcus epidermidis*)、大肠杆菌(*E. coli*)等10种真菌、细菌有明显的抑制作用；三尖杉酯碱合成物对烟草花叶病毒具有钝化作用，喷施40 mg/L对初期病害的防治特别有效。

6.2.1.2 野生除菌植物资源的特性

植物源杀菌剂目前都停留在研究阶段，开发得极少。与化学农药相比，植物源农药发挥药效较慢，原料来源受限。尽管存在这些缺点，但由于植物源农药的活性成分是自然存在的物质，可在自然界降解，又不污染环境和靶标植物，所以具有广阔的发展和应用前景。

6.2.2 野生除菌植物的开发利用途径

6.2.2.1 野生除菌植物资源开发的意义

全世界目前已知的高等植物近 300 000 种，其中种子植物约 15 000 余种，但现代人们意识到有开发利用价值、有意栽培的植物仅上千种，绝大多数植物资源仍处于野生或半野生状态。随着人类社会的发展，农业生产技术的不断进步，以及世界人口的不断增长，农作物及经济作物生产要求高产高效，对作物有害菌类的防治日益受到重视，而利用化学农药等杀菌势必会对生态环境产生不良影响，故开发天然的除菌剂是农业生产需要的必然趋势，开发野生除菌植物则成为适应这种需要的合理对策。

6.2.2.2 野生除菌植物资源开发利用历史

国内许多单位在筛选抗虫、杀菌的野生植物资源中，初步发现活性在 80%~90% 的野生植物主要有地榆、苦参、毛茛、黄芩、酸模、节蓼、黄花蒿、荜草及萝藦等。这些植物中所含的生物碱盐、皂苷、黄酮及挥发性物质，可供研制植物农药的材料。从菊科、松科等植物中提取挥发油，也可直接用于病虫害防治。从许多经济树种的产物中，提取害虫拒食剂及抗生育活性物质，也是研制植物农药的可行途径。这些初步研究，为利用野生除菌植物资源，研制长效、无公害的新一代农药打下基础，已引起国内外学者的极大兴趣。

6.2.2.3 野生除菌植物资源研究和开发的发展趋势

我国野生植物资源研究和开发的发展趋势，从总体上看可归纳为：

①在资源调查的基础上，开始有目的地向收集、保存和人工繁殖栽培的方向发展，在对自然资源直接利用的同时，重视资源的保护和建设，有力地起到保护和发展资源的作用。

②在对自然资源开发利用中，加强了对种质资源的研究，开展有效成分分析、提取和产品深度加工，选育高产优质多抗的品种类型，从而提高资源的利用价值。

③从单一利用向多功能综合利用发展，从单纯经济效益向生态效益、保健效益等多方位利用发展，呈现出一片崭新面貌。

6.2.2.4 野生除菌植物资源的开发利用途径

当前要搞好我国野生植物资源的开发利用，其主要措施是：

①进一步开展全国性的野生植物资源普查，摸清家底，评价各类资源的总体利用价值，对具有商品开发潜力的种类，进行重点清查，查清资源分布范围、数量、产量水平、产区自然条件和社会条件，以及生产和产品流通的可靠信息，制定合理的开发方案。国家要对每个开发方案，组织可行性论证，经审查批准后组织实施。

②国家要根据地域生态差异，科学地制定出开发野生植物资源的区划，实现宏观控

制,实行立法管理。

③要协调行业之间的关系,特别要协调资源建设和资源产品加工利用两个方面的利益,要把资源开发中所获得的经济收益,合理地反馈到资源建设上,使众多的资源建设者也能得到相应的经济收益,以便长期建立起稳定的工农业生产良性循环。

④加强系统研究,特别是良种选育、配套的生产技术和加工工艺,要提高测试手段和有效成分的分析技术。在研究提高现有产品质量的基础上,积极研究深度加工,精加工技术,促进新产品开发,开展国内外商品流通市场的动态研究,提高产品的竞争力,实现多出口多创汇。

6.2.3 野生除菌植物的采收与贮藏

我国野生植物资源十分丰富,其中有一部分具有特殊的经济价值,可以杀死或抑制植物病菌的生长繁殖,保证农作物等的高产高效生产。这类野生除菌植物,大都有毒,它们的根、茎、叶、花、果、皮、汁液可以采集制成农药,防治农业病害和鱼病。例如,闹羊花、水蔓藤、鸡血藤、枫柏、臭椿、苦楝、醉鱼草、马醉木等。它们可以就地采用,也可加工出售,代替部分化学农药,减少残毒。

6.2.3.1 野生除菌植物的采收方法

(1) 果实的采收

草本植物和低矮灌木的果实采集虽然十分方便,但应注意防止损伤茎叶和根系,做到轻采轻摘,切忌折枝、割藤、拔苗取果和捋取。高大乔木,可以上树剪采;或在长竹竿顶端绑上枝剪,进行高空采果;架双面梯进行采集;果实成熟易脱落的,树下铺草席或薄膜,用竹竿敲打树干使果实落下。采收时,果实要带柄以免腐烂。

(2) 地上茎的采收

采收茎秆时,可用镰刀、枝剪或锯子离地面 3~6 cm 处割、剪或锯断,不要连根拔。如果枝茎很好,可酌情剪取枝茎而留下主茎,以利来年萌发新枝条。

(3) 地下茎和根的采收

采地下茎的植物多数是中药材。先用锄头把周围的土挖开,再由浅入深,盘根到底。对生长很多很密的根或地下茎,挖取时最好用四齿铁耙。为了省力,防止泥土散失,可在雨后进行,挖后覆土还原,以免水土流失。

(4) 叶、花的采收

采叶时(如桑叶、蓖麻叶等)不要把树上的全部叶子一次摘完,特别是常绿树,应留部分幼嫩叶子,多留些或留点老叶更好,以保持植物的生长势。采花(如银花)不要损伤枝叶。

(5) 皮和脂的采收

剥取树皮(如厚朴、肉桂、桂皮等药材)不可损伤太大,不能横断,宜纵向割取。取树脂深只能至木质部,让其自然溢出,不能使用化学药剂,否则将造成植株枯萎死亡。

(6) 有毒植物的采收

有毒植物在成熟期显示毒性,最好在此时采收。过早,毒性不强;过晚,已经枯萎,不易辨认。采收时应注意防止中毒。

采收多年生的植物，如用茎、叶、花、果、全株的，要用刀割，不要连根拔起，以免影响翌年繁殖。

6.2.3.2 野生除菌植物的贮藏方法

含水分少的，洗干净后晒干或阴干，然后放在干燥处，待用时再行泡制。含水量较多的洗净晒干后，入窖贮藏。含水量过多的，可榨出汁液过滤后，用缸罐贮藏。

6.2.4 植物类除菌剂的化学基础

植物中的抗菌素、类黄酮、染病相关的蛋白质、皂角苷、儿茶素、有机酸和酚类化合物等均有杀菌、抗菌或抑制菌类孢子萌发的活性，如毛蒿素、苜蓿酸、紫檀素、藜芦醇、南欧丹参中分离出的硬尾醇、非洲绯红茄、小茄、麻黄、厚朴、银杏、三尖杉、苦豆草、披针叶、黄华等。

杀菌剂发挥防病作用的机理是多种多样的，大致可以分为两个方面：一是破坏细胞结构，一些杀菌剂可以溶解菌体细胞壁上的物质而使它受到破坏，或阻碍细胞壁的形成，特别是几丁质的形成。有的杀菌剂可以破坏细胞膜或细胞核，或破坏核糖体的生物合成功能，从而使菌体死亡。二是干扰植物代谢过程。它包括干扰菌体生物氧化过程或呼吸作用，使菌体缺氧而死亡。有的杀菌剂可以干扰生物合成过程，特别是对蛋白质、核酸、类酯、几丁质等大分子化合物的合成，如苯并咪唑类杀菌剂（甲基托布津、多菌灵、苯菌灵）就具有这类功能；也有的杀菌剂起着干扰菌体酶系统的作用，有的抑制某些酶的活性，有的促进某些酶的活性。

必须指出的是，一种杀菌剂常具有多种功能，可发挥综合性的作用。

6.2.5 除菌植物的加工方法

(1) 熬煮法

将植物原料切碎，加适量水熬煮，过滤即可。药液药效高，但不宜久存，适用于含生物碱、盐类、苷类、皂苷、鞣质、苦味质等成分的植物。

(2) 蒸馏法

将植物原料切碎捣烂、蒸馏，蒸馏液即为原液。药液耐贮存，不易变质，但易挥发。适用于含挥发油类和树脂类的植物。

(3) 浸泡压榨法

将植物原料切碎捣烂，加水浸泡、压榨、过滤即得原液。方法简单，但药液不宜久存。除含挥发油的植物外，其他植物均适用此法。

(4) 制粉法

将植物原料切碎、干燥、粉碎、过筛制成粉剂。此法制得的产品易贮运，且不易变质。此法对除含树脂、挥发油的植物外，其他植物均适用。

6.2.6 我国主要野生除菌植物资源

秋牡丹 *Anemone hupehensis* var. *japonica*

【形态】多年生草本植物，株高 30~80 cm。根粗长，暗褐色。秋牡丹的根呈长圆柱形，稍扭曲。总长 10~16 cm，直径 1~1.8 cm。表面灰棕色或棕褐色，粗糙有纵纹。根头部有分枝，质脆易折断。断面平坦，中间可见白心。无臭，味苦微涩。花期 9~11 月，果期翌年 4~5 月。

【分布】大多分布于荷兰及中国。我国安徽、江苏、浙江、福建、江西、广东、云南等地有分布。

【生态习性】喜温暖湿润和阳光充足环境，耐寒，怕高温，夏季宜凉爽气候，耐半阴，忌干旱，要求疏松肥沃的砂壤土。

【化学成分】其主要化学成分为酚类及酚苷类、单萜及单萜苷类，其他成分还有三萜、甾醇及其苷类、黄酮、有机酸、香豆素等。

【功能用途】秋牡丹具有清热解毒、杀虫的功效。主治蛔虫病、蛲虫病、体癣、肌癣、中暑发热。夏、秋季采集，洗净，鲜用或晒干均可。

泽漆 *Euphorbia helioscopia*

别名五朵云、五灯草、五风草。大戟科大戟属。

【形态】1 年生或 2 年生阔叶杂草。茎、叶无毛或被稀疏长茸毛，茎直立，基部常呈淡紫红色；肉质，呈倒卵形或匙形。每年 3 月中下旬开始发芽生长，6 月上中旬至 7 月中下旬开花结果。花着生在枝条顶端，每个枝端开一朵花。

【分布】泽漆由于其生命力旺盛，繁殖系数大，适应性强，分布于除新疆和西藏以外的全国各地。

【生态习性】主要分布于麦田、沟边、干燥的路旁、山坡荒地及河岸边，特别在未熟化的生土上生长旺盛。

【化学成分】二萜酯类、黄酮类化合物，是泽漆的主要生物活性物质。另外，还含有三萜、天戟乳剂、泽漆毒素、泽漆酸 A、樱花苷(Ⅱ)甾醇、多酚类、氨基酸、天然油脂类化合物等多种成分。

【功能用途】性微寒、味苦，有毒。全草入药，有利尿消肿、化痰散结、杀虫止痒之功效，中医及临床常用其治疗腹水、水肿、肺结核、颈淋巴结核、痰多喘咳、癣疮等疾病。民间用于治疗宫颈癌、食道癌、肝炎、梅毒等有一定疗效。

水蓼 *Polygonum hydropiper*

蓼科属。

【形态】1 年生草本植物，株高 20~80 cm，直立或下部伏地。茎红紫色，无毛，节常膨大，且具须根。花期 7~8 月。

【分布】我国大部分地区均可生长，但主要产于广东、广西、四川等地。

【生态习性】它盘踞于湖、河、洲滩。喜湿，生于湿地，水边或水中。

【化学成分】全草含水蓼二醛(polygodial, tadeonal)、异水蓼二醛(isotadeonal, isopolygodial)等。地上部分还含有甲酸(formicacid)、乙酸(acetic acid)、丙酮酸(pyruvic acid)、缬草酸(valericacid)、葡萄糖醛酸(glucuronic acid)、半乳糖醛酸(galacturonicacid)、焦性没食子酸(pyrogallic acid)和微量元素。

【功能用途】全草性平、味辛。具有化湿、行滞、祛风、消肿之功效，同时它还有行气、活血、祛风止痛、健脾胃等疗效。主要用于治疗痢疾、肠胃炎、腹泻、脚气、疥癣、风湿关节痛、跌打肿痛、功能性子宫出血，外用治毒蛇咬伤、皮肤湿疹。

大戟 *Euphorbia pekinensis*

大戟科。

【形态】多年生草本植物，株高 30~80 cm。全株含有白色乳汁。根细长，圆锥状。茎直立，上部分枝，表面被白色短柔毛。种子卵圆形，表面光滑，灰褐色，花期 4~5 月，果期 6~7 月。

【分布】主要分布于我国东北、华东地区及河北、河南、湖南、湖北、四川、广东、广西。

【生态习性】生于路旁、山坡、荒地及较阴湿的树林下。

【化学成分】大戟苷(Euphorbon)、生物碱、大戟色素体(Euphorbia) A、B、C。新鲜叶含 V_C。

【功能用途】具有泻水逐饮、通利二便、消肿散结的功效。

思考题

1. 野生除菌植物的活性成分有哪些？
2. 请举例说出几种野生除菌植物及其作用效果。
3. 野生除菌植物的贮藏和加工方法有哪些？
4. 植物类除菌剂的化学成分有哪些？
5. 简述杀菌剂的防病机理。

参考文献

丁云录,王岩,赫玉芳,等,2006. 皂荚皂苷对大鼠心肌缺血的影响[J]. 中国新药与临床杂志,25(2):110-113.

丁云录,杨晓村,陈声武,等,2006. 皂荚皂苷对麻醉犬心肌缺血的影响[J]. 天然产物研究与开发,18(2):275-278.

马志卿,李广泽,何军,等,2002. 植物农药与药剂毒理学研究进展[M]. 北京:中国农业科学技术出版社.

马金双,程用谦,1997. 中国植物志[M]. 北京:科学出版社.

王小艺,2000. 中国植物源杀虫剂的研究与应用[J]. 世界农业(2):30-32.

王俊夫,陈友俊,2003. 水蓼草治疗家畜腹泻[J]. 中兽医医药杂志,22(5):44.

王莲英,1998. 中国牡丹品种图志[M]. 北京:中国林业出版社.

王振宇,2006. 植物资源学教程[M]. 哈尔滨:东北林业大学出版社.

中国土农药志编辑委员会,1959. 中国土农药志[M]. 北京:科学出版社.

中国科学院植物研究所,1979. 中国高等植物科属检索表[M]. 北京:科学出版社.

孔德鑫,韦记青,邹蓉,等,2010. 栽培与野生黄花蒿中化学组分的FTIR表征及青蒿素含量比较分析[J]. 基因组学与应用生物学,29(2):349-354.

龙玲,耿果霞,李青旺,2006. 皂荚刺抑制小鼠宫颈癌U14的生长及对增殖细胞核抗原和p53表达的影响[J]. 中国中医杂志,31(2):150-153.

付佑胜,赵柱东,2007. 杀虫植物资源的研究进展[J]. 安徽农学通报,13(5):133-136.

乐海洋,赵善欢,1998. 万寿菊提取物对白纹伊蚊幼虫的光活性及有效成分研究[J]. 华南农业大学学报,19(2):8-12.

冯夏,赵善欢,1990. 黄杜鹃提取物对几种害虫的生物活性及其作用机理的初步研究[J]. 华南农业大学学报,11(2):68-76.

匡可任,李沛琼,1979. 中国植物志(第21卷)[M]. 北京:科学出版社.

朱丽华. 2002. 天然植物源杀虫剂——除虫菊[J]. 世界农药,24(3):30-32.

刘传云,姜永嘉,1994. 花椒挥发油组分的分离鉴定包结对杂拟谷盗毒力测定的研究[J]. 郑州粮食学院学报,13(3):11-12.

刘红兵,崔承彬,赵庆春,等,2002. 东京枫杨中抗肿瘤活性三萜化合物的分离与结构鉴定[J]. 青岛海洋大学学报,32(增刊):98.

刘红兵,崔承彬,顾谦群,等,2005. 东京枫杨的甾体等化学成分及其体外抗肿瘤活性[J]. 中国药学杂志,40(6):414.

刘红兵,崔承彬,蔡兵,等,2004. 东京枫杨中三萜类化合物的分离鉴定与抗肿瘤活性[J]. 中国药物化学杂志,14(3):165.

刘红兵,2004. 中草药东京枫杨(*Pterocarya tonkinesis* Franch.) Dode 抗肿瘤活性成分研究[D]. 青岛:中国海洋大学博士学位论文.

刘惠霞, 董育新, 吴文君, 1997. 苦皮藤素V对东方黏虫中肠细胞及其消化酶活性的影响[J]. 昆虫学报, 41(3): 258-260.

江苏新医学院, 1997. 中药大辞典(上下册)[M]. 上海: 上海科学技术出版社.

江建云, 1991. 植物性农药研究进展[J]. 湖南农业科学, 6(2): 43-46.

杜小风, 2000. 植物源农药研究进展[J]. 农药, 39(11): 8-10.

杨群辉, 马云萍, 等, 2004. 植物源杀虫剂的开发与利用[J]. 西南农业学报, (17): 359-362.

杨群辉, 马云萍, 2004. 植物源杀虫剂的开发与利用[J]. 西南农业学报(17): 359-363.

李万华, 李琴, 王小刚, 等, 2007. 皂荚刺中5个白桦脂酸型三萜抗HIV活性研究[J], 西北大学学报(自然科学版), 37(3): 401-403.

李云寿, 唐绍宗, 邹华英, 等, 2000. 黄花蒿提取物的杀虫活性[J]. 农药, 3(10): 25-26.

李时珍, 1982. 本草纲目(校点本)上册[M]. 北京: 人民卫生出版社.

李保贵, 朱华, 王洪, 1999. 西双版纳的河岸东京枫杨林[J]. 广西植物, 19(1): 22.

李晓东, 赵善欢, 1995. 印楝素对昆虫的毒理作用机制[J]. 华南农业大学学报, 17(1): 118-122.

李晓东, 赵善欢, 1998. 红果米仔兰杀虫活性成分及毒力的初步研究[J]. 植物保护学报, 25(3): 267-269.

李晓东, 1997. 楝科植物叶抽提物对中华稻蝗的活性研究[J]. 华南农业大学学报, 18(4): 47-51.

肖克辉, 1985. 野生植物的经济分类和采收[J]. 中国水土保持, 11: 11-13.

吴凤愕, 1998. 番荔枝科植物化学成分研究及其应用展望[J]. 热带作物学报, 19: 10-14.

吴文君, 胡兆农, 1995. 我国植物源害虫控制剂的研究与开发[J]. 农药, 34(2): 6-8.

吴文君, 1997. 天然产物杀虫剂的原理、方法、实践[M]. 西安: 陕西科学技术出版社.

吴文君, 1983. 苦树根皮粉对菜青虫的致毒作用和防治效果[J]. 西北农学院学报(2): 80-84.

吴文君, 1991. 杀虫植物苦皮藤研究[J]. 农药, 30(6): 10-12.

吴静, 丁伟, 张永强, 等, 2007. 黄花蒿提取物对两种病原真菌的生物活性[J]农药, 46(10): 713-718.

邱宇彤, 赵善欢, 刘秀琼, 1993. 紫背金盘提取物对小菜蛾生物活性研究[J]. 华南农业大学学报, 41(4): 26-30.

沈寅初, 2000. 生物农药[M]. 北京: 化学工业出版社.

张凤海, 胡兰英, 2004. 泽漆的生物、生态学特征研究及综合治理[J]. 安徽农业科学, 32(3): 524-533.

张权柄, 2005. 生物源农药在柑橘等果树病害防治中的应用[J]. 中国南方果树, 34(1): 17-18.

张兴, 王兴林, 冯俊涛, 等, 1993. 植物性杀虫剂川楝素的开发研究[J]. 西北农业学报, 21(4): 1-5.

张兴, 赵善欢, 1983. 楝科植物油及种核粉抽提物对稻皮蚊产卵忌避作用及防治试验[J]. 华南农学院学报, 4(3): 17.

张兴, 赵善欢, 1991. 川楝素对菜青虫中肠组织的影响[J]. 昆虫学报, 34(4): 501.

张兴, 赵善欢, 1992. 川楝素对菜青虫体内几种酶系活性的影响[J]. 昆虫学报, 35(2): 171-177.

张兴, 赵善欢, 1992. 川楝素对菜青虫呼吸作用及其他几种生理指标的影响[J]. 华南农业大学学报, 13(2): 5-11.

张兴, 1993. 川楝素引到菜青虫中毒症状研究[J]. 西北农业学报, 21(1): 27.

张兴, 1993. 植物性杀虫剂川楝素的开发研究[J]. 西北农业学报, 21(4): 1-5.

张秀新, 2000. 秋发牡丹露地二次开花调控栽培及其开花生理的研究[D]. 北京: 北京林业大学博士学位论文.

张宏利, 韩崇选, 杨学军, 等, 2005. 皂荚化学成分及杀鼠活性初步研究[J]. 西北农业学报, 14 (4): 117-120.

张牢牢, 张淑梅, 殷美玲, 1997. 植物农药苦参生物碱的研究[J]. 农药, 36 (5): 26-27.

张钟宁, 方宁凌, 2001. 昆虫拒食及蓼二醛的合成及其对害虫的拒食活性[J]. 昆虫知识, 38(3): 207-210.

张钟宁, 刘珣, 娄照祥, 等, 1993. 蓼二醛对蚜虫的拒食活性[J]. 昆虫学报, 36 (2): 172-176.

张夏亭, 2002. 天然除虫菊的开发及应用[J]. 农药科学与管理, 23(2): 25-32.

陈雪芬, 陈宗, 2002. 无公害茶园农药安全使用技术[M]. 北京: 金盾出版社.

陈新露, 2000. 中国秋发牡丹品种资源及秋发机理研究[D]. 北京: 北京林业大学博士学位论文.

陈冀胜, 1987. 中国有毒植物[M]. 北京: 科学出版社.

邵则夏, 陆斌, 杨卫明, 等, 2002. 多功能树种滇皂荚及开发利用[J]. 中国野生植物资源, 21(3): 33-34.

范科华, 刘永强, 凌婧, 等, 2006. 皂角提取物对心肌缺血犬心肌梗死的保护作用[J]. 华西药学杂志, 21 (4): 339-342.

昊文君, 1985. 杀虫植物苦树的作用方式及对菜青虫的防治试验[J]. 植物保护学报, 12 (1): 57-62.

昊文君, 1993. 杀虫天然产物苦皮藤的结构鉴定[J]. 农药, 32(3): 7-9.

国家中医药管理局《中华本草》编委会, 1998. 中华本草[M]. 上海: 上海科学技术出版社.

国家中医药管理局《中华本草》编委会, 1999. 中华本草(第二册)[M]. 上海: 上海科学技术出版社.

罗万春, 李云寿, 慕立义, 等, 1996. 苦豆子种子抽提物对两种蔬菜害虫的活性[J]. 植物保护学报, 23 (3): 281-284.

罗万春, 李云寿, 慕立义, 等, 1997. 苦豆子生物碱对萝卜蚜的毒力及其对几种酯酶的影响[J]. 昆虫学报, 40 (4): 358-364.

罗万春, 1997. 植物源生物碱的杀虫作用[J]. 农药, 36 (7): 11-15.

周训芝, 宋邦兵, 吕卫东, 等, 1998. 大麦田泽漆主要生物学特性及防治研究[J]. 大麦科学, 55: 29-31.

赵善欢, 万树青, 1997. 杀虫植物的研究及应用进展[J]. 广东农业科学(7): 26-28.

赵善欢, 张兴, 1984. 印楝素对亚洲玉米螟幼虫生长发育的影响[J]. 昆虫学报, 27 (3): 24-27.

赵善欢, 黄炳球, 胡美英, 1983. 印楝素对亚洲玉米螟幼虫生长发育的影响[J]. 昆虫学报, 26 (1): 1-9.

赵善欢, 黄炳球, 胡美英, 1986. 几种楝科植物种核油对褐稻虱的拒食作用试验[J]. 昆虫学报, 29 (2): 221-224.

赵善欢, 1987. 植物性物质川楝素的研究概况[J]. 华南农业大学学报, 8 (2): 57-67.

郝乃斌, 戈巧英, 1999. 中国植物源杀虫剂的研究与应用[J]. 植物学通报, 16(5): 495-503.

郝斌, 1998. 植物源杀虫剂[J]. 植物杂志 (4): 18.

胡小华, 李国强, 贾晓光, 2008. 泽漆的研究进展[J]. 新疆中医药, 26(2): 80-81.

胡美英, 赵善欢, 1992. 黄杜鹃花杀虫活性成分及其对害虫毒杀作用的研究[J]. 华南农业大学学, 13(3): 9-15.

胡美英, 赵善欢, 1992. 黄杜鹃花杀虫活性成分及其对害虫毒杀作用的研究[J]. 华南农大学报, 13 (3): 9-15.

南玉生, 柯治国, 卢令娴, 1994. 植物源昆虫拒食剂苦皮藤种油化学成分的拒食效果[J]. 武汉植物研究, 12(1): 95-96.

柯治国, 1991. 杀虫植物苦皮藤研究概况[J]. 植物保护 (3): 34-35.

柯治国, 1985. 苦皮滕种油防治菜青虫试验[J]. 植物保护学报, 14 (3): 208.

钟平, 1995. 印楝杀虫剂的杀虫作用和机理[J]. 植物保护, 21 (5): 30-32.

钟国华, 胡美英, 林进添, 等, 2000. 闹羊花素对菜青虫海藻糖含量及海藻糖酶活性的影响[J]. 华中农业大学学报, 19 (2): 119-123.

钟国华, 胡美英, 林进添, 等, 2001. 闹羊花素对菜粉蝶幼虫血淋巴和中肠醋酶的影响[J]. 华中农业大学学报, 20 (1): 15-19.

钟国华, 胡美英, 翁群芳, 2000. 黄杜鹃花提取物对甜菜夜蛾的生物活性研究[J]. 西北农业大学学报, 28 (2): 98-102.

钟国华, 胡美英, 章玉萍, 等, 2000. 黄杜鹃花提取物对小菜蛾的产卵忌避和杀卵作用[J]. 西北农业大学学报, 21 (3): 40-43.

钦俊德, 1987. 昆虫与植物的关系[M]. 北京: 科学出版社.

侯华民, 2000. 植物精油防治害虫的研究现状[J]. 江苏农药(1): 24-26.

桂望蜀, 左本武, 郑辉, 2004. 水蓼草预防雏鸡白痢试验[J]. 中兽医医药杂志, 23(3): 16-17.

徐公天, 庞建军, 戴秋惠, 2003. 园林绿色植保技术[M]. 北京: 中国农业出版社.

徐汉虹, 赵善欢, 1996. 沉水樟精油的杀虫活性与化学成分研究[J]. 华南农业大学学报, 17 (1): 10-14.

徐汉虹, 赵善欢, 1991. 芸香精油的化学成分和杀虫活性初探[J]. 天然研究与开发, 6 (4): 56-60.

徐汉虹, 赵善欢, 1994. 肉桂油的杀虫作用和有效成分分析[J]. 华南农业大学学报, 15 (1): 27-33.

徐汉虹, 赵善欢, 1994. 齿叶黄皮精油的杀虫作用与有效成分研究[J]. 华南农业大学学报, 15 (2): 56-60.

徐汉虹, 赵善欢, 1994. 猪毛蒿精油杀虫的有效成分[J]. 昆虫学报, 37 (4): 411-416.

徐汉虹, 赵善欢, 1996. 八角茴香精油的杀虫活性与化学成分研究[J]. 植物保护学报, 23 (4): 238-241.

徐汉虹, 荣晓东, 万树青, 2000. 野生植物资源与生物合理性农药[J]. 中国野生植物资源, 19 (4): 1-6.

徐汉虹, 2001. 杀虫植物与植物性杀虫剂[M]. 北京: 中国农业出版社.

唐传核, 彭志英. 2001. 一种新型功能性食品——植甾醇酯[J]. 中国油脂, 28(3): 60-62.

唐慎徽, 1957. 重修政和经史证类备用本草[M]. 北京: 人民卫生出版社.

黄瑞纶, 1957. 杀虫药剂学[M]. 北京: 北京财经出版社.

曹学锋, 郭澄, 张俊平, 2002. 皂角刺总黄酮对小鼠细胞因子的调节作用[J]. 时珍国医国药, 13 (10): 588-589.

曹鑫年, 译, 1995. 植物杀虫剂和拒食剂新来源及展望[J]. 农药译丛, 17 (3): 21-24.

崔承彬, 刘红兵, 蔡兵, 等, 2003. 枫杨素及其制备方法和用途[P]. 中国国家发明专利, 专利号 ZL 200310115556.7.

崔承彬，刘红兵，蔡兵，等，2004. 枫杨醌及其制备方法和用途[P]. 中国国家发明专利，专利号 ZL 200410006051. 1.

减二乐，李萍，1994. 植物源杀虫剂研究现状[J]. 农药，33（4）：5-7.

彭国海，2005. 水蓼治疗仔猪白痢的临床疗效观察[J]. 中兽医医药杂志，24(1)：48.

董立沙，陈芳，2002. 泽漆的鉴别研究[J]. 中草药，33（8）：757-759.

董育新，吴文君，1997. 植物杀虫剂毒理学研究新进展昆虫知识[J]，34（2）：112-116.

蒋兰俊，2005. 治虫特种菊花——除虫菊[J]. 特种经济动植物(2)：41.

程东美，胡美英，张志祥，2000. 黄杜鹃不同部位有效成分含量及对害虫拒食作用的研究[J]. 华南农业大学学报，21（2）：25-27.

谢波，凌家俊，2005. 青蒿素及其衍生物抗肿瘤作用综述[J]. 广州中医药大学学报，22(1)：75-77.

谢宗万，1996. 全国中草药汇编(上册)[M]. 2版. 北京：人民卫生出版社.

谢碧霞，张美琼，1995. 野生植物资源开发与利用学[M]. 北京：中国林业出版社.

路熙强，2002. 用水蓼治疗畜禽疾病[J]. 云南畜牧兽医(1)：46.

廖春燕，刘秀琼，1986. 黏虫幼虫感受器扫描电镜观察及川楝素的抑制作用[J]. 华南农业大学学报，7（2）：43-46.

廖春燕，赵善欢，1986. 川楝素对黏虫幼虫拒食作用研究[J]. 华南农业大学学报，7（1）：6.

缪珊，王四旺，刘结，等，2004. 水蓼的抑菌抗炎实验研究[J]. 中国新医药，3(2)：29-31.

操海洋，岳永德，花日茂，等，2000. 植物源农药研究进展(综述)[J]. 安徽农业大学学报，27（1）：40-44.

Azadbakht M, Marston A, Hostettmann K, et al., 2005. Isolation of two naphthalene derivatives from *Pterocarya fraxinifolia* leaf and evaluation of their biological activities[J]. Chemistry(Rajkot, India), 1 (12)：780.

Cai Y, Wang J, Liang B Y, 1999. Anti-tumor activity of *Euphorbia helioscopia* in vitro[J]. J Chin Med Mater, 22(2)：85-87.

Champagne D E, et al., 1992. Biological activity of limuloids from the Rutales[J]. Phytochemistry, 17 (2)：377-394.

Cheng H Y, Lin T C, Yang C M, et al., 2004. Mechanism of action of the suppression of herpes simplex virus type 2 replication by pterocarnin A[J]. Microbes Infect, 6(8)：738.

Dai Y, Chan Y P, Chu L M, et al., 2002. Anti-allergic and anti-inflammatory properties of theethanolic extract from *Gleditsia sinensis*[J]. Biol. Pharm. Bull, 25（9）：1179-1182.

Ghazal S A, Abuzarqa M, Mahasned A M, 1992. Anti-microbial activity of *Polygonum equisetiforme* extracts and flavonoids[J]. Phy to ther Res (6)：265-269.

Hiroyuki Haraguchi, Kensuke Hashimoto, Akira Yag, 1992. Anti-oxidative substances in leaves of *Polygonum hydropiper*[J]. Agric Food Chem (40)：1349-1351.

Hendriks M A, 1999. Spreads enriched with three different levels of vegetable oil strols and the degree of cholesterol lowering in normol-cholesterolaemic and mildly hypercholesterolaemic subjects[J]. Eur. J. Clinical Nutr, 53：319-327.

Hu Meiying, et al., 1993. Response of five insect special to a botanical insecticide[J]. Rhodojaponin lour. Econ Ent, 86（3）：706-711.

Liu H B, Cai B, Cui C B, et al., 2006. Pterocaryquinone, a novel naphtho-quinone derivative from *Pterocarya tonkinesis*[J]. Chin J Chem, 24(12)：1683.

Liu H B, Cui C B, Cai B, et al., 2005. Pterocarine, a new diarylheptanoid from *Pterocarya tonkinesis*, its cell cycle inhibition at G0/G1 phase and induction of apoptosis in HCT 15 and K562 cells[J]. Chin Chem Lett, 16(2): 215.

Park K H, Koh D, Lee S, et al., 2001. Anti-allergic and anti-asthmatic activity of helioscopinin – A, a polyphenol compound, isolated from *Euphorbia helioscopia* [J]. J Microbiol Biotechnol, 11(1): 138 – 142.

Shoemaker M, Hamilton B, Dairkee S H, et al., 2005. *In vitro* anti-cancer activity of twelve Chinese medicinal herbs [J]. Phytother Res, 19(7): 649 – 651.

Simmonds M S J, et al., 1990. Structural requirements for reducing growth and increasing mortality in lepidoptrous larvae [J]. Entomol Exp Appl, 55(2): 169 – 182.

Waalkens – Berendsen D H, et al., 1999. Safety evaluation of phytosterol esters. Part 3. two – generation reproduction study in rats with phyosterol esters – a novel functional food[J]. Food Chem Toxicol, 37: 683 – 696.

Yang L, Chen H X, Gao W Y, 2007. Advances in studies on chemical constituents in *Euphorbia helioscopia* and their biological activities[J]. Chin J Nat Med, 38(10): 1585 – 1589.

Zhang Y Q, Ding W, Zhao Z M, et al, 2008. Studies on acaricidal bioactivities of *Artemisia annua* L. extracts against *Tetranychus cinnabarinus* Bois. (Acari: Tetranychidae)[J]. Agricultural Sciences in China, 7(5): 577 – 584.